住房和城乡建设部"十四五"规划教材

高等学校土木工程专业线上线下精品课程建设系列教材

"十三五"江苏省高等学校重点教材（编号：2019-2-214）

结构力学

（上册）

（第二版）

（附学习指导及习题集）

吕恒林　鲁彩凤　张营营　主　编
周淑春　姬永生　刘志勇　副主编

中国建筑工业出版社

图书在版编目（CIP）数据

结构力学. 上册/吕恒林，鲁彩凤，张营营主编；周淑春，姬永生，刘志勇副主编. —2版. —北京：中国建筑工业出版社，2021.12（2024.11重印）

住房和城乡建设部"十四五"规划教材　高等学校土木工程专业线上线下精品课程建设系列教材　"十三五"江苏省高等学校重点教材

ISBN 978-7-112-26707-1

Ⅰ.①结…　Ⅱ.①吕…②鲁…③张…④周…⑤姬…⑥刘…　Ⅲ.①结构力学-高等学校-教材　Ⅳ.①O342

中国版本图书馆 CIP 数据核字（2021）第 208842 号

本书为住房和城乡建设部"十四五"规划教材、第三届煤炭行业优秀教材、"十三五"江苏省高等学校重点教材。以本书为基础的中国矿业大学"结构力学"课程被评为国家级一流本科课程（线上线下混合式）。

本书分上、下两册，共十四章。上册是基础内容，共十章，内容包括：绪论、平面杆件体系的几何组成分析、静定梁和静定刚架、静定拱和悬索结构、静定桁架和组合结构、结构位移的计算、力法、位移法、渐近法、影响线及其应用。下册是专题部分，共四章，内容包括：矩阵位移法、结构的极限荷载、结构的弹性稳定及结构的动力计算。书后配有学习指导及习题集。

本书可作为高等学校土木工程专业（结构工程、岩土工程、市政工程、防灾减灾工程及防护工程、桥梁与隧道工程等）的本科教学用书，也可供土建类工程技术人员及其他相关工程技术人员参考使用。

本书配有丰富的数字资源，主要为重点、难点及典型例题等的解读。读者用微信扫描书中二维码即可免费观看相关视频。此外，本书还有配套的在线课程，可登录"中国大学MOOC"平台（https://www.icourse163.org/）学习，具体的网址分别为：https://www.icourse163.org/course/CUMT-1206220811，https://www.icourse163.org/course/CUMT-1206217804。

为了更好地支持相应课程的教学，我们向采用本书作为教材的教师提供课件，有需要者可与出版社联系。建工书院：http：//edu.cabplink.com，邮箱：jckj@cabp.com.cn，2917266507@qq.com，电话：（010）58337285。

* * *

责任编辑：聂　伟　王　跃
责任校对：党　蕾

住房和城乡建设部"十四五"规划教材
高等学校土木工程专业线上线下精品课程建设系列教材
"十三五"江苏省高等学校重点教材（编号：2019-2-214）
结构力学（上册）
（第二版）
（附学习指导及习题集）

吕恒林　鲁彩凤　张营营　主　编
周淑春　姬永生　刘志勇　副主编

*

中国建筑工业出版社出版、发行（北京海淀三里河路9号）
各地新华书店、建筑书店经销
霸州市顺浩图文科技发展有限公司制版
建工社（河北）印刷有限公司印刷

*

开本：787毫米×1092毫米　1/16　印张：35¼　字数：852千字
2021年11月第二版　　2024年11月第三次印刷
定价：**86.00元**（附配套数字资源及赠教师课件）
ISBN 978-7-112-26707-1
（38572）

版权所有　翻印必究
如有印装质量问题，可寄本社图书出版中心退换
（邮政编码100037）

出 版 说 明

党和国家高度重视教材建设。2016年，中办国办印发了《关于加强和改进新形势下大中小学教材建设的意见》，提出要健全国家教材制度。2019年12月，教育部牵头制定了《普通高等学校教材管理办法》和《职业院校教材管理办法》，旨在全面加强党的领导，切实提高教材建设的科学化水平，打造精品教材。住房和城乡建设部历来重视土建类学科专业教材建设，从"九五"开始组织部级规划教材立项工作，经过近30年的不断建设，规划教材提升了住房和城乡建设行业教材质量和认可度，出版了一系列精品教材，有效促进了行业部门引导专业教育，推动了行业高质量发展。

为进一步加强高等教育、职业教育住房和城乡建设领域学科专业教材建设工作，提高住房和城乡建设行业人才培养质量，2020年12月，住房和城乡建设部办公厅印发《关于申报高等教育职业教育住房和城乡建设领域学科专业"十四五"规划教材的通知》（建办人函〔2020〕656号），开展了住房和城乡建设部"十四五"规划教材选题的申报工作。经过专家评审和部人事司审核，512项选题列入住房和城乡建设领域学科专业"十四五"规划教材（简称规划教材）。2021年9月，住房和城乡建设部印发了《高等教育职业教育住房和城乡建设领域学科专业"十四五"规划教材选题的通知》（建人函〔2021〕36号）。为做好"十四五"规划教材的编写、审核、出版等工作，《通知》要求：（1）规划教材的编著者应依据《住房和城乡建设领域学科专业"十四五"规划教材申请书》（简称《申请书》）中的立项目标、申报依据、工作安排及进度，按时编写出高质量的教材；（2）规划教材编著者所在单位应履行《申请书》中的学校保证计划实施的主要条件，支持编著者按计划完成书稿编写工作；（3）高等学校土建类专业课程教材与教学资源专家委员会、全国住房和城乡建设职业教育教学指导委员会、住房和城乡建设部中等职业教育专业指导委员会应做好规划教材的指导、协调和审稿等工作，保证编写质量；（4）规划教材出版单位应积极配合，做好编辑、出版、发行等工作；（5）规划教材封面和书脊应标注"住房和城乡建设部'十四五'规划教材"字样和统一标识；（6）规划教材应在"十四五"期间完成出版，逾期不能完成的，不再作为《住房和城乡建设领域学科专业"十四五"规划教材》。

住房和城乡建设领域学科专业"十四五"规划教材的特点，一是重点以修订教育部、住房和城乡建设部"十二五""十三五"规划教材为主；二是严格按照专业标准规范要求编写，体现新发展理念；三是系列教材具有明显特点，满足不同层次和类型的学校专业教学要求；四是配备了数字资源，适应现代化教学的要求。规划教材的出版凝聚了作者、主审及编辑的心血，得到了有关院校、出版单位的大力支持，教材建设管理过程有严格保障。希望广大院校及各专业师生在选用、使用过程中，对规划教材的编写、出版质量进行反馈，以促进规划教材建设质量不断提高。

住房和城乡建设部"十四五"规划教材办公室
2021年11月

第二版前言

本书是在第一版的基础上修订而成。本书被评为住房和城乡建设部"十四五"规划教材、第三届煤炭行业优秀教材、"十三五"江苏省高等学校重点教材。以本书为基础的中国矿业大学"结构力学"课程被评为国家级一流本科课程（线上线下混合式）。

本次修订保持了第一版的体系和风格，坚持论述严谨、重点突出、理论联系实践、深入浅出的原则，在内容上做了如下修订：

1. 重新编写了第十二、十三章。
2. 在第十一章中增加了适量应用例题，以便于学生更好地掌握矩阵位移法的基本原理。
3. 增加了数字化资源，主要为重点、难点及典型例题等的解读。
4. 对学习指导及习题集做了较大改动，增加了典型例题，并优化了习题。
5. 对全书文字做了修订，力求准确。

全书分为上、下两册。上册是基础部分，共十章，内容包括：绪论、平面杆件体系的几何组成分析、静定梁和静定刚架、静定拱和悬索结构、静定桁架和组合结构、结构位移的计算、力法、位移法、渐近法、影响线及其应用。下册是专题部分，共四章，内容包括：矩阵位移法、结构的极限荷载、结构的弹性稳定及结构的动力计算。书后配有学习指导及习题集。本书中带有"*"号的为选修内容。

本书配有丰富的数字资源，读者可用微信扫描书中二维码免费观看。此外，本书还有配套的在线课程，可登录"中国大学MOOC"（https://www.icourse163.org/）学习，具体网址分别为：https://www.icourse163.org/course/CUMT-1206220811，https://www.icourse163.org/course/CUMT-1206217804。

本书由吕恒林、鲁彩凤、张营营主持修订。上册修订工作分工为：第一、二章（吕恒林）、第三章（鲁彩凤）、第四章（刘志勇）、第五章（张营营）、第六、七章（鲁彩凤）、第八章（姬永生）、第九章（张营营、周淑春）、第十章（鲁彩凤）。下册修订工作分工为：第十一章（吕恒林、范力）、第十二章（鲁彩凤、舒前进）、第十三章（张营营、卢丽敏、丁北斗）、第十四章（鲁彩凤）。学习指导及习题集由吕恒林、鲁彩凤主持修订。

本书由同济大学陈建兵教授、河海大学沈扬教授、南京工业大学王俊教授、东南大学陆金钰副教授、中国建筑第八工程局卢育坤教授级高工审阅，特此致谢。

本书虽经修订，但限于编者水平，还会存在缺点和错误，衷心希望读者批评指正。

编 者

第一版前言

本书是根据高等学校力学教学指导委员会力学基础课程教学指导分委员会制定的《高等学校理工科非力学专业力学基础课程教学基本要求》，以及各位编者在多年从事结构力学教学、科研以及工程实践的基础上编写而成的，为高等学校土木工程专业"十三五"规划教材。

本书分上、下两册出版，共十四章。上册是基础内容，共十章，内容包括：绪论、平面杆件体系的几何组成分析、静定梁和静定刚架、静定拱和悬索结构、静定桁架和组合结构、结构位移的计算、力法、位移法、渐近法、影响线及其应用。下册是专题部分，共四章，内容包括：矩阵位移法、结构的极限荷载、结构的稳定计算及结构动力学。本书中带有"*"号的为选修内容，可根据具体要求决定是否学习。考虑到本课程尤其注重实践性教学环节，要有一定的课堂讨论及课外练习的时间，因此与本书配套出版有《结构力学复习纲要及习题集》。

本书从"大土木"的专业要求出发，在保证课程内容体系系统性的基础上，精选内容，突出重点，并注意土木工程不同专业方向中工程实例的引入，以扩大专业覆盖面。各章都从结构力学的基本概念、基本原理出发，以工程实践为背景，重点讲解结构的力学分析及计算方法。编写时注重概念清晰，并能做到深入浅出，便于学生领会。

《结构力学复习纲要及习题集》内容包括：各章学习要求、基本内容，以及较丰富的习题并附有答案。其中，习题大致分为两种类型，一类着重于基本概念的掌握，另一类着重于典型工程结构的解题方法的训练。

本书可作为高等学校土木工程专业（结构工程、岩土工程、市政工程、防灾减灾工程及防护工程、桥梁与隧道工程等方向）的本科教学用书，也可供土建类工程技术人员及其他相关工程技术人员参考使用。

本书由中国矿业大学力学与土木工程学院结构力学课程教学团队编写完成，其中吕恒林编写第一、二、九章，鲁彩凤编写第三、六、七、十、十四章，张营营编写第四、五章，姬永生编写第八章，范力编写第十一章，舒前进编写第十二章，卢丽敏编写第十三章。全书由吕恒林、鲁彩凤负责修改统稿。

欢迎各位读者对本书中存在的错误或不妥之处批评指正。

编　者

目　录

第一章　绪论……………………………………………………………………………1
　第一节　结构力学的研究对象和任务……………………………………………1
　第二节　荷载的分类………………………………………………………………4
　第三节　结构的计算简图…………………………………………………………5
　第四节　杆件结构的分类…………………………………………………………11
第二章　平面杆件体系的几何组成分析…………………………………………14
　第一节　几何组成分析的基本概念………………………………………………14
　第二节　计算自由度………………………………………………………………19
　第三节　杆件体系的几何组成规则………………………………………………21
　第四节　几何组成分析方法及应用………………………………………………28
　第五节　几何组成与静定性的关系………………………………………………33
第三章　静定梁和静定刚架………………………………………………………35
　第一节　杆件内力分析方法………………………………………………………35
　第二节　单跨静定梁………………………………………………………………41
　第三节　多跨静定梁………………………………………………………………46
　第四节　静定平面刚架……………………………………………………………50
　第五节　快速作弯矩图……………………………………………………………63
第四章　静定拱和悬索结构………………………………………………………72
　第一节　拱结构的特征……………………………………………………………72
　第二节　三铰拱的受力分析………………………………………………………74
　第三节　三铰拱的合理轴线………………………………………………………79
　第四节*　悬索结构…………………………………………………………………84
第五章　静定桁架和组合结构……………………………………………………91
　第一节　桁架结构的特点及类型…………………………………………………91
　第二节　结点法……………………………………………………………………94
　第三节　截面法……………………………………………………………………99
　第四节　组合结构…………………………………………………………………106
第六章　结构位移的计算…………………………………………………………113
　第一节　概述………………………………………………………………………113
　第二节　虚功原理…………………………………………………………………116
　第三节　位移计算的一般公式……………………………………………………125
　第四节　静定结构在荷载作用下的位移计算……………………………………129
　第五节　图乘法……………………………………………………………………137

第六节　静定结构温度变化时的位移计算 …………………… 144
　　第七节　静定结构支座移动时的位移计算 …………………… 148
　　第八节　互等定理 …………………………………………… 150
第七章　力法 ……………………………………………………… 156
　　第一节　概述 ………………………………………………… 156
　　第二节　超静定次数 ………………………………………… 157
　　第三节　力法的基本原理及典型方程 ………………………… 160
　　第四节　超静定梁、刚架和排架 ……………………………… 167
　　第五节　超静定桁架 ………………………………………… 174
　　第六节　超静定组合结构 …………………………………… 176
　　第七节　对称性的利用 ……………………………………… 180
　　第八节*　两铰拱 …………………………………………… 193
　　第九节*　无铰拱 …………………………………………… 199
　　第十节　超静定结构位移的计算 …………………………… 204
　　第十一节　超静定结构计算的校核 ………………………… 207
　　第十二节　温度变化时超静定结构的计算 ………………… 212
　　第十三节　支座移动时超静定结构的计算 ………………… 216
　　第十四节　超静定结构的特性 ……………………………… 220
第八章　位移法 …………………………………………………… 222
　　第一节　基本概念 …………………………………………… 222
　　第二节　等截面直杆的转角位移方程 ……………………… 224
　　第三节　位移法的基本未知量和基本结构 ………………… 231
　　第四节　位移法的典型方程 ………………………………… 235
　　第五节　位移法的计算步骤及示例 ………………………… 241
　　第六节　直接由平衡条件建立位移法方程 ………………… 248
　　第七节　对称性的利用 ……………………………………… 251
　　第八节*　混合法 …………………………………………… 256
第九章　渐近法 …………………………………………………… 259
　　第一节　力矩分配法的基本原理 …………………………… 259
　　第二节　多结点的力矩分配法 ……………………………… 267
　　第三节*　力矩分配法和位移法的联合应用 ……………… 272
　　第四节　无剪力分配法 ……………………………………… 275
　　第五节*　剪力分配法 ……………………………………… 281
第十章　影响线及其应用 ………………………………………… 288
　　第一节　影响线的概念 ……………………………………… 288
　　第二节　静力法作静定梁的影响线 ………………………… 290
　　第三节　间接荷载作用下的影响线 ………………………… 296
　　第四节　桁架的影响线 ……………………………………… 298
　　第五节　机动法作影响线 …………………………………… 305

第六节　利用影响线求量值…………………………………………310
　　第七节　最不利荷载位置……………………………………………313
　　第八节　简支梁的内力包络图………………………………………321
　　第九节　简支梁的绝对最大弯矩……………………………………326
　　第十节*　超静定梁的影响线…………………………………………330
　　第十一节*　连续梁的最不利荷载分布及内力包络图………………334
参考文献……………………………………………………………………341

第一章 绪 论

本章讨论了结构力学课程的研究对象和任务、荷载的分类、结构的计算简图及杆件结构的分类。

第一节 结构力学的研究对象和任务

一、工程结构及其分类

在房屋建筑、道路、桥梁、铁路、水工、港口、地下等工程对象中用来抵御人为和自然界施加的各种作用，以使工程对象安全使用的骨架部分，称为工程结构，简称结构。比如，房屋建筑中由梁、柱、楼板、剪力墙及基础等组成的建筑结构体系，公路和铁路上的桥梁和隧洞，水工建筑物中的堤坝和码头，矿山建筑物中的井架和煤仓等，都是工程结构的典型例子。工程结构中的各个组成部分称为结构构件，简称构件。典型的房屋结构构件有梁、柱、板、剪力墙及基础等。

码1-1 结构力学的研究对称和任务

工程结构可以从不同的层面进行分类。如按材料类型可分为：砌体结构、混凝土结构、钢筋混凝土结构、钢结构、组合结构、木结构、塑料结构、薄膜充气结构等。按结构体系受力特点可分为：平面结构和空间结构。结构按构件的几何特征可分为以下三类：

1. 杆件结构

杆件的几何特征是其三个方向尺寸中长度 l 比横截面宽度 b 和厚度 h 大得多，如图1-1（a）所示为直杆。杆件结构是由杆件所组成的结构，它是结构力学的研究对象。如图1-1（b）所示为房屋建筑中常采用的主要由梁、柱等构件共同形成骨架部分的框架结构，是典型的杆件结构。如图1-1（c）所示拱桥结构，可看作是由曲杆构成的杆件结构。

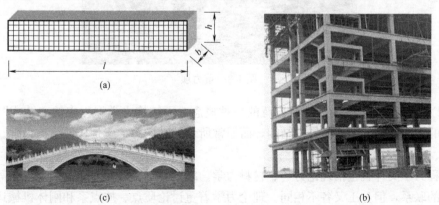

图1-1 杆件及杆件结构
(a) 直杆；(b) 框架结构；(c) 拱桥结构

2. 板壳结构（薄壁结构）

板壳结构的几何特征是其三个方向尺寸中厚度比长度和宽度小很多。板壳结构也称为薄壁结构。

平面板状的薄壁结构称为薄板，如图1-2（a）所示为建筑物净空或层高限制较严格的建筑物中经常使用的无梁楼盖结构。当薄壁结构具有曲面外形时，称为壳体结构。壳体结构可做成各种形状，被广泛应用到大跨度建筑顶盖、各种压力容器等结构中。如图1-2（b）所示某大剧院是采用巨大的外壳将内部分散的功能空间形成统一的整体，它是网壳结构，同时具有杆件结构和壳体结构的性质。

 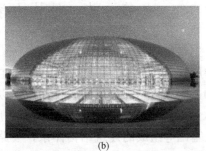

(a)　　　　　　　　　　　　　(b)

图1-2　板壳结构

(a) 薄板结构；(b) 网壳结构

3. 实体结构

若某类结构的长度、宽度和厚度属于同一数量级，则这类结构称为实体结构，或称为三维连续体结构。如水工结构中的重力坝（图1-3）属于实体结构，它主要依靠坝体自重来维持稳定。

图1-3　重力坝

从以上可知，"结构"是非常广泛的一种概念，而结构力学课程中的"结构"特指狭义方面的结构类型，即平面杆件结构，而通常所说的结构力学就是杆件结构力学。

二、结构力学的研究任务

工程力学类课程包括理论力学、材料力学、结构力学、弹性力学及塑性力学等，它们有密切的联系，但分工又各不相同。理论力学着重讨论质点、质点系和刚体机械运动（包括平衡）的基本规律；材料力学和结构力学着重讨论结构及构件的强度、刚度和稳定性问题，其中材料力学以单根杆件为主要研究对象，结构力学以杆件结构为研究对象；弹性力学主要研究板壳结构和实体结构在外界因素影响下，处于弹性阶段时所产生的应力、应变和位移；塑性力学主要研究固体受力后处于塑性变形状态时，塑性变形与外力的关系，以及物体中的应力场、应变场的数值分析方法。

结构力学研究杆件结构的几何组成规则及在各种外因作用下的内力、变形、稳定性以及动力反应等，其研究任务主要包括以下几个方面：

（1）研究杆件结构的几何组成规则和合理形式。

几何组成规则是保证结构中各杆件之间不能发生相对运动，以确保能承担预定的荷载。合理形式是根据功能和使用等方面的不同要求以及几何组成规则，为了充分发挥结构的性能，更有效地利用材料，以达到安全、经济的目的，从而使结构进一步优化。

（2）研究杆件结构在外界因素的影响下，其反力、内力和位移的计算原理和方法，从而可进行结构的强度和刚度的验算。这里所述的外界因素不仅指荷载作用，还包括温度改变、支座沉降及制造误差等。

（3）研究杆件结构的稳定性，以保证其不会发生失稳破坏。

（4）讨论杆件结构在塑性极限状态下相应的极限荷载计算方法，以及在动力荷载作用下的动力响应问题。

上述研究内容都与结构的内力及位移密切相关，因此各类平面杆件结构的内力及位移计算方法成为本课程的研究重点。

三、结构力学课程的学习要求

结构力学是土木工程专业的一门重要的专业（技术）基础课，在基础课与专业课之间起着承上启下的作用，是"大土木"的一门重要的主干课程，直接关系到后续专业课程的学习。学习结构力学课程时应注意以下几个方面的问题：

1. 注意结构力学课程与其他课程的联系

结构力学是理论力学和材料力学的后续课程，理论力学和材料力学是结构力学的重要基础课程，为结构力学提供了力学分析的基本原理和基础。同时，在后续课程中，结构力学又为钢筋混凝土结构、砌体结构和钢结构等专业课程提供了分析计算方法基础。另外，在工程结构设计和施工相关课程中需要应用结构力学的原理和方法对结构的受力及变形性能进行分析，从而对各种工程实际问题作出判断和处理。

2. 理解结构力学课程各部分内容之间的联系

结构力学是一门系统性很强的课程。一般的结构力学教材都包含以下几方面内容：平面杆件体系的几何组成分析、静定结构（梁、刚架、拱、桁架、组合结构及悬索结构）的内力和位移计算、超静定结构的计算（力法、位移法、渐近法、矩阵位移法）、影响线及应用、结构的极限荷载、结构的弹性稳定及结构的动力计算等。在学习过程中，应理解各部分内容之间的密切关系，比如：几何组成分析是内力分析和位移计算的前提，静定结构的内力分析是静定结构位移计算的基础，静定结构的分析是超静定结构计算的前提，位移法中应用力法成果，位移法又是渐近法的理论基础，结构的静力分析是结构动力分析、弹性稳定性及极限荷载计算的基础等。如果在学习过程中不关注各部分内容之间的衔接，孤立地去学习各章节内容，会导致学习缺乏系统性和连贯性。

3. 做习题是结构力学学习的一个重要环节

结构力学是一门理论性和实践性都较强的专业基础课，不仅要灵活理解基本概念和基本原理，还要熟练掌握基本分析方法。这就要求对学过的知识经常练习，不断分析比较，做到融会贯通。做习题的目的是使我们对基本概念和方法有更深入的理解和应用。但是做题时也要避免盲目性，不要贪多贪快，应在理解的基础上回顾原理的基本概念，弄清楚这些概念在习题中是如何应用的，这样才能对基本概念有更深理解。另外，做习题时要逐渐培养自我校核的习惯和能力。

4. 注意理论联系实际

结构力学课程的学习，若仅从原理和公式推导到解题方法和技巧着手，就失去了这门课的实际工程意义。在学习过程中，要注意理论联系实际。对从实际结构到计算简图的简化，以及将计算简图得到的计算结果应用于实际结构的设计和施工的全过程应予以充分注意，逐步提高分析和解决实际问题的能力。

第二节 荷载的分类

荷载指主动作用在结构上的外力，如构件自重、桥梁上的车辆荷载、作用在建筑物上的风荷载、作用在挡土墙上的土压力等。这些荷载作用在结构上，会使结构产生内力和变形。但反过来，使结构产生内力和变形的不仅仅只有这些狭义的荷载，还包括温度改变、支座沉降、制造误差等。因此，通常将引起结构受力或变形的外因（包括外荷载、温度变化、支座沉降、制造误差、材料收缩以及松弛、徐变等）称为广义荷载，或作用。

结构上的荷载（作用）可根据相关规范确定。如作用在建筑结构上的荷载（作用）可依据《建筑结构荷载规范》GB 50009 以及《建筑抗震设计规范》GB 50011 确定；作用在城市桥梁上的荷载（作用），可根据《城市桥梁设计规范》CJJ 11 确定。当然，荷载的确定比较复杂，相关规范只是总结了设计经验和科研成果，有时还需要结合实际情况进行现场调研才能合理确定荷载。

工程结构上作用的荷载，可根据不同的特征进行分类。

一、根据荷载作用时间的久暂划分

1. 永久荷载（恒载）

在结构使用期间长期作用在结构上的不变荷载称为恒载，也称为永久荷载，其大小、方向和作用位置均不会改变，或其变化可忽略不计。比如构件自重、土压力、静水压力等都属于恒载。

2. 可变荷载（活载）

在结构施工及使用期间，荷载值会随时间发生变化，且其变化值与平均值相比不可忽略，这类荷载称为活载，也称为可变荷载。比如工业厂房结构中的吊车荷载、楼面活荷载、屋面雪载、风荷载、地震作用等。

二、按荷载作用位置划分

1. 固定荷载

固定荷载指荷载在结构上的作用位置是不变的，如所有的恒载以及某些活荷载（如风荷载、雪荷载等）。

2. 移动荷载

移动荷载指荷载的作用位置可以在结构上移动，如吊车梁上作用的吊车荷载、公路桥梁上作用的列车荷载等。

三、按荷载对结构产生的动力效应划分

1. 静力荷载

静力荷载指荷载大小、方向和作用位置不随时间变化或变化很缓慢的荷载。结构在静力荷载作用下，结构的质量不产生加速度，因而可忽略惯性力的影响。如恒载以及只考虑位置改变而不考虑动力效应的移动荷载都是静力荷载。

2. 动力荷载

动力荷载指荷载随时间变化迅速，或在短时间内突然作用或突然消失，如冲击波的压力、机械运转时产生的振动荷载、地震时由于地面运动对结构物产生的动力作用等。在动力荷载作用下，结构的质量会产生不容忽视的加速度，因此惯性力的影响不能忽略。一般情况下，动力效应不大的动力荷载可以简化为静力荷载。

四、按荷载接触方式划分

1. 直接荷载

直接荷载指直接作用在结构上的荷载，如风荷载、构件自重等。

2. 间接荷载

间接荷载指通过其他结构间接对所分析的结构产生作用的荷载。如图 1-4 所示某钢桁架桥，列车荷载是通过纵梁、横梁传给两侧桁架结构，因此对桁架结构来说，它只在结点处受到间接荷载（结点荷载）作用。

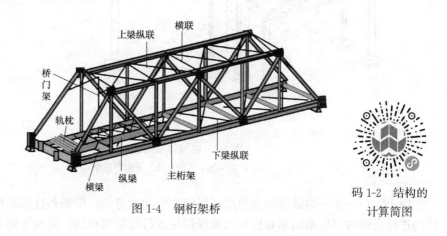

图 1-4　钢桁架桥

码 1-2　结构的计算简图

第三节　结构的计算简图

工程实际结构十分复杂，完全按照原结构的实际情况进行力学分析是不可能的，也是没必要的。因此，为了便于计算，在对实际结构进行力学计算之前，必须对其加以简化，在保证能反映结构主要受力和变形特征的前提下略去一些次要因素，这样会大大简化计算。这种经合理简化、能反映原结构基本受力和变形特性的简化力学模型，称为结构的计算简图。

结构计算简图的选取是力学分析的基础，其确定原则主要考虑以下两点：

（1）计算简图要尽可能符合实际情况：计算简图应能反映实际结构的主要受力和变形特征；

(2) 计算简图要尽可能简单：对结构的内力和变形影响较小的次要因素，可以较大程度地简化甚至忽略，使计算大大简化。

对于一个实际结构来说，根据上述原则得到的计算简图可能不止一个。这就要求要有一定的结构计算经验，并且要善于比较各个不同因素的相对重要性，抓住主要矛盾，准确而果断地选定结构的计算简图。在一些比较复杂的情况中，为了适应不同精度要求，对于同一结构还可以采用不同的计算简图。例如，在初步选定杆件截面时，可以采用简单粗糙的计算简图，而在最后计算时则采用复杂精确的计算简图。

将实际杆件结构简化为计算简图，一般可从以下六个方面进行。

一、结构体系的简化

实际工程结构都是由各部分相互连接形成的一个空间整体，以承受各个方向可能出现的荷载，也就是说实际工程结构都是空间结构。但在大多数情况下，这种空间结构通常可忽略一些次要的空间约束而将其看成是多个平面结构的组合，从而将其简化成平面结构来计算。

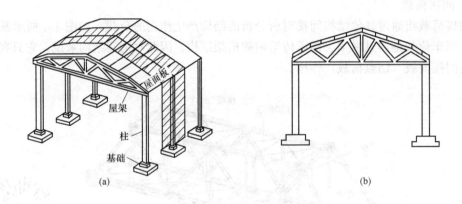

图 1-5 结构体系简化示例
(a) 厂房空间示意图；(b) 平面计算单元

图 1-5（a）为一钢筋混凝土单层厂房结构空间示意图。屋架和柱都是预制的，屋架与柱的连接是通过将屋架端部和柱顶的预埋钢板进行焊接实现的。屋架上铺有屋面板。厂房结构是由一系列由屋架、柱和基础组成的结构，沿厂房的纵向有规律地排列起来，再由屋面板等纵向构件连接形成的空间结构。作用于厂房上的荷载一般是沿纵向均匀分布的。因此，可以从这个空间结构中，取出柱间距中线之间的部分（图中阴影部分）作为计算单元。作用在结构上的荷载，通过纵向构件分配到各个计算单元平面内。这样就把空间结构分解成若干个这样的计算单元，而每一个计算单元可以看作一个独立的平面结构（图 1-5b）。

当然，有些空间结构不能简化成平面结构，只能按空间结构通过三维建模分析。

二、杆件的简化

杆件的截面尺寸（指截面宽度和高度）比杆件长度的尺寸小得多，截面上的应力可根据截面的内力（弯矩、剪力和轴力）来确定。因此，无论是直杆或曲杆，在计算简图中均可用其轴线来表示，杆件之间的连接区域用结点表示，结点间的距离表示杆长，作用在杆件上的荷载也将相应地将作用点转移到杆轴线上。注意，当截面尺寸较大（如超过杆长的1/4）时，杆件用其轴线表示时，将会引起较大误差。

三、结点的简化

结构中杆件汇集连接区，称为结点。根据构造和受力状态的不同，结点通常可以简化为三种类型：铰结点、刚结点和组合结点。

1. 铰结点

铰结点连接的各杆件在连接处不能相对移动，但可绕结点中心产生相对转动，即铰结点对杆件的转动起不到约束作用。其实，铰结点这种理想情况是很难实现的。比如在木屋架端结点中（图1-6a），下弦杆与上弦杆通过螺杆相连，两杆间不能相对移动，但相互间有微小的转动，计算时这个端结点可简化为一铰结点（图1-6b）。

铰结点不可以承受和传递力矩，但可以承受和传递力。

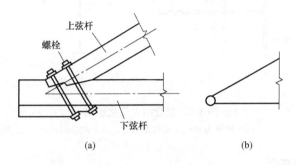

图1-6 铰结点简化示例
（a）木屋架端结点构造简图；（b）铰结点

2. 刚结点

刚结点连接的杆件在连接处不能相对移动，也不可绕中心产生相对转动。如图1-7（a）所示为现浇钢筋混凝土梁与柱交接处的结点，上柱、下柱和横梁在该处用混凝土浇筑成整体，横梁的纵向钢筋在柱内也有一定的锚固长度，所以通常这种结点应视为刚结点，如图1-7（b）所示。

刚结点不仅可以承受和传递力，也可以承受和传递力矩。

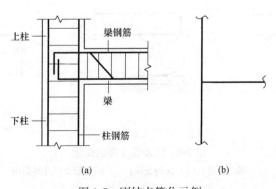

图1-7 刚结点简化示例
（a）现浇钢筋混凝土梁柱结点示意图；（b）刚结点

7

3. 组合结点

在实际工程结构中还存在部分刚结、部分铰点的结点，这类结点称为组合结点。如图 1-8（a）所示为钢梁与钢柱间较常采用的连接情况，钢梁腹板与焊于钢柱翼缘上的连接板用摩擦型高强度螺栓相连。钢梁与钢柱间的连接为铰接，其变形特征与受力特征和铰结点相符；但上柱与下柱在结点处仍为刚接，其变形特征和受力特征与刚结点相符。因此，此结点属于组合结点，如图 1-8（b）所示。

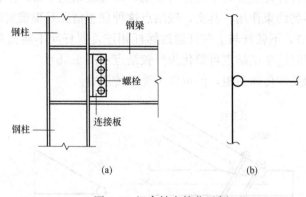

图 1-8 组合结点简化示例
(a) 钢梁与钢柱连接构造示意；(b) 组合结点

四、结构支座的简化

支座是指研究的结构与基础或其他支承物的连接区，即指固定结构位置的装置。支座按其构造特点及约束作用，一般可简化为以下四种情况：活动铰支座（滚轴支座）、固定铰支座、固定支座及定向支座。

1. 活动铰支座（滚轴支座）

如图 1-9（a）、(b) 所示分别为桥梁结构中通常采用的辊轴支座和摇轴支座，上部结构（或被支承的部分）能沿支承面方向移动，且能绕铰心转动，但不能垂直于支承面方向移动，这类支座称为活动铰支座。在计算简图中活动铰支座用一根垂直于支承面方向的支杆表示，它只能提供一个垂直于支承面方向的支座反力 F_A，如图 1-9（c）所示。

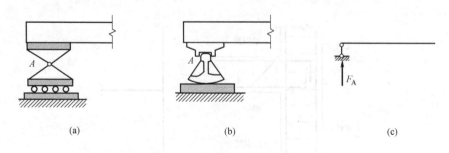

图 1-9 活动铰支座的简化
(a) 辊轴支座；(b) 摇轴支座；(c) 活动铰支座计算简图

2. 固定铰支座

如图 1-10（a）所示为预制柱插入杯形基础后以沥青麻丝填充，柱在支承处不能发生任何移动，但基础允许柱子产生微小的转动，柱底的这类支座约束可看成固定铰支座。在计算简图中，固定铰支座用两根相交的支杆表示，如图1-10（b）、（c）所示。固定铰支座的支座反力F_A通过铰心，但方向和大小都是未知的，因此通常用两个确定方向的未知反力分量F_{Ax}、F_{Ay}来表示。

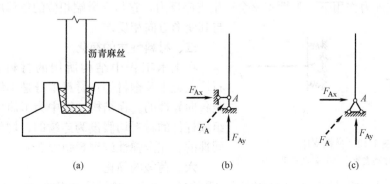

图1-10　固定铰支座的简化
(a) 预制柱与基础的连接；(b) 固定铰支座计算简图1；(c) 固定铰支座计算简图2

3. 固定支座

如图1-11（a）所示为预制柱插入杯形基础后用细石混凝土填充，柱在支承处不能发生任何移动和转动，柱底的这类支座约束可看成固定支座。在计算简图中，固定支座可按图1-11（b）表示。固定支座不仅能提供反力，也能提供反力矩M_A，反力通常用两个确定方向的未知反力分量F_{Ax}、F_{Ay}来表示。

4. 定向支座

如图1-12（a）所示上部构件在支承处不能发生转动和垂直于支承面方向的移动，但可沿支承面方向滑动，这类支座称为定向支座。在计算简图中定向支座可用一对平行链杆表示，其支座反力分别用限制移动方向上的反力F_{Ay}及限制转动方向上的反力矩M_A来表示，如图1-12（b）所示。

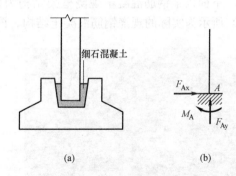

图1-11　固定支座的简化
(a) 预制柱与基础的连接；(b) 固定支座

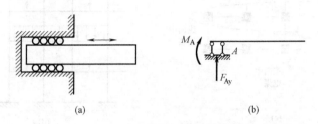

图1-12　定向支座的简化
(a) 定向支座示意图；(b) 定向支座计算简图

上面所说的支座，在外力作用下支座本身不产生变形，称为刚性支座。若在外力作用下支座本身会产生变形，从而影响结构的内力和变形，则称为弹性支座。弹性支座有抗移动的弹性支座（图1-13a）及抗转动的弹性支座（图1-13b）。使弹性移动支座发生单位线位移所需施加的力，或使弹性转动支座发生单位角位移所需施加的力矩，称为弹性支座的刚度系数。在外力作用下，弹性支座会产生支座反力，它与支承端相应的位移成正比，但与其变形方向相反。

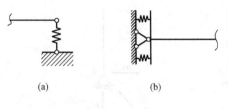

图1-13 弹性支座
(a) 弹性移动支座；(b) 弹性转动支座

五、材料性质的简化

在土木工程中结构所用的材料通常为砖、石、混凝土及钢材等，材料本身是不均匀的，甚至各向异性的。在结构计算中为了简化，通常将组成杆件的材料均假设为连续的、均匀的、各向同性的、完全弹性或理想弹塑性的。

六、荷载的简化

实际工程结构所受的荷载类型较多，本章第二节重点讨论了这方面的内容。结构所受荷载包括体积力和表面力。体积力指结构的自重或惯性力等，表面力则是由其他物体通过接触面传给结构的作用力，如土压力、车辆荷载等。杆件结构中，已经将杆件简化到轴线位置，因此不管是体积力还是表面力都可以简化为作用在杆件轴线上的集中荷载或分布荷载。

下面以某钢筋混凝土现浇框架结构为例，说明结构计算简图的简化过程。如图1-14(a) 所示为实际的现浇钢筋混凝土结构。该建筑的上部结构可以看作由主要承重构件（钢

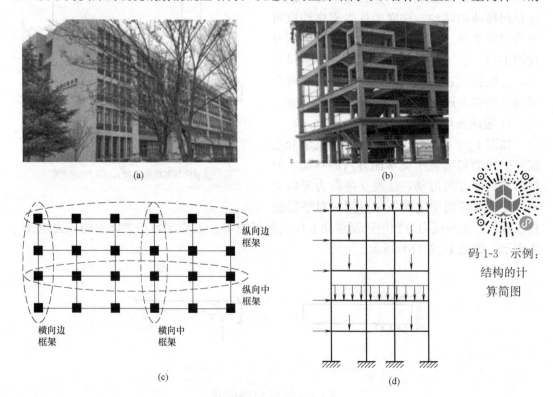

码1-3 示例：结构的计算简图

图1-14 框架结构计算简图的简化过程
(a) 实际结构；(b) 空间框架结构；(c) 框架平面布置示意图；(d) 横向平面框架结构计算简图

筋混凝土梁及柱）构成的空间杆件结构，如图 1-14（b）所示，这里不考虑填充墙对其抗侧力的影响。如图 1-14（c）所示为框架平面布置示意图。

确定上部结构的相应计算简图的步骤如下：

（1）将空间结构简化成平面结构

实际的空间框架结构可以看成纵横两个方向的平面框架，纵向框架和横向框架分别承受各自方向上的水平力，而竖向荷载则根据楼盖布置方式的不同按不同的传递路径分别传递到横向及纵向框架上。将空间框架结构简化为沿横向和纵向的平面框架，并取出具有代表性的几榀框架作为计算单元进行分析，如图 1-14（c）中所示的横向中框架、横向边框架、纵向中框架和纵向边框架等。

（2）杆件的简化

梁、柱用几何轴线代替。

（3）结点的简化

现浇钢筋混凝土梁、柱结点都可以简化为刚结点。

（4）支座的简化

现浇钢筋混凝土柱与现浇基础间的支座都可以简化为固定支座。

（5）荷载的简化

作用在该框架的外荷载可以简化成作用在梁、柱轴线处的集中荷载或分布荷载。如图 1-14（d）所示为横向某榀框架的计算简图。

第四节　杆件结构的分类

杆件结构可根据其计算简图，从不同的方面进行分类。若按计算特性来划分，杆件结构可分为静定结构和超静定结构两大类。静定结构的全部支座反力和内力可由静力平衡条件唯一确定；而对超静定结构，不能由静力平衡条件确定全部支座反力和内力，还必须考虑变形条件。

杆件结构通常按受力特性来划分，可分为梁、刚架、拱、桁架、组合结构及悬索结构六大类。

一、梁

梁是一种受弯构件，其轴线一般为直线。梁在竖向荷载作用下不产生水平方向支座反力，其内力一般有弯矩和剪力，以弯矩为主。梁有静定梁和超静定梁。单跨静定梁有简支梁（图 1-15a）、悬臂梁（图 1-15b）和外伸梁（图 1-15c），如图 1-15（d）所示为多跨静定梁。如图 1-15（e）为单跨超静定梁，图 1-15（f）为多跨超静定梁。

二、刚架

刚架是由梁和柱组成，结点多为刚结点。其内力一般有弯矩、剪力和轴力，以弯矩为主。刚架分为静定刚架（图 1-16a、b）和超静定刚架（图 1-16c）。

三、拱

拱的轴线一般为曲线，且在竖向荷载作用下会产生水平推力，这使得拱内弯矩、剪力比相应梁中内力要小得多，拱的内力以压力为主。如图 1-17（a）所示为三铰拱，它是静定拱。如图 1-17（b）、（c）所示分别为两铰拱和无铰拱，均为超静定拱。

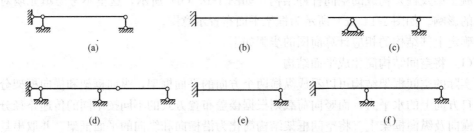

图 1-15 梁

(a) 简支梁；(b) 悬臂梁；(c) 外伸梁；(d) 多跨静定梁；(e) 单跨超静定梁；
(f) 多跨超静定梁

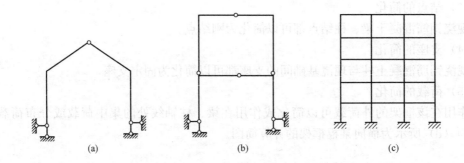

图 1-16 刚架

(a) 三铰刚架；(b) 两层静定刚架；(c) 超静定刚架

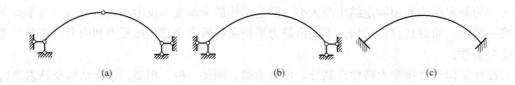

图 1-17 拱

(a) 三铰拱；(b) 两铰拱；(c) 无铰拱

四、桁架

桁架全由两端铰接的链杆组成。当仅受结点荷载作用时，桁架各杆只有轴力（拉力或压力）。图 1-18 (a) 为静定三角形桁架，图 1-18 (b) 为超静定平行弦桁架。

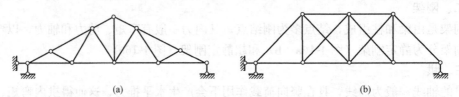

图 1-18 桁架

(a) 静定桁架；(b) 超静定桁架

五、组合结构

组合结构由只承受轴力的链杆和主要承受弯矩的梁式杆组成，其中含有组合结点。如图 1-19（a）所示为由桁架和刚架组合而成的静定组合结构，如图 1-19（b）所示为由桁架和梁组合而成的超静定组合结构。

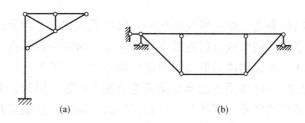

图 1-19 组合结构
(a) 静定组合结构；(b) 超静定组合结构

六、悬索结构

悬索结构指由一系列柔性受拉索作为主要承重构件、按一定规律组成各种不同形式的体系并悬挂在相应支承上的承重结构。现代悬索结构主要用于大跨度桥梁工程及屋盖结构，如图 1-20 所示为由主索、吊杆及加劲梁等构成的劲式悬索桥。

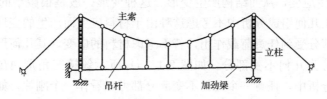

图 1-20 悬索桥

第二章　平面杆件体系的几何组成分析

杆件结构力学的任务之一就是研究结构的几何组成规律和合理形式，几何组成分析就是讨论此内容。本章从几何组成分析的基本概念着手，研究平面杆件体系的几何组成规律及几何组成分析方法，并说明体系的几何组成与静定性之间的关系。几何组成分析的主要目的是解决怎样组成的杆件体系才能承受荷载这个基本问题。同时，由于结构的受力性能与其组成方式存在必然的联系，因此对一些较复杂的结构，可根据其几何组成特点，选择相应的计算方法和计算次序。

第一节　几何组成分析的基本概念

码 2-1　杆件体系的类型

一、平面杆件体系的类型

杆件结构是指由若干杆件相互连接，并与基础通过一定方式相连接而构成的结构体系。结构受荷载作用时，杆件截面上产生应力，材料产生应变，从而结构产生变形。这种变形一般是很微小的，不影响结构的正常使用，因此在几何组成分析中不考虑这种由于材料应变而产生的变形。

当体系中一部分受到任意荷载作用，若不考虑材料的应变，其几何形状和位置均能保持不变，称该部分为几何不变部分，如图 2-1（a）所示铰接三角形 ABC 为几何不变部分。在几何组成分析中，任意一个几何不变部分都可以看作一个刚片，如一根链杆、铰接三角形 ABC（图 2-1a），甚至是支撑上部体系的基础等。

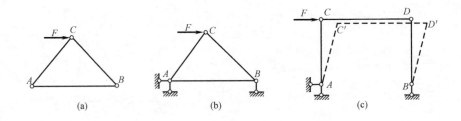

图 2-1　几何不变体系与几何可变体系
(a) 几何不变部分（刚片）；(b) 几何不变体系；(c) 几何可变体系（几何常变）

当上部体系通过一定方式与基础相连构成的整个体系，受到任意荷载作用时，若不考虑材料的应变，其几何形状和位置均能保持不变，则称该体系为几何不变体系。如图 2-1（b）所示，将铰接三角形 ABC 通过不相互平行也不交于一点的三根链杆与基础相连构成的杆件体系，为几何不变体系。工程结构都应该是几何不变体系。

如图 2-1（c）所示三连杆体系，即使不考虑材料的应变，在微小的荷载作用下也会产生刚体位移（如图中虚线所示），而不能保持原有的几何形状和位置，该体系称为几何可变体系。

几何可变体系有两种特殊情况。

(1) 几何常变体系

几何可变体系在很小的荷载作用下会产生位移，经微小位移后仍能继续发生刚体运动，这样的几何可变体系称为几何常变体系。如图 2-1 (c) 所示的三连杆体系就是几何常变体系。很明显，几何常变体系不能作为工程结构来使用。

(2) 几何瞬变体系

原为几何可变体系，经微小位移后即转化为几何不变体系，即该体系几何形状或位置的改变只发生在一瞬间，过了这一瞬间，体系就恢复到几何不变状态，因此称这种几何可变体系为几何瞬变体系。

如图 2-2 (a) 所示，杆 AB、AC 通过铰 A 相连，它们又分别通过铰 B、C 与基础相连接，且铰 A、B 和 C 共线。杆 AB 可以绕以铰 B 为圆心、AB 为半径的圆弧Ⅰ转动，杆 AC 可以绕以铰 C 为圆心、AC 为半径的圆弧Ⅱ转动，两圆弧在 A 处有一公切线，那么铰 A 可沿此公切线方向移动，故该体系是几何可变的。不过，一旦发生微小位移后（设 A 点移动到 A' 点），三铰就不再共线了，运动就不会继续发生，因此该体系是几何瞬变体系。

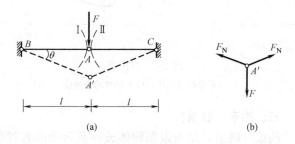

图 2-2 几何瞬变体系
(a) 几何瞬变体系；(b) 结点 A' 受力分析

在图 2-2 (a) 中，施加任意荷载 F，使杆 AB、AC 旋转任意小的 θ 角，假设两杆长度均为 l。由对称性，可设杆 AB、AC 的轴力均为 F_N，由结点 A' 的竖向平衡条件（图 2-2b）有：

$$2F_N \sin\theta = F$$

可知：

$$F_N = \frac{F}{2\sin\theta} \tag{2-1}$$

式 (2-1) 中，只要外荷载 F 不为零，由于 $\theta \to 0$，则必然有 $F_N \to \infty$，且支座反力也趋于无穷大。这表明，几何瞬变体系在从不能平衡到平衡的过程中，会产生无穷大的内力及支座反力，它远超过结构杆件或支承杆的承载能力，使结构破坏。因此，工程结构绝不能采用几何瞬变体系，而且也应避免采用接近于瞬变的体系。

从以上的分析可知，平面杆件体系包括几何不变体系和几何可变体系，几何可变体系又分为几何常变体系和几何瞬变体系。对一个杆件体系进行分析计算前，首先要判断它是否为几何不变体系,这一工作称为几何组成分析。

二、自由度

对体系进行几何组成分析时,判断一个体系是否几何不变涉及体系运动的自由度。所谓自由度,就是体系在所受限制的许可条件下独立的运动方式,即能确定体系几何位置的彼此独立的几何坐标数目。如图 2-3(a)所示,一个动点在平面内的位置,可用在选定的坐标系中两个坐标(x 和 y)来确定。当 (x, y) 变为新值 (x', y') 时,动点原来的位置 A 则变为 A'。所以,平面内一点的自由度为 2。

一个刚片在平面内自由运动时,如图 2-3(b)所示,其位置需用 3 个独立的变量来确定,即刚片内任一点 A 的坐标(x 和 y)和通过 A 点的任一直线 AB 的倾角 θ 来确定。当改变 x、y、θ 时,刚片就有确定的新位置,所以平面内一个刚片的自由度为 3。

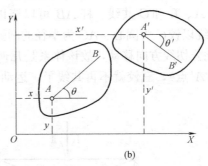

图 2-3 自由度
(a) 点的自由度;(b) 刚片的自由度

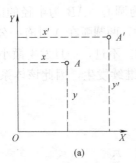

码 2-2 约束(联系)

三、约束(联系)

约束(联系)是指限制物体或体系运动的各种装置,可分为外部约束和内部约束。外部约束是指体系与基础之间的联系,即支座。内部约束是指体系内部各杆件之间或结点之间的联系,如铰结点、刚结点和链杆等。体系的自由度将会因约束的加入而减少,不同的约束对自由度的影响是不一样的。

1. 外部约束(支座约束)

在图 2-4(a)中,刚片 Ⅰ 在 A 点与基础用支座链杆 AB(即活动铰支座)相连,由于 A 点不能沿链杆方向移动,故此时刚片 Ⅰ 只有两种运动方式,即 A 点绕 B 点转动及刚片 Ⅰ 绕铰 A 转动。这说明,支座链杆 AB 的加入,刚片的自由度由 3 个减到 2 个,因此,1 个活动铰支座相当于 1 个约束。

在图 2-4(b)中,刚片 Ⅰ 在 A 点与基础用两根不共线且汇交于 A 点的支座链杆(即固定铰支座)相连。由于 A 点不能移动,故此时刚片 Ⅰ 只有一种运动方式,即只能绕铰 A 转动。即固定铰支座的加入,刚片的自由度由 3 个减到 1 个,因此 1 个固定铰支座相当于 2 个约束。

在图 2-4(c)中,刚片 Ⅰ 通过固定支座与基础相连,刚片在 A 点既不能移动又不能转动。因此,1 个固定支座相当于 3 个约束。

2. 内部约束

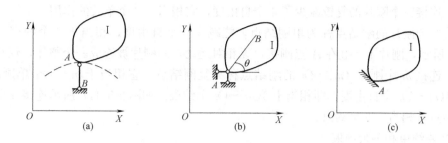

图 2-4 支座约束
(a) 活动铰支座；(b) 固定铰支座；(c) 固定支座

如图 2-5 (a) 所示为两个刚片 Ⅰ 和 Ⅱ 通过链杆 AB 相连。此时，若刚片 Ⅰ 具有 3 个自由度 (x, y, θ)，用链杆 AB 约束刚片 Ⅱ 后，此时刚片 Ⅱ 的位置只有两种运动方式，即 B 点绕 A 点转动及刚片 Ⅱ 绕铰 B 转动，即整个体系共有 5 个自由度。这说明，加入链杆 AB，体系自由度由 6 个降至 5 个，故 1 根单链杆相当于 1 个约束。

连接多于 2 个铰结点的链杆称为复链杆。复链杆可以折合为单链杆来考虑：连接 m 个结点的复链杆，相当于 $2m-3$ 个单链杆，即相当于 $2m-3$ 个约束。如图 2-5 (b) 所示复链杆相当于 3 个约束。

图 2-5 (c) 中，刚片 Ⅰ 和 Ⅱ 用铰 A 相互约束连接，像这样连接两个刚片的铰称为单铰。此时，若刚片 Ⅰ 具有 3 个自由度 (x, y, θ)，用单铰 A 约束刚片 Ⅱ，则刚片 Ⅱ 只能绕 A 铰转动，即整个体系共有 4 个自由度。这说明，单铰 A 的加入，原体系的自由度由 6 个减少为 4 个。因此，1 个单铰相当于 2 个约束。

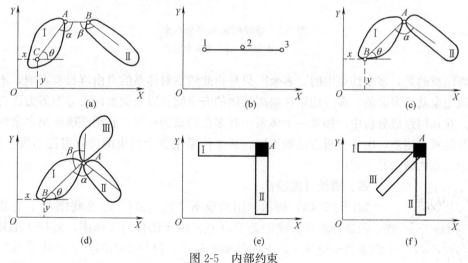

图 2-5 内部约束
(a) 单链杆；(b) 复链杆；(c) 单铰结点；(d) 复铰结点；(e) 单刚结点；(f) 复刚结点

连接两个以上刚片的铰称为复铰，复铰所起的约束作用可以折合为单铰来考虑：连接 m 个刚片的复铰，可折合成 $m-1$ 个单铰，即相当于 $2(m-1)$ 个约束。图 2-5 (d) 中，三个刚片 Ⅰ、Ⅱ 和 Ⅲ 用铰 A 相互约束连接，此时若刚片 Ⅰ 具有 3 个自由度 (x, y, θ)，用铰 A 约束刚片 Ⅱ、Ⅲ 后，刚片 Ⅱ、Ⅲ 都只能绕 A 铰转动，即整个体系共有 5 个自由度。

这说明，连接三个刚片的复铰减少了 4 个自由度，它相当于 2 个单铰的作用。

连接 2 个刚片的刚结点称为单刚结点，能减少 3 个自由度，相当于 3 个约束。如图 2-5（e）所示，刚片Ⅰ、Ⅱ在 A 点刚接，无相对运动，两刚片被连成一个整体，仅有 3 个自由度。连接 m 个刚片（m＞2）的刚结点称为复刚结点，它相当于 m-1 个单刚结点，能减少 $3(m-1)$ 个自由度，即相当于 $3(m-1)$ 个约束。如图 2-5（f）所示连接 3 个刚片的复刚结点，相当于 6 个约束。

3. 必要约束和多余约束

从能否减少体系的自由度方面来划分，约束可分为两大类，即必要约束和多余约束。为保持体系几何不变所必须具有的约束称为必要约束，即必要约束能减少体系的自由度。不能使体系的自由度数目减少的约束称为多余约束。

如图 2-6（a）所示，若只通过两根不共线的链杆 1、2 将结点 A 与基础相连，则 A 点即被固定住了。由于链杆 1、2 的加入，使结点 A 的自由度由 2 减为 0，因此这两个支座链杆都是必要约束。如果再增加链杆 3 将结点 A 与基础相连（图 2-6b），此时体系的自由度仍为 0，相当于链杆 3 没有减少体系的自由度，因此链杆 3 这个约束可看作多余约束。实际上，可以把三根链杆中的任何一根当作多余约束。

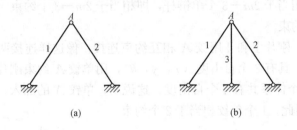

图 2-6 必要约束和多余约束
（a）必要约束；（b）有多余约束

要注意的是，多余约束中的"多余"只是指此约束对体系的自由度没有影响，不能理解为该约束就是多余的。多余约束在提高结构的安全储备以及调整内力分布等方面有很大作用。在几何组成分析中，如果一个体系中有多余约束的存在，必须准确指出多余约束的数量及位置。当然，由于分析方法的不同，一个体系中多余约束的位置可能会发生改变，但多余约束的数量是一定的。

四、瞬铰（虚铰）

码 2-3 瞬铰
（虚铰）

如图 2-7（a）所示，用两根不平行的链杆 1、2 将刚片Ⅰ与基础相连，两链杆的延长线汇交于 O 点。由于链杆约束作用，链杆 1 的端点 a 应沿垂直于链杆 1 的方向作微小运动，链杆 2 的端点 c 也应沿垂直于链杆 2 的方向作微小运动。显然，刚片Ⅰ可以发生以 O 点为中心的微小转动。即刚片Ⅰ的瞬时转动情况，与刚片Ⅰ在 O 点用铰与基础连接时的情况完全相同。因此，从刚片瞬时微小运动来看，两根链杆所起的约束作用相当于在链杆交点处的一个铰所起的约束作用，但这个铰不是一个真实的铰，故称虚铰，以区别于实铰。显然，在体系运动过程中，与两根链杆相应的虚铰位置也随之发生改变，因此虚铰也称为瞬铰。O 点称为瞬时转动中心。

两刚片间用两根相互平行的链杆相连,如图 2-7(b)所示,两根平行链杆所起的约束作用相当于无穷远处的瞬铰所起的约束作用。关于虚铰在无穷远处的特殊情况,将在第三节中详细介绍。

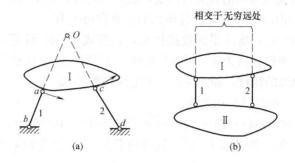

图 2-7 瞬铰(虚铰)
(a)有限远处虚铰;(b)无限远处虚铰

第二节 计算自由度

平面杆件体系自由度的计算方法,通常可采用以下两种方法,一是以杆件的自由度为主体,以结点和支座链杆为约束来减少自由度;二是以铰结点的自由度为主体,以杆件和支座链杆为约束来减少自由度。前者适用于一般任意杆件体系,后者仅适用于铰结杆件体系。

码 2-4 计算自由度

以杆件的自由度为主体,可以这样来考虑计算自由度:
(1)假设体系是由 m 个单杆组成,则共有 $3m$ 个自由度;
(2)设单铰结点数为 h,则其约束数为 $2h$;
(3)设单刚结点数为 g,则其约束数为 $3g$;
(4)上部体系以支座链杆与基础连接,设 r 为支座链杆数,则支座约束数为 r。
则一般具有刚结点和铰结点的平面杆件体系的自由度 W 均可表示为:
$$W=3m-(2h+3g+r) \tag{2-2}$$
在这里,复铰结点或复刚结点的约束作用应折算成单铰结点或单刚结点来考虑。

对于铰结杆件体系,若以铰结点的自由度为主体,以杆件和支座链杆为约束,可以这样考虑计算自由度:
(1)设 j 为铰结点数,则共有 $2j$ 个自由度;
(2)设 b 为链杆的数目,则其约束数为 b;
(3)上部体系以支座链杆与基础相连接,设 r 为支座链杆数,则支座约束数为 r。
则铰接杆件体系的计算自由度 W 也可表示为:
$$W=2j-(b+r) \tag{2-3}$$
式(2-2)中的结点数目计算繁杂,有单铰、单刚、复铰和复刚四种形式,而且杆件与结点的选择形式灵活性较大(尽量选择杆件数目与结点数都较少的刚片形式),一般适用于具有刚性结点的杆件体系。式（2-3）中的结点数目和杆件数目比较容易计算，但它仅适用于铰结杆件体系。

实际上，体系中的约束不一定都能减少自由度，这与体系中是否存在多余约束有关。这说明，W 不一定能反映体系的真实自由度，故称其为计算自由度。

【例 2-1】 计算如图 2-8 所示各杆件体系的计算自由度 W。

【解】 对如图 2-8（a）所示平面铰接体系，若按式（2-2）计算，每根直杆都视为一个刚片，即 $m=28$。单铰数目为 4，所有复铰结点相当于 36 个单铰，图中括号内数字即为铰结点，相当于单铰的数目，即 $h=40$。支座约束数 $r=3$。

根据式（2-2），可得计算自由度为：

$$W = 3m - (2h + 3g + r) = 3 \times 28 - (2 \times 40 + 3) = 1$$

若按式（2-3）计算，铰结点 $j=16$，链杆约束 $b=28$，支座约束数 $r=3$，故可得计算自由度为：

$$W = 2j - (b + r) = 2 \times 16 - (28 + 3) = 1$$

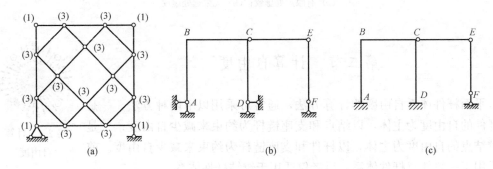

图 2-8 例 2-1 图

对图 2-8（b），按式（2-2）计算，若每根直杆都视为一个刚片，即 $m=5$；单铰结点数 $h=2$，单刚结点数 $g=2$，支座约束 $r=5$，故其计算自由度为：

$$W = 3m - (2h + 3g + r) = 3 \times 5 - (2 \times 2 + 3 \times 2 + 5) = 0$$

也可以将折杆 ABCD 视为一个刚片，此时 $m=3$，$h=2$，$g=0$，$r=5$，故其计算自由度为：

$$W = 3m - (2h + 3g + r) = 3 \times 3 - (2 \times 2 + 5) = 0$$

对如图 2-8（c）所示体系，按式（2-2）计算，若将每根直杆都视为一个刚片，则 $m=5$，单铰数 $h=2$，单刚结点数 $g=2$，支座约束数 $r=7$。故其计算自由度为：

$$W = 3m - (2h + 3g + r) = 3 \times 5 - (2 \times 2 + 3 \times 2 + 7) = -2$$

根据以上分析可知，平面杆件体系的计算自由度按式（2-2）或式（2-3）计算的结果，可能为正值、负值或零。

(1) 若 $W > 0$，说明体系缺少必要的约束，故必为几何常变体系。

(2) 若 $W = 0$，表明体系具有成为几何不变所需的最少约束数目。如果约束布置得当，没有多余联系，体系是几何不变的；若约束布置不当，具有多余联系，体系仍是几何可变的。如图 2-8（b）所示体系，由于左边 ABCD 部分有多余约束而右边 CEF 部分又缺少必要约束，故该体系仍是几何可变的。

（3）若 $W<0$，表明体系具有多余约束，但若约束布置不当，仍有可能是几何可变体系。如图 2-8（c）所示，左边 ABCD 部分多 3 个约束，但右边 CEF 缺少必要的约束，故其仍是几何可变的。

因此，$W\leqslant0$ 是体系满足几何不变的必要条件，还不是充分条件。如若进一步判断体系是否几何不变，仍需继续进行几何组成分析。

需要提醒的是，有时在自由度计算时不考虑支座链杆，只检查上部体系本身（或体系内部）的几何构造。由于本身为几何不变部分作为一个刚片在平面内尚有 3 个自由度，故其为几何不变部分的必要条件应为 $W\leqslant3$。

第三节 杆件体系的几何组成规则

为了避免平面杆件体系成为几何常变或瞬变体系，各杆件之间的连接必须符合一定的组成规则。这里只讨论平面杆件体系最基本的组成规律，复杂杆件体系的几何构造问题在此不作讨论。

码 2-5 二元体规则

一、二元体规则

在杆件体系几何组成分析中，把两根不共线的链杆连接一个结点的装置称为二元体，如图 2-9（a）中结点 A 和链杆 1、2 组成的就是一个二元体。这里要注意，二元体装置中连接结点的链杆可以是折杆（图 2-9b）、曲杆（图 2-9c），甚至可以是一个几何不变部分（图 2-9d）。另外，如图 2-9（e）所示的装置也可称为二元体。

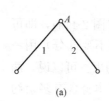 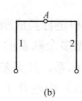 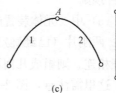 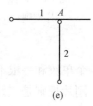

(a) (b) (c) (d) (e)

图 2-9 二元体的形式

下面讨论在某一体系上增加一个二元体，如图 2-10（a）所示，其几何组成情况如下：刚片Ⅰ原有 3 个自由度，由于增加了结点 A，相当于体系中增加了 2 个自由度；而同时又新增了两根不共线的链杆，相当于增加了 2 个约束。因此，在一个体系上增加一个二元体并不改变原体系的自由度，即若原体系是几何不变的，增加一个二元体后仍是几何不变的；若原体系是几何可变的，增加一个二元体后仍是几何可变的。同理，在一个体系上拆除一个二元体，也不改变原体系的几何组成特性。

因此，在一个体系中增加或拆除一个二元体，不会改变原有体系的几何组成性质，此即为二元体规则。

利用二元体规则可以直接对某些杆件体系进行几何组成分析，特别对铰结体系尤其适用。如图 2-10（b）所示，可以选基础作为基本刚片，先通过链杆 13、23 将结点 3 固定在基本刚片上，形成几何不变部分 123；再以几何不变部分 123 为扩大的基本刚片，根据二元体规则通过链杆 24、34 将结点 4 固定在此扩大的基本刚片上，形成几何不变部分 1234；如此依次增加二元体，就能依次固定结点 5、6、7、8，最后形成整个杆件体系。由于基础是没有多余约束的几何不变部分，依次增加二元体形成的整个杆件体系也必是几何不变体系，而且没有多余约束。

当然，也可以反过来，用拆除二元体的方法对如图 2-10（b）所示体系进行几何组成分析：结点 8 连接了两根不共线的链杆 58、78，它们构成了一个二元体，可以拆除掉。这时，结点 7 也只连接了两根不共线的链杆 57、67，它们也构成了一个二元体，也可以拆除。采用同样的方法，可以依次拆除结点 6、5、4、3，最后只剩下基础，同样可判断原体系是没有多余约束的几何不变体系。

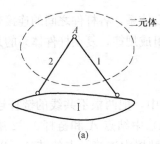
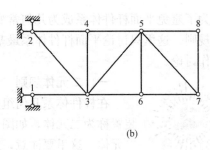

图 2-10 二元体规则及其应用
(a) 二元体规则；(b) 二元体规则的应用

码 2-6 两刚片规则

二、两刚片规则

将图 2-10（a）中二元体装置的一根链杆换成刚片（图 2-11a），即可得两刚片规则：两刚片（已经确定为无多余联系的几何不变部分）用一个单铰和一根不通过此铰的链杆相连，则组成几何不变体系，且无多余约束。可以说，两刚片规则是二元体规则的推广。这里需注意，图 2-11（a）中刚片 I、II 本身含有多余约束，则形成的体系为具有多余约束的几何不变部分，多余约束数目即为刚片本身多余约束之和。

两刚片规则中，单铰可以是实铰，也可以是虚铰。如图 2-11（b）所示，刚片 I、II 通过链杆 1、2、3 相连，若链杆 1、2 形成一虚铰 O，要让刚片 I、II 能形成几何不变部分，链杆 3 必不能通过虚铰 O，即三根链杆不能相互平行，也不能交于一点。因此两刚片规则也可以表述为：两刚片（已经确定为无多余约束的几何不变部分）用三根不全平行也不交于同一点的链杆相连，则形成几何不变部分，且无多余约束。

需要提醒的是，用两刚片规则进行几何组成分析，若实际体系中约束布置不当，就得到不同的结论。如图 2-12（a）所示，通过实际交于一点的三链杆相连形成的两刚片体系为几何常变体系。如图 2-12（b）所示，通过在延长线上交于一点的三链杆相连形成的两刚片体系为几何瞬变体系。如图 2-12（c）所示，通过三根平行但不等长的链杆相连形成

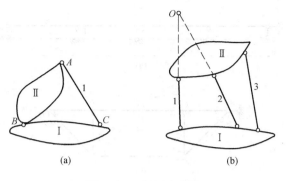

图 2-11 两刚片规则

的两刚片体系为几何瞬变体系。如图 2-12（d）所示，通过三根平行且等长的链杆相连形成的两刚片体系为几何常变体系。

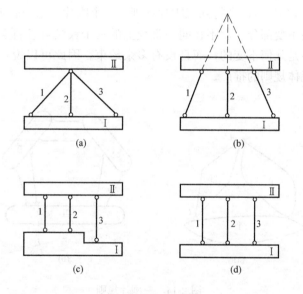

图 2-12 约束布置不当的两刚片体系

【**例 2-2**】 对如图 2-13 所示体系进行几何组成分析。

【**解**】 如图 2-13（a）所示体系，先以基础为基本刚片Ⅰ，首先通过铰结点 1 及支座 2 处链杆按两刚片规则将杆件 16 固定在基础上，再继续通过两刚片规则依次将杆件 67、杆件 78、杆件 85 固定在基础上形成整个体系，因此该体系为无多余约束的几何不变体系，即多跨静定梁结构。

如图 2-13（b）所示体系，其几何组成可以分析为：三根链杆 AC、AK 及 CE，用三个单铰相连组成的部分是几何不变部分，记为刚片Ⅰ；同理，三根链杆 DB、BK 及 DF 也组成几何不变部分，记为刚片Ⅱ。刚片Ⅰ、Ⅱ通过铰 K 和链杆 CD 按两刚片规则组成整个上部体系，为无多余约束的几何不变部分。上部体系又与基础通过铰支座 A 和支座链杆 B 形成整个体系，因此该体系是无多余约束的几何不变体系。由于体系中含有梁式杆和链杆，这类结构即为静定组合结构。

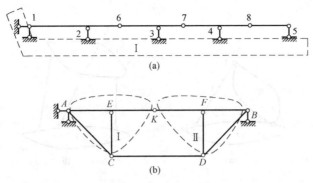

图 2-13 例 2-2 图

三、三刚片规则

码 2-7 三刚片规则

将如图 2-10（a）所示二元体装置中两个链杆全部换成刚片（图 2-14a），则得到三刚片规则：三个刚片（已经确定为无多余联系的几何不变部分）用不在同一直线上的三个铰结点各自互相连接而形成的体系是几何不变的，而且没有多余约束。因此可以说，三刚片规则也是二元体规则的推广。

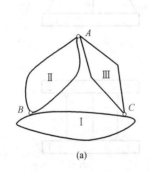 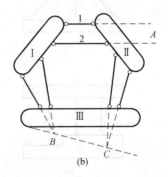

图 2-14 三刚片规则

同样地，用三刚片规则进行几何组成分析时，若约束布置不当，将会得到不同的结论。如图 2-14（a）中三刚片（杆 AC、AB 及基础）通过共线的三个实铰 A、B、C 相连，形成的体系为几何瞬变体系。

当然，图 2-14（a）中的三个铰可以都是实铰，也可以都是虚铰，还可以部分实铰部分虚铰。如图 2-14（b）所示三个刚片 Ⅰ、Ⅱ 及 Ⅲ，两两间分别由一对链杆相连，每对链杆形成一个瞬铰，即 A、B、C，若三个瞬铰 A、B 及 C 不共线，形成的仍是没有多余约束的几何不变部分。因此，三刚片规则也可以表述为：三刚片用三对链杆两两相连，若三对链杆形成的三个瞬铰的转动中心不在同一直线上，则仍形成几何不变体系。

三刚片规则中重点要判断三个铰是否共线。若铰为实铰或有限远处的虚铰，判断起来较容易。若任意两刚片间用一对平行链杆相连，会在无穷远处形成虚铰，这时如何判断无穷远处的虚铰与有限远处的虚铰是否共线，或三个都在无穷远处的虚铰是否共线呢？

几何组成分析中应用无穷远处虚铰概念时，可以采用射影几何中关于无穷远点和无穷

24

远线的相关结论：

（1）每个方向上各平行线在无穷远处交于一点，这个点称为∞点；

（2）不同方向有不同的∞点；

（3）所有∞点都在同一直线上，此直线称为∞线；

（4）所有有限远处点都不在∞线上。

下面分三种情况进行讨论。

1. 一个虚铰在无穷远处

如图 2-15 所示，三个刚片用三个铰两两相连，其中铰（Ⅰ，Ⅱ）为刚片Ⅰ、Ⅱ间的一对平行链杆 1、2 在无穷远处形成的虚铰，另两铰为实铰或两对链杆分别在有限远处形成的虚铰（Ⅰ，Ⅲ）和（Ⅱ，Ⅲ）。

若铰（Ⅰ，Ⅲ）、（Ⅱ，Ⅲ）的连线不与平行链杆 1、2 平行，如图 2-15（a）所示，此时三个铰不共线，则形成的体系为几何不变体系。

若铰（Ⅰ，Ⅲ）、（Ⅱ，Ⅲ）的连线与平行链杆 1、2 平行，如图 2-15（b）所示，此时三个铰共线，体系为几何可变的；但经过微小位移后三铰就不共线了，因此该体系是几何瞬变体系。

若形成无穷远处虚铰（Ⅰ，Ⅱ）的平行链杆 1、2 等长，且与实铰（Ⅰ，Ⅲ）、（Ⅱ，Ⅲ）的连线平行且等长，如图 2-15（c）所示，此时三个铰共线，体系为几何可变的；经过微小位移后三铰仍共线，因此该体系是几何常变体系。

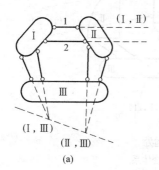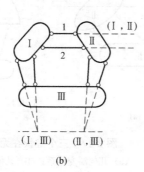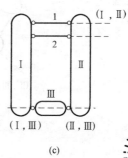

图 2-15 一个虚铰在无穷远处

(a) 几何不变体系；(b) 几何瞬变体系；(c) 几何常变体系

2. 两个虚铰在无穷远处

如图 2-16 所示，三个刚片用三个铰两两相连，其中铰（Ⅰ，Ⅲ）和（Ⅱ，Ⅲ）分别为两对平行链杆在无穷远处形成的虚铰，另一铰（Ⅰ，Ⅱ）为实铰或一对链杆在有限远处形成的虚铰。

若形成虚铰（Ⅰ，Ⅲ）、（Ⅱ，Ⅲ）的两对平行链杆不互相平行，如图 2-16（a）所示，此时三个铰是不共线的，则该体系为几何不变体系。

若形成虚铰（Ⅰ，Ⅲ）、（Ⅱ，Ⅲ）的两对平行链杆互相平行，如图 2-16（b）所示，此时三个铰共线，体系是几何可变的；但经过微小位移后三铰不共线了，因此原体系是几何瞬变体系。

若形成虚铰（Ⅰ，Ⅲ）、（Ⅱ，Ⅲ）的两对平行链杆互相平行且等长，如图 2-16（c）

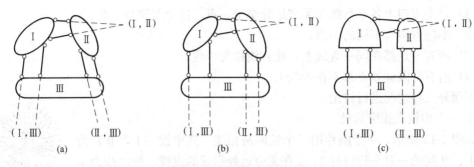

图 2-16 两个虚铰在无穷远处
(a) 几何不变体系；(b) 几何瞬变体系；(c) 几何常变体系

所示，此时三个铰共线，体系是几何可变的；经微小位移后三铰仍共线，因此原体系是几何常变体系。

3. 三个虚铰在无穷远处

如图 2-17 所示，三个刚片用三个铰两两相连，三个铰都是由平行链杆在无穷远处形成的虚铰（Ⅰ，Ⅱ）、（Ⅰ，Ⅲ）和（Ⅱ，Ⅲ）。

码 2-10 三刚片规则（三虚铰无穷远）

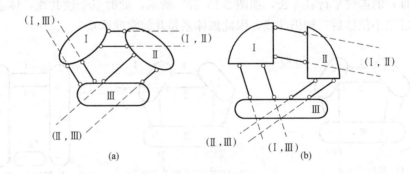

图 2-17 三个虚铰在无穷远处
(a) 几何瞬变体系；(b) 几何常变体系

若虚铰（Ⅰ，Ⅱ）、（Ⅰ，Ⅲ）和（Ⅱ，Ⅲ）是由任意方向的三对平行链杆形成，如图 2-17（a）所示，根据平面上所有无穷远处点均在同一条直线上，故三个无穷远铰共线，体系是几何可变的；但经微小位移后三铰就不共线了，因此原体系是几何瞬变体系。

若形成虚铰（Ⅰ，Ⅱ）、（Ⅰ，Ⅲ）和（Ⅱ，Ⅲ）的三对平行链杆各自等长，如图 2-17（b）所示，形成的体系是几何常变体系。

下面通过几个例子来应用三刚片规则。

【例 2-3】 对如图 2-18 所示体系进行几何组成分析。

【解】 在图 2-18（a）中，可以将曲杆 AC 当作刚片Ⅰ，曲杆 BD 当作刚片Ⅱ，基础当作刚片Ⅲ。其中，刚片Ⅰ、Ⅲ间通过实铰 A 相连，刚片Ⅱ、Ⅲ间通过实铰 B 相连；刚片Ⅰ、Ⅱ间通过链杆 CD、EF 相连（虚铰在其交点 O 处）。三刚片间通过两个实铰 A、B 及一个虚铰 O 两两相连，这三铰不共线，形成几何不变体系且没有多余约束。

在图 2-18（b）中，分别以杆 CD、杆 AB 及基础作为三个刚片：Ⅰ、Ⅱ 和 Ⅲ。刚片 Ⅰ、Ⅱ 间通过平行链杆 AC、BD 相连（虚铰（Ⅰ，Ⅱ）在无穷远处），刚片 Ⅰ、Ⅲ 间分别通过 C、D 处的支座链杆相连（虚铰在结点 D 处），刚片 Ⅱ、Ⅲ 间分别通过 A、B 处的支座链杆相连（虚铰在结点 A 处）。三刚片间通过两个有限远处虚铰（在结点 A 和 D 处）及一个无限远处虚铰（Ⅰ，Ⅱ）两两相连，由于两个有限远处虚铰的连线 AD，与形成无穷处虚铰的平行链杆（杆 AC、BD）不平行，因此形成的是几何不变体系且无多余约束。

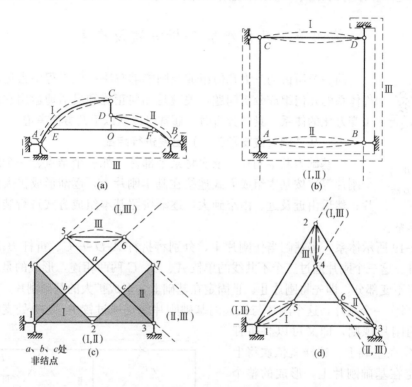

图 2-18 例 2-3 图

在图 2-18（c）中，分别以铰接三角形 124、铰接三角形 237 及杆 56 作为基本刚片，即刚片 Ⅰ、Ⅱ 和 Ⅲ。刚片 Ⅰ、Ⅱ 间通过实铰 2 相连，刚片 Ⅰ、Ⅲ 间通过平行链杆 16、45 相连，刚片 Ⅱ、Ⅲ 间通过平行链杆 35、67 相连，这两对平行链杆形成的虚铰（Ⅰ，Ⅲ）、（Ⅱ，Ⅲ）均位于无穷远处。由于形成两个无穷远处虚铰的两对平行链杆不互相平行，因此上部体系为无多余约束的几何不变部分。上部体系再分别通过三个支座链杆与基础相连，按两刚片规则，形成的整个体系为无多余约束的几何不变体系。

在图 2-18（d）中，分别以杆件 15、36 及杆件 24 作为三个基本刚片 Ⅰ、Ⅱ 和 Ⅲ。刚片 Ⅰ、Ⅱ 间通过一对平行链杆 13、56 相连，刚片 Ⅰ、Ⅲ 间通过一对平行链杆 12、54 相连，刚片 Ⅱ、Ⅲ 通过一对平行链杆 23、46 相连。三对平行链杆形成的虚铰均在无穷远处，因而形成的上部体系是几何瞬变体系。上部体系通过三根链杆与基础相连，形成的整个体系仍是几何瞬变体系。

以上介绍了平面杆件体系的三个基本组成规则，其实三个规则是相通的，实质上是一个规则，即二元体规则。三个规则说明了组成无多余联系的几何不变体系所需的最少约束数目。如果在这些必要约束的基础上再增加约束，那么所增加的约束为多余联系，成为超静定结构。如果刚片之间的约束少于三个规则所要求的数目，则形成的体系必为几何可变的。

另外，三个几何组成规律分别对应于三种基本的几何组成方式。若把某一刚片看作基础，则可以理解为：二元体规则说明了在基础上固定一个结点的方式，两刚片规则说明了在基础上固定一个刚片的方式，三刚片规则说明了在基础上固定两个刚片的方式。

第四节 几何组成分析方法及应用

码 2-11 几何组成分析方法

前一节所讲的三大几何组成规则能够解决一般工程中常见的平面杆件体系的几何组成分析问题，关键是如何正确和灵活地运用它们去分析千变万化的体系。具体分析时，通常可以从以下几方面考虑。

一、从基础（或支承部分）出发进行装配

以基础为基本刚片，依次将某个部件（如一个结点、一个刚片或两个刚片等）按基本组成方式连接在基本刚片上，逐渐形成扩大的基本刚片；然后由近及远、由小到大，逐渐按照基本组成方式进行装配，直至形成整个体系。

如图 2-19 所示体系，将基础当作刚片Ⅰ，分别将折杆 A-D-F-C、折杆 B-E-C 当作刚片Ⅱ、Ⅲ。这三个刚片通过三个不共线的单铰 A、B、C 两两相连，形成的是没有多余约束的几何不变部分，即先将刚片Ⅱ、Ⅲ固定在基础上，形成扩大的基础刚片。再将折杆 H-G-F 也当作一个刚片，这个刚片与扩大的基础刚片间是通过铰 F 及 H 处支座链杆相连，满足两刚片规则，即又可以将折杆 H-G-F 固定在基础上。这样就依次将上部部件固定在基础刚片上，形成的整个体系是无多余约束的几何不变体系，即静定刚架结构。

二、从体系内部刚片出发进行装配

首先在体系内部选择一个或几个几何不变部分作为基本刚片，根据几何不变体系的几何组成规则，可判断选定刚片间的连接是否可以形成几何不变部分；然后把判定为几何不变的部分作为一个扩大的刚片，再将周围的部件按基本组成方式进行连接，直到形成整个体系。最后，将上部体系与基础连接，从而形成整个体系。

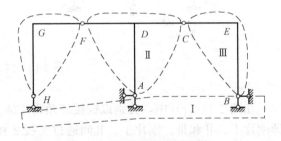

图 2-19 几何组成分析示例 1

在体系内部选刚片时要充分考虑刚片之间的连接是否合适。

如图 2-20 所示体系，从体系内部选 Aa、Aa'、aa' 三杆组成的铰接三角形 Aaa' 为基本刚片，通过不断增加二元体后，最终形成的几何不变部分 A-D-C 作为刚片Ⅰ；同理，几何不变部分 B-E-C 也是以铰接三角形 Bbb' 为基础，采用不断增加二元体方式形成的，作为刚片Ⅱ。刚片Ⅰ、Ⅱ通过铰 C 及链杆 DE 按两刚片规则构成 A-B-C 几何不变部分。

将 A-B-C 又视为一个扩大的刚片，通过二元体规则依次可固定结点 G、I、H 后形成上部分体系。上部体系通过 A 铰支座和 B 支座链杆与基础相连，且 B 支座链杆的延长线不通过铰支座 A，故原体系是无多余约束的几何不变体系，即静定桁架结构。

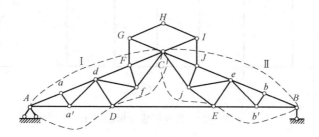

图 2-20 几何组成分析示例 2

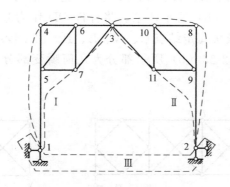

图 2-21 几何组成分析示例 3

如图 2-21 所示体系，先通过在杆件 1-4 上增加二元体的方式，依次将结点 6、7、3 固定在杆件 1-4 上，形成几何不变部分，记为刚片Ⅰ。同样地，在杆件 2-8 上通过依次增加二元体的方式，也可以依次将结点 10、11、3 固定在杆件 2-8 上，形成几何不变部分，记为刚片Ⅱ。基础记为刚片Ⅲ。这三个刚片间通过三个不共线的实铰 1、2、3 两两相连，形成无多余约束的几何不变体系，即为静定组合结构。

三、几何组成分析中的几点技巧

在平面杆件体系的几何组成分析中，需掌握以下技巧。

（1）当体系上具有二元体时，可先依次去掉二元体，再对其余部分进行几何组成分析。

（2）当体系与基础用三根不互相平行也不交于一点的链杆相连时，可以去掉这些支承链杆，只对上部体系本身进行几何组成分析即可。

码 2-12 几何组成分析技巧

如图 2-22（a）所示体系，上部体系与基础间由一个固定支座 A 和一个活动铰支座 B 相连，可以去除支座后只做上部体系的几何组成分析，如图 2-22（b）所示。再将两侧二元体 E-C-G、F-D-H 拆除，如图 2-22（c）所示。此时，将几何不变部分 E-F-I-J、G-H-I-J 分别作为刚片，它们通过两个单铰 I、J 相连。根据两刚片规则可知图 2-22（c）所示部分为具有一个多余约束的几何不变部分，因而可判定图 2-22（a）

所示体系为具有一个多余约束的几何不变体系。

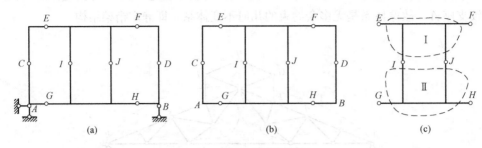

图 2-22 几何组成分析示例 4

如图 2-23（a）所示体系，只需对上部体系进行几何组成分析。根据二元体规则，从左边可依次拆除结点 A、L、H、B、M，从右边可依次拆除结点 G、R、K、F、Q，从而可得到如图 2-23（b）所示体系。将杆件 OD 作为基本刚片，通过增加二元体，在这基本刚体上可依次固定结点 C、N、E、P。由于铰结点 C、I、N 或铰结点 E、J、P 共线，可知图 2-23（b）所示部分为几何瞬变部分，从而可判定原体系为几何瞬变体系。

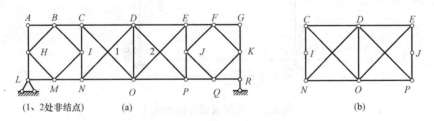

图 2-23 几何组成分析示例 5

（3）当上部体系与基础用多于三根链杆相连时，一般情况下需将基础视为一个独立的刚片，以整个体系（包括基础）进行几何组成分析。

如图 2-24 所示体系，可将基础当作刚片 Ⅰ，分别将铰接三角形 145、246 当作刚片 Ⅱ、Ⅲ。刚片 Ⅰ、Ⅱ 间通过 1 处支座链杆及链杆 35 相连接（形成的虚铰位于两杆延长线交点 O_1 处），刚片 Ⅰ、Ⅲ 间通过 2 处支座链杆及链杆 36 相连（形成的虚铰位于 O_2 处），刚片 Ⅱ、Ⅲ 间通过实铰 4 相连。根据三刚片规则，实铰 4、虚铰 O_1 和虚铰 O_2 是不共线的，因此原体系是无多余约束的几何不变体系。

（4）一个体系内部无多余约束的几何不变部分，用另一个无多余约束几何不变部分替换并保持它与体系其余部分的连接不变，则不改变原体系的几何组成性质。如复杂形状的链杆（如曲链杆、折链杆）可看作通过铰心的直链杆。

如图 2-25 所示体系，可将 T 形折杆 2-7-5-8 作为刚片 Ⅰ，基础当作刚片 Ⅱ。这两个刚片间通过 2 处支座链杆、折杆 1-4-7 及折杆 3-6-8 相连。其中折杆 1-4-7 可以用直链杆 17 代替，折杆 3-6-8 也可以用直链杆 38 代替，这对体系的几何组成是没有影响的。这样，刚片 Ⅰ、Ⅱ 间就相当于由三根相交于一点 O 的链杆相连，由两刚片规则可知，形成的是几何瞬变体系。

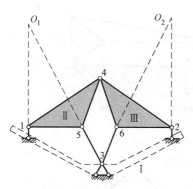
图 2-24 几何组成分析示例 6

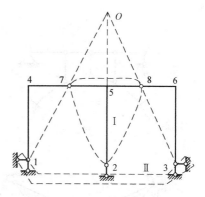
图 2-25 几何组成分析示例 7

平面杆件体系的几何组成分析是结构力学学习的第一大重要内容，主要有两个原因：一是通过几何组成分析判定只有几何不变体系才能作为工程结构使用；二是通过几何组成分析判断某一几何不变体系是否有多余约束，从而才能运用相应的计算方法来求解内力和位移。因此，一般情况下在对某一体系进行分析计算前，都要进行几何组成分析。在几何组成分析时，应当明确：该体系是几何可变的还是几何不变的；如果是几何可变，需要说明是几何常变还是几何瞬变；如果是几何不变，需要注明是否存在多余约束，并说明多余约束的数量及位置。

【例 2-4】 对如图 2-26 所示体系进行几何组成分析。

【解】 如图 2-26（a）所示体系，首先通过解除二元体，可依次拆除结点 C、E、F、G，从而得到曲杆 AB 通过两个固定支座与基础相连。根据两刚片规则，曲杆 AB 与基础连接构成的体系为具有三个多余约束的几何不变部分，因此原体系为具有三个多余约束的几何不变体系。

码 2-13 几何组成分析典型例题

如图 2-26（b）所示体系，可以去掉基础，只需对上部体系进行几何组成分析。先将杆件 AF、AC 和 FE 围成的部分当作基本刚片，同样地将杆件 BK、BD 和 EK 围成的部分也当作基本刚片，这两个刚片间由铰 E 及链杆 AB 相连，满足两刚片规则，形成几何不变部分，记为刚片Ⅰ。再分别将铰接三角形 FGH、IJK 作为刚片Ⅱ、Ⅲ。刚片Ⅰ、Ⅱ间由铰 F 相连，刚片Ⅰ、Ⅲ间由铰 K 相连，刚片Ⅱ、Ⅲ间由一对链杆 HI 和 GJ 相连（形成的虚铰在 G 处）。根据三刚片规则，形成的上部体系为没有多余约束的几何不变部分，从而可判定整个体系为没有多余约束的几何不变体系。

如图 2-26（c）所示体系，基础与上部体系间多于三个约束相连，将基础当作刚片Ⅰ。再分别将铰接三角形 4-6-10、4-7-9 当作刚片Ⅱ、Ⅲ。这三个刚片间是通过不共线的三个单铰 4、9、10 两两相连，形成几何不变部分，即先将这两个铰接三角形固定在基础刚片上。再根据二元体规则，也可以将杆件 1-3、5-6 固定在基础刚片上。最后，通过铰 3 和 2 处支座链杆将杆件 2-3 固定在基础上。很明显，体系中链杆 3-4、7-8 是多余约束。因此这个体系是具有两个多余约束的几何不变体系。

如图 2-26（d）所示体系，上部与基础通过四个支链杆相连，将基础当作刚片Ⅰ。将铰接三角形 2-4-6 当作刚片Ⅱ。找到两个刚片后一般不要急于找第三个刚片，可以先判断

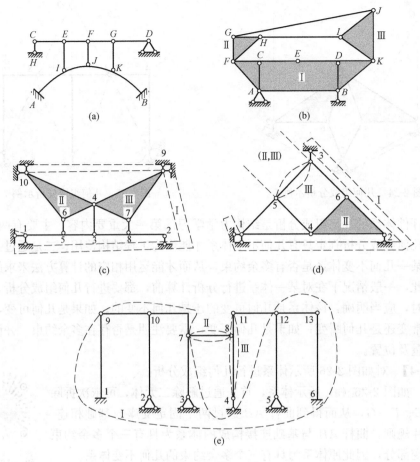

图 2-26 例 2-4 图

这两个刚片间的连接情况。刚片Ⅰ、Ⅱ间通过链杆 1-4 及 2 处支座链杆相连,这两个刚片间的连接符合三刚片规则中任意两个刚片间的连接情况,因此还需找到第三个刚片。这里尤其要注意,极容易选择铰接三角形 1-4-5 作为刚片Ⅲ。其实,若将链杆 1-4 当作刚片Ⅰ、Ⅱ之间的约束,由于约束不能重复使用,铰接三角形 1-4-5 就不能当作刚片使用。这里可以将杆件 3-5 当刚片Ⅲ。刚片Ⅰ、Ⅱ间通过链杆 1-4 及 2 处支座链杆相连(形成的虚铰位于结点 2 处),刚片Ⅰ、Ⅲ间通过链杆 1-5 及 3 处支座链杆相连(形成的虚铰位于结点 3 处),刚片Ⅱ、Ⅲ间通过一对平行链杆 4-5、3-6 相连(形成的虚铰位于无穷远处)。由于两个有限远处虚铰(结点 2、3 处)的连线与形成无穷远处虚铰的一对平行链杆(杆 4-5、3-6)是平行的,因此形成的是几何瞬变体系。

如图 2-26(e)所示体系,杆件数目较多,但仍然可以根据前述的几何组成分析方法及几点技巧,对其进行几何组成分析。首先,基础与上部体系间是多于三个约束相连的,将基础当作一个基本刚片。杆件 1-9、6-13 是通过固定约束与基础相连,它们可以先固定在基础上。再分别通过二元体规则,将结点 10、7、12 也固定在基础上,最终基础刚片可扩大至图中所示的刚片Ⅰ。分别将杆件 7-8、杆件 4-11 记为刚片Ⅱ、Ⅲ。刚片Ⅰ、Ⅱ间通过实铰 7 相连。刚片Ⅰ、Ⅲ间通过 4 处支座链杆及链杆 11-12 相连(形成的虚铰在结点 11

处），刚片Ⅱ、Ⅲ间通过实铰 8 相连。根据三刚片规则，形成的体系是没有多余约束的几何不变体系。

第五节　几何组成与静定性的关系

码 2-14　几何组成与静定性关系

按前面所述几何组成分析的结果，平面杆件体系分为几何不变体系和几何可变体系，几何不变体系又分为无多余约束和有多余约束两种情况，几何可变体系包括几何常变体系和几何瞬变体系。体系的静定性是指体系在任意荷载作用下的全部支座反力和内力是否可以通过静力平衡条件确定。体系的几何组成与静定性之间有着必要的联系。

从静力特性来讲，将体系中全部约束撤除，视为自由部件，撤除的约束用未知力替代，则各部件的自由度总和等于其静力平衡方程数目的总和，未知力的总和等于全部约束数，则体系的计算自由度可表示为：

$W=$ 各部件的自由度总和－全部约束总和＝各部件的静力方程数目总和－全部未知力数

(2-4)

令 S 为体系的自由度，在静力分析中它表示未能满足平衡方程（或不定解）的个数。体系的自由度 S 与体系的计算自由度 W 不是同一概念。在式（2-4）中，如果能明确全部约束中哪些是多余约束，哪些是非多余约束，则体系的自由度可表示为：

$S=$ 各部件的自由度总和－非多余约束总和 (2-5)

由于全部约束与非多余约束的差即为多余约束，令 n 为多余约束的个数，在静力分析中表示超静定未知力的个数。用式（2-5）减去式（2-4）可得：

$$S-W=n$$ (2-6)

这是计算自由度 W、自由度 S、多余约束 n 三者之间的关系式。如果三个参数中有两个已知，则由式（2-6）可求出第三个参数。

下面通过具体例子，讨论几何组成分析的结果与其静定性之间的联系。

如图 2-27（a）、(b)、(c) 所示体系分别为几何常变体系、无多余约束的几何不变体系、有多余约束的几何不变体系。在任意荷载作用下，处于平衡状态的任一平面体在其平面内可建立三个独立的静力平衡方程，一般可表示为：$\sum F_x=0$、$\sum F_y=0$、$\sum M=0$。

如图 2-27（a）所示体系只有两根支座链杆，由于缺少一个必要约束，所以为几何常变体系，即：$W>0$，$S>0$。由式（2-4）知，体系的平衡方程数目大于未知力个数，即平衡方程无解（不定解）。这说明几何常变体系在任意荷载作用下一般不能维持平衡。

如图 2-27（b）所示体系是通过三根不平行也不交于一点的支座链杆将上部体系与基础相连，是无多余约束的几何不变体系，即：$W=0$，$S=0$，$n=0$。由式（2-4）知：其平衡方程数目等于未知力数，其反力可以通过三个静力平衡方程确定，存在唯一解，即体系的支座反力和内力都是静定的。因此，无多余约束的几何不变体系是静定的，此类结构称为静定结构。静定结构的支座反力和内力是完全可以通过平衡条件来求解的，第三～五章中将重点学习各类静定结构的内力分析方法。

如图 2-27（c）所示体系是通过四根支座链杆将杆 AB 与基础相连，很明显四根支座链杆中有一根是多余约束，该体系是有多余约束的几何不变体系，即：$W<0$，$S=0$，

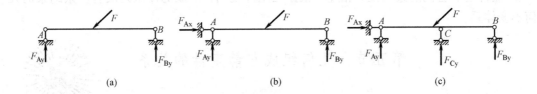

图 2-27 几何组成与静定性的关系
(a) 几何常变体系；(b) 无多余约束的几何不变体系；(c) 有多余约束的几何不变体系

$n>0$。由式（2-4）知：由于平衡方程个数少于未知力的个数，体系的未知力无法完全由平衡方程解出，即体系的支座反力及内力是静不定的。所以，有多余约束的几何不变体系称为静不定结构或超静定结构。超静定结构的内力和支座反力必须结合体系的变形条件才能确定，这将在第七～九章中重点学习。

对瞬变体系，$W=0$，$S>0$，$n=S$。体系为几何可变体系，但又有多余约束，静定平衡方程的解为不定解。在一般荷载作用下其支座反力和内力为无穷大，因此瞬变体系不能作为工程结构来使用。

综上所述，可得到以下结论：

（1）无多余约束的几何不变体系是静定结构，其支座反力和内力完全可以通过平衡条件来求解；

（2）有多余约束的几何不变体系是超静定结构，其支座反力和内力不能完全通过平衡条件来求解，必须结合其他条件（如变形条件）才能求解；

（3）几何常变体系和几何瞬变体系在任意荷载作用下不存在静力学解答，因此均不能作为工程结构使用。

第三章 静定梁和静定刚架

静定梁包括单跨静定梁（包括简支梁、外伸梁和悬臂梁）和多跨静定梁，多跨静定梁是由单跨静定梁通过铰连接在一起的结构。静定刚架可以看作由若干个直杆主要通过刚结点连接而成的结构。因此，单跨静定梁的受力分析是梁、刚架结构受力分析的基础。材料力学课程已经介绍了单跨静定梁的内力分析，但在这里仍有必要对其中相关内容进行巩固和深化。本章首先介绍了杆件内力计算方法，在此基础上分别讨论单跨静定梁、多跨静定梁及静定平面刚架结构的内力分析及内力图绘制方法。

第一节 杆件内力分析方法

一、截面的内力分量

在杆件横截面上一般存在三个内力分量：轴力、剪力和弯矩，如图 3-1（b）、（c）所示，它们都是截面上应力的合力（合力和合力矩）。

轴力是横截面上的应力沿截面法线方向的合力，用符号 F_N 表示；

剪力是横截面上的应力沿截面切线方向的合力，用符号 F_S 表示；

弯矩是横截面上的应力对截面形心取矩的代数和，用符号 M 表示。

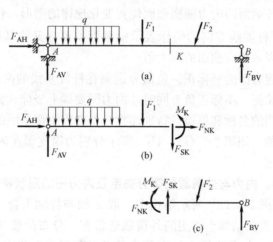

图 3-1 截面的内力分量
（a）结构计算简图；（b）隔离体 AK；（c）隔离体 BK

关于内力分量，习惯作如下正负号规定：轴力 F_N 以拉力为正，压力为负；剪力 F_S 以绕截面处微段隔离体顺时针方向转动为正，反之为负；弯矩 M 一般不规定正负号，只需指明弯矩使截面的哪侧受拉即可确定其方向。有时按习惯也可规定，在水平杆件中弯矩使截面下侧受拉时为正，上侧受拉时为负。

在如图 3-1（a）所示结构中，沿横截面 K 截开后，左、右截面上的三个内力分量都是以正方向示出，分别如图 3-1（b）、(c) 所示。尤其注意，K 处左、右截面上的内力分量分别是作用力与反作用力的关系，即是等值反向的。

二、截面法

码 3-1 内力
分量、截面法
及内力图

截面法是计算指定截面内力的基本方法，其过程可归纳为三个步骤：

（1）假想用一截面将结构沿所求其内力的截面处截开；

（2）取被截开结构的任一部分为隔离体，并在截开截面上用内力代替另一部分对该隔离体的作用；

（3）列出隔离体的静力学平衡方程，一般可表示为 $\sum F_x = 0$、$\sum F_y = 0$、$\sum M = 0$，即可求出所要求的截面内力。

绘制隔离体受力图时要注意：隔离体与其周围的约束要全部截断，并代之相应的约束力。隔离体的受力图一般是外荷载、支座反力、截面内力组成的平面一般力系或平面汇交力系。

由截面法可计算得出指定截面上的三个内力分量，具体运算如下：

（1）轴力 F_N 等于截面左侧（或右侧）的所有外力（包括支座反力）沿截面法线方向的投影代数和；

（2）剪力 F_S 等于截面左侧（或右侧）的所有外力（包括支座反力）沿截面切线方向的投影代数和；

（3）弯矩 M 等于截面左侧（或右侧）的所有外力（包括支座反力）对截面形心取矩的代数和。

三、内力图

内力图表示结构上各截面的内力随横截面位置变化规律的图形，包括 M 图、F_S 图和 F_N 图。内力图用平行于杆轴线方向的坐标表示横截面位置（又称基线），用垂直于杆轴线的坐标（又称竖标）表示相应截面的内力值。

习惯上，轴力图和剪力图的竖标正、负值分别画在杆件基线的两侧，要标明正负号；弯矩图均画在杆件的受拉侧，不标正负。同时，内力图要画上竖标，标注某些控制截面处的竖标值，并写明内力图的名称和单位。特别注意，本课程中弯矩图的绘制要求与材料力学中的习惯规定是不同的。如图 3-2（a）、(b) 所示分别为简支梁在满跨均布荷载及跨间集中荷载作用下的内力图。

四、内力与外荷载的微分关系及内力图的形状特征

码 3-2 内力图
形状特征

如图 3-3（a）所示结构中，取 x 轴与杆轴重合，以向右为正；y 轴向下为正。结构上作用的外荷载通常有：分布荷载（包括横向分布荷载 q_y 和轴向分布荷载 q_x）和集中荷载（包括横向集中荷载 F_y、轴向集中荷载 F_x 和集中力偶 m），横向荷载以向下为正，纵向荷载以向右为正。这里讨论直杆段的内力图形状与其所受荷载形式之间的关系。

先看横向分布荷载 q_y 作用。从横向分布荷载作用范围内取微段 dx 作为隔离体来研究（图 3-3b），右侧截面内力假设是在左侧截面内力上有微小增量，荷载集度在微段 dx 上可视为常值。由平衡条件 $\sum F_y = 0$ 得：

$$F_S - (F_S + dF_S) - q_y dx = 0$$

所以得：

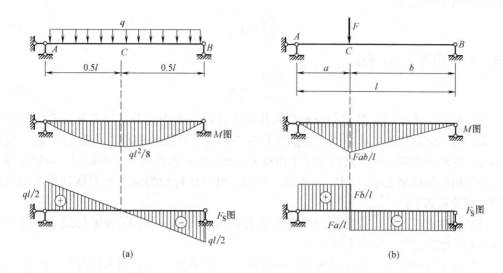

图 3-2 简支梁在常见荷载作用下的内力图
(a) 满跨均布荷载作用；(b) 跨间集中荷载作用

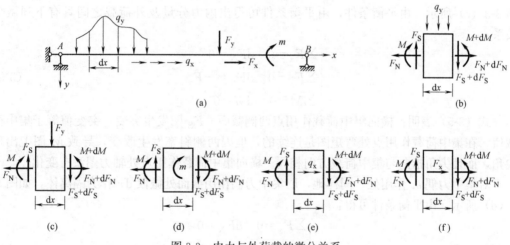

图 3-3 内力与外荷载的微分关系
(a) 结构计算简图；(b) q_y 作用微段；(c) F_y 作用处微段；(d) m 作用处微段；(e) q_x 作用微段；(f) F_x 作用处微段

$$\frac{dF_S}{dx} = -q_y \tag{3-1}$$

由平衡条件 $\sum F_x = 0$ 得：

$$F_N - (F_N + dF_N) = 0$$

所以得：

$$dF_N = 0 \tag{3-2}$$

以微段 dx 的形心为力矩中心，力矩平衡方程 $\sum M = 0$ 为：

$$M - (M + dM) + F_S \times \frac{1}{2}dx + (F_S + dF_S) \times \frac{1}{2}dx = 0$$

略去高阶微量得：

$$\frac{\mathrm{d}M}{\mathrm{d}x}=F_\mathrm{S} \tag{3-3}$$

由式（3-1）和式（3-3）得：

$$\frac{\mathrm{d}^2 M}{\mathrm{d}x^2}=-q_\mathrm{y} \tag{3-4}$$

式（3-1）~式（3-3）是横向分布荷载作用区段内三个内力分量以及外荷载之间的微分关系，其几何意义为：剪力图上某点处切线斜率等于该点处的横向荷载集度 q_y，但符号相反；弯矩图上某点处切线斜率等于该点处的剪力值；弯矩图上某点处的二阶导数等于该点处的横向荷载集度 q_y，但符号相反。据此，可推出杆段的内力图形状与所受荷载之间的对应关系如下：

（1）对某直杆区段，若无横向分布荷载作用（$q_\mathrm{y}=0$），F_S 图为平行线（平行于基线），M 图为斜直线（与基线斜交）。

（2）对某直杆区段，若作用横向均布荷载（q_y 为常数），F_S 图为斜直线，M 图为二次抛物线，而抛物线凸出方向与荷载 q_y 方向相同，且在 $F_\mathrm{S}=0$ 处弯矩图存在极值。

（3）横向分布荷载作用对轴力图没有影响。

再看横向集中荷载 F_y 作用。取 F_y 作用点处微段 $\mathrm{d}x$ 作为隔离体，其受力图如图 3-3（c）所示。由平衡条件，由平衡条件可得出内力分量及外荷载之间具有下列微分关系：

$$\begin{cases} \sum F_\mathrm{x}=0 & \mathrm{d}F_\mathrm{N}=0 \\ \sum F_\mathrm{y}=0 & \mathrm{d}F_\mathrm{S}=-F_\mathrm{y} \\ \sum M=0 & \mathrm{d}M=0 \end{cases} \tag{3-5}$$

式（3-5）表明：横向集中荷载作用点两侧截面，F_S 图发生突变，突变值等于集中荷载值。在集中荷载作用点处弯矩图是连续的，但因两侧斜率发生改变，导致 M 图上出现尖角，而且尖角指向与集中荷载方向相同。横向集中荷载作用点处轴力图没有变化。

对集中力偶 m 作用处，同样地，取集中力偶作用截面处微段 $\mathrm{d}x$ 作为隔离体，如图 3-3（d）所示，由平衡条件可得：

$$\begin{cases} \sum F_\mathrm{x}=0 & \mathrm{d}F_\mathrm{N}=0 \\ \sum F_\mathrm{y}=0 & \mathrm{d}F_\mathrm{S}=0 \\ \sum M=0 & \mathrm{d}M=m \end{cases} \tag{3-6}$$

式（3-6）表明：在集中力偶作用点处，剪力图、轴力图没有变化；但弯矩图发生突变，突变值等于集中力偶值，而且集中力偶作用点两侧的弯矩图切线应该相互平行。

对于纵向分布荷载 q_x 作用，从其作用范围内取微段 $\mathrm{d}x$ 作为隔离体来研究，如图 3-3（e）所示，由平衡条件可得：

$$\begin{cases} \sum F_\mathrm{x}=0 & \dfrac{\mathrm{d}F_\mathrm{N}}{\mathrm{d}x}=-q_\mathrm{x} \\ \sum F_\mathrm{y}=0 & \mathrm{d}F_\mathrm{S}=0 \\ \sum M=0 & \mathrm{d}M=0 \end{cases} \tag{3-7}$$

式（3-7）的几何意义为：轴力图上某点处切线斜率等于该点处的纵向荷载集度 q_x，

但符号相反。据此可得:对某直杆区段,若无纵向分布荷载作用($q_x=0$),F_N图为平行线;若作用纵向均布荷载(q_x为常数),F_N图为斜直线。轴向分布荷载对剪力图、弯矩图没有影响。

对纵向集中荷载F_x作用,取集中荷载作用截面处微段$\mathrm{d}x$作为隔离体,如图3-3(f)所示,由平衡条件可得出内力分量及外荷载之间具有下列微分关系:

$$\begin{cases} \sum F_x=0 & \mathrm{d}F_N=-F_x \\ \sum F_y=0 & \mathrm{d}F_S=0 \\ \sum M=0 & \mathrm{d}M=0 \end{cases} \quad (3-8)$$

式(3-8)表明:在纵向集中荷载作用点处轴力图发生突变,突变值等于纵向集中荷载值F_x。纵向集中荷载对剪力图、弯矩图没有影响。

熟练掌握内力图的这些形状特征,对于以后正确、迅速地绘制内力图、校核内力图是非常有帮助的。本书将直杆段上内力图的形状特征进行了归纳,如表3-1所示。

直杆段内力图的形状特征　　　　　　表3-1

内力图＼荷载情况	无横向荷载区段	横向均布荷载q_y作用区段	横向集中力F_y作用处	集中力偶m作用处	纵向均布荷载q_x作用区段	纵向集中力F_x作用处
弯矩图	一般为斜直线	抛物线(凸向与q_y同向)	有极值	有尖角(尖角指向与F_y同向)	有极值	有突变(突变值=m)	无影响	无变化
剪力图	平行线	斜直线	为零处	有突变(突变值=F_y)	如变号	无变化	无影响	无变化
轴力图	—	无影响	无变化	无变化	斜直线	有突变(突变值=F_x)

五、区段叠加法作 M 图

对梁式直杆段作弯矩图时,可采用区段叠加法,使弯矩图易于绘制。简支梁承受跨间荷载和端力偶作用时所使用的叠加法是区段叠加法的基础,先讨论用叠加法作如图3-4(a)所示简支梁的弯矩图。

码3-3 区段叠加法作弯矩图

如图3-4(a)所示简支梁承受满跨均布荷载q及端力偶M_A、M_B的共同作用。简支梁在端力偶M_A、M_B单独作用下(图3-4c)的弯矩图(M_1)为一直线(图3-4d),在满跨均布荷载q单独作用下(图3-4e)的弯矩图(M_2)为二次抛物线(图3-4f)。荷载作用符合叠加法,其内力图也应符合叠加法,即两种荷载共同作用下的弯矩图(M)是两种荷载单独作用下弯矩图的叠加,如图3-4(b)所示。要注意,弯矩图的叠加是指对应竖标的叠加,而不是指图形的简单拼合，即任意 x 截面处的弯矩值符合：
$$M(x)=M_1(x)+M_2(x) \tag{3-9}$$

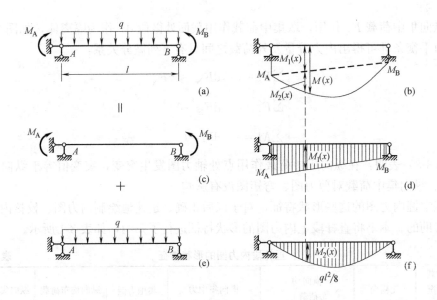

图 3-4 简支梁的叠加法
(a) 端力偶及跨间荷载共同作用；(b) M 图；(c) 端力偶单独作用；
(d) M_1 图；(e) 跨间荷载单独作用；(f) M_2 图

实际作图时，可不必先作 M_1 图（图 3-4d）和 M_2 图（图 3-4f），而可以直接作出 M 图（图 3-4b），作图方法是：先绘出两端弯矩竖标 M_A、M_B 并连以虚线，以此虚线为基线，叠加简支梁在跨间均布荷载 q 作用下的弯矩图。

上述简支梁这种叠加法同样适用于结构中任意直杆段。取如图 3-5（a）所示结构中任一杆段 AB 为隔离体研究，如图 3-5（b）所示，其上所受的荷载除外荷载 q 外，还包括：杆端弯矩 M_A 和 M_B、杆端剪力 F_{SA} 和 F_{SB}。两杆端截面可能还有轴力作用，由于作弯矩图时轴力没有影响，因此这里轴力可以不考虑。如图 3-5（c）所示为与 AB 跨度相同、承受相同荷载 q 且在两端作用有端力偶 M_A、M_B 作用的简支梁（称为相应简支梁），其竖向支座反力记为 F_{AV}、F_{BV}。

在图 3-5（b）、（c）中分别应用平衡条件求 F_{SA}、F_{SB} 和 F_{AV}、F_{BV}，可得出：
$$F_{SA}=F_{AV}, F_{SB}=F_{BV} \tag{3-10}$$

这说明，杆段 AB（图 3-5b）与相应简支梁（图 3-5c）所受到的外力相同，应具有相同的弯矩图。于是，图 3-5（a）结构中直杆段 AB 的弯矩图绘制就转化为相应简支梁弯矩图的绘制，从而可以采用叠加法作弯矩图，如图 3-5（d）所示。具体作法如下：先采用截面法求出直杆段 AB 两个杆端截面弯矩值 M_A、M_B，将竖标 M_A、M_B 画在受拉侧并以虚线相连；然后以此虚线为基线，叠加相应简支梁在跨间相应荷载作用下的弯矩图，这种方法称为区段叠加法。

这里要注意，区段叠加法适用于任意结构中的任意直杆段，不管该杆段区间内各相邻截面约束如何，也不管区间是否存在变截面。为了更好地应用区段叠加法作弯矩图，宜记住简支梁在常见荷载作用下的 M 图。

对某一直杆段采用区段叠加法作弯矩图时，根据杆端截面弯矩受拉侧的不同情况，作出的杆段弯矩图形式可能差别较大，如图 3-6 所示。

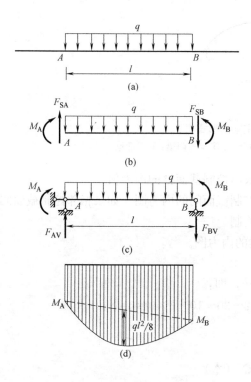

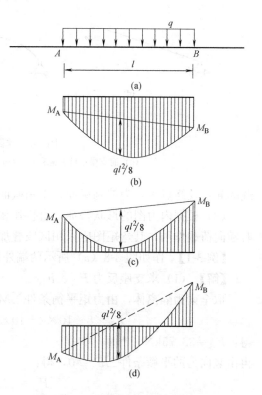

图 3-5 区段叠加法作弯矩图
(a) 任一结构；(b) 杆段 AB 隔离体；
(c) 杆段 AB 相应简支梁；
(d) 杆段 AB 弯矩图

图 3-6 区段叠加法作弯矩图举例
(a) 直杆段 AB；(b) 杆端弯矩均为下侧受拉；
(c) 杆端弯矩均为上侧受拉；(d) 杆端弯矩异侧受拉

第二节 单跨静定梁

一、单跨静定梁的内力分析

码 3-4 单跨
静定梁内
力分析

单跨静定梁通常有三种基本形式，即简支梁（图 3-7a）、悬臂梁（图 3-7b）和外伸梁（图 3-7c），还有如图 3-7（d）所示简支斜梁以及如图 3-7（e）所示曲梁。这些梁支座反力都只有三个，可取全梁段为隔离体，由三个整体平衡方程求出。

根据上一节所述的截面法、内力图的形状特征和区段叠加法作弯矩图，可将单跨静定梁内力图的绘制步骤归纳如下：

(1) 利用整体平衡条件求支座反力（悬臂梁可不求支座反力）；
(2) 选定外力的不连续点（如支座处、集中荷载及集中力偶作用点左右截面、分布荷

41

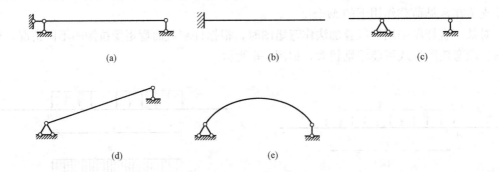

图 3-7 单跨静定梁的形式
(a) 简支梁；(b) 悬臂梁；(c) 外伸梁；(d) 简支斜梁；(e) 曲梁

载的起点及终点等）为控制截面，采用截面法求出控制截面处的内力值；

(3) 根据内力图的形状特征，直接作相邻控制截面间的内力图。如果相邻控制截面间有横向荷载作用，其弯矩图应采用区段叠加法绘制。

【例 3-1】 作如图 3-8（a）所示两端外伸梁的内力图。

【解】（1）求支座反力 F_A、F_B

取全梁为隔离体，由力矩平衡条件 $\sum M_A = 0$，即：
$$F_B \times 8 + 10 \times 2 - 10 \times 4 \times 2 - 30 - 10 \times 2 \times 9 = 0$$
得：$F_B = 33.75 \text{kN}(\uparrow)$。

再由竖向力的平衡条件 $\sum F_y = 0$，得：
$$F_A = 36.25 \text{kN}(\uparrow)$$

A 支座的水平方向支座反力为零。

(2) 绘制剪力图

先采用截面法求下列各控制截面的剪力值，即
$$F_{SD}^R = F_{SA}^L = -10\text{kN}$$
$$F_{SA}^R = -10 + 36.25 = 26.25\text{kN}$$
$$F_{SC} = F_{SB}^L = 10 \times 2 - 33.75 = -13.75\text{kN}$$
$$F_{SB}^R = 10 \times 2 = 20\text{kN}$$

然后根据剪力图的形状特征绘出剪力图，如图 3-8（b）所示。

(3) 绘制弯矩图

先采用截面法求出下列控制截面处的弯矩值。
$$M_D = 0, M_A = -10 \times 2 = -20\text{kN} \cdot \text{m}(上拉)$$
$$M_C = -10 \times 6 - 10 \times 4 \times 2 + 36.25 \times 4 = 5\text{kN} \cdot \text{m}(下拉)$$
$$M_E^L = -10 \times 8 - 10 \times 4 \times 4 + 36.25 \times 6 = -22.5\text{kN} \cdot \text{m}(上拉)$$
$$M_E^R = -10 \times 2 \times 3 + 33.75 \times 2 = 7.5\text{kN} \cdot \text{m}(下拉)$$
$$M_B = -10 \times 2 \times 1 = -20\text{kN} \cdot \text{m}(上拉), M_F = 0$$

然后根据弯矩图的形状特征直接作 DA 段、CE 段、EB 段的弯矩图，采用区段叠加

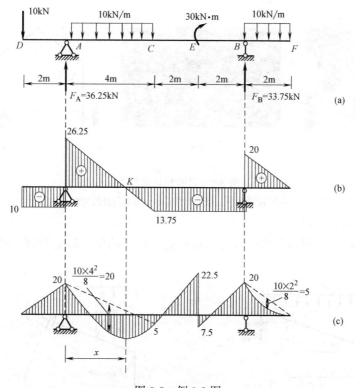

图 3-8 例 3-1 图
(a) 外伸梁计算简图；(b) F_S 图 (kN)；(c) M 图 (kN·m)

法作 AC 段、BF 段的弯矩图，如图 3-8（c）所示，弯矩图画在受拉侧。

(4) 求 $|M_{max}|$

梁结构设计时，通常要求出梁截面下端纤维受拉的最大正弯矩值（$+M_{max}$）和上端纤维受拉的最大负弯矩值（$-M_{max}$），以作为结构设计的依据。

为了求 $+M_{max}$，应确定剪力为零的 K 截面位置（图 3-8b），设截面 K 离支座 A 处距离为 x。由剪力图中 AC 段的比例关系有：

$$\frac{26.25}{x} = \frac{13.75}{4-x}$$

可得：$x = 2.625$ m

K 截面弯矩值为：

$$+M_{max} = M_K = -10 \times 4.625 + 36.25 \times 2.625 - 10 \times \frac{2.625^2}{2} = 14.5 \text{kN} \cdot \text{m}（下拉）$$

对于 $-M_{max}$，可由 M 图直接得到，即：

$$-M_{max} = M_E^L = -22.5 \text{kN} \cdot \text{m}（上拉）$$

二、简支斜梁的计算

在建筑工程中，通常会遇到杆轴倾斜的斜杆，如楼梯中的斜梁或斜板（图 3-9a）、倾斜的屋面梁（图 3-9b），以及刚架中的斜杆（图 3-9c）等。

码 3-5 简支斜梁的计算

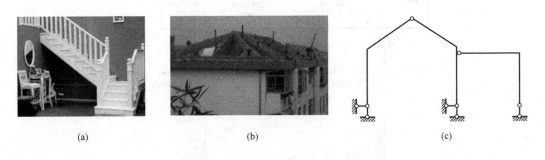

图 3-9 具有斜杆的结构
(a) 楼梯；(b) 屋面斜梁；(c) 具有斜杆的刚架

先以图 3-10（a）所示受水平方向均布荷载 q 作用的简支斜梁为例，说明斜梁的内力

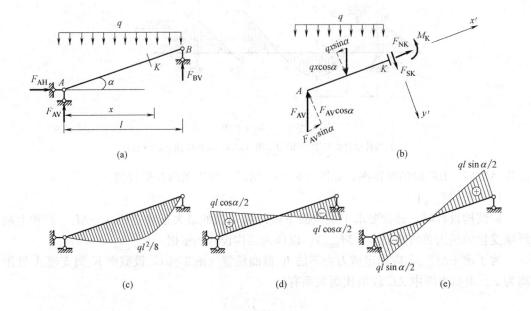

图 3-10 简支斜梁内力分析
(a) 简支斜梁计算简图；(b) AK 隔离体分析；(c) M 图；(d) F_S 图；(e) F_N 图

分析和内力图绘制的方法。图中 l 为斜梁在水平方向的投影长度，α 为倾斜角度。

首先，由梁的整体平衡条件可知，其三个支座反力与对应水平简支梁的支座反力是相同的，即：

$$F_{AV} = F_{BV} = \frac{1}{2}ql, \quad F_{AH} = 0$$

为了求任一横截面 K 的内力，根据截面法求指定截面内力的思路，在 K 处将梁截开，取 AK 隔离体如图 3-10（b）所示。这里要注意斜梁的横截面是倾斜的，记截面 K

的法线和切线方向分别为 x' 轴、y' 轴。由该隔离体平衡条件可知：

$$\begin{cases} \sum M_K = 0, \ M_K - F_{AV}x + \frac{1}{2}qx^2 = 0, \ M_K = \frac{ql}{2}x - \frac{qx^2}{2} \quad (0 \leqslant x \leqslant l) \\ \sum F_{x'} = 0, \ F_{NK} + F_{AV}\sin\alpha - qx\sin\alpha = 0, \ F_{NK} = -q\left(\frac{l}{2} - x\right)\sin\alpha \quad (0 \leqslant x \leqslant l) \\ \sum F_{y'} = 0, \ F_{SK} - F_{AV}\cos\alpha + qx\cos\alpha = 0, \ F_{SK} = q\left(\frac{l}{2} - x\right)\cos\alpha \quad (0 \leqslant x \leqslant l) \end{cases} \quad (3-11)$$

根据式（3-11），可直接绘出该斜梁的弯矩图、剪力图和轴力图，分别如图 3-10（c）、(d)、(e) 所示。

假设如图 3-10（a）所示斜梁在水平方向均布荷载作用下的内力分别记为 M、F_S、F_N，其对应的等跨水平简支梁在相应均布荷载作用下弯矩和剪力分别记为 M^0、F_S^0，通过比较可知：

$$M = M^0, \ F_S = F_S^0 \cos\alpha, \ F_N = -F_S^0 \sin\alpha \quad (3-12)$$

这说明，简支斜梁在水平方向均布荷载作用下的弯矩图与相应水平梁的弯矩图相同，但斜梁的剪力和轴力均是水平梁剪力的投影。

在进行斜杆内力分析时，要注意其所受竖向分布荷载的分布情况。如图 3-11 所示，作用于斜梁上的均布荷载 q 按水平方向分布，如楼梯梁受到人群荷载以及屋面梁受到雪荷载等；而作用于斜梁上的荷载 q' 沿杆轴方向分布，如斜梁构件自重荷载。

为了计算方便，通常可以将沿斜杆轴线方向的均布荷载 q' 换算成沿水平方向均布的荷载 q。在图 3-11 中，根据两个微段 $\mathrm{d}x$、$\mathrm{d}s$ 上合力相等原则有：

$$q'\mathrm{d}s = q\mathrm{d}x$$

由上式可得：

$$q = q'\frac{\mathrm{d}s}{\mathrm{d}x} = \frac{q'}{\cos\alpha} \quad (3-13)$$

由此可知，沿杆轴方向均布荷载作用下简支斜梁的内力图等于相应水平向均布荷载作用下内力图除以 $\cos\alpha$。

值得提醒的是，结构中斜杆弯矩图的绘制也可以采用区段叠加法。如图 3-12（a）所示，从结构中取一斜杆段 AB，承受沿水平方向均布荷载 q 作用，假设采用截面法先求得杆端 A、B 的弯矩分别为 M_A、M_B。根据区段叠加法，斜杆段 AB 的弯矩图可以这样绘

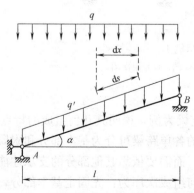

图 3-11 斜梁承受竖向分布荷载的转化

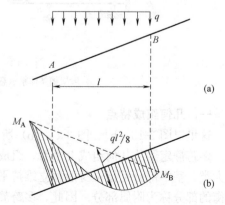

图 3-12 采用区段叠加法作斜杆段弯矩图

制：先将 M_A、M_B 两个竖标的顶点以虚线相连，然后以此虚线为基线，叠加上相应简支斜梁在相应荷载（水平向均布荷载 q）作用下的弯矩图，则最后所得到的图线与基线围成的图形范围即为斜杆段 AB 的弯矩图，如图 3-12（b）所示。

第三节 多跨静定梁

码 3-6 多跨静定梁的内力分析

多跨静定梁是由若干根单跨静定梁（简支梁、悬臂梁和外伸梁）用铰相连，用来跨越几个相连跨度的静定结构。

多跨静定梁在公路桥梁和房屋结构中经常采用。图 3-13（a）为常见的屋架木檩条的构造简图，檩条支承在屋架的上弦上，支承处可简化为铰支座。在檩条接头处的斜搭接由螺栓连接，这种结点可看作铰结点。其计算简图如图 3-13（b）所示，它是由 ABC、CD、DEF 三根单跨静定梁通过铰 C、D 相连形成的多跨梁（图 3-13c）。根据几何组成分析，确定其为无多余约束的几何不变体系，故称为多跨静定梁。

如图 3-14（a）所示公路桥使用的多跨梁结构，图 3-14（b）为其计算简图。它是由 ABC、CDE、EF 三根单跨梁通过铰 C、E 相连形成的无多余约束几何不变体系，也为多跨静定梁结构。

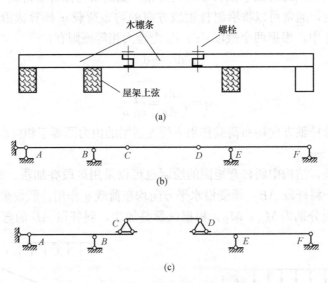

图 3-13 多跨静定梁示例 1
(a) 屋架檩条体系示意图；(b) 计算简图；(c) 层次图

一、几何组成特点

这里以图 3-13（b）、图 3-14（b）所示多跨静定梁为例，说明其几何组成的特点。

多跨静定梁从几何组成上来看，组成整个结构的各单跨梁可分为基本部分和附属部分两大类。基本部分是指本身能独立维持平衡的部分，而需要依靠其他部分的支承才能保持平衡的部分称为附属部分。因此，多跨静定梁的几何组成次序为：先固定基本部分，再固定附属部分。

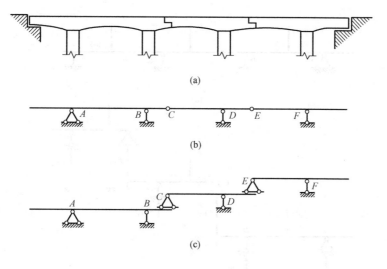

图 3-14 多跨静定梁示例 2
(a) 公路桥示意图；(b) 计算简图；(c) 层次图

如图 3-13 (b) 所示，梁段 ABC 由三根不平行也不交于一点的三根链杆固定于基础，它不依赖于其他部分就能独立维持自身的几何不变性；梁段 DEF 虽然只有两根链杆与基础相连，但在竖向荷载作用下自身也能维持平衡。因此，梁段 ABC、梁段 DEF 均为基本部分。而梁段 CD 支承于前述两个基本部分上，它必须依赖于梁段 ABC、梁段 DEF 才能保持几何不变，所以是附属部分。为了更清楚地表明多跨静定梁中各梁段之间的支承关系，常把基本部分画在附属部分的下方，附属部分画在基本部分的上方，如图 3-13 (c) 所示，称为层次图。

在图 3-14 (b) 中，梁段 ABC 为基本部分，梁段 CDE 为梁段 ABC 的附属部分，同时也为梁段 EF 的基本部分，梁段 EF 为梁段 CDE 的附属部分，其层次图如图 3-14 (c) 所示。

二、力的传递特点

如图 3-15 (a) 所示，当基本部分梁段①上承受外荷载 F_1 时，由于梁①直接与基础组成几何不变体系，它能独立承受荷载而维持平衡，因此由平衡条件可知，外荷载 F_1 使支座 A、B 处产生反力，这样只会使梁段①受力，不会使其他梁段受力。这说明，基本部分上所受到的荷载对其附属部分的受力没有影响。

当荷载 F_2 作用在梁段②上时，会使铰 C 及支座 D 处产生约束力，从而使梁段②中产生内力。由于梁段②在 C 处是支承在梁段①上的，因此铰 C 处约束力必然反方向作用于梁段①上，使梁段①也受力。荷载 F_2 的作用，不会在梁段③中引起内力。因此可见，附属部分上作用的外荷载不仅会使该附属部分本身受力，也必然会传递到其基本部分，使基本部分也受力。

同样地，当有荷载 F_3 作用在梁段③上时，梁段③是支承在梁②和基础上的，因此 F_3 作用不仅使梁段③受力，而且梁段③的反力将通过铰结点 E 传给梁段②，使梁段②受力；再通过铰结点 C 传递给梁段①，使梁段①也受力。铰结点 C 和 D 处的约束力，对基本部分和附属部分而言，都是作用力和反作用力的关系。

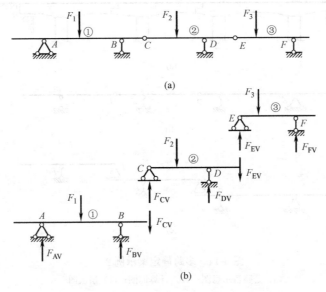

图 3-15 多跨静定梁中力的传递特点
(a) 多跨静定梁计算简图；(b) 力的传递关系

因此多跨静定梁上力的传递特点可表述为：作用在附属部分上的外荷载可以通过铰结点传递给其基本部分，而作用在基本部分上的外荷载不会传递到其附属部分。

三、内力分析方法

从理论上来讲，多跨静定梁的求解可以结合三个整体平衡方程和铰处弯矩等于零的平衡条件，先求出所有的支座反力，再分段作其内力图。但一般情况下，多跨静定梁的支座反力数目较多，导致解联立方程组比较麻烦。

其实，由多跨梁的基本部分与附属部分之间的力传递关系可知，既然作用在基本部分上的荷载不会传递到其附属部分，因此可以先研究附属部分，求出与其基本部分连接处的约束力，并将其反向作用于基本部分后，再对基本部分进行分析。即多跨静定梁的计算次序与其几何组成次序刚好是相反的。

如图 3-15（b）中，先对附属部分梁段③进行分析，求出支座反力 F_{FV} 及铰 E 处的连接力 F_{EV}；再将 F_{EV} 反向作用于梁段③的基本部分即梁段②上，对梁段②进行分析，求出支座反力 F_{DV} 及铰 C 处的连接力 F_{CV}；最后，将 F_{CV} 反向作用于基本部分梁段①上，对梁段①进行分析求出其余支座反力。支座反力全部确定后，即可逐段作出梁的内力图；或者分别作每根单跨梁段的内力图，再拼接成多跨梁内力图。

可以看出，多跨静定梁的计算关键在于基本部分与附属部分之间铰处连接力的计算。对基本部分和附属部分而言，铰处连接力为作用力与反作用力的关系。

综上所述，多跨静定梁的内力分析和内力图绘制的一般步骤如下：

（1）进行几何组成分析，分清基本部分和附属部分，根据各梁段的几何组成次序绘出层次图。

（2）按照先附属部分后基本部分的计算次序，对各单跨梁段逐一进行支座反力和内力的计算。尤其注意在对基本部分进行分析时不要遗漏了由其附属部分传递来的铰处作用力。

(3) 分别作出各单跨梁段的内力图,即形成了整个多跨静定梁的内力图。

必须指出,当结构的几何组成是由基本部分出发,逐渐连接附属部分而形成整体结构时,其内力分析都是采取与几何组成次序相反的途径进行。这不仅对多跨静定梁适用,以后学习的静定刚架结构、桁架结构及组合结构都是如此。

【例 3-2】 作图 3-16 (a) 所示多跨静定梁的内力图。

【解】 (1) 几何组成分析

码 3-7 例 3-2

梁段 AB 为悬臂梁,能独立承受外荷载,是基本部分。梁段 CF 虽然只通过两根竖向支座链杆与基础相连,在竖向荷载作用下能维持平衡,故也为基本部分。梁段 BC 通过铰 B 与梁段 AB 相连,又通过铰 C 与梁段 CF 相连,故它既是梁段 AB 的附属部分,又是梁段 CF 的附属部分。由此绘出层次图,如图 3-16 (b) 所示。

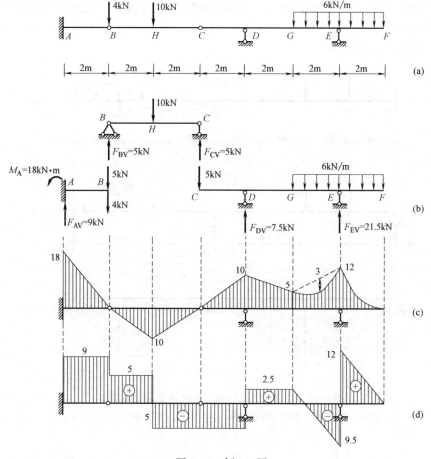

图 3-16 例 3-2 图
(a) 计算简图;(b) 层次图;(c) M 图 (kN·m);(d) F_S 图 (kN)

(2) 对各单跨梁段逐一进行分析

从附属部分开始,依次对各单跨梁段进行分析,如图 3-16 (b) 所示。

先取梁段 BC 分析,支座反力 F_{BV}、F_{CV} 即为铰 B、C 处的连接力。将 F_{BV}、F_{CV} 反向作为外荷载分别施加在梁段 AB、梁段 CF 上,对梁段 AB、梁段 CF 分别进行分析,求出与其相连支座处的反力。铰的约束力和支座反力的数值均按实际方向标明在图中。

(3) 作内力图

求出所有支座反力后,即可逐段作出梁的弯矩图和剪力图,分别如图 3-16 (c)、(d) 所示。另外,也可以按图 3-16 (b) 所示分别绘出各单跨梁段的内力图,再拼接成多跨静定梁的内力图。

这里要注意:多跨静定梁的内力图虽然可以通过各单跨梁段的内力图拼接形成,但它的形状特征一定要符合多跨静定梁的结构形式及荷载的特点。比如,在铰 B、C 处弯矩值为零;在集中荷载作用点 H 处,弯矩图出现尖角,剪力图出现突变等。根据内力图的这些形状特征,可校核所绘内力图是否正确。

将如图 3-17 (a) 所示多跨静定梁与相应的两跨简支梁(图 3-17b)进行对比,如图 3-17 (c) 所示为两跨简支梁的弯矩图。从这里可以看出:在同样荷载作用下,多跨静定梁的内力分布较均匀,内力峰值较小。比如多跨静定梁的最大正弯矩只有两跨简支梁的 42%。一般来说,多跨静定梁与一系列简支梁相比,内力分析均匀些,材料用量较少些,但中间铰的构造要复杂一些。

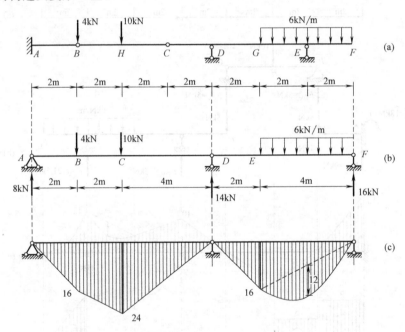

图 3-17 多跨静定梁与相应多跨简支梁受力对比
(a) 多跨静定梁;(b) 相应多跨简支梁;(c) M 图(相应多跨简支梁)(kN·m)

第四节 静定平面刚架

一、刚架及其特征

刚架是指梁、柱主要由刚结点连接形成的结构。当刚架各杆的轴线都在同一平面内且外力也可简化到此平面内时,称为平面刚架。

刚架结构在实际工程结构中应用非常广泛。如图 3-18 (a) 所示为单层厂房结构中通常采用的门式刚架，图 3-18（b）为其计算简图，它是三铰刚架，梁、柱间刚接，梁间铰接。又如在办公建筑中经常采用多层多跨的刚架结构，梁、柱所有结点均为刚接，即框架结构（图 1-14d）。

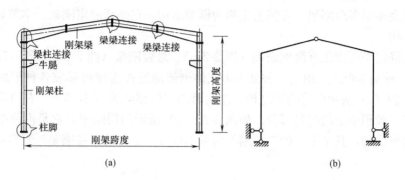

图 3-18 门式刚架及其计算简图
（a）门式刚架构造示意图；（b）三铰刚架

刚结点具有以下变形特征和受力特征。

1. 变形特征

刚结点连接的各杆不能发生相对转动，因而由刚结点连接的各杆之间的夹角始终保持不变。如图 3-19 所示刚架结构中，被刚结点 C、D 连接的梁、柱在变形后仍保持垂直关系。

2. 受力特征

刚结点可以承受和传递弯矩，因而在刚架

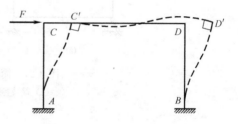

图 3-19 刚结点的变形特征

中弯矩是主要内力。如图 3-20（a）、（b）所示分别为梁柱铰接及刚接情况，图中同时绘

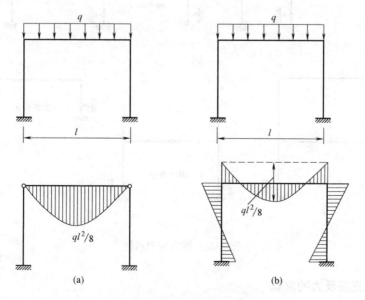

图 3-20 刚架的受力特征
（a）梁柱铰接情况；（b）梁柱刚接情况

出了两者在均布荷载作用下的弯矩图。在图 3-20（b）中，由于刚结点可以承受弯矩，从而可以部分消减横梁跨中截面弯矩的峰值，使弯矩分布较为均匀，故比较节省材料。

刚架结构有静定刚架和超静定刚架两大类。如图 1-14（d）所示为建筑结构工程中经常采用的现浇多层多跨刚架，习惯上也称为框架结构，它是超静定刚架。本节只讨论静定平面刚架结构。

常见的静定平面刚架有简支刚架（图 3-21a）、悬臂刚架（图 3-21b）和三铰刚架（图 3-18b）这三种基本形式。由这三种基本形式的刚架通过铰连接可形成各种形式的组合刚架。如图 3-22（a）所示两跨刚架结构，左边跨的三铰刚架为基本部分，右边跨的简支刚架为支承于三铰刚架上的附属部分。如图 3-22（b）所示两层刚架，它是由两个三铰刚架通过铰连接形成的，其中下层的三铰刚架为基本部分，上层的三铰刚架为附属部分。

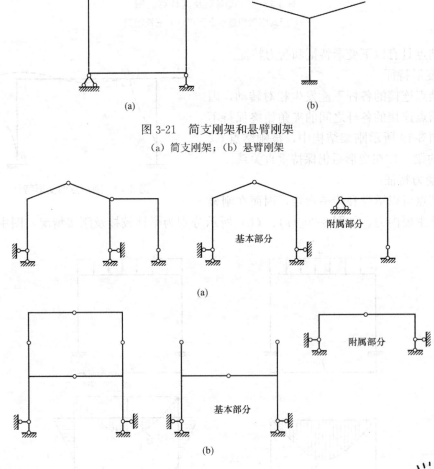

图 3-21　简支刚架和悬臂刚架
(a) 简支刚架；(b) 悬臂刚架

图 3-22　组合刚架示例

二、刚架支座反力的求解

静定平面刚架的计算，一般情况下都是先由整体或局部的平衡条件求出所有的支座反力，然后再进行内力分析。对于不同形式的静定刚架，

码 3-8　刚架及支座反力求解

求解支座反力的方法有所不同。

对于简支刚架和悬臂刚架，支座反力只有三个，可以直接通过三个整体平衡方程求出所有支座反力。

对于三铰刚架，支座反力有四个，利用三个整体平衡方程及铰接处弯矩等于零的平衡条件，也能求出所有的支座反力。当然，利用这四个平衡条件求三铰刚架四个支座反力的过程中，要注意列平衡方程的顺序，尽量做到每列一个平衡方程就能求出一个未知的支座反力，避免解联立的方程组。

对于组合刚架，支座反力一般为四个或四个以上。求支座反力的方法一般如下：进行几何组成分析，分清基本部分和附属部分；先取附属部分分析，求出与其相连支座处的反力，以及其与基本部分铰连接处的约束力；再取基本部分进行分析，求出其余的支座反力。在对基本部分进行分析时，注意不要遗漏其附属部分传来的铰约束力。

【**例 3-3**】 求如图 3-23（a）所示三铰刚架的支座反力。

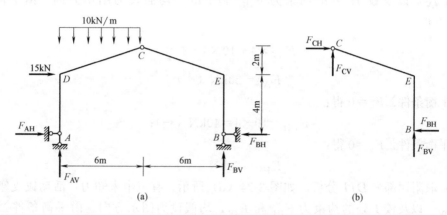

图 3-23 例 3-3 图
（a）计算简图；（b）BC 隔离体分析

【**解**】 此三铰刚架有四个支座反力，假设方向如图 3-23（a）所示。
由刚架整体平衡条件 $\sum M_A=0$，得：
$$F_{BV} \times 12 - 15 \times 4 - 10 \times 6 \times 3 = 0$$
得出：
$$F_{BV} = 20 \text{kN} (\uparrow)$$
由整体平衡条件 $\sum F_y=0$，得：
$$F_{AV} + F_{BV} - 10 \times 6 = 0$$
得出：
$$F_{AV} = 40 \text{kN} (\uparrow)$$
再取铰 C 的右部分 BEC 为隔离体，如图 3-23（b）所示，由力矩平衡条件 $\sum M_C = 0$，有：
$$F_{BH} \times 6 - F_{BV} \times 6 = 0$$
得出：
$$F_{BH} = 20 \text{kN} (\leftarrow)$$

同时能求出铰 C 处的约束力为：

$$F_{CH}=20kN(\rightarrow), F_{CV}=20kN(\downarrow)$$

最后，考虑刚架的整体平衡条件 $\sum F_x=0$，即：

$$F_{AH}+15-F_{BH}=0$$

得出：

$$F_{AH}=5kN(\rightarrow)$$

【例 3-4】 求如图 3-24（a）所示刚架的支座反力。

【解】 先进行几何组成分析：中间部分 BEC 是三铰刚架，为基本部分；左、右两侧部分（AGH 和 DJI）均是简支刚架，为附属部分。

(1) 取附属部分 AGH 分析，如图 3-24（b）所示，它有三个未知力：活动铰支座 A 处反力 F_{AV}，以及铰 H 处的约束力 F_{HH} 和 F_{HV}，均假设为图示方向。由平衡条件 $\sum M_H=0$ 得：

$$F_{AV}\times 4-10\times 4\times 2=0$$

得：

$$F_{AV}=20kN(\uparrow)$$

由平衡条件 $\sum F_x=0$ 得：

$$F_{HH}=10\times 4=40kN(\leftarrow);$$

由平衡条件 $\sum F_y=0$ 得：

$$F_{HV}=20kN(\downarrow)$$

(2) 取附属部分 DJI 分析，如图 3-24（d）所示。有三个未知力：活动铰支座 D 处反力 F_{DV}，以及铰 I 处的约束力 F_{IH} 和 F_{IV}，均假设为图示方向。由平衡条件 $\sum M_I=0$ 得：

$$F_{DV}\times 4-10\times 4\times 2=0$$

得：

$$F_{DV}=20kN(\uparrow)$$

由平衡条件 $\sum F_x=0$ 得：$F_{IH}=0$

由平衡条件 $\sum F_y=0$ 得：$F_{IV}=20kN(\uparrow)$

(3) 将 H、I 铰接处的约束力反向作用于基本部分 BEC 后，再研究基本部分，其受力如图 3-24（c）所示。它为三铰刚架，有四个未知的支座反力：F_{CH}、F_{CV} 和 F_{BH}、F_{BV}。根据三铰刚架支座反力的计算方法，由平衡条件 $\sum M_B=0$ 得：

$$F_{CV}\times 8-40\times 4-30-20\times 4-20\times 8=0$$

得：

$$F_{CV}=53.75kN(\uparrow)$$

由平衡条件 $\sum F_y=0$ 得：$F_{BV}-F_{CV}-20+20+20=0$

从而得：

$$F_{BV}=33.75kN(\downarrow)$$

由平衡条件 $\sum M_E=0$（考虑铰 E 右边部分）得：

$$F_{CH}\times 6+20\times 4-F_{CV}\times 4=0$$

从而得：

$$F_{CH}=22.5kN(\leftarrow)$$

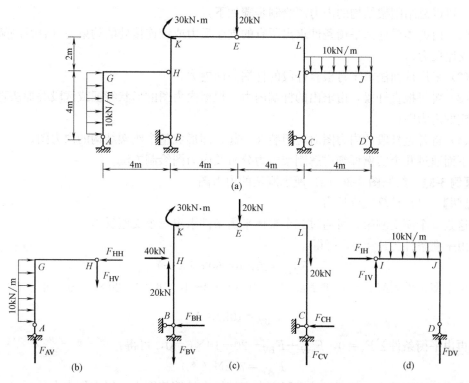

图 3-24 例 3-4 图

(a) 刚架计算简图；(b) 附属部分 AGH 受力图；(c) 基本部分 BEC 受力图；(d) 附属部分 DJI 受力图

由平衡条件 $\sum F_x=0$ 得： $F_{BH}+F_{CH}-40=0$

解得： $F_{BH}=17.5\text{kN}(\leftarrow)$

这样，不需要解算联立方程组，就能依次求出六个支座反力。

三、刚架的内力分析

刚架内力通常包括弯矩、剪力和轴力，其正负号规定与前相同。绘制刚架内力图时，也是将弯矩图画在受拉侧，不标正负号；剪力图、轴力图中正、负竖标值分别绘在杆件异侧，且标明正负号。

码 3-9 静定刚架内力分析

在刚架中，由于同一结点可能连接了不同方向的杆件，因此为了明确同一结点处不同方向各杆端截面的内力，在内力符号后面引入两个下标：第一个下标表示内力所在截面的位置，第二个下标表示该截面所属杆件的另一端编号。如图 3-25 所示刚架，杆 AB 的 A 端截面内力可分别表示为 M_{AB}、F_{SAB}、F_{NAB}，杆 AC 的 A 端截面内力可分别表示为 M_{AC}、F_{SAC}、F_{NAC}。

刚架是由若干杆件连接而成，其内力分析仍以单个杆件的内力分析为基础。对于其中的每根直杆段而言，若求出了两杆端截面的内力，就能直接根据内力图的形状特征或区段叠加法作出该直杆段的内力图。任一杆端截面的内力，在求出支座反力后，可通过截面法确定。

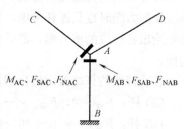

图 3-25 杆端截面内力的表示方法

因此，可以总结刚架结构的内力图绘制步骤如下：

（1）由整体或局部平衡条件求出所有的支座反力或铰连接处的约束力（悬臂刚架可先不求支座反力）；

（2）采用截面法求出每根直杆段的杆端截面内力；

（3）对每根直杆段，由求出的杆端内力，根据内力图的形状特征或区段叠加法直接作出相应的内力图；

（4）将各直杆段的内力图对应组装在一起，即形成整个刚架结构的内力图。

下面通过几个实例详细讲解刚架内力分析及内力图绘制方法。

【例 3-5】 绘制图 3-26（a）所示刚架的内力图。

【解】（1）计算支座反力

这是一个简支刚架，可通过三个整体平衡条件求出三个支座反力。

由平衡条件 $\sum F_x=0$，可得：

$$F_{AH}=10\times 6=60\text{kN}(\leftarrow)$$

由平衡条件 $\sum M_A=0$，即 $F_{BV}\times 6+10\times 6\times 3-10\times 6\times 3-20\times 3=0$，可得：

$$F_{BV}=10\text{kN}(\uparrow)$$

再由平衡条件 $\sum F_y=0$，$F_{AV}+F_{BV}-20-10\times 6=0$，可得：

$$F_{AV}=70\text{kN}(\uparrow)$$

求出的支座反力一般可以按实际方向直接标在计算简图上，以方便内力分析。

（2）绘制弯矩图

作弯矩图时逐杆考虑，根据已知外荷载及求出的支座反力，先采用截面法求出每根直杆段的杆端弯矩，再根据弯矩图的形状特征或区段叠加法作杆段弯矩图，最后将各杆段的弯矩图相应组装在一起。

各直杆段的杆端弯矩值分别如下：

杆 CD：$M_C=0$，$M_{DC}=\dfrac{1}{2}\times 10\times 6^2=180\text{kN}\cdot\text{m}$（上侧受拉）

杆 DB：$M_{DB}=10\times 6-20\times 3=0$，$M_B=0$

杆 AD：$M_A=0$，$M_{DA}=60\times 6-10\times 6\times 3=180\text{kN}\cdot\text{m}$（右侧受拉）

由于杆 CD、杆 DB 和杆 AD 上有横向荷载作用，因此应采用区段叠加法根据已求出的各杆端弯矩值作出各杆段的弯矩图。将各杆段的弯矩图相应组装在一起，即得原刚架结构的 M 图，如图 3-26（b）所示。

（3）绘制剪力图和轴力图

作剪力图时也是逐杆考虑，先采用截面法求出各杆端截面剪力，再根据剪力图的形状特征绘出各杆段的剪力图，最后将各杆段的剪力图相应组装在一起，即得原刚架结构的剪力图。

各直杆段的杆端剪力值分别如下：

CD 杆：$F_{SC}=0$，$F_{SDC}=-10\times 6=-60\text{kN}$

DB 杆：$F_{SDB}=-10+20=10\text{kN}$，$F_{SB}=-10\text{kN}$

AD 杆：$F_{SA}=60\text{kN}$，$F_{SDA}=60-10\times 6=0$

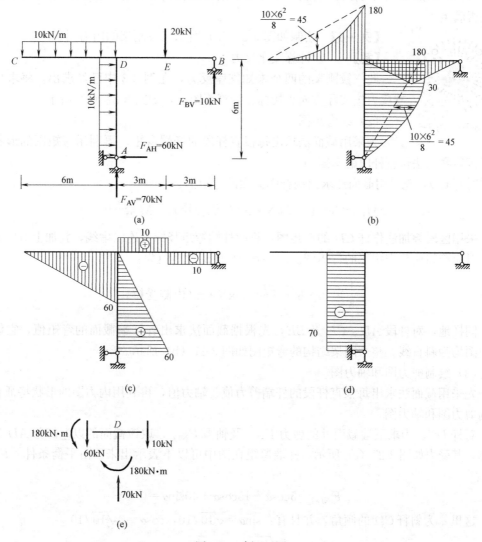

图 3-26　例 3-5 图

(a) 计算简图；(b) M 图（kN·m）；(c) F_S 图（kN）；(d) F_N 图（kN）；(e) 平衡校核（刚结点 D）

根据剪力图形状与荷载的关系可知：杆 CD、杆 AD 的剪力图均为斜直线，杆 DB 的剪力图为两条平行线，剪力图如图 3-26（c）所示。

采用同样的方法绘出轴力图，如图 3-26（d）所示。

(4) 校核

刚架内力图校核的方法通常是检查刚结点处是否满足平衡条件。如图 3-26（e）所示，根据已作出的内力图绘出刚结点 D 的隔离体受力图，这里杆端内力均以实际方向表示，根据平衡条件：

$$\begin{cases} \sum M_D = 180 - 180 = 0 \\ \sum F_x = 0 \\ \sum F_y = 70 - 60 - 10 = 0 \end{cases}$$

可见，结点 D 是平衡的。当然，也可以取刚架的任何部分作为隔离体来检查平衡条件是否满足。

码 3-10　例 3-6

【例 3-6】 绘制如图 3-27（a）所示三铰刚架的内力图。

【解】（1）计算支座反力

此三铰刚架的四个未知支座反力，在例 3-3 中已经求出，将求出的支反力按实际方向直接标在计算简图上，如图 3-27（a）所示。

（2）绘弯矩图

先采用截面法求出每根直杆段的杆端弯矩，再利用弯矩图的形状特征或区段叠加法作直杆段的弯矩图。

对杆 CD，先采用截面法求出两杆端截面的弯矩值：

$$M_{DC}=5\times 4=20\mathrm{kN\cdot m}（外侧受拉），\quad M_{CD}=0$$

采用区段叠加法作杆 CD 的弯矩图：将两杆端弯矩竖标值连以虚线，叠加上对应简支梁在对应跨间荷载作用下的弯矩图。CD 跨中截面的弯矩值为：

$$\frac{1}{8}\times 10\times 6^2-\frac{20}{2}=35\mathrm{kN\cdot m}（内侧受拉）$$

同样地，对杆段 AD、CE 及 BE，先根据截面法求出各杆端截面的弯矩值，它们的弯矩图均为斜直线。整个刚架结构的弯矩图如图 3-27（b）所示。

（3）绘制剪力图和轴力图

先采用截面法求出每根直杆段的杆端剪力值、轴力值，再利用内力图的形状特征直接绘制剪力图和轴力图。

对杆 DC，为求下端截面处的剪力 F_{SDC} 及轴力 F_{NDC}，取该截面的以左部分 AD 为隔离体，其受力如图 3-27（c）所示，杆端弯矩在图中可以不表示出来。由平衡条件 $\sum F_{x'}=0$ 有：

$$F_{NDC}+5\cos\alpha+15\cos\alpha+40\sin\alpha=0$$

这里 α 为斜杆 CD 的倾角，并且有：$\sin\alpha=\sqrt{10}/10$，$\cos\alpha=3\sqrt{10}/10$

从而得：

$$F_{NDC}=-20\times\frac{3\sqrt{10}}{10}-40\times\frac{\sqrt{10}}{10}=-31.62\mathrm{kN}$$

由平衡条件 $\sum F_{y'}=0$ 有：

$$F_{SDC}+5\sin\alpha+15\sin\alpha-40\cos\alpha=0$$

得：

$$F_{SDC}=-20\times\frac{\sqrt{10}}{10}+40\times\frac{3\sqrt{10}}{10}=31.62\mathrm{kN}$$

求 DC 杆上端截面的剪力 F_{SCD} 及轴力 F_{NCD}，可取该截面的以右部分 CB 为隔离体，其受力如图 3-27（d）所示。由平衡条件 $\sum F_{x'}=0$ 得：

$$F_{NCD}-20\sin\alpha+20\cos\alpha=0$$

得：

$$F_{NCD}=20\times\frac{\sqrt{10}}{10}-20\times\frac{3\sqrt{10}}{10}=-12.65\mathrm{kN}$$

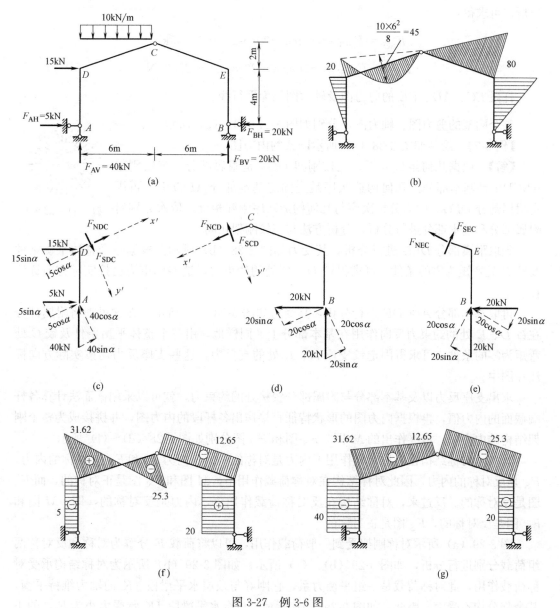

图 3-27 例 3-6 图
(a) 计算简图；(b) M 图 (kN·m)；(c) AD 隔离体；(d) BC 隔离体；(e) BE 隔离体；
(f) F_S 图 (kN)；(g) F_N 图 (kN)

由平衡条件 $\sum F_{y'}=0$ 得：

$$F_{SCD}+20\cos\alpha+20\sin\alpha=0$$

得：

$$F_{SCD}=-20\times\frac{3\sqrt{10}}{10}-20\times\frac{\sqrt{10}}{10}=-25.3\text{kN}$$

杆段 DC 的剪力图及轴力图均为斜直线。

同理，若要求杆段 CE 的杆端剪力值及轴力值，可取如图 3-27（e）所示隔离体进行分析，可求得：

$$F_{SEC}=F_{SCE}=20\sin\alpha-20\cos\alpha=-12.65\text{kN}$$

$$F_{NEC}=F_{NCE}=-20\sin\alpha-20\cos\alpha=-25.3\text{kN}$$

杆段 EC、AD、BE 的剪力图及轴力图均为平行线。

整个刚架的剪力图、轴力图，分别如图 3-27（f）、(g) 所示。

【例 3-7】 绘制如图 3-28（a）所示刚架的内力图。

码 3-11　例 3-7

【解】 根据几何组成分析，三铰刚架 DEG 是附属部分，三铰刚架 ABCDE 是基本部分。几何构造次序是先固定基本部分 ABCDE，再固定附属部分 DEG。内力分析次序与几何构造次序刚好相反。依次分别对附属部分和基本部分进行分析，分析方法与三铰刚架相同。

先取附属部分 DEG 进行分析，其受力如图 3-28（b）所示。根据三个整体平衡条件及铰 G 处弯矩为零的条件，可求得铰 D、E 处的约束力，这些约束力已按实际方向标注在图中。

再取基本部分 ABCDE 进行分析，其受力如图 3-28（c）所示，在这里需将附属部分在铰 D、E 处的约束力反向作用在基本部分上。同样地，由三个整体平衡条件及铰 C 处弯矩为零的条件，可求得固定铰支座 A、B 处的支反力，这些支座反力均按实际方向标注在图中。

求出支座反力以及基本部分与附属部分铰接处的约束力，就可以采用截面法计算各杆端截面的内力值，再根据内力图的形状特征直接作出各杆段的内力图，并拼接成为整个刚架结构的内力图。最终作出的 M 图、F_S 图和 F_N 图分别如图 3-28（d）~(f) 所示。

其实，对称结构在对称荷载作用下内力是对称的。由于内力 M 和 F_N 是对称的内力，F_S 是反对称的内力，因此对称结构在对称荷载作用下，M 图和 F_N 图是正对称的，而 F_S 图是反对称的。反过来，对称结构在反对称荷载作用下，内力是反对称的，即：M 图和 F_N 图是反对称的，F_S 图是正对称的。

图 3-29（a）所示对称刚架受到一般荷载作用，可以将荷载 F 分解为对称和反对称两组荷载分别进行分析，如图 3-29（b）、(c) 所示。如图 3-29（b）所示为对称结构承受对称荷载作用，此对称荷载是一组平衡力系，它刚好与顶层水平梁段 JK 的轴力维持平衡，其余部分均不受力。因此，如图 3-29（b）所示，只有水平梁段 JK 承受大小为 $F/2$ 的正对称轴力（压力）作用，其余部分内力均为零。如图 3-29（c）所示为对称结构受反对称荷载作用，其 M 图和 F_N 图是反对称的，而 F_S 图是正对称的。

图 3-29（b）、(c) 内力叠加的结果如图 3-28（d）、(e)、(f) 所示，M 图是反对称的，F_S 图是正对称的，F_N 图除顶层水平梁段 JK 轴力外均为反对称的。

【例 3-8】 作如图 3-30（a）所示刚架的 M 图。

【解】 这是一个静定的组合刚架，其几何组成特点为：在几何不变部分 EFGKLM 的左边用三个不共线的铰连接刚片 ECI 和刚片 KAI，在右边用三个不共线的铰连接刚片 GDJ 和刚片 MBJ，形成的上部体系为几何不变部分，然后再通过三根支座链杆与基础相连。

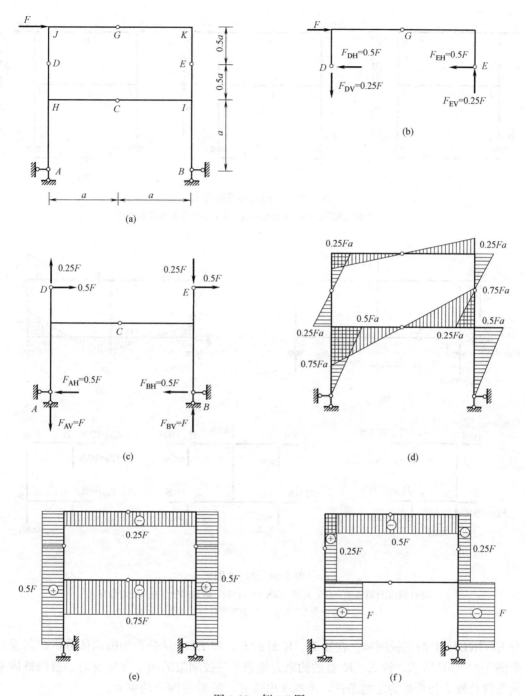

图 3-28 例 3-7 图
(a) 计算简图；(b) 附属部分 DEG 受力分析；(c) 基本部分 ABCDE 受力分析；
(d) M 图；(e) F_S 图；(f) F_N 图

先由刚架的整体平衡条件，可求得三个支座反力分别为：

$$F_{AV}=10\text{kN}(\uparrow), \quad F_{AH}=15\text{kN}(\leftarrow), \quad F_B=20\text{kN}(\uparrow)$$

根据此刚架的几何组成特点可知：EIK 及 GJM 部分实际上是分别附属在几何不变部

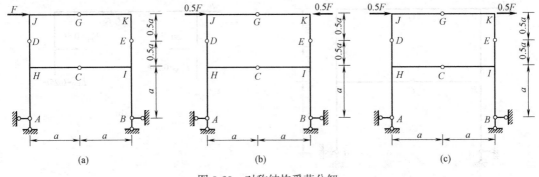

图 3-29 对称结构受荷分解
(a) 一般荷载作用；(b) 正对称荷载作用；(c) 反对称荷载作用

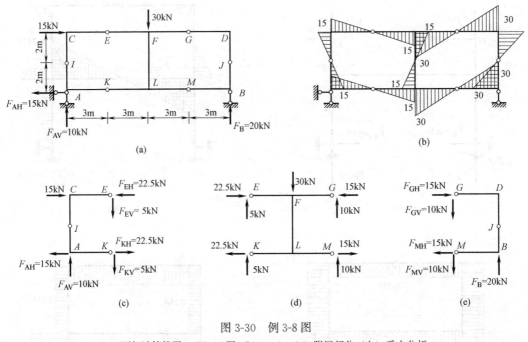

图 3-30 例 3-8 图
(a) 刚架计算简图；(b) M 图（kN·m）；(c) 附属部分（左）受力分析；
(d) 基本部分受力分析；(e) 附属部分（右）受力分析

分 EFGKLM 上的三铰刚架。在铰 E、K 处截开，取 EIK 部分作为隔离体分析，其受力如图 3-30（c）所示，铰 E、K 处的约束力相当于三铰刚架的四个支座反力。根据整体平衡条件及铰 I 处弯矩为零的条件，不难求出铰 E、K 处的四个约束力。

按同样的方法，取 GJM 部分作为隔离体分析，根据整体平衡条件及铰 J 处弯矩为零的条件，可以求出铰 G、M 处的四个约束力，如图 3-30（e）所示。

将附属部分中铰 E、K、G、M 处的约束力均反向作用于几何不变部分 EFGKLM 上，从而可作出其受力图，如图 3-30（d）所示。

对如图 3-30（c）～（e）所示的基本部分和各附属部分，分别采用截面法计算各杆端截面的内力值，再根据弯矩图的形状特征可作出各杆段的弯矩图，最后拼接成为整个刚架结构的 M 图，如图 3-30（b）所示。

【例 3-9】 作如图 3-24（a）所示刚架的 M 图。

【解】 在例 3-4 中已求出了该刚架的所有支座反力，以及附属部分与基本部分之间的铰连接约束力。这里，可分别绘制基本部分（图 3-24c）和附属部分（图 3-24b、d）的弯矩图，再拼接成为整个刚架结构的 M 图，如图 3-31 所示。

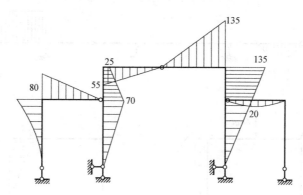

图 3-31 图 3-24（a）所示结构的弯矩图（kN·m）

第五节 快速作弯矩图

对梁和刚架结构，其主要内力图尤其是弯矩图的绘制，是进行结构设计的基础，因此务必熟练掌握其绘制方法。静定梁和刚架结构的内力分析，可以采用前面所讲的常规思路，即先求出所有的支座反力，再进行内力分析。但在某些情况下，可以少求甚至不求支座反力就能迅速绘出其弯矩图，再根据杆段平衡条件绘剪力图，然后根据结点投影平衡条件作轴力图，进而根据支座结点平衡条件求出所有支座反力。

快速作弯矩图，通常可从以下几个方向综合考虑。

1. 结构上若有简支或悬臂部分，其弯矩图可先绘出

如图 3-32（a）所示多跨梁中，两端铰接梁段 BC 相当于简支梁，其弯矩图为一条抛物线；悬臂梁段 HI 部分，其弯矩图和悬臂梁的弯矩图是相同的，如图 3-32（b）中只绘出了梁段 BC 和梁段 HI 的弯矩图。

如图 3-32（c）所示刚架中，柱 BD 虽不是悬臂杆，但柱底 B 处竖向支座反力与柱轴线重合，它在柱内不产生剪力及弯矩。因此，BD 柱也可按悬臂杆段先作弯矩图，如图 3-32（d）中只绘出了柱 BD 的弯矩图。

码 3-12 快速作 M 图的方法

2. 充分利用弯矩图的形状与所受横向荷载的关系

无横向荷载作用的直杆段，弯矩图为直线，因此只要确定这条直线上的任意两点，就能给出此直杆段的弯矩图。对承受横向荷载作用的直杆段，只要能确定两杆端截面的弯矩值，就可以直接采用区段叠加法作该直杆段的弯矩图。对受集中力偶作用的直杆段，弯矩图在集中力偶作用点处有突变，突变值等于集中力偶值，且集中力偶作用点两侧弯矩图斜率相等。对于这些规律，必须做到应用自如。

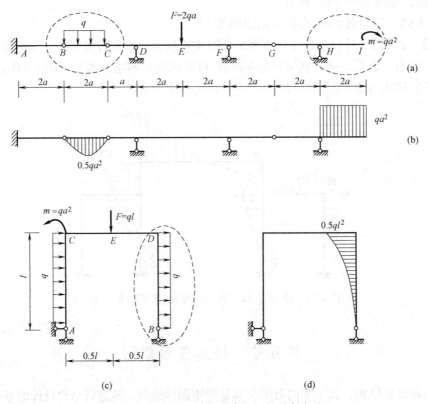

图 3-32 简支及悬臂杆段弯矩图的绘制方法

3. 利用刚结点的力矩平衡条件

若刚结点上无外力偶作用，刚结点连接的各杆端弯矩代数和为零。如两杆相交的刚结点（图 3-33），在弯矩图中刚结点处两个杆端弯矩竖标相等且位于同一侧（同在刚结点的内侧或外侧）。

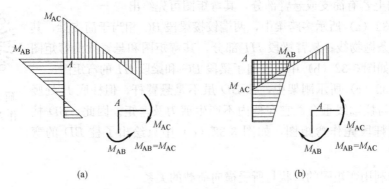

图 3-33 无外力偶作用时刚结点处 M 图特点

对有外力偶作用的刚结点，刚结点连接的各杆杆端弯矩，再加上外力偶，要满足力矩代数和为零的平衡条件。如有外力偶作用在两杆相交的刚结点上（图 3-34），刚结点处两杆端弯矩竖标有突变，突变规律与外力偶的方向和大小有关。很明显，当已知外力偶和其中某一杆端弯矩值，利用刚结点的力矩平衡条件就可求得另一杆端弯矩值。

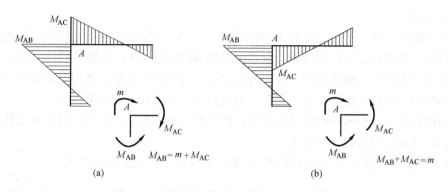

图 3-34 有外力偶作用时刚结点处 M 图特点

其实，对 n（>2）杆相交的刚结点，只要先求出 ($n-1$) 个杆端弯矩，由力矩平衡方程可确定第 n 个杆端弯矩。这里要注意，考虑刚结点的力矩平衡时，一定要注意刚结点本身是否受外力偶作用。

4. 与铰结点相连杆端弯矩值的确定

若与铰结点相连的杆端无外力偶作用，由于铰不能传递弯矩，则该杆端弯矩必定为零。若与铰结点相连的杆端有外力偶作用，则该杆端弯矩值等于外力偶大小，但要注意外力偶的方向与其引起杆端受拉侧的关系。如图 3-35（a）所示，杆端 A、B 的弯矩值分别等于 m_1（右侧受拉）和 m_2（下侧受拉）。

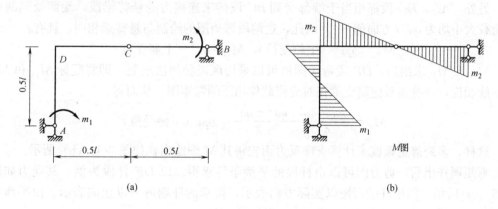

图 3-35 与铰结点相连杆端弯矩值的确定

因此，直接绘制图 3-35（a）所示刚架的弯矩图可以这样来考虑：BC 段弯矩图通过将两杆端弯矩竖标直线相连得到；CD 段与 BC 段的弯矩图应该是平行的，为此将 BC 段的直线弯矩图直接延伸即可作出 CD 段弯矩图，并有 $M_{DC}=m_2$（上侧受拉）。另外，由刚结点 D 的力矩平衡条件可知 $M_{DA}=m_2$（左侧受拉），再将柱 AD 中两个杆端弯矩竖标连成一条直线即可绘出 AD 段的弯矩图。这样，不需要计算支座反力，就能直接绘出该结构的弯矩图，如图 3-35（b）所示。

5. 充分利用结构的对称性

若结构的几何形状都关于某一轴对称，那么在静定结构的内力分析中就可直接利用对称性来简化计算。对称结构在对称荷载作用下弯矩图是对称的，在反对称荷载作用下弯矩图是反对称的。

以上介绍了一些常见的直接绘 M 图的技巧，对某一具体结构来说要灵活应用。在学习的过程中，要按自己的作图经验，观察和总结 M 图的特点，并加以利用。比如，剪力相等的两平行直杆的弯矩图平行，外力与杆轴重合时不产生弯矩，外力与杆轴平行及外力偶产生的弯矩为常数，作用在基本部分上的荷载不会传递到其附属部分等。

弯矩图作出后，根据杆段的平衡条件可作出剪力图。然后根据结点的平衡条件，可作出轴力图，并求出所有的支座反力。

【例 3-10】 不求支座反力直接作如图 3-36（a）所示多跨梁的内力图。

【解】 按一般求解思路，分别依次取附属部分（梁段 BC、GHI）和基本部分（梁段 AB、CG）分析，先求出所有支座反力，再作 F_S 图和 M 图。在此，不需要计算支座反力而直接先绘出 M 图，进而绘出 F_S 图。

码 3-13 例 3-10

首先，HI 段为悬臂部分，其弯矩图的绘制与悬臂梁相同；BC 段为简支部分，其弯矩图与对应简支梁相同。

其次，FH 段无横向外荷载作用，其弯矩图为一直线。现已知 $M_H = qa^2$（上侧受拉），铰 G 处弯矩 $M_G = 0$，因此将 G、H 这两点弯矩竖标连成直线并延长至 F 点，即得 FH 段弯矩图，并可得：$M_F = qa^2$（下侧受拉）。

另外，AB、DC 段都相当于端部受到 BC 段传来连接力的悬臂梁段，端部受到的集中荷载大小均为 qa（方向朝下）。因此，这两段弯矩图的绘制与悬臂梁相同，且有：

$$M_A = 2qa^2（上侧受拉），M_D = qa^2（上侧受拉）$$

M_D 和 M_F 求出后，DF 段弯矩图就可以采用区段叠加法绘制，即将竖标 M_D 和 M_F 用虚线相连，并叠加对应简支梁在对应荷载作用下的弯矩图，从而得：

$$M_E = \frac{2qa \times 4a}{4} - \frac{qa^2 - qa^2}{2} = 2qa^2（下侧受拉）$$

这样，多跨静定梁就未计算支座反力而先将其 M 图绘出，如图 3-36（b）所示。

弯矩图作出后，剪力图可以由杆段的平衡条件求得。以 DF 杆段为例，其受力如图 3-36（c）所示。图中杆端弯矩以实际方向表示，待求的杆端剪力以正向表示。由平衡条件 $\sum M_D = 0$ 得：

$$F_{SFD} \times 4a - qa^2 - qa^2 + 2qa \times 2a = 0$$

从而得：

$$F_{SFD} = -0.5qa$$

再由平衡条件 $\sum F_y = 0$ 得：$F_{SDF} = 1.5qa$。

DG 杆段的两杆端剪力求出后，根据其剪力图的形状特征，其剪力图为两段平行线。其余杆段剪力图可采用同样的方法得到，从而作出整个结构的剪力图，如图 3-36（d）所示。

下面取支座结点作为隔离体求支座反力。如图 3-36（e）所示为支座 A 结点隔离体，由平衡条件可得到其支座反力：

$$F_{AV} = qa（↑），M_A = 2qa^2（逆时针）$$

为求支座 D 处竖向反力，可取支座 D 结点为隔离体，如图 3-36（f）所示，图中杆端

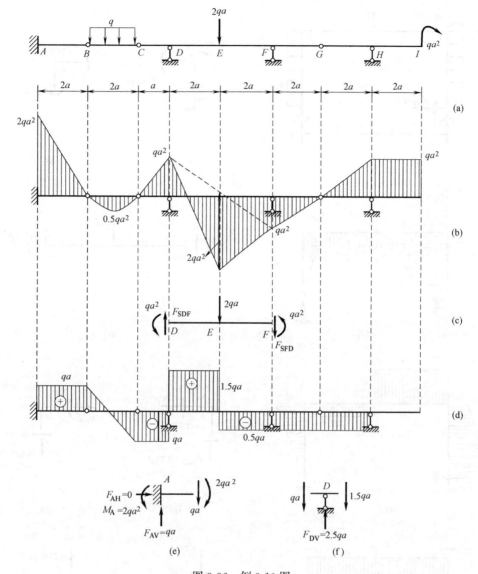

图 3-36 例 3-10 图

(a) 计算简图；(b) M 图；(c) DF 段隔离体；(d) F_S 图；(e) 结点 A 隔离体；(f) 结点 D 隔离体

弯矩不必示出，由竖向平衡条件可知：

$$F_{DV}=2.5qa \ (\uparrow)$$

采用同样的方法，可求得其他支座处的反力。

【例 3-11】 绘制如图 3-37（a）所示刚架的内力图。

【解】 首先由刚架的整体平衡条件 $\sum F_x=0$，可知水平支座反力 $F_{AH}=2ql$ (←)。此时，不需要计算两个竖向支座反力 F_{AV} 和 F_B，就可以先绘出其弯矩图。

码 3-14 例 3-11

先绘杆段 AC 和 BD 的弯矩图。因 F_{AV} 与杆 AC 的轴线重合，F_{AV} 对杆段 AC 不会产生弯矩，因此由截面法可得到杆端弯矩为：

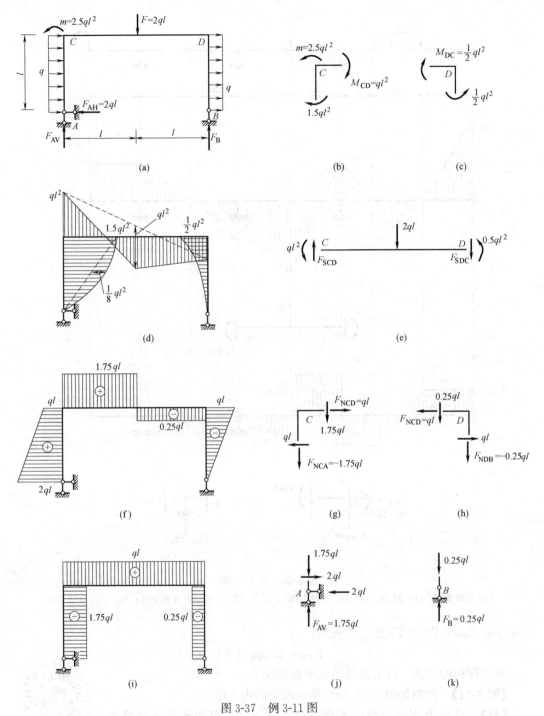

图 3-37 例 3-11 图

(a) 刚架计算简图；(b) 刚结点 C 力矩平衡；(c) 刚结点 D 力矩平衡；(d) M 图；(e) CD 段隔离体；(f) F_S 图；(g) 结点 C 的力投影平衡；(h) 结点 D 的力投影平衡；(i) F_N 图；(j) 支座 A 隔离体；(k) 支座 B 隔离体

$$M_{CA} = 2ql \times l - 0.5ql^2 = 1.5ql^2 \text{（右侧受拉）}$$

杆段 AC 的弯矩图可采用区段叠加法作出。

同理，F_B 对杆段 BD 的弯矩也没有影响，由截面法可知杆端弯矩：
$$M_{DB}=0.5ql^2（左侧受拉）$$
也采用区段叠加法作杆段 BD 的弯矩图。

再绘横梁 CD 的弯矩图。根据刚结点 C、D 的力矩平衡条件，如图 3-37（b）、（c）所示，由于只需考虑力矩平衡，图中未标出杆端剪力和轴力值，可得：

$$M_{CD}=ql^2（上侧受拉），M_{DC}=0.5ql^2（下侧受拉）$$

横梁 CD 的两杆端弯矩求出后，可采用区段叠加法作出其弯矩图。整个刚架结构的弯矩图如图 3-37（d）所示。

下面根据已经作出的 M 图作其剪力图。比如取横梁 CD 作为隔离体，其受力如图 3-37（e）所示。图中杆端弯矩以实际方向表示，待求的杆端剪力以正向表示，杆端轴力可以不考虑。分别由力矩平衡条件 $\sum M_C=0$ 和 $\sum M_D=0$ 可求得杆端剪力值分别为：

$$F_{SCD}=1.75ql，F_{SDC}=-0.25ql$$

根据剪力图的形状特征，可直接绘出横梁的剪力图，为两段平行线。其余杆段剪力图可采用同样的方法得到，从而得到整个刚架结构的剪力图，如图 3-37（f）所示。

两个未知的竖向支座反力对柱的剪力没有影响，因此，AC、BD 杆端剪力由截面法更容易得到。

剪力图绘出后，考虑各结点的投影平衡条件可求出各杆端轴力值，从而作出其轴力图。如图 3-37（g）、（h）所示分别为刚结点 C、D 中杆端力的平衡示意，杆端剪力以实际方向绘出，杆端轴力假设以正向表示，杆端弯矩可以不考虑。由力的投影平衡条件，可得各杆端轴力分别为：

$$F_{NCD}=F_{NDC}=ql，\quad F_{NCA}=-1.75ql，\quad F_{NDB}=-0.25ql$$

再根据各杆段轴力图的形状特征，直接作出整个刚架结构的轴力图，如图 3-37（i）所示。

最后，分别取支座结点 A、B 为隔离体，如图 3-37（j）、（k）所示，求得两个竖向的支座反力分别为：

$$F_{AV}=1.75ql（↑），\quad F_B=0.25ql（↑）$$

【例 3-12】 直接绘制如图 3-38（a）所示刚架的 M 图。

【解】 由几何组成分析可知，如图 3-38（a）所示刚架最左边 ABG 为基本部分，中间 BDH 为其附属部分，而右边 DFI 又为中间 BDH 的附属部分。一般情况下求解思路为：自右向左按先附属部分后基本部分的顺序依次求出各支座反力及刚片间铰结处的约束力，再逐杆绘制弯矩图。这里可以不求支座反力而直接绘制 M 图。

码 3-15 例 3-12

首先，三根竖杆 BG、DH、FI 及水平杆 EF 均为悬臂杆件，其弯矩图可直接绘出，并求得杆端弯矩值分别如下：

$$M_{BG}=M_{DH}=M_{FI}=q\times 3a\times 1.5a=4.5qa^2（左侧受拉）$$

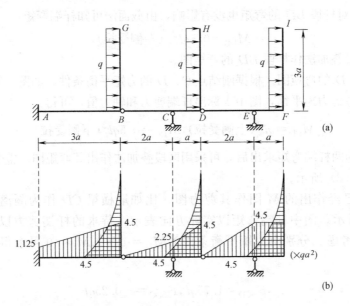

图 3-38 例 3-12 图
(a) 刚架计算简图；(b) M 图

$$M_{EF}=4.5qa^2（上侧受拉）$$

其次，DE 段弯矩图为直线，只需直线连接铰 D 处零弯矩及支座 E 处弯矩 M_{EF} 即可。

接着，作 CD 段弯矩图，也为一直线。根据刚结点 D 的力矩平衡条件可知：

$$M_{DC}=4.5qa^2 \text{（上侧受拉）}$$

由于支座 E 处支座反力未知或铰 D 处约束力未知，不能确定 CD 段上其他任一截面的弯矩值，因此不能直接作出 CD 段弯矩图。但 CD 段和 DE 段的剪力相等，均等于支座 E 处的竖向支反力。这说明：CD 段与 DE 段的弯矩图是相互平行的。因此，通过竖标 M_{DC} 值作 DE 段弯矩图的平行线，便可得 CD 段弯矩图，并可得：

$$M_{CD}=2.25qa^2 \text{（上侧受拉）}$$

BC 段弯矩图的绘制，可根据铰 B 处弯矩等于零及支座 C 处的弯矩，直线连接得到。
最后，作 AB 段弯矩图。利用刚结点 B 的力矩平衡得：

$$M_{BA}=4.5qa^2 \text{（上侧受拉）}$$

注意到 AB 段和 BC 段的剪力相等（均等于支座 A 处竖向支座反力），因而这两段弯矩图相互平行。因此通过竖标 M_{BA} 值作 BC 段弯矩图的平行线便可得到 AB 段弯矩图，并得到：

$$M_{AB}=1.125qa^2 \text{（上侧受拉）}$$

整个刚架结构的 M 图如图 3-38（b）所示。
请读者试着直接作图 3-39（a）所示刚架的弯矩图，其 M 图如图 3-39（b）所示。

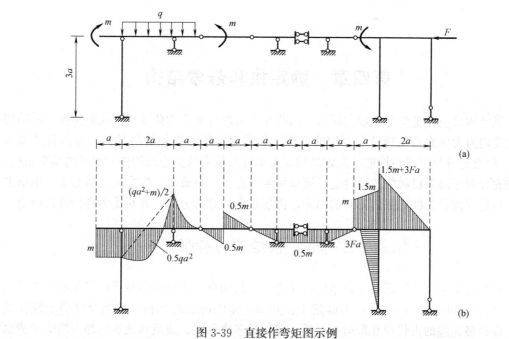

图 3-39 直接作弯矩图示例
(a) 刚架计算简图;(b) M 图

第四章 静定拱和悬索结构

拱结构是一种主要承受轴向压力并由两端推力维持平衡的曲线或折线形构件。拱结构的主要内力为压力，使构件摆脱弯曲变形。如采用抗压性能较好的材料（如砖石或混凝土），则能充分发挥材料性能。悬索结构是由柔性受拉索及其边缘构件所形成的承重结构，它能充分利用高强材料的抗拉性能，可以做到跨度大、自重小、省材料、易施工。本章主要针对这两种受力性能截然不同的结构，讲述其内力分析方法，并对受力特性进行讨论。

第一节 拱结构的特征

拱结构是应用较广泛的工程结构形式之一，我国早在古代就在桥梁和房屋建筑中采用了拱结构。如图 4-1（a）所示为修建于公元 606 年的河北赵州桥，是当今世界上现存最早、保存最完整的古代单孔敞肩石拱桥，经历了多次水灾、战乱和地震，却安然屹于清水河上，被称为中国工程界一绝。在近代土木工程中，拱结构是桥梁、隧道及屋盖中的重要结构形式。图 4-1（b）为 2003 年建成的主跨跨径达 550m 的上海卢浦大桥，是当今世界跨度第二的钢结构拱桥，也是世界上首座完全采用焊接工艺连接的大型拱桥。

图 4-1 拱结构工程实例
(a) 赵州桥；(b) 上海卢浦大桥

为了说明拱结构和梁结构的受力特点，可将如图 4-2（a）、（b）、（c）所示三种情况进行对比，这三种情况下结构所受的荷载及跨度均相同。如图 4-2（a）所示为简支梁，在竖向荷载作用下，梁内有弯矩和剪力。如图 4-2（b）所示结构，其杆轴虽为曲线，但在竖向荷载作用下支座并不产生水平支反力，它的弯矩图与图 4-2（a）所示简支梁相同（剪力和轴力发生变化），故称为曲梁。曲梁在竖向荷载作用下将在支座 B 处产生水平位移。若用支承链杆约束该处的位移则得到图 4-2（c）所示的情况，这种结构在竖向荷载作用下会产生水平推力，故属于拱结构。由此可见，水平推力的存在是拱结构区别于梁结构的一个重要标志，因此通常又将拱结构称为有推力结构。

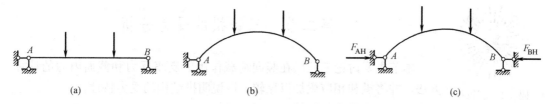

图 4-2 梁式结构与拱式结构
(a) 简支梁；(b) 简支曲梁；(c) 拱

拱结构中由于存在水平推力，与相应简支梁相比，其弯矩和剪力较小，主要承受轴力且为压力。因此，拱用料比梁节省，能跨越较大的跨度，而且可以充分利用抗拉性能差但抗压性能较强的材料，如砖、石和混凝土等。但是，由于推力的存在，拱结构需要较为坚固的基础或支承结构（如墙、柱、墩等）。

如图 4-3 所示为工程中常用的拱结构形式。其中，如图 4-3（a）所示的三铰拱为静定结构，它是本章的主要研究对象。如图 4-3（b）所示两铰拱和图 4-3（c）所示无铰拱均为超静定结构，将在第七章中对它们进行研究。

实际工程中，在基础水平抗力较差的情况下，或为了消除推力对支承结构（如墙、柱等）的影响，常在支座位置处设置拉杆以抵抗水平推力，如图 4-3（d）所示为带拉杆的三铰拱。拉杆内所产生的拉力代替了水平推力，使支座在竖向荷载作用下只产生竖向反力。为了获得较大的空间，拉杆有时做成如图 4-3（e）所示的折线形式。支座处两铰位在同一水平线上的三铰拱称为三铰平拱（图 4-3a），支座处两铰不在同一水平线上的三铰拱称为三铰斜拱，如图 4-3（f）所示。

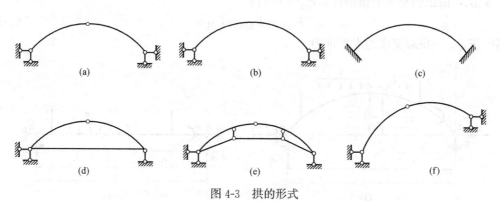

图 4-3 拱的形式
(a) 三铰平拱；(b) 两铰拱；(c) 无铰拱；(d) 带拉杆的三铰拱；
(e) 带折线形拉杆的三铰拱；(f) 三铰斜拱

在三铰拱中（图 4-4），铰 A、B 称为拱趾，铰 C 称为拱顶，拱顶通常设置在拱轴最高点处。两个拱趾的水平距离 l 称为拱的跨度。由拱顶到拱趾连线的竖直距离 f 称为拱高或矢高。高跨比 f/l 对拱结构的受力性能有着重要影响，其值一般在 $1/10 \sim 1$ 之间。

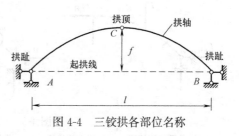

图 4-4 三铰拱各部位名称

第二节 三铰拱的受力分析

本节主要讨论三铰拱在竖向荷载作用下支座反力和截面内力的计算方法,并将拱和相应梁加以比较,以说明拱结构的受力特性。

码 4-1 三铰拱的受力分析(1)

一、支座反力的计算

如图 4-5(a)所示三铰平拱承受竖向荷载(包括集中力偶)作用,共有四个支座反力,分别记为 F_{AV}、F_{BV}、F_{AH}、F_{BH}。这四个支座反力的求解,除了以上部整体为研究对象可列出三个平衡方程外,还可对 AC(或 BC)部分作为隔离体列出对拱顶铰 C 取矩的平衡方程。

首先,由整体平衡条件 $\sum M_B=0$ 及 $\sum M_A=0$ 可分别求得两个竖向支座反力,即:

$$F_{AV}=\frac{\sum M_B(F_i)}{l} \tag{4-1a}$$

$$F_{BV}=\frac{\sum M_A(F_i)}{l} \tag{4-1b}$$

式中 $\sum M_B(F_i)$——拱上所有外荷载对 B 点取矩(逆时针取正)的代数和;

$\sum M_A(F_i)$——拱上所有外荷载对 A 点取矩(顺时针取正)的代数和。

如图 4-5(c)所示为与三铰拱同跨度并承受相同荷载的相应简支梁(也称为等代梁),其竖向支座反力记为 F_{AV}^0 和 F_{BV}^0,很明显有:

$$F_{AV}=F_{AV}^0, \quad F_{BV}=F_{BV}^0 \tag{4-2}$$

其次,由拱的整体平衡条件 $\sum F_x=0$ 可得:

$$F_{AH}=F_{BH}=F_H \tag{4-3}$$

式中 F_H——拱对支座的水平推力。

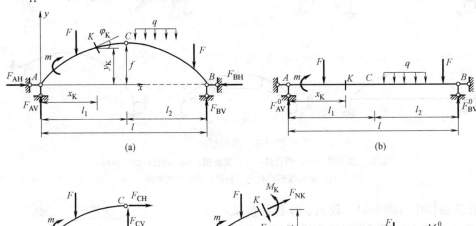

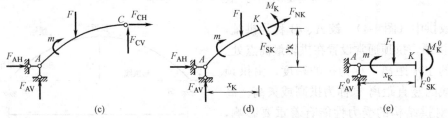

图 4-5 三铰平拱的受力分析

(a)三铰平拱计算简图;(b)相应等代梁;(c)拱中 AC 隔离体;(d)拱中 AK 隔离体;(e)代梁中 AK 隔离体

最后，取拱顶铰 C 以左部分 AC 段作为隔离体（图 4-5b）研究，由力矩平衡条件 $\sum M_C=0$ 得：

$$F_H=\frac{F_{AV}l_1-\sum M_C(F_i^{AC})}{f}=\frac{M_C^0}{f} \tag{4-4}$$

式中 $\sum M_C(F_i^{AC})$——AC 段上外荷载对 C 点取矩（逆时针力矩取正）的代数和；

M_C^0——相应简支梁上拱顶铰 C 对应截面的弯矩值。

由此可见，在竖向荷载作用下，三铰平拱的支座反力有如下特点：

(1) 两个竖向支座反力与相应简支梁竖向支反力对应相等，与拱高无关；

(2) 水平推力 F_H 与相应简支梁拱顶对应截面上的弯矩成正比，而与拱高 f 成反比。即：拱高越小，水平推力越大。当 $f\rightarrow 0$ 时，$F_H\rightarrow\infty$，这时体系形成几何瞬变体系。因此，在设计中应根据实际情况适当选取高跨比，以满足结构受力和使用方面的要求；

(3) 支座反力与拱轴线形式无关，只与三个铰的位置有关。

二、内力的计算

求得支座反力后，根据截面法即可求得拱上任意截面的内力。拱上任意指定截面 K，其位置及方向（用参数 x_K、y_K、φ_K 表示）可根据拱的轴线方程确定（图 4-5a）。φ_K 值为 K 截面法线的倾角，在拱顶铰以左取正，以右取负。φ_K 可根据其与拱轴方程 $y=f(x)$ 之间的关系式确定，即：

$$\cos\varphi_K=\sqrt{\frac{1}{1+(y')^2}}\bigg|_{x=x_K} ,\sin\varphi_K=y'\cos\varphi_K \tag{4-5}$$

取 AK 段为隔离体（图 4-5d），截面 K 上的内力包括弯矩 M_K（设内侧受拉为正）、剪力 F_K 和轴力 F_{NK}，剪力和轴力均以正方向示出。

由力矩平衡条件 $\sum M_K=0$，即：

$$M_K+F_{AH}y_K-F_{AV}x_K+\sum M_K(F_i^{AK})=0$$

即：

$$M_K=F_{AV}x_K-\sum M_K(F_i^{AK})-F_{AH}y_K=M_K^0-F_H y_K \tag{4-6}$$

式中 $\sum M_K(F_i^{AK})$——AK 段上外荷载对 K 点取矩（逆时针力矩取正）之和；

M_K^0——等代梁上相应 K 截面的弯矩（图 4-5e）。

为求剪力 F_{SK}，在图 4-5（d）中沿 F_{SK} 方向列力的投影平衡方程，即有：

$$F_{SK}=(F_{AV}-\sum(F_i^{AK}))\cos\varphi_K-F_{AH}\sin\varphi_K=F_{SK}^0\cos\varphi_K-F_H\sin\varphi_K \tag{4-7}$$

同理，求轴力 F_{NK} 时列出沿 F_{NK} 方向的投影平衡方程，即有：

$$F_{NK}=(\sum(F_i^{AK})-F_{AV})\sin\varphi_K-F_{AH}\cos\varphi_K=-F_{SK}^0\sin\varphi_K-F_H\cos\varphi_K \tag{4-8}$$

式 (4-7)、式 (4-8) 中，$\sum(F_i^{AK})$ 为 AK 段上外荷载在竖向投影的代数和（方向向下取正）；F_{SK}^0 为等代梁中相应 K 截面的剪力（图 4-5e）。

式 (4-6)～式 (4-8) 是三铰平拱在竖向荷载作用下任意截面的内力计算表达式。由式（4-6）可知，由于水平推力 F_H 的作用，拱截面上的弯矩比相应简支梁上对应截面的弯矩要小。但式（4-8）表明，在拱截面上产生了相应简支梁中不存在的轴力，且为压力。弯矩使截面上产生不均匀的正应力，而轴力则引起均匀的正应力，因此拱截面上的应力分布比梁截面上的应力分布要均匀些，拱比梁要节省材料。

以上是按照三铰平拱承受竖向荷载作用的情况进行推导的，所导出的公式也适用于带拉杆的三铰平拱（图 4-3d）承受竖向荷载作用，拉杆拉力即为水平推力 F_H，其竖向支座反力和内力的计算公式不变。

三、三铰斜拱的计算

如图 4-6（a）所示三铰斜拱，α 为起拱线与水平线间的夹角。在竖向荷载作用下，同样可根据三个整体平衡条件，以及左（右）半拱对拱顶铰 C 的力矩平衡条件 $\sum M_C = 0$，联立求解可得两个水平向支反力（F_{AH}、F_{BH}）和两个竖向支反力（F_{AV}、F_{BV}）。

有时为了避免求解联立方程组，也可先将斜拱支座反力分别沿竖直方向及拱趾连线方向分解为两个互相斜交的分力，即 F'_{AV}、F'_{AH} 和 F'_{BV}、F'_{BH}，如图 4-6（b）所示。如图 4-6（c）所示为与斜拱相应的等代梁，其竖向支座反力记为 F^0_{AV}、F^0_{BV}。

对斜拱（图 4-6b）及等代梁（图 4-6c），先分别由整体平衡条件 $\sum M_B = 0$ 及 $\sum M_A = 0$ 可得：

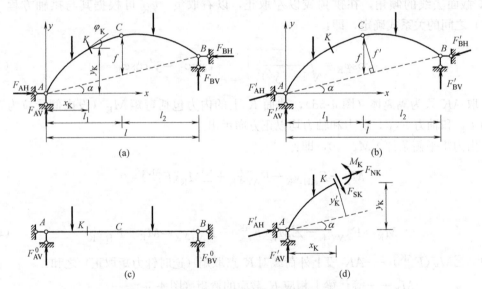

图 4-6 三铰斜拱的计算
(a) 斜拱计算简图；(b) 斜拱支反力沿斜向分解；(c) 相应等代梁；(d) AK 隔离体

$$F'_{AV} = F^0_{AV}, \quad F'_{BV} = F^0_{BV} \tag{4-9}$$

再由左半拱对拱顶铰 C 的力矩平衡条件 $\sum M_C = 0$ 得：

$$F'_{AH} = F'_{BH} = F'_H = \frac{M^0_C}{f'} \tag{4-10}$$

式中　f'——拱顶铰 C 至拱趾连线的垂直距离，也称为斜矢高；

M^0_C——相应水平等代梁中相应 C 截面的弯矩值。

将式（4-9）、式（4-10）与平拱支座反力的计算公式（式 4-2、式 4-4）进行比较可知：斜拱与平拱支座反力求解公式的表现形式并无区别，只是求起拱线方向支反力分量（斜推力）时采用斜拱高 f'，而不是拱高 f 值。f 为拱顶铰 C 至拱趾连线的竖向距离。

求出所有支座反力后，斜拱上任意截面 K 的内力可根据截面法求得。如图 4-6（d）所示，取 AK 段作为隔离体，由平衡条件得：

$$\begin{cases} M_K = M_K^0 - F_H' y_K' \\ F_{SK} = F_{SK}^0 \cos\varphi_K - F_H' \sin(\varphi_K - \alpha) \\ F_{NK} = -F_{SK}^0 \sin\varphi_K - F_H' \cos(\varphi_K - \alpha) \end{cases} \quad (4\text{-}11)$$

式中 y_K'——截面 K 到起拱线的垂直距离。

将图 4-6（b）中斜推力（F_{AH}' 和 F_{BH}'）分别沿水平、竖直方向进行分解，也可求出斜拱在竖直、水平方向的支座反力（图 4-6a）分别为：

$$\begin{cases} F_H = F_H' \cos\alpha = \dfrac{M_C^0}{f'} \cos\alpha = \dfrac{M_C^0}{f} \\ F_{AV} = F_{AV}' + F_{AH}' \sin\alpha = F_{AV}^0 + \dfrac{M_C^0}{f'} \sin\alpha = F_{AV}^0 + F_H \tan\alpha \\ F_{BV} = F_{BV}' - F_{BH}' \sin\alpha = F_{BV}^0 - \dfrac{M_C^0}{f'} \sin\alpha = F_{BV}^0 - F_H \tan\alpha \end{cases} \quad (4\text{-}12)$$

【例 4-1】 作如图 4-7（a）所示三铰平拱的内力图，已知跨度 $l=12\text{m}$，拱高 $f=4\text{m}$，拱轴为二次抛物线 $y = \dfrac{4f}{l^2} x(l-x)$。

【解】（1）求支座反力

先计算如图 4-7（b）所示相应简支梁的支座反力。由力矩平衡条件 $\sum M_A = 0$，即：

$$F_{BV}^0 \times 12 - 25 \times 3 - 5 \times 6 \times 9 = 0$$

得：$F_{BV}^0 = 28.75\text{kN}$（↑）

由平衡条件 $\sum F_y = 0$，即：$F_{AV}^0 + F_{BV}^0 - 25 - 5 \times 6 = 0$

得：$\qquad F_{AV}^0 = 26.25\text{kN}$（↑）

码 4-2 三铰拱的受力分析（2）

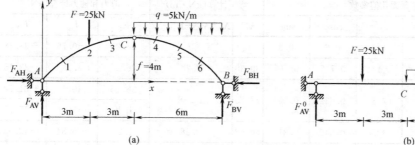

图 4-7 例 4-1 图
(a) 三铰拱计算简图；(b) 相应简支梁

在等代梁中，拱顶 C 相应截面处的弯矩为：

$$M_C^0 = 26.25 \times 6 - 25 \times 3 = 82.5\text{kN} \cdot \text{m}$$

由式（4-2）、式（4-4）可计算三铰拱的支座反力为：
$$F_{AV}=F_{AV}^0=26.25\text{kN}(\uparrow), F_{BV}=F_{BV}^0=28.75\text{kN}(\uparrow)$$
$$F_H=\frac{M_C^0}{f}=\frac{82.5}{4}=20.625\text{kN}(\to\leftarrow)$$

（2）计算各截面处的内力值

为方便作内力图，通常把拱跨分为若干等分。若内力突变点不在等分截面上，还要计算该点的内力值。另外，有必要时还应计算最大内力及其截面位置。这里将拱轴八等分，如图 4-7（a）所示。以下仅对具有代表性的截面 2 列出内力计算的具体过程。

截面 2 的几何参数可由拱轴线方程算出：
$$x_2=3\text{m}, \quad y_2=\frac{4\times 4}{12^2}\times 3\times(12-3)=3\text{m}, \quad y_2'=\frac{4\times 4}{12^2}\times(12-2\times 3)=\frac{2}{3}$$
$$\cos\varphi_2=\sqrt{\frac{1}{1+\left(\frac{2}{3}\right)^2}}=0.832, \quad \sin\varphi_2=y_2'\cos\varphi_2=0.555$$

由式（4-6）可计算截面 2 的弯矩为：
$$M_2=M_2^0-F_H\cdot y_2=26.25\times 3-20.625\times 3=16.88\text{kN}\cdot\text{m}(内侧受拉)$$

由于该截面处作用有集中荷载，计算剪力和轴力时应分成左、右截面分别考虑。由式（4-6）可计算截面 2 的左、右截面剪力分别为：
$$F_{S2}^L=26.25\times 0.832-20.625\times 0.555=10.4\text{kN}$$
$$F_{S2}^R=(26.25-25)\times 0.832-20.625\times 0.555=-10.4\text{kN}$$

同理，由式（4-7）得截面 2 的左、右截面轴力分别为：
$$F_{N2}^L=-26.25\times 0.555-20.625\times 0.832=-31.72\text{kN}$$
$$F_{N2}^R=-(26.25-25)\times 0.555-20.625\times 0.832=-17.85\text{kN}$$

其余各等分截面的内力计算过程，如表 4-1 所示。

三铰拱等分截面的内力计算 表 4-1

截面	截面几何参数					弯矩计算(kN·m)		剪力和轴力计算(kN)		
	x	y	y'	$\cos\varphi$	$\sin\varphi$	M^0	$M=M^0-F_H\cdot y$	F_S^0	F_S	F_N
A	0	0	4/3	0.6	0.8	0	0	26.25	−0.75	−33.38
1	1.5	1.75	1	0.707	0.707	39.38	3.28	26.25	3.98	−33.15
2左右	3	3	2/3	0.832	0.555	78.75	16.88	26.25	10.4	−31.72
								1.25	−10.4	−17.85
3	4.5	3.75	1/3	0.949	0.316	80.63	3.28	1.25	−5.34	−19.96
C	6	4	0	1	0	82.5	0	1.25	1.25	−20.63
4	7.5	3.75	−1/3	0.949	−0.316	78.75	1.41	−6.25	0.59	−21.54
5	9	3	−2/3	0.832	−0.555	63.75	1.88	−13.75	0	−24.79
6	10.5	1.75	−1	0.707	−0.707	37.5	1.41	−21.75	−0.44	−29.61
B	12	0	−4/3	0.6	−0.8	0	0	−28.75	−0.75	−35.38

（3）作内力图

根据表 4-1 计算得到的各等分截面的内力值，用描点法可作出沿拱轴的内力变化规律，如图 4-8（a）、(b)、(c) 所示分别为 M 图、F_S 图和 F_N 图。

作拱的内力图时，通常也可以用水平线代替拱轴线，在水平线上用描点法作其内力图。

如图 4-8（d）、(e) 所示分别为相应等代梁的内力图（M^0 图、F_S^0 图）。

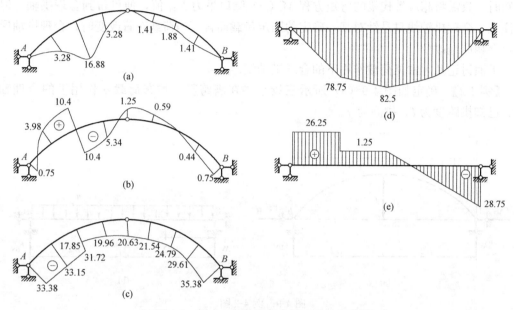

图 4-8 例 4-1 中拱及相应简支梁的内力图

(a) M 图 (kN·m)；(b) F_S 图 (kN)；(c) F_N 图 (kN)；(d) M^0 图 (kN·m)；(e) F_S^0 图 (kN)

比较图 4-8（a）、(d) 可知，拱结构的弯矩值比相应梁的弯矩值减少很多，最大弯矩相差近 5 倍。比较图 4-8（b）、(e) 可知，拱的剪力较相应简支梁也小得多。值得注意的是，拱的轴力较大，且全为压力（图 4-8c），而等代梁的轴力为零。

第三节 三铰拱的合理轴线

码 4-3 三铰拱的合理轴线

拱在荷载作用下，各截面上一般将产生三个内力，即弯矩、剪力和轴力。其中，弯矩和剪力值较小，轴力较大，受力趋于合理。若针对某种荷载作用下调整拱轴线的形状，使拱截面上弯矩为零（剪力也为零），则截面仅受轴力作用，拱处于均匀受压的状态。从理论上来说，设计成这样的拱是最经济的。将某种荷载作用下拱所有截面上弯矩为零时的拱轴线，称为合理拱轴线。

合理拱轴随荷载的变化而改变，荷载一定时，从理论上可求出其对应的合理拱轴线。比如，对承受竖向荷载作用的三铰平拱，拱上任一 x 截面处弯矩 $M(x)$ 可表示为：

$$M(x) = M^0(x) - F_H y$$

当拱轴为合理拱轴时，根据合理拱轴的定义有：

$$M(x)=M^0(x)-F_H y=0$$

由此得：

$$y=\frac{M^0(x)}{F_H} \qquad (4\text{-}13)$$

式（4-13）为竖向荷载作用下三铰平拱合理拱轴表达式。由此可知，在竖向荷载作用下三铰平拱合理轴线的纵坐标 y 与相应等代梁弯矩图的竖标 M^0 成比例。当拱上所受荷载已知时，只需将相应等代梁的弯矩方程 $M^0(x)$ 除以推力 F_H 值，便可得到合理拱轴。但应注意，合理拱轴线只是针对某一确定的固定荷载而言，当荷载布置改变时，合理拱轴形式也会相应地改变。

下面讨论几种常见荷载作用下的合理拱轴线。

【**例 4-2**】 确定如图 4-9（a）所示三铰平拱在满跨竖向均布荷载 q 作用下的合理轴线，已知拱跨度为 l，拱高为 f。

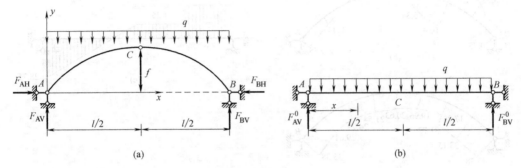

图 4-9 例 4-2 图
(a) 三铰平拱；(b) 相应等代梁

【**解**】 建立如图 4-9（a）所示的坐标系，与拱相应的简支梁如图 4-9（b）所示。求得拱的支座反力如下：

$$F_{AV}=F_{AV}^0=\frac{ql}{2},\ F_{BV}=F_{BV}^0=\frac{ql}{2}$$

$$F_{AH}=F_{BH}=F_H=\frac{M_C^0}{f}=\frac{ql^2}{8f}$$

等代梁中任一 x 截面的弯矩方程为：

$$M^0(x)=\frac{ql}{2}x-\frac{qx^2}{2}$$

根据式（4-13），可得到拱的合理轴线方程为：

$$y=\frac{M^0(x)}{F_H}=\frac{\frac{ql}{2}x-\frac{qx^2}{2}}{\frac{ql^2}{8f}}=\frac{4f}{l^2}x(l-x)$$

由此可见，在竖向满跨均布荷载作用下，三铰平拱的合理轴线为二次抛物线。在合理拱轴的抛物线方程中，拱高 f 没有确定，具有不同高跨比的一组抛物线均为合理拱轴线。

下面研究拱承受与拱轴形状有关的荷载情况。例如在土木工程中，通常拱上要填土使上表面呈一水平面，如图 4-10 所示，其荷载集度 q 将随拱轴的纵坐标 y 而变化。此时，相应等代梁的弯矩方程 $M^0(x)$ 也因 y 尚属未知而无法确定，故不能直接由式（4-13）求出拱的合理轴线方程。为此，将式（4-13）左右两边分别对 x 求导两次，并注意到当 q 以向下为正时，有：

$$\frac{d^2 M^0(x)}{dx^2} = -q$$

从而得到合理拱轴线的微分方程为：

$$y'' = -\frac{q}{F_H} \tag{4-14a}$$

当 q 随 y 变化时，根据式（4-14a）并结合边界条件可求得合理拱轴线方程。

式（4-14a）是根据 y 轴向上导出的。对于对称情形，为了方便计算，常将坐标原点选在拱顶处，并取 y 轴向下为正（图 4-10），于是式（4-14a）右边应改取正号，即合理拱轴线的微分方程为：

$$y'' = \frac{q}{F_H} \tag{4-14b}$$

【**例 4-3**】 如图 4-10 所示三铰平拱承受表面为一水平面的填料重量作用，试确定其合理轴线。已知拱跨度为 l，拱高为 f；填土荷载集度 $q = q_c + \gamma y$，其中 γ 为填料的重度，q_c 为拱顶处的荷载集度。

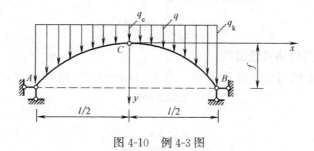

图 4-10 例 4-3 图

【**解**】 由式（4-14b）有：

$$y'' = \frac{q}{F_H} = \frac{q_c + \gamma y}{F_H}$$

如令 $k_1 = \sqrt{\dfrac{\gamma}{F_H}}$，即：

$$y'' - k_1^2 y = \frac{q_c}{F_H}$$

这是二阶常系数非齐次线性微分方程，其一般解可用双曲函数表示为：

$$y = A_1 \sinh(k_1 x) + A_2 \cosh(k_1 x) - \frac{q_c}{F_H k_1^2}$$

式中，积分常数 A_1 和 A_2 由下述边界条件确定：

由 $x=0$ 时 $y=0$，得：$A_2 = \dfrac{q_c}{F_H k_1^2}$

由 $x=0$ 时 $y'=0$，得：$A_1=0$

于是，拱的合理轴线方程为：

$$y=\frac{q_c}{F_H k_1^2}(\sinh k_1 x-1)=\frac{q_c}{\gamma}(\cosh\sqrt{\frac{\gamma}{F_H}}x-1) \tag{4-15}$$

式（4-15）表明，三铰平拱在满跨填料重量作用下的合理拱轴是悬链线。式中推力 F_H 可根据 $x=\pm l/2$ 时 $y=f$ 确定。但为了便于实际应用，在式（4-15）中引入拱趾与拱顶处荷载集度的比值：

$$m=\frac{q_k}{q_c}=\frac{q_c+\gamma f}{q_c} \quad (m>1)$$

式中，q_k 为拱趾处的荷载集度。于是有：

$$\frac{q_c}{\gamma}=\frac{f}{m-1}$$

另外，再引入无量纲变量：

$$\xi=\frac{x}{l/2}$$

并令：

$$k=\sqrt{\frac{\gamma}{F_H}}\times\frac{l}{2}$$

则合理拱轴方程式（4-15）可写成如下形式：

$$y=\frac{f}{m-1}[\cosh(k\xi)-1] \tag{4-16}$$

此式代表的曲线称为列格式悬链线。

式（4-16）中 k 值可由比值 m 确定。当 $\xi=1(x=l/2)$ 时，$y=f$，因此有：

$$\cosh k=m$$

即：

$$\frac{e^k+e^{-k}}{2}=m$$

从而可解得：

$$k=\ln(m+\sqrt{m^2-1}) \tag{4-17}$$

可见，只要拱趾与拱顶的荷载集度之比 $m=q_k/q_c$ 已知，则可由式（4-17）求出 k 值，再由式（4-16）确定合理拱轴方程。并由此导出水平推力为：

$$F_H=\gamma\left[\frac{2}{l}\ln(m+\sqrt{m^2-1})\right]^{-2} \tag{4-18}$$

当水平推力 F_H 和合理拱轴线已知时，可用式（4-6）及式（4-7）导出轴力的计算公式为：

$$F_N=-F_H\sqrt{1+(y')^2} \tag{4-19}$$

由此可见，在满跨填料重量作用下，对称三铰平拱的轴力在拱顶处最小，在拱趾处最大。

【例 4-4】 如图 4-11（a）所示三铰平拱承受垂直于拱轴的均布压力 q 作用，确定其合理拱轴线。

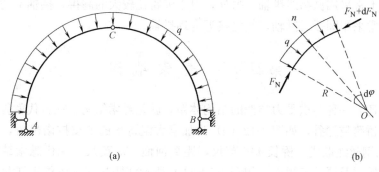

图 4-11 例 4-4 图
(a) 三铰平拱承受法向均布压力；(b) 微段隔离体受力图

【解】 如图 4-11 (a) 所示三铰拱承受垂直于拱轴的均布荷载，不是竖向荷载，因此其合理拱轴线不能按式 (4-13) 直接确定，而应该根据合理拱轴线的定义由平衡条件导出。

从曲杆中取微段作为隔离体分析，如图 4-11 (b) 所示，微段的曲率半径记为 R。若拱轴为合理轴线，则拱截面上弯矩和剪力均为零，只有轴力。因此，在微段两端截面上分别作用有轴力 F_N 和 F_N+dF_N。

先由微段隔离体的力矩平衡条件 $\sum M_o=0$，得：

$$F_N R-(F_N+dF_N)R=0$$

从而有：

$$dF_N=0$$

这表明，承受垂直于拱轴的均布荷载作用的三铰平拱，其轴力 F_N 为常数。

再由微段隔离体沿径向投影平衡条件 $\sum F_n=0$，得：

$$F_N \sin\frac{d\varphi}{2}+(F_N+dF_N)\sin\frac{d\varphi}{2}-qRd\varphi=0$$

由于 $d\varphi$ 很小，可以令：

$$\sin\frac{d\varphi}{2}=\frac{d\varphi}{2}$$

忽略高阶微量，从而有：

$$F_N=qR$$

即：

$$R=\frac{F_N}{q}$$

由于轴力 F_N 为常数，而 q 又为均布压力，故 R 也为常数，即拱的曲率半径均相同。这表明，三铰平拱在垂直于拱轴的均布压力作用下的合理拱轴线是圆弧。因此，高压隧道、地下输送管道及拱坝等常采用圆形拱。

在实际工程结构中，同一个拱不可能仅承受一种理想的荷载，因此很难求出实际工况下的合理拱轴线。设计拱轴线时，应按主要荷载选取合理拱轴线。这样，当其他次要荷载作用时，能保证拱以承受轴向压力为主。其实，当矢高较小时，拱轴线为抛物线、悬链线和圆弧线时形状非常接近，即合理拱轴线对应的荷载近似为水平方向均匀分布。因此，对扁平拱，工程上常采用抛物线拱轴。另外，对于矢跨比较大的高拱，拱轴上的荷载接近静水压力，因此常采用圆弧线拱轴，使之接近合理拱轴。

第四节* 悬索结构

在工程中还有一种与拱受力类似的结构体系，就是悬索结构。在古代就曾用竹子、藤等材料制作吊桥跨越深谷，如图 4-12（a）为加拿大温哥华的卡皮拉诺吊桥，最初是木结构，1903 年用钢丝绳取代，桥长 446 英尺，距离河面 230 英尺。现代悬索结构，被广泛应用到大跨度桥梁及屋盖工程中，如图 4-12（b）所示江阴长江大桥位于江阴市与靖江市之间，大桥全长 3071m，桥面宽 33.8m，为我国首座跨径超千米的特大型钢箱梁悬索桥梁，也是 20 世纪"中国第一、世界第四"大钢箱梁悬索桥。

图 4-12 悬索结构工程实例
(a) 卡皮拉诺吊桥；(b) 江阴长江大桥

悬索结构由受拉索、边缘构件和下部支承构件组成。拉索一般采用由高强钢丝组成的钢绞线、钢丝绳或钢丝束，按一定的规律布置可形成各种不同的体系，边缘构件和下部支承构件通常为钢筋混凝土结构，其布置必须与拉索的形式相协调，以便有效地承受或传递拉索的拉力。

单根索（图 4-13）是平面结构。若索的悬挂点位于同一水平线上，称为平拉索（图 4-13a）。若索的悬挂点不位于同一水平线上，称为斜拉索（图 4-13b）。本节主要介绍单根索结构的内力分析方法。

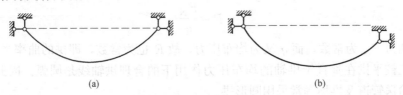

图 4-13 单索
(a) 平拉索；(b) 斜拉索

索为承受拉力的理想柔性构件，不承受弯矩和剪力作用。由于索的截面尺寸与索长相比十分微小，因而计算中可不考虑截面抗弯刚度。另外，假设索在使用阶段应力与应变符合线性关系，即符合胡克定律。

一、悬索在竖向集中荷载作用下的计算

当一系列竖向集中荷载作用在不计自重的索上时（图 4-14a），由整体平衡条件及索上任一截面 C 处弯矩为零的平衡条件，得：

$$\begin{cases} F_{AV} = F_{AV}^0 \\ F_{BV} = F_{BV}^0 \\ F_{AH} = F_{BH} = F_H = \dfrac{M_C^0}{h_C} \end{cases} \quad (4\text{-}20)$$

式中　F_{AV}^0、F_{BV}^0——相应简支梁的竖向支反力（图 4-14b）；

　　　　M_C^0——相应简支梁中截面 C 的弯矩值；

　　　　h_C——索上某点 C 的垂度（该点到索弦的竖向距离）。

式（4-20）表明，索在支承处除承受竖向支反力分量外，还受向外的水平拉力以维持索的平衡，且平拉索竖向支反力与相应简支梁相同。另外，只要知道索上任一点的垂度 h_C，可计算悬索向外的水平拉力。一般来讲，C 点选在最大垂度的地方，因为最大的垂度常为悬索设计的控制点。也可通过指定其他某控制点的容许垂度来确定 C 点位置。

由于悬索材料比较柔软，只能承受拉力，因此索的平衡几何形状与荷载有关。根据索上任意 x 截面处弯矩为零的条件，即：

$$M_x = M_x^0 - F_H h_x = 0$$

得：

$$h_x = \dfrac{M_x^0}{F_H} = h_C \dfrac{M_x^0}{M_C^0} \quad (4\text{-}21)$$

式中，M_x^0 为相应简支梁中任意 x 截面处的弯矩；h_x 为索上任意 x 截面的垂度。这表明，索受力后的几何形状与对应简支梁的弯矩图形状相似，比如在竖向集中荷载作用下，悬索轴线为折线图形。

索内沿任意轴线方向的拉力可根据拉力的水平分量是恒定不变的结论得到。如图 4-14（c）所示为从索中截取的任意悬索段，由平衡条件 $\sum F_x = 0$ 易知该悬索段的拉力 T 可用水平支反力 F_H 和悬索段倾斜角 θ 表示如下：

$$T = \dfrac{F_H}{\cos\theta} = F_H \sqrt{1 + (y')^2} \quad (4\text{-}22)$$

式（4-22）就是悬索拉力与水平支反力及悬索形状之间的关系。表明：最大拉力发生在倾角最大的悬索段上，通常出现在锚固端。

上述平拉索的支反力及内力计算公式，也可以由三铰平拱的相关计算公式移植过来。如图 4-15（a）所示为竖向荷载作用下三铰拱的合理拱轴线，若将所有竖向荷载反向，则拱仍处于无弯矩状态，只是把原来拱的轴力由压力变为拉力而已。此时将拱轴倒置，荷载仍向下，并用抗拉能力强的柔索去替代倒置的合理拱轴，则变为悬索结构（图 4-15b）。由此可见，悬索结构的受力性能与对应倒置的合理拱轴的受力性质完全一致。因此，三铰平拱的相关计算公式可移植到平拉索结构的计算中。

比如，将三铰拱轴力计算公式（4-8）反号即得悬索拉力，即：

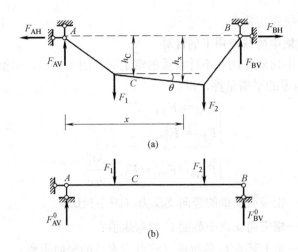

图 4-14 单拉索在竖向荷载下的内力分析
(a) 平拉索；(b) 相应简支梁；(c) 索单元分析

$$T=F_S^0\sin\varphi+F_H\cos\varphi$$

并由式（4-7）令剪力为零，即 $F_S=F_S^0\cos\varphi-F_H\sin\varphi=0$，得：

$$F_S^0=F_H\tan\varphi$$

将其代入拉力表达式得：

$$T=F_H\tan\varphi\cdot\sin\varphi+F_H\cos\varphi=\frac{F_H}{\cos\varphi}=F_H\sqrt{1+(y')^2}$$

这与式（4-22）相同。

注意，按式（4-20）～式（4-22）计算悬索结构时，应知道索在某点 C 的垂度 h_C，否则无法计算。

其实，对承受竖向荷载作用的索上任一点，其垂度 h_x 和索拉力水平分量 F_H（即水平支反力）的乘积等于相应简支梁在相应荷载作用下这一截面的弯矩值 M_x^0，即：

$$F_H h_x=M_x^0 \tag{4-23}$$

式（4-23）称为广义索定理。

下面结合图 4-16 证明式（4-23）。

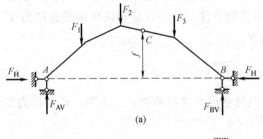

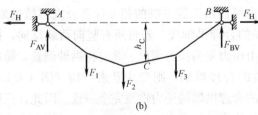

图 4-15 悬索结构与拱结构的比较
(a) 三铰拱；(b) 平拉索

如图 4-16（a）所示为承受竖向荷载作用的索，跨度为 l，索弦倾角为 α，两铰支座的竖向距离可表示为：

$$y = l\tan\alpha$$

由平衡条件 $\sum M_B = 0$，得：

$$F_{AV} \cdot l + F_H \cdot l\tan\alpha - \sum M_B(F_i) = 0$$

从而可得支座 A 的竖向支反力为：

$$F_{AV} = \frac{\sum M_B(F_i) - F_H \cdot l\tan\alpha}{l} \tag{4-24a}$$

式中 $\sum M_B(F_i)$——索上竖向荷载对铰 B 点的弯矩代数和。

对任一 x 处截面有 $\sum M_x = 0$，即：

$$F_{AV} \cdot x - F_H(h_x - x\tan\alpha) - \sum M_x(F_i^{Ax}) = 0 \tag{4-24b}$$

式中 $\sum M_x(F_i^{Ax})$——索上 x 截面左边荷载对 x 点的弯矩代数和。

将式（4-24a）代入式（4-24b），并简化可得：

$$F_H h_x = \frac{x}{l}\sum M_B(F_i) - \sum M_x(F_i) \tag{4-24c}$$

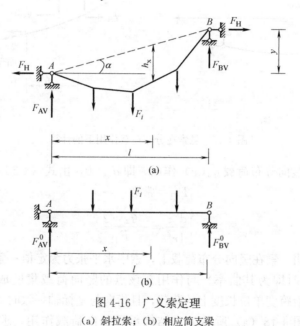

图 4-16 广义索定理
(a) 斜拉索；(b) 相应简支梁

如图 4-16（b）为与索相应的简支梁，其上任一 x 截面处的弯矩值可表示为：

$$M_x^0 = F_{AV}^0 x - \sum M_x(F_i^{Ax}) = \frac{\sum M_B(F_i)}{l}x - \sum M_x(F_i^{Ax}) \tag{4-24d}$$

将式（4-24c）与式（4-24d）比较，可得式（4-23），证明完毕。

二、悬索在分布荷载作用下的计算

如图 4-17（a）所示，某单根悬索承受竖向分布荷载 $q_z(x)$ 和水平向分布荷载 $q_x(x)$ 作用，在图示坐标系中悬索曲线方程用 $z = z(x)$ 表示。从该索截出水平投影长度为 dx 的微分单元分析，如图 4-17（b）所示。索张力的水平分量记为 F_H，则其竖向分量为

$$F_H \tan\theta = F_H \frac{dz}{dx}.$$

根据该微分单元静力平衡条件 $\sum F_x=0$ 及 $\sum F_z=0$，有：

$$\begin{cases} F_H + \dfrac{dF_H}{dx}dx - F_H + q_x dx = 0 \\ F_H \dfrac{dz}{dx} + \dfrac{d}{dx}\left(F_H \dfrac{dz}{dx}\right)dx - F_H \dfrac{dz}{dx} + q_z dx = 0 \end{cases}$$

从而得：

$$\begin{cases} \dfrac{dF_H}{dx} + q_x = 0 \\ \dfrac{d}{dx}\left(F_H \dfrac{dz}{dx}\right) + q_z = 0 \end{cases} \tag{4-25}$$

式（4-25）即为单索的基本平衡微分方程。

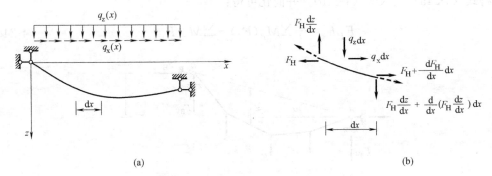

图 4-17 悬索在分布荷载作用下的计算

若悬索只承受竖向分布荷载 $q_z(x)$ 作用，即 $q_x=0$，由式（4-25）可得：

$$\begin{cases} F_H = 常数 \\ \dfrac{d^2 z}{dx^2} = -\dfrac{q_z(x)}{F_H} \end{cases} \tag{4-26}$$

式（4-26）表明，索在竖向分布荷载下，索中水平张力为定值；索曲线在某点的二阶导数（当索较平坦时即为其曲率）与作用在该点的竖向荷载集度成正比。这里，荷载 $q_z(x)$、$q_x(x)$ 是沿跨度单位长度上的荷载，且指向与坐标轴一致时为正。

【例 4-5】 如图 4-18（a）所示悬索结构承受竖向荷载作用，求支座反力及索内的拉力。

【解】（1）求支座反力

作悬索结构的相应简支梁，如图 4-18（b）所示，悬索上 C 点到索弦（图 4-18（a）中虚线）的竖向距离为：

$$h_C = a + \frac{1}{3}a = \frac{4}{3}a$$

点 C 对应简支梁截面处的弯矩为：

$$M_C^0 = \frac{1}{3}Fl$$

由式（4-23），可得水平向拉力为：

$$F_H = \frac{M_C^0}{h_C} = \frac{Fl/3}{4a/3} = \frac{Fl}{4a}$$

再由悬索的整体平衡条件 $\sum M_B = 0$、$\sum M_A = 0$，可求得两个竖向支座反力分别为：

$$F_{AV} = \frac{3}{4}F, \quad F_{BV} = \frac{5}{4}F$$

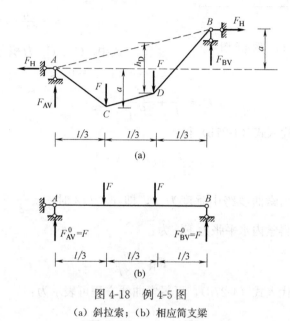

图 4-18 例 4-5 图
(a) 斜拉索；(b) 相应简支梁

(2) 求索上点 D 的垂度

由式（4-23）可知：

$$h_D = \frac{M_D^0}{F_H} = \frac{4}{3}a$$

(3) 求索内的拉力

根据索沿轴线任一方向拉力的水平分量是恒定不变的，即由式（4-22）可得到各索段的拉力分别为：

$$T_{AC} = \frac{F_H}{\cos\theta_{AC}} = \frac{Fl}{4a} \frac{\sqrt{a^2 + (l/3)^2}}{l/3} = \frac{F}{4}\sqrt{9 + \left(\frac{l}{a}\right)^2}$$

$$T_{CD} = \frac{F_H}{\cos\theta_{CD}} = \frac{Fl}{4a} \frac{\sqrt{(a/3)^2 + (l/3)^2}}{l/3} = \frac{F}{4}\sqrt{1 + \left(\frac{l}{a}\right)^2}$$

$$T_{DB} = \frac{F_H}{\cos\theta_{DB}} = \frac{Fl}{4a} \frac{\sqrt{(5a/3)^2 + (l/3)^2}}{l/3} = \frac{F}{4}\sqrt{25 + \left(\frac{l}{a}\right)^2}$$

可知，索内最大拉力发生在 BD 段。

【例 4-6】 如图 4-19 所示单索承受沿跨度竖向均布荷载，求索的张力。已知索跨中垂度 f、两支座高差 c。

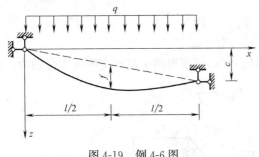

图 4-19 例 4-6 图

【解】 将 $q_z(x)=q$ 代入式（4-26），有：

$$\frac{d^2 z}{d x^2}=-\frac{q}{F_H} \quad (4\text{-}27a)$$

将式（4-27a）两次积分，得：

$$z=-\frac{q}{2F_H}x^2+C_1 x+C_2 \quad (4\text{-}27b)$$

式中，C_1、C_2 为积分常数，由边界条件：$z|_{x=0}=0$、$z|_{x=l}=c$，可确定得到：

$$C_1=\frac{c}{l}+\frac{ql}{2F_H}, \quad C_2=0 \quad (4\text{-}27c)$$

将式（4-27c）代入式（4-27b）得：

$$z=\frac{q}{2F_H}x(l-x)+\frac{c}{l}x \quad (4\text{-}27d)$$

图 4-19 中已给出索曲线跨中垂度为 f，即 $x=l/2$ 时 $z=\frac{c}{2}+f$。将此条件代入式（4-27d），从而可求得索内水平张力 F_H 为：

$$F_H=\frac{ql^2}{8f} \quad (4\text{-}27e)$$

将式（4-27e）代入式（4-27d），可得索曲线方程可表示为：

$$z=\frac{4fx(l-x)}{l^2}+\frac{c}{l}x \quad (4\text{-}27f)$$

当索曲线方程确定后，索各点的张力可按下式计算：

$$F_T=F_H\sqrt{1+\left(\frac{dz}{dx}\right)^2} \quad (4\text{-}27g)$$

由式（4-27g）可知，在索曲线曲率最大处，索内张力最大。

对平拉索，$c=0$，则索曲线方程为：

$$z=\frac{4fx(l-x)}{l^2}$$

由 $\frac{dz}{dx}=\frac{4f}{l}\left(1-\frac{2x}{l}\right)$ 可知：平拉索在支座处具有最大张力，而且有：

$$\left(\frac{F_T}{F_H}\right)_{max}=\sqrt{1+16\frac{f^2}{l^2}}$$

第五章　静定桁架和组合结构

在结点荷载作用下，桁架中杆件只受轴力（无弯矩无剪力），截面应力均匀分布，故材料性能可得到充分发挥。组合结构是由两种受力特性不同的杆件（梁式杆和链杆）组成，能发挥这两类杆件的各自优势。本章主要讨论了桁架的特点、分类和求解方法（结点法、截面法及其联合应用），以及静定组合结构的分析计算。

第一节　桁架结构的特点及类型

一、桁架的特点

梁式杆在荷载作用下，产生的内力主要为弯矩，这会导致截面上的应力分布是很不均匀的（图 5-1a）。弹性设计时，一般是以某截面的最大应力来决定整个构件的断面尺寸，因而材料强度不能得到充分利用。桁架结构是由直链杆组成的铰接体系（图 5-1b），当荷载只作用在结点上时，各杆只有轴力（拉力或压力），截面上应力是均匀分布的，故材料性能可得到充分的发挥。

因此，桁架结构较梁式结构具有更大的优势：
(1) 材料应用较为经济，自重较轻，是大跨度结构常用的一种形式；
(2) 可用各种材料制造，如钢筋混凝土、钢或木材均可；
(3) 结构体型可以多样化，如平行弦桁架、三角形桁架及梯形桁架等形式；
(4) 施工方便，桁架可以整体制造后吊装，也可以在施工现场高空进行杆件拼装。

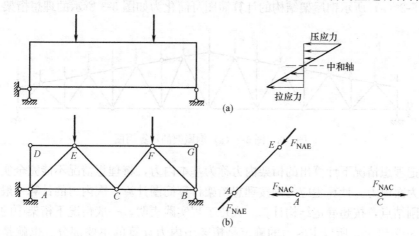

图 5-1　梁和桁架受力性能比较
(a) 梁式杆及截面应力分布；(b) 桁架及应力分布

桁架结构在工程实际中有广泛的应用。如图 5-2（a）所示轻型钢屋架和图 5-2（b）所示钢桁架桥等，都是典型的桁架结构实例。

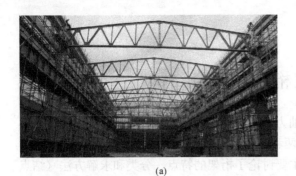

(a)　　　　　　　　　　　　　　　(b)

图 5-2　桁架结构工程实例

(a) 轻型钢屋架；(b) 钢桁架桥

二、桁架的计算简图

理想桁架各杆只有轴力（拉力或压力），没有弯矩和剪力，且两端轴力大小相等、方向相反、作用在同一直线上（习惯称这样的杆件为二力杆）。这一受力特点反映了实际桁架结构的主要工作形态。而实际桁架结构中，如钢筋混凝土桁架的结点是浇筑的，钢桁架使用结点板把各杆焊接在一起的。这些节点都有一定的刚性，并不是理想铰结点。同时，杆件也不可能绝对平直，荷载也不可能完全作用在结点上。这导致实际桁架中杆件内力除轴力外，还有附加的弯矩和剪力对轴力的影响，但这种影响是次要的。因此，桁架在计算时通常简化为理想桁架，这就需要对结点、轴线及荷载等作以下假设：

(1) 理想铰：各杆在两端用绝对光滑而无摩擦的铰相互连接；
(2) 理想轴：各杆轴线都是绝对平直而且处于同一平面内，并且通过铰的几何中心；
(3) 结点荷载：荷载和支座反力都作用在结点上，并处于桁架平面内；
(4) 材料为线弹性且变形是微小的。

如图 5-2 (a) 所示钢屋架结构的计算简图可简化为如图 5-3 所示的理想桁架。

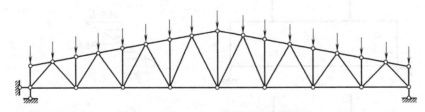

图 5-3　图 5-2 (a) 钢屋架的计算简图

通常把理想情况下计算出的桁架内力称为基本内力，将理想情况不能完全实现而出现的内力称为次内力。计算主应力则按理想桁架计算简图计算，次内力的计算一般需将桁架结点取为刚结点，按超静定结构计算。大量工程实践表明，一般情况下桁架中的主内力占总内力的 80% 以上，所以主内力的确定是桁架中内力计算的主要部分。也就是说，桁架的内力主要是轴力，而由于不符合理想情况的附加弯矩的影响是次要的。本章只讨论理想桁架计算问题，即桁架主内力的计算。

理想桁架是各直杆在两端用理想铰相连接而组成的几何不变体系，其组成杆件分为弦杆和腹杆两种。弦杆又分为上弦杆和下弦杆，腹杆包括竖杆和斜杆，如图 5-4 所示为平行弦桁架中杆件构成情况。

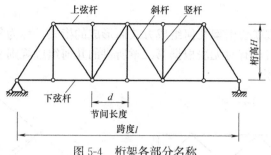

图 5-4　桁架各部分名称

三、静定平面桁架的分类

平面桁架可从以下几个方面进行分类。

按照外形平面桁架可以分为平行弦桁架（图 5-5a）、三角形桁架（图 5-5b）、折弦桁架（图 5-5（c），当上弦结点位于一抛物线上时称为抛物线形桁架）和梯形桁架（图 5-5d）。

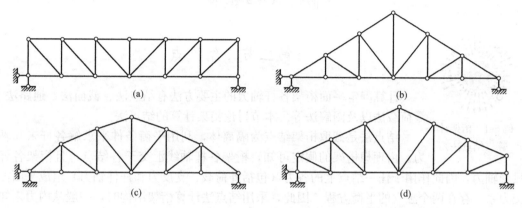

图 5-5　桁架按外形分类

(a) 平行弦桁架；(b) 三角形桁架；(c) 折弦桁架；(d) 梯形桁架

按支座反力的性质平面桁架可以分为梁式桁架（无推力桁架，如图 5-5 所示各桁架）和拱式桁架（有推力桁架，如图 5-6（a）所示）。

按几何组成特征平面桁架可以分为简单桁架、联合桁架和复杂桁架。

(1) 简单桁架

它是由基础或一个基本铰接三角形依次增加二元体而形成的桁架结构，图 5-5 中所有桁架均为简单桁架。

(2) 联合桁架

它是由几个简单桁架按几何不变体系的组成规律而形成的桁架结构，如图 5-6 所示。

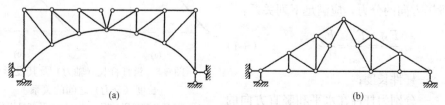

图 5-6　联合桁架示例

(3) 复杂桁架

不是按简单桁架或联合桁架几何组成方式而形成的桁架，称为复杂桁架，如图 5-7 所示。复杂桁架的几何组成有时无法根据第二章所讲的几何组成规则来判别，需用其他方法（如零荷载法等）来判定。

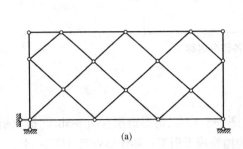 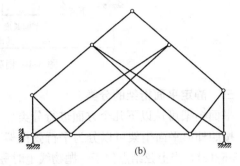

图 5-7 复杂桁架示例

第二节 结 点 法

码 5-1 桁架计算（结点法）

计算静定平面桁架各杆轴力的主要方法有结点法、截面法、通路法、零荷载法以及图解法等。本节讨论桁架计算的结点法。

结点法是截取桁架结点为隔离体，利用平衡条件来求解各杆未知轴力。由理想桁架的假定可知，桁架各杆轴线汇交于各结点，且桁架各杆只受轴力，因此作用于任一结点上的各力（包括外荷载、支反力和杆件轴力）组成平面汇交力系，存在两个独立的平衡方程。因此，采用结点法计算桁架结构时，一般从内力未知的杆不超过两个的结点开始依次计算。

一般情况下，求解前将未知杆的轴力都设为拉力（远离结点），由平衡方程求得的结果为正，则为拉杆；若为负值则表明此杆为压杆。

取结点作为隔离体分析，平衡方程可以是力的投影平衡条件，也可以是力矩平衡条件，但只有两个是独立的。因此，在列平衡方程时，视实际情况选取合适的投影轴或力矩平衡方程的矩心位置，以尽量使每个平衡方程只含一个未知力，避免解联立方程组。

这里，要注意斜杆轴力与其投影分力之间的关系。如图 5-8（a）所示为链杆 AB 的杆件长度和两个投影方向长度之间的关系，如图 5-8（b）所示为链杆轴力与两个相互垂直投影方向分力之间的关系。

按平行四边形法则，杆件合力及两个相互垂直投影方向的分力，应满足下列关系：

$$\frac{F_N}{l}=\frac{F_x}{l_x}=\frac{F_y}{l_y} \quad (5-1)$$

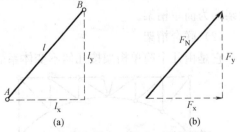

图 5-8 链杆杆长（轴力）及其投影长度（分力）之间的关系
(a) 杆长及其投影长度；(b) 轴力及其投影分力

式中 l——杆件长度；

l_x、l_y——分别为杆件在水平和竖直方向的投影长度；

F_N——杆件轴力；

F_x、F_y——分别为杆件轴力在水平和竖直方向的投影分力。

由式（5-1）可知，链杆轴力计算时，在 F_N、F_x 和 F_y 三者中，任意知道其一便可很方便地推算出其余两个，而不必再使用三角函数。

结点法一般适用于求解简单桁架中所有杆件轴力。下面结合例题来说明结点法的具体应用。

【例 5-1】 用结点法计算如图 5-9（a）所示桁架各杆轴力。

【解】 分析该桁架的几何组成特点，可知此桁架为对称的简单桁架。荷载也是对称的，则相应的支座反力和内力也必然是对称的，因此计算一半桁架内力即可。

先计算支座反力。由对称性有：

$$F_{1y}=F_{5y}=\frac{1}{2}(40\times 3+20\times 2)=80\text{kN}(\uparrow)$$

再依次取各结点作为隔离体分析，由平衡条件计算各杆轴力。

（1）取结点 1 作为隔离体分析，其受力图如图 5-9（c）所示。

受力图中对于未知杆的轴力，可先假定为拉力。很明显由平衡条件 $\Sigma F_x=0$ 有：

$$F_{N12}=0$$

由平衡条件 $\Sigma F_y=0$ 得：

$$F_{N16}=-80\text{kN}(压)$$

（2）取结点 6 作为隔离体分析，其受力如图 5-9（d）所示。

在这里，对已经求出的 16 杆轴力一般以真实的方向表示。由平衡条件 $\Sigma F_y=0$ 有：

$$F_{y62}-80+20=0$$

从而得：

$$F_{y62}=60\text{kN}$$

根据式（5-1），可得：

$$F_{N62}=\frac{60}{3}\times 5=100\text{kN}(拉)$$

再由平衡条件 $\Sigma F_x=0$，得：

$$F_{N67}=-F_{x62}=-\frac{60}{3}\times 4=-80\text{kN}(压)$$

（3）同理，取结点 2 作为隔离体分析（图 5-9e），可求得：

$$F_{N23}=80\text{kN}(拉),\quad F_{N27}=-60\text{kN}(压)$$

取结点 7 作为隔离体分析（图 5-9f），可求得：

$$F_{N73}=\frac{100}{3}\text{kN}(拉),\quad F_{N78}=-\frac{320}{3}\text{kN}(压)$$

取结点 8 作为隔离体分析（图 5-9g），可求得：

$$F_{N83}=-40\text{kN}(压)$$

所有杆件内力求出后，一般将杆内力或其分力标注于杆旁，如图 5-9（b）所示。当计算比较熟练时，可以不必给出各结点的隔离体受力图，而直接在桁架图中进行计算。

值得指出，在对桁架进行分析时，常会遇到一些特殊结点，若能充分利用其平衡规律，则可直接判定某些杆件的轴力为零（零杆）或某些杆件轴力相等（等力杆），这将给

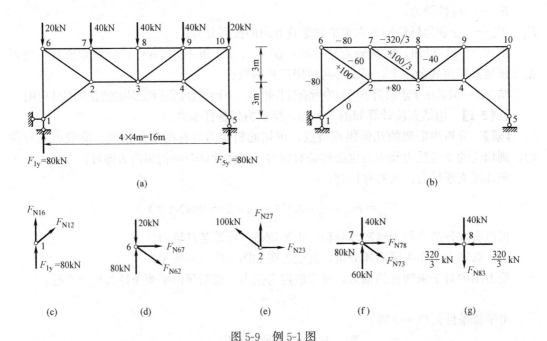

图 5-9 例 5-1 图

(a) 桁架计算简图；(b) F_N 图 (kN)；(c) 结点 1 受力分析；(d) 结点 6 受力分析；
(e) 结点 2 受力分析；(f) 结点 7 受力分析；(g) 结点 8 受力分析

计算带来极大的方便。零杆是指杆件轴力为零的杆件，虽不受轴力，但不能理解成多余的杆件。

零杆或等力杆的判断，通常有以下几种情况：

（1）L 形结点

如图 5-10（a）所示，呈 L 形汇交的两杆结点在没有外荷载作用时两杆均为零杆。

（2）T 形结点

如图 5-10（b）所示，呈 T 形汇交的三杆结点在没有外荷载作用时，不共线的第三杆必为零杆，而共线的两杆内力相等且正负号相同（同为拉力或同为压力）。

（3）X 形结点

如图 5-10（c）所示，呈 X 形汇交的四杆结点在没有外荷载作用时，彼此共线的杆件轴力两两相等且符号相同。

（4）K 形结点

如图 5-10（d）所示，呈 K 形汇交的四杆结点，其中两杆共线，而另外两杆在共线杆同侧且夹角相等。若结点上没有外荷载作用时，则不共线杆件的轴力大小相等但符号相反（即一杆为拉力另一杆为压力）。

（5）Y 形结点

如图 5-10（e）所示，呈 Y 形汇交的三杆结点，其中两杆分别在第三杆的两侧且夹角相等。若结点上没有与第三杆轴线方向倾斜的外荷载作用，则该两杆内力大小相等且符号相同。

上述各结论，均可根据适当的投影平衡方程得出，读者可自行验证。

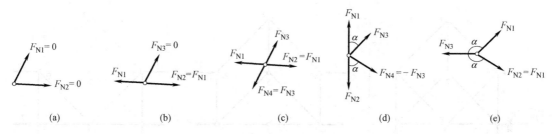

图 5-10 桁架结点平衡的特殊情况
(a) L 形结点；(b) T 形结点；(c) X 形结点；(d) K 形结点；(e) Y 形结点

应用上述结论，不难判断如图 5-11 所示各桁架中虚线所示各杆皆为零杆，这将大大简化计算量。

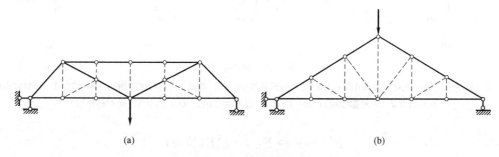

图 5-11 零杆判断示例

另外，对于对称桁架结构，利用对称性也可大大简化分析过程。下面结合例题说明这个问题。

【**例 5-2**】 用结点法计算如图 5-12（a）所示桁架各杆轴力。

【**解**】 如图 5-12（a）所示桁架的上部结构是对称的，只有一个水平支座约束是不对称的。首先由结构整体的平衡条件，可确定三个支座反力如下：

$$F_{1H}=2F(\leftarrow), \quad F_{1V}=F(\downarrow), \quad F_{3V}=F(\uparrow)$$

根据叠加原理，可将图 5-12（a）所示桁架的已知外力（包括支座反力）分解成正对称和反对称两组外力，分别如图 5-12（b）、(c) 所示。

(1) 计算正对称外力下的内力

在正对称外力作用下（图 5-12b），桁架应具有正对称的内力分布，即在桁架对称轴两侧的对称位置上的杆件，应有大小相等、性质相同（同为拉杆或压杆）的轴力。据此可判断得到：

$$F'_{N24}=F'_{N26}=0$$

根据结点 4 的平衡条件（图 5-12d），可以得到：

$$F'_{x47}=-F \Rightarrow F'_{N47}=-\sqrt{2}F(压力)$$

$$F'_{N41}=F'_{y47}=-F(压力)$$

根据结点 1 的平衡条件（图 5-12e），可以得到：

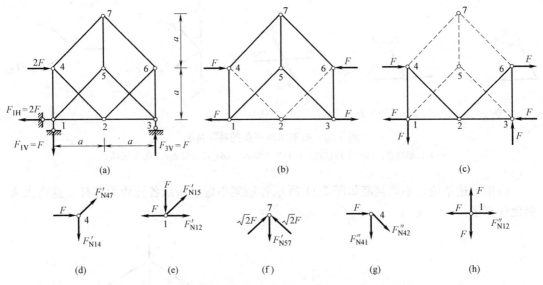

图 5-12 例 5-2 图
(a) 桁架计算简图；(b) 正对称荷载作用；(c) 反对称荷载作用；(d) 结点 4（正对称作用）；(e) 结点 1（正对称作用）；(f) 结点 7（正对称作用）；(g) 结点 4（反对称作用）；(h) 结点 1（反对称作用）

$$F'_{y15}=F \Rightarrow F'_{N15}=\sqrt{2}F(拉力)$$
$$F'_{N12}=0$$

根据内力对称性，有：

$$F'_{N67}=F'_{N47}=-\sqrt{2}F(压力)，\quad F'_{N63}=F'_{N41}=-F(压力)$$
$$F'_{N32}=F'_{N12}=0，\quad F'_{N35}=F'_{N15}=\sqrt{2}F(拉力)$$

最后由结点 7 的平衡条件（图 5-12f），可以得到：

$$F'_{N57}=2F(拉力)$$

(2) 计算反对称外力下的内力

在反对称外力下（图 5-12c），桁架应具有反对称的内力分布，即在桁架对称轴两侧的对称位置上的杆件，应有大小相等、性质相反（一拉杆一压杆）的轴力。据此可判断得到：

$$F''_{N57}=F''_{N47}=F''_{N67}=F''_{N15}=F''_{N35}=0$$

根据结点 4 的平衡条件（图 5-12g），可以得到：

$$F''_{x42}=-F \Rightarrow F''_{N42}=-\sqrt{2}F(压力)$$
$$F''_{N41}=-F''_{y42}=F(拉力)$$

根据结点 1 的平衡条件（图 5-12h），可以得到：

$$F''_{N12}=F(拉力)$$

根据内力的反对称性，从而有：

$$F''_{N63}=-F''_{N41}=-F(压力)，\quad F''_{N62}=-F''_{N42}=\sqrt{2}F(拉力)，\quad F''_{N32}=-F''_{N12}=-F(压力)$$

（3）计算桁架结构的内力

将正对称和反对称两组外力作用下，各杆轴力进行相应叠加即可，因此有：

$$F_{N41}=0, \quad F_{N42}=-\sqrt{2}F（压力）$$

$$F_{N12}=F（拉力）, \quad F_{N15}=\sqrt{2}F（拉力）$$

$$F_{N23}=-F（压力）, \quad F_{N26}=\sqrt{2}F（拉力）$$

$$F_{N63}=-2F（压力）, \quad F_{N53}=\sqrt{2}F（拉力）$$

$$F_{N57}=2F（拉力）, \quad F_{N74}=-\sqrt{2}F（压力）$$

$$F_{N76}=-\sqrt{2}F（压力）$$

第三节 截 面 法

码 5-2 桁架计算（截面法）

除结点法，桁架结构内力分析的另一种常用方法是截面法。截面法是截取桁架一部分（包括两个或两个以上结点）为隔离体，利用平面一般力系的三个平衡方程，求解所截杆件未知轴力的方法。

截面法的要点是根据求解问题的需要，用一个合适的截面（平面、曲面或闭合截面）将桁架分成两部分，从中取出受力简单的一部分作为隔离体，一般情况下隔离体受力（荷载、反力、已知杆轴力和未知杆轴力）组成平面一般力系，可以建立三个独立的平衡方程。一般情况下，只要隔离体上的未知力数目不超过三个，就可利用平面力系的三个平衡方程，直接把这一截面上的全部未知力求出。因此，用截面法对桁架结构进行分析时，截到内力未知的杆数目一般情况下不能多于三个，不互相平行也不交于一点。

在用截面法截取部分桁架作为隔离体分析时，平衡方程形式可以根据需要进行选取。按照所选平衡方程的不同，截面法又可分为力矩法和投影法两类，下面分别对其进行介绍。

一、力矩法（列力矩平衡方程）

如图 5-13（a）所示桁架，跨度 $l=6d$，d 为结点距离，桁架高度为 h_1+h_2，承受结点荷载作用，求 CD、$C'D$ 及 $C'D'$ 三根杆件的轴力。作截面 I-I 截到这三根杆件，取此截面以左部分为隔离体来分析（图 5-13b），此隔离体上有三个未知力，根据平面一般力系的三个平衡方程，应该可以求出待求的三根杆件内力。这里要注意，在建立平衡方程时，尽量使每一平衡方程中只包含一个未知力，以避免解联立方程组。为此，在应用力矩平衡方程时，应选取适当的矩心。

比如，为了求下弦杆 CD 的内力 F_{NCD}，取杆 $C'D$ 与杆 $C'D'$ 的交点 C' 为矩心，即由平衡条件 $\sum M_{C'}=0$ 有：

$$F_{AV}d-F_1d-F_{NCD}h_1=0$$

从而得：

$$F_{NCD}=\frac{F_{AV}d-F_1d}{h_1} \tag{5-2a}$$

式中，h_1 为轴力 F_{NCD} 对矩心 C' 的力臂；$F_{AV}d-F_1d$ 表示隔离体上所有外力对矩心 C' 的力矩代数和，它恰好等于相应简支梁（如图 5-13（c）所示，即与桁架同跨度且承受相同荷载作用）上截面 C 处的弯矩（M_C^0），因此式（5-2a）又可写成：

$$F_{NCD} = \frac{M_C^0}{h_1} \quad (5\text{-}2b)$$

这里，相应简支梁中 M_C^0 使截面下侧受拉，是正的，因此下弦杆 CD 为拉杆。

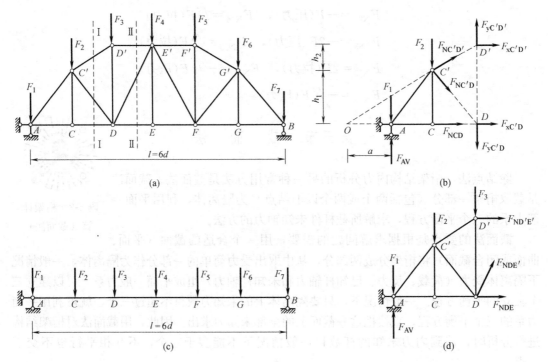

图 5-13 截面法求桁架内力
(a) 桁架计算简图；(b) 截面 I-I 以左部分隔离体；(c) 相应简支梁；(d) 截面 II-II 以左部分隔离体

同样地，为求上弦杆 $C'D'$ 的内力 $F_{NC'D'}$，取杆 CD 与杆 $C'D$ 的交点 D 为矩心。不过，此时需要计算内力 $F_{NC'D'}$ 到矩心 D 的力矩长度，这不太方便。为了便于计算，可根据力的可传性原理，将力 $F_{NC'D'}$ 沿其作用线滑移到点 D' 处，并将其分解为水平、竖向的两个分力 $F_{xC'D'}$、$F_{yC'D'}$（图 5-13b）。此时由平衡条件 $\sum M_D = 0$ 有：

$$F_{AV} \times 2d - F_1 \times 2d - F_2 \times d + F_{xC'D'}(h_1 + h_2) = 0$$

从而得：

$$F_{xC'D'} = -\frac{F_{AV} \times 2d - F_1 \times 2d - F_2 \times d}{h_1 + h_2} \quad (5\text{-}3a)$$

由水平方向的分力 $F_{xC'D'}$，根据式（5-1）较易求得上弦杆 $C'D'$ 的内力 $F_{NC'D'}$。式（5-3a）也可写成：

$$F_{xC'D'} = -\frac{M_D^0}{h_1 + h_2} \quad (5\text{-}3b)$$

式中，M_D^0 表示隔离体上所有外力对矩心 D 的力矩代数和，它恰好等于相应简支梁（图 5-13c）上相应截面 D 处的弯矩。由于 M_D^0 使截面下侧受拉，是正的，因此上弦杆 $C'D'$ 为压杆。

最后，为了求出斜杆 $C'D$ 的内力 $F_{NC'D}$，取杆 CD 与杆 $C'D'$ 的交点 O 为矩心。为便于计算，将力 $F_{NC'D}$ 沿其作用线滑移到点 D 处，并将其分解为水平、竖向的两个分力 $F_{xC'D}$、$F_{yC'D}$（图 5-13b）。此时由平衡条件 $\sum M_O=0$ 有：

$$F_{AV} \cdot a - F_1 \cdot a - F_2(a+d) - F_{yC'D}(a+2d) = 0$$

从而得：

$$F_{yC'D} = \frac{F_{AV}a - F_1 a - F_2(a+d)}{a+2d} \tag{5-4}$$

由竖直方向的分力 $F_{yC'D}$，根据式（5-1）较易求得斜杆 $C'D$ 的内力 $F_{NC'D}$。至于斜杆为受拉还是受压，须根据式（5-4）右边分子为正还是为负确定。

由以上分析可知，用截面法求解桁架，若采用力矩的投影平衡条件求解未知杆的轴力，尽量选多个未知力的交点作为矩心。比如通常情况下截面截到三个未知杆，若以三个未知力中的两个杆内力作用线的交点为矩心，根据力矩的平衡条件，可直接求出第三个未知杆轴力，这种计算方法也可称为力矩法。尤其要注意，列力矩平衡方程当遇到力臂不易确定时，根据力的可传性原理，可将该力沿其作用线滑移到其他位置并进行分解，这样处理并不影响隔离体的平衡。

二、投影法（列力投影平衡方程）

如图 5-13（a）所示桁架，欲求腹杆 DE' 的轴力时，可作截面 Ⅱ-Ⅱ 并取其以左部分为隔离体来分析（图 5-13d）。此时隔离体上有三个未知力，由于上、下弦杆平行，显然应用力的投影平衡方程进行计算较为简单。

由投影平衡条件 $\sum F_y = 0$，有：

$$F_{AV} - F_1 - F_2 - F_3 + F_{yDE'} = 0$$

从而得：

$$F_{yDE'} = -(F_{AV} - F_1 - F_2 - F_3) \tag{5-5a}$$

由竖直方向的分力 $F_{yDE'}$，根据式（5-1）便可求得腹杆 DE' 的轴力 $F_{NDE'}$。式（5-5a）也可写成：

$$F_{yDE'} = -F_{SDE} \tag{5-5b}$$

式中，F_{SDE} 为相应简支梁（图 5-13c）在节间 D-E 间的剪力。

由以上分析可知，若利用力的投影平衡条件求解未知杆的轴力，投影轴尽量垂直于多个未知力的作用线方向。比如，若三个未知力中有两个力的作用线互相平行，将所有作用力都投影到与此平行线垂直的方向上，由该方向上力的投影平衡方程可直接求出第三个未知杆内力，这种求解方法也可称为投影法。投影法常用来计算平行弦桁架中腹杆的内力。

采用截面法求解桁架内力的步骤一般可总结为：

（1）一般先求支座反力（悬臂式可以不求支反力）；

（2）用一假想截面把桁架截开分成两部分（截面要截到欲求内力的杆件），截面截到的未知内力杆件数目一般不超过三个（特殊情况除外），而且它们的作用线不能交于一点，也不互相平行。

（3）取桁架截开后的一部分作为隔离体，根据平衡条件即可计算所求杆的内力。在列平衡方程时，为尽可能使每个方程只包含一个未知力，应选取适当的力矩平衡方程或投影平衡方程（尽量采用内力分量形式，可使问题简化）。

截面法适用于联合桁架的计算以及简单桁架结构中计算少数杆件内力的问题。

三、联合桁架的求解

在联合桁架的内力求解中，通常根据联合桁架的组成形式（由两个或三个简单桁架由铰或连接杆件连接形成的），先运用截面法求出简单桁架间铰或连接杆件的内力，然后再采用适当的方法分别计算各简单桁架中各杆的内力。

如图 5-14（a）所示简支桁架，上部体系是由两个简单桁架（分别为 A-C-D 和 B-C-E）通过铰 C 和链杆 DE 连接形成的联合桁架。首先作截面Ⅰ-Ⅰ将该联合桁架分成两部分，比如取左边作为隔离体分析（图 5-14b），由三个平衡条件即可求出铰 C 处的约束力（F_{CX} 和 F_{CY}）和链杆 DE 的轴力 F_{NDE}；然后再对两个简单桁架分别进行分析。在这里，铰 C 和链杆 DE 是两个简单桁架间的连接部分，它们的内力是全部内力计算的关键。

如图 5-14（c）所示桁架，它是由两个简单桁架（分别为铰接三角形 A-E-G 和 B-C-D）通过三根不共线链杆（分别为链杆 1、2 和 3）连接形成的联合桁架。首先作截面（如图 5-14（c）中虚线所示）将该联合桁架分成两部分，取如图 5-14（d）所示部分作为隔离体分析，由三个平衡条件即可求出链杆 1、2 和 3 的轴力；然后再对两个简单桁架分别进行分析。在这里，链杆 1、2 和 3 是两个简单桁架间的连接杆件，它们的内力计算也是全部内力计算的关键。

对于按三刚片几何组成规则形成的联合桁架，一般情况下需分别用两个截面截断任两刚片间的联系杆，每个截面截开后有四个未知力，通过建立平衡方程联立求解。如图 5-15 所示桁架的上部是由三个简单桁架（分别为 A-C-D、B-D-E 和 C-F-G-E）通过铰 C、铰 D 和铰 E 按三刚片几何组成规则连接形成的联合桁架，可分别取截面Ⅰ-Ⅰ以上部分以及截面Ⅱ-Ⅱ以右部分作为隔离体，通过建立联立平衡方程先求出这三个简单桁架间的连接约束力（分别为铰 C、铰 D 和铰 E 处的约束力），然后再对三个简单桁架分别进行分析即可。

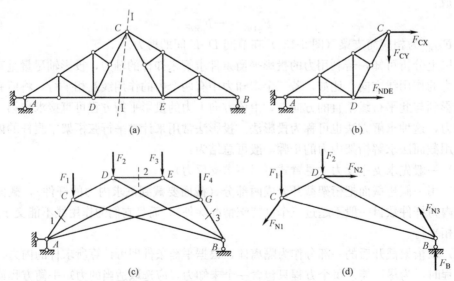

图 5-14 联合桁架（两刚片体系）的求解

四、截面法中的特殊情况

如前所述，用截面法求桁架内力时，应尽量使截面截断的内力未知杆件不超过三个，这样该截面截到的全部未知内力都可直接求出。有时所作截面虽截断三根以上的内力未知杆件，但只要在被截到的杆件中，除某杆外，其余各杆均交于一点，则取该交点为矩心，列力矩平衡式便可求解该杆轴力；或者除某杆外，其余各杆均相互平行，则可以选取与平行杆垂直的方向为投影轴，建立力的投影平衡式，便可求解该杆内力。这两种情况是截面法求解桁架时的特殊情况。

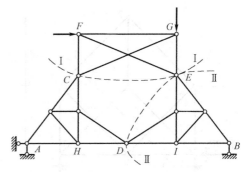

图 5-15 联合桁架（三刚片体系）的求解

如图 5-16 所示 K 形桁架，欲求下弦杆 34 的内力，可以作截面Ⅰ-Ⅰ将桁架分成两部分后，取左部分作为研究对象。该截面截断四根杆件，但除了下弦杆 34 外，其余三根杆均交于结点 $3'$。很明显，由力矩平衡条件 $\sum M_{3'}=0$ 得：

$$F_{N34} \times h - F_{1V} \times 2d + F \times d = 0$$

从而得：

$$F_{N34} = \frac{4Fd}{h}（拉力）$$

同样地，欲求上弦杆 $3'4'$ 的轴力 $F_{N3'4'}$，可作截面Ⅰ-Ⅰ后取左（或右）部分作为隔离体，由力矩平衡条件 $\sum M_3 = 0$ 便可求解 $F_{N3'4'}$。

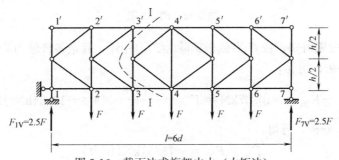

图 5-16 截面法求桁架内力（力矩法）

如图 5-17 所示桁架，欲求下弦杆 12 的内力，可以作截面Ⅰ-Ⅰ将桁架分成两部分后，取右部分作为研究对象。该截面截断四根杆件，但除了下弦杆 12 外，其余三根杆均相互平行。很明显，这三根平行杆垂直方向的投影平衡方程为 $\sum F_{y'} = 0$，即：

$$F_{y'12} - F_{3V} \times \sin 45° = 0 \Rightarrow F_{y'12} = \frac{\sqrt{2}}{2} F$$

从而得：

$$F_{N12} = F（拉力）$$

【例 5-3】 求解图 5-18 所示联合桁架中杆件①、②、③的轴力。

【解】 该平面桁架结构是按三刚片几何组成规则形成的联合桁架。其支座反力可以参照三铰刚架或三铰拱支座反力的求解思路计算。

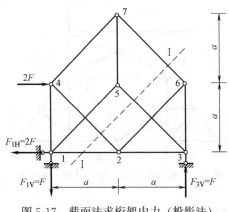

图 5-17 截面法求桁架内力（投影法）

由平衡条件 $\sum M_A=0$ 可求得：
$$F_{By}=8\text{kN}(\uparrow)$$
由平衡条件 $\sum F_y=0$ 可得：
$$F_{Ay}=2\text{kN}(\uparrow)$$
由平衡条件 $\sum M_C=0$ 可得：
$$F_{Ax}=2.67\text{kN}(\rightarrow),F_{Bx}=10.67\text{kN}(\leftarrow)$$

用截面 I-I 截开桁架，取右侧部分分析，对 H 点取矩，即：
$$F_{y1}\times4+F_{By}\times4-F_{Bx}\times3=0$$
从而得：
$$F_{N1}=0$$

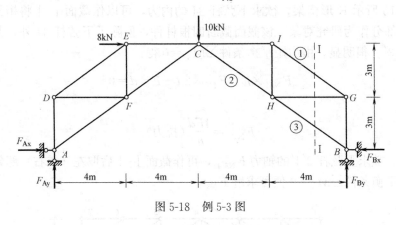

图 5-18 例 5-3 图

由零杆判断规则可知，铰 C 右侧桁架除②、③杆外，其余各杆轴力均为 0。取结点 B 分析，可知：
$$F_{x3}=-F_{Bx}=-10.67\text{kN}\Rightarrow F_{N3}=-\frac{10.67}{4}\times5=-13.34\text{kN}(压力)$$
再取结点 H 分析，可得：
$$F_{N2}=F_{N3}=-13.34\text{kN}(压力)$$

【**例 5-4**】 求如图 5-19 所示桁架结构中指定杆件①、②及③的轴力。

【**解**】 先作截面 I-I 将桁架分成两部分，取左侧部分分析，由力矩的平衡条件 $\sum M_B=0$，即：
$$F_{N1}a+2Fa-Fa=0$$
从而得：
$$F_{N1}=-F(压力)$$

根据几何组成分析，该平面桁架结构的几何组成属于主从结构，其中截面 II-II 左侧部分是附属部分，右侧为基本部分。根据主从结构求解的一般思路，作截面 II-II，先取左侧附属部分分析，由力矩平衡条件 $\sum M_A=0$，可得：
$$F_B=2F(\uparrow)$$
由桁架的整体平衡条件 $\sum M_G=0$ 及 $\sum F_y=0$，可求得 D、G 处的竖向支座反力为：

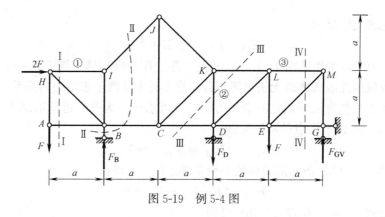

图 5-19 例 5-4 图

$$F_D = 2F(\downarrow), \quad F_{GV} = 2F(\uparrow)$$

再作截面Ⅲ-Ⅲ，并取左侧部分分析，由力的投影平衡条件 $\sum F_y = 0$ 得：

$$F_{N2} + F - F_B = 0$$

从而得：

$$F_{N2} = F(\text{拉力})$$

最后，作截面Ⅳ-Ⅳ并取右侧部分分析，由力矩平衡方程 $\sum M_E = 0$ 得：

$$F_{N3} = -2F(\text{压力})$$

五、截面法和结点法的联合应用

在各类桁架的计算中，若只需求解某几根指定杆件的内力，而单独应用结点法或截面法不能一次求出结果时，则可以联合应用结点法和截面法。

码 5-3 桁架计算（联合法）

【**例 5-5**】 求如图 5-20（a）所示桁架中腹杆ⓐ、ⓑ的内力，已知桁架节间距离为 d，高度 $h = 2d$。

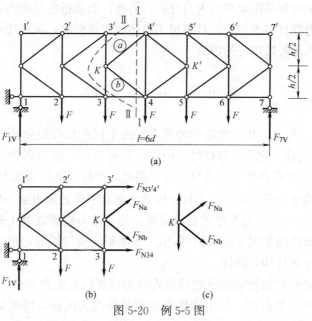

图 5-20 例 5-5 图

(a) 桁架计算简图；(b) 截面Ⅰ-Ⅰ左部分隔离体；(c) 结点 K 隔离体

【解】 先求支座反力

$$F_{1V}=F_{7V}=2.5F(\uparrow)$$

求ⓐ杆内力时，可作截面Ⅰ-Ⅰ并取其左半部分作为隔离体（图 5-20b）。由于截断了四根杆件，故仅由此隔离体尚无法求解，若能找出其中某两个未知力的关系，从而使该截面所取隔离体上只包含三个独立的未知力时，方可求解。为此，可截取结点 K 作为隔离体（图 5-20c），由 K 形结点的特征可知：

$$F_{Na}=-F_{Nb} \text{ 或 } F_{ya}=-F_{yb} \tag{5-6a}$$

再由如图 5-20 (b) 所示隔离体的平衡条件 $\Sigma F_y=0$ 得：

$$F_{1V}-2F+F_{ya}-F_{yb}=0 \tag{5-6b}$$

联合求解式（5-6a）和式（5-6b）可得：

$$F_{ya}=-\frac{1}{4}F,\ F_{yb}=\frac{1}{4}F$$

由式（5-1）可得ⓐ、ⓑ杆的轴力分别为：

$$F_{Na}=-\frac{\sqrt{2}}{4}F(\text{压力}),\ F_{Nb}=\frac{\sqrt{2}}{4}F(\text{拉力})$$

其实，根据几何组成分析，如图 5-20 (a) 所示桁架是一个简单桁架。用结点法可以求出全部杆件轴力，但现在只求少数杆的内力，所以联合使用截面法和结点法较为简便。

顺便指出，对如图 5-20 (a) 所示桁架进行计算时，也可以利用截面Ⅱ-Ⅱ根据力矩法先求出上弦杆 3′4′ 或下弦杆 34 的轴力，再利用截面Ⅰ-Ⅰ根据力矩法求出腹杆ⓐ、ⓑ的轴力。

一般情况下，对桁架进行内力分析之前，应先对其进行几何组成分析，判定其类型，再选取相应的方法。比如，求简单桁架中所有杆的内力，宜选用结点法；求简单桁架中指定杆的内力，宜选用截面法。对联合桁架进行分析时，一般先用截面法截开几个简单桁架的连接处，从而先求出简单桁架间的连接力（连接铰的相互作用力或连接杆的轴力）；再根据结点法或截面法对简单桁架进行内力分析。另外，求某指定杆内力，若截断未知杆的任一隔离体中未知力数目多于三个，且不属于前述的特殊情况，可以先求出其中一些易求的杆件内力，据此再求解指定杆的内力。

第四节 组合结构

码 5-4 组合结构

组合结构是指由两种受力特性不同的杆件组合而成的结构。一类是梁式杆，它为受弯杆件，内力一般有弯矩、剪力和轴力，如梁和刚架结构中的杆件均为梁式杆。另一类是二力杆（链杆或轴力杆），它只承受轴力作用，如桁架结构中的杆件均为二力杆。因此，组合结构通常由梁和桁架，或刚架和桁架组成。如图 5-21 (a) 所示为下撑式五角屋架，其上弦为钢筋混凝土斜梁，竖杆和下弦可用型钢制作，计算简图如图 5-21 (b) 所示。该屋架为典型的静定组合结构，其中斜梁为梁式杆，竖杆和下弦杆均为链杆。

用承受拉力的悬索和加劲梁构成的悬吊式结构也可归入组合结构一类。如图 1-20 所示为某悬吊式桥梁的计算简图，其中柔性悬索和吊杆均为链杆，桥面加劲梁为梁式杆件（具有相当的截面抗弯刚度）。

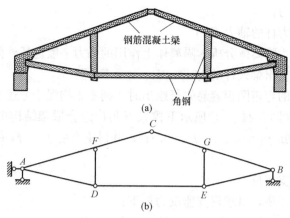

图 5-21 下撑式五角屋架
(a) 屋架示意图；(b) 屋架计算简图

如图 5-22 所示为桥梁工程中常用的拱梁结构，它是由若干链杆组成的链杆拱与加劲梁用竖向链杆连接而成的组合结构，也称为拱式组合结构。

求解组合结构前，需对梁式杆和二力杆进行判别，目的是确定杆截面上未知内力分量的数目。一般来说，链杆为直杆，

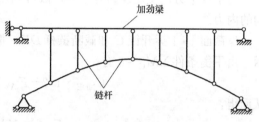

图 5-22 拱式组合结构

两端完全铰结，且无横向荷载和力偶作用，如图 5-23（a）所示。折杆（图 5-23b），或有横向荷载作用的直杆（图 5-23c），或带有不完全铰的两端铰结的杆件（图 5-23d），均为梁式杆。

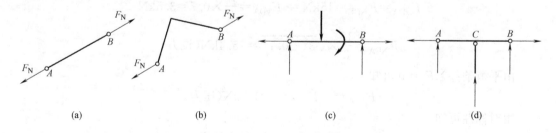

图 5-23 链杆和梁式杆的判别

组合结构内力分析方法一般仍采用截面法，尤其要注意到截面截到的杆件是梁式杆（需要求解弯矩、剪力和轴力）还是轴力杆（只需要求解轴力）。一般情况下，截面要尽量避免截开梁式杆（因为梁式杆上弯矩、剪力和轴力等内力未知量多不便求解），尽量先截开轴力杆。先求轴力杆的轴力，并将其作用于梁式杆上，再计算梁式杆的弯矩、剪力和轴力。计算链杆的内力与分析桁架的内力一样，可以采用结点法或截面法。如果截面截断的全是链杆，则桁架的计算方法及结论同样适用。组合结构中梁式杆的内力图作法与梁、刚架相同。

静定组合结构的内力分析步骤一般可归纳如下：

(1) 先求支座反力；

(2) 求出所有轴力杆的轴力 F_N；

(3) 取梁式杆作为隔离体分析，隔离体上作用的外力一般包括外荷载、已经求出的链杆轴力及支座反力，作出梁式杆的 M 图、F_S 图及 F_N 图。

当然，当梁式杆的弯矩图很容易先行绘出时，则不必拘泥于上述步骤。

【例 5-6】 计算如图 5-24（a）所示下撑式五角形组合屋架结构中链杆的轴力并绘出梁式杆的内力图，已知 $f_1=0.5$m，$f_2=0.7$m；并讨论高度 f_1、f_2 的相对大小对屋架受力的影响情况。

【解】（1）计算支座反力

考虑结构的整体平衡，可求得支座反力如下：

$$F_{AH}=0, \quad F_{AV}=F_{BV}=6\text{kN}$$

（2）计算链杆的轴力

由于水平方向支座反力等于零，故可利用结构及受力情况的对称性质，只需计算半结构的内力。

作截面Ⅰ-Ⅰ拆开铰 C 和截断链杆 DE，取左部分作为隔离体分析，如图 5-24（b）所示。由平衡条件 $\sum M_C=0$ 有：

$$F_{NDE}\times 1.2-F_{AV}\times 6+q\times 6\times 3=0$$

从而得：

$$F_{NDE}=15\text{kN}（拉力）$$

根据平衡条件 $\sum F_x=0$ 和 $\sum F_y=0$，可求得铰 C 处的连接力：

$$F_{CH}=15\text{kN}(\leftarrow), \quad F_{CV}=0$$

再取结点 D 为隔离体，如图 5-24（c）所示，由平衡条件 $\sum F_x=0$ 可知：

$$F_{xDA}=F_{NDE}=15\text{kN} \Rightarrow F_{yDA}=\frac{15}{3}\times 0.7=3.5\text{kN}$$

$$F_{NDA}=\frac{15}{3}\times\sqrt{3^2+0.7^2}=15.4\text{kN}（拉力）$$

由平衡条件 $\sum F_y=0$ 可知：

$$F_{NDF}=-F_{yDA}=-3.5\text{kN}（压力）$$

由对称性可知：

$$F_{NEB}=F_{NDA}=15.4\text{kN}（拉力）$$

$$F_{NEG}=F_{NDF}=-3.5\text{kN}（压力）$$

（3）绘梁式杆的内力图

取梁式杆 AC 作为隔离体，其受力如图 5-24（d）所示。

AC 杆上任意截面的剪力和轴力可按下式计算：

$$F_S=\sum F_y\cos\alpha-\sum F_x\sin\alpha$$
$$F_N=-\sum F_y\sin\alpha-\sum F_x\cos\alpha$$

式中，$\sum F_y$ 为截面以左所有竖向力（方向向上为正）的合力；$\sum F_x$ 为截面以左所有水平力（方向向右为正）的合力；α 为 AC 杆的倾角，且 $\sin\alpha=0.083$，$\cos\alpha=0.997$。

根据对称性，由 AC 杆的内力可得到梁式杆 BC 的内力。

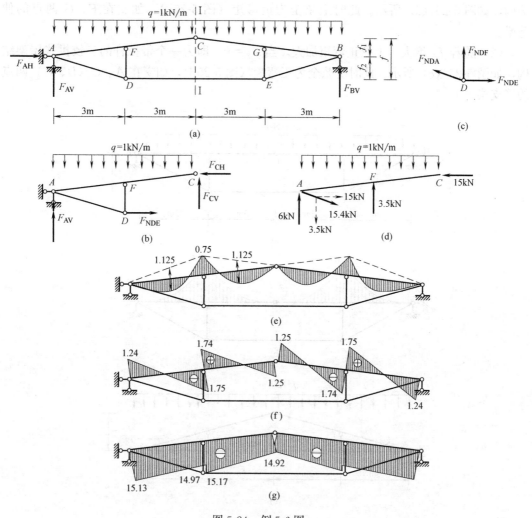

图 5-24 例 5-6 图一
(a) 组合结构计算简图；(b) 截面Ⅰ-Ⅰ左侧隔离体；(c) 结点 D 隔离体；
(d) 梁式杆 AC 受力；(e) M 图（kN·m） (f) F_S 图（kN）；(g) F_N 图（kN）

内力图分别如图 5-24（e）、（f）、（g）所示。

由以上分析可知，下弦杆 DE 的轴力计算可套用三铰平拱的推力公式，即：

$$F_{NDE}=\frac{M_C^0}{f}$$

式中　f——屋架高度；

M_C^0——相应简支梁中顶铰 C 对应处的弯矩值。

因此，影响下撑式五角形组合屋架内力状态的主要因素为高跨比 f/L，高度越小时下弦杆 DE 的轴力越大，这点与三铰拱的推力有类似之处。

当屋架高度 f 确定后，上弦杆弯矩状态随着 f_1 与 f_2 的比例不同变化幅度较大，具体情况如下：

（1）随着 f_1 减小，上弦负弯矩加大。当 $f_1=0$，上弦坡度为零，即为下撑式平行弦结构，如图 5-25（a）所示。此时上弦全为负弯矩（图 5-25b），如支在 F、G 两点的伸臂梁。

（2）随着 f_1 增大，上弦正弯矩加大。当 $f_2=0$，即为一个带拉杆的三铰拱式屋架结构，如图 5-25（c）所示。此时上弦全为正弯矩（图 5-25d），如支在 A、C（B、C）两点的简支梁。

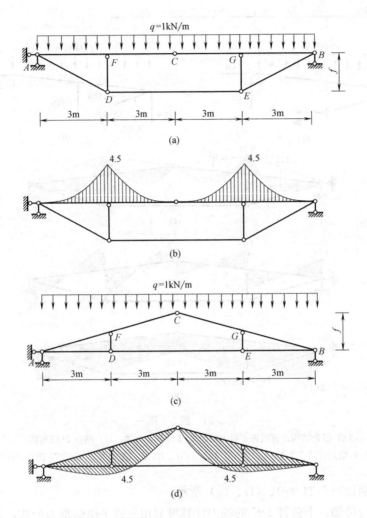

图 5-25 例 5-6 图二
(a) 下撑式平行弦结构；(b) 平行弦结构 M 图（kN·m）；
(c) 三铰拱式结构；(d) 三铰拱式结构 M 图（kN·m）

【例 5-7】 计算如图 5-26（a）所示悬索加劲梁中各杆内力。

【解】（1）计算支座反力

取铰 C 左半部分为隔离体研究（图 5-26b），由平衡条件 $\sum M_D=0$ 得：

$$F_{Cx} \times 3 - 10 \times 6 \times 3 = 0$$

从而得：

$$F_{Cx}=60\text{kN}(\rightarrow)$$

再由平衡条件 $\sum F_x = 0$ 得：

$$F_{XDG}=60\text{kN}(\leftarrow) \Rightarrow F_{NDG}=\frac{60}{2}\times\sqrt{2^2+3^2}=108.3\text{kN}（拉力）$$

最后，由平衡条件 $\sum F_y = 0$ 得：

$$F_A = F_{yDG}+10\times 6 = \frac{60}{2}\times 3 + 60 = 150\text{kN}(\uparrow)$$

由结构及荷载的对称性可知：

$$F_B = F_A = 150\text{kN}(\uparrow),\ F_{NEH}=F_{NDG}=108.3\text{kN}（拉力）$$

(2) 计算链杆的轴力

取结点 D 研究（图 5-26c），由 $\sum F_x = 0$，即 $F_{xDI}=F_{xDG}=60\text{kN}$，可得：

$$F_{NDI}=F_{NEJ}=\frac{60}{3}\times 3\sqrt{2}=84.84\text{kN}（拉力）$$

由平衡条件 $\sum F_y = 0$ 得：

$$F_{NDA}=F_{NEB}=-F_{yDG}-F_{yDI}=-90-60=-150\text{kN}（压力）$$

(3) 绘梁式杆的内力图

作梁式杆 AC、BC 的受力图（图 5-26d、e），较易对其进行受力分析。

作出该组合结构的内力图，分别如图 5-26 (f)、(g)、(h) 所示。

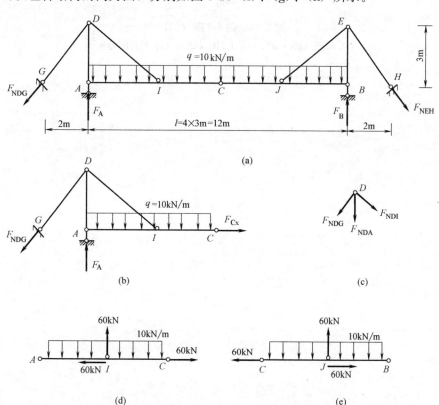

图 5-26 例 5-7 图（一）

(a) 组合结构计算简图；(b) 左半部分隔离体；(c) 结点 D 隔离体；(d) 梁式杆 AC 受力；(e) 梁式杆 BC 受力；

111

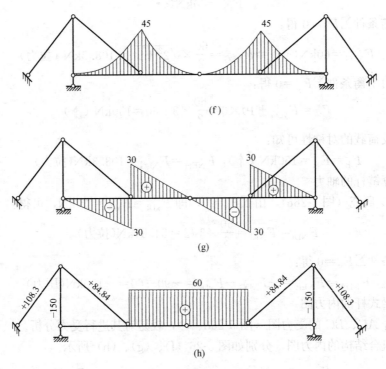

图 5-26 例 5-7 图 (二)

(f) M 图 (kN·m); (g) F_S 图 (kN); (h) F_N 图 (kN)

第六章 结构位移的计算

前几章讨论了各类静定杆件结构的内力计算方法,内力计算问题属于强度问题,这是力学讨论的首要任务。而力学的第二大任务是解决结构的刚度问题,为此还需要进行结构的位移计算,同时结构位移计算又是超静定结构内力计算的理论基础。结构位移计算的理论依据是虚功原理,因此本章先基于变形体系的虚功原理,推导出结构位移计算的一般公式;再讨论各类杆件结构分别在荷载作用、温度改变和支座移动下位移的计算方法。最后介绍了线弹性体系的互等定理。

第一节 概 述

码 6-1 结构位移及类型

一、结构位移及其类型

在荷载作用下,结构会产生应力和应变,致使原有结构的形状发生变化,结构上各点的位置将会发生变化,杆件横截面也将发生转动。

如图 6-1(a)所示悬臂刚架,假设在荷载作用下发生如虚线所示的变形。截面 A 的形心从 A 点移动到了 A' 点,线段 AA' 称为 A 点的线位移,记为 Δ_A。这个线位移大小和方向都是未知的,一般可以用水平线位移 Δ_{Ax} 和竖向线位移 Δ_{Ay} 两个分量来表示。同时,截面 A 还转动了一个角度 φ_A,称为截面 A 的角位移。

如图 6-1(b)所示桁架中各杆在外荷载作用下产生轴力,结构变形后到达虚线所示的位置。结点 B 移动到了 B' 点,线段 BB' 称为结点 B 的线位移。杆件 AD 顺时针旋转到 AD' 位置,旋转过的角度 φ_{AD} 称为杆件 AD 的角位移。同样地,角度 φ_{AB} 称为杆件 AB 的角位移,也假设为顺时针方向。角位移 φ_{AD} 和 φ_{AB} 均为绝对位移。同时,杆件 AB 和 AD 间的夹角变化值为 $|\varphi_{AD}-\varphi_{AB}|$,相当于杆 AD 相对于杆 AB 转动了一个角度,因此将 $|\varphi_{AD}-\varphi_{AB}|$ 称为杆 AB 和 AD 间的相对角位移。

如图 6-1(c)所示刚架,杆件 AB 中截面 A 分别产生了角位移 φ_A、φ_B,这两个方向相反的角位移之和称为截面 A、B 间的相对角位移,即 $\varphi_{AB}=\varphi_A+\varphi_B$。同样地,$C$、$D$ 两点的水平线位移分别为 Δ_C 和 Δ_D,这两个指向相反的水平线位移之和称为 C、D 两点的水平相对线位移,即 $\Delta_{CD}=\Delta_C+\Delta_D$。

由上分析可知,结构的位移是指由于结构变形或其他原因,使结构上某点位置或某截面方位的改变。这里要注意位移与变形的关系,变形是指结构受外因作用,原有的尺寸和形状发生了改变。很明显,结构产生了位移,但不一定涉及变形;但结构产生了变形,一定会发生位移。

位移按性质可分为线位移和角位移。线位移是指结构上某点(或某截面)的移动,角位移是指杆件或截面产生的转动。位移按相对坐标系,又可分为绝对位移和相对位移。位移的分类见表 6-1。

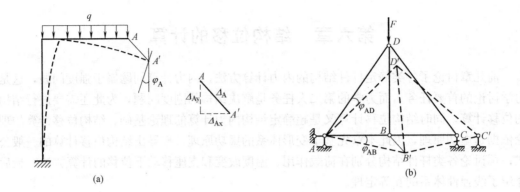

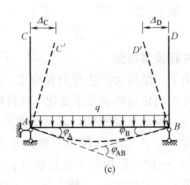

图 6-1 结构的位移

一般情况下，结构位移相对于结构原来的几何尺寸来说都是极其微小的。

位移的分类　　　　　　　表 6-1

绝对位移			相对位移		
点(截面)	截面	杆件	两点(两截面)	两截面	两杆件
线位移	角位移	角位移	相对线位移	相对角位移	相对角位移

二、结构位移产生的原因

引起结构产生位移的主要原因有荷载作用、温度改变、支座移动及制造误差等，分别如图 6-2 所示。

各因素对静定结构的内力、变形和位移的影响情况见图 6-3。其中，静定结构由于支座沉降作用，可使结构产生位移，但结构中各杆并不产生内力，也不产生变形，故把这种位移称为刚体位移。

将由各种不同外因引起的各类结构位移统称为广义位移，可统一标记为 Δ_{ki}。其中，第一个下角标 k 表示产生位移的位置或方向，第二个下角标 i 表示引起位移的原因。因此，由荷载作用、温度变化、支座沉降、制造误差等引起 k 截面处的位移可分别标记为：Δ_{kP}、Δ_{kt}、Δ_{kc}、Δ_{kl}。

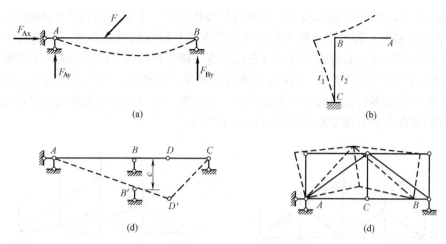

图 6-2 位移产生的原因

(a) 荷载作用；(b) 温度改变；(c) 支座移动；(d) 制造误差（桁架下弦杆缩短）

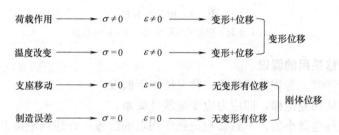

图 6-3 各因素对静定结构内力、位移和变形的影响

（图中 σ 为应力，ε 为应变）

三、计算结构位移的目的

1. 验算结构的刚度

结构在荷载作用下如果变形太大，即使不破坏也不能正常使用。因此，在结构设计时，要计算结构的位移，对结构进行刚度验算，以控制结构不能发生过大的变形。

如工程上相关设计规范规定：高层混凝土建筑在风荷载和地震作用下的最大层间相对水平位移不宜超过层高的 $1/1000 \sim 1/500$（随结构类型和建筑高度不同而异）；桥梁在竖向荷载作用下的容许挠度，简支钢板梁为跨度的 $1/800$，简支钢桁梁为跨度的 $1/900$。

2. 为超静定结构的弹性计算打下基础

对超静定结构进行弹性分析时，由于静力平衡方程的数目少于未知量的数目，因此除考虑静力平衡条件外，还需建立变形协调的补充方程，而这个补充方程的建立必须计算结构的位移。

3. 施工工艺的要求

在结构施工过程中，也常需要知道结构的位移，以确保施工安全和拼装就位。比如在跨度较大的结构中，有时为了避免产生显著的下垂现象，可预先将结构做成与其挠度方向反向的弯曲状，这种做法在工程上称为建筑起拱。

如图 6-4（a）所示三角形屋架，在竖向荷载作用下，下弦各结点产生虚线所示位移，跨中 C 点变形最大。为了减小屋架在使用阶段下弦各结点的竖向位移，屋架制作时可以将各下弦杆的实际下料长度做得比设计长度短些，拼装就位后下弦就形成向上的起拱（图6-4b），结点 C 位于 C' 位置处。这样，在屋盖系统施工完毕后，屋架在竖向荷载作用下产生位移，屋架下弦各杆就能接近于原设计的水平位置。很明显，屋架的起拱高度 Δ_C 以及各下弦杆的实际下料长度要根据结构的位移才能确定。

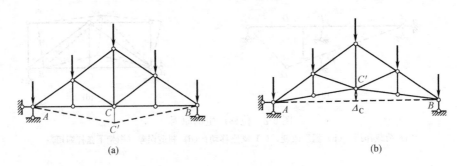

图 6-4 屋架的起拱
(a) 未起拱屋架的变形情况；(b) 屋架起拱

四、计算位移采用的假设

结构位移计算时，为使计算简化，常采用如下假设：
（1）材料服从胡克定律，即应力应变呈线性关系。
（2）结构位移是微小的，不致影响荷载作用点的位置。在建立平衡方程时，仍然用结构原有几何尺寸进行计算。
（3）结构中各部分之间为理想连接，不考虑摩擦阻力等影响。

满足上述条件的理想体系，其位移与荷载间为线性关系，称为线性变形体系。对于此种体系，卸载后位移全部消失。因此，位移计算可以应用叠加原理。

位移与荷载之间呈非线性关系的体系称为非线性变形体系。线性变形体系和非线性变形体系统称为变形体系。本章只讨论线性变形体系的位移计算。

第二节 虚功原理

结构位移的计算是建立在虚功原理的基础上。因此先介绍变力做功、外力虚功以及刚体体系虚功原理的基本概念，在此基础上进一步讨论变形体系的虚功原理。

一、变力做功

码 6-2 实功与虚功

常力做功等于该力的大小乘力作用点沿力作用线方向上的相应位移。如图 6-5 所示，大小和方向都不变的集中力 F 将物体在水平面上移动 Δ 位移，集中力 F 做功大小为：

$$W = F\Delta\cos\alpha \tag{6-1}$$

结构分析中，通常考虑的是静力荷载。静力荷载是指荷载由 0 逐渐以微小增量缓慢增加到最终荷载值。在静力加载过程中，结构始终保持平衡。如图 6-6（a）所示简支梁作用

有一静力荷载 F_1，它是由 0 逐渐增加到荷载值 F_1，沿荷载作用方向的位移也由 0 逐渐增加到 Δ_1。假设简支梁为线性变形体系，此时体系的位移与作用力成正比，如图 6-6（b）所示。

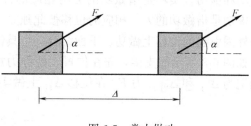

图 6-5 常力做功

梁变形过程中，集中力 F_1 在由其本身引起的位移 Δ_1 上做功（称为实功），做功大小可通过积分计算得到，即：

$$W = \int dW = \int_0^{\Delta_1} F d\Delta = \int_0^{\Delta_1} \frac{F_1}{\Delta_1} \Delta d\Delta = \frac{1}{2} F_1 \Delta_1 \tag{6-2}$$

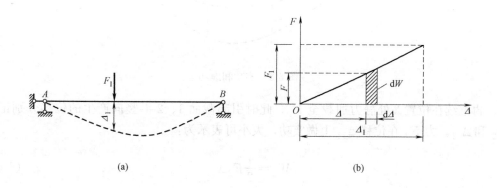

图 6-6 静力荷载做功
(a) 静力加载；(b) F-Δ 关系

即外力实功等于外力与其引起的相应位移乘积的一半。需要注意的是，这里外力实功是变力从 0 逐渐增加到最终荷载值 F_1 时，在其所引起的位移 Δ_1 上所做的功，它与常力所做的功在概念上是不同的。

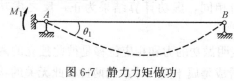

图 6-7 静力力矩做功

如图 6-7 所示梁上作用有静力力矩 M_1，它是由 0 逐渐增加到 M_1 时，沿荷载作用方向的角位移由 0 逐渐增加到 θ_1。梁在变形过程中，M_1 在由其本身引起的角位移 θ_1 上做功（实功），做功大小同样也可通过积分计算得到：

$$W = \frac{1}{2} M_1 \theta_1 \tag{6-3}$$

由上分析可知，外力做功有两要素，即做功的力和相应的位移。凡是做功的力，统称为广义力，相应的做功位移统称为广义位移。如果做功的广义力是集中力，则对应的广义位移为线位移。如果做功的广义力是集中力矩，则对应的广义位移为角位移。

二、外力虚功

功包含力和位移两要素。根据做功的力和相应的位移之间的关系，功可分为两大类，即实功和虚功。实功是指做功的力与相应的位移相关,即相应的位移是由做功的力引起的。虚功是指做功的力与相应的位移彼此独立,它们之间没有因果关系,即做功的力在由其他外因引起的位移上做功。下面结合一个具体例子说明实功和虚功的概念。

如图 6-8 所示简支梁,先在位置 1 处静力加载至 F_1,此时位置 1 和 2 处的竖向位移分别记为 Δ_{11} 和 Δ_{21}。力 F_1 在位移 Δ_{11} 上做实功,其大小可表示为:

$$W_1 = \frac{1}{2} F_1 \Delta_{11} \tag{6-4a}$$

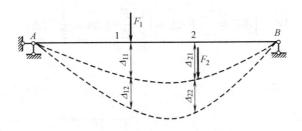

图 6-8 实功和虚功

再继续在位置 2 处静力加载至 F_2,此时引起截面 1、2 沿竖向产生的位移分别记为 Δ_{12} 和 Δ_{22}。力 F_2 在位移 Δ_{22} 上做实功,大小可表示为:

$$W_2 = \frac{1}{2} F_2 \Delta_{22} \tag{6-4b}$$

在力 F_2 加载过程中,力 F_1 的作用方向上产生了位移 Δ_{12},力 F_1 在位移 Δ_{12} 上做虚功,大小可表示为:

$$W_3 = F_1 \Delta_{12} \tag{6-4c}$$

这里要注意,不论位移是否由此力引起,只要在力的作用方向上有位移,该力就对位移做功。而且,力 F_1 在位移 Δ_{12} 上做虚功属于常力做功,因而与实功计算表达式是不同的。虚功计算时,若做功的力与相应的位移方向相同,虚功计算结果为正,反之虚功为负。

虚功中"虚"词并非表示不存在之意,它只表明做功的力和相应位移是彼此独立的两个因素。因此,可以将做功的力和相应位移分别看成是属于同一体系的两种彼此无关的状态,其中力所属状态称为力状态,位移所属状态称为位移状态。通常虚功有两种情况:一种情况是在力状态与位移状态中,有一个是虚设的,所做的功是虚功;另一种情况是力状态与位移状态均是实际存在的,但彼此无关,所做的功也为虚功。

在虚功中,做功的力不限于一个集中力,它可以是广义力,那么位移状态中相应的位移也应该为相应的广义位移。而且,位移状态并不限于是由荷载引起的,也可以由其他原因如温度变化或支座移动等引起的,甚至可以是假想的。

虚功计算中,若做功的力是一个集中力,相应的位移则为力作用点沿力作用线方向的线位移。若做功的力是一个集中力偶,相应的位移则为沿力偶作用方向的角位移。如

图 6-9 所示为某刚架的两种状态，这两个状态间无因果关系。其中，力状态中集中力 F 在位移状态中相应线位移 Δ_{Ay} 上做虚功，大小为 $W=F\Delta_{Ay}$。力状态中集中力偶 m 在位移状态中相应角位移 φ_A 上做虚功，大小为 $W=m\varphi_A$。

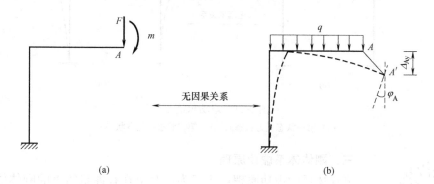

图 6-9 虚功示例 1
(a) 第一状态（力状态）；(b) 第二状态（位移状态）

如图 6-10 所示某刚架的两种无关状态。力状态（图 6-10a）中，在结点 C 和 D 处作用有大小相等、方向相反的一对集中力 F，它是广义力。位移状态（图 6-10b）中，结点 C 和 D 的水平方向线位移分别为 Δ_C 和 Δ_D。这一对广义力所做的虚功可表示为：

$$W=F\Delta_C+F\Delta_D=F(\Delta_C+\Delta_D)=F\Delta_{CD} \tag{6-5a}$$

这里，$\Delta_C+\Delta_D$ 即为 C、D 两点的相对水平位移 Δ_{CD}。这说明，如果做虚功的力是一对广义集中力，则相应的位移为沿这对广义力作用线方向的相对线位移。

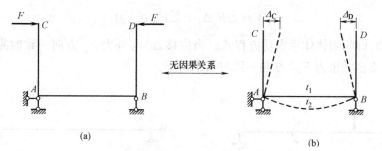

图 6-10 虚功示例 2
(a) 第一状态（力状态）；(b) 第二状态（位移状态）

如图 6-11 所示刚架，力状态（图 6-11a）中，在结点 K 左、右截面处作用有大小相等、方向相反的一对力偶 m，它也是广义力。位移状态（图 6-11b）中，结点 K 的左、右截面分别产生了角位移 φ_1 和 φ_2。这对广义力所做的虚功可表示为：

$$W=m\varphi_1+m\varphi_2=m(\varphi_1+\varphi_2)=m\varphi_K \tag{6-5b}$$

这里，$\varphi_1+\varphi_2$ 即为 K 左右截面的相对转角位移 φ_K。这说明，如果做虚功的力是一对集中力偶，则相应的位移为沿这对力偶作用方向的相对角位移。

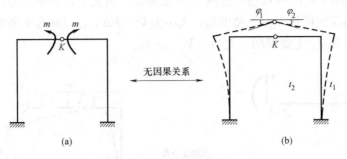

图 6-11 虚功示例 3
(a) 第一状态（力状态）；(b) 第二状态（位移状态）

三、刚体体系虚功原理

码 6-3 刚体体系虚功原理

刚体体系的虚功原理可表述为：对于具有理想约束的刚体体系，如果力状态中的力系能满足平衡条件，位移状态中的刚体位移满足变形协调条件，则力状态中所有外力在位移状态中相应位移上所做虚功总和为零。即刚体体系处于平衡的充分和必要条件是：对于任何虚位移，所有外力所做虚功总和为零。

如图 6-12（a）所示简支梁，在外荷载 F_i 作用下各支座处产生反力 F_{Ri}，它们属于一组平衡力系，即为力状态。在这里，外荷载 F_i、支座反力 F_{Ri} 可以是力、力偶或其他的广义力。如图 6-12（b）所示为该梁由于支座沉降产生了刚体位移，即为刚体位移状态。其中，与外荷载 F_i 相应的位移为 Δ_i，与支座约束力 F_{Ri} 处相应的支座沉降为 c_i。位移 Δ_i、支座沉降 c_i 为与力状态中的广义力相对应的线位移、角位移或其他广义位移。这两个状态间彼此无关。根据刚体体系的虚功原理有：

$$W = \sum F_i \Delta_i + \sum F_{Ri} c_i = 0 \tag{6-6}$$

式（6-6）即为刚体体系虚功方程式。当位移 Δ_i 与外力 F_i 方向一致时乘积为正，支座沉降 c_i 与支座约束力 F_{Ri} 方向一致时乘积为正。

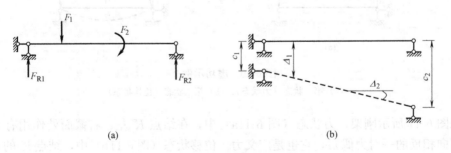

图 6-12 刚体体系虚功原理
(a) 力状态；(b) 刚体位移状态

虚功原理的关键是力状态与位移状态的相互独立性，两者都可以进行假设。在实际应用虚功原理时，可根据不同问题求解的需要，将其中的一个状态看作是虚设的，另一状态则是问题的实际状态。从而得到刚体体系虚功原理的两种应用形式：

(1) 虚位移原理

受力状态是真实的（力未知），利用虚设可能产生的位移状态（位移已知）来求未知力（支座反力或内力），此为虚位移原理。

(2) 虚力原理

位移状态是真实的（位移未知），利用虚设一平衡力系（力已知）来求位移，此为虚力原理。

下面通过实例来说明刚体体系虚功原理的两种应用形式。

【例 6-1】 利用虚功原理求图 6-13（a）所示梁中支座 A 处反力 F_A。

【解】 该梁为静定梁，在符合约束条件下，不可能发生刚体位移。因此，应用虚位移原理求约束力 F_A 时，首先要把静定结构变为机构。为此，撤除与 F_A 相应的约束，即得到如图 6-13（b）所示的机构。该机构在外荷载及支座约束力的共同作用下维持平衡，即为实际力状态。

使该机构沿未知力 F_A 正向产生位移 Δ_A，即得到如图 6-13（c）所示的刚体虚位移图，记外荷载 F 作用方向上虚位移为 Δ_P。根据刚体体系虚功原理，列出虚功方程式为：

$$F_A \times \Delta_A + F \times \Delta_P = 0$$

在图 6-13（c）中，由几何关系可知：

$$\frac{\Delta_P}{\Delta_A} = \frac{b}{a}$$

从而由虚功方程可得：

$$F_A = -F\frac{\Delta_P}{\Delta_A} = -F\frac{b}{a}(\downarrow)$$

求得未知力 F_A 结果为负，表明支座约束力 F_A 与所设方向相反，即为向下的。

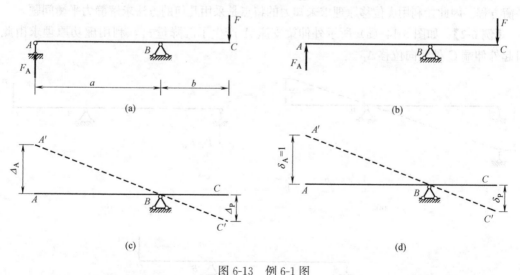

图 6-13　例 6-1 图
(a) 外伸梁计算简图；(b) 实际力状态；(c) 虚位移状态；(d) 单位虚位移状态

由上分析可知，在虚位移图中，比值 Δ_P/Δ_A 不随 Δ_A 改变而改变。因此，为了计算便利，虚位移状态可假设沿 F_A 正向产生单位位移 $\delta_A=1$，此时沿外荷载 F 方向的位移为 δ_P，如图 6-13（d）所示。由几何关系得：

$$\delta_P = \frac{b}{a}$$

此时，虚功方程式可简化成：

$$F_A \times 1 + F \times \delta_P = 0$$

从而可得：

$$F_A = -F\delta_P = -F\frac{b}{a}(\downarrow)$$

以上利用刚体体系虚位移原理求解静定结构中某一约束力 X 的方法，称为单位位移法。其求解步骤一般可概括如下：

（1）撤除与 X 相应约束，使原静定结构变成具有一个自由度的机构，此时约束力 X 变为主动力，即得到实际的力状态；

（2）把机构可能发生的刚体体系微小位移当作虚位移，即令机构沿 X 正向产生单位位移 $\delta_X = 1$，此时外荷载 F 处相应位移记为 δ_P；

（3）在实际力状态与虚位移状态间建立虚功方程，即：

$$X \times 1 + \sum(F \times \delta_P) = 0 \tag{6-7a}$$

（4）根据虚位移图中 δ_P 与 δ_X 的几何关系，直接由虚功方程式求得未知力为：

$$X = -\sum(F\delta_P) \tag{6-7b}$$

式中，$\sum(F\delta_P)$ 表示所有外力在刚体虚位移状态中相应位移上所做虚功之和。

从以上求解步骤中可以看出，用单位位移法求解静定结构中某一约束力，关键是撤除与拟求约束力相应的约束，在拟求约束力正向虚设单位位移，并能正确地绘出虚位移图，从而由几何关系求出外荷载 F 处相应的虚位移值 δ_P。由虚位移原理建立的虚功方程，实质上是平衡方程。因此，利用虚位移原理求未知力的特点是采用几何的方法求解静力平衡问题。

【例 6-2】 如图 6-14（a）所示外伸梁支座 A 产生了沉降量 c_1，利用虚功原理求由此引起外伸端 C 处竖向位移 Δ_C。

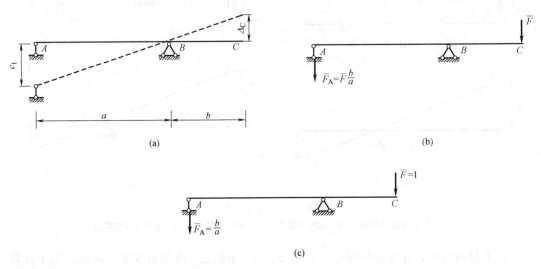

图 6-14 例 6-2 图
(a) 实位移状态；(b) 虚力状态；(c) 单位荷载状态

【解】 如图 6-14（a）所示为实际位移状态。为了应用虚功原理来求解，沿所求位移 Δ_C 方向虚设力 $\overline{F}$，即得到如图 6-14（b）所示的虚力状态，其中 A 支座竖向反力可根据平衡条件求得：

$$\overline{F}_A = \overline{F}\frac{b}{a}(\downarrow)$$

建立虚功方程为：

$$\overline{F}\times\Delta_C + \overline{F}_A \times c_1 = 0$$

从而得：

$$\Delta_C = -\frac{b}{a}c_1(\uparrow)$$

求得位移 Δ_C 是负值，说明其实际方向与虚设力 $\overline{F}$ 方向相反，即是向上的。

计算得到位移 Δ_C 与虚设力 $\overline{F}$ 大小无关。为计算简便，可沿所求位移方向施加单位竖向力 $\overline{F}=1$ 作为虚力状态，如图 6-14（c）所示，此时由平衡条件确定 A 支座竖向支反力为：

$$\overline{F}_A = \frac{b}{a}(\downarrow)$$

由此可列出虚功方程式：

$$1\times\Delta_C + \frac{b}{a}\times c_1 = 0$$

从而可直接得出拟求位移 Δ_C。

由以上分析可以看出，利用虚力原理求位移，关键是在拟求位移方向上施加单位力，用虚设的单位平衡力系与给定位移状态间建立虚功方程，从而求得位移，因此这个方法也称为单位荷载法。由虚力原理建立的虚功方程，实质上是几何方程，即：利用虚力原理来求位移实质上是采用平衡的方法求解几何问题。

四、变形体系的虚功原理

一般情况下，结构产生位移时，结构内部有应变产生，因此结构的位移计算主要是变形体系的位移计算。变形体系的位移计算，采用虚功法最为普遍。在变形体系的虚功原理中，不仅外力做虚功，还要考虑因变形而产生的虚应变能。因此，与刚体体系相比，变形体系的虚功原理具有不同的形式。

码 6-4 变形体系虚功原理

变形体系处于平衡的充分必要条件是：对任何虚位移，外力在此虚位移上所做虚功总和等于各微段上内力在微段虚变形上所做虚功总和，这就是变形体系的虚功原理。微段内力在微段虚变形上所做虚功总和称为变形虚功（也称为内力虚功）。因此，变形体系虚功原理简单地说，就是外力虚功等于变形虚功，即：

$$W_e = W_i \tag{6-8}$$

式中，W_e 表示变形体系的外力虚功；W_i 表示变形体系的内力虚功。

下面先建立杆件体系中内力虚功 W_i 的表达式。

如图 6-15（a）所示为某平面杆件结构在力系作用下处于平衡状态，此状态即为力状态。该结构还存在一个位移状态，如图6-15（b）所示。这个位移状态可以是与力状态无关的其他任何原因（如另一组力系、温度改变、支座移动等）引起的，也可以是假想的。但位移必须是微小的，并为支座约束条件和变形连续条件所允许的，即必须满足边界条件及变形协调条件。

现从图6-15（a）所示力状态中任取出一微段ds来考虑，其上作用的内力有弯矩M、剪力F_S和轴力F_N，如图6-15（c）所示。从图6-15（b）所示位移状态中取相应微段ds，它由原先的1234位置移到了$1'2'3'4'$，如图6-15（d）所示。

对平面杆件结构，微段ds的变形通常包括三部分：

（1）相对轴向变形

记轴向伸长或压缩应变为ε，如图6-15（e）所示，由轴向应变产生的微段ds两端截面的相对轴向位移可表示为：

$$du = \varepsilon ds \tag{6-9a}$$

（2）相对剪切变形

记平均剪切应变为γ，如图6-15（f）所示，由剪切应变产生的微段ds两端截面的相对剪切位移可表示为：

$$d\eta = \gamma ds \tag{6-9b}$$

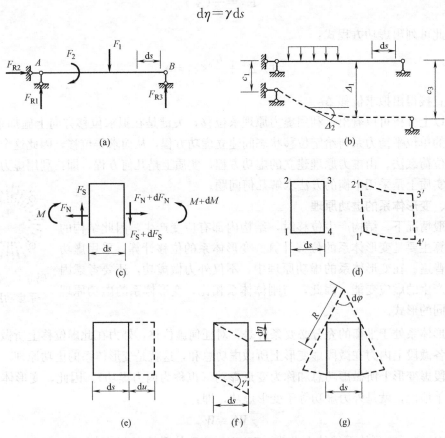

图6-15 内力虚功W_i的计算

(a) 力状态；(b) 位移状态；(c) 力状态中微段ds的内力；(d) 位移状态中微段ds的变形；
(e) 微段ds轴向变形；(f) 微段ds剪切变形；(g) 微段ds弯曲变形

（3）相对转角变形

记轴线变形后曲率半径为 R，如图 6-15（g）所示，则轴线处弯曲曲率为：

$$\kappa = \frac{1}{R}$$

由弯曲应变产生的微段 ds 两端截面的相对转角位移可表示为（图 6-15g）：

$$d\varphi = \frac{ds}{R} = \kappa ds \tag{6-9c}$$

对微段 ds，力状态中作用的内力（M、F_S 和 F_N）在位移状态中对应的变形（$d\varphi$、$d\eta$ 和 du）上所做的内力虚功为：

$$dW_i = Md\varphi + F_S d\eta + F_N du = M\kappa ds + F_S \gamma ds + F_N \varepsilon ds \tag{6-9d}$$

对于整个结构来说，若各微段的变形连续分布，内力虚功可表示为：

$$W_i = \sum \int M\kappa ds + \sum \int F_S \gamma ds + \sum \int F_N \varepsilon ds \tag{6-9e}$$

力状态中的外力在位移状态中对应位移上所做的外力虚功可表示为：

$$W_e = \sum F_i \Delta_i + \sum F_{Ri} c_i \tag{6-9f}$$

式中 F_i——力状态中作用在结构上的外荷载（广义荷载）；

F_{Ri}——力状态中结构的支座反力（广义力）；

Δ_i——位移状态中与 F_i 相对应的位移（广义位移）；

c_i——位移状态中与 F_{Ri} 相对应的支座位移（广义位移）。

将式（6-9e）和式（6-9f）代入式（6-8），可得变形体系的虚功方程式为：

$$\sum F_i \Delta_i + \sum F_{Ri} c_i = \sum \int M\kappa ds + \sum \int F_S \gamma ds + \sum \int F_N \varepsilon ds \tag{6-10}$$

变形体系的虚功原理在具体应用时也有两种方式。一种是对于给定的力状态，另外虚设一个位移状态，利用虚功方程来求解力状态中的未知力，这样应用的虚功原理称为虚位移原理。另一种应用方式是对于给定的位移状态，另外虚设一个力状态，利用虚功方程来求解位移状态中的未知位移，这样应用的虚功原理称为虚力原理。本章是利用虚力原理来求结构的位移。

第三节　位移计算的一般公式

本节主要是根据变形体系的虚力原理建立结构位移计算的一般公式。

一、单位荷载法

如图 6-16（a）所示刚架，在荷载作用、温度改变及支座移动等因素影响下，产生了如虚线所示的变形，即为实际的位移状态。其中，刚架上 K 点移动到 K' 位置，现要求 K 截面的竖向线位移 Δ_K。

码 6-5　位移计算一般公式

为求位移 Δ_K，需按所求位移的位置及方向相对应地虚设一个力状态，即沿拟求位移 Δ_K 方向施加一个单位集中力 $\overline{F}=1$，如图 6-16（b）所示，即为虚拟的力状态。

为求外力虚功 W_e，在力状态中可求出单位荷载 $\overline{F}=1$ 作用下各支座反力（$\overline{F}_{R1}$、

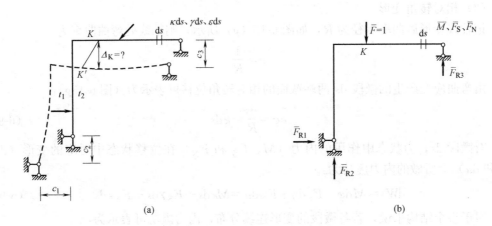

图 6-16 位移计算公式的推导
(a) 实际位移状态；(b) 单位虚力状态

$\overline{F}_{R2}$、$\overline{F}_{R3}$），在位移状态中相应的实际支座位移分别为 c_1、c_2 和 c_3。这样，力状态中的外力（包括支座反力）在位移状态中相应位移上所做的外力虚功为：

$$W_e = \overline{F}\Delta_K + \overline{F}_{R1}c_1 + \overline{F}_{R2}c_2 + \overline{F}_{R3}c_3 = \Delta_K + \sum(\overline{F}_{Ri}c_i) \tag{6-11a}$$

为求内力虚功 W_i，在力状态中任取一微段 ds，单位荷载 $\overline{F}=1$ 作用下微段上的内力记为 $\overline{M}$、$\overline{F}_S$ 和 $\overline{F}_N$。在位移状态中，可在与力状态相对应位置取 ds 微段，微段变形分别为弯曲变形 $d\varphi = \kappa ds$、剪切变形 $d\eta = \gamma ds$ 和轴向变形 $du = \varepsilon ds$。这样，力状态中内力在位移状态中相应变形上所做的内力虚功为：

$$W_i = \sum\int \overline{M}\kappa ds + \sum\int \overline{F}_S \gamma ds + \sum\int \overline{F}_N \varepsilon ds \tag{6-11b}$$

将式（6-11a）和式（6-11b）代入虚功方程式（6-10）得：

$$\Delta_K + \sum \overline{F}_{Ri}c_i = \sum\int \overline{M}\kappa ds + \sum\int \overline{F}_S \gamma ds + \sum\int \overline{F}_N \varepsilon ds$$

从而可得：

$$\Delta_K = -\sum \overline{F}_{Ri}c_i + \sum\int \overline{M}\kappa ds + \sum\int \overline{F}_S \gamma ds + \sum\int \overline{F}_N \varepsilon ds \tag{6-12}$$

式（6-12）为杆件结构位移计算的一般公式。式中，$\overline{F}_{Ri}$、$\overline{M}$、$\overline{F}_S$、$\overline{F}_N$ 分别为虚拟单位荷载 $\overline{F}=1$ 作用产生的支座反力、弯矩、剪力和轴力；c_i、κ、γ、ε 分别为实际位移状态中支座移动、弯曲曲率、平均剪切应变和轴向应变。

式（6-12）虽然是根据虚力原理推导出的，但实质上它是一个几何方程，它给出了已知变形（内部应变 κ、γ、ε 和支座移动 c）与拟求位移 Δ_K 二者之间的几何关系。

由以上分析可以看出，利用虚力原理来求结构的位移，关键就在于虚设恰当的力状态。而该方法的巧妙之处在于虚拟力状态时只在所求位移截面位置沿所求位移方向施加一个单位荷载，此时外荷载所做虚功恰好等于所要求的位移，这种计算结构位移的方法称为单位荷载法。

二、广义位移的计算

在实际问题中，除了计算线位移外，还要计算角位移、相对线位移和相对角位移等广义位移。采用单位荷载法求结构位移时，要根据所求位移类别的不同，虚设相应的单位力状态。

码6-6 广义位移的计算

若拟求某截面绝对线位移时，虚设力状态时应沿拟求位移方向施加一个单位集中力，如图6-17（a）所示。若拟求某截面绝对角位移时，应在该截面处施加一个单位集中力偶，作为虚设的单位力状态，如图6-17（b）所示。

若拟求两截面沿其连线方向上的相对线位移，应沿两截面连线方向上施加一对指向相反的单位集中力，作为虚拟的力状态，如图6-17（c）所示。此时虚拟力状态中一对单位集中力在位移状态中相应的相对位移上所做的虚功，也恰好等于拟求的相对线位移值。

同样地，若拟求两截面的相对角位移，应在两截面处施加一对方向相反的单位集中力偶，作为虚拟的力状态，如图6-17（d）所示。很明显，此时力状态中一对单位集中力偶在位移状态中相应的相对角位移上所作的虚功，也恰好等于拟求的相对角位移的大小。

由上分析可知，根据单位荷载法求任何广义位移时，虚拟状态所加的荷载应该是与拟求广义位移相应的单位广义力。这里的"相应"是指力与位移在做功关系上的对应，如集中力与相应线位移对应，力偶与角位移对应等。

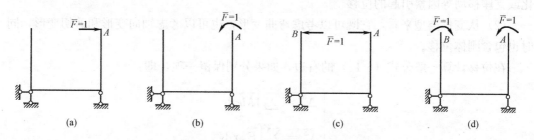

图6-17 广义位移计算的虚力状态
(a) 求Δ_{Ax}；(b) 求φ_A；(c) 求Δ_{AB}；(d) 求φ_{AB}

在求桁架杆件角位移时，由于桁架只承受轴力，因此虚力状态中应将单位力偶换算为等效的结点集中荷载作用。如图6-18（a）所示桁架，拟求杆件AB的角位移φ_{AB}，AB杆长记为d。根据单位荷载法，应施加与所求转角位移相应的单位力偶作为虚力状态，现将单位力偶换算为等效的结点集中荷载作用，即在AB杆两端加一对方向相反、垂直杆轴的集中力$1/d$。

可以这样来理解：对杆件AB，假设变形后两端移动到新位移$A'B'$（图6-18b），两端在垂直杆轴方向上的位移分别为Δ_A和Δ_B。此时，力状态（图6-18a）中两个结点集中力在位移状态（图6-18b）中相应位移上所做的虚功可表示为：

$$\frac{1}{d}\times\Delta_A+\frac{1}{d}\times\Delta_B=\frac{1}{d}(\Delta_A+\Delta_B)=\varphi_{AB}$$

上式表明，虚力状态中两个结点集中力在实际位移状态中相应位移上所做的虚功，也恰好等于所要求的杆件角位移φ_{AB}。

同样地，若要求桁架中两杆件的相对角位移，虚力状态中应将两个方向相反的单位力偶分别换算为等效的结点集中荷载作用,如图 6-18 (c) 所示,其中 d_1、d_2 分别为杆 AB、BC 的长度。

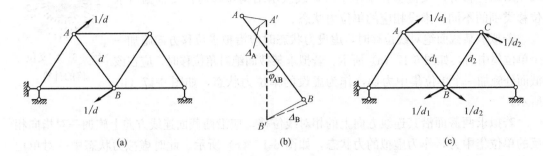

图 6-18 桁架杆件角位移的计算
(a) 求 φ_{AB} 时的虚力状态;(b) 杆 AB 变形;(c) 求杆 AB 和 BC 间相对转角时的虚力状态

三、关于计算结构位移一般公式的几点说明

式(6-12)是结构位移计算的一般公式,是一个普遍性公式,它的普遍性表现在下列几个方面:

(1) 从引起变形的因素来看,它既可以考虑荷载作用引起的位移,也可以考虑温度变化或支座移动等因素引起的位移。

(2) 从变形类型来看,它既可以考虑弯曲变形,也可以考虑轴向变形和剪切变形,同时也包含刚体位移。

在位移计算一般公式(6-12)的右边,如果分别保留一项,即:

$$\begin{cases} \Delta_K^M = \sum \int \overline{M} \kappa \, ds \\ \Delta_K^S = \sum \int \overline{F}_S \gamma \, ds \\ \Delta_K^N = \sum \int \overline{F}_N \varepsilon \, ds \\ \Delta_{Kc} = -\sum \overline{F}_{Ri} c_i \end{cases} \quad (6\text{-}13)$$

式(6-13)分别表示弯曲变形、剪切变形、轴向变形和支座移动对位移的影响。

(3) 从结构类型来看,结构位移计算一般公式可以用于梁、刚架、拱、桁架、组合结构等各类结构的位移计算。同时,它不仅适用于静定结构,也适用于超静定结构的位移计算。

(4) 从材料性质来看,它可用于弹性材料,也可用于非弹性材料。

(5) 从计算位移的类别来看,可以用来计算线位移,也可以计算角位移;可以计算绝对位移,也可计算相对位移。

在下面各节中将具体讨论这个普遍公式在各种情况下的具体应用。

按式(6-12)计算位移结果为正,表明虚设单位荷载 $\overline{F} = 1$ 在拟求位移 Δ_K 上所做虚功为正,即拟求位移的真实指向与虚设单位荷载的指向相同。相反地,若计算结果为负,说明拟求位移 Δ_K 的真实指向与单位荷载的指向相反。

第四节 静定结构在荷载作用下的位移计算

这里所说的结构在荷载作用下的位移计算仅限于线弹性结构,即位移与荷载呈线性关系,当荷载全部撤除后位移也完全消失,而且位移是微小的,因而计算位移时荷载影响可以叠加。

首先根据结构位移计算的一般公式(6-12),推导荷载作用下结构位移的计算公式。

码 6-7 荷载下结构位移计算公式

如图 6-19(a)所示结构仅承受荷载作用,使结构产生变形,这是实际位移状态,求 K 截面沿某方向的位移 Δ_{KP}。根据单位荷载法求位移的思路,先沿所求位移方向施加单位集中力 $\overline{F}=1$,即得到虚拟力状态(图 6-19b)。

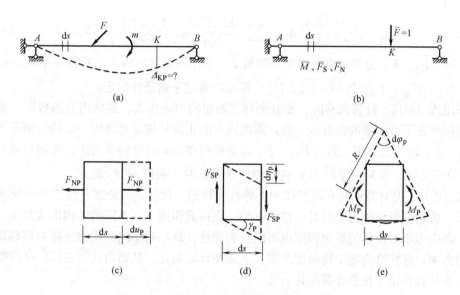

图 6-19 荷载作用下结构位移的计算公式推导
(a)实际位移状态;(b)单位虚力状态;(c)微段 ds 轴向变形;
(d)微段 ds 剪切变形;(e)微段 ds 弯曲变形

位移仅由荷载作用引起,而无支座移动,因此位移计算一般公式(6-12)可进一步表示为:

$$\Delta_{KP} = \sum\int \overline{M}\kappa_P ds + \sum\int \overline{F}_S \gamma_P ds + \sum\int \overline{F}_N \varepsilon_P ds \tag{6-14a}$$

式(6-14a)中,κ_P、γ_P、ε_P 分别为实际位移状态中由荷载作用引起的微段 ds 弯曲曲率、平均剪切应变和轴向应变,可以根据微段上作用的内力来求解。

从实际位移状态中取微段 ds,其变形有:

(1)轴向变形(图 6-19c)

$$du_P = \varepsilon_P ds = \frac{F_{NP} ds}{EA} \tag{6-14b}$$

(2) 剪切变形（图 6-19d）

$$d\eta_P = \gamma_P ds = k\frac{F_{SP}ds}{GA} \qquad (6-14c)$$

(3) 弯曲变形（图 6-19e）

$$d\varphi_P = \kappa_P ds = \frac{M_P}{EI}ds \qquad (6-14d)$$

式中 M_P、F_{SP}、F_{NP}——分别为实际位移状态中由荷载作用引起的结构内力；
　　　　E 和 G——分别为材料的弹性模量和剪切模量；
　　　　A 和 I——分别是杆件的截面面积和惯性矩；
　　　　EI、GA、EA——分别是杆件截面的抗弯刚度、抗剪刚度和抗拉刚度；
　　　　k——剪应力分布不均匀修正系数。

将式（6-14b）～式（6-14d）代入式（6-14a），即得到在荷载作用下结构弹性位移的计算公式为：

$$\Delta_{KP} = \sum\int\frac{\overline{M}M_P}{EI}ds + \sum\int\frac{k\overline{F}_S F_{SP}}{GA}ds + \sum\int\frac{\overline{F}_N F_{NP}}{EA}ds \qquad (6-15)$$

式中，$\overline{M}$、$\overline{F}_S$、$\overline{F}_N$ 分别是由虚设单位荷载 $\overline{F}=1$ 作用引起的内力。对静定结构，这两组内力（M_P、F_{SP}、F_{NP} 和 $\overline{M}$、$\overline{F}_S$、$\overline{F}_N$）都可以通过平衡条件确定。

采用式（6-15）计算位移时，要分别列出两组内力表达式。建立内力函数时，实际状态与虚拟状态下坐标系的选取应一致，两组内力的正负号规定也要统一。通常情况下，轴力 F_{NP}、$\overline{F}_N$ 以拉力为正；剪力 F_{SP}、$\overline{F}_S$ 以绕截面微段顺时针转动为正；弯矩只规定乘积 $\overline{M}M_P$ 的正负号，当 M_P 与 $\overline{M}$ 使杆件同侧纤维受拉时，乘积 $\overline{M}M_P$ 取正。

式（6-15）是计算结构在荷载作用下弹性位移的一般公式。公式右边三项分别表示弯曲变形、剪切变形和轴向变形对位移的影响。在荷载作用下，不同的结构形式其受力特点不同，各内力项对位移的影响程度也不同。为简化计算，对不同结构常忽略对位移影响较小的内力项，这样既满足工程精度要求，又能使计算简化。从而由式（6-15）可以得到各类结构在荷载作用下位移计算简化公式。

(1) 梁和刚架

梁和刚架结构在荷载作用下，位移主要是弯矩引起的，轴力和剪力的影响较小。因此其位移计算公式一般情况下可简化为：

$$\Delta_{KP} = \sum\int\frac{\overline{M}M_P}{EI}ds \qquad (6-16)$$

(2) 桁架

在桁架中，各杆只承受轴力，而且每根杆的截面面积 A 以及轴力 $\overline{F}_N$、F_{NP} 沿杆长一般都是常数。因此，桁架结构在荷载作用下位移计算公式可简化为：

$$\Delta_{KP} = \sum\int\frac{\overline{F}_N F_{NP}}{EA}ds = \sum\frac{\overline{F}_N F_{NP} l}{EA} \qquad (6-17)$$

式中 l——杆长。

(3) 组合结构

在组合结构中，梁式杆件主要受弯矩作用，链杆只承受轴力作用。因此，在计算组合结构在荷载作用下的位移时对梁式杆和链杆要分开考虑，即其位移计算公式可简化为：

$$\Delta_{KP} = \sum_{\text{梁式杆}} \int \frac{\overline{M}M_P}{EI} ds + \sum_{\text{链杆}} \frac{\overline{F}_N F_{NP} l}{EA} \qquad (6\text{-}18)$$

（4）拱

对于拱，当其轴力与压力线相近（两者的距离与拱截面高度为同一数量级）或者为扁平拱$\left(\text{高跨比} \dfrac{f}{l} < \dfrac{1}{5}\right)$时要考虑弯矩和轴力对位移的影响，其位移计算公式为：

$$\Delta_{KP} = \sum \int \frac{\overline{M}M_P}{EI} ds + \sum \int \frac{\overline{F}_N F_{NP}}{EA} ds \qquad (6\text{-}19)$$

当压力线与拱轴线不相近时，则只需考虑弯曲变形的影响，即可按式（6-16）计算位移。

综上所述，荷载作用下静定结构位移求解步骤可归纳如下：

1) 沿拟求位移的位置和方向虚设相应的单位荷载 $\overline{F} = 1$；
2) 根据平衡条件求出实际荷载作用下结构中相应内力（M_P、F_{NP}、F_{SP}）；
3) 根据平衡条件求出单位荷载作用下结构中相应内力（$\overline{M}$、$\overline{F}_N$、$\overline{F}_S$）；
4) 代入式（6-15）计算位移。对不同类型结构，可采用相应的位移计算简化公式。

下面对式（6-14c）中剪应力分布不均匀修正系数 k 的来源进行说明。

由材料力学知识可知，截面上剪应力沿截面高度分布不均匀，由其引起的剪切应变分布也不均匀。对任意形式截面（图 6-20a），实际荷载及虚拟单位荷载作用下截面上剪应力分布情况可表示为（图 6-20b、c）：

$$\tau_P = \frac{F_{SP} S}{Ib} \qquad (6\text{-}20a)$$

$$\overline{\tau} = \frac{\overline{F}_S S}{Ib} \qquad (6\text{-}20b)$$

式中，τ_P、$\overline{\tau}$ 分别为实际荷载及虚拟单位荷载作用下截面上剪应力；F_{SP}、$\overline{F}_S$ 分别为实际荷载及虚拟单位荷载作用下截面剪力；b 为所求剪应力处截面宽度；S 为所求剪应力处以上或以下截面积对中性轴的静矩；I 为截面惯性矩。

实际荷载作用下截面的剪切应变 γ_P 可表示为：

$$\gamma_P = \frac{\tau_P}{G} = \frac{F_{SP} S}{GIb} \qquad (6\text{-}20c)$$

式中　G——剪切模量。

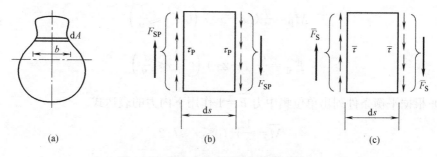

图 6-20　剪应力分布不均匀修正系数 k
（a）任意形式截面；（b）实际荷载下剪应力分布；（c）单位荷载下剪应力分布

因此，虚拟状态下剪力 $\overline{F}_S$ 在实际位移状态中微段 ds 的剪切变形 $\gamma_P ds$ 上所做的虚功可通过积分来计算：

$$\overline{F}_S \gamma_P ds = \int_A \overline{\tau} dA \gamma_P ds = ds \int_A \overline{\tau} \gamma_P dA$$

$$= ds \int_A \frac{\overline{F}_S S}{Ib} \cdot \frac{F_{SP} S}{GIb} dA = ds \int_A \frac{\overline{F}_S F_{SP} S^2}{GI^2 b^2} dA$$

$$= \frac{\overline{F}_S F_{SP} ds}{GA} \cdot \frac{A}{I^2} \int_A \frac{S^2}{b^2} dA \qquad (6\text{-}20d)$$

令

$$k = \frac{A}{I^2} \int_A \frac{S^2}{b^2} dA \qquad (6\text{-}21)$$

码 6-8 荷载下结构位移计算步骤

k 为剪应力分布不均匀的修正系数。很明显，k 是一个只与截面形状有关的系数，根据式（6-21）通过积分可知，对矩形截面 $k=1.2$，对圆形截面 $k=10/9$，对薄壁圆环形截面 $k=2$。对工字形截面，k 近似等于截面面积与腹板面积的比值。

【例 6-3】 求图 6-21（a）所示简支梁的跨中挠度 Δ_{CV}，并比较弯曲变形与剪切变形对位移的影响。已知 EI 为常数。

【解】 （1）在跨中施加相应于竖向位移的单位集中力 $\overline{F}=1$（图 6-21b）
（2）根据平衡条件列出实际荷载作用下结构内力表达式

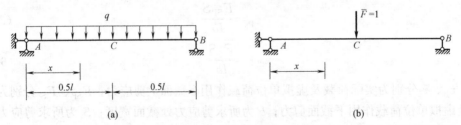

图 6-21 例 6-3 图
(a) 实际荷载作用；(b) 虚拟单位荷载作用

取 A 点为坐标原点，向右为 x 轴正向。由于结构所受荷载对称，可只列出一半的内力方程式（设弯矩使截面下侧受拉为正）：

$$M_P = \frac{q}{2}(lx - x^2) \quad \left(0 \leqslant x \leqslant \frac{l}{2}\right)$$

$$F_{SP} = \frac{q}{2}(l - 2x) \quad \left(0 \leqslant x \leqslant \frac{l}{2}\right)$$

（3）根据平衡条件列出单位集中力 $\overline{F}=1$ 作用下内力的表达式

$$\overline{M} = \frac{1}{2} x \quad (0 \leqslant x \leqslant l/2)$$

$$\overline{F}_S = \frac{1}{2} \quad (0 \leqslant x \leqslant l/2)$$

(4) 计算位移

由弯曲变形引起的位移为：

$$\Delta_{\mathrm{CV}}^{\mathrm{M}} = \int \frac{\overline{M}M_{\mathrm{P}}}{EI}\mathrm{d}s = 2\int_0^{l/2} \frac{0.5x \times 0.5q \times (lx-x^2)}{EI}\mathrm{d}x = \frac{5ql^4}{384EI}(\downarrow)$$

由剪切变形引起的位移为：

$$\Delta_{\mathrm{CV}}^{\mathrm{S}} = \int \frac{k\overline{F}_{\mathrm{S}}F_{\mathrm{SP}}}{GA}\mathrm{d}s = 2 \times k\int_0^{l/2} \frac{0.5 \times 0.5q(l-2x)}{GA}\mathrm{d}x = \frac{kql^2}{8GA}(\downarrow)$$

总位移为：

$$\Delta_{\mathrm{CV}} = \Delta_{\mathrm{CV}}^{\mathrm{M}} + \Delta_{\mathrm{CV}}^{\mathrm{S}} = \frac{5ql^4}{384EI} + \frac{kql^2}{8GA}(\downarrow)$$

计算结果为正，说明跨中挠度方向与所设单位荷载 $\overline{F}=1$ 方向相同，即是向下的。

下面比较弯曲变形与剪切变形对位移的影响程度。假设对矩形截面梁，剪应力分布不均匀修正系数 $k=1.2$，截面高度 h，$I/A = h^2/12$；截面横向变形系数 $\mu = 1/3$，$E/G = 2(1+\mu) = 8/3$，从而有：

$$\frac{\Delta_{\mathrm{CV}}^{\mathrm{S}}}{\Delta_{\mathrm{CV}}^{\mathrm{M}}} = \frac{\dfrac{kql^2}{8GA}}{\dfrac{5ql^4}{384EI}} = \frac{9.6}{l^2}k\frac{E}{G}\frac{I}{A} = \frac{9.6}{l^2} \times 1.2 \times \frac{8}{3} \times \frac{h^2}{12} = \frac{64}{25}\left(\frac{h}{l}\right)^2$$

当 $h/l = 1/10$ 时，$\Delta_{\mathrm{CV}}^{\mathrm{S}}/\Delta_{\mathrm{CV}}^{\mathrm{M}} = 2.56\%$；当 $h/l = 1/5$ 时，$\Delta_{\mathrm{CV}}^{\mathrm{S}}/\Delta_{\mathrm{CV}}^{\mathrm{M}} = 10.2\%$。因此，对一般细长的梁，可以忽略剪切变形对位移的影响。但当 $h/l = 1/2$ 时，$\Delta_{\mathrm{CV}}^{\mathrm{S}}/\Delta_{\mathrm{CV}}^{\mathrm{M}} = 64\%$，这表明对高跨比较大的梁，剪切变形对位移的影响不可忽略。

【例 6-4】 计算图 6-22（a）所示桁架结构的跨中挠度 $\Delta_{2\mathrm{V}}$。已知各杆的材料弹性模量 $E = 2.1 \times 10^8 \mathrm{kN/m}^2$，各杆截面积见图中括号中数值（单位：$\mathrm{cm}^2$）。

【解】 在结点 2 上沿所求位移方向施加单位集中力 $\overline{F}=1$，如图 6-22(b) 所示。分别计算桁架结构在原荷载作用下各杆轴力 F_{NP} 以及单位荷载作用下各杆轴力 $\overline{F}_{\mathrm{N}}$，具体结果见表 6-2。

码 6-9 例 6-4

由表 6-2 有：

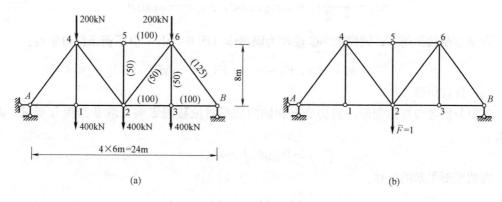

图 6-22 例 6-4 图
(a) 实际荷载作用；(b) 虚拟单位荷载作用

$$\sum \frac{\overline{F}_N F_{NP}}{A} l = 28.4 \times 10^5 \text{kN/m}$$

根据桁架结构位移的计算公式（6-17），有：

$$\Delta_{2V} = \sum \frac{\overline{F}_N F_{NP}}{EA} l = \frac{28.4 \times 10^5}{2.1 \times 10^8} = 13.52 \times 10^{-3} \text{m} = 13.52 \text{mm}(\downarrow)$$

计算结果为正，说明结点 2 竖向位移方向与虚拟单位荷载方向相同，即向下的。

例 6-4 有关计算数据 表 6-2

杆件	l(m)	$A(10^{-4}\text{m}^2)$	$\overline{F}_N$	F_{NP}(kN)	$\dfrac{\overline{F}_N F_{NP}}{A} l$(kN/m)
A-4/B-6	10	125	$-5/8$	-1000	5×10^5
A-1/B-3	6	100	$+3/8$	$+600$	1.35×10^5
1-2/2-3	6	100	$+3/8$	$+600$	1.35×10^5
4-5/5-6	6	100	$-3/4$	-750	3.375×10^5
4-2/6-2	10	50	$+5/8$	$+250$	3.125×10^5
4-1/6-3	8	50	0	$+400$	0
2-5	8	50	0	0	0
Σ					28.4×10^5

码 6-10　例 6-5

【**例 6-5**】 如图 6-23（a）所示圆弧形等截面曲杆 AB，半径为 R，圆心角为 α，求 B 点竖向位移 Δ_{BV}。已知截面刚度 EI、EA、GA 均为常数。

【**解**】（1）在 B 点沿竖向施加单位集中力 $\overline{F}=1$，如图 6-23（b）所示，即为虚拟状态。

（2）分别列出实际荷载作用下及单位荷载作用下的内力表达式。

取 B 为坐标原点，曲杆上任一截面 C 位置坐标 (x, y)，圆心角为 θ。
在实际荷载作用下，取 BC 段为隔离体（图 6-23c），由平衡条件可求得：

$$M_P = -\frac{qx^2}{2}, \quad F_{SP} = qx\cos\theta, \quad F_{NP} = -qx\sin\theta$$

在单位荷载作用下，同样取 BC 段作为隔离体（图 6-23d），由平衡条件可求得：

$$\overline{M} = -x, \quad \overline{F}_S = \cos\theta, \quad \overline{F}_N = -\sin\theta$$

（3）计算位移

这里分别考虑弯曲变形、剪切变形和轴向变形对位移的影响。取 θ 为积分变量，而且有：

$$x = R\sin\theta, \quad ds = R d\theta$$

弯曲变形引起的位移：

$$\Delta_{BV}^M = \int \frac{\overline{M} M_P}{EI} ds = \frac{q}{2EI} \int_B^A x^3 ds = \frac{qR^4}{2EI} \int_0^\alpha \sin^3\theta d\theta = \frac{qR^4}{2EI}\left(\frac{2}{3} - \cos\alpha + \frac{1}{3}\cos^3\alpha\right)$$

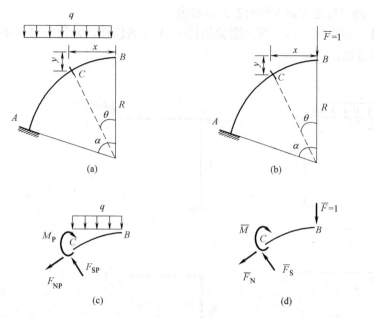

图 6-23 例 6-5 图
(a) 实际荷载作用；(b) 单位荷载作用；(c) 实际荷载下 BC 隔离体；(d) 单位荷载下 BC 隔离体

剪切变形引起的位移：

$$\Delta_{BV}^S = \int \frac{k\overline{F}_S F_{SP}}{GA} ds = \frac{kq}{GA}\int_B^A x\cos^2\theta ds = \frac{kqR^2}{GA}\int_0^\alpha \cos^2\theta \sin\theta d\theta = \frac{kqR^2}{GA}\times\frac{1}{3}(1-\cos^3\alpha)$$

轴向变形引起的位移：

$$\Delta_{BV}^N = \int \frac{\overline{F}_N F_{NP}}{EA} ds = \frac{q}{EA}\int_B^A x\sin^2\theta ds = \frac{qR^2}{EA}\int_0^\alpha \sin^3\theta d\theta = \frac{qR^2}{EA}\left(\frac{2}{3}-\cos\alpha+\frac{1}{3}\cos^3\alpha\right)$$

下面讨论下各类变形对位移的影响。若取 $\alpha=90°$，则：

$$\Delta_{BV}^M = \frac{qR^4}{3EI},\ \Delta_{BV}^S = \frac{kqR^2}{3GA},\ \Delta_{BV}^N = \frac{2qR^2}{3EA}$$

假设曲杆截面为矩形，截面厚度 $h=R/10$，$I/A=h^2/12$；剪力分布不均匀修正系数 $k=1.2$，截面横向变形系数 $\mu=1/3$，$E/G=2(1+\mu)=8/3$，从而有：

$$\frac{\Delta_{BV}^S}{\Delta_{BV}^M} = \frac{\dfrac{kqR^2}{3GA}}{\dfrac{qR^4}{3EI}} = \frac{kEI}{R^2 GA} = \frac{k}{12}\cdot\frac{E}{G}\cdot\frac{h^2}{R^2} = \frac{1}{375}$$

$$\frac{\Delta_{BV}^N}{\Delta_{BV}^M} = \frac{\dfrac{2qR^2}{3EA}}{\dfrac{qR^4}{3EI}} = \frac{2I}{R^2 A} = \frac{1}{6}\cdot\frac{h^2}{R^2} = \frac{1}{600}$$

由此可知，对小曲率梁，当截面厚度远小于其半径时，可略去轴向变形和剪切变形对位移的影响，而只考虑弯曲变形引起的位移值。

【例 6-6】 求图 6-24（a）所示刚架结构中 A 点的位移，并勾绘出其变形曲线。已知各杆 EI 均为常数。

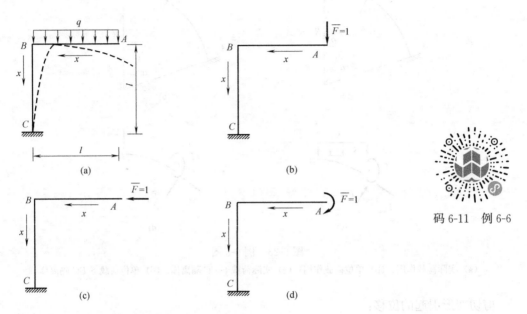

图 6-24　例 6-6 图
(a) 实际荷载作用；(b) 单位荷载作用（求 Δ_{Ay}）；
(c) 单位荷载作用（求 Δ_{Ax}）；(d) 单位荷载作用（求 φ_A）

【解】（1）求 A 点竖向位移 Δ_{Ay}

在 A 点施加竖向单位集中力 $\overline{F}=1$（假设方向向下），如图 6-24（b）所示。

在图示坐标系中，根据平衡条件分别列出实际荷载及单位荷载作用下弯矩表达式：

$$\text{实际荷载作用} \qquad \text{单位荷载作用}$$

$$AB \text{ 杆：} M_P = -\frac{qx^2}{2} \ (0 \leqslant x \leqslant l) \qquad \overline{M} = -x \ (0 \leqslant x \leqslant l)$$

$$BC \text{ 杆：} M_P = -\frac{ql^2}{2} \ (0 \leqslant x \leqslant l) \qquad \overline{M} = -l \ (0 \leqslant x \leqslant l)$$

因而有：

$$\Delta_{Ay} = \sum \int \frac{\overline{M} M_P}{EI} ds = \int_0^l \frac{1}{EI}(-x) \times \left(-\frac{1}{2}qx^2\right) dx + \int_0^l \frac{1}{EI}(-l) \times \left(-\frac{1}{2}ql^2\right) dx$$

$$= \frac{5ql^4}{8EI}(\downarrow)$$

（2）求 A 点水平位移 Δ_{Ax}

在 A 点施加水平向单位集中力 $\overline{F}=1$（假设向左），如图 6-24（c）所示。

在图示坐标系中，根据平衡条件分别列出实际荷载及单位荷载作用下弯矩表达式：

实际荷载作用 单位荷载作用

AB 杆：$M_P = -\dfrac{qx^2}{2}$ $(0 \leqslant x \leqslant l)$ $\overline{M} = 0$ $(0 \leqslant x \leqslant l)$

BC 杆：$M_P = -\dfrac{ql^2}{2}$ $(0 \leqslant x \leqslant l)$ $\overline{M} = x$ $(0 \leqslant x \leqslant l)$

因而有：

$$\Delta_{Ax} = \sum \int \dfrac{\overline{M} M_P}{EI} ds = \int_0^l \dfrac{1}{EI} \times x \times \left(-\dfrac{1}{2} ql^2\right) dx = -\dfrac{ql^4}{4EI} (\rightarrow)$$

(3) 求截面 A 的转角位移 φ_A

在截面 A 处施加单位集中力偶（假设顺时针），如图 6-24（d）所示。
在图示坐标系中，根据平衡条件分别列出实际荷载及单位荷载作用下弯矩表达式：

实际荷载作用 单位荷载作用

AB 杆：$M_P = -\dfrac{qx^2}{2}$ $(0 \leqslant x \leqslant l)$ $\overline{M} = -1$ $(0 \leqslant x \leqslant l)$

BC 杆：$M_P = -\dfrac{ql^2}{2}$ $(0 \leqslant x \leqslant l)$ $\overline{M} = -1$ $(0 \leqslant x \leqslant l)$

因而有：

$$\varphi_A = \sum \int \dfrac{\overline{M} M_P}{EI} ds = \int_0^l \dfrac{-1}{EI}(-0.5qx^2) dx + \int_0^l \dfrac{-1}{EI}(-0.5ql^2) dx = \dfrac{2ql^3}{3EI} (\curvearrowleft)$$

(4) 变形曲线的绘制

绘制结构变形曲线时一般需综合考虑以下几点：根据 M_P 图判断杆件弯曲后的凹凸方向；结构变形曲线需符合位移边界条件及变形协调条件；对梁式杆件，一般忽略轴向变形的影响；经计算得知某些截面的位移大小或方向。据此可绘出该刚架在荷载作用下的变形曲线，如图 6-24（a）中虚线所示。

第五节 图 乘 法

由上节可知，计算梁式杆在荷载作用下的位移时，先要写出实际荷载作用下弯矩 M_P 以及单位荷载作用下弯矩 $\overline{M}$ 的表达式，然后代入式（6-22a）进行积分运算：

$$\Delta_{KP} = \int \dfrac{\overline{M} M_P}{EI} ds \tag{6-22a}$$

当荷载比较复杂或杆件数目较多时，两个内力函数乘积的积分计算很繁琐。本节介绍一种求解式（6-22a）这类积分值的另一种方法，即图乘法。在一定的应用条件下，图乘法可给出这个积分式的精确数值解。

先推导图乘法的计算公式。如图 6-25 所示是某等截面直杆段 AB 的两个弯矩图（M_P 和 $\overline{M}$），$\overline{M}$ 图通常为一段直线，M_P 图可以为任意形状。

以杆轴为 x 轴，$\overline{M}$ 图的延长线与杆轴基线的交点为坐标原点，向右、向上分别为 x 轴、y 轴的正向，建立坐标系，$\overline{M}$ 图与杆轴夹角为 α。对任意 x 位置处，有：

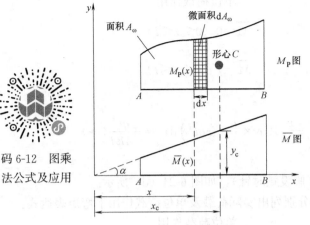

$$\overline{M} = x\tan\alpha \quad (6\text{-}22\text{b})$$

于是有：

$$\int_A^B \frac{\overline{M}M_P}{EI} ds = \frac{1}{EI}\int_A^B x\tan\alpha M_P dx$$

$$= \frac{\tan\alpha}{EI}\int_A^B x M_P dx$$

$$= \frac{\tan\alpha}{EI}\int_A^B x dA_\omega \quad (6\text{-}22\text{c})$$

式中，$dA_\omega = M_P dx$，表示 M_P 图中微元段 dx 的微分面积；$x dA_\omega$

图 6-25 图乘法公式的推导

表示微分面积 dA_ω 对 y 轴的面积矩，因而积分 $\int_A^B x dA_\omega$ 就是 M_P 图形面积 A_ω 对 y 轴的静矩。

若记 M_P 图形心 C 到 y 轴的距离为 x_c，则根据面积矩定理有：

$$\int_A^B x dA_\omega = A_\omega x_c \quad (6\text{-}22\text{d})$$

将式 (6-22d) 代入式 (6-22c)，得：

$$\int_A^B \frac{\overline{M}M_P}{EI} dx = \frac{\tan\alpha}{EI} A_\omega x_c \quad (6\text{-}22\text{e})$$

式 (6-22e) 中：$x_c \tan\alpha = y_c$，y_c 为 $\overline{M}$ 图中与 M_P 图形心 C 相对应的竖标，于是有：

$$\int_A^B \frac{\overline{M}M_P}{EI} ds = \frac{A_\omega y_c}{EI} \quad (6\text{-}23)$$

式 (6-23) 表明：某杆段中两个弯矩函数的积分运算，可以简化成一个弯矩图的面积 A_ω 乘以其形心所对应的另一个直线弯矩图的竖标 y_c 再除以 EI，这种利用图形相乘来代替两函数乘积的积分运算称为图乘法。

因此，对梁和刚架结构在荷载作用下位移计算式 (6-16) 可用图乘法来代替计算，即：

$$\Delta_{KP} = \sum \int \frac{\overline{M}M_P}{EI} ds = \sum \frac{A_\omega y_c}{EI} \quad (6\text{-}24)$$

组合结构在荷载作用下位移计算式 (6-18) 中，其中对梁式杆的积分运算部分也可以采用图乘法来代替，即：

$$\Delta_{KP} = \sum_{\text{梁式杆}} \int \frac{\overline{M}M_P}{EI} ds + \sum_{\text{链杆}} \frac{\overline{F}_N F_{NP} l}{EA} = \sum_{\text{梁式杆}} \frac{A_\omega y_c}{EI} + \sum_{\text{链杆}} \frac{\overline{F}_N F_{NP} l}{EA} \quad (6\text{-}25)$$

应用图乘法计算时要注意以下几个具体问题：

(1) 两弯矩图图乘时，必须同时满足：杆段应是等截面直杆段（EI 为常数）、两个弯矩图 $\overline{M}$ 和 M_P 中至少有一个为直线。

(2) 竖标 y_c 应取自直线弯矩图中。若两弯矩图均为直线，竖标 y_c 可取自任一直线图形。

（3）正负号规则为：面积 A_ω 与竖标 y_c 在杆段同侧时，图乘结果取正号；A_ω 与 y_c 在杆段异侧时图乘结果取负号。

（4）常见图形的面积及形心位置。

如图 6-26 所示为几种简单图形的面积及其形心位置，其中各抛物线图形均为标准抛物线。所谓标准抛物线图形，是指抛物线图形具有顶点（切线平行于底边的点），并且顶点在中点或者端点。这里一定要注意，在采用图 6-26（c）、（d）、（e）中相关图形数据时，一定要分清楚是否为标准抛物线图形。

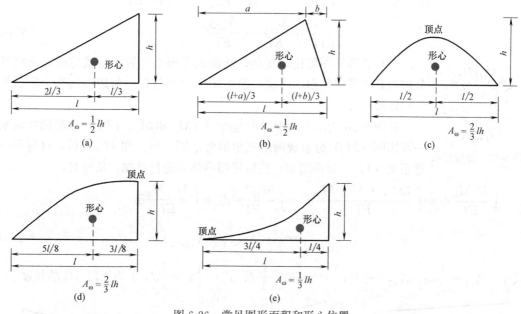

图 6-26 常见图形面积和形心位置
(a) 直角三角形；(b) 一般三角形；(c) 标准二次抛物线 1；(d) 标准二次抛物线 2；(e) 标准二次抛物线 3

（5）若两弯矩图不满足图乘条件，比如某等截面直杆段的一个弯矩图是曲线，另一个弯矩图是由几段直线组成的折线（图 6-27a）；或者某直杆段为阶形截面（图 6-27b）时，均应先分段图乘，再将各段图乘结果进行叠加。

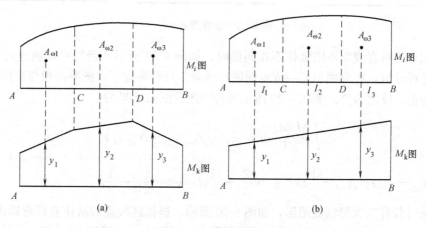

图 6-27 分段图乘

如图 6-27 (a) 所示两弯矩图图乘结果为：

$$\int_A^B \frac{M_i M_k}{EI} ds = \int_A^C \frac{M_i M_k}{EI} ds + \int_C^D \frac{M_i M_k}{EI} ds + \int_D^B \frac{M_i M_k}{EI} ds$$

$$= \frac{1}{EI}(A_{\omega 1} y_1 + A_{\omega 2} y_2 + A_{\omega 3} y_3) \tag{6-26a}$$

如图 6-27 (b) 所示两弯矩图图乘结果为：

$$\int_A^B \frac{M_i M_k}{EI} ds = \int_A^C \frac{M_i M_k}{EI_1} ds + \int_C^D \frac{M_i M_k}{EI_2} ds + \int_D^B \frac{M_i M_k}{EI_3} ds$$

$$= \frac{A_{\omega 1} y_1}{EI_1} + \frac{A_{\omega 2} y_2}{EI_2} + \frac{A_{\omega 3} y_3}{EI_3} \tag{6-26b}$$

(6) 若弯矩图形比较复杂，其面积或形心位置不易确定时，可将其分解为几个简单图形，将这些简单图形分别与另一弯矩图相乘，然后将所得结果叠加。

码 6-13　分解图乘

如图 6-28 所示为两个梯形弯矩图（M_i 和 M_k）图乘，用辅助线将某一弯矩图（M_i）分解成两个三角形弯矩图（M_{i1} 和 M_{i2}）后，再与另一弯矩图（M_k）分别图乘，然后将图乘结果进行叠加。从而有：

$$\int \frac{M_i M_k}{EI} ds = \int \frac{(M_{i1} + M_{i2}) M_k}{EI} ds = \int \frac{M_{i1} M_k}{EI} ds + \int \frac{M_{i2} M_k}{EI} ds$$

$$= \frac{1}{EI}(A_{\omega 1} y_1 + A_{\omega 2} y_2) \tag{6-27a}$$

式中，$A_{\omega 1} = \frac{1}{2} la$；$A_{\omega 2} = \frac{1}{2} lb$；$y_1 = \frac{2}{3} c + \frac{1}{3} d$；$y_2 = \frac{1}{3} c + \frac{2}{3} d$；$l$ 为杆段 AB 的长度。

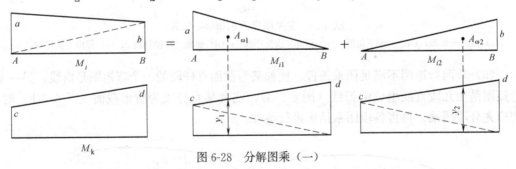

图 6-28　分解图乘（一）

当相乘的两直线弯矩图竖标不在同侧时，如图 6-29 所示，仍然可以通过将其中任一弯矩图进行分解，再分别与另一弯矩图进行图乘。只是要注意，图乘面积与竖标同侧时图乘结果为正，反之为负。如图 6-29 所示两弯矩图的图乘结果为：

$$\int \frac{M_i M_k}{EI} ds = \frac{1}{EI}(-A_{\omega 1} y_1 - A_{\omega 2} y_2) \tag{6-27b}$$

式中，$A_{\omega 1} = \frac{1}{2} la$；$A_{\omega 2} = \frac{1}{2} lb$；$y_1 = \frac{2}{3} c - \frac{1}{3} d$；$y_2 = \frac{2}{3} d - \frac{1}{3} c$。

图乘时若有二次抛物线图形，如图 6-30 所示，根据区段叠加法作直杆弯矩图的规律，可将如图 6-30 (a) 所示的非标准抛物线图形 M_P 分解为一个梯形 M_{P1} 和一个标准抛物线

图形 M_{P2}，再分别与另一个弯矩图 $\overline{M}$ 进行图乘，分别如图 6-30（b）、(c) 所示，图乘结果可表示为：

$$\int \frac{\overline{M}M_P}{EI}ds = \int \frac{\overline{M}(M_{P1}+M_{P2})}{EI}ds$$

$$= \int \frac{\overline{M}M_{P1}}{EI}ds + \int \frac{\overline{M}M_{P2}}{EI}ds$$

$$= \frac{1}{EI}(A_{\omega 1}y_1 + A_{\omega 2}y_2 - A_{\omega 3}y_3)$$

(6-27c)

式中，$A_{\omega 1}=\frac{1}{2}la$；$A_{\omega 2}=\frac{1}{2}lb$；$A_{\omega 3}=\frac{2}{3}l \times \frac{ql^2}{8}=\frac{ql^3}{12}$；$y_1=\frac{2}{3}c+\frac{1}{3}d$；$y_2=\frac{2}{3}d+\frac{1}{3}c$；$y_3=\frac{c}{2}+\frac{d}{2}$；$q$ 为杆段承受的均布荷载值。

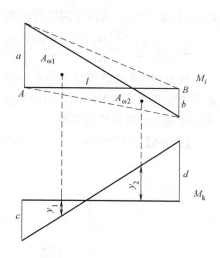

图 6-29 分解图乘（二）

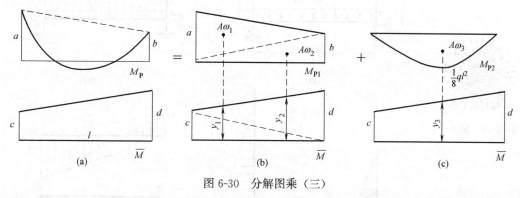

图 6-30 分解图乘（三）

【**例 6-7**】 用图乘法计算图 6-31（a）所示简支梁跨中跨度 Δ_{CV}，已知 EI 为常数。

【**解**】 在 C 点沿竖向施加单位集中力 $\overline{F}=1$（图 6-31b），分别作实际荷载作用下 M_P 图（图 6-31c），以及单位荷载作用下 $\overline{M}$ 图（图 6-31d）。

很明显，对 AB 整个杆段来说，M_P 图和 $\overline{M}$ 图不满足图乘条件，不能直接图乘，但

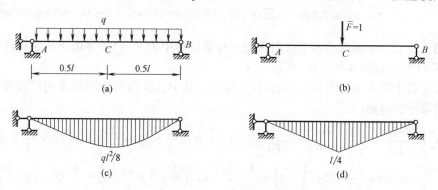

图 6-31 例 6-7 图

（a）实际荷载作用；（b）单位荷载作用；（c）M_P 图；（d）$\overline{M}$ 图

可以对 AC 和 BC 两段分别进行图乘。从而有：

$$\Delta_{CV} = \sum \int \frac{\overline{M}M_P ds}{EI} = \sum \frac{A_\omega y_c}{EI} = \frac{2}{EI}\left(\frac{2}{3} \times \frac{l}{2} \times \frac{1}{8}ql^2 \times \frac{5}{8} \times \frac{l}{4}\right) = \frac{5ql^4}{384EI}(\downarrow)$$

这与例 6-3 的计算结果完全一致。由此可见，梁式结构在荷载作用下的位移计算时，若只考虑弯曲变形的影响，由图乘法计算得到的结果与积分法运算结果是完全相同的，很明显图乘法计算位移较简便。

【例 6-8】 计算图 6-32（a）所示刚架中 C、D 两点的相对水平位移 Δ_{CD}，已知 EI 为常数。

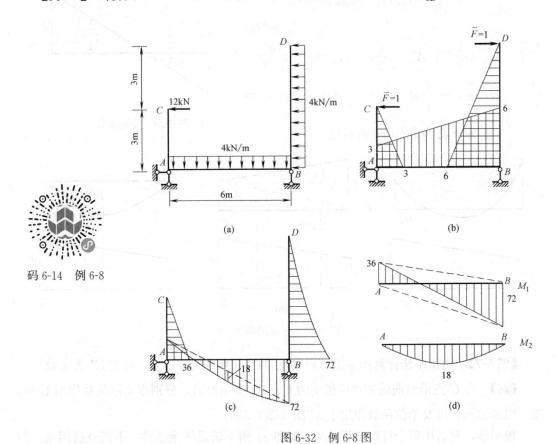

码 6-14　例 6-8

图 6-32　例 6-8 图
(a) 实际荷载作用；(b) $\overline{M}$ 图（m）；(c) M_P 图（kN·m）；(d) M_P 图中 AB 杆弯矩图分解

【解】 在 C、D 两点沿水平方向施加一对单位集中力 $\overline{F}=1$，并由平衡条件作单位荷载作用下 $\overline{M}$ 图，如图 6-32（b）所示。

实际荷载作用下 M_P 图如图 6-32（c）所示，其中 AB 段弯矩图可采用区段叠加法绘制。由图乘计算得到：

$$\Delta_{CD} = \sum \int \frac{\overline{M}M_P ds}{EI} = \sum \frac{A_\omega y_c}{EI} = \frac{1}{EI}\left[\frac{1}{2} \times 3 \times 3 \times \frac{2}{3} \times 36 - \frac{1}{3} \times 6 \times 72 \times \frac{3}{4} \times 6\right.$$
$$\left. + \frac{1}{2} \times 36 \times 6 \times \left(\frac{2}{3} \times 3 + \frac{1}{3} \times 6\right) - \frac{1}{2} \times 72 \times 6 \times \left(\frac{1}{3} \times 3 + \frac{2}{3} \times 6\right) - \frac{2}{3} \times 6 \times 18 \times \frac{3+6}{2}\right]$$
$$= \frac{-1512}{EI}(\rightarrow\leftarrow)$$

弯矩图 M_P 和 $\overline{M}$ 图乘时，对 AC 和 BD 杆段，可直接图乘，分别见上式中前两项。对 AB 杆段，需将 M_P 图中非标准的二次抛物线图形，分解成一条斜直线弯矩图 M_1 和一条标准二次抛物线 M_2，如图 6-32（d）所示。并在 M_1 图中作两条辅助虚线，从而又将弯矩图 M_1 分解成两个直角三角形。这样就相当于将 M_P 图中 AB 段的弯矩图分解成三部分，将这三个弯矩图分别与 $\overline{M}$ 图进行图乘，分别见上式中后三项。

【**例 6-9**】 计算图 6-33（a）所示三铰刚架在铰 C 左右两截面的相对转角 Δ_{CC}，已知 EI 为常数。

【**解**】 在铰 C 左、右截面处施加一对单位集中力偶 $\overline{F}=1$，如图 6-33（b）所示。

作出实际荷载作用下 M_P 图，如图 6-33（c）所示，其中 CD 和 CE 段弯矩图均为标准二次抛物线。作出单位荷载作用下 $\overline{M}$ 图，如图 6-33（d）所示。由图乘法计算得：

$$\Delta_{CC}=\sum\int\frac{\overline{M}M_P ds}{EI}=\sum\frac{A_\omega y_c}{EI}=\frac{1}{EI}\left(-2\times\frac{1}{2}\times\frac{l}{2}\times\frac{ql^2}{8}\times\frac{2}{3}\times 1-2\times\frac{1}{3}\times\frac{l}{2}\times\frac{ql^2}{8}\times 1\right)$$

$$=-\frac{ql^3}{12EI}\ (\text{)(}$$

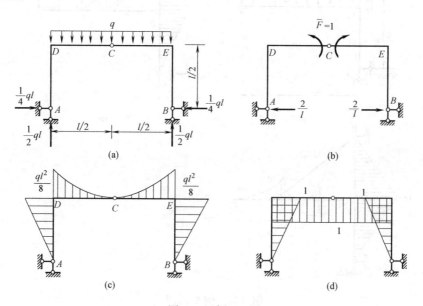

图 6-33 例 6-9 图
(a) 实际荷载作用；(b) 单位荷载作用；(c) M_P 图；(d) $\overline{M}$ 图

【**例 6-10**】 计算图 6-34（a）所示组合结构中 C 点竖向位移 Δ_{CV}，已知，$I=3600\text{cm}^4$，$E=2.1\times 10^4\text{kN/cm}^2$，杆 BD 的截面面积 $A=12\text{cm}^2$。

【**解**】 在截面 C 处施加一个竖向单位集中力 $\overline{F}=1$，如图 6-34（b）所示。在单位荷载作用下，先求出链杆 DB 的轴力 $\overline{F}_N=2.5\text{kN}$（拉力），并作出梁式杆（$AB$ 和 CE）的 $\overline{M}$ 图。

在实际荷载作用下，链杆 DB 的轴力 $F_{NP}=150\text{kN}$（拉力），作出梁式杆（AB 和

CE）的 M_P 图，如图 6-34（c）所示。

根据组合结构的位移计算公式（6-25）得：

$$\Delta_{CV} = \sum_{\text{梁式杆}} \int \frac{\overline{M}M_P}{EI} ds + \sum_{\text{链杆}} \frac{\overline{F}_N F_{NP} l}{EA}$$

$$= \sum_{\text{梁式杆}} \frac{A_\omega y_c}{EI} + \sum_{\text{链杆}} \frac{\overline{F}_N F_{NP} l}{EA}$$

$$= \frac{2}{4EI}\left(\frac{1}{2} \times 3 \times 180 \times \frac{2}{3} \times 3\right) + \frac{1}{EI}\left(\frac{1}{3} \times 2 \times 40 \times \frac{3}{4} \times 2 + \frac{1}{2} \times 4 \times 40 \times \frac{2}{3} \times 2 - \frac{2}{3} \times 4 \times 40 \times \frac{1}{2} \times 2\right) + \frac{1}{EA} \times 150 \times 2.5 \times 5$$

$$= 4.84 \text{cm}（\downarrow）$$

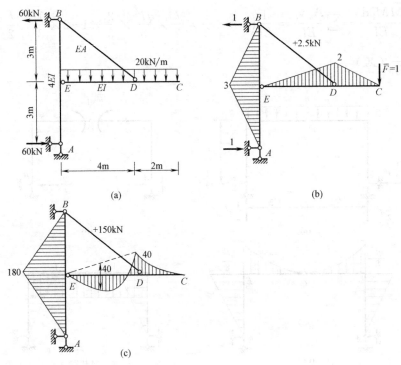

图 6-34 例 6-10 图

(a) 组合结构计算简图；(b) $\overline{M}$ 图（m）/ $\overline{F}_N$；(c) M_P 图（kN·m）/ F_{NP}（kN）

第六节 静定结构温度变化时的位移计算

码 6-17 温度变化时的位移计算

对于静定结构，杆件周围温度发生改变时，并不引起结构产生内力，但由于材料随着温度变化而发生膨胀或收缩，这会引起截面的应变，即温度应变，从而使结构产生位移和变形。

首先推导静定结构在温度变化影响下位移的计算公式。如图 6-35

(a) 所示，设杆件的外侧温度上升 t_1（℃），内侧温度上升 t_2（℃），求由于温度改变引起 K 截面竖向位移 Δ_{kt}。根据单位荷载法求位移的思路，虚设的单位荷载状态如图 6-35（b）所示。

若仅考虑温度变化引起的位移，结构位移的一般计算式（6-12）可表示为：

$$\Delta_{kt} = \sum \int \overline{M} \kappa_t ds + \sum \int \overline{F}_S \gamma_t ds + \sum \int \overline{F}_N \varepsilon_t ds \tag{6-28a}$$

式中，κ_t、γ_t、ε_t 分别为实际位移状态中由温度变化引起的微段 ds 的弯曲曲率、平均剪切应变和轴向应变，可以根据微段上温度改变情况来确定。

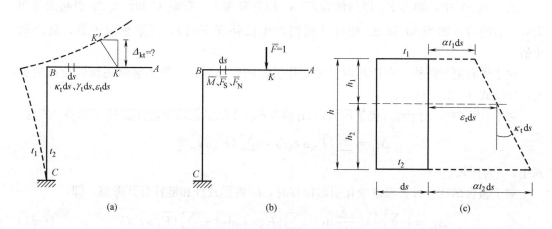

图 6-35 静定结构由温度变化引起的位移计算
(a) 实际位移状态；(b) 单位荷载状态；(c) 温度引起 ds 微段变形

从实际位移状态中取微段 ds 分析，如图 6-35（c）所示，假设温度变化沿杆截面厚度方向为线性分布。此时，杆件轴线处温度变化 t_0 及上下边缘温度改变的差值 Δt 分别为：

$$t_0 = \frac{h_1 t_2 + h_2 t_1}{h}, \Delta t = |t_2 - t_1| \tag{6-28b}$$

式中，h 是杆件截面厚度；h_1 和 h_2 分别是杆轴至截面上、下边缘的距离。如果杆截面是对称截面，则 $h_1 = h_2 = h/2$，$t_0 = (t_2 + t_1)/2$。

对微段 ds，温度变化引起的轴向变形和弯曲变形分别为：

$$\varepsilon_t ds = \alpha t_0 ds \tag{6-28c}$$

$$\kappa_t ds = \frac{|\alpha t_2 ds - \alpha t_1 ds|}{h} = \frac{\alpha |t_2 - t_1|}{h} ds = \frac{\alpha \Delta t ds}{h} \tag{6-28d}$$

式中，α 为材料的线膨胀系数。

对于杆件结构，温度变化并不引起剪切变形，即：

$$\gamma_t ds = 0 \tag{6-28e}$$

将式（6-28c）～式（6-28e）代入式（6-28a），可得静定结构由温度变化引起位移的计算公式：

$$\Delta_{kt} = \sum \int \overline{M} \frac{\alpha \Delta t ds}{h} + \sum \int \overline{F}_N \alpha t_0 ds = \sum \frac{\alpha \Delta t}{h} \int \overline{M} ds + \sum \alpha t_0 \int \overline{F}_N ds \tag{6-29a}$$

式（6-29a）中，$\int \overline{F}_N ds$ 表示单位荷载作用下轴力图 $\overline{F}_N$ 的面积；$\int \overline{M} ds$ 表示单位荷载作用下弯矩图 $\overline{M}$ 的面积，分别记为：

$$A_{\overline{F}_N} = \int \overline{F}_N ds, \quad A_{\overline{M}} = \int \overline{M} ds$$

因此，式（6-29a）也可表示为：

$$\Delta_{kt} = \sum \frac{\alpha \Delta t}{h} A_{\overline{M}} + \sum \alpha t_0 A_{\overline{F}_N} \tag{6-29b}$$

式（6-29）中，轴力 $\overline{F}_N$ 以拉伸为正，t_0 以升高为正。弯矩 $\overline{M}$ 和温差 Δt 引起的弯曲为同一方向时（即当 $\overline{M}$ 和 Δt 使杆件同侧产生拉伸变形时），其乘积取正值，反之取负值。

对于梁和刚架结构，在计算由温度变化引起的位移时，一般不能略去轴向变形的影响，即按式（6-29）计算。

对于桁架结构，由于虚力状态下各杆只有轴力 $\overline{F}_N$，因此由温度变化引起的位移计算公式为：

$$\Delta_{kt} = \sum \int \overline{F}_N \alpha t_0 ds = \sum (\overline{F}_N \alpha t_0 l) \tag{6-30}$$

式中，l 为杆长。

对于组合结构，计算温度变化引起位移时，应将梁式杆和链杆分开考虑，即：

$$\Delta_{kt} = \left(\sum_{\text{梁式杆}} \int \overline{M} \frac{\alpha \Delta t}{h} ds + \sum_{\text{链杆}} \int \overline{F}_N \alpha t_0 ds \right) + \sum_{\text{链杆}} (\overline{F}_N \alpha t_0 l) \tag{6-31}$$

当桁架的杆件长度因制造而存在误差（杆件制作长度与设计长度不符），由此引起的位移计算与温度变化时类似。设各杆长度误差为 Δl，则位移计算公式为：

$$\Delta_{kl} = \sum (\overline{F}_N \Delta l) \tag{6-32}$$

式中，Δl 以伸长为正，轴力 $\overline{F}_N$ 以拉力为正。

综上所述，可以总结静定结构由温度变化引起位移的计算步骤如下：

(1) 沿拟求位移方向虚设相应的单位荷载 $\overline{F} = 1$（广义荷载）；
(2) 根据平衡条件求出静定结构在单位荷载 $\overline{F} = 1$ 作用下结构中相应内力；
(3) 计算各杆轴线处温度变化值 t_0 以及截面边缘温度改变差值 Δt；
(4) 将以上参数代入式（6-29）～式（6-31）进行计算。在应用这些公式计算位移时，一定要注意各项正负号的确定。

【例 6-11】 计算图 6-36（a）所示刚架中 C 点因温度变化而产生的水平位移 Δ_{CH}。已知温度膨胀系数 $\alpha = 1 \times 10^{-5} / ℃$，各杆截面为工字钢，截面高度 $h = 0.18$m。

【解】 在 C 点沿水平方向施加单位荷载 $\overline{F} = 1$，并作其 $\overline{M}$ 图（图 6-36b）和 $\overline{F}_N$ 图（图 6-36c）。

对 AD 杆：

$$t_0 = \frac{-10 + 20}{2} = +5℃, \quad \Delta t = 20 - (-10) = 30℃$$

对 DB 杆：

$$t_0 = \frac{10 + 20}{2} = +15℃, \quad \Delta t = 20 - 10 = 10℃$$

对 DC 杆：

$$t_0 = \frac{-10+10}{2} = 0°C, \Delta t = 10-(-10) = 20°C$$

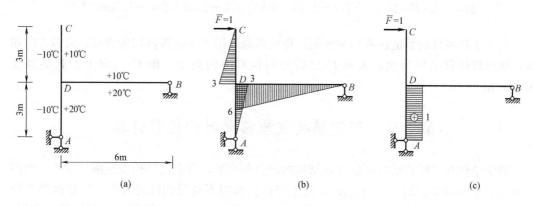

图 6-36　例 6-11 图
(a) 刚架及温度变化；(b) $\overline{M}$ 图（m）；(c) $\overline{F}_N$ 图

由式（6-29a）或式（6-29b）可得：

$$\Delta_{CH} = \sum \frac{\alpha \Delta t}{h} \int \overline{M} ds + \sum \alpha t_0 \int \overline{F}_N ds = \sum \frac{\alpha \Delta t}{h} A_{\overline{M}} + \sum \alpha t_0 A_{\overline{F}_N}$$

$$= \frac{\alpha}{h}(30 \times \frac{1}{2} \times 3 \times 3 + 10 \times \frac{1}{2} \times 6 \times 6 - 20 \times \frac{1}{2} \times 3 \times 3) + \alpha \times 5 \times 1 \times 3$$

$$= \frac{225\alpha}{h} + 15\alpha$$

$$= 12.65 \text{mm}(\rightarrow)$$

对 AD 柱和 DB 横梁，$\overline{M}$ 和 Δt 引起的弯曲方向相同，因此它们的乘积为正；对 CD 柱，$\overline{M}$ 和 Δt 引起的弯曲方向相反，因此乘积为负。另外，AD 柱在单位荷载作用下受到拉力，$\int \overline{F}_N ds$ 为正号，t_0 也取正号。

计算结果为正，说明 C 点位移方向与所设 $\overline{F}=1$ 方向相同，是向右的。

【**例 6-12**】　如图 6-37 (a) 所示桁架结构，六根下弦杆件在制造时比设计长度均缩短了 1.5cm，求桁架在拼装后跨中 C 点的竖向位移 Δ_{CV}。

【**解**】　在 C 点沿竖向施加单位荷载 $\overline{F}=1$，如图 6-37 (b) 所示。由单位荷载引起的各杆轴力可由结点法或截面法求得。这里只需计算

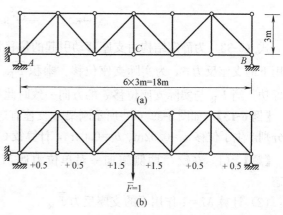

图 6-37　例 6-12 图
(a) 桁架计算简图；(b) 虚力状态

虚力状态中有制造误差的下弦杆件的轴力，在图 6-37（b）中分别标在杆侧。

由式（6-32）可得：

$$\Delta_{CV}=\sum(\overline{F}_N\Delta l)=\frac{1}{2}\times(-1.5)\times 4+\frac{3}{2}\times(-1.5)\times 2=-7.5\text{cm}(\uparrow)$$

由于下弦各杆的制造误差均为缩短，单位荷载作用下下弦各杆均为受拉，两者方向相反，故计算位移结果为负，表示 C 点的竖向位移方向向上，即 C 点向上的起拱高度为 7.5cm。

第七节　静定结构支座移动时的位移计算

静定结构在支座移动时不会引起结构的内力和变形，只会使结构发生刚体位移。如图 6-38 所示多跨静定梁结构，当支座 B 发生竖向位移时不会受到任何阻碍。这是因为多跨静定梁中无多余约束，在支座 B 发生位移的过程中，支座 B 处链杆不起任何约束作用，结构就成为具有一个自由度的几何可变体系，杆 ABD 可以绕 A 点自由转动，杆 CD 可以绕 C 点自由转动，ABD、CD 轴线保持为直线。支座 B 沉降到 B' 位置后，将 B 处支座链杆重新装上，仍是几何不变体系。因此，在支座移动过程中，静定结构只随之产生刚体位移，不产生弹性变形和内力。

码 6-18　支座移动时的位移计算

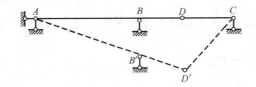

图 6-38　支座移动引起静定结构产生刚体位移

刚体位移通常不难由几何关系求得，但这里仍可由单位荷载法来求解。在结构位移计算的式（6-12）中，若仅考虑由支座移动引起的位移，则可得：

$$\Delta_{KC}=-\sum(\overline{F}_{Ri}c_i) \tag{6-33}$$

式（6-33）为静定结构由支座移动引起的位移计算公式。其中，$\overline{F}_R$ 为虚拟单位荷载作用下的支座反力；c 为实际支座位移。乘积 $\overline{F}_R c$ 表示支座反力在相应支座位移上所做的虚功，当 $\overline{F}_R$ 与实际支座位移 c 的方向一致时此乘积取正，相反时为负。

【**例 6-13**】　如图 6-39（a）所示刚架 A 支座有逆时针转角 $\varphi=0.02$ 弧度，水平和竖直方向分别产生了位移 $a=0.02$m、$b=0.04$m，计算铰 C 两侧截面的相对转角 φ_c。已知 $l=3$m。

【**解**】　(1) 在铰 C 两侧施加一对单位力偶 $\overline{M}=1$，如图 6-39（b）所示，即为虚拟状态。

(2) 计算 $\overline{M}=1$ 作用下的支座反力 $\overline{F}_R$

先考虑刚架的整体平衡，由 $\sum F_x=0$ 可求得 $F_{Ax}=0$。再考虑铰 C 右侧部分的平衡，由平衡条件 $\sum M_C=0$ 可求得：

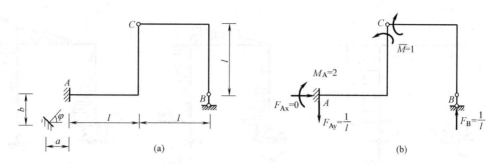

图 6-39 例 6-13 图
(a) 实际状态；(b) 虚拟状态

$$F_B = 1/l \ (\uparrow)$$

由整体平衡 $\sum F_y = 0$ 可求得：

$$F_{Ay} = 1/l \ (\downarrow)$$

最后由整体平衡 $\sum M_A = 0$ 可求得：

$$M_A = 2 \ (\text{顺时针})$$

各支座反力均标于图 6-39 (b) 上。

(3) 计算 φ_C

由式 (6-33) 得：

$$\varphi_C = -\sum (\overline{F}_{Ri} c_i) = -(F_{Ay} \times b - M_A \times \varphi) = 2\varphi - \frac{b}{l} = 2 \times 0.02 - \frac{0.04}{3} = 0.027 \text{ 弧度}$$

注意，图 6-39 (a) 中支座 A 下沉 b，与图 6-39 (b) 中支座 A 竖向反力 F_{Ay} 方向相同，两者乘积为正；而图 6-39 (a) 中支座 A 的转角为逆时针，而图 6-39 (b) 中 A 支座反力矩 M_A 为顺时针方向，两者方向相反，乘积为负。计算结果为正，说明铰 C 两侧截面的相对转角方向同虚设力系 $\overline{M} = 1$ 的方向相同，即铰 C 处横梁与立柱的夹角是减小的。

具有弹性支座的结构位移计算，通常可转换成等效的支座移动问题。弹性支座分为线性弹性支座（如图 6-40 (a) 中的 B 支座）和转动弹性支座（如图 6-40 (a) 中的 A 支座）。线性弹性支座只能沿弹簧拉伸或压缩方向产生线位移，其线位移大小等于沿弹簧轴向的支座反力除以弹簧的轴向刚度系数，支座移动方向与支座反力方向相反。转动弹性支座只能产生角位移，其角位移大小等于支座反力矩除以弹簧的转动刚度，支座转动方向与支座反力矩方向相反。因此，计算带有弹性支座结构中的位移时，要另外考虑由于弹性支座的移动或转动而引起的结构位移，其余与不带弹性支座结构位移的计算方法相同。下面结合一个例题来说明具有弹性支座的静定结构位移计算方法。

码 6-19 具有弹性支承的位移计算

【例 6-14】如图 6-40 (a) 所示刚架具有两个弹性支座，已知弹性支座的刚度系数分别为 $k_1 = \dfrac{2EI}{l^3}$，$k_2 = \dfrac{24EI}{l}$，各杆 EI 均为常数，求 B 点的水平位移 Δ_{BH}。

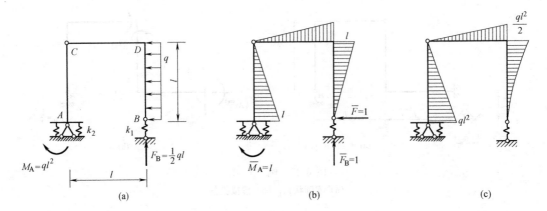

图 6-40 例 6-14 图
(a) 实际状态；(b) $\overline{M}$ 图；(c) M_P 图

【解】 如图 6-40（a）所示刚架在荷载作用下，可先根据平衡条件求得两个弹性支座处的反力（矩）分别为：

$$F_B=\frac{1}{2}ql(\uparrow),M_A=ql^2(顺时针)$$

F_B 作用会使支座 B 产生向下的位移，大小为：

$$\Delta_B=F_B/k_1=\frac{ql^4}{4EI}$$

M_A 作用会使支座 A 产生逆时针方向的转动，转动角度为：

$$\varphi_A=M_A/k_2=\frac{ql^3}{24EI}$$

因此，计算结构位移时，不仅要考虑由荷载作用引起的位移，还要另外考虑由于弹性支座的移动（Δ_B 和 φ_A）而引起的结构位移。

先在拟求位移方向即 B 点施加单位力 $\overline{F}=1$，求出与实际支座移动相应处的支座反力分别为 $\overline{F}_B=1(\uparrow)$、$\overline{M}_A=l$（逆时针），作其弯矩图 $\overline{M}$，如图 6-40（b）所示。

作出刚架在实际荷载作用下的弯矩图 M_P，如图 6-40（c）所示。

位移 Δ_{BH} 分别由荷载作用及两个弹性支座的移动引起，可以通过叠加方法得到，其中由于荷载作用引起的位移可由图乘法计算，即：

$$\Delta_{BH}=\frac{1}{EI}\left(\frac{1}{3}l\times\frac{1}{2}ql^2\times\frac{3}{4}l+\frac{1}{2}l\times\frac{1}{2}ql^2\times\frac{2}{3}l+\frac{1}{2}l\times ql^2\times\frac{2}{3}l\right)-(-\overline{M}_A\times\varphi_A-\overline{F}_B\times\Delta_B)$$

$$=\frac{11ql^4}{12EI}(\leftarrow)$$

第八节 互 等 定 理

对于线性变形体，由虚功原理可推导出四个互等定理，即功的互等定理、位移互等定理、反力互等定理和反力位移互等定理。其中功的互等定理是最基本的，其他三个互等定理皆可由功的互等定理导出。

一、功的互等定理

如图 6-41（a）、（b）所示，设有两组外力 F_1 和 F_2 分别作用于同一线性变形体系上，分别记为第一状态和第二状态。在第一状态中，由外力 F_1 引起的内力记为 M_1、F_{S1}、F_{N1}，相应微段 ds 的弯曲变形、剪切变形及轴向变形记为 $\kappa_1 ds$、$\gamma_1 ds$、$\varepsilon_1 ds$。在第二状态中，由外力 F_2 引起的内力记为 M_2、F_{S2}、F_{N2}，相应微段 ds 的弯曲变形、剪切变形及轴向变形记为 $\kappa_2 ds$、$\gamma_2 ds$、$\varepsilon_2 ds$。

码 6-20 功的互等定理

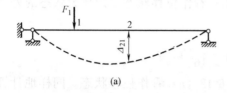
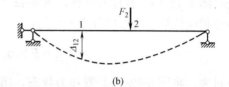

图 6-41 功的互等定理
(a) 第一状态；(b) 第二状态

先将第一状态看作力状态，第二状态看作位移状态。用第一状态的外力和内力分别在第二状态相应的位移和微段变形上做虚功，根据虚功原理有：

$$W_{21} = F_1 \Delta_{12} = \sum \int M_1 \kappa_2 ds + \sum \int F_{S1} \gamma_2 ds + \sum \int F_{N1} \varepsilon_2 ds$$

$$= \sum \int M_1 \frac{M_2}{EI} ds + \sum \int F_{S1} \frac{kF_{S2}}{GA} ds + \sum \int F_{N1} \frac{F_{N2}}{EA} ds \tag{6-34a}$$

再将第二状态看作力状态，第一状态看作位移状态。用第二状态的外力和内力分别在第一状态相应的位移和微段变形上做虚功，根据虚功原理有：

$$W_{12} = F_2 \Delta_{21} = \sum \int M_2 \kappa_1 ds + \sum \int F_{S2} \gamma_1 ds + \sum \int F_{N2} \varepsilon_1 ds$$

$$= \sum \int M_2 \frac{M_1}{EI} ds + \sum \int F_{S2} \frac{kF_{S1}}{GA} ds + \sum \int F_{N2} \frac{F_{N1}}{EA} ds \tag{6-34b}$$

由式（6-34a）及式（6-34b）可知：

$$W_{12} = W_{21} \tag{6-34c}$$

这表明，任一线弹性体系中，第一状态外力在第二状态相应位移上所做的虚功等于第二状态外力在第一状态相应位移上所做的虚功，这即为功的互等定理。

功的互等定理有时能对结构计算提供较大帮助。

【例 6-15】 已知如图 6-42（a）所示梁结构的弯矩图，求图 6-42（b）中该梁由于支座 A 的转动 θ 引起 C 点的竖向挠度 Δ_{CV}。

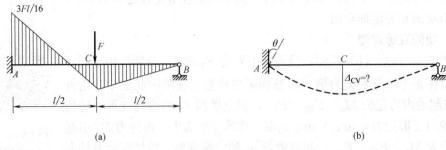

图 6-42 例 6-15 图

【解】 如图 6-42（a）、(b) 所示分别为同一结构的两种不同状态。

先将图 6-42（a）看作力状态，图 6-42（b）看作位移状态，计算力状态的外力在位移状态中相应位移上所做的外力虚功为：

$$W_{21}=F\times\Delta_{CV}-\frac{3}{16}Fl\times\theta$$

反过来，将图 6-42（b）看作力状态，图 6-42（a）看作位移状态，同样地计算力状态的外力在位移状态中相应位移上所做的外力虚功为：

$$W_{12}=0$$

根据功的互等定理 $W_{12}=W_{21}$，即：

$$F\times\Delta_{CV}-\frac{3}{16}Fl\times\theta=0$$

从而可求得：

$$\Delta_{CV}=\frac{3}{16}l\theta(\downarrow)$$

求得结果为正，说明 C 点的竖向挠度与外力 F 方向相同，即向下。

码 6-21 位移互等定理

二、位移互等定理

位移互等定理是功的互等定理的一种特殊情况。如图 6-43 所示为同一线弹性体系的两个状态，其中两个状态中作用的荷载都是单位力，即 $F_1=1$、$F_2=1$。

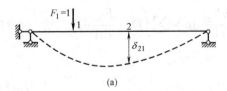
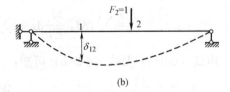

(a) (b)

图 6-43 位移互等定理示例 1
(a) 第一状态；(b) 第二状态

由功的互等定理 $W_{12}=W_{21}$，这里：

$$W_{21}=F_1\delta_{12}$$

$$W_{12}=F_2\delta_{21}$$

从而有：

$$\delta_{12}=\delta_{21} \tag{6-35}$$

这表明，在任一线弹性体系中，$F_1=1$ 作用点沿其方向上由 $F_2=1$ 作用引起的位移，等于 $F_2=1$ 作用点沿其方向上由 $F_1=1$ 作用引起的位移，这即为位移互等定理。

应当指出，位移互等定理中的单位力都是指广义力，位移则是与广义力相应的广义位移。即位移互等定理中，可以是两个线位移互等，或是两个角位移互等，也可以是线位移和角位移互等。

如图 6-44 所示同一结构的两个状态，φ_{21}、φ_{12} 分别代表由单位力偶引起的角位移。很明显，根据功的互等定理有：

$$\varphi_{12}=\varphi_{21}$$

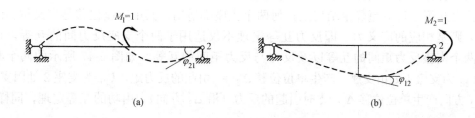

图 6-44 位移互等定理示例 2
(a) 第一状态；(b) 第二状态

如图 6-45 所示的两状态中，φ_{21} 代表单位荷载 $F_1=1$ 引起的角位移，δ_{12} 代表单位力偶 $M_2=1$ 引起的线位移。根据功的互等定理，有：

$$F_1\delta_{12}=M_2\varphi_{21}$$

从而得：

$$\delta_{12}=\varphi_{21}$$

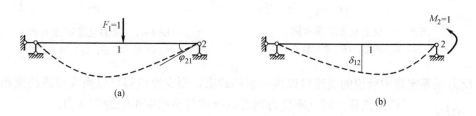

图 6-45 位移互等定理示例 3
(a) 第一状态；(b) 第二状态

因此，在一般情况下，位移互等定理中两个广义位移的量纲可能是不相等的，但它们的影响系数在数值和量纲上仍然保持相等。因此，严格地说，位移互等定理应该称为位移影响系数互等定理，但在习惯上，仍称为位移互等定理。

位移互等定理将在力法计算超静定结构中得到广泛应用。

三、反力互等定理

反力互等定理也是功的互等定理的一种特殊情况。如图6-46（a）所示，支座1处发生单位位移$\Delta_1=1$，此时支座2产生反力k_{21}，此为第一状态。如图6-46（b）所示，支座2处发生单位位移$\Delta_2=1$，此时支座1产生反力k_{12}，此为第二状态。

根据功的互等定理，有：

$$k_{21}\Delta_2 = k_{12}\Delta_1$$

由于$\Delta_1 = \Delta_2 = 1$，所以有：

$$k_{21} = k_{12} \tag{6-36}$$

这表明，支座1处由于支座2的单位位移所引起的反力，等于支座2处由于支座1的单位位移引起的反力，这即为反力互等定理。

反力互等定理对超静定结构上任何两个支座都适用，其中支座位移是广义位移，支座反力则是相应的广义力。即反力互等定理不仅适用于两个支座反力间的互等，也适用于两个支座反力矩间的互等以及反力与反力矩间的互等。如图6-47所示的两个状态中，k_{12}为支座1处由支座2产生单位位移$\Delta_2=1$引起的反力矩，k_{21}为支座2处因支座1沿k_{12}方向产生单位位移$\Delta_1=1$时引起的反力（沿Δ_2方向）。由功的互等定理，同样有：$k_{21}=k_{12}$。

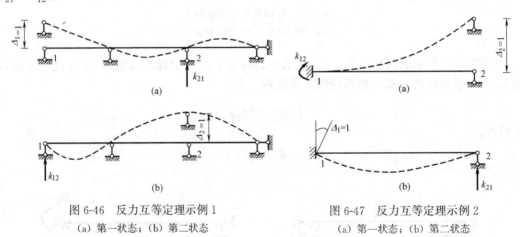

图6-46 反力互等定理示例1
(a) 第一状态；(b) 第二状态

图6-47 反力互等定理示例2
(a) 第一状态；(b) 第二状态

反力互等定理中所说的支座可以换成别的约束，则支座位移可以换成与该约束相应的广义位移，而支座反力则可以换成与该约束相应的广义力。

反力互等定理将在位移法计算超静定结构中得到广泛应用。

四、反力位移互等定理

反力位移互等定理是功的互等定理的又一特殊情况。

如图6-48（a）所示，单位荷载$F_1=1$作用时，支座2处反力矩为k_{21}，称此为第一状态。如图6-48（b）所示，当支座2沿k_{21}的方向发生单位转角$\Delta_2=1$时，F_1作用点沿其方向的位移为δ_{12}，称此为第二状态。

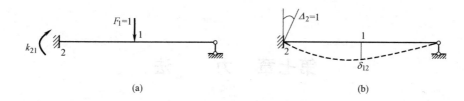

图 6-48 反力位移互等定理
(a) 第一状态；(b) 第二状态

根据功的互等定理，有：

$$k_{21}\Delta_2 + F_1\delta_{12} = 0$$

由于 $\Delta_2 = 1$，$F_1 = 1$，从而有：

$$k_{21} = -\delta_{12} \tag{6-37}$$

这表明：在线弹性体系中，由单位荷载 $F_1 = 1$ 引起结构中某支座处的反力 k_{21}，等于由该支座发生单位位移引起单位荷载作用处位移 δ_{12}，但两者符号相反，这即为反力位移互等定理。

第七章 力 法

本章讨论用力法计算超静定结构问题。先基于力法的基本原理，详细说明了力法的基本概念，以及如何根据变形条件建立力法典型方程。作为力法计算的应用，分别讨论了超静定梁、刚架、排架、桁架、组合结构、两铰拱及无铰拱等各种不同类型结构的力法计算。讨论了对称结构的简化计算方法，以及超静定结构的位移计算和超静定结构计算结果校核等方面的问题。还介绍了超静定结构在温度变化及支座移动下的内力及位移计算，最后总结了超静定结构的性质。

第一节 概 述

在前面几章中，讨论了静定结构的计算问题。静定结构是没有多余约束的几何不变体系，其全部反力和内力都只需根据静力平衡条件唯一确定，如图 7-1（a）所示简支梁是静定结构。若其反力和内力不能完全由静力平衡条件确定，而必须同时考虑变形协调条件和物理条件，这类结构称为超静定结构。超静定结构是有多余约束的几何不变体系，如图 7-1（b）所示连续梁是超静定结构。总的来说，约束有多余的，内力是超静定的，这是超静定结构区别于静定结构的基本特点。

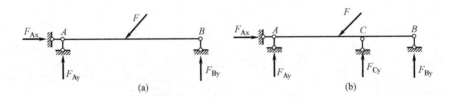

图 7-1 静定结构与超静定结构
(a) 静定结构；(b) 超静定结构

根据结构受力特征，超静定结构有超静定梁（图 7-2a）、超静定刚架（图 7-2b）、超静定桁架（图 7-2c）、超静定拱（图 7-2d）以及超静定组合结构（图 7-2e）。

求解任何超静定问题时，都必须综合考虑以下三个方面的条件：

（1）平衡条件，即从结构中任意取一部分作为隔离体分析，其受力都应满足平衡方程。

（2）物理条件，即变形或者位移与力之间的物理关系。

（3）几何条件，即结构变形必须符合支承约束条件和各部分之间的变形连续条件。

在静定结构的求解中，只要考虑以上前两个条件，但对超静定结构，还需考虑几何条件。

求解超静定结构时根据计算途径的不同，有两种不同的基本方法，即力法和位移法。这两种方法的根本区别在于基本未知量的不同。除了力法和位移法这两种基本方法外，还有一些从这两种基本方法演变而来的方法，如混合法是力法和位移法的联合应用。自 20 世纪 30 年代开始又陆续出现了各种近似的求解超静定结构的方法，如力矩分配法、无剪力分配法等。这些方法的优势在于避免了求解联立方程组，而以逐次渐近的方法来计算内力。随着电子计算机的普及，又发展了结构矩阵分析方法。本章主要讨论力法。

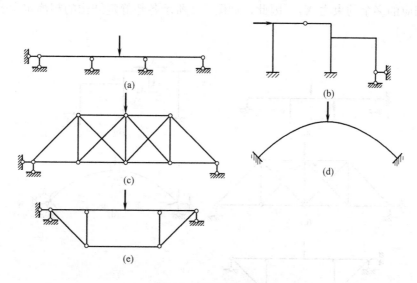

图 7-2　超静定结构类型
(a) 超静定梁；(b) 超静定刚架；(c) 超静定桁架；(d) 超静定拱；(e) 超静定组合结构

第二节　超静定次数

码 7-1　超静定次数

对超静定结构，由于多余约束中产生多余未知力，使平衡方程的数目少于未知力的数目，所以仅由平衡条件无法确定全部的支反力和内力，还必须考虑变形条件以建立补充方程。一个超静定结构有多少个多余约束，相应地就应该有多少个多余未知力，也就需要建立同样数目的补充方程，这样才能求解。因此，采用力法计算超静定结构时，首先要解决的问题是确定多余约束的数目。

超静定结构中多余约束或多余未知力的数目，称为超静定次数 n。从几何组成的角度来看，根据式 (2-6) 可知超静定次数 n 与计算自由度 W 的关系为：

$$n = -W \tag{7-1}$$

从静力分析的角度看，超静定次数等于根据平衡方程计算未知量时所缺少的方程个数。

如果从原结构中去掉 n 个约束，结构就成为静定的，则原结构即为 n 次超静定。因此，超静定次数等于把原结构变成静定结构时所需撤除的约束总数。从超静定结构中拆除多余约束，通常有以下几种基本方式：

(1) 拆除 1 根支座链杆、切断或去掉体系内部 1 根链杆、把固定端换成固定铰支座、把固定铰支座换成活动铰支座、在连续杆上加铰（即将单刚结点转化成单铰结点），都相当于去掉 1 个多余约束。

（2）拆除1个固定铰支座、1个单铰、1个滑动支座，或将固定支座换成可动铰支座，都相当于去掉2个多余约束。

（3）拆掉1个固定支座，或者切断1根梁式杆，都相当于去掉3个多余约束。

如图7-2所示各超静定结构，在拆除多余约束后即变为如图7-3所示的静定结构，图中注明了相应的多余约束力 X_i。因此，如图7-2所示各超静定结构的超静定次数分别为2、4、2、3、1。

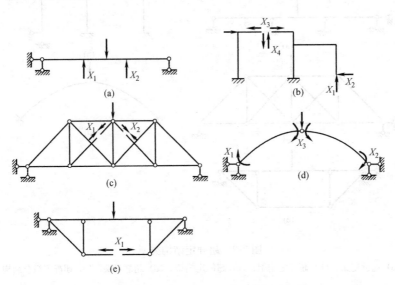

图7-3 图7-2相应的静定结构

对超静定结构拆除多余约束时，应该注意以下几点：

（1）不要把原结构拆成几何可变体系，即只能拆除多余约束，不能去掉必要约束。

（2）同一超静定结构，可采用不同方式拆除多余约束，从而得到不同的相应静定结构，但所去掉多余约束数目是相同的，即原超静定结构的超静定次数是一定的。如图7-4所示均为图7-2（b）所示超静定刚架拆除多余约束后得到的静定结构，从而可以判定原结构为4次超静定。

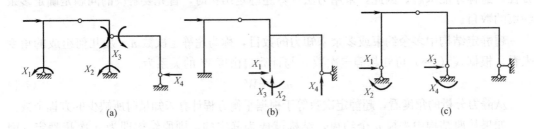

图7-4 图7-2（b）相应静定结构的不同形式

（3）要把多余约束全部拆除，包括内部多余约束和支座处的多余约束。如图7-5（a）所示结构，若只拆除1根竖向链杆（图7-5b），则其中的闭合框仍然具有3个多余约束，这时必须把闭合框再切开1个截面（图7-5c）后才成为静定结构。因此，原结构共有4个多余约束，为4次超静定结构。

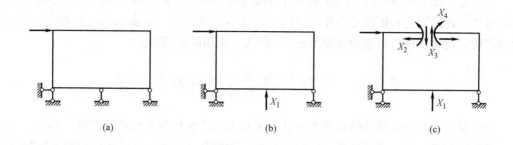

图 7-5 内外都具有多余约束的超静定结构
(a) 内外超静定；(b) 内部超静定；(c) 静定结构

对于具有较多框格的结构，按框格数目来确定超静定次数是较方便的。1 个封闭无铰的框格，超静定次数等于 3，如图 7-6（a）、（b）所示。显然，当结构上有 f 个封闭无铰框格时，超静定次数为：

$$n=3f \tag{7-2a}$$

如图 7-6（c）所示框架结构，若把地基看成连续的，其超静定次数为：$n=3\times 7=21$。

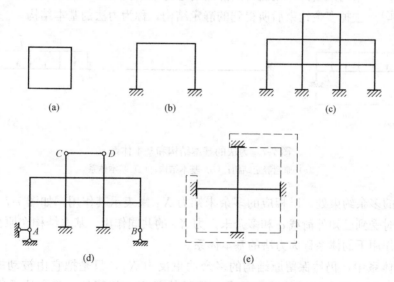

图 7-6 具有框格结构的超静定次数确定

当框格结构上有铰结点或铰接支座时，记封闭框格数为 f，单铰数目为 h，则超静定次数可表示为：

$$n=3f-h \tag{7-2b}$$

如图 7-6（d）所示结构，A 处固定铰支座处相当于 2 个单铰，铰 B、C 和 D 处各相当于 1 个单铰，则其超静定次数为 $n=3\times 7-5=16$。也可以这样来考虑其超静定次数：无铰的封闭框格有 4 个，共 12 个多余约束；支座 A、B 处共增加了 3 根支座链杆，上部体系中又增加了 1 根链杆 CD，即共增加了 4 个多余约束，这样可计算总的多余约束为：12+3+1=16 个，即超静定次数为 16。

在确定封闭框格数目时，由地基本身围成的框格不应计算在内，即地基应作为 1 个开口的刚片。这是因为若把地基当作闭口的，地基本身就含有 3 个多余约束。如图 7-6（e）所示结构，封闭框格数目应为 3 而不是 4，即为 9 次超静定结构。

第三节　力法的基本原理及典型方程

力法是计算超静定结构的最基本方法。采用力法求解超静定结构问题时，不能孤立地研究超静定问题，而是应该把超静定问题与静定问题联系起来，即利用已经熟悉的静定结构计算方法来达到计算超静定结构的目的。

一、力法的基本原理

码 7-2　力法的基本原理（一次超静定）

这里先以如图 7-7（a）所示的一次超静定结构为例来说明力法的基本概念，即讨论如何在静定结构的基础上，进一步寻求计算超静定结构的方法。

1. 力法的基本未知量、基本结构和基本体系

如图 7-7（a）所示为一次超静定梁结构，若将 B 处支座链杆作为多余约束去掉，则能得到静定的悬臂梁结构（图 7-7b）。将原超静定结构中去掉多余约束后所得到的静定结构，称为力法的基本结构。

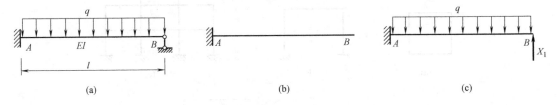

图 7-7　力法的基本结构和基本体系
(a) 原超静定结构；(b) 基本结构；(c) 基本体系

所去掉的多余约束处，以相应的多余未知力 X_1 来表示其作用，如图 7-7（c）所示，基本结构同时受到已知外荷载 q 和多余未知力 X_1 的共同作用。基本结构在原荷载和多余未知力共同作用下的体系称为力法的基本体系。

在基本体系中，仍然保留原结构的多余约束反力 X_1，只是把它由被动的支座反力改为主动力。因此基本体系的受力状态与原结构是完全相同的，基本体系完全可以代表原超静定结构。在基本体系中，只要能够设法求出 X_1，则剩下就是静定结构的问题了。由此可知，力法把多余未知力的计算当作超静定问题的关键，把多余未知力当作处于关键地位的未知力，因此多余未知力称为力法的基本未知量，力法的名称就是由此而来的。

2. 力法方程的建立

怎样才能求出图 7-7（c）中基本未知量 X_1 呢？在基本体系中，未知力 X_1 相当于外荷载，因此无论 X_1 为多大，只要梁不破坏，都能够满足平衡条件，显然不能利用平衡条件求解 X_1，必须补充新的条件。

为此，将图 7-7（c）中的基本体系与图 7-7（a）中的原超静定结构加以比较。在原超

静定结构中，X_1 表示支座 B 处的约束反力，它是被动的，是固定值，与 X_1 相应的位移 Δ_1（即 B 点的竖向位移）等于零。在图 7-7（c）所示的基本体系中，X_1 是主动力，它是变量。若 X_1 过大，则悬臂梁的 B 端往上翘；若 X_1 过小，则 B 端往下垂。只有当 B 端的竖向位移等于零时，基本体系中的变力 X_1 才与原超静定结构中 B 支座反力正好相等，这时基本体系才与原超静定结构完全等效。

因此，基本体系转化为原超静定结构的条件是：基本体系沿多余未知力 X_1 方向的位移 Δ_1 应与原结构相同，即

$$\Delta_1 = 0 \tag{7-3a}$$

式（7-3a）是一个变形条件或位移条件，也是计算多余未知力 X_1 时所需要的补充条件。

对线性变形体系，可以应用叠加原理把变形条件表示成含多余未知力 X_1 的展开形式。

根据叠加原理，如图 7-8（a）所示状态应等于图 7-8（b）、（c）所示两种状态的叠加：图 7-8（b）表示基本结构承受原荷载 q 的单独作用，图 7-8（c）表示基本结构承受未知力 X_1 的单独作用。因此，式（7-3a）所示变形条件可表示为：

$$\Delta_1 = \Delta_{11} + \Delta_{1P} = 0 \tag{7-3b}$$

式中 Δ_1——基本体系沿 X_1 方向的总位移（图 7-8（a）中 B 点的竖向位移）；

Δ_{1P}——基本结构在原荷载单独作用下沿 X_1 方向的位移（图 7-8b）；

Δ_{11}——基本结构在未知力 X_1 单独作用下沿 X_1 方向的位移（图 7-8c）。

位移 Δ_1、Δ_{1P} 和 Δ_{11} 的方向如果与未知力 X_1 的正方向相同，则规定为正，反之为负。

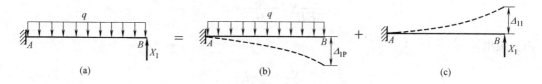

图 7-8 基本体系的线性叠加
(a) 基本体系；(b) 基本结构受荷载作用；(c) 基本结构受未知力作用

若记基本结构在单位力 $X_1 = 1$ 单独作用下沿 X_1 方向产生的位移为 δ_{11}（图 7-9a），则位移 Δ_{11} 可表示为：

$$\Delta_{11} = \delta_{11} X_1 \tag{7-3c}$$

将式（7-3c）代入式（7-3b）得：

$$\delta_{11} X_1 + \Delta_{1P} = 0 \tag{7-3d}$$

式（7-3d）中，δ_{11} 和 Δ_{1P} 都是静定基本结构在已知力作用下的位移，可以通过单位荷载法求得，从而由式（7-3d）可求得多余未知力 X_1。这个应用叠加原理把变形条件写成显含多余未知力 X_1 的展开形式，即为一次超静定结构的力法方程。

3. 力法方程的求解

为求解力法方程式（7-3d）中的系数 δ_{11}，需作基本结构在单位力 $X_1 = 1$ 单独作用下

的弯矩图 $\overline{M}_1$（图 7-9a），应用图乘法得：

$$\delta_{11} = \int \frac{\overline{M}_1^2}{EI} dx = \frac{1}{EI}\left(\frac{l \times l}{2} \times \frac{2}{3}l\right) = \frac{l^3}{3EI}$$

为求解自由项 Δ_{1P}，还需作基本结构在荷载作用下的弯矩图 M_P（图 7-9b），应用图乘法得：

$$\Delta_{1P} = \int \frac{\overline{M}_1 M_P}{EI} dx = -\frac{1}{EI}\left(\frac{1}{3} \times \frac{ql^2}{2} \times l\right) \times \frac{3l}{4} = -\frac{ql^4}{8EI}$$

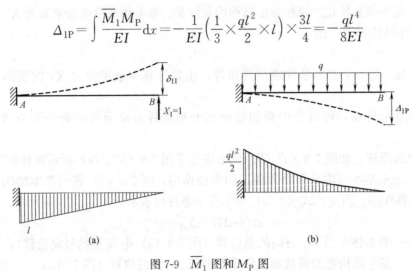

图 7-9 $\overline{M}_1$ 图和 M_P 图
(a) $\overline{M}_1$ 图；(b) M_P 图

将求得的系数和自由项代入力法方程式（7-3d）得：

$$\frac{l^3}{3EI}X_1 - \frac{ql^4}{8EI} = 0$$

由此求出：

$$X_1 = \frac{3}{8}ql$$

求得的未知力 X_1 为正，表示支座 B 处反力的方向与所设的方向相同，即向上。

4. 最后内力图的绘制

多余未知力 X_1 求出后，此时静定的基本体系所受外力均已知（图 7-10a），可以利用平衡条件求出任意截面内力，并作其内力图，分别如图 7-10（b）、(c) 所示，即为原超静定结构的内力。这样，就将超静定结构的计算问题转化为静定基本结构的求解问题。

另外，根据叠加原理，结构任意截面的弯矩 M 也可以表示为：

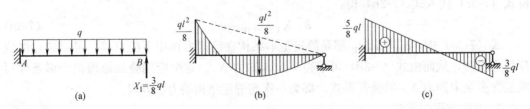

图 7-10 图 7-7（a）所示结构的内力图
(a) 基本体系；(b) M 图；(c) F_S 图

$$M = \overline{M}_1 X_1 + M_P \tag{7-4}$$

式中 $\overline{M}_1$——基本结构在单位力 $X_1=1$ 单独作用下的弯矩；

M_P——基本结构在原荷载单独作用下的弯矩。

根据 $\overline{M}_1$ 图（图 7-9a）和 M_P 图（图 7-9b），按式（7-4）用叠加法先作出弯矩图 M（图 7-10b），再根据杆段平衡条件作出剪力图（图 7-10c），进而求出所有的支座反力。

通过以上分析可以看出，力法是以解除超静定结构中多余约束而得到的静定基本体系为研究工具，以多余约束中产生的多余未知力为基本未知量，根据基本体系在解除多余约束处与原结构位移相同的条件建立力法方程，从而首先求出多余未知力；然后由平衡条件或叠加方法可求出其余反力或内力。求解中，关键是根据变形条件建立补充方程以求解多余未知力，因此这种求解超静定结构的方法称为力法。

二、两次超静定结构的计算

这里结合图 7-11（a）所示两次超静定结构进行讨论。去掉支座 B 处两根支座链杆，则得到静定的基本结构如图 7-11（b）所示。以多余未知力 X_1、X_2 代替所去掉的两支座链杆约束作用，则得到相应的基本体系如图 7-11（c）所示。在基本体系中只要能设法求出多余未知力 X_1、X_2，其余一切计算都与静定结构完全相同了。因此，把计算多余未知力 X_1、X_2 当作求解这个超静定刚架的关键问题，多余未知力 X_1、X_2 称为基本未知量。

码 7-3 力法的基本原理（两次超静定）

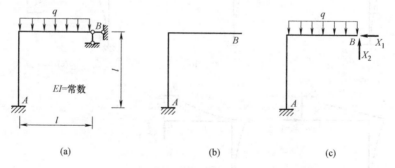

图 7-11 两次超静定结构的基本结构和基本体系
(a) 原结构；(b) 基本结构；(c) 基本体系

为了确定多余未知力 X_1、X_2，可利用多余约束处的变形条件，即基本体系在 B 点沿 X_1、X_2 方向的位移应与原结构相同，从而有：

$$\begin{cases} \Delta_1 = 0 \\ \Delta_2 = 0 \end{cases} \tag{7-5a}$$

式中 Δ_1——基本体系沿 X_1 方向的位移，即 B 点的水平位移；

Δ_2——基本体系沿 X_2 方向的位移，即 B 点的竖向位移。

为了计算基本体系在多余未知力 X_1、X_2 及原荷载共同作用下的位移，可以先分别考虑基本结构在各种力单独作用下的位移，再采用叠加方法得到结果。

基本结构在 X_1、X_2 及已知原荷载单独作用下的位移，分别如图 7-12（a）、(b)、(c) 所示。根据叠加原理，变形条件式（7-5a）可分别展开写成：

$$\begin{cases} \Delta_1 = \Delta_{11} + \Delta_{12} + \Delta_{1P} = 0 \\ \Delta_2 = \Delta_{21} + \Delta_{22} + \Delta_{2P} = 0 \end{cases} \tag{7-5b}$$

式中 Δ_{11}、Δ_{21}——基本结构在 X_1 单独作用下，分别沿 X_1、X_2 方向产生的位移（图 7-12a）；

Δ_{12}、Δ_{22}——基本结构在 X_2 单独作用下，分别沿 X_1、X_2 方向产生的位移（图 7-12b）；

Δ_{1P}、Δ_{2P}——基本结构在原荷载单独作用下，分别沿 X_1、X_2 方向产生的位移（图 7-12c）。

如图 7-12（d）、(e) 所示分别为基本结构在单位多余未知力 $X_1=1$、$X_2=1$ 单独作用下的位移，则有：

$$\begin{cases} \Delta_{11} = \delta_{11} X_1 \quad \Delta_{21} = \delta_{21} X_1 \\ \Delta_{12} = \delta_{12} X_2 \quad \Delta_{22} = \delta_{22} X_2 \end{cases} \tag{7-5c}$$

式中 δ_{11}、δ_{21}——基本结构在 $X_1=1$ 作用下沿 X_1、X_2 方向上的位移（图 7-12d）；

δ_{12}、δ_{22}——基本结构在 $X_2=1$ 作用下沿 X_1、X_2 方向上的位移（图 7-12e）。

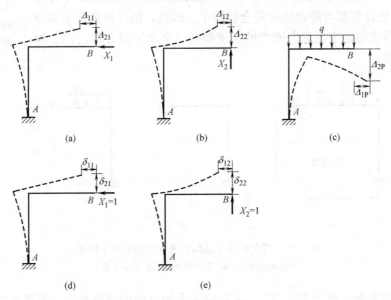

图 7-12 基本结构在各力单独作用下的位移图
(a) X_1 单独作用；(b) X_2 单独作用；(c) 原荷载单独作用；
(d) $X_1=1$ 作用；(e) $X_2=1$ 作用

将式（7-5c）代入式（7-5b），就可以进一步将变形条件表示为含多余未知力 X_1、X_2 的形式：

$$\begin{cases} \delta_{11} X_1 + \delta_{12} X_2 + \Delta_{1P} = 0 \\ \delta_{21} X_1 + \delta_{22} X_2 + \Delta_{2P} = 0 \end{cases} \tag{7-5d}$$

这就是两次超静定结构的力法方程。

式（7-5d）中，δ_{11}、δ_{22} 称为主系数；δ_{12}、δ_{21} 称为副系数；Δ_{1P}、Δ_{2P} 称为自由项。

这些系数和自由项都是静定基本结构中产生的位移，可以根据单位荷载法来求解。将求得的系数和自由项代入力法方程式（7-5d），从而可以求得多余未知力 X_1、X_2。

由力法方程求出多余未知力 X_1、X_2 后，利用平衡条件便可求出原结构的支座反力和内力。此外，也可利用叠加原理求内力，即原结构中任意截面的弯矩 M 可表示为：

$$M = \overline{M}_1 X_1 + \overline{M}_2 X_2 + M_P \tag{7-6}$$

式中，M_P 表示基本结构在原荷载单独作用下任一截面产生的弯矩；$\overline{M}_1$、$\overline{M}_2$ 表示基本结构分别在单位未知力 $X_1=1$、$X_2=1$ 作用下该截面产生的弯矩。

由式（7-6）按叠加法做出原结构的弯矩图，再根据平衡条件做出剪力图和轴力图，并求出支座反力。

当然，同一结构可以按不同方式选取力法的基本未知量和基本体系。如图 7-11（a）所示结构，其基本体系也可采用图 7-13（a）或图 7-13（b）所示体系。这时，力法基本方程在形式上与式（7-5d）完全相同，但由于 X_1、X_2 的实际含义不同，因而变形条件的实际含义也不同。此外，还要注意，基本体系应是几何不变的，因此图 7-13（c）所示瞬变体系不能取作基本体系。

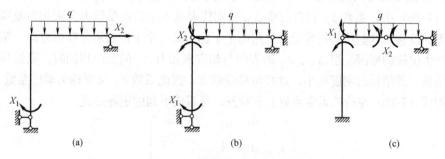

图 7-13 力法基本体系的选取
(a) 基本体系二；(b) 基本体系三；(c) 几何瞬变体系

三、力法的典型方程

下面讨论 n 次超静定的一般情形。对 n 次超静定结构，有 n 个多余约束，解除 n 个多余约束后得到的静定结构作为力法的基本结构。n 个多余约束解除后，代之以相应的 n 个多余未知力 X_1、…、X_i、…、X_n，这 n 个多余未知力即为力法的基本未知量。基本结构在 n 个多余未知力 X_1、…、X_i、…、X_n 及原荷载的共同作用时，称为力法的基本体系。

码 7-4 力法的典型方程

根据基本体系在 n 个解除多余约束方向上的位移与原结构中相应位移相等的条件，可建立 n 个变形条件：

$$\begin{cases} \Delta_1 = 0 \\ \cdots \\ \Delta_i = 0 \\ \cdots \\ \Delta_n = 0 \end{cases} \tag{7-7a}$$

式中，Δ_i 表示基本结构在 n 个多余未知力 X_1、…、X_i、…、X_n 及原荷载共同作用下，

沿 X_i 方向产生的位移。

基本结构在单位未知力 $X_j=1$ 单独作用下，沿 X_i 方向的位移记为 δ_{ij}；基本结构在原荷载单独作用下，沿 X_i 方向的位移记为 Δ_{iP}。在线性变形体系中，根据叠加原理，式 (7-7a) 所示的 n 个变形条件可表示为：

$$\begin{cases} \delta_{11}X_1+\cdots+\delta_{1j}X_j+\cdots+\delta_{1n}X_n+\Delta_{1P}=0 \\ \cdots \\ \delta_{i1}X_1+\cdots+\delta_{ij}X_j+\cdots+\delta_{in}X_n+\Delta_{iP}=0 \\ \cdots \\ \delta_{n1}X_1+\cdots+\delta_{nj}X_j+\cdots+\delta_{nn}X_n+\Delta_{nP}=0 \end{cases} \quad (7\text{-}7\text{b})$$

式 (7-7b) 即为 n 次超静定结构在荷载作用下力法方程的一般形式。不论何种结构形式、力法分析的基本未知量和基本结构怎么选取，只要为 n 次超静定结构，其力法的基本方程均为此形式，因此式 (7-7b) 常称为力法典型方程。

力法典型方程表示基本结构在全部多余未知力和原荷载共同作用下，在去掉多余约束处沿各多余未知力方向的位移，应与原结构相应的位移相等。

式 (7-7b) 中，系数 δ_{ij} 和自由项 Δ_{iP} 分别代表基本结构在单位多余未知力及原荷载单独作用下的位移。这些位移符号统一采用两个下标：第一个下标表示位移的方向，第二个下标表示产生位移的原因。当 Δ_{iP}、δ_{ij} 的方向与相应未知力 X_i 的正向相同时，则位移规定为正。很明显，若结构的刚度越小，这些位移就越大，因此系数 δ_{ij} 又常称为柔度系数。

若把式 (7-7b) 左边的柔度系数上下对齐，可写成下列的矩阵形式：

$$\begin{bmatrix} \delta_{11} & \cdots & \delta_{1j} & \cdots & \delta_{1n} \\ \vdots & \vdots & \vdots & \vdots & \vdots \\ \delta_{i1} & \cdots & \delta_{ij} & \cdots & \delta_{in} \\ \vdots & \vdots & \vdots & \vdots & \vdots \\ \delta_{n1} & \cdots & \delta_{nj} & \cdots & \delta_{nn} \end{bmatrix} \quad (7\text{-}7\text{c})$$

这个矩阵称为柔度矩阵。从矩阵的左上角到右下角的对角线称为主对角线，主对角线上的系数 δ_{11}、δ_{22}、$\cdots$、δ_{nn} 称为主系数，主系数均为正值且不为零。不在主对角线上的系数 $\delta_{ij}(i\neq j)$ 称为副系数，副系数可以是正值或负值，也可以为零。根据位移互等定理，柔度矩阵是一个对称矩阵，即：

$$\delta_{ij}=\delta_{ji} \quad (7\text{-}7\text{d})$$

力法典型方程中的各系数和自由项，可以采用单位荷载法按式 (7-8) 计算：

$$\begin{cases} \delta_{ii}=\sum\int\dfrac{\overline{M}_i^2\mathrm{d}s}{EI}+\sum\int k\dfrac{\overline{F}_{Si}^2\mathrm{d}s}{GA}+\sum\int\dfrac{\overline{F}_{Ni}^2\mathrm{d}s}{EA} \\ \delta_{ij}=\delta_{ji}=\sum\int\dfrac{\overline{M}_i\overline{M}_j\mathrm{d}s}{EI}+\sum\int k\dfrac{\overline{F}_{Si}\overline{F}_{Sj}\mathrm{d}s}{GA}+\sum\int\dfrac{\overline{F}_{Ni}\overline{F}_{Nj}\mathrm{d}s}{EA} \\ \Delta_{iP}=\sum\int\dfrac{\overline{M}_iM_P\mathrm{d}s}{EI}+\sum\int k\dfrac{\overline{F}_{Si}F_{SP}\mathrm{d}s}{GA}+\sum\int\dfrac{\overline{F}_{Ni}F_{NP}\mathrm{d}s}{EA} \end{cases} \quad (7\text{-}8)$$

式中 $\overline{M}_i$、$\overline{F}_{Si}$、$\overline{F}_{Ni}$——基本结构在单位未知力 $X_i=1$ 单独作用时产生的弯矩、剪力和轴力；

$\overline{M}_j$、$\overline{F}_{Sj}$、$\overline{F}_{Nj}$——基本结构在单位未知力 $X_j=1$ 单独作用时产生的弯矩、剪力和轴力；

M_P、F_{SP}、F_{NP}——基本结构在原荷载单独作用时产生的弯矩、剪力和轴力。

当然，对于具体的结构形式，通常只需计算系数和自由项中的一项或两项。比如梁式杆，这些系数和自由项的计算只需考虑式（7-8）中弯矩一项，具体情况在后面几节中将详细说明。

解力法方程式（7-7b）求出多余未知力 X_1、…、X_i、…、X_n 后，超静定结构的内力可根据平衡条件求出，或根据叠加原理按式（7-9）计算：

$$\begin{cases} M = \overline{M}_1 X_1 + \cdots + \overline{M}_j X_j + \cdots + \overline{M}_n X_n + M_P = \sum_{i=1}^{n} \overline{M}_i X_i + M_P \\ F_S = \overline{F}_{S1} X_1 + \cdots + \overline{F}_{Sj} X_j + \cdots + \overline{F}_{Sn} X_n + F_{SP} = \sum_{i=1}^{n} \overline{F}_{Si} X_i + F_{SP} \\ F_N = \overline{F}_{N1} X_1 + \cdots + \overline{F}_{Nj} X_j + \cdots + \overline{F}_{Nn} X_n + F_{NP} = \sum_{i=1}^{n} \overline{F}_{Ni} X_i + F_{NP} \end{cases} \quad (7-9)$$

在应用式（7-9）第一式绘出原结构的 M 图后，也可以直接由平衡条件计算 F_S 和 F_N，并绘出 F_S 图、F_N 图。

特别要提醒的是，以上力法典型方程的建立是针对超静定结构承受荷载作用。采用力法分析超静定结构在温度变化、支座移动时的内力时，其力法方程的建立详见本章第十二、十三节。

四、力法求解超静定结构的步骤

（1）确定原结构的超静定次数，去掉多余约束，得出静定的基本结构，并以多余未知力代替去掉的相应多余约束作用。在选取基本结构时，以使计算尽可能简单为原则。

（2）根据基本结构在多余未知力和荷载共同作用下，在所去多余约束处的位移应与原结构相应位移相等的条件，建立力法典型方程，如式（7-7b）所示。

（3）求解系数和自由项：根据基本结构在单位多余未知力及原荷载作用下的内力，利用单位荷载法按式（7-8）求出所有的系数和自由项。

（4）解力法典型方程，求出各多余未知力。

（5）多余未知力求出后，可以按分析静定结构的方法，由平衡条件求出原超静定结构的反力及内力。也可以利用已的基本结构的单位内力图和荷载内力图按式（7-9）采用叠加方法求解。

第四节　超静定梁、刚架和排架

一、超静定梁和刚架的力法计算

对梁和刚架结构，通常可忽略轴向变形和剪切变形对位移的影响，而只考虑弯曲变形的影响。因而，用力法计算超静定梁和刚架时，力法方程中系数和自由项计算的式（7-8）可简化为：

码 7-5　力法计算：超静定梁和刚架

$$\begin{cases} \delta_{ii} = \sum \int \dfrac{\overline{M}_i{}^2 \mathrm{d}s}{EI} \\ \delta_{ij} = \delta_{ji} = \sum \int \dfrac{\overline{M}_i \overline{M}_j \mathrm{d}s}{EI} \\ \Delta_{iP} = \sum \int \dfrac{\overline{M}_i M_P \mathrm{d}s}{EI} \end{cases} \qquad (7\text{-}10)$$

式中，$\overline{M}_i$、$\overline{M}_j$、M_P 分别表示基本结构在 $X_i=1$、$X_j=1$ 及原荷载单独作用时产生的弯矩。

按式（7-10）计算系数和自由项，通常可以采用图乘法来计算。

另外，对超静定梁和刚架结构，当求出所有多余未知力后，最后内力分析通常由平衡条件直接确定。若采用叠加法，即：

$$M = \sum \overline{M}_i X_i + M_P \qquad (7\text{-}11)$$

由式（7-11）先叠加得出原结构 M 图，再由 M 图根据平衡条件求出剪力和轴力，以及支座支力，并作出剪力图和轴力图。

【**例 7-1**】 如图 7-14（a）所示为超静定刚架，梁和柱的抗弯刚度分别为 EI_1 和 EI_2，且 $EI_1 : EI_2 = 2 : 1$。左柱承受均布荷载 $q = 10\text{kN/m}$，作刚架的内力图。

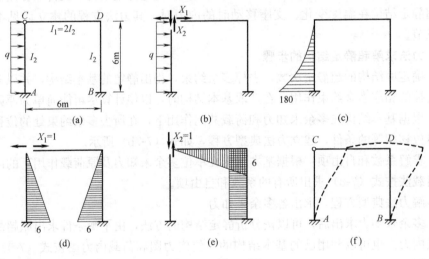

图 7-14 例 7-1 图

(a) 原超静定刚架；(b) 基本体系；(c) M_P 图（kN·m）；(d) $\overline{M}_1$ 图（m）；(e) $\overline{M}_2$ 图（m）；(f) 变形示意图

【**解**】 (1) 选取基本体系

这是两次超静定刚架，撤除单铰 C 而代之以未知力 X_1、X_2 后，得到如图 7-14（b）所示的基本体系。

(2) 列力法方程

基本结构在荷载与多余未知力共同作用下，应满足 C 点无相对水平位移及相对竖向位移的变形条件，从而列力法方程为：

$$\begin{cases} \delta_{11}X_1+\delta_{12}X_2+\Delta_{1P}=0 \\ \delta_{21}X_1+\delta_{22}X_2+\Delta_{2P}=0 \end{cases}$$

(3) 求解系数和自由项

为此，绘制基本结构在荷载作用下的弯矩图 M_P（图 7-14c），在单位未知力 $X_1=1$ 作用下的弯矩图 $\overline{M}_1$（图 7-14d），在单位未知力 $X_2=1$ 作用下的弯矩图 $\overline{M}_2$（图 7-14e）。

采用图乘法，可得到：

$$\delta_{11}=\sum\int\frac{\overline{M}_1^2}{EI}\mathrm{d}s=\frac{2}{EI_2}\left(\frac{1}{2}\times 6\times 6\times\frac{2}{3}\times 6\right)=\frac{144}{EI_2}$$

$$\delta_{22}=\sum\int\frac{\overline{M}_2^2}{EI}\mathrm{d}s=\frac{1}{EI_1}\left(\frac{1}{2}\times 6\times 6\times\frac{2}{3}\times 6\right)+\frac{1}{EI_2}(6\times 6\times 6)=\frac{72}{EI_1}+\frac{216}{EI_2}=\frac{252}{EI_2}$$

$$\delta_{12}=\delta_{21}=\sum\int\frac{\overline{M}_1\overline{M}_2}{EI}\mathrm{d}s=\frac{1}{EI_2}\left(\frac{1}{2}\times 6\times 6\times 6\right)=\frac{108}{EI_2}$$

$$\Delta_{1P}=\sum\int\frac{\overline{M}_1 M_P}{EI}\mathrm{d}s=-\frac{1}{EI_2}\left(\frac{1}{3}\times 6\times 180\times\frac{3}{4}\times 6\right)=-\frac{1620}{EI_2}$$

$$\Delta_{2P}=\sum\int\frac{\overline{M}_2 M_P}{EI}\mathrm{d}s=0$$

(4) 解力法方程，求出多余未知力

将求得的系数和自由项代入力法方程，得：

$$\begin{cases} \dfrac{144}{EI_2}X_1+\dfrac{108}{EI_2}X_2-\dfrac{1620}{EI_2}=0 \\ \dfrac{108}{EI_2}X_1+\dfrac{252}{EI_2}X_2=0 \end{cases}$$

从而可解得：

$$\begin{cases} X_1=\dfrac{315}{19}\mathrm{kN} \\ X_2=-\dfrac{135}{19}\mathrm{kN} \end{cases}$$

以上计算表明，力法方程中系数和自由项与各杆件的 EI 绝对值有关，但最后多余未知力的结果只与各杆件 EI 的相对值有关，而与各杆件 EI 的绝对值无关。因此，计算超静定结构在荷载作用下的内力时，只需知道各杆刚度的相对值即可。

(5) 作内力图

多余未知力求出以后，作内力图的问题即属于静定问题，即可对图 7-15（a）所示基本体系根据平衡条件作 M 图、F_S 图和 F_N 图，分别如图 7-15（b）、（c）、（d）所示。

也可以采用叠加法作内力图。首先利用已经作的 $\overline{M}_1$ 图、$\overline{M}_2$ 图和 M_P 图作最后弯矩图，弯矩叠加公式为：

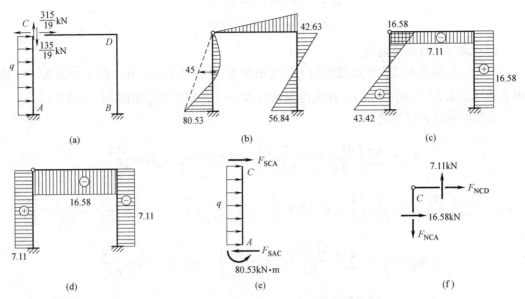

图 7-15　图 7-14（a）的内力图绘制
(a) 基本体系；(b) M 图（kN·m）；(c) F_S 图（kN）；(d) F_N 图（kN）；(e) AC 隔离体；(f) 结点 C 隔离体

$$M=\overline{M}_1X_1+\overline{M}_2X_2+M_P$$

分别将 $X_1=\dfrac{315}{19}\text{kN}$ 乘以 $\overline{M}_1$ 图（图 7-14d）、$X_2=-\dfrac{135}{19}\text{kN}$ 乘以 $\overline{M}_2$ 图（图 7-14e）后，再与 M_P 图（图 7-14c）相加，即得出 M 图（图 7-15b）。

然后，利用 M 图作 F_S 图，即作任一杆件的剪力图时，可取此杆为隔离体，利用已知的杆端弯矩，由平衡条件求出杆端剪力，然后作此杆的剪力图。若要作 AC 杆的剪力图，取其隔离体分析，如图 7-15（e）所示。由平衡条件 $\sum M_A=0$ 得：

$$F_{SCA}=-16.58\text{kN}$$

再由平衡条件 $\sum F_x=0$ 得：

$$F_{SAC}=43.42\text{kN}$$

从而可作出 AC 杆的剪力图。按同样方法，可作出其他杆件的剪力图，整个刚架的 F_S 图如图 7-15（c）所示。

最后，利用 F_S 图作 F_N 图，即作任一杆件的轴力图时，可取结点为隔离体，利用已知的杆端剪力，由平衡条件求出杆端轴力，然后作此杆的轴力图。比如取结点 C 为隔离体分析，如图 7-15（f）所示。由平衡条件 $\sum F_x=0$ 及 $\sum F_y=0$ 得：

$$F_{NCD}=-16.58\text{kN}（压力）$$

$$F_{NCA}=7.11\text{kN}（拉力）$$

按同样方法，可求得其他杆端的轴力值。整个刚架的 F_N 图如图 7-15（d）所示。

参考 M 图（图 7-15b），可画出刚架的变形曲线，如图 7-14（f）中虚线所示。柱 AC、BD 各有一个弯矩零点，对应于变形曲线各有一个反弯点。梁 CD 弯矩未变号，则没有反弯点。在刚结点 D 所连的梁端和柱端的转角应相等。在固定端 A、B 没有任何位移。

【例 7-2】 用力法求解如图 7-16（a）所示连续梁结构，并作弯矩图。设各跨 $EI=$ 常数。

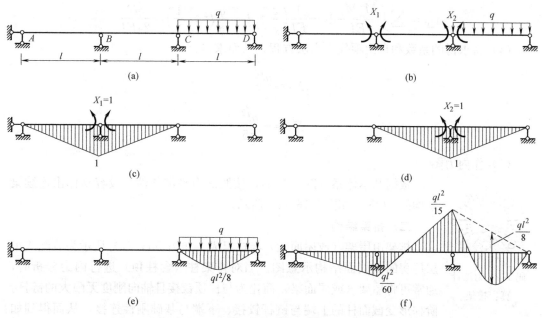

图 7-16　例 7-2 图
(a) 连续梁计算简图；(b) 基本体系；(c) $\overline{M}_1$ 图；(d) $\overline{M}_2$ 图；(e) M_P 图；(f) M 图

【解】 （1）选取基本体系

这是两次超静定梁结构，撤除 B、C 支座处力矩约束而代之以未知力 X_1、X_2 后，选取基本体系如图 7-16（b）所示。

（2）列出力法典型方程如下：

$$\begin{cases} \delta_{11}X_1+\delta_{12}X_2+\Delta_{1P}=0 \\ \delta_{21}X_1+\delta_{22}X_2+\Delta_{2P}=0 \end{cases}$$

力法方程的物理意义是基本结构在 X_1、X_2 和原荷载共同作用下，在支座 B、C 处的杆端相对转角位移均为零。

（3）求解系数和自由项

作基本结构在 $X_1=1$ 作用下的 $\overline{M}_1$ 图，在 $X_2=1$ 作用下的 $\overline{M}_2$ 图，以及在荷载作用下的 M_P 图，分别如图 7-16（c）、（d）、（e）所示。

由图乘法得：

$$\delta_{11}=\sum\int\frac{\overline{M}_1^{\,2}}{EI}\mathrm{d}s=\frac{2}{EI}\left(\frac{l}{2}\times\frac{2}{3}\right)=\frac{2l}{3EI}$$

$$\delta_{22}=\sum\int\frac{\overline{M}_2^{\,2}}{EI}\mathrm{d}s=\frac{2l}{3EI}$$

$$\delta_{12}=\delta_{21}=\sum\int\frac{\overline{M}_1\overline{M}_2}{EI}\mathrm{d}s=\frac{1}{EI}\left(\frac{l}{2}\times\frac{1}{3}\right)=\frac{l}{6EI}$$

$$\Delta_{1P} = \sum \int \frac{\overline{M}_1 M_P}{EI} ds = 0$$

$$\Delta_{2P} = \sum \int \frac{\overline{M}_2 M_P}{EI} ds = \frac{1}{EI}\left(\frac{2}{3} \times l \times \frac{q}{8}l^2 \times \frac{1}{2}\right) = \frac{ql^3}{24EI}$$

（4）将求得的系数和自由项代入力法方程，从而求得：

$$\begin{cases} X_1 = \dfrac{ql^2}{60} \\ X_2 = -\dfrac{ql^2}{15} \end{cases}$$

（5）作内力图

根据基本体系（图7-16b），按照静力平衡条件，较容易作出连续梁结构的 M 图，如图7-16（f）所示。

二、排架结构

排架由屋架（或屋面梁）与柱组成。如图7-17（a）所示为装配式单层厂房的横剖面结构示意图。当对排架柱（含柱顶）进行内力分析时，通常可将屋架（或屋面梁）简化为与柱顶铰接且轴向刚度无限大的链杆。阶梯形变截面柱的上端与链杆铰接、下端与基础刚性连接，从而得到如图7-17（b）所示的计算简图。

码7-6 力法计算：排架

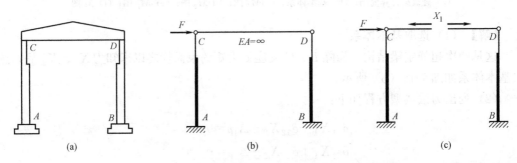

图7-17 排架的计算简图及基本体系
(a) 厂房排架横剖面示意图；(b) 排架计算简图；(c) 力法基本体系

排架的超静定次数等于排架的跨数，其基本体系通常由切断链杆得到。链杆切断后，以一对大小相等、方向相反的广义力作为多余未知力。图7-17（b）所示排架的基本体系如图7-17（c）所示。如图7-18所示为两跨不等高排架及其力法计算的基本体系。

排架结构力法计算中，因链杆的刚度 $EA \to \infty$，在计算系数和自由项时，忽略链杆轴向变形的影响，只考虑柱子弯矩对变形的影响。因此，系数和自由项的计算式仍为式(7-10)。

【例7-3】 用力法计算如图7-19（a）所示排架结构，作 M 图。

【解】（1）选取基本体系，确定相应的基本未知量

将链杆 CD 切断，得到相应的基本体系，如图7-19（b）所示。

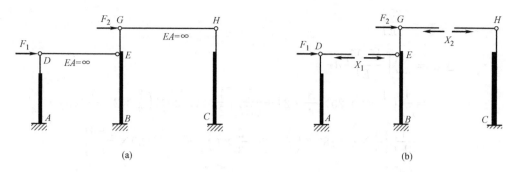

图 7-18 两跨不等高排架及基本体系
(a) 两跨不等高排架计算简图；(b) 基本体系

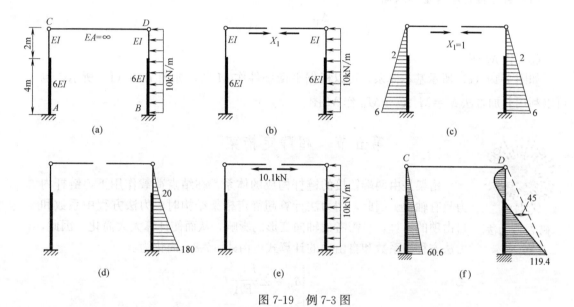

图 7-19 例 7-3 图

(a) 排架结构；(b) 基本体系；(c) $\overline{M}_1$ 图 (m)；(d) M_P 图 (kN·m)；(e) 基本体系；(f) M 图 (kN·m)

(2) 列力法方程

根据基本体系在链杆 CD 切口两侧截面的相对轴向位移为零，即切口切开后仍是连续的，不重叠也不错开，从而可建立力法方程为：

$$\delta_{11}X_1 + \Delta_{1P} = 0$$

(3) 求解系数和自由项

分别作基本结构在单位未知力 $X_1 = 1$ 作用下的弯矩图 $\overline{M}_1$（图 7-19c），以及在原荷载作用下的弯矩图 M_P（图 7-19d）。由图乘法计算 δ_{11} 和 Δ_{1P} 如下：

$$\delta_{11} = \sum \int \frac{\overline{M}_1^2}{EI} dx$$

$$= \frac{2}{EI}\left(\frac{1}{2} \times 2 \times 2 \times \frac{2}{3} \times 2\right) + \frac{2}{6EI}\left[\frac{1}{2} \times 4 \times 2 \times \left(\frac{2}{3} \times 2 + \frac{1}{3} \times 6\right) + \frac{1}{2} \times 4 \times 6 \times \left(\frac{1}{3} \times 2 + \frac{2}{3} \times 6\right)\right]$$

$$= \frac{256}{9EI}$$

$$\begin{aligned}\Delta_{1P} &= \sum \int \frac{\overline{M}_1 M_P}{EI} dx \\
&= \frac{1}{EI}\left(\frac{1}{3}\times 2\times 20\times \frac{3}{4}\times 2\right) + \frac{1}{6EI}\left[\frac{1}{2}\times 4\times 20\times \left(\frac{2}{3}\times 2+\frac{1}{3}\times 6\right)+\right] + \\
&\quad \frac{1}{6EI}\left[\frac{1}{2}\times 4\times 180\times \left(\frac{1}{3}\times 2+\frac{2}{3}\times 6\right)-\frac{2}{3}\times 4\times 20\times \frac{2+6}{2}\right] \\
&= \frac{286.7}{EI}\end{aligned}$$

（4）解方程，求解基本未知力

$$X_1 = -\frac{\Delta_{1P}}{\delta_{11}} = -10.1 \text{kN}$$

（5）作 M 图

如图 7-19（e）所示基本体系，可以根据平衡条件作 M 图，如图 7-19（f）所示。也可以利用叠加方法 $M=\overline{M}_1 X_1 + M_P$ 作 M 图。

第五节　超静定桁架

码 7-7　力法计算：桁架

桁架是由两端铰接的链杆构成的体系。在结点荷载作用下，链杆内力只有轴力。因此，用力法计算超静定桁架结构时，力法方程中系数和自由项的计算，只需考虑轴向变形的影响，从而使计算大大简化。因此，力法方程中系数和自由项的计算式可由式（7-8）简化为：

$$\begin{cases}\delta_{ii} = \sum \dfrac{\overline{F}_{Ni}^{\,2}}{EA} l \\ \delta_{ij} = \sum \dfrac{\overline{F}_{Ni}\overline{F}_{Nj}}{EA} l \\ \Delta_{iP} = \sum \dfrac{\overline{F}_{Ni} F_{NP}}{EA} l\end{cases} \tag{7-12}$$

式中，$\overline{F}_{Ni}$、$\overline{F}_{Nj}$、F_{NP} 分别表示基本结构在 $X_i=1$，$X_j=1$ 及原荷载单独作用时产生的轴力。

另外，当求出所有多余未知力后，桁架结构最后内力分析通常由叠加方法确定，即各杆轴力的叠加公式为式（7-9）中第 3 个公式。

【例 7-4】 用力法求解如图 7-20（a）所示超静定桁架中各杆轴力，已知各杆 EA 相同。

【解】（1）确定超静定次数及基本体系

如图 7-20（a）所示桁架结构为一次超静定结构，截断上弦杆 3-4 后得到的基本体系如图 7-20（b）所示。

（2）建立力法方程

根据基本体系在切口两侧相对轴向位移为零的条件，建立力法方程为：

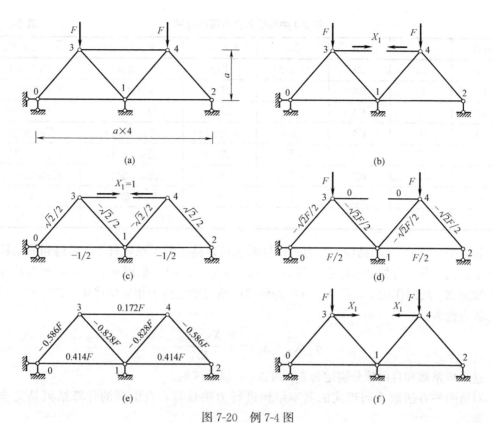

图 7-20 例 7-4 图

(a) 原超静定桁架结构；(b) 基本体系 1；(c) $\overline{F}_{N1}$ 图；(d) F_{NP} 图；(e) F_N 图；(f) 基本体系 2

$$\delta_{11}X_1+\Delta_{1P}=0$$

(3) 求解系数和自由项

求出基本结构中各杆在单位未知力 $X_1=1$ 作用下轴力 $\overline{F}_{N1}$，以及在原荷载作用下的轴力 F_{NP}，分别如图 7-20 (c)、(d) 所示。

将求出的两组轴力，分别代入式 (7-12)，就可以计算出力法方程中的系数和自由项。对杆件数目较多的桁架，为防止计算错误，可以列表进行计算，如表 7-1 所示。

由表 7-1 计算结果可求得系数和自由项如下：

$$\delta_{11}=\frac{(3+2\sqrt{2})a}{EA},\ \Delta_{1P}=-\frac{Fa}{EA}$$

这里需注意，基本结构是通过切断上弦链杆 3-4 得到的，在单位多余未知力 $X_1=1$ 作用下上弦杆 3-4 是存在单位轴力的，因此在计算系数 δ_{11} 时要考虑这根被切断的链杆。

(4) 解力法方程

将求得的 δ_{11} 和 Δ_{1P} 代入力法方程，则有：

$$X_1=-\frac{\Delta_{1P}}{\delta_{11}}=\frac{F}{3+2\sqrt{2}}$$

(5) 计算各杆轴力。

利用叠加方法，即 $F_N=\overline{F}_{N1}X_1+F_{NP}$，可计算出各杆轴力值，如图 7-20 (e) 所示。

例 7-4 中系数和自由项的计算　　　　　　　　　　　　　表 7-1

杆件	l	EA	$\overline{F}_{N1}$	F_{NP}	$\overline{F}_{N1}^{2}l/EA$	$\overline{F}_{N1}F_{NP}l/EA$
0-1	$2a$	EA	$-1/2$	$F/2$	$a/(2EA)$	$-Fa/(2EA)$
1-2	$2a$	EA	$-1/2$	$F/2$	$a/(2EA)$	$-Fa/(2EA)$
0-3	$\sqrt{2}a$	EA	$\sqrt{2}/2$	$-\sqrt{2}F/2$	$\sqrt{2}a/(2EA)$	$-\sqrt{2}Fa/(2EA)$
2-4	$\sqrt{2}a$	EA	$\sqrt{2}/2$	$-\sqrt{2}F/2$	$\sqrt{2}a/(2EA)$	$-\sqrt{2}Fa/(2EA)$
1-3	$\sqrt{2}a$	EA	$-\sqrt{2}/2$	$-\sqrt{2}F/2$	$\sqrt{2}a/(2EA)$	$\sqrt{2}Fa/(2EA)$
1-4	$\sqrt{2}a$	EA	$-\sqrt{2}/2$	$-\sqrt{2}F/2$	$\sqrt{2}a/(2EA)$	$\sqrt{2}Fa/(2EA)$
3-4	$2a$	EA	1	0	$2a/EA$	0
Σ					$(3+2\sqrt{2})a/(EA)$	$-Fa/(EA)$

如图 7-20（a）所示结构，在力法计算时也可以将去掉上弦链杆 3-4 后得到的结构作为基本结构，其对应的基本体系如图 7-20（f）所示。此时，根据基本结构在原荷载及多余未知力 X_1 共同作用下，沿 X_1 方向的位移应该与原结构中相应位移相等的原则，可建立力法方程为：

$$\delta_{11}^{*}X_1+\Delta_{1P}^{*}=-\frac{X_1 \cdot 2a}{EA}$$

这里将系数和自由项分别记为 δ_{11}^{*} 和 Δ_{1P}^{*}，以示区别。

对这两种方法取不同形式的基本结构进行力法计算，自由项的计算结果是完全相同，即：

$$\Delta_{1P}=\Delta_{1P}^{*}$$

但系数之间有下列关系：

$$\delta_{11}=\delta_{11}^{*}+\frac{2a}{EA}$$

由此可知，通过取这两种不同的基本结构进行力法计算，力法方程的形式虽然不同，但最后计算结果是完全一样的。在以后的桁架计算中，为了统一力法方程的形式，以防出错，建议基本结构的选取尽量通过切断链杆的方式来实现。

第六节　超静定组合结构

组合结构中既有链杆又有梁式杆，计算力法方程中系数和自由项时，对链杆只需考虑轴力的影响；对梁式杆通常可忽略轴力和剪力的影响，只考虑弯矩的影响。因此，力法方程中系数和自由项的计算式（7-8）可简化为：

码 7-8　力法计算：组合结构

$$\begin{cases}\delta_{ii}=\sum\int\dfrac{\overline{M}_i^{2}}{EI}\mathrm{d}s+\sum\dfrac{\overline{F}_{Ni}^{2}}{EA}l\\[2mm]\delta_{ij}=\sum\int\dfrac{\overline{M}_i\overline{M}_j}{EI}\mathrm{d}s+\sum\dfrac{\overline{F}_{Ni}\overline{F}_{Nj}}{EA}l\\[2mm]\Delta_{iP}=\sum\int\dfrac{\overline{M}_iM_P}{EI}\mathrm{d}s+\sum\dfrac{\overline{F}_{Ni}F_{NP}}{EA}l\end{cases} \quad (7\text{-}13)$$

式中，$\overline{M}_i$、$\overline{F}_{Ni}$ 分别为基本结构在单位未知力 $X_i=1$ 作用下梁式杆的弯矩和链杆的轴力；M_P、F_{NP} 分别为基本结构在原荷载作用下梁式杆的弯矩和链杆的轴力。

最后各杆内力可由叠加方法得到，对梁式杆可先由式（7-9）中第一个式子叠加得到 M 图，再由平衡条件得到 F_S 图和 F_N 图；对链杆可直接由（7-9）中第三个式子叠加得到轴力。

【例 7-5】 如图 7-21（a）所示为超静定组合结构，计算各链杆轴力并作梁式杆的 M 图。已知横梁抗弯刚度 EI、链杆抗拉压刚度 EA 均为常数。

【解】（1）确定基本未知量及基本体系

该组合结构为一次超静定结构，切断链杆 CD 并代以未知力 X_1，得到如图 7-21（b）所示的基本体系。

（2）列力法方程

根据链杆切口两侧截面沿 X_1 方向的相对轴向位移为零的变形条件，可列力法方程为：

$$\delta_{11}X_1+\Delta_{1P}=0$$

（3）求解系数和自由项

求出基本结构在单位未知力 $X_1=1$ 作用下梁式杆弯矩 $\overline{M}_1$ 图和链杆的轴力 $\overline{F}_{N1}$，如图 7-21（c）所示；基本结构在原荷载作用下梁式杆弯矩 M_P 图和链杆的轴力 F_{NP}，如图 7-21（d）所示。

求解系数和自由项如下：

$$\delta_{11}=\sum\int\frac{\overline{M}_1^2}{EI}ds+\sum\frac{\overline{F}_{N1}^2}{EA}l$$

$$=\frac{1}{EI}\times\left[\frac{1}{2}a^2\times\frac{2}{3}a\times 2+a\times 2a\times a\right]+\frac{1}{EA}\times$$

$$[1^2\times 2a+(-1)^2\times a\times 2+(\sqrt{2})^2\times\sqrt{2}a\times 2]$$

$$=\frac{8a^3}{3EI}+\frac{4(1+\sqrt{2})a}{EA}$$

$$\Delta_{1P}=\sum\int\frac{\overline{M}_1 M_P}{EI}ds+\sum\frac{\overline{F}_{N1}F_{NP}}{EA}l$$

$$=-\frac{2}{EI}\times\left[\frac{1}{2}\times Fa\times a\times\frac{2}{3}a+Fa\times a\times a\right]$$

$$=-\frac{8Fa^3}{3EI}$$

（4）解力法方程，从而可解出多余未知力为：

$$X_1=-\frac{\Delta_{1P}}{\delta_{11}}=\frac{F}{1+K}$$

这里，记 $K=\frac{3(1+\sqrt{2})EI}{2EAa^2}$。

（5）计算内力

根据叠加公式 $M=\overline{M}_1 X_1+M_P$，可作出横梁的 M 图，如图 7-21（e）所示。

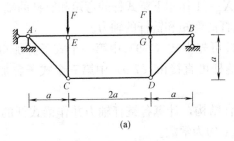
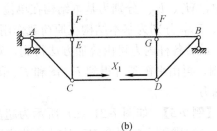
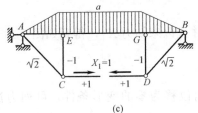
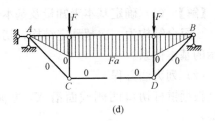
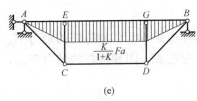

图 7-21 例 7-5 图

(a) 原超静定组合结构；(b) 基本体系 1；(c) M_1 ($\overline{F}_{N1}$) 图；(d) M_P (F_{NP}) 图；(e) M 图

根据叠加公式 $F_N = \overline{F}_{N1} X_1 + F_{NP} = \overline{F}_{N1} X_1$，即可计算出各链杆的轴力如下：

$$F_{NCE} = F_{NDG} = -\frac{F}{1+K}（压力）$$

$$F_{NCD} = \frac{F}{1+K}（拉力）$$

$$F_{NAC} = F_{NBD} = \frac{\sqrt{2} F}{1+K}（拉力）$$

由以上分析可知，组合结构正是由于有下部链杆的支承作用，横梁最大弯矩比没有这些链杆时减小了，而且减小的幅度和链杆抗拉压刚度 EA 与横梁抗弯刚度 EI 的比值有关。具体讨论如下：

(1) 随着下部支承链杆抗拉压刚度 EA 减小，K 值增大，此时组合结构中各链杆的轴力值减小，但横梁弯矩增大。尤其当 EA 很小、EI 很大时，$K \to \infty$，$X_1 \to 0$，此时组合结构中各链杆轴力趋向于零，横梁弯矩接近于简支梁的情况。

(2) 随着下部支承链杆抗拉压刚度 EA 增大，K 值减小，此时组合结构中各链杆的轴力值增大，但横梁弯矩值减小。尤其当 EA 很大、EI 很小时，$K \to 0$，$X_1 \to F$，此时组合结构中横梁内力就接近于三跨连续梁的情况。

【例 7-6】 如图 7-22 (a) 所示结构，杆 AE 为刚性杆（$EI_1 = \infty$），其余梁式杆抗弯刚度 EI 及链杆抗拉压刚度 EA 均为常数，且 $EA = 3EI/l^2$；弹簧刚度系数 $k = 6EI/l^3$。

计算各链杆轴力并作梁式杆的 M 图。

【解】（1）确定基本未知量及基本体系

该组合结构为一次超静定结构，切断链杆 DE 并代以未知力 X_1，从而得到如图 7-22（b）所示的基本体系。

（2）列力法方程

根据链杆切口两侧截面沿 X_1 方向的相对轴向位移为零的变形条件，可列力法方程为：

$$\delta_{11}X_1+\Delta_{1P}=0$$

（3）求解系数和自由项

求出基本结构在单位未知力 $X_1=1$ 作用下的梁式杆弯矩 $\overline{M}_1$ 和链杆的轴力 $\overline{F}_{N1}$，以及弹性支座处的反力 $\overline{F}_{R1}$，如图 7-22（c）所示；基本结构在原荷载作用下梁式杆弯矩 M_P 和链杆的轴力 F_{NP}，如图 7-22（d）所示。

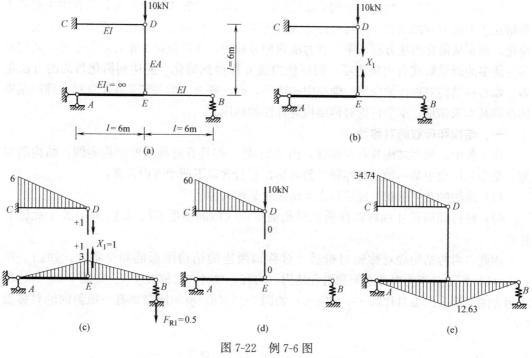

图 7-22　例 7-6 图

(a) 原超静定组合结构；(b) 基本体系；(c) $\overline{M}_1$ 图 (m)/$\overline{F}_{N1}$；(d) M_P 图 (kN·m)/F_{NP} (kN)；(e) M 图 (kN·m)

求解系数和自由项如下：

$$\delta_{11}=\sum\int\frac{\overline{M}_1^2}{EI}ds+\sum\frac{\overline{F}_{N1}^2}{EA}l-\sum\overline{F}_R c$$

$$=\frac{1}{EI}\times\left(\frac{1}{2}\times 6\times 6\times\frac{2}{3}\times 6+\frac{1}{2}\times 6\times 3\times\frac{2}{3}\times 3\right)+\frac{1^2\times 6}{EA}-\left(-\frac{0.5}{k}\times 0.5\right)$$

$$=\frac{171}{EI}$$

$$\Delta_{1P} = \sum \int \frac{\overline{M}_1 M_P}{EI} ds + \sum \frac{\overline{F}_{N1} F_{NP}}{EA} l - \sum \overline{F}_R c$$

$$= \frac{1}{EI}\left(\frac{1}{2} \times 6 \times 60 \times \frac{2}{3} \times 6\right) = \frac{720}{EI}$$

(4) 解力法方程,从而可解出多余未知力为:

$$X_1 = -4.21 \text{kN}$$

(5) 计算内力

链杆 DE 轴力 $F_{NDE} = X_1 = -4.21 \text{kN}$(压力)。

根据叠加公式 $M = \overline{M}_1 X_1 + M_P$,可作出梁式杆的 M 图,如图 7-22 (e) 所示。

第七节 对称性的利用

用力法计算超静定结构,结构的超静定次数越高,计算工作量越大,而其中主要的工作量在于力法方程的求解,即需要计算大量的系数、自由项并解线性方程组。若要使计算简化,则须从简化力法方程入手。在力法典型方程中,主系数恒为正且不等于零,若能使尽可能多的副系数或自由项为零,则可使力法方程得到简化。能达到简化目的的方法很多,如对称结构对称性的应用、弹性中心法等,而这些方法的关键是在于选择合理的基本体系和基本未知量。本节讨论对称结构对称性的利用。

一、结构和荷载的对称性

在工程中,很多结构具有对称性,图 7-23 是一些具有对称性的结构实例。结构的对称,是指对结构中某一轴(对称轴)的对称,它包含以下两个方面含义:

(1) 结构的几何形状、尺寸和支承情况对某轴对称;

(2) 杆件截面尺寸和材料性质也对此轴对称(截面刚度 EI、EA、GA 关于此轴对称)。

因此,对称结构绕对称轴对折后,对称轴两边的结构图形能完全重合。如图 7-23 (a)、(b) 所示分别为对称刚架和组合结构,均有一根竖向对称轴 y-y;如图 7-23 (c) 所示闭合刚架则有两根对称轴 x-x 和 y-y;如图 7-23 (d) 所示刚架则有一根斜向的对称轴 k-k。

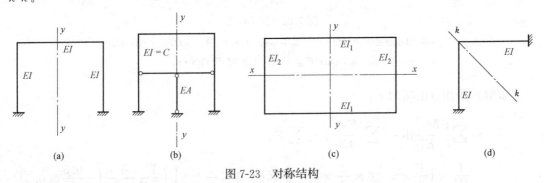

图 7-23 对称结构

对称结构所受的荷载,通常有对称荷载和反对称荷载两种特殊情况。

对称荷载,是指绕对称轴对折后,对称轴两边的荷载彼此重合(作用点相对应、数值相等、方向相同)。如图 7-24 (a) 所示对称刚架结构上,位于对称轴两侧的集中荷载 F_1 和均布荷载 q 均为对称荷载,位于对称轴上的集中荷载 F_2 也为对称荷载。

反对称荷载,是指绕对称轴对折后,对称轴两边的荷载正好相反(作用点相对应、数值相等、方向相反)。如图 7-24 (b) 所示,位于对称轴两侧的集中荷载 F_1、均布荷载 q 均为反对称荷载,垂直于对称轴的集中力 F_2 以及位于对称轴位置处的集中力偶 m 也为反对称荷载。

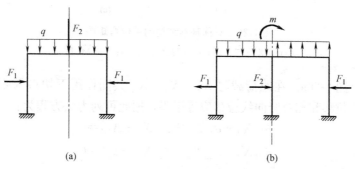

图 7-24 对称荷载与反对称荷载
(a) 对称荷载;(b) 反对称荷载

作用在对称结构上的一般荷载都可以分解为两组:一组是对称荷载,另一组是反对称荷载。如图 7-25 (a) 所示,集中力 F 可分解为:一组位于对称轴两侧、大小为 $F/2$ 且方向相同的对称荷载(图 7-25b),另一组是位于对称轴两侧、大小为 $F/2$ 但方向相反的反对称荷载(图 7-25c)。另外,位于对称轴两侧的集中力 F_1 和 F_2,可以分解成对称荷载 P 和反对称荷载 W,很显然有:

$$\begin{cases} P+W=F_1 \\ W-P=F_2 \end{cases} \tag{7-14}$$

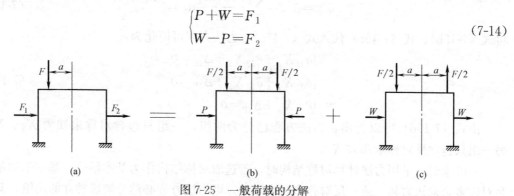

图 7-25 一般荷载的分解
(a) 一般荷载作用;(b) 对称荷载作用;(c) 反对称荷载作用

据此可确定对称荷载 P 和反对称荷载 W 的大小。

二、取对称基本结构进行计算

计算超静定对称结构时,为了简化计算,应当选择对称的基本结构,并取对称或反对称的约束力作为多余未知力。如图 7-25 (a) 所示刚架,可沿对称轴上梁截面切开,得到的基本结构是对称的(图 7-26a)。这时多余未知力包括三个广义力 X_1 (一对弯矩)、X_2 (一对轴力)和 X_3 (一对剪力),其中 X_1 和 X_2 是对称力,X_3 是反对称力。

码 7-9 对称结构的受力特征

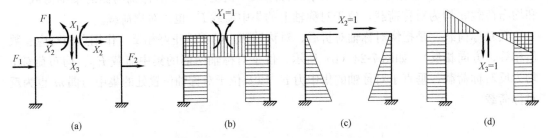

图 7-26 对称基本结构的单位弯矩图
(a) 基本体系；(b) $\overline{M}_1$ 图；(c) $\overline{M}_2$ 图；(d) $\overline{M}_3$ 图

基本体系（图 7-26a）在原荷载与 X_1、X_2、X_3 共同作用下切口两侧截面的相对转角、相对水平线位移和相对竖向线位移应等于零，据此可列力法方程为：

$$\begin{cases} \delta_{11}X_1+\delta_{12}X_2+\delta_{13}X_3+\Delta_{1P}=0 \\ \delta_{21}X_1+\delta_{22}X_2+\delta_{23}X_3+\Delta_{2P}=0 \\ \delta_{31}X_1+\delta_{32}X_2+\delta_{33}X_3+\Delta_{3P}=0 \end{cases} \quad (7\text{-}15a)$$

如图 7-26（b）、(c)、(d) 所示分别为各单位未知力单独作用下的弯矩图 $\overline{M}_1$、$\overline{M}_2$ 和 $\overline{M}_3$。显然，对称基本结构在对称单位未知力 $X_1=1$、$X_2=1$ 作用下的弯矩图 $\overline{M}_1$、$\overline{M}_2$ 是对称的，在反对称单位未知力 $X_3=1$ 作用下的弯矩图 $\overline{M}_3$ 是反对称的，因此可得：

$$\delta_{13}=\delta_{31}=\sum\int\frac{\overline{M}_1\overline{M}_3}{EI}ds=0 \quad (7\text{-}15b)$$

$$\delta_{23}=\delta_{32}=\sum\int\frac{\overline{M}_2\overline{M}_3}{EI}ds=0 \quad (7\text{-}15c)$$

将式（7-15b）、式（7-15c）代入式（7-15a），力法方程可简化为：

$$\begin{cases} \delta_{11}X_1+\delta_{12}X_2+\Delta_{1P}=0 \\ \delta_{21}X_1+\delta_{22}X_2+\Delta_{2P}=0 \\ \delta_{33}X_3+\Delta_{3P}=0 \end{cases} \quad (7\text{-}15d)$$

由式（7-15d）可以看出，力法方程已分为两组，一组只包含对称未知力 X_1、X_2，另一组只包含反对称未知力 X_3。

一般来讲，采用力法计算对称结构时，若选取对称结构作为基本结构，基本未知量都是对称多余未知力和（或）反对称多余未知力，则力法方程必然分解成独立的两组，其中一组只包含对称的多余未知力，另一组只包含反对称的多余未知力。这样，就将原来的高阶方程组分解为两个低阶方程组，从而能使计算得到简化。

下面分别就对称荷载和反对称荷载两种情况作进一步讨论。

先讨论原结构承受对称荷载的情况，以图 7-25（b）所示荷载为例。此时基本结构在原荷载单独作用下的弯矩图 M_P 是对称的（图 7-27a），因此可得：

$$\Delta_{3P}=\sum\int\frac{\overline{M}_3 M_P}{EI}ds=0 \quad (7\text{-}15e)$$

将式（7-15e）代入式（7-15d）中的第三式，可知反对称未知力 $X_3=0$，对应的基本体系如图 7-27（b）所示。至于对称未知力 X_1 和 X_2，则需根据式（7-15d）中的前两式进行计算。即原来的三次超静定结构在正对称荷载作用下，若选对称的基本结构进行力法计算，则降为两次超静定结构。

因此，可以得到如下结论：对称结构在对称荷载作用下，若选取对称的基本结构，基本未知量都是对称未知力和（或）反对称未知力，则反对称未知力必然等于零，只需计算对称多余未知力；结构的反力、内力和变形是正对称的。

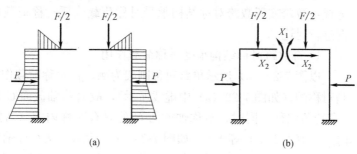

图 7-27　原结构承受对称荷载情况
(a) M_P 图；(b) 基本体系

若原结构承受反对称荷载作用，以图 7-25（c）所示荷载为例。此时基本结构在原荷载单独作用下的弯矩图 M_P 是反对称的（图 7-28a）。因此可得：

$$\begin{cases} \Delta_{1P} = \sum \int \dfrac{\overline{M}_1 M_P}{EI} \mathrm{d}s = 0 \\ \Delta_{2P} = \sum \int \dfrac{\overline{M}_2 M_P}{EI} \mathrm{d}s = 0 \end{cases} \quad (7\text{-}15\mathrm{f})$$

将式（7-15f）代入式（7-15d）中的前两式，可知正对称未知力 $X_1=X_2=0$，对应的基本体系如图 7-28（b）所示。至于反对称未知力 X_3，则需根据式（7-15d）中的第三式进行计算。即原来的三次超静定结构在反对称荷载作用下，若选对称的基本结构进行力法计算，则降为一次超静定结构。

因此，可以得到如下结论：对称结构在反对称荷载作用下，若选取对称基本结构进行力法计算，基本未知量都是对称未知力或（和）反对称未知力，则对称未知力必然等于零，只需计算反对称的多余未知力；结构的反力、内力和变形是反对称的。

对称结构承受非对称荷载作用，通常把荷载分解为对称荷载与反对称荷载两组。对这

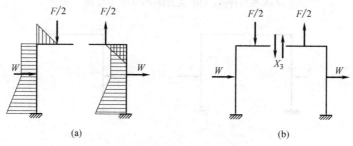

图 7-28　原结构承受反对称荷载情况
(a) M_P 图；(b) 基本体系

两组荷载情况,分别取对称的基本结构进行力法计算:在对称荷载作用下,只需考虑正对称的多余未知力;在反对称荷载作用下,只需考虑反对称的多余未知力。然后,将两种荷载情况的计算结果叠加起来,即得原结构的内力。

三、取半边结构进行计算(半结构法)

码 7-10 半结构法

根据对称结构在对称荷载和反对称荷载作用下的受力和变形的特点,对称结构也可以选取半边结构进行计算。采用半边结构简化计算时,可分成奇数跨或偶数跨对称结构承受对称荷载或反对称荷载作用的四种情况进行讨论。

1. 奇数跨对称结构承受对称荷载作用

以图 7-29(a)所示单跨对称刚架为例,在对称荷载作用下,其变形是对称的(如图 7-29(a)中虚线所示),故对称轴截面 C 处只有竖向位移,没有水平位移和转角位移。同时,对称轴截面 C 处只有对称内力(弯矩 M_C 和轴力 F_{NC}),而反对称内力(剪力 F_{SC})等于 0,如图 7-29(b)所示。从对称轴切开取左半部分分析时,若将对称轴截面 C 处的相应约束设置为滑动支座,由此得到如图 7-29(c)所示半结构,其受力和变形情况与左半边刚架的受力和变形情况完全一样。这样,只需计算出图 7-29(c)所示半结构的内力和位移,即得图 7-29(a)左半边刚架的内力和位移,而右半刚架的内力和位移,可根据对称性的规律求得。这种用半个结构代替原对称结构进行分析的方法称为半结构法。

这里要注意对称轴处结点情况。如图 7-30(a)所示对称刚架,横梁在对称轴处为铰接,承受对称荷载作用。半结构选取时,对称轴截面处相应约束应沿横梁方向设置为活动铰支座,如图 7-30(b)所示。

对其他奇数跨如三跨、五跨等对称结构在对称荷载作用下的变形及受力特征,也可以

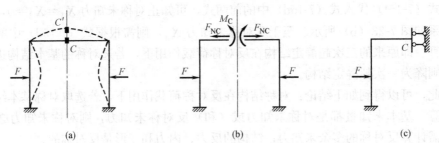

图 7-29 对称荷载下奇数跨对称结构的半结构取法
(a)变形特征;(b)受力特征;(c)半结构

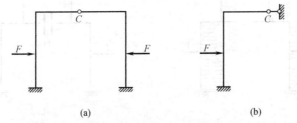

图 7-30 对称荷载下奇数跨对称结构的半结构取法(对称轴处铰接)
(a)原结构;(b)半结构

进行上述同样的分析。因此，可以得到：奇数跨对称结构在对称荷载作用下，若对称轴处横梁为刚接，半结构在对称轴处应沿横梁方向设置成定向约束；若对称轴处是铰接，半结构在对称轴处应沿横梁方向设置为活动支杆。

2. 偶数跨对称结构承受对称荷载作用

如图 7-31（a）所示两跨对称结构承受对称荷载作用，由于对称轴处有一根竖柱 CD，若竖柱的轴向变形忽略不计，则截面 C 不仅无转角和水平位移，也无竖向位移。同时，根据对称结构在对称荷载作用下结构受力是对称的，柱 CD 没有弯矩和剪力，只有轴力 F_{NCD}。若取结点 C 为隔离体研究（图 7-31b），C 点左右两侧横梁截面上可以存在一对互相平衡的对称力矩（$M_{CA}=M_{CB}$）、一对互相平衡的对称轴力（$F_{NCA}=F_{NCB}$），以及和柱 CD 轴力相平衡的对称剪力（$F_{SCA}=F_{SCB}$）。因此，根据变形和受力特征分析，取左半结构分析时，对称轴截面 C 处相当于一固定端，如图 7-31（c）所示。左半刚架与如图 7-31（c）所示半结构的受力和变形情况完全相同，因此计算如图 7-31（c）所示半刚架即可确定整个刚架的内力和位移。

如图 7-32（a）所示对称刚架，对称轴处结点为铰接，承受对称荷载作用。由于结点 C 处两个梁端截面没有弯矩作用，沿对称轴切开取半结构分析时，对称轴截面 C 处应设置为固定铰支座。但对如图 7-32（b）所示对称刚架，对称轴处横梁仍为刚接，但梁柱结点为铰接，取半结构计算时，对称轴截面 C 处也应设置为固定支座。

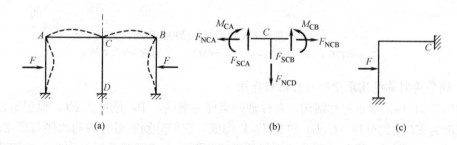

图 7-31 对称荷载下偶数跨对称结构的半结构取法
(a) 变形特征；(b) 受力特征；(c) 半结构

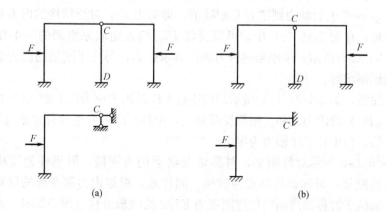

图 7-32 对称荷载下偶数跨对称结构的半结构取法（梁柱非刚接情况）
(a) 对称轴处铰接；(b) 对称轴处横梁刚接、梁柱铰接

因此，可以得到：偶数跨对称结构在对称荷载作用下，若对称轴处是刚结点或组合结点，半结构在对称轴处应设置成固定支座；若对称轴处是铰结点，半结构在对称轴处应设置成固定铰支座。

3. 奇数跨对称结构承受反对称荷载作用

如图 7-33（a）所示对称结构，在反对称荷载作用下，由于只产生反对称的变形（图中虚线所示），因此对称轴上截面 C 没有竖向位移，但有转角和水平位移。另外，从受力情况看，截面 C 处对称内力（弯矩和轴力）都等于零，只应有反对称内力（剪力），如图 7-33（b）所示。因此，取半结构时，对称轴截面 C 处应当用一可动铰支座代替，如图 7-33（c）所示。如图 7-33（d）所示刚架，对称轴处横梁为铰接，其半结构如图 7-33（c）所示。

由此可以得到：奇数跨对称结构在反对称荷载作用下，其半结构是将对称轴上的截面垂直于横梁方向设置成活动支杆。

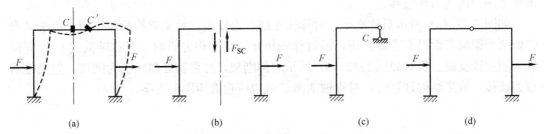

图 7-33 反对称荷载下奇数跨对称结构的半结构取法
(a) 变形特征；(b) 受力特征；(c) 半结构；(d) 对称轴处铰接情况

4. 偶数跨对称结构承受反对称荷载作用

如图 7-34（a）所示对称结构，对称轴处梁柱为刚接，中柱刚度为 EI，设想该柱是由两根刚度为 $EI/2$ 的分柱（C_1D_1 和 C_2D_2）构成，它们分别在对称轴的两侧与横梁刚接，如图 7-34（b）所示。设将此两分柱之间的横梁切开，由于荷载是反对称的，故该截开截面上只存在一对反对称力即剪力 F_{SC}（图 7-34c）。这一对剪力将只使两根分柱分别产生大小相等但方向相反的轴力。就中柱 CD 的内力而言，它应等于此两根分柱的内力之和，因而由剪力 F_{SC} 所产生的轴力则刚好互相抵消，即剪力 F_{SC} 对原结构的内力和变形都无任何影响。于是，在图 7-34（c）中，可直接将 F_{SC} 略去而取原刚架的一半作为其计算简图，如图 7-34（d）所示。半刚架的内力和位移求得后，另一半刚架的内力和位移，可根据反对称的规律求得。

这里要注意，如图 7-34（a）所示结构中柱 CD 的内力应为图 7-34（b）所示两个分柱（C_1D_1 和 C_2D_2）的内力之和。根据反对称性，中柱 CD 的弯矩和剪力分别为任一分柱相应内力的 2 倍。但中柱 CD 轴力为零。

如图 7-35（a）所示对称刚架，对称轴处横梁仍为刚接，但梁柱为铰接；如图 7-35（b）所示对称刚架，对称轴处结点为铰接。同样地，根据内力和变形的反对称性，将中柱 CD 分解成位于对称轴两侧而抗弯刚度为 $EI/2$ 的两根分柱（图 7-35c），两分柱之间的横梁上只作用一对反对称的剪力 F_{SC}，而这个剪力对整体结构受力没有影响。因此，可以直接取如图 7-35（d）所示的半结构来计算，其中中柱刚度折半，中柱与横梁为铰接。

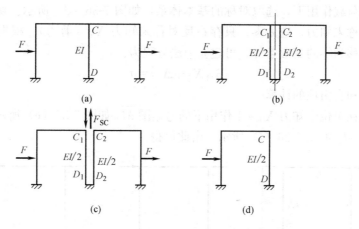

图 7-34 反对称荷载下偶数跨对称结构的半结构取法
(a) 原结构；(b) 中柱的分解；(c) 受力特征；(d) 半结构

由此可以得到：偶数跨对称结构在反对称荷载作用下，其半结构是将中柱刚度折半，梁柱结点形式保持不变。

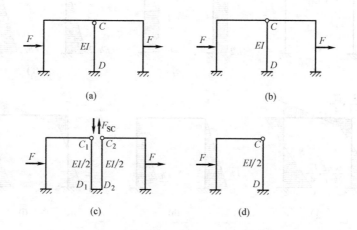

图 7-35 反对称荷载下偶数跨对称结构的半结构取法（梁柱铰接情况）
(a) 原结构 1；(b) 原结构 2；(c) 受力特征；(d) 半结构

【例 7-7】 作如图 7-36（a）所示对称刚架在水平力 F 作用下的弯矩图，已知抗弯刚度 EI_1、EI_2 均为常数。

【解】 (1) 对称性分析

这是三次超静定对称刚架，一般荷载 F 可分解为对称荷载（图 7-36b）和反对称荷载（图 7-36c）的叠加。

在对称荷载作用下（图 7-36b），如果忽略横梁轴向变形，此时只有横梁承受压力（大小为 $F/2$），而其他内力均为零。这里，只需求图 7-36（c）中刚架在反对称荷载作用下的弯矩即可。

下面采用力法解算图 7-36（c）所示刚架结构。

(2) 选取基本体系并建立力法方程

在反对称荷载作用下,选取对称的基本体系,如图 7-36(d)所示。切口截面的弯矩和轴力都是对称未知力,应为零,只存在反对称未知力 X_1(剪力)。根据切口两侧截面的相对剪切位移为零的变形条件,可建立力法方程为:

$$\delta_{11}X_1+\Delta_{1P}=0$$

(3)系数和自由项的计算

基本结构在单位未知力 $X_1=1$ 作用下的弯矩图 $\overline{M}_1$ 如图 7-36(e)所示,在原荷载作用下的弯矩图 M_P 如图 7-36(f)所示。由此可得:

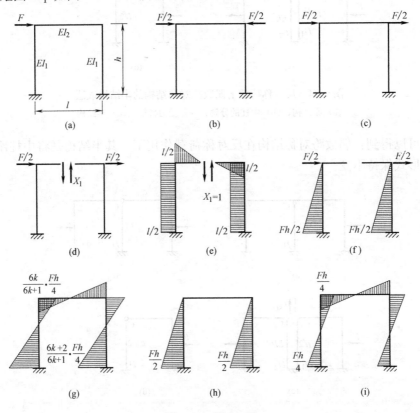

图 7-36 例 7-7 图
(a)原结构;(b)对称荷载作用;(c)反对称荷载作用;(d)基本体系;(e)$\overline{M}_1$ 图;
(f)M_P 图;(g)M 图;(h)M 图(强柱弱梁);(i)M 图(强梁弱柱)

$$\delta_{11}=\sum\int\frac{\overline{M}_1^2}{EI}ds=\frac{2}{EI_1}\times\left(\frac{l}{2}\times h\times\frac{l}{2}\right)+\frac{2}{EI_2}\times\left(\frac{1}{2}\times\frac{l}{2}\times\frac{l}{2}\times\frac{2}{3}\times\frac{l}{2}\right)$$

$$=\frac{l^2h}{2EI_1}+\frac{l^3}{12EI_2}$$

$$\Delta_{1P}=\sum\int\frac{\overline{M}_1 M_P}{EI}ds=\frac{2}{EI_1}\times\left(\frac{1}{2}\times\frac{Fh}{2}\times h\times\frac{l}{2}\right)=\frac{Flh^2}{4EI_1}$$

(4)解力法方程

$$X_1=-\frac{\Delta_{1P}}{\delta_{11}}=-\frac{6k}{6k+1}\frac{Fh}{2l}$$

其中，$k=\dfrac{I_2 h}{I_1 l}$。

(5) 作弯矩图

由叠加法 $M=\overline{M}_1 X_1+M_P$，可作图 7-36（c）所示刚架在反对称荷载作用下的弯矩图，如图 7-36（g）所示，即图 7-36（a）所示刚架的 M 图，它是反对称的图形。

由图 7-36（g）所示 M 图可知，刚架内力分布与梁柱刚度相对值相关。当 k 很小时（强柱弱梁），此时刚架 M 图如图 7-36（h）所示。当 k 很大时（强梁弱柱），此时刚架 M 图如图 7-36（i）所示。

码 7-11 例 7-8

【例 7-8】 利用对称性作如图 7-37（a）所示刚架的 M 图，已知 EI 为常数。

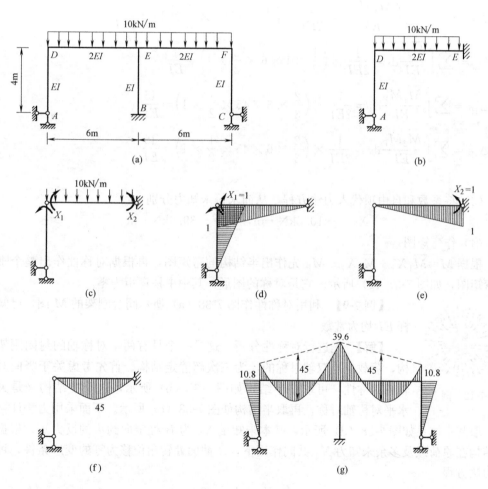

图 7-37 例 7-8 图

(a) 原结构；(b) 半结构；(c) 基本体系；(d) $\overline{M}_1$ 图；(e) $\overline{M}_2$ 图；(f) M_P 图（kN·m）；(g) M 图（kN·m）

【解】 本刚架为偶数跨对称结构承受对称荷载作用，这里取半结构进行计算，如图 7-37（b）所示。下面采用力法计算图 7-37（b）所示的半结构。

(1) 半结构为两次超静定刚架，取如图 7-37（c）所示基本体系进行计算，计算过程简单些。建立力法方程为：

$$\begin{cases} \delta_{11}X_1+\delta_{12}X_2+\Delta_{1P}=0 \\ \delta_{21}X_1+\delta_{22}X_2+\Delta_{2P}=0 \end{cases}$$

(2) 求系数和自由项

分别绘出基本结构在 $X_1=1$ 作用下的弯矩图 $\overline{M}_1$（图 7-37d），$X_2=1$ 作用下的弯矩图 $\overline{M}_2$（图 7-37e），以及荷载作用下的弯矩图 M_P（图 7-37f）。

由图乘法计算可得：

$$\delta_{11}=\sum\int\frac{\overline{M}_1^2}{EI}ds=\frac{1}{2EI}\times\left(\frac{1}{2}\times1\times6\times\frac{2}{3}\times1\right)+\frac{1}{EI}\times\left(\frac{1}{2}\times1\times4\times\frac{2}{3}\times1\right)=\frac{7}{3EI}$$

$$\delta_{12}=\delta_{21}=\sum\int\frac{\overline{M}_1\overline{M}_2}{EI}ds=\frac{1}{2EI}\times\left(\frac{1}{2}\times1\times6\times\frac{1}{3}\times1\right)=\frac{1}{2EI}$$

$$\delta_{22}=\sum\int\frac{\overline{M}_2^2}{EI}ds=\frac{1}{2EI}\times\left(\frac{1}{2}\times1\times6\times\frac{2}{3}\times1\right)=\frac{1}{EI}$$

$$\Delta_{1P}=\sum\int\frac{\overline{M}_1 M_P}{EI}ds=\frac{1}{2EI}\times\left(\frac{2}{3}\times6\times45\times\frac{1}{2}\times1\right)=\frac{45}{EI}$$

$$\Delta_{2P}=\sum\int\frac{\overline{M}_2 M_P}{EI}ds=\frac{1}{2EI}\times\left(\frac{2}{3}\times6\times45\times\frac{1}{2}\times1\right)=\frac{45}{EI}$$

(3) 将系数和自由项代入力法方程，从而求得未知力分别为：

$$X_1=-10.8\text{kN}\cdot\text{m},\ X_2=-39.6\text{kN}\cdot\text{m}$$

(4) 作弯矩图

根据 $M=\overline{M}_1 X_1+\overline{M}_2 X_2+M_P$ 先作出半结构的弯矩图，再根据对称性作出整个刚架的弯矩图，如图 7-37（g）所示。它是对称的图形，其中中柱弯矩为零。

码 7-12 例 7-9

【例 7-9】 利用对称性作图 7-38（a）所示闭合刚架的 M 图，已知各杆 EI 均为常数。

【解】 先进行对称性分析。这是一个具有两个对称轴的封闭刚架结构，荷载也是双轴对称的，为三次超静定结构。首先考虑关于竖向对称轴的对称性，可取左半结构如图 7-38（b）所示，这个半结构又是关于水平对称轴对称，再取半结构如图 7-38（c）所示。下面采用力法计算。

取基本体系如图 7-38（d）所示，基本未知量 X_1 为 B 处定向约束的反力矩。根据基本结构在原荷载及多余未知力 X_1 共同作用下，B 截面处转角位移为零的变形条件，可建立力法方程：

$$\delta_{11}X_1+\Delta_{1P}=0$$

基本结构在单位未知力 $X_1=1$ 作用下的弯矩图 $\overline{M}_1$ 如图 7-38（e）所示，在原荷载作用下的弯矩图 M_P 如图 7-38（f）所示。由此可得：

$$\delta_{11}=\sum\int\frac{\overline{M}_1^2}{EI}ds=\frac{1}{EI}\times(l\times1\times1)+\frac{1}{EI}\times\left(\frac{l}{2}\times1\times1\right)=\frac{3l}{2EI}$$

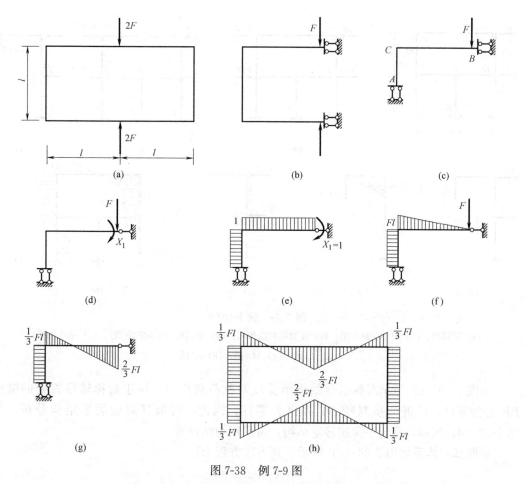

图 7-38 例 7-9 图

(a) 原结构；(b) 半结构；(c) 1/4 结构；(d) 基本体系；(e) $\overline{M}_1$ 图；
(f) M_P 图；(g) 1/4 结构的 M 图；(h) 原结构 M 图

$$\Delta_{1P} = \sum \int \frac{\overline{M}_1 M_P}{EI} ds = \frac{1}{EI}\left(\frac{1}{2} \times l \times Fl \times 1\right) + \frac{1}{EI} \times \frac{l}{2} \times Fl \times 1 = \frac{Fl^2}{EI}$$

将系数和自由项代入力法方程，可解出多余未知力为：

$$X_1 = -\frac{2}{3}Fl$$

多余未知力解出后，由叠加法 $M = \overline{M}_1 X_1 + M_P$ 先作 1/4 结构的弯矩图，如图 7-38 (g) 所示。最后，根据对称性作整个结构的弯矩图，如图 7-38（h）所示，它是双轴对称图形。

【例 7-10】 利用对称性对图 7-39（a）所示组合结构进行分析，并作 M 图，已知 EI、EA 均为常数。

【解】 将荷载 F 可分解为对称荷载（图 7-39b）和反对称荷载（图 7-39c）。对称荷载作用下（图 7-39b）弯矩为零，只需计算反对称荷载作用下的弯矩。

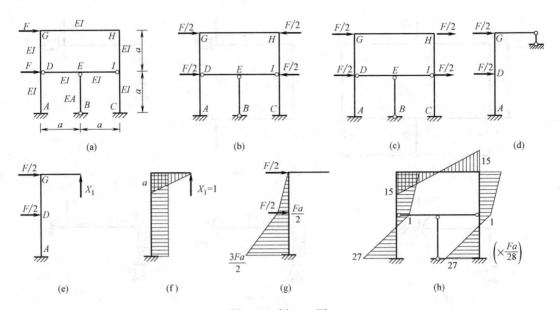

图 7-39 例 7-10 图

(a) 原结构；(b) 对称荷载作用；(c) 反对称荷载作用；(d) 半结构（反对称荷载）；(e) 基本体系；
(f) $\overline{M}_1$ 图；(g) M_P 图；(h) M 图

如图 7-39（c）所示对称组合结构承受反对称荷载作用，位于对称轴位置处的链杆 BE 必为零杆，可进一步判断 DI 杆也为零杆。因此，可取其对应的半结构分析，如图 7-39（d）所示，它为一次超静定结构，可采用力法计算。

选取基本体系如图 7-39（e）所示。其力法方程为：

$$\delta_{11}X_1 + \Delta_{1P} = 0$$

为求解系数和自由项，需作出基本结构在 $X_1=1$ 作用下的弯矩图 $\overline{M}_1$（图 7-39f），以及在原荷载作用下的弯矩图 M_P（图 7-39g）。由此可得：

$$\delta_{11} = \sum \int \frac{\overline{M}_1^2}{EI} ds = \frac{1}{EI}\left(\frac{a^2}{2} \times \frac{2}{3}a + 2a^2 \times a\right) = \frac{7a^3}{3EI}$$

$$\Delta_{1P} = \sum \int \frac{\overline{M}_1 M_P}{EI} ds$$

$$= -\frac{1}{EI}\left[\frac{a}{2} \times \frac{Fa}{2} \times a + \frac{a}{2}\left(\frac{Fa}{2} + \frac{3Fa}{2}\right) \times a\right] = -\frac{5Fa^3}{4EI}$$

将系数和自由项代入力法方程，可解出多余未知力：

$$X_1 = \frac{15}{28}F$$

多余未知力解出后，可作出反对称荷载作用下半结构的弯矩图。再根据弯矩图是反对称的，可作整个结构在反对称荷载作用下的弯矩图（图 7-39h），即为整个结构最后的弯矩图，为反对称图形。

第八节 两 铰 拱

拱结构是工程中应用很广泛的一种结构形式，如应用在桥梁、水利及建筑工程中。在桥梁工程方面，常采用石拱桥和钢筋混凝土拱桥，比如历史上有著名的赵州石拱桥，近年来双曲拱桥（其外形在纵横两个方向均为弧形曲线）被广泛应用，如图 7-40（a）所示。在建筑工程上，常采用带拉杆的拱式屋架，屋架中曲杆为钢筋混凝土构件，拉杆为角钢，吊杆是为了防止拉杆下垂而设的附件，如图 7-40（b）所示。

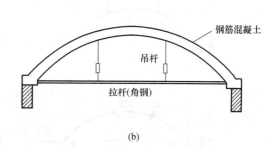

图 7-40 拱式结构
(a) 双曲拱桥；(b) 带拉杆的拱式屋架

超静定拱有两铰拱和无铰拱两种形式，其计算简图分别如图 7-41（a）、（b）所示。在屋盖结构中采用的两铰拱，通常在拱中设置具有一定刚度的拉杆，形成带拉杆的两铰拱，如图 7-41（c）所示。设置拉杆的目的：一方面是使砖墙或立柱不受推力，从而在砖墙或立柱中不产生弯矩；另一方面又使拱肋承受推力，从而减小了拱肋的弯矩。工程中闭合环形结构（图 7-41d）通常也可看作是无铰拱的一种特殊情形。

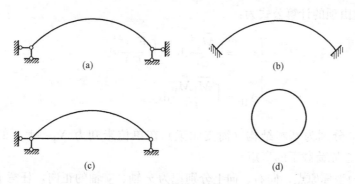

图 7-41 两铰拱和无铰拱
(a) 两铰拱；(b) 无铰拱；(c) 带拉杆两铰拱；(d) 闭合环形结构

本节讨论两铰拱的计算，包括不带拉杆的两铰拱和带拉杆的两铰拱。

一、不带拉杆两铰拱的计算

如图 7-42（a）所示两铰拱承受竖向荷载作用，已知拱肋抗拉压刚度 EA、抗弯刚度

码 7-14 不带拉杆两铰拱

EI。两铰拱是一次超静定结构，下面采用力法计算。

(1) 基本体系和力法方程

力法计算时，将拆除支座 B 处水平支杆得到的曲梁作为基本结构，基本体系如图 7-42 (b) 所示。基本未知量 X_1 为两铰拱支座 B 处水平支反力。

根据基本结构在原荷载与 X_1 共同作用下，在支座 B 处沿 X_1 方向的水平位移为零的变形条件，建立力法方程为：

$$\delta_{11} X_1 + \Delta_{1P} = 0 \tag{7-16a}$$

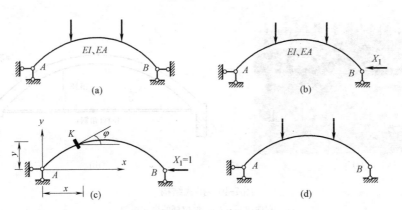

图 7-42 不带拉杆两铰拱的计算
(a) 不带拉杆两铰拱；(b) 基本体系；(c) $X_1=1$ 单独作用；(d) 原荷载单独作用

(2) 计算系数和自由项

拱是曲杆，系数 δ_{11} 和自由项 Δ_{1P} 的计算都不能采用图乘法，需积分计算。基本结构是简支曲梁，在单位未知力 $X_1=1$ 作用下（图 7-42c）的受力性能与拱相同，因此计算系数 δ_{11} 时应同时考虑弯矩和轴力的影响，计算自由项 Δ_{1P} 时一般只考虑弯曲变形的影响。因此，系数和自由项的计算公式为：

$$\begin{cases} \delta_{11} = \int \dfrac{\overline{M}_1^2}{EI} ds + \int \dfrac{\overline{F}_{N1}^2}{EA} ds \\ \Delta_{1P} = \int \dfrac{\overline{M}_1 M_P}{EI} ds \end{cases} \tag{7-16b}$$

式中，$\overline{M}_1$、$\overline{F}_{N1}$ 分别为基本结构（简支曲梁）在单位未知力 $X_1=1$ 下的弯矩、轴力；M_P 为简支曲梁在原荷载下的弯矩。

以 A 支座为坐标原点，向右、向上分别记为 x 轴、y 轴的正向，任意 K 截面位置由几何参数 (x, y, φ) 确定。其中，φ 表示截面 K 处拱轴切线与 x 轴所成的锐角，对左半拱 φ 值取正，对右半拱 φ 值取负。

基本结构在单位未知力 $X_1=1$ 作用下，任意 K 截面的弯矩和轴力可表示为：

$$\begin{cases} \overline{M}_1 = -y \\ \overline{F}_{N1} = -\cos\varphi \end{cases} \tag{7-16c}$$

上式中弯矩以使拱的内缘受拉为正,轴力以拉力为正。

基本结构在原荷载单独作用下(图 7-42d),若仅承受竖向荷载,任意 K 截面的弯矩 M_P 与同跨度同荷载的简支水平梁(代梁)相应截面的弯矩 M^0 彼此相等,即:

$$M_P = M^0 \tag{7-16d}$$

将式(7-16c)和式(7-16d)代入式(7-16b),可得到系数和自由项的计算公式为:

$$\begin{cases} \delta_{11} = \int \dfrac{y^2}{EI} \mathrm{d}s + \int \dfrac{\cos^2\varphi}{EA} \mathrm{d}s \\ \Delta_{1P} = -\int \dfrac{M^0 y}{EI} \mathrm{d}s \end{cases} \tag{7-16e}$$

(3)将系数和自由项代入力法方程,从而可解出多余未知力 X_1,即两铰拱在竖向荷载作用下的水平推力 F_H 为:

$$X_1 = F_H = -\dfrac{\Delta_{1P}}{\delta_{11}} \tag{7-16f}$$

(4)内力计算

推力 F_H 求出后,两铰拱的内力计算方法和计算公式与三铰平拱在竖向荷载作用下的内力计算公式完全相同。即在竖向荷载作用下,两铰拱中任一截面的内力计算公式为:

$$\begin{cases} M = M^0 - F_H y \\ F_S = F_S^0 \cos\varphi - F_H \sin\varphi \\ F_N = -F_S^0 \sin\varphi - F_H \cos\varphi \end{cases} \tag{7-16g}$$

式中,M^0、F_S^0 分别为拱对应简支梁的弯矩和剪力。

式(7-16g)在三铰拱结构中已经推导过了。这里要注意,两铰拱和三铰拱内力计算公式虽然完全相同,但三铰拱的水平推力 F_H 是通过平衡条件求得的,而两铰拱的水平推力 F_H 是通过力法方程即变形条件求得的。

若要绘拱结构的内力图,可将拱沿拱轴等分若干段,计算各分段点截面内力,并将各截面相应内力值连成曲线,即可得内力图。

二、带拉杆两铰拱的计算

如图 7-43(a)所示为带拉杆的两铰拱承受竖向荷载作用,已知拱肋抗拉压刚度为 EA、抗弯刚度为 EI,拉杆 AB 的刚度记为 $E_1 A_1$。

力法计算带拉杆的两铰拱时,可将拉杆切断,得到的基本体系如图 7-43(b)所示。基本未知力 X_1 是拉杆的拉力,即为拱肋所受的推力 F_H。

码 7-15 带拉杆两铰拱

根据基本结构在荷载与 X_1 共同作用下,拉杆切口两侧截面沿 X_1 方向相对轴向位移为零的变形条件,建立力法方程为:

$$\delta_{11}^* X_1 + \Delta_{1P}^* = 0 \tag{7-17a}$$

为了区别于无拉杆两铰拱,这里将力法方程中系数和自由项分别表示为 δ_{11}^* 和 Δ_{1P}^*。

系数 δ_{11}^* 表示基本结构在单位未知力 $X_1 = 1$ 作用下(图 7-43c),切口两侧截面的相对轴向位移。基本结构在 $X_1 = 1$ 作用下,拱肋的受力性能与拱相同,同时拉杆还受轴力,因此计算系数 δ_{11}^* 时对拱肋要同时考虑弯曲变形和轴向变形的影响,对拉杆要考虑轴向变

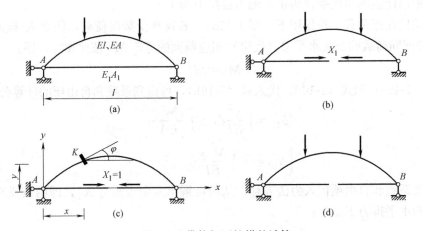

图 7-43 带拉杆两铰拱的计算
(a) 带拉杆两铰拱；(b) 基本体系；(c) $X_1=1$ 单独作用；(d) 原荷载单独作用

形的影响，即：

$$\delta_{11}^* = \int \frac{\overline{M}_1^2}{EI}ds + \int \frac{\overline{F}_{N1}^2}{EA}ds + \int_0^l \frac{\overline{F}_{N1}^2}{E_1A_1}dx \tag{7-17b}$$

式 (7-17b) 中，前两项是对拱肋积分，第三项是对拉杆积分。

在图 7-43 (c) 所示坐标系中，拱肋上任意截面的弯矩和轴力仍然可以用式 (7-16c) 表示，拉杆轴力 $\overline{F}_{N1}=1$。因此，由式 (7-17b) 计算系数 δ_{11}^* 为：

$$\delta_{11}^* = \int \frac{y^2}{EI}ds + \int \frac{\cos^2\varphi}{EA}ds + \frac{l}{E_1A_1} \tag{7-17c}$$

基本结构在原荷载单独作用下（图 7-43d），拉杆的拉力为零。因此，计算自由项 Δ_{1P}^* 时只需对拱肋积分，这与无拉杆两铰拱的情况是一样的，即：

$$\Delta_{1P}^* = \int \frac{\overline{M}_1 M_P}{EI}ds = -\int \frac{yM^0}{EI}ds \tag{7-17d}$$

将系数和自由项代入力法方程，从而可解出多余未知力 X_1，即两铰拱在竖向荷载作用下拉杆的拉力，即拱肋推力 F_H^*：

$$X_1 = F_H^* = -\frac{\Delta_{1P}^*}{\delta_{11}^*} \tag{7-17e}$$

拱肋所受推力求出后，内力计算公式与式 (7-16g) 完全相同，式中推力 F_H 即拉杆的拉力 X_1。

下面对两铰拱的两种形式（有拉杆和无拉杆）加以比较。将两种情况下系数计算式 (7-16e) 和式 (7-17c) 加以比较，可得：

$$\delta_{11}^* = \delta_{11} + \frac{l}{E_1A_1} \tag{7-18a}$$

由式 (7-16e) 和式 (7-17d) 可知，两种情况下自由项相同，即：

$$\Delta_{1P}^* = \Delta_{1P} \tag{7-18b}$$

由此可得出推力 F_H（无拉杆两铰拱）和拉杆拉力 F_H^*（有拉杆两铰拱）有下列关系：

$$F_H^* < F_H \qquad (7\text{-}18c)$$

这说明，带拉杆两铰拱的拱肋推力要比相应无拉杆两铰拱的推力小，而且带拉杆两铰拱的推力与拉杆刚度（E_1A_1）有直接关系。若拉杆刚度很大（$E_1A_1 \to \infty$），则 $F_H^* \to F_H$，此时两种形式拱的推力基本相等，因此受力状态也基本相同。若拉杆刚度很小（$E_1A_1 \to 0$），则 $F_H^* \to 0$，此时带拉杆两铰拱实际上就成为简支曲梁而丧失了拱的作用，这对拱肋受力状态是很不利的。由此可见，在设计带拉杆的两铰拱时，为了减少拱肋的弯矩，改善拱的受力状态，应适当地加大拉杆刚度。

码 7-16　例 7-11

【**例 7-11**】　如图 7-44（a）所示为抛物线两铰拱，拱跨度 l，拱高 f，拱截面 EI 为常数，在图示坐标中拱轴方程为：$y = 4fx(l-x)/l^2$。求其水平推力 F_H，并作内力图。

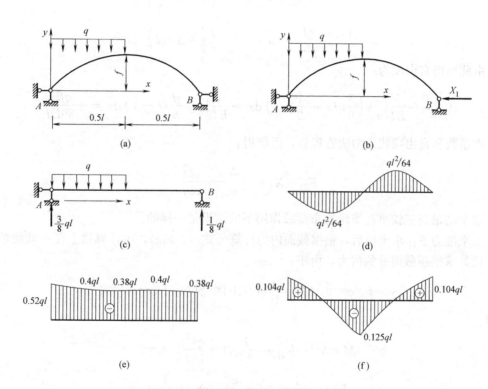

图 7-44　例 7-11 图

(a) 两铰拱计算简图；(b) 基本体系；(c) 相应简支梁；(d) M 图；(e) F_N 图；(f) F_S 图

【**解**】　以 B 支座水平约束力作为多余未知力 X_1，力法基本体系如图 7-44（b）所示。力法方程为：

$$\delta_{11}X_1 + \Delta_{1P} = 0$$

计算系数和自由项时，采用两个简化假设：

(1) 忽略轴向变形，只考虑弯曲变形。

(2) 当拱比较扁平时 $\left(\dfrac{f}{l} < \dfrac{1}{5}\right)$，可近似取：$ds = dx$。

197

因此，根据式（7-16e）计算系数和自由项的公式可分别表示为：

$$\delta_{11}=\frac{1}{EI}\int_0^l y^2\mathrm{d}x$$

$$\Delta_{1P}=-\frac{1}{EI}\int_0^l yM^0\mathrm{d}x$$

将拱轴方程 y 表达式代入系数后直接进行积分运算，从而可得到系数 δ_{11} 值：

$$\delta_{11}=\frac{1}{EI}\int_0^l\left[\frac{4f}{l^2}x(l-x)\right]^2\mathrm{d}x=\frac{16f^2}{EIl^4}\int_0^l(l^2x^2-2lx^3+x^4)\mathrm{d}x=\frac{8f^2l}{15EI}$$

要计算自由项 Δ_{1P}，需要先写出相应水平简支梁（图 7-44c）在相应荷载作用下的弯矩 M^0 表达式。这里，弯矩 M^0 要分两段表示如下：

$$\begin{cases} M^0=\frac{3}{8}qlx-\frac{1}{2}qx^2 & \left(0<x<\frac{l}{2}\right) \\ M^0=\frac{ql}{8}(l-x) & \left(\frac{l}{2}<x<l\right) \end{cases}$$

由此可得自由项为：

$$\Delta_{1P}=-\frac{1}{EI}\int_0^{\frac{l}{2}}y\left(\frac{3}{8}qlx-\frac{1}{2}qx^2\right)\mathrm{d}x-\frac{1}{EI}\int_{\frac{l}{2}}^l y\frac{ql}{8}(l-x)\mathrm{d}x=-\frac{qfl^3}{30EI}$$

将系数和自由项代入力法方程后，可解得：

$$F_H=X_1=-\frac{\Delta_{1P}}{\delta_{11}}=\frac{ql^2}{16f}$$

这个结果与三铰拱在半跨均布荷载作用下的结果是一样的。

水平推力 F_H 求出以后，根据截面内力计算公式（7-16g），可计算拱上任一截面的内力。比如求拱顶截面处的内力，由于：

$$y=f,\ \varphi=0,\ M^0=\frac{1}{16}ql^2\text{（下侧受拉）},\ F_S^0=-\frac{1}{8}ql$$

可得：

$$M=M^0-F_H y=\frac{1}{16}ql^2-\frac{ql^2}{16f}\times f=0$$

$$F_S=-\frac{1}{8}ql\times 1-\frac{ql^2}{16f}\times 0=-\frac{1}{8}ql$$

$$F_N=\frac{1}{8}ql\times 0-\frac{ql^2}{16f}\times 1=-\frac{ql^2}{16f}$$

若要作内力图，可先将拱轴若干等分，按上述同样方法计算出每个等分截面处的内力值，再分别连接成光滑的曲线即可。作出的内力图分别如图 7-44（d）、（e）、（f）所示。

上面计算结果表明，两铰拱的推力与三铰拱的推力相等，内力也与三铰拱的内力相同，这不是一个普遍性结论。如果在别的荷载作用下，或者在计算位移时不忽略轴向变形的影响，则两铰拱的推力不一定与三铰拱推力相等。但是，在一般荷载作用下，两铰拱的推力与三铰拱的推力通常是比较接近的。

第九节* 无铰拱

对称的无铰拱是三次超静定结构，常用于桥梁结构。为了简化计算，可以考虑采用带刚臂的无铰拱来代替它进行计算。

码 7-17 无铰拱

如图 7-45（a）所示无铰拱，先在拱顶把拱切开，在切口处沿竖向对称轴安上两根刚性无穷大的杆件 CO 和 C_1O_1（刚臂），在刚臂端部用刚结点把两个刚臂重新连接起来，如图 7-45（b）所示。在任意荷载作用下，通过刚性连接的 O 和 O_1 之间不能产生任何的相对移动和相对转动。刚臂 CO 和 C_1O_1 也不会产生任何变形，因此，切口两侧截面 C 和 C_1 间也没有任何相对位移。这表明，这个带刚臂的无铰拱与原来的无铰拱是等效的，可以互相代替。下面用这个带刚臂的无铰拱代替原无铰拱进行力法计算。

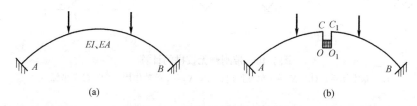

图 7-45 等效无铰拱（带刚臂）
（a）对称无铰拱；（b）带刚臂的无铰拱

对带刚臂的无铰拱进行力法计算时，可选取对称的基本体系，将拱在刚臂端部 O 处切开，多余未知力 X_1、X_2 和 X_3 分别为切口左右截面处的弯矩、水平力及竖向力，如图 7-46（a）所示。力法方程一般可表示为：

$$\begin{cases}\delta_{11}X_1+\delta_{12}X_2+\delta_{13}X_3+\Delta_{1P}=0\\ \delta_{21}X_1+\delta_{22}X_2+\delta_{23}X_3+\Delta_{2P}=0\\ \delta_{31}X_1+\delta_{32}X_2+\delta_{33}X_3+\Delta_{3P}=0\end{cases} \quad (7\text{-}19a)$$

由于多余未知力 X_1、X_2 是正对称的，X_3 是反对称的，因此式（7-19a）可以简化为独立的两组：一组仅含有对称的多余未知力 X_1、X_2，另一组仅含有反对称的多余未知力 X_3，即：

$$\begin{cases}\delta_{11}X_1+\delta_{12}X_2+\Delta_{1P}=0\\ \delta_{21}X_1+\delta_{22}X_2+\Delta_{2P}=0\\ \delta_{33}X_3+\Delta_{3P}=0\end{cases} \quad (7\text{-}19b)$$

若要使式（7-19b）中的副系数 δ_{12} 和 δ_{21} 都等于零，可以通过控制刚臂的长度来实现，即控制刚臂端点 O 的位置。下面根据副系数等于零这个条件反过来推算刚臂的长度。

力法方程中，副系数 δ_{12} 和 δ_{21} 的算式如下：

$$\delta_{12}=\delta_{21}=\sum\int\frac{\overline{M}_1\overline{M}_2}{EI}ds+\sum\int\frac{k\overline{F}_{S1}\overline{F}_{S2}}{GA}ds+\sum\int\frac{\overline{F}_{N1}\overline{F}_{N2}}{EA}ds \quad (7\text{-}19c)$$

式中，$\overline{M}_1$、$\overline{F}_{S1}$、$\overline{F}_{N1}$ 是基本结构在单位未知力 $X_1=1$ 作用下拱肋内力；$\overline{M}_2$、$\overline{F}_{S2}$、$\overline{F}_{N2}$ 是基本结构在单位未知力 $X_2=1$ 作用下拱肋内力。因为刚臂为绝对刚性，式中积分

范围只包括拱轴的全长，而不包括刚臂部分。

为了求基本结构在单位未知力作用下拱肋的内力，先建立如下坐标系：选刚臂端点 O 为坐标原点，x 轴向右为正，y 轴向上为正。

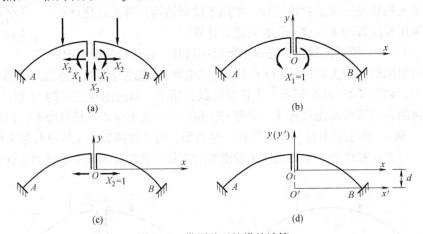

图 7-46　带刚臂无铰拱的计算
(a) 基本体系；(b) $X_1=1$ 单独作用；(c) $X_2=1$ 单独作用；(d) 参考坐标系

基本结构在单位未知力 $X_1=1$ 作用下（图 7-46b），拱肋上任一截面内力可表示为：

$$\overline{M}_1=1,\ \overline{F}_{S1}=0,\ \overline{F}_{N1}=0 \tag{7-19d}$$

基本结构在单位未知力 $X_2=1$ 作用下（图 7-46c），拱肋上任一截面内力可表示为：

$$\overline{M}_2=-y,\ \overline{F}_{S2}=-\sin\varphi,\ \overline{F}_{N2}=-\cos\varphi \tag{7-19e}$$

式中，φ 为任一截面处拱轴切线与 x 轴所成的锐角；弯矩以使拱内缘受拉为正。

将式（7-19d）和式（7-19e）代入式（7-19c），可得：

$$\delta_{12}=\delta_{21}=-\int \frac{y}{EI}\mathrm{d}s \tag{7-19f}$$

在图 7-46（d）中，另外再取一个参考坐标轴 x' 和 y'，其中 y' 轴与 y 轴重合，x' 轴与 x 轴间的距离为 d。在参考坐标系中，拱轴上任一点的新坐标 y' 与原坐标 y 有如下的关系：

$$y'=y+d \ \text{或}\ y=y'-d \tag{7-19g}$$

在参考坐标系中重新计算副系数，则需将式（7-19g）代入式（7-19f），从而有：

$$\delta_{12}=\delta_{21}=-\int \frac{y'-d}{EI}\mathrm{d}s=\int \frac{-y'}{EI}\mathrm{d}s+d\int \frac{1}{EI}\mathrm{d}s \tag{7-19h}$$

若令 $\delta_{12}=\delta_{21}=0$，由式（7-19h）可得 x' 轴与 x 轴间的距离 d 值：

$$d=\frac{\int \dfrac{y'}{EI}\mathrm{d}s}{\int \dfrac{1}{EI}\mathrm{d}s} \tag{7-20}$$

由以上讨论可知，先取参考坐标轴 x'、y'，由式（7-20）求出 d 值，由此刚臂端点 O 的位置就确定了。用力法计算带刚臂无铰拱时，按图 7-46（a）取基本体系，此时力法方程式（7-19b）中副系数 $\delta_{12}=\delta_{21}=0$，从而力法方程就可以进一步简化为三个独立的一元一次方程：

$$\begin{cases} \delta_{11}X_1+\Delta_{1P}=0 \\ \delta_{22}X_2+\Delta_{2P}=0 \\ \delta_{33}X_3+\Delta_{3P}=0 \end{cases} \quad (7\text{-}21)$$

这将会使计算工作大大简化。

这个方法中的一个重要环节，是根据式（7-20）来确定刚臂端点 O 的位置。为了对这个公式有一个形象的理解，可以进行如下的比拟：如图 7-47（a）所示为实际给定的无铰拱，拱截面抗弯刚度为 EI。另外设想一个窄条面积，以拱轴为轴线，以拱的截面抗弯刚度的倒数（$1/EI$）作为截面宽度，如图 7-47（b）所示，这个设想的窄条面积称为弹性面积。

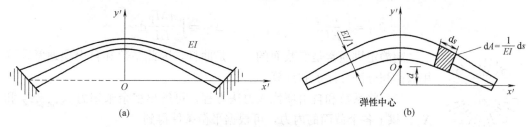

图 7-47 弹性中心
(a) 无铰拱；(b) 窄条面积

从弹性面积中取微段 ds，微段面积为：

$$dA=\frac{ds}{EI}$$

在式（7-20）中，积分 $\int\frac{1}{EI}ds$ 表示窄条总面积（总弹性面积）；积分 $\int\frac{y'}{EI}ds$ 是弹性面积对 x' 轴的面积矩；d 值就是弹性面积的形心到 x' 轴的距离。这表明，刚臂端点 O 就是弹性面积的形心，称为弹性中心。这种采用带刚臂无铰拱来等效代替原无铰拱的计算方法，通常称为弹性中心法。

采用弹性中心法计算无铰拱的步骤为：

(1) 先按式（7-20）确定 d 值，即确定弹性中心的位置。

(2) 取带刚臂的等效无铰拱来代替原来的无铰拱进行计算：将刚臂端部切开后得到的对称结构作为力法的基本结构，多余未知力 X_1、X_2 和 X_3 作用在弹性中心上。

(3) 建立力法方程：此时力法方程是三个独立的一元一次方程，见式（7-21）。

(4) 计算主系数和自由项。

计算系数和自由项时，通常只考虑弯矩的影响，但在计算 δ_{22} 时，需要考虑轴力的影响。因此，主系数和自由项的计算公式分别为：

$$\begin{cases} \delta_{11}=\sum\int\frac{\overline{M}_1^2}{EI}ds \quad \Delta_{1P}=\sum\int\frac{\overline{M}_1 M_P}{EI}ds \\ \delta_{22}=\sum\int\frac{\overline{M}_2^2}{EI}ds+\sum\int\frac{\overline{F}_{N2}^2}{EA}ds \quad \Delta_{2P}=\sum\int\frac{\overline{M}_2 M_P}{EI}ds \\ \delta_{33}=\sum\int\frac{\overline{M}_3^2}{EI}ds \quad \Delta_{3P}=\sum\int\frac{\overline{M}_3 M_P}{EI}ds \end{cases} \quad (7\text{-}22a)$$

式中，$\overline{M}_3$ 为基本结构在单位未知力 $X_3=1$ 作用下拱肋弯矩，可表示为：

$$\overline{M}_3 = x \tag{7-22b}$$

将 $\overline{M}_1$（式 7-19d）、$\overline{M}_2$ 和 $\overline{F}_{N2}$（式 7-19e），以及 $\overline{M}_3$（式 7-22b）代入式（7-22a），可得主系数和自由项的具体计算公式为：

$$\begin{cases} \delta_{11} = \int \dfrac{1}{EI}\mathrm{d}s & \Delta_{1P} = \int \dfrac{M_P}{EI}\mathrm{d}s \\ \delta_{22} = \int \dfrac{y^2}{EI}\mathrm{d}s + \int \dfrac{\cos^2\varphi}{EA} & \Delta_{2P} = -\int \dfrac{yM_P}{EI}\mathrm{d}s \\ \delta_{33} = \int \dfrac{x^2}{EI}\mathrm{d}s & \Delta_{3P} = \int \dfrac{xM_P}{EI}\mathrm{d}s \end{cases} \tag{7-22c}$$

超静定拱通常是变截面的，又是曲杆，因此系数和自由项通常需要用数值积分法分段求和计算。

(5) 将系数和自由项代入力法方程，可解出多余未知力 X_1、X_2 和 X_3。拱上各个截面的内力，可根据平衡条件得到。

码 7-18 例 7-12

【例 7-12】 如图 7-48（a）所示为等截面圆弧无铰拱，跨度 $l=10\mathrm{m}$，矢高 $f=2.5\mathrm{m}$，承受均布竖向荷载 $q=10\mathrm{kN/m}$ 作用，求其水平推力及内力。

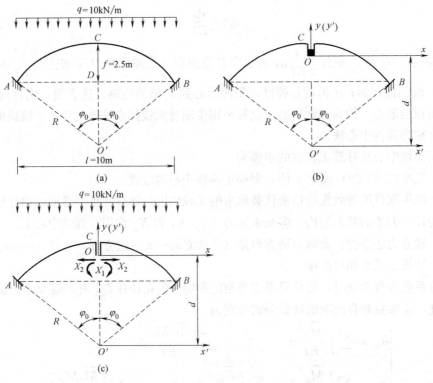

图 7-48 例 7-12 图
(a) 无铰拱；(b) 等效无铰拱；(c) 基本体系

【解】 假设拱轴圆弧的中心在 O' 处，圆弧半径为 R。由直角三角形 $O'AD$ 的几何关系得：
$$R^2 = \left(\frac{l}{2}\right)^2 + (R-f)^2$$

可确定圆拱的半径为：
$$R = \frac{l^2 + 4f^2}{8f} = 6.25\text{m}$$

并可确定半拱的圆心角 φ_0：
$$\sin\varphi_0 = \frac{AD}{O'A} = \frac{l/2}{R} = 0.8, \cos\varphi_0 = 0.6, \varphi_0 = 0.9273\text{rad}$$

下面采用弹性中心法计算该无铰拱。

(1) 取带刚臂的等效无铰拱，如图 7-48（b）所示，确定弹性中心 O 的位置。

坐标轴 x 和 y 通过弹性中心 O，另取参考坐标轴 x' 和 y' 通过圆心 O'，且有：
$$x' = x = R\sin\varphi$$
$$y' = y + d = R\cos\varphi$$

弹性中心 O 与圆心 O' 的距离为：
$$d = \frac{\int \frac{y'}{EI} \text{d}s}{\int \frac{\text{d}s}{EI}} = \frac{2\int_0^{\varphi_0} R\cos\varphi \cdot R\text{d}\varphi}{2\int_0^{\varphi_0} R\text{d}\varphi} = \frac{R\sin\varphi_0}{\varphi_0} = 5.39\text{m}$$

(2) 将刚臂端部即弹性中心切开后得到的对称结构作为力法的基本结构，基本体系如图 7-48（c）所示。因荷载对称，故反对称的未知力 $X_3 = 0$。力法方程为：
$$\begin{cases} \delta_{11}X_1 + \Delta_{1P} = 0 \\ \delta_{22}X_2 + \Delta_{2P} = 0 \end{cases}$$

(3) 求系数 δ_{11}、δ_{22} 和自由项 Δ_{1P}、Δ_{2P}

计算位移时，只考虑弯矩的影响。

在单位未知力 $X_1 = 1$、$X_2 = 1$ 及原荷载分别单独作用下，基本结构的弯矩方程分别为：
$$\overline{M}_1 = 1$$
$$\overline{M}_2 = -y = d - y' = R\left(\frac{\sin\varphi_0}{\varphi_0} - \cos\varphi\right)$$
$$M_P = -\frac{q}{2}x^2 = -\frac{q}{2}R^2\sin^2\varphi$$

因此有：
$$EI\delta_{11} = \int \overline{M}_1^2 \text{d}s = 2\int_0^{\varphi_0} R\text{d}\varphi = 2R\varphi_0 = 1.855R$$

$$EI\delta_{22} = \int \overline{M}_2^2 \text{d}s = 2\int_0^{\varphi_0} R^2\left(\frac{\sin\varphi_0}{\varphi_0} - \cos\varphi\right)^2 \cdot R\text{d}\varphi = 2R^3\int_0^{\varphi_0}\left(\frac{\sin^2\varphi_0}{\varphi_0^2} - 2\frac{\sin\varphi_0}{\varphi_0}\cos\varphi + \cos^2\varphi\right)\text{d}\varphi$$
$$= 2R^3\left(\frac{\varphi_0}{2} - \frac{\sin^2\varphi_0}{\varphi_0} + \frac{1}{4}\sin 2\varphi_0\right) = 0.0270R^3$$

$$EI\Delta_{1P}=\int\overline{M}_1M_P\mathrm{d}s=2\int_0^{\varphi_0}\left(-\frac{q}{2}R^2\sin^2\varphi\right)\cdot R\mathrm{d}\varphi=-qR^3\left[\frac{\varphi}{2}-\frac{1}{4}\sin2\varphi\right]_0^{\varphi_0}$$

$$=-qR^3\left(\frac{\varphi_0}{2}-\frac{1}{4}\sin2\varphi_0\right)=-0.224qR^3$$

$$EI\Delta_{2P}=\int\overline{M}_2M_P\mathrm{d}s=2\int_0^{\varphi_0}R\left(\frac{\sin\varphi_0}{\varphi_0}-\cos\varphi\right)\times\left(-\frac{q}{2}R^2\sin^2\varphi\right)\cdot R\mathrm{d}\varphi$$

$$=-qR^4\left[\frac{\sin\varphi_0}{\varphi_0}\left(\frac{\varphi}{2}-\frac{1}{4}\sin2\varphi\right)-\frac{1}{3}\sin^3\varphi\right]_0^{\varphi_0}$$

$$=-qR^4\left(\frac{1}{2}\sin\varphi_0-\frac{1}{4\varphi_0}\sin\varphi_0\sin2\varphi_0-\frac{1}{3}\sin^3\varphi_0\right)$$

$$=-0.0223qR^4$$

(4) 解力法方程,求出多余未知力为:

$$X_1=-\frac{\Delta_{1P}}{\delta_{11}}=\frac{0.224qR^3}{1.855R}=0.121qR^2=47.1\mathrm{kN}\cdot\mathrm{m}$$

$$X_2=-\frac{\Delta_{2P}}{\delta_{22}}=\frac{0.0223qR^4}{0.0270R^3}=0.827qR=51.7\mathrm{kN}$$

(5) 求水平推力

根据基本体系在水平方向的平衡条件,可得水平推力为:

$$F_H=X_2=51.7\mathrm{kN}$$

这里将无铰拱与三铰拱进行比较。在同跨度、承受同样荷载作用下,拱轴相同的三铰拱的推力为:

$$F_H'=\frac{M_C^0}{f}=\frac{ql^2}{8f}=\frac{10\times10^2}{8\times2.5}=50\mathrm{kN}$$

F_H 与 F_H' 非常接近,相对差值 $=\frac{51.7-50}{50}\times100\%=3\%$。

(6) 根据平衡条件进行内力计算

多余未知力求出后,拱上各个截面的内力,可根据平衡条件得到。比如拱顶及拱脚处的弯矩分别为:

$$M_0=X_1-X_2(R-d)=47.1-51.7\times(6.25-5.39)=2.76\mathrm{kN}\cdot\mathrm{m}$$

$$M_A=M_B=x_1+X_2(d-R\cos\varphi_0)-\frac{q}{2}\left(\frac{l}{2}\right)^2=6.98\mathrm{kN}\cdot\mathrm{m}$$

第十节 超静定结构位移的计算

码 7-19 超静定结构位移计算

根据单位荷载法计算位移,平面杆件结构在荷载作用下的位移计算公式可表示为:

$$\Delta_{KP}=\sum\int\frac{\overline{M}M}{EI}\mathrm{d}s+\sum\int k\frac{\overline{F}_SF_S}{GA}\mathrm{d}s+\sum\int\frac{\overline{F}_NF_N}{EA}\mathrm{d}s \tag{7-23}$$

式中,$\overline{M}$、$\overline{F}_S$、$\overline{F}_N$ 为虚拟状态中由单位荷载引起的内力;M、F_S、F_N 为实际荷载作用

引起的内力；EI、EA、GA 分别为杆件截面抗弯刚度、抗拉压刚度和抗剪刚度；k 为剪应力分布不均匀修正系数。

式（7-23）不仅适用于静定结构的位移计算，同样适用于超静定结构的位移计算。

用力法计算超静定结构，是根据基本结构在原荷载及多余未知力共同作用下（基本体系）的位移与原超静定结构相同这个条件来进行的。基本体系与原结构的唯一区别是把多余未知力由原来的被动力换成主动力。因此，只要多余未知力满足力法方程，基本体系的受力与变形状态就与原结构完全相同，因而求原结构位移的问题就归结为求基本体系位移问题。

如图 7-49（a）所示超静定梁，在本章第三节中已通过力法计算得到其 M 图，如图 7-49（b）所示，现欲求梁中点 C 的挠度 Δ_{CV}。在力法计算中，可以选择将支座 B 处支座链杆去掉后得到的悬臂梁作为基本结构，如图 7-49（c）所示为相应的基本体系。为求 Δ_{CV}，在该基本结构的 C 点施加竖向单位荷载 $\overline{F}=1$，并根据平衡条件作出弯矩图 $\overline{M}_1$（图 7-49d）。利用 $\overline{M}_1$ 图和 M 图，根据图乘可得：

$$\Delta_{CV} = \sum \int \frac{\overline{M}_1 M}{EI} \mathrm{d}s = \frac{1}{EI} \times \left[\frac{0.5l \times 0.5l}{2} \left(\frac{2}{3} \times \frac{ql^2}{8} + \frac{1}{3} \times \frac{ql^2}{16} \right) - \frac{2}{3} \times \frac{l}{2} \times \frac{ql^2}{8} \times \frac{3}{8} \times \frac{l}{2} \right] = \frac{ql^4}{192EI}(\downarrow)$$

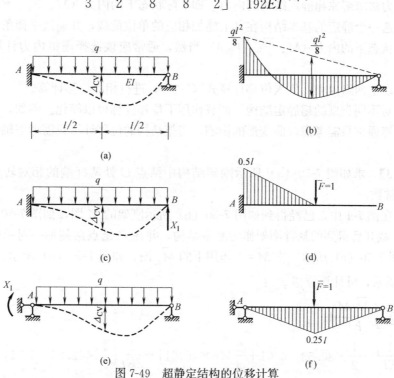

图 7-49 超静定结构的位移计算

(a) 原超静定结构；(b) M 图；(c) 基本体系 1；(d) $\overline{M}_1$ 图（$\overline{F}=1$ 施加在基本结构 1 上）；(e) 基本体系 2；(f) $\overline{M}_2$ 图（$\overline{F}=1$ 施加在基本结构 2 上）

这就是利用基本体系求得的原结构跨中的竖向变形 Δ_{CV}。

由此可见，求原超静定结构的位移，完全可以用求基本体系的位移来代替。于是，虚拟状态的单位荷载就可以直接加在基本结构上，由于基本结构是静定的，其内力仅由平衡条件便可确定，这样就大大简化了计算量。

此外，在力法计算中，原超静定结构的最后内力图并不因所取基本结构的不同而不同，即超静定结构的最后内力可以看作是选取任何一种基本结构求得的。因此，在求超静定结构位移时，也可以任选一种基本结构来求虚拟状态下的内力。

比如，力法计算如图7-49（a）所示超静定梁，也可以选择如图7-49（e）所示的基本体系。同样地，为求Δ_{CV}，在该基本结构的C点施加竖向单位荷载$\overline{F}=1$，并根据平衡条件作出弯矩图$\overline{M}_2$（图7-49f）。利用$\overline{M}_2$图和M图，根据图乘可得：

$$\Delta_{CV} = \sum \int \frac{\overline{M}_2 M}{EI} ds = \frac{1}{EI} \times \left(-\frac{l \times 0.25l}{2} \times \frac{1}{2} \times \frac{ql^2}{8} + \right.$$

$$\left. 2 \times \frac{2}{3} \times \frac{l}{2} \times \frac{ql^2}{8} \times \frac{5}{8} \times 0.25l\right) = \frac{ql^4}{192EI}(\downarrow)$$

显然，单位荷载施加在两个不同的基本结构上，最终求得的位移是完全相同的。

因此，在求超静定结构位移时，单位力可以施加在任选的一个静定的基本结构上，通过平衡条件就可以求虚拟状态的内力。

综上所述，根据式（7-23）计算超静定结构在荷载作用下的位移，包括三个步骤：

（1）用力法求解原超静定结构的内力，即实际状态下的内力（M、F_S、F_N）；

（2）任选一个静定的基本结构在其上施加相应的单位荷载，并通过平衡条件求解其内力，即虚拟状态下的内力（$\overline{M}$、$\overline{F}_S$、$\overline{F}_N$）。当然，通常应该选择虚拟内力计算较简单的基本结构；

（3）将以上两组内力，代入位移计算式（7-23），进行相应位移计算。

当然，对不同类型的超静定结构，荷载作用下位移计算可以简化。例如，梁和刚架结构的位移计算通常只需考虑弯曲变形的影响，桁架结构的位移计算只需考虑轴向变形的影响等。

【**例7-13**】 求如图7-50（a）所示刚架结构中结点C处两杆端的相对转角位移φ_{cc}，已知EI为常数。

【**解**】 在例7-1中，已经得到如图7-50（b）所示刚架的M图，如图7-50（b）所示。将铰结点C截开后得到的悬臂刚架作为基本结构，并在C结点两侧加一对单位集中力偶$\overline{M}=1$，如图7-50（c）所示。作$\overline{M}=1$作用下的$\overline{M}_1$图，如图7-50（d）所示。将M图和$\overline{M}_1$图进行图乘，可计算位移φ_{cc}：

$$\varphi_{cc} = \sum \int \frac{\overline{M}_1 M}{EI} dx$$

$$= \frac{1}{EI}\left(-\frac{1}{2} \times 80.53 \times 6 \times 1 + \frac{2}{3} \times 6 \times 45 \times 1\right) - \frac{1}{2EI}\left(\frac{1}{2} \times 42.63 \times 6 \times 1\right)$$

$$+ \frac{1}{EI}\left(\frac{1}{2} \times 56.84 \times 6 \times 1 - \frac{1}{2} \times 42.63 \times 6 \times 1\right)$$

$$= -\frac{82.91}{EI}$$

计算位移结果为负，表明其真实方向与施加单位力偶方向相反。

也可以将B、D处设置为铰接，则可得到如图7-50（e）所示的基本结构。在C结点两侧加一对单位集中力偶 $\overline{M}=1$，作 $\overline{M}_2$ 图，如图 7-50（f）所示。将 M 图和 $\overline{M}_2$ 图进行图乘，也可计算位移 φ_{cc}：

$$\varphi_{cc} = \sum \int \frac{\overline{M}_2 M}{EI} dx$$

$$= \frac{1}{EI}\left(-\frac{1}{2} \times 80.53 \times 6 \times 1 + \frac{2}{3} \times 6 \times 45 \times 1\right) - \frac{1}{2EI}\left(\frac{1}{2} \times 42.63 \times 6 \times \frac{1}{3}\right)$$

$$= -\frac{82.91}{EI}$$

可见，取不同的基本体系计算位移时，结果是相同的。

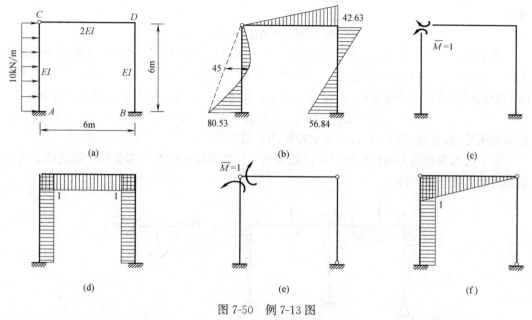

图 7-50 例 7-13 图

(a) 原超静定结构；(b) M 图（kN·m）；(c) $\overline{M}=1$ 施加在基本结构 1 上；(d) $\overline{M}_1$ 图；
(e) $\overline{M}=1$ 施加在基本结构 2 上；(f) $\overline{M}_2$ 图

第十一节 超静定结构计算的校核

超静定结构计算结果的校核包括三个方面：计算过程的校核、平衡条件的校核及变形条件的校核。

一、计算过程的校核

在计算超静定结构的过程中，计算步骤和数字运算较多，容易发生错误，因此应先注意计算过程的检查。检查计算过程，应根据计算的各个阶段按步骤进行，要求每一步必须正确。

（1）超静定次数的判断是否正确，选择的基本结构是否为几何不变的。

（2）基本结构在原荷载作用下的内力计算及在单位未知力作用下的内力计算是否正确。

（3）系数和自由项的计算是否有误，比如图乘法计算时各图形中 A_ω、y_c 的数值及杆

件 EI 值是否相同等。

(4) 力法方程的求解是否正确，解出多余未知力 X_i 后一般应代回原方程，检查是否满足。

最后内力图的校核，应从变形条件和平衡条件两个方面进行。

二、平衡条件的校核

从结构中任意取出一部分（一个结点、一根杆件或由若干杆件构成的部分），都应该满足平衡条件。若不满足，则表明内力图有错误。

对于刚架弯矩图，通常检查刚结点处所受力矩是否满足力矩的平衡条件。如图 7-51 (a) 所示弯矩图，若取刚结点 E 为隔离体（图 7-51b），很明显其上三个杆端弯矩应该满足：

$$\sum M_E = M_{ED} - M_{EB} - M_{EF} = 0$$

弯矩图的校核，也可以取杆件或结构中某一部分作为隔离体，考查是否满足力的平衡条件。如图 7-51 (c) 所示弯矩图，若取横梁 DEF 为研究对象（图 7-51d），其在水平方向上受到同方向的三个柱顶剪力（F_{SDA}、F_{SEB} 和 F_{SFC}），且都不为零，因此平衡条件：

$$\sum F_x = F_{SDA} + F_{SEB} + F_{SFC} = 0$$

是不能满足的，因此图 7-51 (c) 所示弯矩图是错误的。

至于剪力图和轴力图的校核，可以取结点、杆件或结构的某一部分作为隔离体，考查是否满足力的平衡条件。

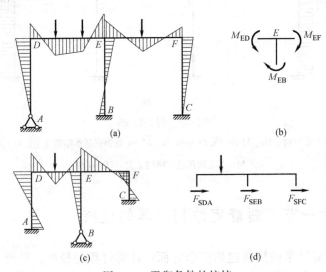

图 7-51 平衡条件的校核

(a) 弯矩图 1；(b) 力矩平衡条件校核；(c) 弯矩图 2；(d) 力投影平衡条件校核

三、变形条件的校核

超静定结构内力图仅满足了平衡条件，还不能说明最后内力图就一定是正确的，这是因为最后内力图是在求出了多余未知力之后按平衡条件或叠加法作出的，而多余未知力的数值正确与否，平衡条件是检查不出来的。先结合一实例说明这个问题。

如图 7-52 (a) 所示结构，力法计算时可将 B 支座水平和竖向支座反力当作多余约束力 X_1 和 X_2，相应基本体系如图 7-52 (b) 所示，力法方程为：

$$\begin{cases} \delta_{11}X_1+\delta_{12}X_2+\Delta_{1P}=0 \\ \delta_{21}X_1+\delta_{22}X_2+\Delta_{2P}=0 \end{cases} \quad (7\text{-}24a)$$

假设通过计算求得未知力如下：

$$\begin{cases} X_1=0 \\ X_2=0 \end{cases} \quad (7\text{-}24b)$$

根据求出的 X_1 和 X_2，通过平衡条件可作出刚架结构最后的弯矩图，如图 7-52（c）所示。

显然，图 7-52（c）所示弯矩图满足所有的平衡条件，但求出的 X_1 和 X_2 却是错误的。这是因为，在式（7-24a）中，自由项 Δ_{1P} 表示基本结构（悬臂刚架）在原荷载单独作用下悬臂端 B 点沿水平方向的位移大小，自由项 Δ_{2P} 表示基本结构在原荷载单独作用下悬臂端 B 点沿竖直方向的位移大小，显然它们都是不为零的。若 Δ_{1P}、Δ_{2P} 都不等于零，则 X_1 和 X_2 肯定不能同时为零。所以说，这里绘制的满足所有平衡条件的内力图（图 7-52c）不是问题的正确解。

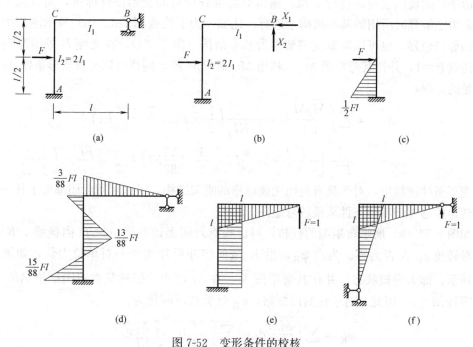

图 7-52 变形条件的校核

(a) 原超静定结构；(b) 基本体系；(c) M 图（错误解答）；(d) M 图；(e) $\overline{M}_1$ 图 ($\overline{F}=1$ 加上基本结构 1 上)；(f) $\overline{M}_2$ 图 ($\overline{F}=1$ 加在基本结构 2 上)

因此，超静定结构最后内力图校核时，除校核平衡条件外，还应校核变形条件。特别在力法中，多余未知力是从变形条件求得的，因此超静定结构的校核工作应以变形条件为重点。

变形条件的校核，就是检查各多余约束处的位移是否与已知的位移相符。一般作法是：任意选取基本结构，任意选取一个多余未知力 X_i，根据最后的内力图算出沿 X_i 方向的位移 Δ_i，并检查位移 Δ_i 是否与原结构中的相应位移（如给定值 a）相等，即检查是否满足下式：

$$\Delta_i = a \tag{7-25}$$

如图 7-52（a）所示超静定结构，采用力法得到其弯矩图，如图 7-52（d）所示。为了校核此弯矩图是否满足变形条件，可以选取检查支座 B 处的竖向位移 Δ_{BV} 是否为零。根据超静定结构的位移计算方法，可以取如图 7-52（e）所示悬臂刚架作为基本结构，在悬臂端 B 处沿竖向施加单位荷载 $\overline{F}=1$ 即为虚拟状态，并作出其弯矩图 $\overline{M}_1$。利用 $\overline{M}_1$ 图和 M 图，根据图乘可得：

$$\Delta_{BV} = \sum \int \frac{\overline{M}_1 M}{EI} \mathrm{d}s = -\frac{1}{EI_1}\left(\frac{1}{2} \times l^2 \times \frac{2}{3} \times \frac{3}{88}Fl\right) + \frac{1}{EI_2}\left[-\frac{1}{2}\left(\frac{3}{88}Fl + \frac{15}{88}Fl\right)l \times l + \frac{l}{2} \times \frac{Fl}{4} \times l\right]$$
$$= 0$$

可见这一变形条件是满足的。

从理论上讲，一个 n 次超静定结构需要 n 个变形条件才能求出所有多余未知力，因此变形条件的校核也应该进行 n 次。通常只需抽查少数的变形条件即可，而且也不限于在原来力法解算时所用的基本结构上进行。比如，为了检查图 7-52（a）所示刚架中支座 B 处的竖向位移，也可以取简支刚架作为基本结构（图 7-52f），在支座 B 处沿竖向施加单位荷载 $\overline{F}=1$，并作其弯矩图 $\overline{M}_2$。利用 $\overline{M}_2$ 图和 M 图，同样可以校核变形条件 $\Delta_{BV}=0$ 是满足的，即：

$$\Delta_{BV} = \sum \int \frac{\overline{M}_2 M}{EI} \mathrm{d}s = -\frac{1}{EI_1}\left(\frac{1}{2} \times l^2 \times \frac{2}{3} \times \frac{3}{88}Fl\right) + \frac{1}{EI_2}\left[-\frac{l^2}{2}\left(\frac{2}{3} \times \frac{3}{88}Fl + \frac{1}{3} \times \frac{15}{88}Fl\right) + \frac{l}{2} \times \frac{Fl}{4} \times \frac{l}{2}\right] = 0$$

变形条件校核中，对于具有封闭无铰框格的刚架结构，可以利用封闭框架上任一截面相对转角位移等于零的条件来校核弯矩图。

如图 7-53（a）所示弯矩图的校核，可以检查封闭无铰框格 $ABCD$ 内横梁上 K 截面处相对转角 φ_K 是否为零。为求 φ_K，沿 K 截面切开后并施加一对单位力偶，如图 7-53（b）所示，即为虚拟状态，并作其弯矩图 $\overline{M}$。在 $\overline{M}$ 图中，竖标只在封闭框格 $ABCD$ 上不为零且 $\overline{M}=1$。因此，对于该封闭框格，φ_K 计算式可简化为：

$$\varphi_K = \sum \int \frac{\overline{M}M}{EI} \mathrm{d}s = \sum \int \frac{M}{EI} \mathrm{d}s = \oint \frac{M}{EI} \mathrm{d}s \tag{7-26}$$

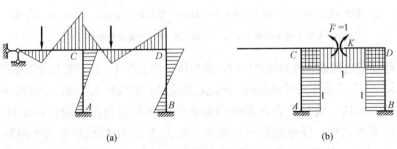

图 7-53 封闭框格结构的变形条件校核
(a) M 图；(b) $\overline{M}$ 图

由式（7-26）可知，对于具有封闭无铰的框格结构来说，校核 M 图的正确与否，可把封闭框格各杆 M 图的面积除以相应各杆 EI 后的代数和是否等于零作为变形条件。

【**例 7-14**】 已知如图 7-54（a）所示刚架的 M 图如图 7-54（b）所示，试用变形条件对 M 图进行校核。

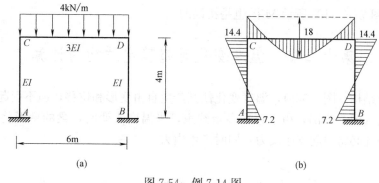

图 7-54 例 7-14 图
（a）刚架计算简图；（b）M 图（kN·m）

【**解**】 此刚架是一个封闭无铰的框格结构，可以根据式（7-26）来校核任一截面相对转角是否等于零，即：

$$\oint \frac{M}{EI} \mathrm{d}s = \frac{1}{3EI}\left(-14.4 \times 6 + \frac{2}{3} \times 6 \times 18\right) + \frac{2}{EI}\left(-\frac{1}{2} \times 14.4 \times 4 + \frac{1}{2} \times 7.2 \times 4\right)$$

$$= -4.8 - 28.8 = -33.6 \neq 0$$

上式说明弯矩图不满足变形条件，即计算结果是错误的。在这里，横梁的弯矩图面积为一个矩形减去一个标准抛物线图形，柱的弯矩图面积均为两个三角形相减。记框格内部弯矩图面积为正，框格外部弯矩图面积为负。

【**例 7-15**】 用变形条件分别对如图 7-55（a）、（b）所示 M 图进行校核。

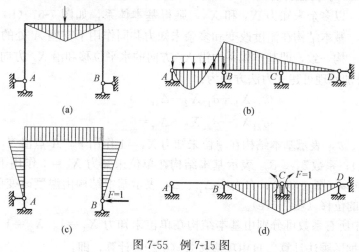

图 7-55 例 7-15 图

【**解**】 对图 7-55（a）所示 M 图，可以校核支座 B 处水平位移是否为零。为此，将支座 B 处水平约束拆除，沿水平方向施加单位荷载，并作其弯矩图，如图 7-55（c）所示。很明显，如图 7-55（a）、（c）所示的两个弯矩图图乘结果肯定不为 0，这说明图 7-55

(a) 所示 M 图不满足变形条件，是错误的。

对图 7-55（b）所示 M 图，可以校核支座 C 处杆端相对转角位移是否为零。为此，取多跨简支梁作为基本结构，在结点 C 两侧施加一对单位集中力偶，并作其弯矩图，如图 7-55（d）所示。很明显，如图 7-55（b）、(d) 所示的两个弯矩图图乘结果也不可能为 0。因此，如图 7-55（b）所示 M 图也是错误的。

第十二节 温度变化时超静定结构的计算

对于静定结构（图 7-56a），温度变化使其产生自由变形和位移，但不引起内力。但对于超静定结构（图 7-56b），由于存在多余约束，当温度改变时，梁的变形将受到两端支座的限制，因此必将引起支座反力，同时产生内力。

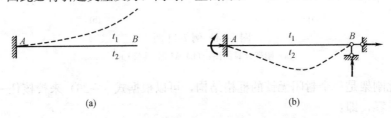

图 7-56 静定结构和超静定结构对温度变化的响应

一、温度变化时超静定结构的内力计算

用力法计算超静定结构由温度变化引起的内力，其基本原理与荷载作用情况相似。

码 7-21 温度变化时超静定结构的计算

如图 7-57（a）所示，刚架外侧纤维温度升高 t_1，内侧纤维温度升高 t_2。力法计算时，可以将 A 处两根支座链杆作为多余约束解除，并代之以多余未知力 X_1 和 X_2，则得基本体系，如图 7-57（b）所示。显然，基本结构在温度改变和多余未知力共同作用下支座 A 处的位移应与原结构一致，即基本体系中沿 X_1 方向的水平位移和沿 X_2 方向的竖向位移均等于 0。根据叠加原理可建立力法方程为：

$$\begin{cases}\delta_{11}X_1+\delta_{12}X_2+\Delta_{1t}=0\\\delta_{21}X_1+\delta_{22}X_2+\Delta_{2t}=0\end{cases} \quad (7\text{-}27\text{a})$$

式中，系数 δ_{11}、δ_{21} 表示基本结构在单位未知力 $X_1=1$ 作用下，A 点沿 X_1 和 X_2 方向的位移（图 7-57c）；系数 δ_{12}、δ_{22} 表示基本结构在单位未知力 $X_2=1$ 作用下，A 点沿 X_1 和 X_2 方向的位移（图 7-57d）；自由项 Δ_{1t}、Δ_{2t} 表示基本结构由温度改变引起的 A 点沿 X_1 和 X_2 方向的位移（图 7-57e）。

力法方程中所有系数可分别由基本结构在单位未知力 $X_1=1$、$X_2=1$ 作用下的弯矩（$\overline{M}_1$、$\overline{M}_2$）根据图乘法计算。自由项应按式（6-29）计算，即：

$$\begin{cases}\Delta_{1t}=\sum\int\overline{M}_1\dfrac{\alpha\Delta t\,\mathrm{d}s}{h}+\sum\int\overline{F}_{N1}\alpha t_0\,\mathrm{d}s\\\Delta_{2t}=\sum\int\overline{M}_2\dfrac{\alpha\Delta t\,\mathrm{d}s}{h}+\sum\int\overline{F}_{N2}\alpha t_0\,\mathrm{d}s\end{cases} \quad (7\text{-}27\text{b})$$

式中，$\overline{M}_1(\overline{F}_{N1})$、$\overline{M}_2(\overline{F}_{N2})$ 分别为基本结构分别在单位未知力 $X_1=1$ 和 $X_2=1$ 作用下的弯矩（轴力）。

系数和自由项求出后，代入力法方程式（7-27a）即可求出多余未知力 X_1 和 X_2。显然，解出的多余未知力 X_1、X_2 与杆件的刚度绝对值有关。

由图 7-57（b）容易看出，因为基本结构是静定的，温度改变只产生变形，而不产生内力，所以最后的弯矩只由多余未知力 X_1 和 X_2 所引起，即：

$$M=\overline{M}_1 X_1+\overline{M}_2 X_2 \tag{7-27c}$$

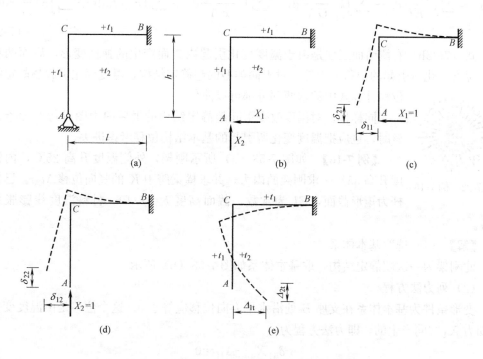

图 7-57 温度变化时超静定结构的内力计算
(a) 原超静定结构；(b) 基本体系；(c) $X_1=1$ 单独作用；
(d) $X_2=1$ 单独作用；(e) 温度变化单独作用

由以上分析可知，用力法计算温度变化引起超静定结构内力的基本原理，与荷载作用下的情况基本相同，但要注意以下几点：

(1) 基本体系是指基本结构在多余未知力及温度改变共同作用下的体系；
(2) 力法方程中自由项是指基本结构在温度改变下沿未知力方向所产生的位移；
(3) 结构中的内力全部由多余未知力产生，且与杆件刚度绝对值有关。

二、温度变化时超静定结构的位移计算

温度变化引起超静定结构的位移计算，除了考虑由于温度变化引起内力而产生的弹性变形外，还要加上由于温度变化所引起的位移。记温度改变引起超静定结构的内力为 M、F_S 和 F_N，在式（6-12）中，实际位移状态中微段 ds 的弯曲变形、剪切变形和轴向变形可分别表示为：

$$\begin{cases} \kappa\,ds = \dfrac{M}{EI}ds + \dfrac{\alpha\Delta t}{h}ds \\ \gamma\,ds = k\dfrac{F_S}{GA}ds \\ \varepsilon\,ds = \dfrac{F_N}{EA}ds + \alpha t_0\,ds \end{cases} \quad (7\text{-}28a)$$

将式（7-28a）代入式（6-12），由此可得超静定结构由于温度变化引起的位移计算式为：

$$\Delta_t = \sum\int\dfrac{\overline{M}M}{EI}ds + \sum\int k\dfrac{\overline{F}_S F_S}{GA}ds + \sum\int\dfrac{\overline{F}_N F_N}{EA}ds + \sum\int\overline{F}_N\alpha t_0\,ds + \sum\int\overline{M}\dfrac{\alpha\Delta t}{h}ds$$

$$(7\text{-}28b)$$

式（7-28b）右侧前面三项是由于温度变化引起内力而产生的弹性变形，后面两项是由于温度变化所引起的位移。当然，对不同类型的超静定结构，温度变化引起超静定结构位移计算式中的这两部分都可以简化。

同样地，对温度改变引起超静定结构的最后内力图进行变形条件校核时，也应把温度变化所引起的基本结构位移考虑进去。

【例 7-16】 如图 7-58（a）所示刚架，外侧温度升高 25℃，内侧温度升高 35℃。求刚架的内力，并求横梁跨中 K 的竖向位移 Δ_{KV}。已知各杆为矩形截面，EI 为常数，截面高度 $h = l/10$，材料温度线膨胀系数为 α。

码 7-22　例 7-16

【解】（1）选取基本体系

此刚架为一次超静定结构，取基本体系如图 7-58（b）所示。

（2）列力法方程

变形条件为基本体系在支座 B 处沿水平方向位移应等于 0。这个位移是由温度变化和未知力 X_1 共同产生的，即力法方程为：

$$\delta_{11}X_1 + \Delta_{1t} = 0$$

式中，自由项 Δ_{1t} 是由温度变化在基本结构中沿 X_1 方向产生的位移。

（3）计算系数和自由项

系数 δ_{11} 的求法与荷载作用时相同，但自由项 Δ_{1t} 的求法不同。

作 $\overline{M}_1$ 图（图 7-58c），由图乘法计算 δ_{11}：

$$\delta_{11} = \sum\int\dfrac{\overline{M}_1^2 ds}{EI} = \dfrac{1}{EI}\left(2\times\dfrac{l^2}{2}\times\dfrac{2}{3}l + l^2\times l\right) = \dfrac{5l^3}{3EI}$$

杆轴位置处温度变化值为：

$$t_0 = \dfrac{25+35}{2} = 30℃$$

刚架内外温度变化的差值为：

$$\Delta t = 35 - 25 = 10℃$$

作 $\overline{F}_{N1}$ 图（图 7-58d），从而可计算自由项：

$$\Delta_{1t} = \sum\alpha t_0\int\overline{F}_{N1}ds + \sum\dfrac{\alpha\Delta t}{h}\int\overline{M}_1 ds$$

$$= (-1)\alpha \times 30 \times l - \frac{\alpha}{h} \times 10 \times \left(2 \times \frac{l^2}{2} + l^2\right)$$
$$= -230\alpha l$$

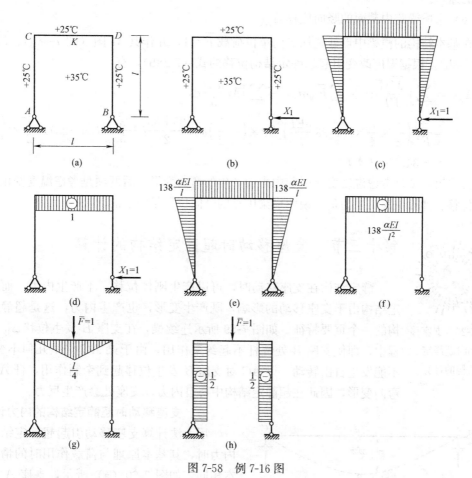

图 7-58 例 7-16 图
(a) 原超静定刚架；(b) 基本体系；(c) $\overline{M}_1$ 图；(d) $\overline{F}_{N1}$ 图；(e) M 图；(f) F_N 图；(g) $\overline{M}$ 图；(h) $\overline{F}_N$ 图

在 $\overline{F}_{N1}$ 图中，横梁受压，温度变化 t_0 为正（升温），故上式第一项取负号。在 $\overline{M}_1$ 图中，刚架均为外侧纤维受拉，温差 Δt 是内部温度较高，故上式第二项也取负号。

(4) 解力法方程，求得多余未知力为：

$$X_1 = -\frac{\Delta_{1t}}{\delta_{11}} = 138 \frac{\alpha}{l^2} EI$$

(5) 作内力图

因为基本结构是静定结构，温度变化不引起内力，故内力都是由多余未知力引起的，即：

$$\begin{cases} M = \overline{M}_1 X_1 \\ F_N = \overline{F}_{N1} X_1 \end{cases}$$

刚架 M 图、F_N 图分别如图 7-58 (e)、(f) 所示。

由此可知，温度变化引起的内力与杆件的 EI 成正比。在给定的温度条件下，截面尺寸越大，内力也越大。所以为了改善结构在温度作用下的受力状态，加大尺寸并不是一个有效的途径。

（6）求横梁跨中截面的竖向位移 Δ_{KV}

在基本结构的横梁中点处施加竖向单位荷载 $\overline{F}=1$，并作其 $\overline{M}$ 图（图 7-58g）、$\overline{F}_N$ 图（图 7-58h）。根据温度改变引起超静定结构位移的式（7-28b），有：

$$\Delta_{KV} = \sum \int \frac{\overline{M}M}{EI} ds + \sum \overline{F}_N \alpha t_0 l + \sum \int \overline{M} \frac{\alpha \Delta t}{h} ds$$

$$= \frac{-1}{EI}\left(\frac{1}{2} \times \frac{l}{4} \times l \times 138 \frac{\alpha EI}{l}\right) + 2 \times \left(-\frac{1}{2}\right)\alpha \times \frac{25+35}{2} l + \frac{\alpha}{h} \times (35-25) \times \frac{1}{2} \times \frac{l}{4} \times l$$

$$= -34.75\alpha l (\uparrow)$$

其中第一项是考虑温度变化引起内力而产生的弯曲变形，后两项是考虑温度变化所引起的位移。计算位移结果为负，说明横梁中点的竖向位移是向上的。

第十三节　支座移动时超静定结构的计算

码 7-23　支座移动时超静定结构的计算

静定结构在支座移动时，可以产生刚体位移，不产生内力。而超静定结构由于支座移动的影响，既产生变形，也产生内力，这是超静定结构的一个重要特征。如图 7-59 所示连续梁，在支座 B 发生位移 Δ_B 的过程中，即使支座 B 处链杆不起约束作用，由于梁 AC 仍是几何不变的，不能发生自由转动，梁 AC 对支座 B 发生位移起到牵制作用，杆 AC 有弯曲变形，因此在超静定结构中有自内力，支座处会产生反力。

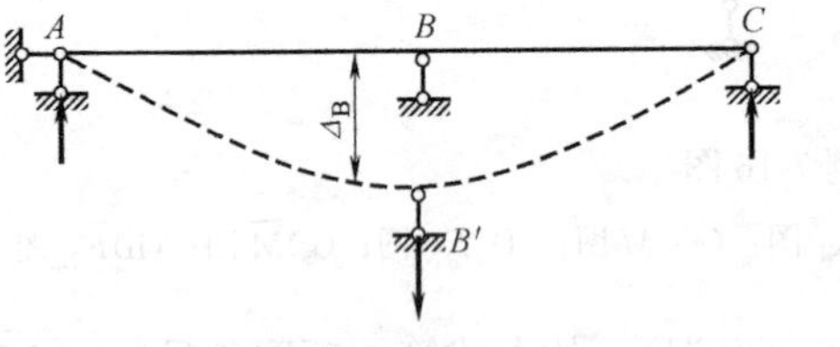

一、支座移动时超静定结构的内力计算

用力法计算支座移动引起超静定结构的内力时，其基本原理与荷载作用时的情况基本相同。如图 7-60（a）所示，支座 A 向右移动水平距离 a，向下移动竖向距离 b，且沿顺时针方向转动 φ。

图 7-59　支座沉降引起超静定结构产生弹性变形

力法分析时，可以取如图 7-60（b）所示静定简支刚架作为基本结构，多余未知力分别为 X_1、X_2。在多余未知力和支座移动共同作用下的基本结构，称为基本体系。这里支座移动是指支座 A 的水平及竖向移动，由于取基本结构时已把发生转角的固定支座 A 改为铰支，故支座 A 的转动已不再对基本结构产生任何影响。

显然，基本结构中支座 B 沿 X_1 方向的水平位移为 0，支座 A 沿 X_2 方向的转角位移等于 φ，根据叠加原理可建立力法方程为：

$$\begin{cases} \delta_{11}X_1 + \delta_{12}X_2 + \Delta_{1c} = 0 \\ \delta_{21}X_1 + \delta_{22}X_2 + \Delta_{2c} = \varphi \end{cases} \quad (7\text{-}29a)$$

这里要注意，力法方程右边项可以不为 0，它应根据原结构中已知位移的大小和方向确定，若基本结构中所设未知力与原结构中已知位移的方向相同，方程右边项应为正，反

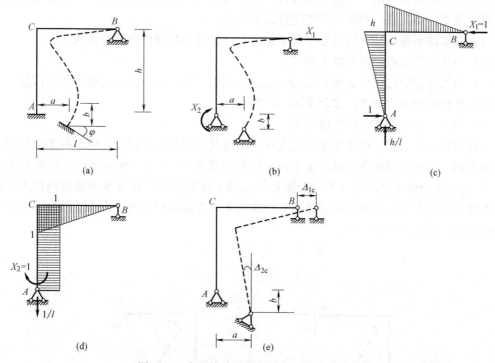

图 7-60 支座移动引起超静定结构的内力计算
(a) 刚架计算简图；(b) 基本体系；(c) $X_1=1$ 单独作用；(d) $X_2=1$ 单独作用；(e) 支座移动作用

之为负。

式（7-29a）中，所有系数的计算方法与荷载作用或温度改变的情况是完全相同的。为此，需作出基本结构在 $X_1=1$、$X_2=1$ 作用下的弯矩 $\overline{M}_1$、$\overline{M}_2$，分别如图 7-60（c）、(d) 所示，将这两个弯矩图分别自乘或相互图乘即可计算得到系数。

自由项 Δ_{1c}、Δ_{2c} 表示基本结构由支座移动引起沿 X_1、X_2 方向的位移（图 7-60e），根据静定结构由于支座移动引起位移计算公式（6-33），它们均是刚体的位移。为此，需计算基本结构分别在 $X_1=1$、$X_2=1$ 作用下支座 A 处水平及竖向支反力，分别如图 7-60 (c)、(d) 中所示。由式（6-33）计算得：

$$\Delta_{1c}=-\left(1\times a-\frac{h}{l}\times b\right)=-a+\frac{hb}{l}$$

$$\Delta_{2c}=-\left(\frac{1}{l}\times b\right)=-\frac{b}{l}$$

计算自由项时要注意，当单位力状态中支座反力与相应支座移动方向相同时，乘积为正，反之为负。

系数和自由项求出后，代入力法方程式（7-29a）即可求出多余未知力 X_1 和 X_2。显然，解出的多余未知力 X_1、X_2 与杆件的刚度绝对值有关。

由图 7-61（b）容易看出，因为基本结构是静定的，支座移动只产生变形，而不产生内力，所以最后的弯矩只由多余未知力 X_1 和 X_2 所引起，即：

$$M=\overline{M}_1 X_1+\overline{M}_2 X_2$$

从以上分析可以看出，力法分析支座移动引起超静定结构内力的基本原理与荷载作用、温度改变的情况基本相同，但要注意以下几点：

（1）基本体系是指基本结构在多余未知力及支座移动共同作用下的体系；
（2）力法方程的右边项可以不为零；
（3）力法方程中自由项是基本结构由支座移动引起的沿未知力方向所产生的位移；
（4）结构中的内力全部由多余未知力产生；
（5）内力与杆件的刚度绝对值有关。

下面讨论一个问题，超静定结构在支座移动情况下用力法分析时，随着基本结构形式选择的不同，力法方程的形式或许也不同。比如对如图 7-60（a）所示结构，若取如图 7-61（a）所示作为基本体系来分析，未知力 X_1、X_2 分别为支座 B 处水平及竖向反力。根据基本结构在多余未知力及支座移动的共同作用下，在解除多余约束方向上的位移时应与原结构相同，建立力法方程为：

$$\begin{cases} \delta_{11}X_1+\delta_{12}X_2+\Delta_{1c}=0 \\ \delta_{21}X_1+\delta_{22}X_2+\Delta_{2c}=0 \end{cases} \tag{7-29b}$$

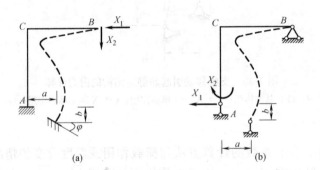

图 7-61 不同基本体系的选取
(a) 基本体系 2；(b) 基本体系 3

也可以取如图 7-61（b）所示作为基本体系，未知力 X_1、X_2 分别为支座 A 处水平支反力及反力矩，此时建立的力法方程为：

$$\begin{cases} \delta_{11}X_1+\delta_{12}X_2+\Delta_{1c}=-a \\ \delta_{21}X_1+\delta_{22}X_2+\Delta_{2c}=\varphi \end{cases} \tag{7-29c}$$

二、支座移动时超静定结构的位移计算

关于支座移动引起超静定结构的位移计算，除了考虑由于支座移动引起内力而产生的弹性变形外，还要加上由于支座移动所引起的位移。因此，一般情况下超静定结构由于支座移动引起的位移计算公式可表示为：

$$\Delta_c = \sum\int \frac{\overline{M}M}{EI}ds + \sum\int k\frac{\overline{F}_S F_S}{GA}ds + \sum\int \frac{\overline{F}_N F_N}{EA}ds - \sum \overline{F}_R c \tag{7-30}$$

式（7-30）右侧前面三项是由于支座移动引起内力而产生的弹性变形，对于不同类型结构，可只考虑其中的一项或两项；最后一项是由于支座移动所引起的位移。

同样地，对支座移动引起超静定结构的最后内力图进行变形条件校核时，也应考虑支座移动所引起的基本结构位移。

【例 7-17】 如图 7-62（a）所示为一端固定一端铰支的等截面梁 AB，若 A 支座转动角度为 θ，B 端支座下沉位移为 Δ，求梁中引起的自内力。

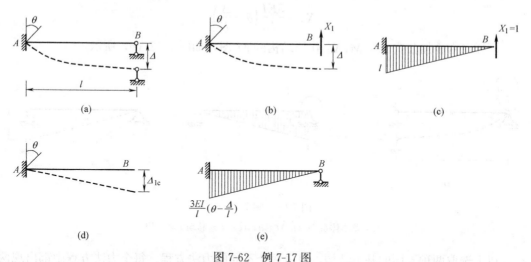

图 7-62 例 7-17 图
(a) 计算简图；(b) 基本体系 1；(c) $\overline{M}_1$ 图；(d) 支座移动单独作用；(e) M 图

【解】 此梁为一次超静定，取支座 B 的竖向反力为多余未知力 X_1，基本体系如图 7-62（b）所示。根据基本体系中结点 B 的竖向位移应与原结构相同的变形条件，建立力法方程为：

$$\delta_{11}X_1 + \Delta_{1c} = -\Delta$$

系数 δ_{11} 可由图 7-62（c）所示的 $\overline{M}_1$ 图，根据图乘法计算得到：

$$\delta_{11} = \frac{1}{EI}\int \overline{M}_1^2 dx = \frac{l^3}{3EI}$$

自由项 Δ_{1c} 是当支座 A 产生转角 θ 时在基本结构中产生的沿 X_1 方向的位移。由图 7-62（d）得：

$$\Delta_{1c} = -\theta l$$

将系数和自由项代入力法方程，可得：

$$X_1 = \frac{3EI}{l^2}\left(\theta - \frac{\Delta}{l}\right)$$

最后由弯矩叠加公式 $M = \overline{M}_1 X_1$，作弯矩图，如图 7-62（e）所示。

如果取支座 A 的反力矩作为多余未知力 X_1（图 7-63a），则变形条件为简支梁在 A 点的转角应等于给定值，据此可建立力法方程为：

$$\delta_{11}X_1 + \Delta_{1c} = \theta$$

系数 δ_{11} 可由图 7-63（b）求得：

$$\delta_{11} = \frac{l}{3EI}$$

自由项 Δ_{1c} 是简支梁由于支座 B 下沉位移 Δ 而在 A 点产生的转角。由图 7-63（c）可知：

$$\Delta_{1c} = \frac{\Delta}{l}$$

由此可求得未知量为：

$$X_1 = \frac{3EI}{l}\left(\theta - \frac{\Delta}{l}\right)$$

同样可由叠加公式 $M = \overline{M}_1 X_1$ 作原结构的 M 图，如图 7-62（e）所示。

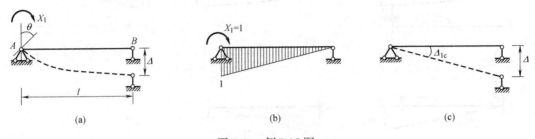

图 7-63 例 7-17 图
(a) 基本体系 2；(b) $\overline{M}_1$ 图；(c) 支座移动单独作用

以上选取两种不同的基本结构，得出两个不同的力法方程。每个力法方程中都出现两个支座位移参数 θ 和 Δ。一般来说，凡是与多余未知力相应的支座位移参数都出现在力法方程的右边项中，而其他的支座位移参数都出现在力法方程左边的自由项中。

第十四节 超静定结构的特性

由于多余约束的存在使超静定结构在受力和变形方面具有一些不同于静定结构的重要特性，了解这些特性有助于加深对超静定结构的认识，以便更好地应用它们。

(1) 超静定结构满足平衡条件和变形条件的内力解才是唯一的真实解。

由于超静定结构存在多余约束，仅由静力平衡条件不能确定其全部的反力和内力，必须综合应用超静定结构平衡条件和数量与多余约束力相等的变形条件后才能求得内力。力法典型方程实际上就是超静定结构的变形条件（变形几何条件及力与变形的对应物理条件）和平衡条件的综合体现。

(2) 超静定结构在荷载作用下的内力仅与各杆的相对刚度比相关，而与各杆刚度的绝对值无关。而静定结构的反力、内力仅由静力平衡条件确定，与杆件刚度无关，改变各杆刚度对静定结构内力分布没有影响。

由于超静定结构的内力必须综合平衡条件和变形条件才能确定，而结构的变形与各杆刚度（弯曲刚度 EI、轴向刚度 EA 等）有关。因此，在荷载作用下，如果按照同一比例增加或减少各杆刚度的绝对值，则力法典型方程中各系数与自由项的比值将保持不变，内力不受刚度绝对值影响。反之，如果不按同一比例增加或减少各杆刚度的绝对值，则力法典型方程中的各系数和自由项的比值将发生改变，内力的数值也因各杆的相对刚度比发生改变而变化。

根据上述特点，在设计超静定结构时，须事先根据经验拟定或用近似方法估算截面尺寸，以此为基础才能求出截面内力，再根据内力重新选择截面。所选的截面尺寸与事先拟定的截面尺寸不一定符合，这就需要调整截面进行计算，如此反复进行，直到得到一个满意的结果为止。可见，一方面，超静定结构的设计过程比静定结构复杂。另一方面，也可利用超静定结构的这一特点，通过改变各杆的相对刚度大小来调整超静定结构的内力分布，以达到预期的效果。

（3）在静定结构中，除了荷载作用以外，其他因素（支座位移、温度变化、制造误差等）都不会引起内力。而在超静定结构中，任何上述因素作用通常都会引起内力，这是由于上述因素都将引起结构变形，而这种变形由于受到结构多余联系的限制，因而往往在结构中产生内力。

由于温度变化或支座移动等因素在超静定结构中引起的内力一般与各杆刚度的绝对值成正比，因此简单地增加结构截面尺寸并不能有效地抵抗温度变化或支座移动等引起的内力。为了防止温度变化或支座沉降等产生过大的附加内力，在结构设计时通常采用预留温度缝、沉降缝等措施来减少这种附加内力，另外也可以主动利用这种自应力来调节超静定结构的内力。如对于连续梁可以通过改变支座的高度来调整梁的内力，以得到更合理的内力分布。

（4）超静定结构在多余约束破坏后，体系仍然几何不变，能继续承受荷载；而静定结构中任何一个约束被破坏之后，体系成为几何可变体系从而丧失承载能力。因此在抗震防灾、国防建设等方面，超静定结构比静定结构具有较强的防御能力。

（5）超静定结构的内力和变形分布比较均匀。

静定结构由于没有多余约束，一般内力分布范围小、峰值大、刚度小、变形大。而超静定结构由于存在多余约束，较之相应静定结构，其内力分布范围大、峰值小、刚度大、变形小。在局部荷载作用下超静定结构的内力分布范围比静定结构广。

如图 7-64（a）、（b）所示分别为等截面连续梁中跨受荷载作用时的变形图和弯矩图。当中跨受荷载作用时，两边跨也将产生内力。如图 7-64（c）所示为相应多跨简支梁，当中跨受荷载作用时，两边跨并不产生变形和内力，其弯矩图如图 7-64（d）所示。因此，从内力、变形的分布来看，超静定结构一般要比相应静定结构的刚度大一些，内力及变形分布也均匀一些。

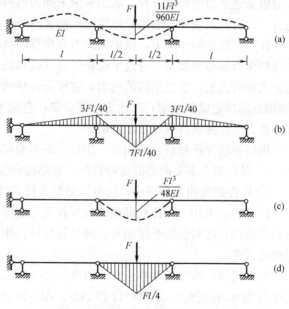

图 7-64 超静定梁和静定梁的比较
(a) 连续梁变形曲线；(b) 连续梁 M 图；(c) 多跨静定梁变形曲线；(d) 多跨静定梁 M 图

第八章 位 移 法

位移法是计算超静定结构的第二种基本方法。位移法是将结构拆成杆件，以杆件的内力和位移关系作为计算的基础，再把杆件组装成结构，这是通过各杆件在结点处力的平衡和变形的协调来实现的。位移法方程有两种表现形式，即直接写出平衡方程和建立基本体系的典型方程，二者是等价的。本章主要讨论位移法的基本原理和采用位移法计算超静定结构。

第一节 基本概念

码 8-1 位移法基本概念

力法和位移法是分析超静定结构的两种基本方法。力法发展较早，19 世纪末已经广泛应用于分析各类超静定结构。位移法是 20 世纪 20 年代为了解算复杂刚架结构而发展起来的。

力法与位移法的主要区别在于基本未知量的不同。用力法计算超静定结构，是以多余未知力作为基本未知量，将超静定结构转化为静定结构，以位移协调条件为依据建立力法典型方程，求出多余未知力后再利用叠加原理或平衡条件求出原结构的内力。力法的出现和发展为超静定结构的受力分析提供了最基本的算法。

在一定的外因作用下，结构的内力和位移间具有一定的关系。因此，也可把结构的某些位移作为基本未知量，通过平衡条件建立位移法方程，将这些位移求出后，利用位移和内力之间的关系，求出结构的内力，这就是位移法的基本思想。位移法在求解超静定结构（特别是超静定梁和刚架）时比力法要简单，它也为求解超静定结构的其他解法如力矩分配法和力学计算软件等奠定了基础。

用位移法分析超静定结构时，作如下基本假定：
① 以弯矩为主要内力的受弯直杆，忽略轴向变形和剪切变形的影响；
② 杆件的弯曲变形很小，结点转角和各杆弦转角都很微小。

由假设①可知，杆件变形前的直线长度与变形后的曲线长度相等；由假设②可知，变形后的曲线长度与弦线长度相等。即尽管杆件发生弯曲变形，但杆件两端结点之间的距离仍保持不变。

为了说明位移法的基本概念，研究如图 8-1（a）所示的刚架结构，其在荷载作用下产生虚线所示的变形。其中，杆件 AB、AC 和 AD 在刚结点 A 处的转角位移是相等的，即：

$$\theta_{AB} = \theta_{AC} = \theta_{AD} = \theta_A$$

若各杆在变形过程中轴向变形忽略不计，则刚结点 A 没有线位移只有角位移 θ_A，而且各杆在变形过程中两端结点间的距离保持不变。

如图 8-1（a）所示刚架的变形情况，相当于如图 8-1（b）所示情况。其中，AB 杆相当于两端固定的单跨超静定梁，承受荷载 F 作用，且在右端 A 支座处发生了转角位移

θ_A；AC杆相当于上端固定、下端定向的单跨超静定梁,在上端A支座处发生了转角位移θ_A；AD杆相当于左端固定、右端铰支的单跨超静定梁,在左端A支座处发生了转角位移θ_A。如果把结点A处转角θ_A当作支座移动这一外因来看,则如图8-1（a）所示刚架可转化为如图8-1（b）所示的三根单跨超静定梁来计算。只要知道了转角位移θ_A的大小,则根据力法即可求得这三根单跨超静定梁的全部反力和内力,因此如图8-1（a）所示刚架的计算问题便可得到解决。由此可知,结点A的角位移θ_A是求解此超静定结构的关键。

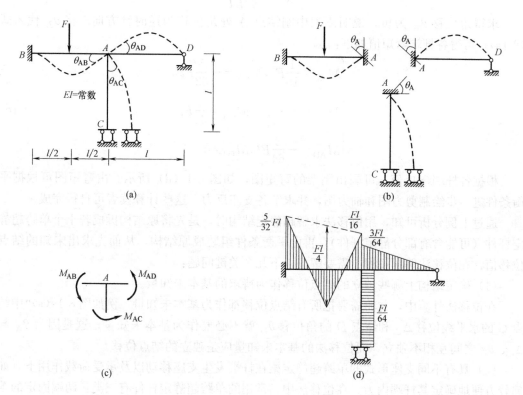

图8-1 位移法的基本概念
（a）刚架变形图；（b）单跨梁的组合体；（c）结点A力矩平衡；（d）M图

下面就以此刚架结构为例说明角位移θ_A的确定方法,以及θ_A确定后如何进一步计算结构的内力。

如图8-1（b）所示的三种不同支承条件的等截面直杆,是位移法中最基本的超静定杆件,利用力法可以分别导出它们在杆端位移及外荷载作用下杆端内力的一般表达式（详见第二节）。这里,先直接写出各杆端弯矩值（杆端转角位移及杆端弯矩均以顺时针为正）如下：

$$\begin{cases} M_{AB}=\dfrac{1}{8}Fl+4i\theta_A, M_{BA}=-\dfrac{1}{8}Fl+2i\theta_A \\ M_{AC}=i\theta_A, M_{CA}=-i\theta_A \\ M_{AD}=3i\theta_A, M_{DA}=0 \end{cases} \tag{8-1a}$$

式中，$i=\dfrac{EI}{l}$，为杆件线刚度。

为了求得未知角位移 θ_A，应考虑平衡条件。当刚结点 A 产生角位移 θ_A 后，仍处于平衡状态。因此，对刚结点 A 处三个杆端弯矩应满足力矩平衡条件（图 8-1c），即：

$$\sum M_A = M_{AB} + M_{AC} + M_{AD} = 0 \tag{8-1b}$$

将式（8-1a）代入式（8-1b），得：

$$\theta_A = -\dfrac{Fl^2}{64EI} \tag{8-1c}$$

求得角位移 θ_A 为负，说明刚架中刚结点 A 处角位移为逆时针方向。将 θ_A 代入式（8-1a），可得各杆端弯矩值如下：

$$\begin{cases} M_{AB} = \dfrac{1}{16}Fl, M_{BA} = -\dfrac{5}{32}Fl \\ M_{AC} = -\dfrac{1}{64}Fl, M_{CA} = \dfrac{1}{64}Fl \\ M_{AD} = -\dfrac{3}{64}Fl, M_{DA} = 0 \end{cases} \tag{8-1d}$$

根据各杆端弯矩值，可画出刚架的弯矩图，如图 8-1（d）所示。由弯矩图可根据平衡条件进一步绘制剪力图和轴力图，并求解各支座反力，这些计算读者可自行完成。

通过上例分析可知，用位移法求解超静定结构时，是先将原结构拆成若干个单跨超静定杆件（可能含有部分静定杆件），再由平衡条件组装成原结构，从而先求出未知的结点位移值。在位移法解题过程中需要解决以下几个关键问题：

(1) 确定结构上哪些独立的结点位移作为待求的基本未知量。

在位移法计算中，并非需要把所有结点位移都作为基本未知量。例如图 8-1（a）中结点 C 的水平线位移 Δ_C 和结点 D 的角位移 θ_D 就不必要作为基本未知量，这是因为 θ_A 与 Δ_C、θ_D 之间互相不独立，而位移法的基本未知量应是独立的结点位移。

(2) 具有不同支座形式的单跨超静定梁在杆端发生支座移动以及承受荷载作用下，如何较方便地确定其杆端内力。在位移法中，常用的单跨超静定杆件有三类：两端固定的等截面直杆；一端固定、另一端铰支的等截面直杆；一端固定、另一端定向的等截面直杆。

(3) 如何利用平衡条件求得未知的结点位移。

第二节 等截面直杆的转角位移方程

码 8-2 等截面直杆的转角位移方程

位移法是以单跨超静定杆件（可能存在静定部分）的组合体来代替原结构进行分析的，所以单跨超静定杆件的内力分析是位移法的基础。例如在图 8-1（b）中，需要知道两端具有不同约束的单跨超静定杆件在结点位移及荷载作用下各杆端弯矩值，见式（8-1a）。为此，先研究单跨超静定杆件的杆端力与杆端位移、荷载等之间的关系，并将杆端位移与荷载共同作用下的杆端力表达式称为转角位移方程。

杆端力和杆端位移的正负号规定如下：

(1) 对杆端而言，杆端弯矩以顺时针为正，反之为负。这里要注意，对支座或结点来说，当杆端弯矩绕结点逆时针转向时为正，反之为负。

（2）杆端剪力以绕截面顺时针转动为正，反之为负。

比如在图8-2（a）中，A端的弯矩M_{AB}为负，剪力F_{SAB}为正；而B端的弯矩M_{BA}为正，剪力F_{SBA}为负。

（3）杆端转角位移以顺时针转向为正，反之为负。

（4）杆端线位移是指杆件两端垂直于杆轴线方向的相对线位移，其正负号规定为：以使杆件顺时针转向为正，反之为负。注意杆件在垂直于杆轴线方向平动或杆件沿平行于杆轴线方向发生相对移动时不引起杆端弯矩。

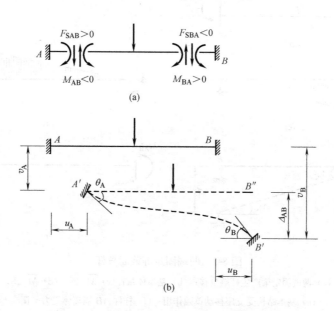

图 8-2 杆端内力及杆端位移的正负号规定方法

如图8-2（b）所示杆件AB，若不考虑剪切变形的影响，杆轴挠曲线上某点切线的倾角即等于该点横截面的转角位移，A、B两端的转角位移θ_A、θ_B为顺时针方向，是正的。又因变形是微小的，且杆件轴向变形忽略不计，杆件两端沿平行于杆轴方向发生的位移（即水平方向位移）相等，即$u_A = u_B$。由于杆件平行移动（杆AB移动到$A'B''$位置）时不引起杆端内力，因此这两个位移（u_A、u_B）不会引起杆端产生弯矩和剪力。v_A、v_B分别表示A、B两端在垂直于杆轴线方向的位移（即竖向线位移），记为：

$$\Delta_{AB} = v_B - v_A$$

Δ_{AB}称为A、B两端的相对线位移，以使杆件顺时针转动为正。杆端弯矩M_{AB}、M_{BA}和杆端剪力F_{SAB}、F_{SBA}是由杆端位移θ_A、θ_B、Δ_{AB}和作用于杆上的荷载所决定的。

下面分别针对三类单跨超静定等截面直杆，讨论其杆端力与杆端位移和荷载之间的关系。

一、两端固定的等截面直杆

为了导出等截面直杆的转角位移方程，首先讨论各因素单独作用下的情况，然后加以综合。

1. 由杆端位移引起的杆端力

已知两端固定的等截面直杆 AB（图 8-3a），A、B 两端转角位移分别为 θ_A、θ_B，以顺时针转动为正。A、B 两端的相对线位移为 Δ_{AB}，以使杆件顺时针转动为正。求该杆件的杆端弯矩 M_{AB}、M_{BA} 以及杆端剪力 F_{SAB}、F_{SBA}。

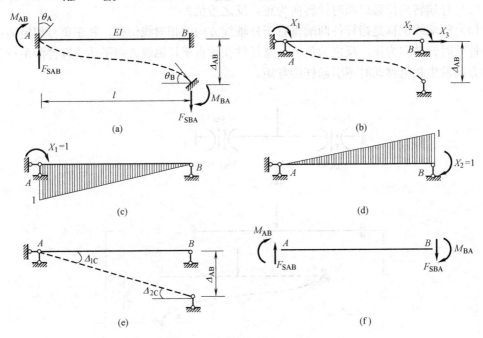

图 8-3 两端固定等截面直杆
(a) 两端固定梁产生杆端位移；(b) 基本体系；(c) $\overline{M}_1$ 图；(d) $\overline{M}_2$ 图；
(e) 基本结构受支座移动单独作用；(f) 杆件 AB 隔离体受力平衡

利用力法求解时，取如图 8-3（b）所示简支梁作为基本体系，其中 $X_3 = 0$。建立的力法方程如下：

$$\begin{cases} \delta_{11}X_1 + \delta_{12}X_2 + \Delta_{1C} = \theta_A \\ \delta_{21}X_1 + \delta_{22}X_2 + \Delta_{2C} = \theta_B \end{cases}$$

分别做出基本结构在单位未知力 $X_1 = 1$、$X_2 = 1$ 作用下的 $\overline{M}_1$、$\overline{M}_2$ 图，如图 8-3（c）、(d) 所示。力法方程中各系数计算结果如下：

$$\delta_{11} = \sum \int \frac{\overline{M}_1^2}{EI} ds = \frac{l}{3EI}$$

$$\delta_{22} = \sum \int \frac{\overline{M}_2^2}{EI} ds = \frac{l}{3EI}$$

$$\delta_{12} = \delta_{21} = \sum \int \frac{\overline{M}_1 \overline{M}_2}{EI} ds = -\frac{l}{6EI}$$

自由项 Δ_{1C}、Δ_{2C} 表示基本结构中由于支座移动（Δ_{AB}）引起的两端转角（图 8-3e），由几何关系较易求得（也可利用单位荷载法求解）：

$$\Delta_{1C} = \Delta_{2C} = \frac{\Delta_{AB}}{l}$$

将求得的系数和自由项代入力法方程，解得多余未知力为：

$$\begin{cases} X_1 = \dfrac{4EI}{l}\theta_A + \dfrac{2EI}{l}\theta_B - \dfrac{6EI}{l^2}\Delta_{AB} \\ X_2 = \dfrac{2EI}{l}\theta_A + \dfrac{4EI}{l}\theta_B - \dfrac{6EI}{l^2}\Delta_{AB} \end{cases}$$

令 $i_{AB}=EI/l$，为杆件 AB 的线刚度，则有：$X_1=M_{AB}$，$X_2=M_{BA}$，于是杆端弯矩为：

$$\begin{cases} M_{AB} = 4i_{AB}\theta_A + 2i_{AB}\theta_B - 6i_{AB}\dfrac{\Delta_{AB}}{l} \\ M_{BA} = 2i_{AB}\theta_A + 4i_{AB}\theta_B - 6i_{AB}\dfrac{\Delta_{AB}}{l} \end{cases} \tag{8-2a}$$

由杆件 AB 竖直方向的平衡条件（图 8-3f），可求得杆端剪力为：

$$F_{SAB} = F_{SBA} = -\dfrac{M_{AB}+M_{BA}}{l} = -6i_{AB}\dfrac{\theta_A}{l} - 6i_{AB}\dfrac{\theta_B}{l} + 12i_{AB}\dfrac{\Delta_{AB}}{l^2} \tag{8-2b}$$

式（8-2）即为两端固定杆件的杆端力和杆端位移之间的关系式，又称为杆件的刚度方程。

将单跨超静定杆件由单位杆端位移引起的杆端力称为刚度系数，它是与约束形式、杆件长度、截面尺寸及材料性质（如弹性模量等）等有关的常数，故又称为形常数。为方便使用，表 8-1 中列出了常见几种约束情况下的形常数。

2. 由荷载作用或温度变化引起的杆端力

由荷载作用或温度变化引起的杆端弯矩和杆端剪力，称为固端弯矩和固端剪力。杆件 AB 两端的固端弯矩分别表示为 M_{AB}^F、M_{BA}^F，固端剪力分别表示为 F_{SAB}^F、F_{SBA}^F。固端弯矩和固端剪力是只与荷载形式有关的常数，所以又称为载常数。等截面直杆的载常数同样可根据力法来求解。为方便使用，表 8-2 列出了常见荷载作用及温度变化引起的固端弯矩及固端剪力。

3. 由杆端位移和荷载作用（温度变化）共同作用引起的杆端力

综上所述，若两端固定等截面直杆既有已知荷载作用或温度变化，又有已知的杆端位移，可根据叠加原理，写出其杆端力的一般表达式为：

$$\begin{cases} M_{AB} = 4i_{AB}\theta_A + 2i_{AB}\theta_B - 6i_{AB}\dfrac{\Delta_{AB}}{l} + M_{AB}^F \\ M_{BA} = 2i_{AB}\theta_A + 4i_{AB}\theta_B - 6i_{AB}\dfrac{\Delta_{AB}}{l} + M_{BA}^F \\ F_{SAB} = -\dfrac{6i_{AB}}{l}\theta_A - \dfrac{6i_{AB}}{l}\theta_B + \dfrac{12i_{AB}}{l^2}\Delta_{AB} + F_{SAB}^F \\ F_{SBA} = -\dfrac{6i_{AB}}{l}\theta_A - \dfrac{6i_{AB}}{l}\theta_B + \dfrac{12i_{AB}}{l^2}\Delta_{AB} + F_{SBA}^F \end{cases} \tag{8-3}$$

式（8-3）为两端固定等截面直杆的转角位移方程。

二、一端固定另一端铰支的等截面直杆

对于一端固定另一端铰支的等截面直杆，当支座产生移动时，其刚度方程既可以由力

法算出,也可以由式(8-2)导出。设 A 端固定,B 端铰支(图8-4),由式(8-2a)得:

$$M_{BA}=2i_{AB}\theta_A+4i_{AB}\theta_B-6i_{AB}\frac{\Delta_{AB}}{l}=0$$

从而得到:

$$\theta_B=-\frac{1}{2}\theta_A+\frac{3}{2}\frac{\Delta_{AB}}{l} \tag{8-4a}$$

式(8-4a)表明,θ_B 为 θ_A 和 Δ_{AB} 的函数,即 θ_B、θ_A 和 Δ_{AB} 相互不独立。将式(8-4a)代入式(8-2),得:

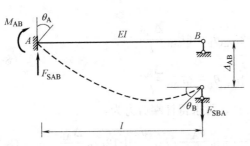

图8-4 一端固定另一端铰支的等截面直杆

$$\begin{cases} M_{AB}=3i_{AB}\theta_A-\dfrac{3i_{AB}}{l}\Delta_{AB} \\ M_{BA}=0 \\ F_{SAB}=F_{SBA}=-\dfrac{3i_{AB}}{l}\theta_A+\dfrac{3i_{AB}}{l^2}\Delta_{AB} \end{cases} \tag{8-4b}$$

式(8-4b)为一端固定另一端铰支的等截面直杆的刚度方程。

对于一端固定另一端铰支的等截面直杆,当荷载作用(温度变化)、支座移动共同作用时,可以按前述同样的方法得到转角位移方程为:

$$\begin{cases} M_{AB}=3i_{AB}\theta_A-3i_{AB}\dfrac{\Delta_{AB}}{l}+M_{AB}^F \\ M_{BA}=0 \\ F_{SAB}=-\dfrac{3i_{AB}}{l}\theta_A+\dfrac{3i_{AB}}{l^2}\Delta_{AB}+F_{SAB}^F \\ F_{SBA}=-\dfrac{3i_{AB}}{l}\theta_A+\dfrac{3i_{AB}}{l^2}\Delta_{AB}+F_{SBA}^F \end{cases} \tag{8-5}$$

式(8-5)中,M_{AB}^F(F_{SAB}^F、F_{SBA}^F)表示一端固定另一端铰支的等截面直杆的固端弯矩(固端剪力),常见荷载作用(温度变化)下的固端弯矩和固端剪力值见表8-2。

三、一端固定另一端滑动支承的等截面直杆

对于一端固定另一端滑动支承的等截面直杆,其刚度方程既可以用力法算出,也可以由式(8-2)导出。设 A 端固定,B 端滑动支承(图8-5),则由式(8-2b)有:

$$F_{SAB}=F_{SBA}=-\frac{6i_{AB}}{l}\theta_A-\frac{6i_{AB}}{l}\theta_B+\frac{12i_{AB}}{l^2}\Delta_{AB}=0$$

从而有:

$$\frac{\Delta_{AB}}{l}=\frac{1}{2}(\theta_A+\theta_B) \tag{8-6a}$$

式(8-6a)表明,Δ_{AB} 为 θ_A 和 θ_B 的函数,即 θ_A、θ_B 和 Δ_{AB} 相互不独立。将式(8-6a)代入式(8-2)得:

$$\begin{cases} M_{AB}=i_{AB}\theta_A-i_{AB}\theta_B \\ M_{BA}=i_{AB}\theta_B-i_{AB}\theta_A \quad (8\text{-}6b) \\ F_{SAB}=F_{SBA}=0 \end{cases}$$

式（8-6b）为一端固定另一端滑动支承的等截面直杆的刚度方程。

对于一端固定另一端滑动支承的等截面直杆，当荷载作用（温度变化）、支座移动共同作用时，可以按前述同样的方法得到转角位移方程为：

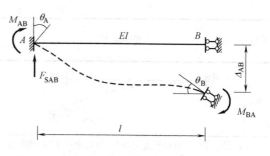

图 8-5　一端固定另一端滑动支承的等截面直杆

$$\begin{cases} M_{AB}=i_{AB}\theta_A-i_{AB}\theta_B+M_{AB}^F \\ M_{BA}=i_{AB}\theta_B-i_{AB}\theta_A+M_{BA}^F \\ F_{SAB}=F_{SAB}^F \\ F_{SBA}=0 \end{cases} \quad (8\text{-}7)$$

式中，M_{AB}^F、M_{BA}^F（F_{SAB}^F）为一端固定另一端滑动支承的等截面直杆的固端弯矩（固端剪力），常见荷载作用（温度变化）下的固端弯矩和固端剪力值见表 8-2。

特别要提醒，表 8-1、表 8-2 中杆端内力是根据图示方向的杆端位移和荷载情况求得的。对结构中某一杆件进行分析时，应根据其杆端位移的实际方向和荷载的实际情况，判断杆端内力的正负号。

由单位杆端位移引起的杆端力（形常数）　　　　　表 8-1

编号	梁的简图	杆端弯矩		杆端剪力	
		M_{AB}	M_{BA}	F_{SAB}	F_{SBA}
1	$\theta_A=1$	$4i$	$2i$	$-\dfrac{6i}{l}$	$-\dfrac{6i}{l}$
2	$\Delta_{AB}=1$	$-\dfrac{6i}{l}$	$-\dfrac{6i}{l}$	$\dfrac{12i}{l^2}$	$\dfrac{12i}{l^2}$
3	$\theta_A=1$	$3i$	0	$-\dfrac{3i}{l}$	$-\dfrac{3i}{l}$
4	$\Delta_{AB}=1$	$-\dfrac{3i}{l}$	0	$\dfrac{3i}{l^2}$	$\dfrac{3i}{l^2}$
5	$\theta_A=1$	i	$-i$	0	0

续表

编号	梁的简图	杆端弯矩 M_{AB}	杆端弯矩 M_{BA}	杆端剪力 F_{SAB}	杆端剪力 F_{SBA}
6	(图：A端固定，B端为定向支座，$\theta_B=1$)	$-i$	i	0	0

注：表中等截面直杆长度均为 l，抗弯刚度 EI，线刚度 $i=EI/l$。

常见荷载作用下的固端弯矩和固端剪力（载常数） 表 8-2

	编号	梁的简图	固端弯矩 M_{AB}^F	固端弯矩 M_{BA}^F	固端剪力 F_{SAB}^F	固端剪力 F_{SBA}^F
两端固定	1	(均布荷载 q)	$-\dfrac{1}{12}ql^2$	$\dfrac{1}{12}ql^2$	$\dfrac{ql}{2}$	$-\dfrac{ql}{2}$
	2	(集中力 F，距离 a、b)	$-\dfrac{ab^2}{l^2}F$ $a=b=l/2$ 时： $-\dfrac{1}{8}Fl$	$\dfrac{a^2b}{l^2}F$ $\dfrac{1}{8}Fl$	$\dfrac{b^2(l+2a)}{l^3}F$ $\dfrac{1}{2}F$	$-\dfrac{a^2(l+2b)}{l^3}F$ $-\dfrac{1}{2}F$
	3	(力偶 M)	$\dfrac{b(3a-l)}{l^2}M$ 当 $a=b=l/2$ 时： $-\dfrac{1}{4}M$	$\dfrac{a(3b-l)}{l^2}M$ $\dfrac{1}{4}M$	$-\dfrac{6ab}{l^3}M$ $-\dfrac{3M}{2l}$	$-\dfrac{6ab}{l^3}M$ $-\dfrac{3M}{2l}$
	4	(温差 $\Delta t=t_2-t_1$)	$-\dfrac{EI\alpha\Delta t}{h}$	$\dfrac{EI\alpha\Delta t}{h}$	0	0
一端固定一端铰支	5	(均布荷载 q)	$-\dfrac{1}{8}ql^2$	0	$\dfrac{5}{8}ql$	$-\dfrac{3}{8}ql$
	6	(集中力 F)	$-\dfrac{ab(l+b)}{2l^2}F$ 当 $a=b=l/2$ 时： $-\dfrac{3}{16}Fl$	0	$\dfrac{b(3l^2-b^2)}{2l^3}F$ $\dfrac{11}{16}F$	$-\dfrac{a^2(2l+b)}{2l^3}F$ $-\dfrac{5}{16}F$
	7	(力偶 M)	$\dfrac{l^2-3b^2}{2l^2}M$ 当 $a=l$ 时： $\dfrac{1}{2}M$	0 $M_B^L=M$	$-\dfrac{3(l^2-b^2)}{2l^3}M$ $-\dfrac{3}{2l}M$	$\dfrac{3(l^2-b^2)}{2l^3}M$ $-\dfrac{3}{2l}M$
	8	(温差 $\Delta t=t_2-t_1$)	$-\dfrac{3EI\alpha\Delta t}{2h}$	0	$\dfrac{3EI\alpha\Delta t}{2hl}$	$\dfrac{3EI\alpha\Delta t}{2hl}$

续表

编号	梁的简图	固端弯矩 M_{AB}^F	固端弯矩 M_{BA}^F	固端剪力 F_{SAB}^F	固端剪力 F_{SBA}^F
9	（图：均布荷载 q，A端固定，B端滑动）	$-\dfrac{1}{3}ql^2$	$-\dfrac{1}{6}ql^2$	ql	0
10	（图：集中力 F，距A为a，距B为b）	$-\dfrac{a(2l-a)}{2l}F$ 当 $a=b=l/2$ 时：$-\dfrac{3}{8}Fl$ 当 $a=l$ 时：$-\dfrac{Fl}{2}$	$-\dfrac{a^2}{2l}F$ $-\dfrac{1}{8}Fl$ $-\dfrac{Fl}{2}$	F F F	0 0 $F_{SB}^L=F$ $F_{SB}^R=0$
11	（图：温差 $\Delta t=t_2-t_1$）	$-\dfrac{EI\alpha\Delta t}{h}$	$\dfrac{EI\alpha\Delta t}{h}$	0	0

注：1. 表中等截面直杆长度均为 l；
2. 支座位置左右调换时，杆端力符号要改变；
3. 计算刚架中竖杆或斜杆的杆端力时，通常将其顺时针转至水平位置，这样符号不易出错。

另外，转角位移方程虽然是针对单跨超静定梁（等截面）导出的，其建立的关系式对于梁和刚架结构中任何一根等截面受弯杆件都是适用的。

第三节 位移法的基本未知量和基本结构

一、位移法基本未知量的确定

位移法的基本未知量是结点位移，其计算单元是单跨超静定等截面直杆（或直梁）。如果结构上每根杆件的杆端位移已求出，则全部杆件的内力即可由转角位移方程确定。

结点位移包括结点角位移和结点线位移。下面讨论如何确定结点位移个数。

1. 独立的结点角位移

如图 8-6（a）所示刚架在荷载作用下将产生如虚线所示的变形。固定端 A 的转角位移和线位移均为零，自由刚结点 B 可以转动。根据变形连续条件可知，刚结点 B 处只有 1 个独立的结点角位移 θ_B。若忽略杆件 AB、BC 的轴向变形，刚结点 B 处没有线位移。结点 C 是铰结点，设 C 处转角为 θ_C，由 $M_{CB}=0$ 可知 θ_C 不独立，可以不作为位移法基本未知量。所以该刚架用位移法进行求解时，基本未知量是刚结点 B 处的角位移 θ_B。

当结构中存在组合结点时，因组合结点既有刚性连接部分又有铰接部分，此时仍需把刚接部分的角位移计入位移法基本未知量。另外，对阶形杆变截面处的转角，或抗转动弹簧支座处的转角，均应计入独立角位移的数目。因此，图 8-6（b）所示刚架中独立的结点角位移数目是 4，它们分别是变截面 G 处的转角 Δ_1、组合结点 E 处的转角 Δ_2、刚结点

F 处的转角 Δ_3 以及抗转弹性支座 C 处的转角 Δ_4。

综上所述，独立的结点角位移数目等于刚结点（包括组合结点、弹性抗转弹簧）的数目。

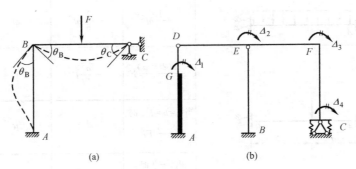

图 8-6 独立结点角位移的确定

2. 独立的结点线位移

一般情况下，平面坐标系中每个结点均可能有水平线位移和竖向线位移。但根据前述假设（忽略杆件轴向变形）可知，受弯杆件的两端距离在变形后保持不变，这样导致某些线位移为零或互等，从而减少了独立的结点线位移数目。

如图 8-7（a）所示排架结构，支座 A、B、C 为固定端，AD、BE 和 CF 杆长不变，故结点 D、E 和 F 均没有竖向位移。结点 D、E 和 F 虽有水平位移，但由于杆 DE、杆 EF 的长度不变，所以这些水平线位移应相等。因此，此排架结构只有 1 个独立的结点线位移（Δ_1）。

如果已知杆件抗拉刚度为有限值（$EA \neq \infty$，即需考虑轴向变形），就要另行分析。如图 8-7（b）所示结构，其独立的结点线位移数目为 2（Δ_1 和 Δ_2）。

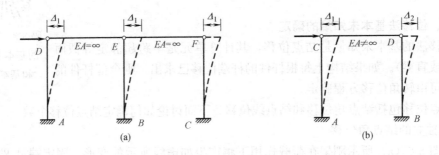

图 8-7 独立结点线位移的确定

对结构形式比较复杂的结构，结点线位移的数目不易确定。由于在确定结点线位移的数目时，忽略杆件轴向变形，铰接体系和刚接体系的结点线位移数量相等，所以结点的独立线位移数目还可以通过几何构造分析的方法来确定，即采用增设支杆法（或铰化体系法）来确定结点线位移的数目。铰化体系法就是将原结构中所有刚结点和固定支座均改为铰结点形成铰接体系，此铰接体系的自由度数就是原结构的独立结点线位移数。然后分析该铰接体系的几何组成：如果它是几何不变的，说明结构无结点线位移；如果铰接体系是几何可变的，再看最少需要增设几根附加支杆才能确保体系成为几何不变，或者说使此铰接体系成为几何不变而需添加的最少支杆数就等于原结构中独立结点线位移数目。

如图 8-8（a）所示刚架，为了确定独立结点线位移数目，将所有刚结点和固定支座均改为铰结点从而形成铰接体系，如图 8-8（b）所示。由几何组成分析可知，该体系是几何可变的，至少需要增设两根支杆（比如分别在结点 D、G 处增设两根支杆，如图 8-8（b）中虚线所示）才能使体系转化为几何不变体系，由此可判断原刚架具有两个独立的结点线位移。另外，如图 8-8（a）所示刚架还具有四个独立的结点角位移，总共有六个位移未知量。

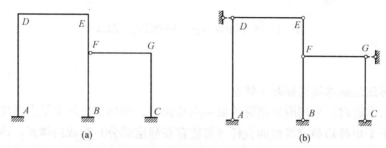

图 8-8 铰化体系法确定结点线位移

必须指出，在结构中有些结点虽然也有角位移和线位移，但由于分析内力时可以不需要先计算出该位移，因此不必将它们作为基本未知量，以减少计算工作量。如图 8-9 所示结构中，对杆 DE 和 EF 而言，刚结点 E 有转角位移，但对于静定部分 EF 段，其上作用的外荷载可直接根据平衡条件将其转化为作用在结点 E 的已知外力，这样结点 E 的角位移便可以不作为基本未知量。另外，附属部分 GHC 是静定部分，由其作用的外荷载也可直接转化为作用于 BE 杆上 G 处的已知外力，这样可直接将 BE 段看作一直杆，分析结构内力时，不需计算结点 G 处的线位移和角位移。综上分析，该结构具有一个独立的结点角位移（Δ_1）和一个独立的结点线位移（Δ_2）。

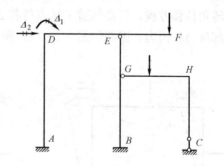

图 8-9 位移法基本未知量示例

确定结点位移时，要注意杆件抗弯刚度对结点位移的影响。如图 8-10（a）所示刚架中横梁 $EI=\infty$，刚性杆 CD 限制了结点 C、D 的转动。因此，在外力作用下结点 C、D 只作水平移动而无转角位移，只需将结点 C、D 在水平方向线位移（Δ_1）作为位移法基本未知量。据此可判断，图 8-10（b）所示刚架结构，具有三个独立的结点线位移（Δ_1、Δ_2 和 Δ_3）。

综上所述，位移法的基本未知量包括独立的结点角位移和独立的结点线位移。结点角位移的数目等于刚结点（包括组合结点、弹性抗转弹簧）的数目，结点线位移的数目等于铰化体系的自由度数目。在选取基本未知量时，既保证了刚结点处各杆杆端转角彼此相等，又保证了各杆杆端距离保持不变，因而能够保证各杆位移的彼此协调，即满足变形连

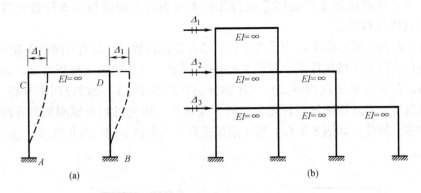

图 8-10 结构中含有刚性杆的结点位移确定

续条件。

二、位移法的基本结构和基本体系

用位移法求解时,采用附加刚臂约束结点角位移、附加支杆约束结点线位移,使原结构变成由若干个单跨超静定等截面直杆(可能存在静定部分)组成的体系,该体系称为位移法的基本结构。

如图 8-11(a)所示结构具有三个独立的结点位移未知量,即刚结点 B、C 处的角位移 Δ_1、Δ_2 及水平线位移 Δ_3。如果把结点位移 Δ_1、Δ_2 和 Δ_3 当作支座移动这一外因来看,如图 8-11(a)所示刚架即可转化为如图 8-11(b)所示的三根单跨超静定梁来计算。根据转角位移方程,只要知道了结点位移 Δ_1、Δ_2 和 Δ_3,则可求得这三根单跨超静定梁的全部反力和内力,因而如图 8-11(a)所示刚架的计算问题便可解决。

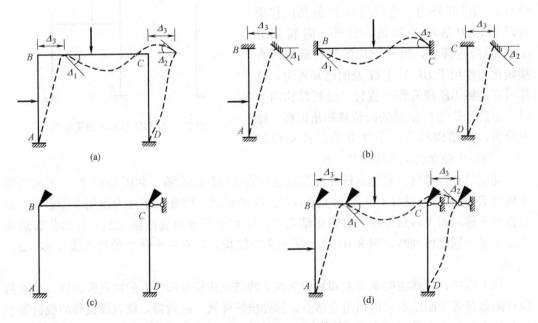

图 8-11 基本结构和基本体系
(a) 原结构;(b) 单跨梁的组合体;(c) 基本结构;(d) 基本体系

为了能将如图 8-11（a）所示结构转化为如图 8-11（b）所示各单跨梁来计算，设想在结点 B、C 处装上一个阻止结点转动（不限制结点移动）的装置"▼"，称为附加刚臂；在结点 B（或结点 C）处装上一个能阻止结点产生侧移的支杆，称为附加支杆。附加刚臂和附加支杆统称为附加约束。加入这三个附加约束后，结点 B、C 就转化为了固定端，原结构就化为了由 AB、BC 和 CD 这三根两端固定的单跨超静定梁组成的组合体（图 8-11c）。这些单跨超静定梁是位移法分析的基础，称为原结构的基本结构。

将原荷载作用于基本结构，并使基本结构中附加刚臂连同刚结点（结点 B、C）发生与原结构相同的转角位移（Δ_1、Δ_2），附加支杆连同结点 B、C 发生与原结构相同的线位移（Δ_3），如图 8-11（d）所示，此时体系的受力和变形情况与如图 8-11（a）所示原结构完全相同。基本结构在基本未知量及原荷载共同作用下的体系，称为位移法的基本体系，位移法中可用基本体系来代替原结构进行计算。

第四节 位移法的典型方程

一、位移法的基本原理

用位移法计算时，结构的受力状态看作是由荷载和各结点位移共同作用下形成的。根据线弹性体系的叠加原理，可以将最终受力状态看作是上述因素单独作用下效应的叠加。

码 8-4 位移法的典型方程

下面先以图 8-12（a）所示刚架结构为例，说明如何建立位移法方程。已知梁和柱长度均为 $l=6$m，EI 为常数。

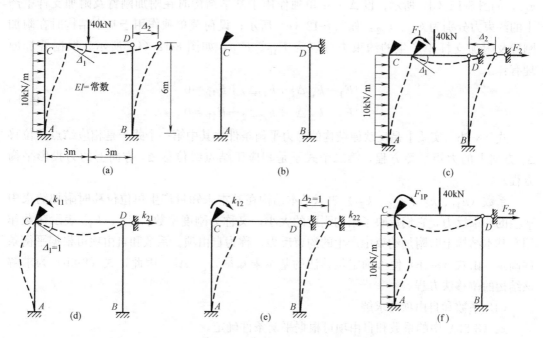

图 8-12 位移法方程的建立

(a) 刚架计算简图；(b) 基本结构；(c) 基本体系；(d) $\Delta_1=1$ 单独作用；
(e) $\Delta_2=1$ 单独作用；(f) 原荷载单独作用

(1) 基本未知量及基本结构的确定

如图 8-12 (a) 所示刚架具有两个独立的结点位移：刚结点 C 存在一个角位移，设为 Δ_1 (Δ_1 正方向可假定为顺时针)；结点 C、D 存在一个水平方向线位移，设为 Δ_2 (Δ_2 正方向可假定为向右)，Δ_1、Δ_2 即为位移法计算的基本未知量。

在 C 结点装上一个附加刚臂以阻止角位移 Δ_1 的产生，在结点 C（或结点 D）装上一个附加支杆以阻止线位移 Δ_2 的产生，如图 8-12 (b) 所示，可得到三根单跨超静定梁的组合体，即为相应的基本结构。

为了使基本结构的变形和受力情况与原结构相同，必须强制使附加约束处发生与原结构相同的位移，如图 8-12 (c) 所示为基本结构在原荷载和基本未知量 (Δ_1、Δ_2) 共同作用下的体系，即为基本体系。

(2) 位移法方程的建立

如图 8-12 (c) 所示基本体系，在荷载和结点位移 Δ_1、Δ_2 共同作用下，附加约束中均会产生约束力。设附加刚臂中的约束力矩为 F_1，附加支杆中的约束力为 F_2。这里，F_1 与角位移 Δ_1 方向一致时为正，F_2 与线位移 Δ_2 方向一致时为正。

基本体系和原结构的受力状态是完全相同的。由于实际结构中并没有附加刚臂和附加支杆，所以基本体系中在附加刚臂及附加支杆中产生的约束力应为零，即：

$$\begin{cases} F_1=0 \\ F_2=0 \end{cases} \quad (8\text{-}8a)$$

设 $\Delta_1=1$ 单独作用于基本结构时在附加刚臂及附加支杆中产生的约束力分别为 k_{11}、k_{21}，如图 8-12 (d) 所示；设 $\Delta_2=1$ 单独作用于基本结构时在附加刚臂及附加支杆中产生的约束力分别为 k_{12}、k_{22}，如图 8-12 (e) 所示；设荷载单独作用于基本结构时在附加刚臂及附加支杆中产生的约束力分别为 F_{1P}、F_{2P}，如图 8-12 (f) 所示。根据叠加原理有：

$$\begin{cases} F_1=k_{11}\Delta_1+k_{12}\Delta_2+F_{1P}=0 \\ F_2=k_{21}\Delta_1+k_{22}\Delta_2+F_{2P}=0 \end{cases} \quad (8\text{-}8b)$$

式 (8-8b) 实质上是反映原结构的静力平衡条件，其中第一个式子是相应结点角位移 Δ_1 方向上的力矩平衡方程，第二个式子是相应于结点线位移 Δ_2 方向上的力投影平衡方程。

系数 (k_{11}、k_{21}、k_{12}、k_{22}) 表示基本结构在基本未知量产生单位位移时附加约束中产生的约束反力，它们反映了结构刚度的大小，又称为刚度系数。F_{1P}、F_{2P} 表示荷载作用在基本结构上时附加约束中产生的约束反力，称为自由项。系数和自由项可根据平衡条件确定，由式 (8-8b) 便可确定位移法的基本未知量 Δ_1、Δ_2。因此，式 (8-8b) 为求解该结构的位移法方程。

(3) 系数和自由项的求解

式 (8-8b) 中的系数和自由项可根据平衡条件确定。

如图 8-13 (a) 所示为基本结构在 $\Delta_1=1$ 作用下的弯矩图 $\overline{M}_1$，这里记 $i=EI/l$。取其中结点 C 为研究对象，如图 8-13 (b) 所示，由平衡条件 $\sum M_C=0$，得：

$$k_{11}=3i+4i=7i$$

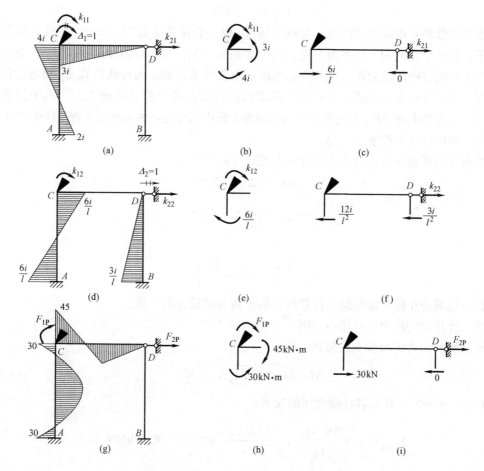

图 8-13　图 8-12 中系数和自由项的求解

(a)$\overline{M}_1$ 图；(b) 系数 k_{11} 的求解；(c) 系数 k_{21} 的求解；(d)$\overline{M}_2$ 图；(e) 系数 k_{12} 的求解；
(f) 系数 k_{22} 的求解；(g) M_P 图（kN·m）；(h) 自由项 F_{1P} 的求解；(i) 自由项 F_{2P} 的求解

再取杆段 CD 为研究对象，如图 8-13（c）所示，由平衡条件 $\sum F_x=0$，得：

$$k_{21}=-\frac{6i}{l}=-i$$

如图 8-13（d）所示为基本结构在 $\Delta_2=1$ 作用下的弯矩图 $\overline{M}_2$，同样地，取结点 C 为研究对象，如图 8-13（e）所示，由平衡条件 $\sum M_C=0$，得：

$$k_{12}=-\frac{6i}{l}=-i$$

再取杆段 CD 为研究对象，如图 8-13（f）所示，由平衡条件 $\sum F_x=0$，得：

$$k_{22}=12\frac{i}{l^2}+3\frac{i}{l^2}=\frac{5}{12}i$$

如图 8-13（g）所示为基本结构在原荷载作用下的弯矩图 M_P。同样地，分别取结点 C 及杆段 CD 为研究对象，分别如图 8-13（h）、(i) 所示，由平衡条件可得：

$$F_{1P}=-45+30=-15\text{kN}\cdot\text{m}$$

$$F_{2P}=-30\text{kN}$$

求解系数和自由项时要注意，与角位移 Δ_1 相应的位移法方程（即式（8-8b）的第一个式子）是转角方向的力矩平衡方程，其中的系数（k_{11}、k_{12}）和自由项（F_{1P}）是基本结构中附加刚臂中的反力矩，由结点的力矩平衡条件来求解。而与线位移 Δ_2 相应的位移法方程（即式（8-8b）的第二个式子）是沿线位移方向的力投影平衡方程，其中的系数（k_{21}、k_{22}）和自由项（F_{2P}）是基本结构中附加支杆中的反力，由力投影平衡条件来求解。

(4) 解位移法方程求 Δ_1、Δ_2

将求得的系数和自由项代入位移法方程式（8-8b），得：

$$\begin{cases} 7i\Delta_1 - i\Delta_2 - 15 = 0 \\ -i\Delta_1 + \dfrac{5}{12}i\Delta_2 - 30 = 0 \end{cases}$$

从而解得：

$$\Delta_1 = \frac{18.91}{i},\ \Delta_2 = \frac{117.39}{i}$$

计算结果为正值，说明结点位移的真实方向与假设方向一致。

(5) 计算结构内力，并作内力图

原结构的内力可由叠加法得到，即：

$$M = \overline{M}_1 \Delta_1 + \overline{M}_1 \Delta_2 + M_P \tag{8-8c}$$

由式（8-8c）可计算各杆端弯矩值如下：

$$M_{AC} = 2i \times \frac{18.91}{i} - i \times \frac{117.39}{i} - 30 = -109.57\text{kN} \cdot \text{m}$$

$$M_{CA} = 4i \times \frac{18.91}{i} - i \times \frac{117.39}{i} + 30 = -11.73\text{kN} \cdot \text{m}$$

$$M_{CD} = 3i \times \frac{18.91}{i} - 45 = 11.73\text{kN} \cdot \text{m}$$

$$M_{BD} = -\frac{i}{2} \times \frac{117.39}{i} = -58.7\text{kN} \cdot \text{m}$$

根据上述各杆端弯矩值，作原结构的弯矩图，如图 8-14（a）所示。再根据平衡条件，作剪力图和轴力图，分别如图 8-14（b）、(c) 所示。

由以上分析可以看出，位移法是以独立的结点位移（包括角位移和线位移）作为基本未知量，以相应的基本体系为研究工具，根据基本体系在附加约束（包括附加刚臂和附加支杆）处产生的附加约束力与原结构受力相同的条件，建立位移法方程（平衡方程），从而求出结构中的结点位移值；最后，根据叠加原理求出原结构的内力。

应当注意，位移法计算过程中，若杆件的刚度用的是相对刚度，不影响最终内力计算结果，即最终内力为真值，但基本未知量（线位移和角位移）为相对值。在位移法计算中为计算方便，通常采用杆件的相对刚度值。如需计算位移的真实值时，必须采用绝对刚度计算。

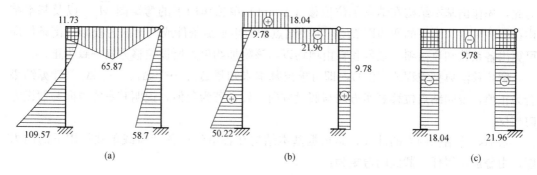

图 8-14 图 8-12 的内力图
(a) M 图 (kN·m); (b) F_S 图 (kN); (c) F_N 图 (kN)

二、位移法典型方程的建立

如果结构中含有 n 个独立的结点位移 Δ_1、…、Δ_i、…、Δ_n，需在原结构上施加 n 个相应的附加约束（包括附加刚臂和附加支杆）后，得到基本结构，基本结构在 n 个结点位移及原荷载共同作用下的体系称为基本体系。根据基本体系中各附加约束中产生的附加约束力等于零的平衡条件，可建立 n 个独立的平衡方程，即：

$$\begin{cases} k_{11}\Delta_1+\cdots+k_{1j}\Delta_j+\cdots+k_{1n}\Delta_n+F_{1P}=0 \\ \cdots \\ k_{i1}\Delta_1+\cdots+k_{ij}\Delta_j+\cdots+k_{in}\Delta_n+F_{iP}=0 \\ \cdots \\ k_{n1}\Delta_1+\cdots+k_{nj}\Delta_j+\cdots+k_{nn}\Delta_n+F_{nP}=0 \end{cases} \quad (8-9)$$

式（8-9）即为含有 n 个独立结点位移的位移法典型方程。应用式（8-9）时要注意以下几点：

（1）第 i 个方程的物理意义是：基本结构在荷载和各结点位移（Δ_1、…、Δ_i、…、Δ_n）共同作用下第 i 个附加约束中的约束力等于零。

（2）系数 k_{ii} 称为主系数，它表示基本结构在第 i 个结点单位位移（$\Delta_i=1$）单独作用时在第 i 个附加约束中产生的约束力。k_{ii} 恒大于零。

k_{ij}（$i\neq j$）称为副系数，它表示基本结构在第 j 个结点单位位移（$\Delta_j=1$）单独作用时在第 i 个附加约束中产生的约束力。根据反力互等定理，有：

$$k_{ij}=k_{ji}$$

k_{ij} 可为正，可为负，也可等于零。

位移法典型方程中的系数，表示由单位位移引起的附加约束的反力（或反力矩）。结构的刚度愈大，这些反力（或反力矩）的数值也愈大，故这些系数又称为结构的刚度系数，位移法典型方程又称为结构的刚度方程，位移法也称为刚度法。

（3）F_{iP} 称为自由项，它表示荷载单独作用于基本结构时在第 i 个附加约束中产生的约束力。F_{iP} 可为正，可为负，也可等于零。

（4）系数和自由项的计算。

若系数、自由项是附加刚臂中产生的反力矩，应由刚结点处力矩平衡条件求得；若系数、自由项是附加支杆处产生的附加反力，应由附加支杆方向上力的投影平衡条件求得。

为此，先作出基本结构在结点单位位移（$\Delta_i=1$）单独作用下的弯矩图 $\overline{M}_i$，以及基本结构在荷载单独作用下的弯矩图 M_P，再由结点的力矩平衡条件或截面的力投影平衡条件即可算出各系数和自由项。系数和自由项均以与该附加约束处所设位移方向一致为正。

解位移法典型方程式（8-9），即可求出基本未知量 Δ_1、…、Δ_i、…、Δ_n。计算结果若为正值，说明结点位移真实方向与假设方向一致；若为负值，说明其真实方向与假设方向相反。

最后，原结构内力的计算，是根据基本结构在各单位位移及荷载单独作用下的内力图，由叠加法得任一截面的弯矩为：

$$M = \overline{M}_1 \Delta_1 + \cdots + \overline{M}_i \Delta_i + \cdots + \overline{M}_n \Delta_n + M_P = \sum_{i=1}^{n} \overline{M}_i \Delta_i + M_P \tag{8-10}$$

根据式（8-10）可先作出原结构的弯矩图，再根据平衡条件作结构的剪力图和轴力图。

三、力法与位移法的比较

力法与位移法的主要区别在于基本未知量的不同。力法以多余约束中的多余未知力作为基本未知量，以位移协调条件为依据建立力法典型方程；位移法是以结点位移作为基本未知量，以平衡条件为依据建立位移法典型方程。在力法中是用撤除约束的办法达到超静定结构计算的目的，而在位移法中是用增加约束的办法达到计算的目的，措施相反，效果相同。

力法和位移法的比较如表 8-3 所示。

力法和位移法的比较　　　　　　　　　表 8-3

方法类型	力法	位移法
应用范围	应用广泛，适用于任何类型超静定结构	可用于求解静定结构，一般用于刚结点少而杆件较多的刚架
解题灵活性	灵活性较大，可选用不同形式的基本结构	解题上比较规范，具有通用性，因而易于计算机实现
基本结构的选择	去掉多余约束后的静定结构；先保证满足平衡条件，再考虑满足位移协调条件	单跨超静定梁的组合体（加约束限制结点位移）；先保证杆件间的约束位移协调条件，再考虑杆件间的平衡条件。这与力法的基本结构是对偶的
基本未知量	多余约束中产生多余未知力 X_i，其数目等于超静定次数	独立的结点角位移和结点线位移 Δ_i，与超静定次数无关
基本体系	基本结构在外因（如荷载等）及基本未知量 X_i 共同作用下	基本结构在外因（如荷载等）及基本未知量 Δ_i 共同作用下
典型方程	解除多余约束处的变形协调条件，典型方程数目与超静定次数相同	施加附加约束处的平衡条件，典型方程数目与刚结点数和侧移数目之和相等
系数和自由项的含义及求解方法	柔度系数、自由项是位移，采用单位荷载法计算；一般情况下计算工作量较大	刚度系数、自由项是附加反力（矩），根据结点平衡或杆件平衡来计算；一般情况下计算工作量较小
最后内力图的绘制	平衡条件或叠加法	叠加法

第五节 位移法的计算步骤及示例

通过以上几节讨论,可归纳位移法的具体计算步骤如下:

(1) 确定原结构的基本未知量 Δ_i(包括独立的结点角位移和结点线位移),并得到原结构的基本结构和基本体系。

(2) 建立位移法典型方程,如式(8-9)所示。

(3) 计算系数和自由项。

为此,需先作出基本结构在各单位位移 $\Delta_i=1$ 单独作用下的弯矩图 $\overline{M}_i$,以及基本结构在荷载单独作用下的弯矩图 M_P。再由结点或杆件平衡条件计算得到系数和自由项。

(4) 解联立方程组,求解基本未知量 Δ_i。

(5) 由叠加法(式 8-10)计算结构内力,并作内力图。

(6) 计算结果的校核。

在位移法的基本假定中和未知量选定时,已经保证了结点处的变形连续,因而变形条件校核在位移法中不作为校核的重点。

在位移法计算时,将只有结点角位移而没有结点线位移的结构称为无侧移结构,如连续梁和无侧移刚架等。将具有结点线位移的结构称为有侧移结构,如有侧移刚架和排架等。下面举例说明各类结构的位移法计算过程。

【例 8-1】 用位移法分析如图 8-15(a)所示三跨连续梁,并绘其内力图。已知 EI 为常数。

【解】 (1) 确定基本未知量为结点 B、C 的角位移,分别记为 Δ_1、Δ_2,均假设为顺时针方向。选定的基本体系如图 8-15(b)所示。令 $i=EI/4$,则:

$$i_{AB}=2i, i_{BC}=i, i_{CD}=2i$$

(2) 建立位移法方程如下:

$$\begin{cases} k_{11}\Delta_1+k_{12}\Delta_2+F_{1P}=0 \\ k_{21}\Delta_1+k_{22}\Delta_2+F_{2P}=0 \end{cases}$$

(3) 计算系数和自由项

作出基本结构在单位位移 $\Delta_1=1$ 单独作用下的弯矩图 $\overline{M}_1$,如图 8-15(c)所示,并分别取结点 B、C 为研究对象,如图 8-15(d)所示,由力矩平衡条件得:

$$k_{11}=8i+4i=12i, k_{21}=2i$$

作出基本结构在单位位移 $\Delta_2=1$ 单独作用下的弯矩图 $\overline{M}_2$,如图 8-15(e)所示。由结点 B、C 的力矩平衡条件(图 8-15f)可得:

$$k_{12}=2i, k_{22}=4i+6i=10i$$

作基本结构在原荷载单独作用下的弯矩图 M_P,如图 8-15(g)所示。其中,各杆端固端弯矩分别为:

$$M_{AB}^F=-\frac{1}{12}\times10\times4^2=-\frac{40}{3}\text{kN}\cdot\text{m}$$

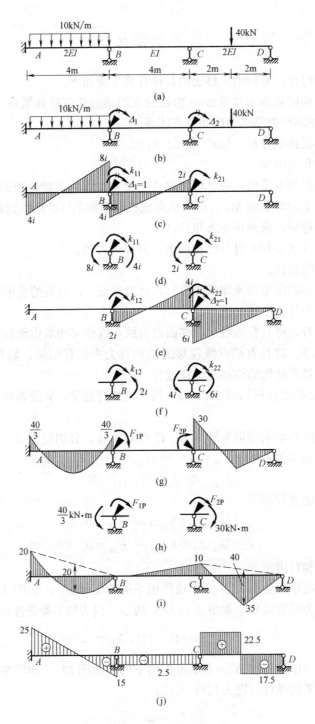

图 8-15 例 8-1 图
(a)连续梁计算简图;(b)基本体系;(c)$\overline{M}_1$ 图;(d)系数 k_{11}、k_{21} 的求解;
(e)$\overline{M}_2$ 图;(f)系数 k_{12}、k_{22} 的求解;
(g)M_P 图(kN·m);(h)自由项 F_{1P}、F_{2P} 的求解;(i)M 图(kN·m);
(j)F_S 图(kN)

$$M_{BA}^{F} = \frac{1}{12} \times 10 \times 4^2 = \frac{40}{3} \text{kN} \cdot \text{m}$$

$$M_{CD}^{F} = -\frac{3}{16} \times 40 \times 4 = -30 \text{kN} \cdot \text{m}$$

分别取图 8-15（g）中结点 B、C 为研究对象，如图 8-15（h）所示，由结点的力矩平衡条件，可得自由项值如下：

$$F_{1P} = \frac{40}{3} \text{kN} \cdot \text{m}$$

$$F_{2P} = -30 \text{kN} \cdot \text{m}$$

（4）解位移法方程求 Δ_1、Δ_2

将求得的系数和自由项结果代入位移法方程，解得基本未知量分别为：

$$\begin{cases} \Delta_1 = -\dfrac{5}{3i} \\ \Delta_2 = \dfrac{10}{3i} \end{cases}$$

（5）计算结构内力，并作内力图

由叠加法 $M = \overline{M}_1 \Delta_1 + \overline{M}_2 \Delta_2 + M_P$，计算各杆端弯矩如下：

$$M_{AB} = 4i \times \left(-\frac{5}{3i}\right) + \left(-\frac{40}{3}\right) = -20 \text{kN} \cdot \text{m}$$

$$M_{BA} = 8i \times \left(-\frac{5}{3i}\right) + \frac{40}{3} = 0 \text{kN} \cdot \text{m}$$

$$M_{BC} = 4i \times \left(-\frac{5}{3i}\right) + 2i \times \frac{10}{3i} = 0 \text{kN} \cdot \text{m}$$

$$M_{CB} = 2i \times \left(-\frac{5}{3i}\right) + 4i \times \frac{10}{3i} = 10 \text{kN} \cdot \text{m}$$

$$M_{CD} = 6i \times \frac{10}{3i} + (-30) = -10 \text{kN} \cdot \text{m}$$

$$M_{DC} = 0 \text{kN} \cdot \text{m}$$

由各杆端弯矩值可作此三跨连续梁的弯矩图，如图 8-15（i）所示。再由杆段平衡条件作剪力图，如图 8-15（j）所示。

【**例 8-2**】 用位移法分析如图 8-16（a）所示刚架，并绘制其弯矩图。已知各杆 EI 均为常数。

【**解**】 （1）确定基本未知量及基本体系

此刚架没有线位移，基本未知量为结点 D、E 处的角位移 θ_D 和 θ_E，令 $\Delta_1 = \theta_D$，$\Delta_2 = \theta_E$，Δ_1、Δ_2 均假设为顺时针方向。选定的基本体系如图 8-16（b）所示。

（2）建立位移法方程如下：

$$\begin{cases} k_{11}\Delta_1 + k_{12}\Delta_2 + F_{1P} = 0 \\ k_{21}\Delta_1 + k_{22}\Delta_2 + F_{2P} = 0 \end{cases}$$

（3）计算系数和自由项

令 $i = EI/l$，分别作出基本结构在单位位移 $\Delta_1 = 1$、$\Delta_2 = 1$ 单独作用下的弯矩图 $\overline{M}_1$、

$\overline{M}_2$，如图 8-16（c）、（d）所示，以及基本结构在荷载单独作用下的弯矩图 M_P，如图 8-16（e）所示。

分别取图 8-16（c）中结点 D、E 为研究对象，如图 8-16（f）所示，由结点力矩平衡条件得：

$$k_{11}=3i+4i+4i=11i$$
$$k_{21}=2i$$

分别取图 8-16（d）中结点 D、E 为研究对象，如图 8-16（g）所示，由结点力矩平衡条件得：

$$k_{12}=2i$$
$$k_{22}=4i+3i+i=8i$$

分别取图 8-16（e）中结点 D、E 为研究对象，如图 8-16（h）所示，由结点力矩平衡条件得：

$$F_{1P}=\frac{1}{8}ql^2$$
$$F_{2P}=\frac{3}{8}ql^2-\frac{3}{16}ql^2=\frac{3}{16}ql^2$$

(4) 解位移法方程，求 Δ_1、Δ_2

将第（3）步中求得的结果代入位移法典型方程得：

$$\begin{cases} 11i\Delta_1+2i\Delta_2+\dfrac{1}{8}ql^2=0 \\ 2i\Delta_1+8i\Delta_2+\dfrac{3}{16}ql^2=0 \end{cases}$$

解得：

$$\Delta_1=-\frac{5}{672i}ql^2,\Delta_2=-\frac{29}{1344i}ql^2$$

(5) 计算结构内力，并作内力图

由 $M=\overline{M}_1\Delta_1+\overline{M}_2\Delta_2+M_P$ 计算各杆端弯矩如下：

$$M_{DC}=3i\times\left(-\frac{5}{672i}ql^2\right)+\frac{1}{8}ql^2=0.103ql^2$$

$$M_{DA}=4i\times\left(-\frac{5}{672i}ql^2\right)=-0.03ql^2$$

$$M_{AD}=2i\times\left(-\frac{5}{672i}ql^2\right)=-0.015ql^2$$

$$M_{DE}=4i\times\left(-\frac{5}{672i}ql^2\right)+2i\times\left(-\frac{29}{1344i}ql^2\right)=-0.073ql^2$$

$$M_{ED}=2i\times\left(-\frac{5}{672i}ql^2\right)+4i\times\left(-\frac{29}{1344i}ql^2\right)=-0.071ql^2$$

$$M_{EB}=3i\times\left(-\frac{29}{1344i}ql^2\right)-\frac{3}{16}ql^2=-0.252ql^2$$

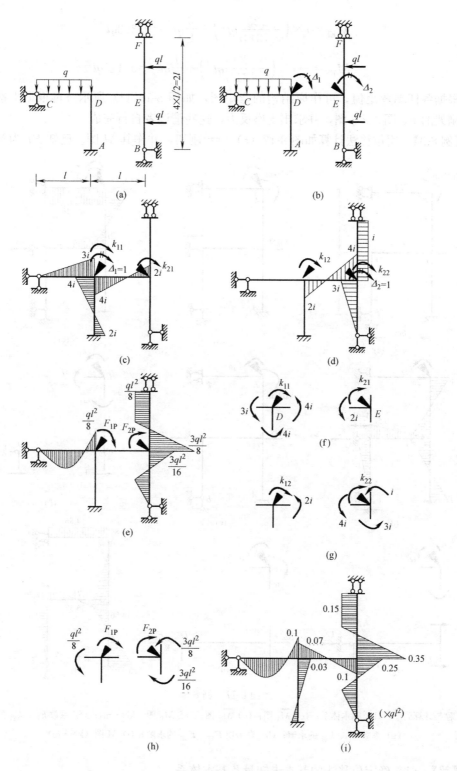

图 8-16 例 8-2 图

(a) 刚架计算简图；(b) 基本体系；(c) $\overline{M}_1$ 图；(d) $\overline{M}_2$ 图；(e) M_P 图；(f) 系数 k_{11}、k_{21} 的求解；(g) 系数 k_{12}、k_{22} 的求解；(h) 自由项 F_{1P}、F_{2P} 的求解；(i) M 图

$$M_{EF} = i \times \left(-\frac{29}{1344i}ql^2\right) + \frac{3}{8}ql^2 = 0.353ql^2$$

$$M_{FE} = -i \times \left(-\frac{29}{1344i}ql^2\right) + \frac{1}{8}ql^2 = 0.147ql^2$$

根据各杆端弯矩值，可作原结构的弯矩图，如图 8-16（i）所示。再根据平衡条件，作该刚架的 F_S 图、F_N 图，并求出支座反力，这些请读者自行完成。

【例 8-3】 用位移法计算如图 8-17（a）所示刚架，并作其 M 图。已知 EI 为常数。

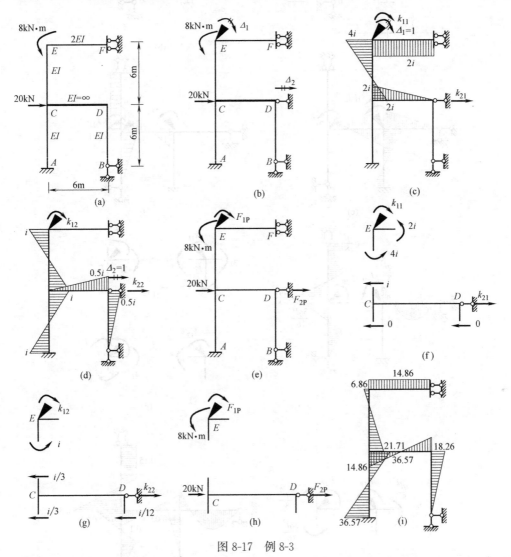

图 8-17 例 8-3

(a) 刚架计算简图；(b) 基本体系；(c) $\overline{M}_1$ 图；(d) $\overline{M}_2$ 图；(e) M_P 图（kN·m）；(f) 系数 k_{11}、k_{21} 的求解；(g) 系数 k_{12}、k_{22} 的求解；(h) 自由项 F_{1P}、F_{2P} 的求解；(i) M 图（kN·m）

【解】（1）确定位移法的基本未知量及基本体系

此刚架有侧移，基本未知量为结点 E 的角位移 Δ_1（假设为顺时针方向），以及结点 C、D 在水平方向的线位移 Δ_2（假设向右为正）。这里要注意，由于刚性杆 CD 限制了刚

结点 C、D 的转动，结点 C、D 只作水平移动而无转角位移。如图 8-17（b）所示为相应的基本体系。

（2）建立位移法方程

$$\begin{cases} k_{11}\Delta_1 + k_{12}\Delta_2 + F_{1P} = 0 \\ k_{21}\Delta_1 + k_{22}\Delta_2 + F_{2P} = 0 \end{cases}$$

（3）计算系数和自由项

令 $i = \dfrac{EI}{6}$，则：

$$i_{AC} = i_{BD} = i_{CE} = i, i_{EF} = 2i$$

分别作基本结构在单位位移 $\Delta_1 = 1$、$\Delta_2 = 1$ 及原荷载单独作用下的弯矩图 $\overline{M}_1$、$\overline{M}_2$ 及 M_P，如图 8-17（c）、（d）、（e）所示。其中，刚性杆 CD 的弯矩图可由刚结点 C、D 的力矩平衡条件确定。

分别取图 8-17（c）中结点 E 及杆段 CD 为研究对象，如图 8-17（f）所示，由平衡条件可求得系数：

$$\begin{cases} k_{11} = 2i + 4i = 6i \\ k_{21} = i \end{cases}$$

分别取图 8-17（d）中结点 E 及杆段 CD 为研究对象，如图 8-17（g）所示，由平衡条件可求得系数：

$$\begin{cases} k_{12} = i \\ k_{22} = \dfrac{i}{3} + \dfrac{i}{3} + \dfrac{i}{12} = \dfrac{3}{4}i \end{cases}$$

分别取图 8-17（e）中结点 E 及杆段 CD 为研究对象，如图 8-17（h）所示，由平衡条件可求得自由项：

$$\begin{cases} F_{1P} = 8 \text{kN} \cdot \text{m} \\ F_{2P} = -20 \text{kN} \end{cases}$$

（4）将求得的系数和自由项代入位移法方程，从而解得基本未知量为：

$$\begin{cases} \Delta_1 = -\dfrac{52}{7i} \\ \Delta_2 = \dfrac{256}{7i} \end{cases}$$

（5）计算结构内力，并作内力图

由叠加法 $M = \overline{M}_1\Delta_1 + \overline{M}_2\Delta_2 + M_P$，可计算各杆端弯矩如下：

$$M_{AC} = M_{CA} = -i \times \dfrac{256}{7i} = -36.57 \text{kN} \cdot \text{m}$$

$$M_{DB} = -0.5i \times \dfrac{256}{7i} = -18.26 \text{kN} \cdot \text{m}$$

$$M_{CD} = -2i \times \left(-\dfrac{52}{7i}\right) = 14.86 \text{kN} \cdot \text{m}, M_{DC} = 0.5i \times \dfrac{256}{7i} = 18.26 \text{kN} \cdot \text{m}$$

$$M_{EC}=4i\times\left(-\frac{52}{7i}\right)+i\times\frac{256}{7i}=6.86\mathrm{kN\cdot m}, M_{CE}=2i\times\left(-\frac{52}{7i}\right)+i\times\frac{256}{7i}=21.71\mathrm{kN\cdot m}$$

$$M_{EF}=2i\times\left(-\frac{52}{7i}\right)=-14.86\mathrm{kN\cdot m}, M_{FE}=-2i\times\left(-\frac{52}{7i}\right)=14.86\mathrm{kN\cdot m}$$

根据各杆端弯矩值，可作原结构的 M 图，如图 8-17（i）所示。

第六节 直接由平衡条件建立位移法方程

按照上节所述，位移法计算时必须加入附加约束（包括附加刚臂和附加支杆）后得到相应的基本结构，并作出基本结构在单位结点位移 $\Delta_i=1$ 及原荷载作用下的弯矩图 $\overline{M}_i$、M_P，由平衡条件求出所有系数和自由项，然后求解典型方程。基本结构在结点位移及原荷载作用下的内力都是由转角位移方程确定的，而位移法典型方程实际上又是反映原结构的静力平衡条件。因此，可以不通过基本结构，而根据转角位移方程直接利用原结构的静力平衡条件建立位移法的典型方程。下面结合具体示例，说明如何直接由平衡条件建立位移法典型方程。

【**例 8-4**】 用位移法作如图 8-18（a）所示刚架的弯矩图。已知 EI 均为常数。

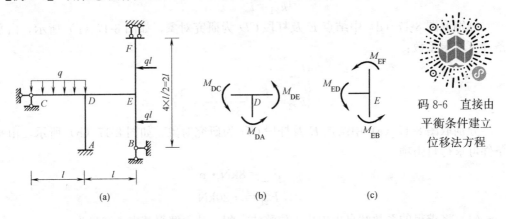

码 8-6 直接由平衡条件建立位移法方程

图 8-18 例 8-4 图
(a) 刚架计算简图；(b) 结点 D 力矩平衡；(c) 结点 E 力矩平衡

【**解**】（1）确定基本未知量

支座 C 为固定铰支座，故整个刚架没有侧移，但刚结点 D、E 有角位移，因此位移法求解的基本未知量为 θ_D、θ_E（假设为顺时针方向）。

（2）利用转角位移方程，写出各杆端弯矩表达式

先计算固端弯矩，要注意固端弯矩的正负号。各固端弯矩值为：

$$M_{DC}^F=\frac{1}{8}ql^2$$

$$M_{EB}^F=-\frac{3}{16}\times ql\times l=-\frac{3}{16}ql^2$$

$$M_{EF}^F=\frac{3}{8}\times ql\times l=\frac{3}{8}ql^2$$

$$M_{FE}^F = \frac{1}{8} \times ql \times l = \frac{1}{8}ql^2$$

令 $i = \frac{EI}{l}$，则各杆线刚度均为 i。

利用转角位移方程，可直接写出各杆端弯矩表达式：

$$M_{CD} = 0$$
$$M_{DC} = 3i_{CD}\theta_D + M_{DC}^F = 3i\theta_D + \frac{1}{8}ql^2$$
$$M_{DA} = 4i_{DA}\theta_D = 4i\theta_D$$
$$M_{AD} = 2i_{DA}\theta_D = 2i\theta_D$$
$$M_{DE} = 4i_{DA}\theta_D + 2i_{DA}\theta_E = 4i\theta_D + 2i\theta_E$$
$$M_{ED} = 4i_{DA}\theta_E + 2i_{DA}\theta_D = 4i\theta_E + 2i\theta_D$$
$$M_{EB} = 3i_{EB}\theta_E + M_{EB}^F = 3i\theta_E - \frac{3}{16}ql^2$$
$$M_{BE} = 0$$
$$M_{EF} = i_{EF}\theta_E + M_{EF}^F = i\theta_E + \frac{3}{8}ql^2$$
$$M_{FE} = -i_{EF}\theta_E + M_{FE}^F = -i\theta_E + \frac{1}{8}ql^2$$

（3）列出刚结点力矩平衡方程，从而求出基本未知量

取刚结点 D、E 为研究对象，分别如图 8-18（b）、（c）所示，则有：

$$\begin{cases} \sum M_D = M_{DC} + M_{DA} + M_{DE} = 0 \\ \sum M_E = M_{ED} + M_{EB} + M_{EF} = 0 \end{cases}$$

将各杆端弯矩表达式代入上述平衡条件，整理后可得：

$$\begin{cases} 11i\theta_D + 2i\theta_E + \frac{1}{8}ql^2 = 0 \\ 2i\theta_D + 8i\theta_E + \frac{3}{16}ql^2 = 0 \end{cases}$$

上式就是本例题的位移法方程，解此方程就可求出基本未知量为：

$$\theta_D = -\frac{5}{672i}ql^2, \theta_E = -\frac{29}{1344i}ql^2$$

（4）计算各杆端弯矩

将求得的结点角位移 θ_D、θ_E，代入各杆端弯矩表达式，得：

$$M_{CD} = 0, M_{DC} = 3i \times \left(-\frac{5}{672i}ql^2\right) + \frac{1}{8}ql^2 = 0.1ql^2$$

$$M_{DA} = 4i \times \left(-\frac{5}{672i}ql^2\right) = -0.03ql^2, M_{AD} = 2i \times \left(-\frac{5}{672i}ql^2\right) = -0.01ql^2$$

$$M_{DE} = 4i \times \left(-\frac{5}{672i}ql^2\right) + 2i \times \left(-\frac{29}{1344i}ql^2\right) = -0.07ql^2$$

$$M_{ED} = 4i \times \left(-\frac{29}{1344i}ql^2\right) + 2i \times \left(-\frac{5}{672i}ql^2\right) = -0.1ql^2$$

$$M_{EB} = 3i \times \left(-\frac{29}{1344i}ql^2\right) - \frac{3}{16}ql^2 = -0.25ql^2$$

$$M_{BE} = 0$$

$$M_{EF} = i \times \left(-\frac{29}{1344i}ql^2\right) + \frac{3}{8}ql^2 = 0.35ql^2$$

$$M_{FE} = -i \times \left(-\frac{29}{1344i}ql^2\right) + \frac{1}{8}ql^2 = 0.15ql^2$$

根据杆端弯矩作弯矩图，如图 8-16（i）所示。

【例 8-5】 用位移法作如图 8-19（a）所示刚架的弯矩图。已知各杆 EI 相同。

【解】（1）确定基本未知量

基本未知量为结点 C 的转角 θ_C（假设为顺时针）和 C、D 两结点的水平线位移 Δ（假设为向右）。因忽略轴向变形，所以 C、D 两结点的水平线位移相同。

（2）根据转角位移方程，写出各杆端弯矩表达式。

先计算固端弯矩值如下：

$$M_{AC}^F = -\frac{1}{12} \times 10 \times 6^2 = -30 \text{kN} \cdot \text{m}$$

$$M_{CA}^F = \frac{1}{12} \times 10 \times 6^2 = 30 \text{kN} \cdot \text{m}$$

$$M_{CD}^F = -\frac{3}{16} \times 40 \times 6 = -45 \text{kN} \cdot \text{m}$$

这里记 $i = \dfrac{EI}{l}$，$l = 6\text{m}$。利用转角位移方程，直接写出各杆端弯矩为：

$$M_{AC} = 2i_{AC}\theta_C - 6i_{AC}\frac{\Delta}{l_{AC}} + M_{AC}^F = 2i\theta_C - i\Delta - 30$$

$$M_{CA} = 4i_{AC}\theta_C - 6i_{AC}\frac{\Delta}{l_{AC}} + M_{CA}^F = 4i\theta_C - i\Delta + 30$$

$$M_{CD} = 3i_{CD}\theta_C + M_{CD}^F = 3i\theta_C - 45$$

$$M_{BD} = -3i_{BD}\frac{\Delta}{l_{BD}} = -\frac{i\Delta}{2}$$

（3）列平衡方程，求基本未知量

取刚结点 C 为研究对象，如图 8-19（b）所示，根据力矩平衡条件，则有：

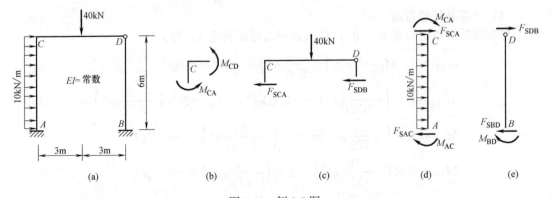

图 8-19　例 8-5 图

(a) 刚架计算简图；(b) 结点 C 力矩平衡条件；(c) CD 段水平方向平衡条件；
(d) AC 段隔离体平衡；(e) BD 段隔离体平衡

$$\sum M_C = M_{CA} + M_{CD} = 0 \tag{a}$$

将杆端弯矩表达式代入上式，整理后得：

$$7i\theta_C - i\Delta - 15 = 0 \tag{b}$$

取杆件 CD（连同柱端）为研究对象，如图 8-19（c）所示，考虑杆端剪力平衡条件则有：

$$\sum F_x = F_{SCA} + F_{SDB} = 0 \tag{c}$$

其中，杆端剪力 F_{SCA}、F_{SDB} 的求解方法如下：分别取杆件 AC、BD 为研究对象，如图 8-19（d）、（e）所示，则由 $\sum M_A = 0$ 得：

$$F_{SCA} = -\frac{M_{CA} + M_{AC}}{l} + F_{SCA}^F = -i\theta_C + \frac{1}{3}i\Delta - 30 \tag{d}$$

再由 $\sum M_B = 0$ 得：

$$F_{SDB} = -\frac{M_{BD}}{l} + F_{SDB}^F = \frac{1}{12}i\Delta \tag{e}$$

将式（d）、式（e）的结果代入式（c），整理后可得：

$$-i\theta_C + \frac{5}{12}i\Delta - 30 = 0 \tag{f}$$

式（b）、式（f）就是本例的位移法方程。解此联立方程，从而求出基本未知量为：

$$\theta_C = \frac{18.91}{i}, \Delta = \frac{117.39}{i}$$

（4）计算各杆端弯矩

将求得的结点位移 θ_C 和 Δ，代回各杆端弯矩表达式，从而可计算得到各杆端弯矩值，并作弯矩图，如图 8-14（a）所示。

通过以上两个例子，总结出直接由平衡条件建立位移法方程的解题步骤为：

（1）以独立的结点角位移和结点线位移作为基本未知量。

（2）利用转角位移方程，直接写出各杆杆端力的表达式。

（3）建立平衡方程。

对应每一个独立结点角位移方向上，都可以列出一个相应的结点力矩平衡方程；对应每一个独立结点线位移方向上，都可以列出一个相应的截面投影平衡方程。平衡方程的数量正好与基本未知量的数量相等，因而可解出全部基本未知量。这些平衡方程即为位移法方程。

（4）解位移法方程，求出基本未知量。

（5）将求得的结点位移代回第（2）步中杆端力的表达式中，从而得到各杆端力，并可作出内力图。

第七节 对称性的利用

码 8-7 对称性的利用

力法和位移法是计算超静定结构的两种基本方法。对不同类型的结构，这两种方法各有优劣。如图 8-20（a）所示刚架为 7 次超静定结构，用力法计算时有 7 个多余未知力，而用位移法计算有 1 个结点角位移（结点 E 处角位移)和1个结点线位移(结点E、F处竖向位移)共2个基本未知量,显然用位移法计算较简便。如图8-20(b)所示为一次超静定结构,用力法计算只有1个未知量,而用位移法计算有2个结点角位移(结点C、D处角位移)和1个结点线位移(结点C、D处水平线位移)共3个基本未知量,故用力法计算较简便。还有一些结构,单独用力法和位移法都不简便,如图8-21(a)所示,这时,可以考虑将力法和位移法联合使用。所以在求解超静定结构时,需根据具体情况确定计算方法,下面讨论常见对称刚架的计算。

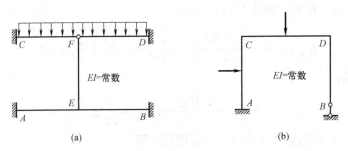

图 8-20 力法和位移法的选择

在上一章中已介绍了对称结构的定义、对称结构在对称或反对称荷载作用下的受力特性,以及利用对称性达到简化计算的方法。对称结构在对称荷载作用下,变形是对称的,弯矩图和轴力图是对称的,而剪力图是反对称的;对称结构在反对称荷载作用下,变形是反对称的,弯矩图和轴力图是反对称的,而剪力图是对称的。利用这些规律,用位移法计算对称结构时,也可以只取半边结构来计算。

如图8-21(a)所示对称刚架承受任意荷载作用,可分解为正对称荷载(图8-21b)和反对称荷载(图8-21c)两种情况分别计算。

如图8-21(b)所示正对称荷载作用的情况,其半结构如图8-21(d)所示。如采用位移法有2个结点角位移,共2个基本未知量,而采用力法则有4个多余未知力,故用位移法计算较为简便。

如图8-21(c)所示反对称荷载作用的情况,其半结构如图8-21(e)所示。如采用位移法有2个结点角位移和2个结点线位移,共4个基本未知量,而采用力法则只有2个多余未知力,故用力法计算较为简便。

由上述可知,将对称结构分解为承受正对称荷载和反对称荷载两种情况,然后分别采用位移法和力法求解,可使计算大大简化,这种方法称为联合法。

【例 8-6】 利用对称性分析如图8-22(a)所示刚架并作M图。已知EI为常数。

【解】 此刚架为对称结构承受对称荷载作用,可取半结构分析。另外,将悬臂部分去掉,结点B可化为铰支座,并在支座B处施加附加荷载,如图8-22(b)所示。此半结构采用位移法求解。

基本未知量为结点C的角位移,记为Δ_1(假设为顺时针方向),如图8-22(c)所示为基本体系。令$i=\dfrac{3EI}{3}=EI$,则:

$$i_{CB}=i, i_{CA}=i, i_{CD}=3i$$

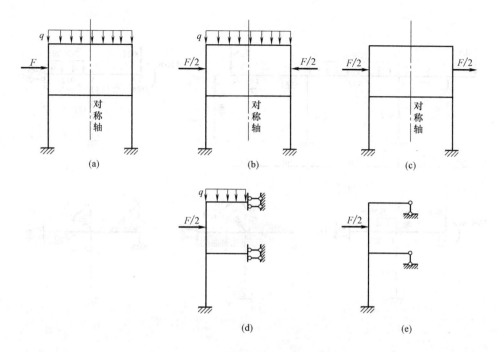

图 8-21 力法和位移的联合应用
(a) 承受一般荷载作用；(b) 正对称荷载作用；(c) 反对称荷载作用；
(d) 半结构（正对称荷载）；(e) 半结构（反对称荷载）

建立位移法方程如下：

$$k_{11}\Delta_1 + F_{1P} = 0$$

分别作基本结构在单位位移 $\Delta_1=1$ 及原荷载作用下的弯矩图 $\overline{M}_1$、M_P，如图 8-22 (d)、(e) 所示。再根据刚结点 C 的力矩平衡条件，可求得系数及自由项为：

$$k_{11} = 4i + 3i + 3i = 10i$$
$$F_{1P} = -6 - 4 = -10 \text{kN} \cdot \text{m}$$

解位移法方程求 Δ_1 得：

$$\Delta_1 = \frac{1}{i}$$

由叠加法 $M = \overline{M}_1 \Delta_1 + M_P$ 先作半结构的 M 图，再由对称性作整个刚架结构的 M 图，如图 8-22 (f) 所示。

【例 8-7】 利用对称性作如图 8-23 (a) 所示刚架的 M 图。已知 EI 为常数。

【解】 如图 8-23 (a) 所示刚架可分解成图 8-23 (b)、(c) 两种情况的叠加。

（1）计算对称荷载作用下的内力

取如图 8-23 (b) 所示对称荷载作用下的半结构，如图 8-24 (a) 所示，采用位移法计算。基本未知量为结点 B 处的角位移 θ_B（假设顺时针方向），设 $i = \dfrac{EI}{4}$，则：

$$i_{AB} = i_{BE} = i$$

根据转角位移方程，可写出各杆端弯矩为：

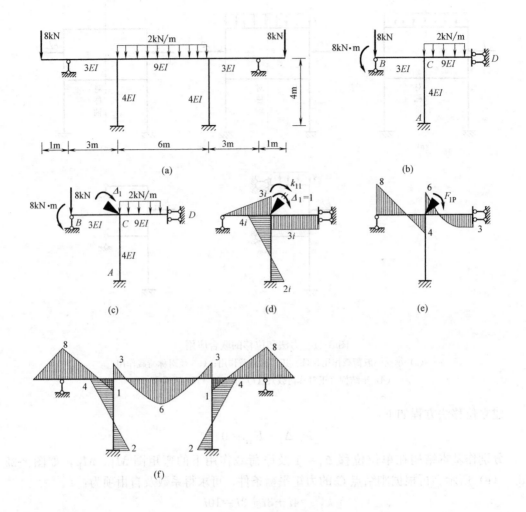

图 8-22 例 8-6 图

(a) 刚架计算简图；(b) 半结构；(c) 基本体系；(d) $\overline{M}_1$ 图；(e) M_P 图 (kN·m)；(f) M 图 (kN·m)

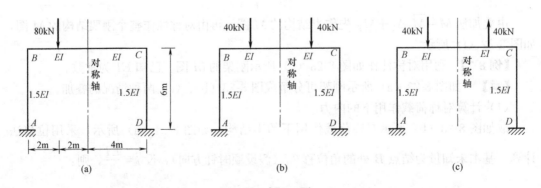

图 8-23 例 8-7 图一

(a) 刚架计算简图；(b) 对称荷载作用；(c) 反对称荷载作用

$$M_{AB}=2i\theta_B$$
$$M_{BA}=4i\theta_B$$
$$M_{BE}=i\theta_B-60$$
$$M_{EB}=-i\theta_B-20$$

由刚结点 B 处力矩平衡 $\sum M_B=0$，建立位移法方程为：
$$5i\theta_B-60=0$$

从而解得：
$$\theta_B=\frac{12}{i}$$

将 θ_B 代入杆端力表达式，从而得到各杆端弯矩值：
$$M_{AB}=24\text{kN}\cdot\text{m}$$
$$M_{BA}=48\text{kN}\cdot\text{m}$$
$$M_{BE}=-48\text{kN}\cdot\text{m}$$
$$M_{EB}=-32\text{kN}\cdot\text{m}$$

根据对称性作图 8-23（b）所示刚架的 M 图，如图 8-24（b）所示。

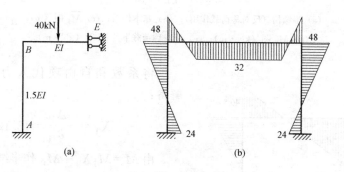

图 8-24 例 8-7 图二
(a) 半结构（对称荷载作用）；(b) 对称荷载下的 M 图（kN·m）

（2）计算反对称荷载作用下的内力

取如图 8-23（c）所示反对称荷载作用下的半结构，如图 8-25（a）所示，采用力法计算。

力法的基本体系如图 8-25（b）所示，基本未知量为支座 E 处的支反力 X_1，力法方程为：
$$\delta_{11}X_1+\Delta_{1P}=0$$

作 $\overline{M}_1$、M_P 图，如图 8-25（c）、（d）所示，求系数 δ_{11} 和自由项 Δ_{1P} 如下：

$$\delta_{11}=\sum\int\frac{\overline{M}_1^2\mathrm{d}s}{EI}=\frac{1}{EI}\left(\frac{1}{2}\times4\times4\times\frac{2}{3}\times4\right)+\frac{1}{1.5EI}(4\times6\times4)=\frac{256}{3EI}$$

$$\Delta_{1P}=\sum\int\frac{\overline{M}_1 M_P\mathrm{d}s}{EI}=-\frac{1}{EI}\left(\frac{1}{2}\times2\times80\times\frac{5}{6}\times4\right)-\frac{1}{1.5EI}(4\times6\times80)=-\frac{4640}{3EI}$$

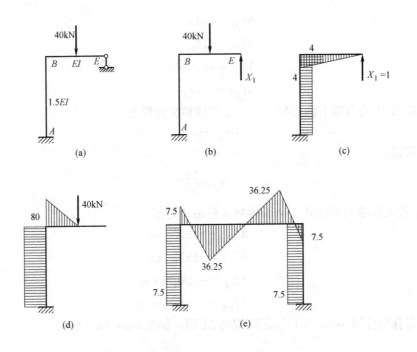

图 8-25 例 8-7 图三
(a) 半结构（反对称荷载作用）；(b) 基本体系；(c) $\overline{M}_1$ 图 (m)；
(d) M_P 图 (kN·m)；(e) 反对称荷载下的 M 图 (kN·m)

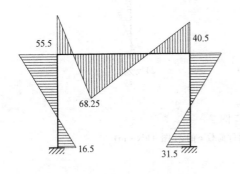

图 8-26 例 8-7 的 M 图 (kN·m)

将系数和自由项代入力法方程，从而解得：

$$X_1 = -\frac{\Delta_{1P}}{\delta_{11}} = 18.12 \text{kN}$$

由 $M = \overline{M}_1 X_1 + M_P$ 作半结构的 M 图，再根据反对称性作如图 8-23 (c) 所示刚架的 M 图，如图 8-25 (e) 所示。

(3) 由叠加原理，将如图 8-24 (b) 和图 8-25 (e) 所示的弯矩图叠加起来，即得原结构的 M 图，如图 8-26 所示。

第八节* 混 合 法

除了力法和位移法的联合应用外，有时还可把位移法和力法运用于同一结构中，即对于结构中某部分采用力法，以多余未知力为基本未知量，同时对结构中的其余部分采用位移法，以结点位移为基本未知量。两种不同性质的未知量同时出现在力法的位移协调方程中和位移法的平衡方程中，这种将对偶的力法和位移法混合使用来计算超静定结构的方法称为混合法。对于具有支座链杆支撑的刚架采用混合法通常较简便。

如图 8-27 (a) 所示刚架，对其左边部分 (ACD)，用力法计算只有 1 个基本未知量，

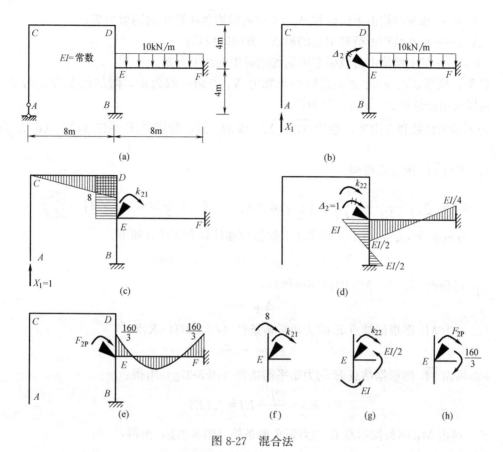

图 8-27 混合法

(a) 刚架计算简图;(b) 基本体系;(c) $\overline{M}_1$ 图 (m);(d) $\overline{M}_2$ 图 (m);(e) M_P 图 (kN·m);
(f) k_{21} 求解;(g) k_{22} 求解;(h) F_{2P} 求解

用位移法计算有 3 个基本未知量;对其右边部分（BEF），用位移法计算只有 1 个基本未知量,用力法计算有 3 个基本未知量。因此,该结构可将力法和位移法混合起来使用,即对左、右部分分别采用多余未知力、结点位移作为基本未知量,这样可同时发挥力法和位移法的长处以简化计算。

现以此刚架为例说明混合法的基本原理。首先,取基本体系如图 8-27（b）所示,其左部分是去掉多余约束而得到的静定部分,右部分是增加附加刚臂而得到的单跨超静定梁的组合体。为了使基本体系与原结构的受力和变形都相同,在去掉多余约束处加上相应的约束力 X_1（假设为向上）,在转角控制的结点上使其发生与原结构相同的角位移 Δ_2（假设为顺时针）。当在去掉多余约束处的位移 $\Delta_1=0$ 和在附加刚臂上的反力矩 $F_2=0$ 时,基本体系的受力和变形状态与原结构完全一致。按叠加原理即可建立其典型方程:

$$\begin{cases} \Delta_1 = \delta_{11}X_1 + \delta_{12}\Delta_2 + \Delta_{1P} = 0 \\ F_2 = k_{21}X_1 + k_{22}\Delta_2 + F_{2P} = 0 \end{cases} \quad (8\text{-}11)$$

式中 δ_{11}——基本结构由单位力 $X_1=1$ 引起的沿 X_1 方向的位移;

k_{21}——基本结构由单位力 $X_1=1$ 引起的附加刚臂中的约束力矩;

δ_{12}——基本结构由单位位移 $\Delta_2=1$ 引起的沿 X_1 方向的位移;

k_{22}——基本结构由单位位移 $\Delta_2=1$ 引起的附加刚臂中的约束力矩；

Δ_{1P}——基本结构由荷载引起的沿 X_1 方向的位移；

F_{2P}——基本结构由荷载引起的附加刚臂中的约束力矩。

这里，位移 δ_{11}、δ_{12}、Δ_{1P} 是以与未知力 X_1 方向一致为正，附加约束力 k_{21}、k_{22}、F_{2P} 是以与结点位移 Δ_2 方向一致为正。

为了确定系数和自由项，绘出 $\overline{M}_1$、$\overline{M}_2$ 和 M_P 图，分别如图 8-27（c）、（d）、（e）所示。

δ_{11} 可由 $\overline{M}_1$ 图自乘得到：

$$\delta_{11}=\sum\int\frac{\overline{M}_1^2 \mathrm{d}s}{EI}=\frac{1}{EI}\times\left(\frac{1}{2}\times8\times8\times\frac{2}{3}\times8+\frac{1}{2}\times8\times8\times8\right)=\frac{1280}{3EI}$$

δ_{12} 可根据静定结构由于支座移动引起的位移计算方法计算如下：

$$\delta_{12}=-\sum\overline{F}_R c=-(-8\times1)=8\mathrm{m}$$

Δ_{1P} 可根据 $\overline{M}_1$ 图、M_P 图由图乘得到：

$$\Delta_{1P}=0$$

k_{21} 可由 $\overline{M}_1$ 图根据结点 E 的力矩平衡条件（图 8-27f）求得：

$$k_{21}=-8\mathrm{m}$$

k_{22} 可由 $\overline{M}_2$ 图根据结点 E 的力矩平衡条件（图 8-27g）求得：

$$k_{22}=\frac{EI}{2}+EI=1.5EI$$

F_{2P} 可由 M_P 图根据结点 E 的力矩平衡条件（图 8-27h）求得：

$$F_{2P}=-\frac{160}{3}\mathrm{kN\cdot m}$$

将以上系数和自由项代入式（8-11）得：

$$\begin{cases}\dfrac{1280}{3EI}X_1+8\Delta_2=0\\-8X_1+1.5EI\Delta_2-\dfrac{160}{3}=0\end{cases}$$

从而解得：

$$X_1=-0.606\mathrm{kN},\ \Delta_2=\frac{32.32}{EI}$$

利用叠加公式 $M=\overline{M}_1 X_1+\overline{M}_2\Delta_2+M_P$ 绘出弯矩图，如图 8-28 所示。

由以上分析可知，混合法是指同时取多余约束力和结点位移作为基本未知量来计算。对于每个多余未知力方向上，必定可以列出一个与之相应的变形协调方程；对于每个未知结点位移方向上，总可以列出一个与之相应的平衡方程。将上述方程联立即构成了混合法的基本方程。

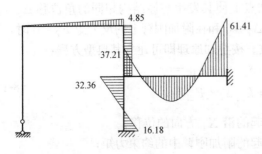

图 8-28 图 8-27（a）的 M 图（kN·m）

第九章 渐近法

求解超静定结构时，不论采用力法还是位移法，都要建立并求解典型方程。当未知量数目较多时，解算联立方程组的工作比较繁重，且在求得基本未知量后，还要利用叠加方法求得各杆端弯矩。在超静定结构计算中，为了避免或减少求解联立方程组的工作量，20世纪30年代至50年代陆续出现了各种渐近法。本章主要介绍其中较为常用的力矩分配法，其实质上仍属于位移法的范畴，其基本计算原理和符号规定均与位移法相同，只是计算过程不同。这种方法的特点是避免建立和解算典型方程，以逐次渐近的方法来计算杆端弯矩，而每轮计算又是按同一步骤重复进行。计算结果的精度随着计算轮次的增加而提高，最后收敛于精确解。这样，不经过计算结点位移而直接求得杆端弯矩，该方法在结构设计中被广泛采用。

第一节 力矩分配法的基本原理

力矩分配法为美国人克罗斯（H. Cross）于1930年提出，其后又被各国学者陆续改进，并逐渐被推广。力矩分配法是最具代表性的超静定结构渐近计算方法，其理论基础是位移法。它是直接从实际结构的受力和变形状态出发，根据位移法的基本原理，从开始建立的近似状态逐步通过增量调整修正，最后收敛于真实状态。力矩分配法可以避免解联立方程组，计算步骤比较简单和规格化，直接求得的结果是杆端弯矩，且其计算精度可按要求来控制并能满足工程要求，因此在工程中得到广泛应用。这一方法对连续梁和无结点线位移的刚架计算特别方便。

1. 转动刚度与传递系数

转动刚度表示杆端对转动的抵抗能力，用 S 表示，S 在数值上等于使杆端产生单位转角时在杆端引起的弯矩值。如图 9-1（a）所示两端固定的单跨超静定梁 AB 中，当 A 端转动单位转角 $\theta_A = 1$ 时，A 端的弯矩 M_{AB} 即为转动刚度 S_{AB}。根据两端固定单跨梁的转角位移方程，可得：

码 9-1 转动刚度

$$S_{AB} = M_{AB} = \frac{4EI}{l} = 4i \tag{9-1}$$

式中，$i = \dfrac{EI}{l}$ 为线刚度。

在图 9-1 中，A 端是转动端（近端），B 端称为远端。图 9-1（b）、（c）分别为远端滑动和铰支，由等截面直杆的转角位移方程可得出其转动刚度 S_{AB} 值，见表 9-1。如图 9-1（d）所示的远端为轴向支承链杆，如图 9-1（e）所示的远端为自由端，这两种情况下转动刚度 S_{AB} 值均为 0。

转动刚度 S_{AB} 与杆件线刚度 i（与材料的性质、横截面的形状和尺寸、杆长有关）及远端支承情况有关，而与近端支承情况无关。如图 9-1（f）所示是将图 9-1（a）中近端改

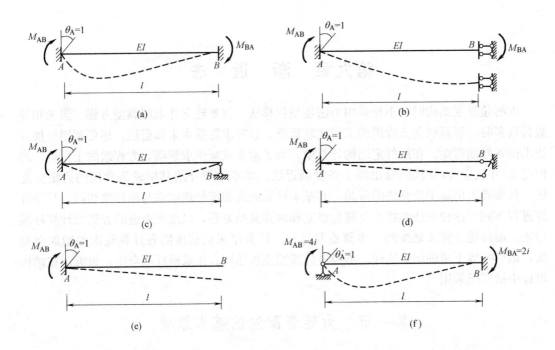

图 9-1 等截面直杆的转动刚度
(a) 远端固定；(b) 远端滑动；(c) 远端铰支；(d) 远端轴向支承；(e) 远端自由；(f) 远端固定（近端铰支）

成铰支座，转动刚度 S_{AB} 的数值不变，此时 S_{AB} 就代表使 A 端产生单位转角时所需要施加的力矩值。因此，在确定杆端转动刚度时，近端看位移（是否为单位转角位移），远端看支承（远端支承不同，转动刚度不同）。

对等截面直杆，当 A 端发生转角 θ_A 时，则 A 端的弯矩 $M_{AB}=S_{AB}\theta_A$。此时远端 B 也产生弯矩 M_{BA}，即相当于近端（A 端）的弯矩按一定的比例传递到了远端（B 端）。将 B 端弯矩 M_{BA} 与 A 端弯矩 M_{AB} 之比称为弯矩传递系数，用 C_{AB} 表示，即：

$$C_{AB}=\frac{M_{BA}}{M_{AB}} \tag{9-2}$$

对等截面直杆来说，传递系数随远端支承情况不同而不同，见表 9-1。

等截面直杆的转动刚度和传递系数　　　　　　　　　　表 9-1

远端支承情况	转动刚度	传递系数
固定	$4i$	0.5
铰支	$3i$	0
定向支座	i	-1
自由或轴向支杆	0	—

2. 分配系数

如图 9-2 (a) 所示为无结点线位移的单结点刚架，刚结点 A 处有集中力偶 m 作用。

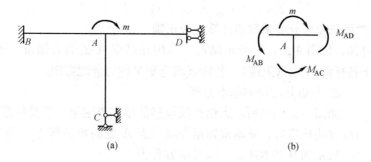

图 9-2 单结点作用有集中力偶的情况
(a) 刚架计算简图;(b) 刚结点力矩平衡条件

用位移法计算此刚架时,基本未知量仅为刚结点 A 处产生的角位移 θ_A。由转动刚度的定义可将杆端弯矩表示为:

$$\begin{cases} M_{AB}=S_{AB}\theta_A \\ M_{AC}=S_{AC}\theta_A \\ M_{AD}=S_{AD}\theta_A \end{cases} \tag{9-3a}$$

取结点 A 作为隔离体分析,其力矩受力图如图 9-2(b)所示。由平衡方程 $\sum M_A=0$,得:

$$M_{AB}+M_{AC}+M_{AD}-m=S_{AB}\theta_A+S_{AC}\theta_A+S_{AD}\theta_A-m=0$$

从而求得:

$$\theta_A=\frac{m}{S_{AB}+S_{AC}+S_{AD}}=\frac{m}{\sum S_{Aj}} \tag{9-3b}$$

式中 $\sum S_{Aj}$——A 处各杆端转动刚度之和。

将求得的角位移 θ_A 代入杆端弯矩表达式(9-3a)得:

$$\begin{cases} M_{AB}=\dfrac{S_{AB}}{\sum S_{Aj}}m \\ M_{AC}=\dfrac{S_{AC}}{\sum S_{Aj}}m \\ M_{AD}=\dfrac{S_{AD}}{\sum S_{Aj}}m \end{cases} \tag{9-3c}$$

由式(9-3c)可知,刚结点 A 处各个杆端弯矩与各杆 A 端的转动刚度成正比,即:

$$M_{Aj}=\mu_{Aj}m \tag{9-3d}$$

式中,μ_{Aj} 称为分配系数,可表示为:

$$\mu_{Aj}=\frac{S_{Aj}}{\sum S_{Aj}} \tag{9-4}$$

这里,j 表示汇交于结点 A 各杆的远端,在图 9-2 中可以是 B、C 或 D,比如 μ_{AB}、μ_{AC}、μ_{AD} 分别表示杆 AB、杆 AC、杆 AD 在 A 端的分配系数。式(9-4)表明,各杆端在结点 A 的分配系数等于该杆在 A 端的转动刚度与交于 A 点的各杆端转动刚度之和的比值。

汇交于 A 点的各杆,在 A 端的分配系数取决于该端的转动刚度,而与其他因素无关,且存在下列关系:

$$\sum \mu_{Aj} = \mu_{AB} + \mu_{AC} + \mu_{AD} = 1 \tag{9-5}$$

式（9-5）通常用来校核分配系数的计算是否正确。

从以上分析可知，如图 9-2（a）所示结构，作用在结点 A 处的力偶 m，将按各杆端的分配系数分配于各杆的 A 端（近端）。各杆近端弯矩又称为分配弯矩。

3. 力矩分配法的基本原理

码 9-2　力矩分配法的基本原理

如图 9-3（a）所示无结点线位移的单结点刚架，承受任意荷载作用。用位移法计算时，基本未知量为刚结点 A 处的角位移 Δ_1，分别如图 9-3（b）所示为其基本体系。位移法方程为：

$$k_{11}\Delta_1 + F_{1P} = 0 \tag{9-6a}$$

作基本结构在单位结点位移 $\Delta_1 = 1$ 及原荷载单独作用下的弯矩图 $\overline{M}_1$ 和 M_P，分别如图 9-3（c）、（d）所示。

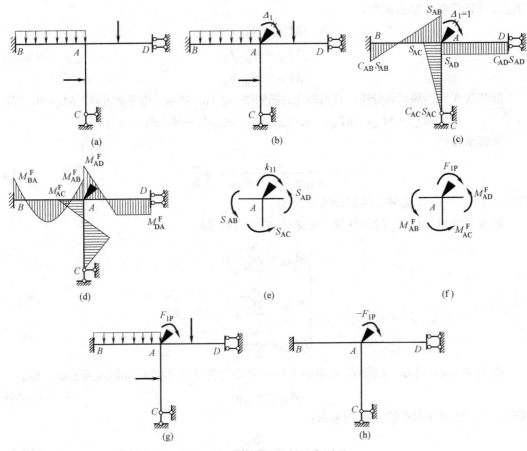

图 9-3　力矩分配法的基本原理

(a) 刚架计算简图；(b) 基本体系；(c) $\overline{M}_1$ 图；(d) M_P 图；(e) k_{11} 的求解；(f) F_{1P} 的求解；(g) 固定结点；(h) 放松结点

由 $\overline{M}_1$ 图中刚结点 A 处力矩的平衡条件（图 9-3e），可求得系数：

$$k_{11} = S_{AB} + S_{AC} + S_{AD} = \sum S_{Aj} \tag{9-6b}$$

由 M_P 图中刚结点 A 处力矩的平衡条件（图 9-3f），可求得自由项：

$$F_{1P} = M_{AB}^F + M_{AC}^F + M_{AD}^F = \sum M_{Aj}^F \tag{9-6c}$$

F_{1P} 是结点 A 固定时附加刚臂上的反力矩，它等于汇交于结点 A 的各杆端固端弯矩的代数和（$\sum M_{Aj}^F$），即各固端弯矩在结点 A 处所不能平衡的差额，这里靠附加刚臂承担，故 F_{1P} 又称为 A 结点的不平衡力矩。

将式（9-6b）、式（9-6c）代入式（9-6a），从而解得未知量：

$$\Delta_1 = -\frac{F_{1P}}{k_{11}} = \frac{-\sum M_{Aj}^F}{\sum S_{Aj}} \tag{9-6d}$$

按叠加法（$M = \overline{M}_1 \Delta_1 + M_P$）计算各杆端的最终弯矩值。各杆汇交于结点 A 的一端称为近端，另一端称为远端。

各近端弯矩分别为：

$$\begin{cases} M_{AB} = M_{AB}^F + S_{AB} \times \left(\dfrac{-\sum M_{Aj}^F}{\sum S_{Aj}} \right) = M_{AB}^F + \mu_{AB} \times (-\sum M_{Aj}^F) \\[2mm] M_{AC} = M_{AC}^F + S_{AC} \times \left(\dfrac{-\sum M_{Aj}^F}{\sum S_{Aj}} \right) = M_{AC}^F + \mu_{AC} \times (-\sum M_{Aj}^F) \\[2mm] M_{AD} = M_{AD}^F + S_{AD} \times \left(\dfrac{-\sum M_{Aj}^F}{\sum S_{Aj}} \right) = M_{AD}^F + \mu_{AD} \times (-\sum M_{Aj}^F) \end{cases} \tag{9-6e}$$

式（9-6e）中，μ_{AB}、μ_{AC}、μ_{AD} 为各杆端的分配系数。公式右端的第一项为荷载单独作用在基本结构上产生的杆端弯矩，即固端弯矩；第二项为结点 A 转动角度 Δ_1 时在近端所产生的弯矩，这相当于把 A 结点的不平衡力矩反号（$-\sum M_{Aj}^F$）后按各杆端的分配系数分配给各近端，因此第二项称为该点（A 结点）各杆端的分配弯矩。所以各杆近端的最终杆端弯矩为杆端固端弯矩和分配弯矩的代数和。

各远端弯矩分别为：

$$\begin{cases} M_{BA} = M_{BA}^F + C_{AB} S_{AB} \times \left(\dfrac{-\sum M_{Aj}^F}{\sum S_{Aj}} \right) = M_{BA}^F + C_{AB} \mu_{AB} \times (-\sum M_{Aj}^F) \\[2mm] M_{CA} = M_{CA}^F + C_{AC} S_{AC} \times \left(\dfrac{-\sum M_{Aj}^F}{\sum S_{Aj}} \right) = M_{CA}^F + C_{AC} \mu_{AC} \times (-\sum M_{Aj}^F) \\[2mm] M_{DA} = M_{DA}^F + C_{AD} S_{AD} \times \left(\dfrac{-\sum M_{Aj}^F}{\sum S_{Aj}} \right) = M_{DA}^F + C_{AD} \mu_{AD} \times (-\sum M_{Aj}^F) \end{cases} \tag{9-6f}$$

式（9-6f）中，C_{AB}、C_{AC}、C_{AD} 为各杆端的传递系数。公式右端的第一项为荷载单独作用在基本结构上时远端产生的弯矩，即固端弯矩；第二项为结点 A 转动 Δ_1 时在远端所产生的弯矩，这相当于把各近端（A 结点）的分配力矩按传递系数传递到远端，故称为该点远端的传递弯矩。因此，各杆远端的最终杆端弯矩为杆端固端弯矩和传递弯矩的代数和。

依照上述规律，可不绘制 M_P 图和 $\overline{M}_1$ 图，也不必求解位移法方程，可以直接计算各杆端弯矩值。其过程可形象地归纳为以下步骤：

(1) 固定结点。在刚结点上加上附加刚臂，使原结构成为单跨超静定梁的组合体。计算各杆端的固端弯矩，而结点上作用有不平衡力矩（F_{1P}），它暂时由附加刚臂承担，如图 9-3（g）所示。

(2) 放松结点。取消刚臂，让结点转动。这相当于在结点上又加入了一个反号的不平衡力矩（$-F_{1P}$），如图 9-3（h）所示，于是不平衡力矩被消除而结点获得平衡。此反号的不平衡力矩按分配系数分配给各近端，于是各近端得到分配弯矩。同时，各分配弯矩又向其对应远端进行传递，各远端得到传递弯矩。

(3) 将各杆端的固端弯矩、分配弯矩（或传递弯矩）对应叠加，就可以得到各杆端的最后弯矩值，即：近端弯矩等于固端弯矩加上分配弯矩，远端弯矩等于固端弯矩加上传递弯矩。

以上即为力矩分配法的基本运算过程。为了与杆端最后弯矩有所区别，运算过程中可以在分配弯矩加右上标 "μ"，在传递弯矩加右上标 "C"。

【**例 9-1**】 用力矩分配法计算如图 9-4（a）所示连续梁，并绘制 M 图和 F_S 图。已知 EI 为常数。

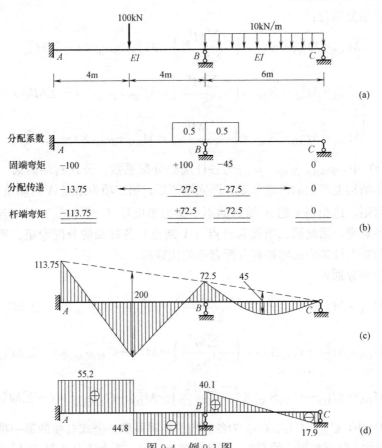

图 9-4 例 9-1 图

(a) 连续梁计算简图；(b) 力矩分配法计算过程（弯矩单位：kN·m）；(c) M 图（kN·m）；(d) F_S 图（kN）

【**解**】 (1) 计算分配系数

结点 B 处各杆端的转动刚度为：

$$S_{BA}=4\times\frac{EI}{8}=\frac{EI}{2},\ S_{BC}=3\times\frac{EI}{6}=\frac{EI}{2}$$

各杆端的分配系数为：

$$\mu_{BA}=\mu_{BC}=0.5$$

且 $\mu_{BA}+\mu_{BC}=1$，故计算无误。

(2) 加入附加刚臂固定结点 B，计算由荷载单独作用时产生的各杆端固端弯矩值如下：

$$M_{AB}^F = -\frac{1}{8} \times 100 \times 8 = -100 \text{kN} \cdot \text{m}$$

$$M_{BA}^F = \frac{1}{8} \times 100 \times 8 = 100 \text{kN} \cdot \text{m}$$

$$M_{BC}^F = -\frac{1}{8} \times 10 \times 6^2 = -45 \text{kN} \cdot \text{m}$$

$$M_{CB}^F = 0 \text{kN} \cdot \text{m}$$

在结点 B 处各杆端固端弯矩之和，即为附加刚臂中产生的约束力矩（不平衡力矩）：

$$\sum M_B = M_{BA}^F + M_{BC}^F = 100 - 45 = 55 \text{kN} \cdot \text{m}$$

（3）放松结点 B，相当于在结点 B 处新加入外力偶矩（$-\sum M_B$），此力偶按分配系数分配于两杆的 B 端（分配弯矩），并同时向其对应远端传递（传递弯矩）。因此需计算分配弯矩与传递弯矩。

$$M_{BA}^\mu = \mu_{BA}(-M_B) = 0.5 \times (-55) = -27.5 \text{kN} \cdot \text{m}$$

$$M_{BC}^\mu = \mu_{BC}(-M_B) = 0.5 \times (-55) = -27.5 \text{kN} \cdot \text{m}$$

$$M_{AB}^C = C_{BA} M_{BA}^\mu = 0.5 \times (-27.5) = -13.75 \text{kN} \cdot \text{m}$$

$$M_{CB}^C = C_{BC} M_{BC}^\mu = 0 \text{kN} \cdot \text{m}$$

（4）计算杆端弯矩

将以上各杆端弯矩的结果进行相应叠加，即得各杆端的最后弯矩值为：

$$M_{AB} = M_{AB}^F + M_{AB}^C = -100 - 13.75 = -113.75 \text{kN} \cdot \text{m}$$

$$M_{BA} = M_{BA}^F + M_{BA}^\mu = 100 - 27.5 = 72.5 \text{kN} \cdot \text{m}$$

$$M_{BC} = M_{BC}^F + M_{BC}^\mu = -45 - 27.5 = -72.5 \text{kN} \cdot \text{m}$$

$$M_{CB} = M_{CB}^F + M_{CB}^C = 0 \text{kN} \cdot \text{m}$$

（5）作内力图

根据各杆的最后杆端弯矩作出弯矩图，如图9-4（c）所示。根据杆段的平衡条件及剪力图的形状特征，由 M 图可作出 F_S 图，如图9-4（d）所示。

以上计算过程，通常按如图9-4（b）所示格式列表进行。分配系数写在结点旁的方框内，杆端弯矩标在杆端对应位置处。其中分配弯矩下画一横线，表示结点已经放松，且达到平衡；水平方向的箭头表示弯矩传递方向，最后得到的杆端弯矩下面画双横线表示。

【例9-2】 用力矩分配法计算图9-5（a）所示刚架，并绘制 M 图。已知 EI 为常数。

【解】（1）计算结点1处各杆的分配系数

各杆端转动刚度为：

$$S_{12} = 3 \times \frac{EI}{4} = \frac{3EI}{4}, \quad S_{13} = \frac{EI}{4}, \quad S_{14} = 4 \times \frac{EI}{4} = EI$$

因此，各杆端的分配系数为：

$$\mu_{12} = \frac{S_{12}}{\sum_{j=2}^{4} S_{1j}} = \frac{3}{8}$$

$$\mu_{13}=\frac{S_{13}}{\sum\limits_{j=2}^{4}S_{1j}}=\frac{1}{8}$$

$$\mu_{14}=\frac{S_{14}}{\sum\limits_{j=2}^{4}S_{1j}}=\frac{1}{2}$$

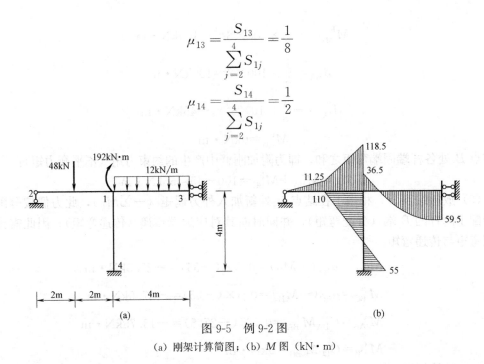

图 9-5 例 9-2 图
(a) 刚架计算简图；(b) M 图（kN·m）

可利用公式 $\sum \mu_{1j}=1$ 进行校核。

(2) 计算各杆端的固端弯矩值

先设想在结点 1 加入附加刚臂使结点 1 不能转动，即锁住结点 1。此时可计算各杆端的固端弯矩值为：

$$M_{12}^{F}=\frac{3}{16}\times48\times4=36\text{kN}\cdot\text{m}$$

$$M_{13}^{F}=-\frac{1}{3}\times12\times4^{2}=-64\text{kN}\cdot\text{m}$$

$$M_{31}^{F}=-\frac{1}{6}\times12\times4^{2}=-32\text{kN}\cdot\text{m}$$

根据结点 1 的力矩平衡条件，可求得附加刚臂上的不平衡力矩为：
$$\sum M_{1}=M_{12}^{F}+M_{13}^{F}-192=36-64-192=-220\text{kN}\cdot\text{m}$$

(3) 放松结点 1，计算分配弯矩与传递弯矩

为了消除不平衡力矩，根据叠加原理，应在结点 1 处加入 1 个与不平衡力矩大小相等、方向相反的外力偶矩（220kN·m）。在不平衡力矩被消除的过程中，结点 1 逐渐转动到无附加约束时的自然位置，即放松结点 1。在外力偶矩（220kN·m）作用下，先计算各杆近端分配弯矩：

$$M_{12}^{\mu}=\frac{3}{8}\times220=82.5\text{kN}\cdot\text{m}$$

$$M_{13}^{\mu}=\frac{1}{8}\times220=27.5\text{kN}\cdot\text{m}$$

$$M_{14}^{\mu}=\frac{1}{2}\times220=110\text{kN}\cdot\text{m}$$

再求各杆远端的传递弯矩分别为：

$$M_{21}^C = 0 \text{kN} \cdot \text{m}$$

$$M_{31}^C = -1 \times 27.5 = -27.5 \text{kN} \cdot \text{m}$$

$$M_{41}^C = \frac{1}{2} \times 110 = 55 \text{kN} \cdot \text{m}$$

(4) 计算杆端弯矩

将各杆端相应的固端弯矩与分配弯矩（传递弯矩）进行叠加，即可得到如图 9-5（b）所示的各杆端最后弯矩值。

为了方便起见，上述计算过程也可列表进行，如表 9-2 所示。列表时，可将同一结点的各杆端弯矩值列在一起，以便进行分配计算，表中各杆端弯矩都以对杆端顺时针转动为正。

例 9-2 杆端弯矩的计算 表 9-2

结点	2	1			3	4
杆端	21	12	14	13	31	41
分配系数	—	3/8	1/2	1/8	—	—
固端弯矩	0	+36	0	−64	−32	0
分配弯矩和传递弯矩	0	+82.5	+110	+27.5	−27.5	+55
杆端弯矩	0	+118.5	+110	−36.5	−59.5	+55

注：表中弯矩单位均为"kN·m"。

第二节 多结点的力矩分配法

第一节介绍了力矩分配的基本运算环节，它是针对单个结点转动的情况。对于有多个结点的连续梁和无侧移的刚架，只要依次对每一个结点使用上一节所述的基本运算，就可以渐近方式求出杆端弯矩。具体做法是：首先将所有刚结点固定，计算各杆端的固端弯矩；然后依次循环放松各个结点，以使结点弯矩平衡，直至结点上的传递弯矩小到可以略去不计为止；最后将各杆端的固端弯矩与历次得到的分配弯矩（传递弯矩）对应相加，即得各杆端的最终弯矩值。

码 9-3 多结点的力矩分配法

如图 9-6（a）中三跨连续梁 $ABCD$，在中间跨承受 F 作用，其变形曲线如图中虚线所示。用力矩分配法求解内力的渐近过程如下：

(1) 在刚结点 B 和 C 处施加附加刚臂以阻止结点转动，施加原荷载 F 后，连续梁中仅 BC 跨有变形，如图 9-6（b）所示。此时附加刚臂承担的不平衡力矩分别为 F_{1P}、F_{2P}。

(2) 放松结点 B（结点 C 仍固定），即在结点 B 处施加一反号的不平衡力矩（$-F_{1P}$），如图 9-6（c）所示，结点 B 将有转角。由于结点外力矩（$-F_{1P}$）的作用，结点 C 处附加刚臂中又产生了新的不平衡力矩（m）。

(3) 放松结点 C（结点 B 重新被固定），即在结点 C 处施加一反号的不平衡力矩（$-(F_{2P}+m)$）。累加的总变形如图 9-6（d）中虚线所示，它与实际变形较接近，此时结点 B 处附加刚臂中又产生了新的不平衡力矩（m'）。

以此类推，重复步骤（2）和（3），轮流去掉结点 B 和结点 C 的附加刚臂，连续梁的

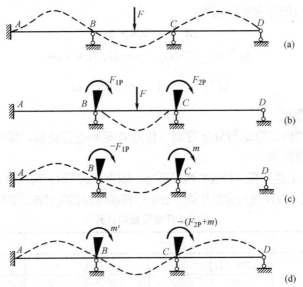

图 9-6 用力矩分配法求解内力的渐近过程示意
(a) 原结构；(b) 固定结点 B、C；(c) 放松结点 B；(d) 放松结点 C

内力和变形很快就接近于实际状态。但每次只放松一个结点，所以每一步均为单结点的力矩分配和力矩传递运算。最后，将各步所得的杆端弯矩（弯矩增量）叠加，即得所求杆端弯矩（总弯矩）。

【例 9-3】 作如图 9-7（a）所示连续梁的弯矩图，已知 EI 为常数。

【解】 外伸部分 EA 的内力可直接求出：

$$M_{AE}=\frac{8\times 2^2}{2}=16\text{kN}\cdot\text{m}(上侧受拉), F_{SAE}=-8\times 2=-16\text{kN}$$

若将该外伸部分去掉，则结点 A 可化为铰支座，并将杆端 AE 的内力当作附加外荷载施加上去，如图 9-7（b）所示。

(1) 计算各杆端的分配系数

结点 B：

$$S_{BA}=3i_{AB}=3\times\frac{2EI}{6}=EI, S_{BC}=4i_{BC}=4\times\frac{EI}{4}=EI$$

所以

$$\mu_{BA}=\mu_{BC}=\frac{EI}{EI+EI}=0.5$$

结点 C：

$$S_{CB}=4i_{CB}=4\times\frac{EI}{4}=EI, S_{CD}=4i_{CD}=4\times\frac{EI}{6}=\frac{2EI}{3}$$

所以

$$\mu_{CB}=\frac{EI}{EI+\frac{2EI}{3}}=0.6, \mu_{CD}=\frac{\frac{2EI}{3}}{EI+\frac{2EI}{3}}=0.4$$

将分配系数写在如图 9-7（c）中结点上端方格内。

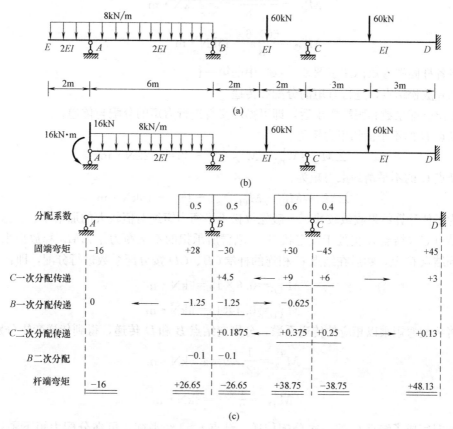

图 9-7　例 9-3 图

(a) 连续梁计算简图；(b) 等效计算简图；(c) 分配传递计算过程（弯矩单位为"kN·m"）；(d) M 图（kN·m）

（2）锁住结点 B 和 C（施加附加刚臂），计算各杆端固端弯矩

$$M_{AB}^{F}=-16\text{kN}\cdot\text{m}$$

$$M_{BA}^{F}=\frac{8\times 6^{2}}{8}-\frac{16}{2}=28\text{kN}\cdot\text{m}$$

$$M_{BC}^{F}=-\frac{60\times 4}{8}=-30\text{kN}\cdot\text{m}$$

$$M_{CB}^{F}=\frac{60\times 4}{8}=30\text{kN}\cdot\text{m}$$

$$M_{CD}^F = -\frac{60 \times 6}{8} = -45 \text{kN} \cdot \text{m}$$

$$M_{DC}^F = \frac{60 \times 6}{8} = 45 \text{kN} \cdot \text{m}$$

将各杆固端弯矩标注于图 9-7（c）中的第一行。

（3）放松结点，进行弯矩的分配和传递

求出分配系数和固端弯矩后，即可循环交替进行力矩的分配与传递。

结点 B 的不平衡约束力矩为：

$$\sum M_B = M_{BA}^F + M_{BC}^F = 28 - 30 = -2 \text{kN} \cdot \text{m}$$

结点 C 的不平衡约束力矩为：

$$\sum M_C = M_{CB}^F + M_{CD}^F = 30 - 45 = -15 \text{kN} \cdot \text{m}$$

为了使计算结果收敛较快，一般先放松不平衡力矩绝对值较大的那个结点。这里首先放松结点 C（结点 B 仍处于锁定状态），刚臂所承担的不平衡力矩 $\sum M_C$ 释放出来后反向施加到结点 C 上，然后在结点 C 相连的杆端 CB、CD 按分配系数进行分配，即：

$$M_{CB}^\mu = 0.6 \times 15 = 9 \text{kN} \cdot \text{m}$$

$$M_{CD}^\mu = 0.4 \times 15 = 6 \text{kN} \cdot \text{m}$$

将分配弯矩乘以相应的传递系数，分别向结点 B 和 D 传递，得到传递弯矩分别为：

$$M_{BC}^C = \frac{1}{2} \times 9 = 4.5 \text{kN} \cdot \text{m}$$

$$M_{DC}^C = \frac{1}{2} \times 6 = 3 \text{kN} \cdot \text{m}$$

此时完成了结点 C 的一次分配传递，结点 C 已经平衡。可在分配力矩下画一横线，表示横线上的结点此时已处于力矩平衡状态，其力矩总和等于零。

重新固定结点 C，并放松结点 B。此时结点 B 的约束力矩为：

$$\sum M_B' = 28 - 30 + 4.5 = 2.5 \text{kN} \cdot \text{m}$$

将结点 B 上刚臂所承担的不平衡力矩 $\sum M_B'$ 释放出来后反向施加到结点 B 上，然后在结点 B 相连的杆端 BA、BC 按相应的分配系数进行分配，即：

$$M_{BA}^\mu = 0.5 \times (-2.5) = -1.25 \text{kN} \cdot \text{m}$$

$$M_{BC}^\mu = 0.5 \times (-2.5) = -1.25 \text{kN} \cdot \text{m}$$

将分配弯矩乘以相应的传递系数，分别向结点 A 和 C 传递，得到传递弯矩分别为：

$$M_{AB}^C = 0 \text{kN} \cdot \text{m}$$

$$M_{CB}^C = \frac{1}{2} \times (-1.25) = -0.625 \text{kN} \cdot \text{m}$$

此时，结点 B 已经平衡，但结点 C 又不平衡。

以上完成了力矩分配的第一个循环。

（4）进行第二个循环

再次释放结点 C，结点 B 重新固定。此时结点 C 处约束力矩为 $-0.625 \text{kN} \cdot \text{m}$，将此不平衡力矩反向施加到结点 C 上，然后在结点 C 相连的近端进行分配，并向其远端进行传递，使结点 B 处产生的约束力矩为 $0.1875 \text{kN} \cdot \text{m}$。由此可以看出，结点约束力矩衰减过程是很快的，进行两次循环后，结点约束力矩已经很小了，结构已接近恢复到实际状态，故计算工作可以停止。

（5）将固端弯矩、历次的分配力矩和传递力矩对应相加，即得到最终的杆端弯矩。根据杆端弯矩作出弯矩图，如图 9-7（d）所示。

【例 9-4】 用力矩分配法作如图 9-8（a）所示刚架的弯矩图，已知 EI 为常数。

【解】 此刚架可取如图 9-8（b）所示左半结构来分析。此时，有两个结点转角，而

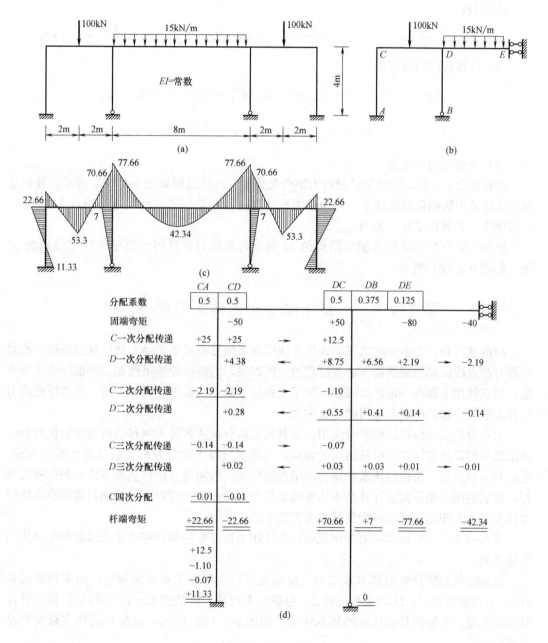

图 9-8 例 9-4 图
(a) 刚架计算简图；(b) 半结构；(c) M 图（kN·m）；(d) 力矩分配传递过程（弯矩单位均为"kN·m"）

无结点线位移（无侧移），可以采用力矩分配法进行分析。计算步骤与连续梁计算步骤完全相同，这里记各杆线刚度 $i=EI/4$。

（1）计算分配系数

结点 C：

$$\mu_{CA}=\mu_{CD}=\frac{4i}{4i+4i}=0.5$$

结点 D：

$$\mu_{DC}=\frac{4i}{4i+3i+i}=0.5 \quad \mu_{DB}=\frac{3i}{4i+3i+i}=0.375 \quad \mu_{DE}=\frac{i}{4i+3i+i}=0.125$$

（2）计算各杆固端弯矩

$$M_{CD}^{F}=-\frac{100\times 4}{8}=-50\text{kN}\cdot\text{m}, M_{DC}^{F}=\frac{100\times 4}{8}=50\text{kN}\cdot\text{m}$$

$$M_{DE}^{F}=-\frac{15\times 4^{2}}{3}=-80\text{kN}\cdot\text{m}, M_{ED}^{F}=-\frac{15\times 4^{2}}{6}=-40\text{kN}\cdot\text{m}$$

（3）力矩分配及传递

放松结点 C、D，循环交替进行力矩分配传递，计算过程如图 9-8（c）所示。放松结点的次序并不影响最后的结果。但为了缩短计算过程，最好先放松结束力矩较大的结点。在本例中，先放松结点 C 较好。

根据力矩分配法可先绘制半结构的 M 图，再根据对称性可绘出整个刚架结构的 M 图，如图 9-8（d）所示。

第三节* 力矩分配法和位移法的联合应用

由前述可知，力矩分配法只能解算连续梁和无侧移刚架等无结点线位移的结构，而对于具有结点线位移的刚架则不能直接使用。所以说，力矩分配法虽然是一种很好的手算方法，但在使用上却有一定的局限性。为了克服这个缺点，提出了许多办法，本节讨论的力矩分配法与位移法的联合应用就是其中之一。

力矩分配法与位移法的联合应用就是利用力矩分配法解算无侧移结构简便的优点和位移法能够解算具有结点线位移结构的特点，在解题过程中充分发挥各自优点的联合方法。它的基本特点是：用位移法求解结构的结点线位移，故须建立位移法基本体系和位移法方程，然后利用力矩分配法计算基本体系的单位弯矩图和荷载弯矩图，从而只需取结点线位移作为基本未知量，这可减少位移法方程的个数。

现以图 9-9（a）所示刚架为例说明联合应用力矩分配法和位移法来求解超静定结构的具体思路。

先确定位移法计算的基本未知量（仅取结点线位移作为基本未知量，而不包括角位移）。本例取结点 C、D 的水平位移 Δ_1 为基本未知量，而结点 C、D 处的角位移不算作基本未知量。选取位移法计算的基本体系，如图 9-9（b）所示，这里只附加支杆控制结点线位移。

如图 9-9（c）、（d）所示分别表示基本结构承受原荷载及单位未知量 $\Delta_1=1$ 单独作用，由叠加方法可写出该基本体系对应的位移法方程为：

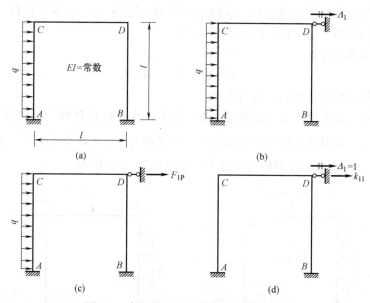

图 9-9 力矩分配法和位移法的联合应用
(a) 原超静定刚架；(b) 基本体系；(c) 原荷载单独作用；(d) $\Delta_1=1$ 单独作用

$$k_{11}\Delta_1 + F_{1P} = 0$$

式中，自由项 F_{1P} 为基本结构由外荷载单独作用引起的附加链杆中的反力（图 9-9c）。为此，需先作出基本结构在外荷载作用下的弯矩图 M_P。此时，刚架无结点线位移，只有结点角位移，可以用力矩分配法作 M_P 图，再根据平衡条件确定 F_{1P} 值。

系数 k_{11} 为基本结构由于单位位移 $\Delta_1=1$ 引起的附加链杆中的反力（图 9-9d）。为此，还需要作基本结构由 $\Delta_1=1$ 引起的弯矩图 $\overline{M}_1$。此时，结点线位移是给定的，只有结点角位移是未知量，因此也可以采用力矩分配法作 $\overline{M}_1$ 图，再根据平衡条件确定 k_{11} 值。这里要注意，用力矩分配法作基本结构由 $\Delta_1=1$ 引起的弯矩图 $\overline{M}_1$ 时，固端弯矩是由单位线位移引起的。

将求得的系数和自由项代入位移法方程，解出结点线位移 Δ_1，然后由叠加法作出弯矩图，即：

$$M = \overline{M}_1 \Delta_1 + M_P$$

概括起来，力矩分配法和位移法的联合应用，一方面是仅取结点线位移作为基本未知量，从而得到相应的基本体系和位移法方程，这些都有别于常规的位移法过程。另一方面，按照力矩分配法作基本结构在外荷载单独作用下的 M_P 图，以及由单位线位移 $\Delta_i=1$ 引起的 $\overline{M}_i$ 图，并求出位移法方程中的系数 k_{ij} 和自由项 F_{iP}，最后由叠加法作原结构的弯矩图。这种联合应用，既发挥了力矩分配法能较方便计算无侧移结构的优点，又显示了位移法能解算具有结点线位移的特点，从而达到博采众长的效果。

【例 9-5】 联合应用位移法和力矩分配法计算图 9-10（a）所示刚架，并绘制 M 图。已知 EI 为常数。

【解】（1）基本未知量（结点线位移）及基本体系

该结构中结点线位移为结点 C、D 的水平位移,记为 Δ_1。沿该线位移方向加上附加支杆,从而得到如图 9-10 (b) 所示的基本体系。

(2) 建立位移法方程

$$k_{11}\Delta_1 + F_{1P} = 0$$

(3) 用力矩分配法计算系数和自由项

令 $i = EI/6$。先作基本结构连同附加支杆向右产生单位位移时的弯矩图 $\overline{M}_1$。这时结点线位移 $\Delta_1 = 1$,只有结点角位移是未知的,可利用力矩分配法作 $\overline{M}_1$ 图。力矩分配法的计算过程如图 9-11 所示,得到的弯矩图 $\overline{M}_1$ 如图 9-10 (c) 所示。

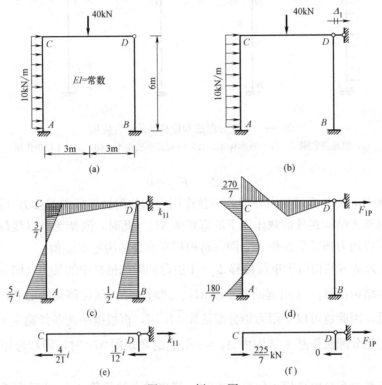

图 9-10 例 9-5 图

(a) 原超静定刚架;(b) 基本体系;(c) $\overline{M}_1$ 图;(d) M_P 图 (kN·m);(e) k_{11} 的求解;(f) F_{1P} 的求解

在 $\overline{M}_1$ 图中,取梁段 CD (包含柱端) 为隔离体 (图 9-10e),由水平向平衡条件可求得系数为:

$$k_{11} = \frac{4}{21}i + \frac{1}{12}i = \frac{23}{84}i$$

再作基本结构在荷载单独作用下的弯矩图 M_P。这时,由于没有结点线位移,也可采用力矩分配法进行计算,力矩分配法的计算过程如图 9-11 (b) 所示,得到的弯矩图 M_P 如图 9-10 (d) 所示。在 M_P 图中,取梁段 CD (包含柱端) 为隔离体 (图 9-10f),即可求得自由项 F_{1P} 为:

$$F_{1P} = -\frac{225}{7} \text{kN}$$

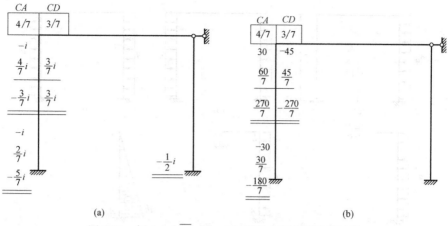

图 9-11　例 9-5 中 $\overline{M}_1$ 图、M_P 图的力矩分配计算过程

(a) 力矩分配法计算 $\overline{M}_1$ 图；(b) 力矩分配法计算 M_P 图

（4）解方程，求出基本未知量

将求出的系数和自由项代入位移法方程得：

$$\frac{23}{84}i\Delta_1 - \frac{225}{7} = 0$$

解方程可得：

$$\Delta_1 = \frac{2700}{23i}$$

（5）作弯矩图

根据叠加原理 $M = \overline{M}_1 \Delta_1 + M_P$，可作出原结构的 M 图，如图 8-14 (a) 所示。

第四节　无剪力分配法

码 9-4　无剪力分配法

在位移法中，刚架分为无侧移刚架与有侧移刚架两类。它们的主要区别在于：前者只包含结点角位移，后者则还包含结点线位移。力矩分配法是分析超静定结构的一个有效计算办法，通常只适用于计算无侧移结构，不能直接计算有侧移刚架。但是对于某些特殊的有侧移刚架，可以用与力矩分配法类似的无剪力分配法进行计算。

一、无剪力分配法的应用条件

单跨对称刚架在工程中比较常见。如图 9-12（a）所示的单跨对称刚架，可将其荷载分为对称荷载（图 9-12b）和反对称荷载（图 9-12c）两种情况。

正对称荷载作用下，取半结构如图 9-12（d）所示，此时只有刚结点处转角位移，没有线位移，因此可以用力矩分配法进行计算。

反对称荷载作用下，取半结构如图 9-12（e）所示，此时刚结点 B 处除有转角位移外还有线位移，不能直接采用力矩分配法进行计算。

如图 9-12（e）所示的半刚架，结点 C 处为竖向链杆支座，其变形和受力有如下特

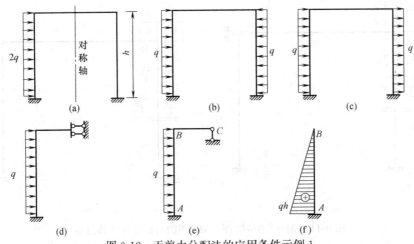

图 9-12 无剪力分配法的应用条件示例 1

(a) 对称刚架结构；(b) 正对称荷载；(c) 反对称荷载；(d) 半结构（对称荷载）；
(e) 半结构（反对称荷载）；(f) 柱 AB 的 F_S 图

点：横梁 BC 虽有水平位移但两端并无相对线位移，这类杆件称为无侧移杆件；竖柱 AB 两端虽有相对线位移，但由于支座 C 处无水平支座反力，因此杆 AB 的剪力是静定的（其 F_S 图如图 9-12（f）所示），这类杆件称为剪力静定杆件。

无剪力分配法的应用条件是：刚架中除了无侧移杆件外，其余杆件全是剪力静定杆件。因此，如图 9-12（c）所示的单跨对称刚架在反对称荷载作用下的半刚架计算可归结为这类问题，可采用下述的无剪力分配法进行计算。

如图 9-13（a）所示为有侧移的单跨多层对称刚架结构，在反对称荷载作用下，可取如图 9-13（b）所示的半结构。图 9-13（b）中各横梁的两端结点没有垂直于杆轴的相对线位移，即横梁均为无侧移杆件；各柱的两端结点虽有侧移，但剪力是静定的，其剪力图可根据平衡条件直接确定（如图 9-13（c）所示），即各柱均为剪力静定杆件。因此，这类多层的有侧移刚架也可以采用下述的无剪力分配法进行计算。

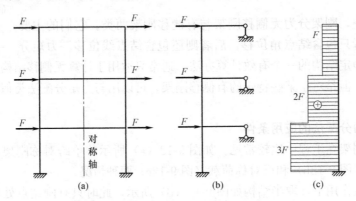

图 9-13 无剪力分配法的应用条件示例 2

(a) 有侧移的单跨多层刚架；(b) 半结构；(c) 柱的 F_S 图

二、无剪力分配法的基本解题思路

无剪力分配法的解题思路同力矩分配法，只是具体计算稍有不同，下面结合图 9-14

(a) 所示结构加以说明。

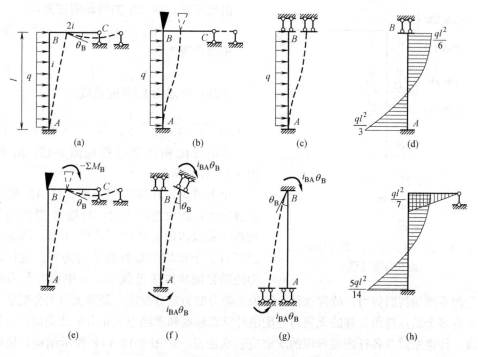

图 9-14　无剪力分配法的基本解题思路
(a) 刚架计算简图；(b) 固定结点 B 角位移；(c) 柱 AB 简图；(d) 柱 AB 弯矩图；
(e) 放松结点 B；(f) 柱 AB 纯弯曲变形；(g) 与柱 AB 相同变形；(h) M 图

(1) 固定结点

只施加附加刚臂阻止结点 B 转动，而不加链杆阻止其线位移的产生，如图 9-14 (b) 所示。柱 AB 的上端虽不能转动但仍可以自由地水平滑动，所以柱 AB 相当于下端固定、上端滑动 (图 9-14c)。至于横梁 BC，因为水平移动并不影响其内力，仍相当于一端固定、另一端铰支。此时，柱 AB 的固端弯矩为 (图 9-14d)：

$$M_{AB}^F = -\frac{ql^2}{3}, M_{BA}^F = -\frac{ql^2}{6} \tag{9-7a}$$

结点 B 的不平衡力矩（$\sum M_B = -\frac{ql^2}{6}$）暂时由刚臂承受。此时柱 AB 的剪力仍然是静定的，其两端剪力为：

$$F_{SBA} = 0, \quad F_{SAB} = ql \tag{9-7b}$$

即全部水平荷载由柱的下端剪力平衡。

(2) 放松结点

为了消除刚臂上的不平衡力矩，需放松结点 B，这相当于在结点 B 处施加一反号的不平衡力矩（$-\sum M_B$）。此时结点 B 不仅发生转动，也发生水平位移，如图 9-14 (e) 所示。

由于柱 AB 下端固定、上端滑动，当上端转动时，柱的剪力为零，因而处于纯弯曲受力状态 (图 9-14f)，这与上端固定、下端滑动 (图 9-14g) 而上端转动同样角度时的受力

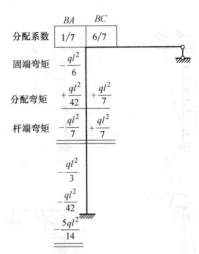

图 9-15 图 9-14（a）的力矩分配和传递过程

和变形状态完全相同。

由此可知，柱 AB 的转动刚度为：
$$S_{BA}=i_{BA}=i \qquad (9\text{-}8a)$$

传递系数为：
$$C_{BA}=-1 \qquad (9\text{-}8b)$$

于是，结点 B 的分配系数为：
$$\mu_{BA}=\frac{i}{i+3\times 2i}=\frac{1}{7},\ \mu_{BC}=\frac{3\times 2i}{i+3\times 2i}=\frac{6}{7}$$

力矩分配和传递过程见图 9-15，M 图如图 9-14（h）所示。

由上可见，在固定结点时，柱 AB 的剪力是静定的；在放松结点时，柱端 B 得到的分配弯矩将乘以传递系数 C_{BA} 传到 A 端，因此弯矩沿杆 AB 全长均为常数而剪力为零。这样，在力矩的分配和传递过程中，柱中原有剪力将保持不变而不增加新的剪力，故称这种方法为无剪力的力矩分配法，简称无剪力分配法。

具有多个结点转角位移的无剪力分配法计算思路则和多结点力矩分配法类似，只是转动刚度、传递系数及各杆固端弯矩的求解应引起注意。如图 9-16（a）所示结构，横梁均为无侧移杆件，各竖柱均为剪力静定杆件。

首先固定结点。只施加附加刚臂阻止各结点的转动，而并不阻止其产生线位移，如图 9-16（b）所示。此时，各层柱子两端均无转角，但有相对侧移。考察其中任一层柱子，比如 AB 两端产生相对侧移时，可将其下端看作是不动的，上端是滑动的，并根据静力平衡条件可以求得其上端剪力值（图 9-16c）：

$$F_{SBA}=F_1+F_2+qh_2 \qquad (9\text{-}9a)$$

同样，柱 BC 可看作如图 9-16（d）所示的单跨超静定杆。由图 9-16（c）、（d）所示情况可计算得到杆 AB、BC 的固端弯矩值。此时，在结点 B、C 处的不平衡力矩（ΣM_B、ΣM_C）暂时分别由两个刚臂承担。其实，对多层刚架采用无剪力分配法分析

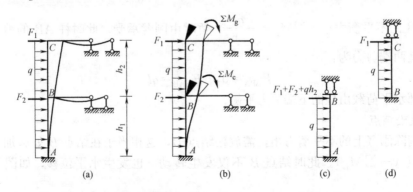

图 9-16 多层刚架的无剪力分配法计算思路（固定结点）
(a) 刚架计算简图；(b) 固定结点角位移；(c) 柱 AB 简图；(d) 柱 BC 简图

时，不论刚架有多少层，在第一步固定结点过程中，每一层柱子均可视为下端固定、上端滑动的单跨梁，柱身除了承受本层荷载外，柱顶处还承受剪力，剪力值等于该层以上各层水平荷载值。

然后，将各结点轮流地放松，进行力矩的分配和传递。如图 9-17 所示为放松结点 B 的情形：在结点 B 处施加反号的不平衡力矩 $(-\Sigma M_B)$，如图 9-17 (a) 所示，柱段 AB（零剪力杆件）的受力情况如图 9-17 (b) 所示，因此其转动刚度和传递系数如下：

$$S_{BA}=i_{BA}, C_{BA}=-1 \tag{9-9b}$$

柱段 BC（零剪力杆件）的受力情况如图 9-17 (c) 所示，因此其转动刚度和传递系数如下：

$$S_{BC}=i_{BC}, C_{BC}=-1 \tag{9-9c}$$

力矩分配和传递的具体计算过程与一般力矩分配法相同，在此不再赘述。

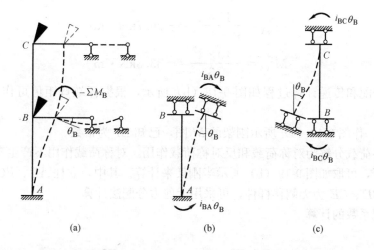

图 9-17 多层刚架的无剪力分配法计算思路（放松结点 B）
(a) 放松结点 B；(b) 柱 AB 受力和变形；(c) 柱 BC 受力和变形

【例 9-6】 作图 9-18 (a) 所示刚架的 M 图，已知 EI 为常数。

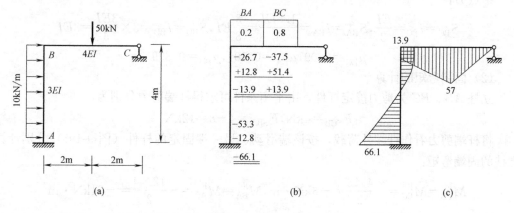

图 9-18 例 9-6 图
(a) 刚架计算简图；(b) 力矩分配传递过程（弯矩单位：kN·m）；(c) M 图（kN·m）

【解】 刚架中 BC 杆为无侧移杆，杆 AB 为剪力静力杆件，可采用无剪力分配法。

(1) 计算分配系数

转动刚度分别为：

$$S_{BC}=3i_{BC}=3\times\frac{4EI}{4}=3EI, S_{BA}=i_{BA}=\frac{3}{4}EI$$

由此可计算分配系数为：

$$\mu_{BC}=0.8, \mu_{BA}=0.2$$

BA 杆的传递系数 $C_{BA}=-1$。

(2) 求固端弯矩

只在结点 B 处施加附加刚臂，则各杆端的固端弯矩为：

$$M_{BC}^{F}=-\frac{3}{16}\times 50\times 4=-37.5\text{kN}\cdot\text{m}$$

$$M_{BA}^{F}=-\frac{10\times 4^2}{6}=-26.7\text{kN}\cdot\text{m}$$

$$M_{AB}^{F}=-\frac{10\times 4^2}{3}=-53.3\text{kN}\cdot\text{m}$$

力矩的分配和传递计算过程如图 9-18（b）所示，根据杆端弯矩值可作 M 图，如图 9-18（c）所示。

【例 9-7】 作图 9-19（a）所示刚架的 M 图，已知 EI 为常数。

【解】 将荷载分解为对称荷载和反对称荷载作用。对称荷载作用不产生弯矩。在反对称荷载作用下，可取如图 9-19（b）所示半刚架来计算。其中，立柱 AB、BC 为剪力静定杆件，横梁 BD、CE 为无侧移杆件，可采用无剪力分配法计算。

(1) 分配系数的计算

结点 C：

$$S_{CB}=i_{CB}=\frac{EI}{3}, S_{CE}=3i_{CE}=3\times\frac{3EI}{3}=3EI$$

$$\mu_{CB}=\frac{EI/3}{EI/3+3EI}=0.1, \mu_{CE}=\frac{3EI}{EI/3+3EI}=0.9$$

结点 B：

$$S_{BC}=i_{BC}=\frac{EI}{3}, S_{BA}=i_{BA}=\frac{1.5EI}{4}=\frac{3}{8}EI, S_{BD}=i_{BD}=3\times\frac{3EI}{3}=3EI$$

$$\mu_{BC}=0.09, \mu_{BA}=0.101, \mu_{BD}=0.809$$

(2) 固端弯矩的计算

立柱 AB、BC 为剪力静定杆件，由平衡条件可求得杆端剪力分别为：

$$F_{SCB}=4\text{kN}, F_{SBA}=4+8=12\text{kN}$$

将杆端剪力看作杆端外荷载，按该端滑动、另一端固定的杆件（图 9-19c）分别计算立柱的固端弯矩：

$$M_{CB}^{F}=M_{BC}^{F}=-\frac{4\times 3}{2}=-6\text{kN}\cdot\text{m}, M_{BA}^{F}=M_{AB}^{F}=-\frac{12\times 4}{2}=-24\text{kN}\cdot\text{m}$$

弯矩的分配和传递的计算过程见表 9-3，由杆端弯矩可作原结构的 M 图，如图 9-19（d）所示。

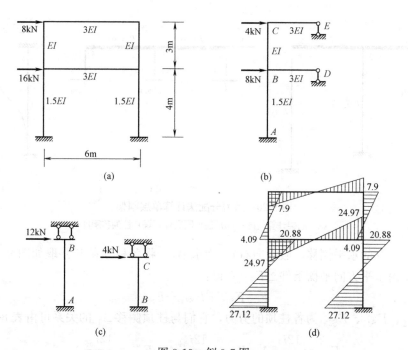

图 9-19 例 9-7 图

（a）刚架计算简图；（b）半边结构（反对称荷载）；（c）立柱计算简图；（d）M 图（kN·m）

图 9-19（b）所示结构的弯矩分配和传递过程　　表 9-3

结点	C		B			A
杆端	CE	CB	BC	BD	BA	AB
分配系数	0.9	0.1	0.09	0.809	0.101	—
固端弯矩	—	−6	−6		−24	−24
结点 B 分配及传递		−2.7	2.7	24.27	3.03	−3.03
结点 C 分配及传递	7.83	0.87	−0.87			
结点 B 分配及传递		−0.08	0.08	0.70	0.09	−0.09
结点 C 分配	0.07	0.01				
杆端弯矩	7.9	−7.9	−4.09	24.97	−20.88	−27.12

注：表中弯矩单位为"kN·m"。

第五节* 剪力分配法

剪力分配法是计算排架及所有横梁为刚性杆、竖柱为弹性杆的刚架在水平结点荷载作用下内力的一种实用方法。

一、横梁刚度无限大时刚架的剪力分配法

如图 9-20（a）所示刚架，横梁均为刚性杆（$EI=\infty$），$E_i I_i$ 为各立柱的抗弯刚度，h_i 为各立柱高度，柱顶承受水平结点荷载 F 作用。

该刚架用位移法计算时，刚结点转角位移为零，故只有一个独立结点线位移 Δ_1（柱

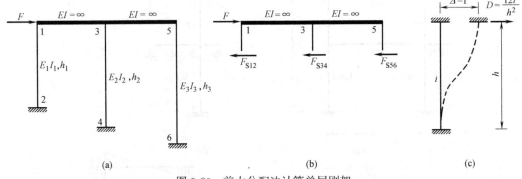

图 9-20 剪力分配法计算单层刚架
(a) 刚架计算简图；(b) 柱顶隔离体；(c) 柱侧移刚度

顶结点 1、3、5 的水平侧移，假设向右）。为求 Δ_1，将各柱顶截开并取如图 9-20（b）所示隔离体，由水平方向平衡条件 $\sum F_x=0$ 得：

$$F=F_{S12}+F_{S34}+F_{S56} \tag{9-10a}$$

式中，F_{S12}、F_{S34}、F_{S56} 为各柱顶的剪力，它们与柱顶侧移 Δ_1 的关系可由表 8-1 得到：

$$F_{S12}=\frac{12i_{12}}{h_1^2}\Delta_1, F_{S34}=\frac{12i_{34}}{h_2^2}\Delta_1, F_{S56}=\frac{12i_{56}}{h_3^2}\Delta_1 \tag{9-10b}$$

式中，i_{12}、i_{34}、i_{56} 分别为各立柱的线刚度。

令

$$D_1=\frac{12i_{12}}{h_1^2}, D_2=\frac{12i_{34}}{h_2^2}, D_3=\frac{12i_{56}}{h_3^2} \tag{9-10c}$$

称为各立柱的侧移刚度。侧移刚度是指杆件两端发生单位相对侧移时所产生的杆端剪力（图 9-20c），通常用 D 表示。由此可看出，各柱的剪力与该柱的侧移刚度成正比。

将式（9-10b）代入式（9-10a），可求得柱顶侧移为：

$$\Delta_1=\frac{F}{D_1+D_2+D_3}=\frac{F}{\sum D_i} \tag{9-10d}$$

将式（9-10d）代入式（9-10b），可得柱顶剪力分别为：

$$F_{S12}=\frac{D_1}{\sum D_i}F=\nu_1 F, F_{S34}=\frac{D_2}{\sum D_i}F=\nu_2 F, F_{S56}=\frac{D_3}{\sum D_i}F=\nu_3 F \tag{9-10e}$$

式中

$$\nu_1=\frac{D_1}{\sum D_i}, \nu_2=\frac{D_2}{\sum D_i}, \nu_3=\frac{D_3}{\sum D_i} \tag{9-10f}$$

称为剪力分配系数，显然 $\nu_1+\nu_2+\nu_3=1$。

以上说明：刚架柱顶受集中荷载 F 作用时，此集中力 F 按各柱的侧移刚度之比即剪力分配系数进行分配，从而求得各柱的剪力。这种利用剪力分配系数求柱顶剪力的方法称为剪力分配法。

由柱的剪力可以求柱的弯矩。这里要注意，由于两端无转动的柱发生侧移时，柱上、下端的弯矩是等值反向的，即弯矩零点在柱高的中点。因此，求得柱顶剪力后，根据柱弯矩零点（即反弯点）在柱中点的条件，可得到各柱的杆端弯矩等于柱顶剪力与其一半高度的乘积，即：

$$\begin{cases} M_{12}=M_{21}=-\dfrac{1}{2}F_{S12}h_1 \\ M_{34}=M_{43}=-\dfrac{1}{2}F_{S34}h_2 \\ M_{56}=M_{65}=-\dfrac{1}{2}F_{S56}h_3 \end{cases} \quad (9\text{-}10\text{g})$$

式中，负号表示杆端弯矩绕杆端逆时针转动。

求出各立柱弯矩后，刚性横梁的弯矩可按如下方法确定：若结点只连接一根刚性横梁，可直接由结点力矩平衡条件确定横梁在该结点处的杆端弯矩；若结点连接了两根刚性横梁，可近似认为两根刚性横梁的转动刚度相同，从而分配到相同的杆端弯矩。

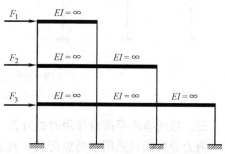

图 9-21　用剪力分配法计算多层多跨刚架

对如图 9-21 所示多层多跨刚架，用剪力分配法对其进行内力分析时要注意：任一层的总剪力等于该层及以上各层所有水平荷载的代数和，它也按剪力分配系数分配到该层的各个柱顶，由此可确定各立柱的弯矩，再根据平衡条件确定横梁的弯矩。

以上剪力分配法对于绘制刚架在风荷载、地震作用下的弯矩图是非常方便的，但假设前提是横梁刚度为无穷大，各刚结点均无转角，因而各柱反弯矩在其一半高度处。在实际工程中，横梁并不是无限刚性，所以剪力分配法的计算结果是近似的。当横梁与立柱的线刚度之比 $i_b/i_c \geqslant 5$ 时，剪力分配法的计算精度能满足工程要求。随着梁柱线刚度比 i_b/i_c 的减小，结点转动的影响将逐渐增加。当 $i_b/i_c < 5$ 时计算误差较大，可通过修正立柱侧移刚度、反弯点位置等方法来调整计算。

二、铰接排架的剪力分配法

如图 9-22（a）所示排架，横梁为刚性二力杆（$EA=\infty$），只有一个独立结点线位移 Δ_1（柱顶的水平侧移），故同样可以采用剪力分配法进行计算。

各柱的侧移刚度（图 9-22c）为：

$$D_1=\frac{3i_{12}}{h^2},D_2=\frac{3i_{34}}{h^2},D_3=\frac{3i_{56}}{h^2} \quad (9\text{-}11\text{a})$$

各柱顶剪力 F_{S12}、F_{S34}、F_{S56} 与柱顶侧移 Δ_1 的关系如下：

$$F_{S12}=\frac{3i_{12}}{h^2}\Delta_1=D_1\Delta_1,F_{S34}=\frac{3i_{34}}{h^2}\Delta_1=D_2\Delta_1,F_{S56}=\frac{3i_{56}}{h^2}\Delta_1=D_3\Delta_1 \quad (9\text{-}11\text{b})$$

根据如图 9-22（b）所示隔离体在水平方向平衡条件 $\sum F_x=0$，可求得柱顶水平侧移：

$$\Delta_1=\frac{F}{D_1+D_2+D_3}=\frac{F}{\sum D_i} \quad (9\text{-}11\text{c})$$

将式（9-11c）代入式（9-11b），从而可得柱顶剪力分别为：

$$F_{S12}=\nu_1 F,F_{S34}=\nu_2 F,F_{S56}=\nu_3 F \quad (9\text{-}11\text{d})$$

式中，$\nu_i = \dfrac{D_i}{\sum D_i}$，为排架中各柱的剪力分配系数，式 (9-11d) 表明，将水平剪力 F 按剪力分配系数分配到各柱顶，与上述刚架情况相同。因弯矩零点在柱顶，各柱底弯矩等于柱顶剪力与其高度的乘积。

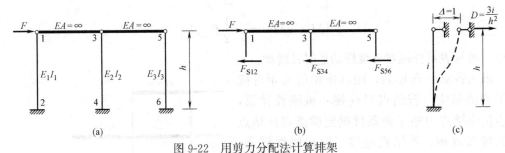

图 9-22　用剪力分配法计算排架
(a) 排架计算简图；(b) 柱顶隔离体；(c) 排架柱侧移刚度

三、柱间有水平荷载作用时的计算

剪力分配法只适用于结点荷载，对于非结点荷载必须等效化成结点荷载。

如图 9-23 (a) 所示为刚架承受水平均布力 q，根据叠加原理，可将柱间荷载作用的情况分解为两种情况：只有荷载的单独作用（图 9-23b）和只有结点线位移（图 9-23c）。其中，图 9-23 (b) 是在柱顶加一水平附加链杆，使结构不能产生水平位移，此时各杆端内力（称为固端内力）可查表 8-2 得到，并可求得附加链杆上的反力 F_{1P}，此为位移法基本结构中附加链杆的约束反力。图 9-23 (c) 是将 F_{1P} 反方向作用在原结构上，这种情况可采用上述剪力分配法进行计算。将图 9-23 (b)、(c) 两种情况的内力叠加，即得原结构（图 9-23a）的最后内力。

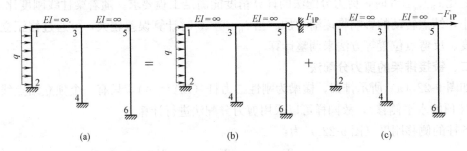

图 9-23　柱间有水平荷载作用时的剪力分配法计算
(a) 刚架计算简图；(b) 荷载单独作用；(c) 结点线位移单独作用

【例 9-8】 绘制如图 9-24 (a) 所示排架的 M 图，已知 EI 为常数。

【解】（1）在柱顶加一水平附加链杆，求附加链杆处的约束反力 F_{1P}（图 9-24b）。

在图 9-24 (b) 中，只有左侧柱间有均布荷载。由表 8-2 可查得杆端剪力为：

$$F_{SDA} = -\dfrac{3}{8} \times 10 \times 6 = -22.5 \text{kN}$$

由横梁的水平方向平衡条件，可求得附加链杆约束反力为：

$$F_{1P} = -22.5 \text{kN}（向左）$$

柱 AD 的柱底弯矩（固端弯矩）为：

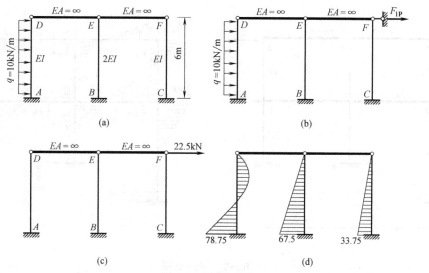

图 9-24 例 9-8 图
(a) 排架计算简图；(b) 荷载单独作用；(c) 结点线位移单独作用；(d) M 图（kN·m）

$$M_{AD} = -\frac{1}{8} \times 10 \times 6^2 = -45 \text{kN} \cdot \text{m}$$

其余各杆端弯矩均为零。

(2) 将附加链杆约束反力反向施加在原结构上（图 9-24c），用剪力分配法进行计算。

各柱剪力分配系数为：

$$\nu_{DA} = \nu_{FC} = \frac{1}{1+2+1} = 0.25$$

$$\nu_{EB} = \frac{2}{1+2+1} = 0.5$$

将水平剪力 22.5kN 按剪力分配系数分配到各柱顶，即：

$$F_{SDA} = F_{SFC} = 22.5 \times 0.25 = 5.625 \text{kN}$$

$$F_{SEB} = 22.5 \times 0.5 = 11.25 \text{kN}$$

各柱底弯矩等于柱顶剪力与其高度的乘积，即：

$$M_{AD} = M_{CF} = -5.625 \times 6 = -33.75 \text{kN} \cdot \text{m}$$

$$M_{BE} = -11.25 \times 6 = -67.5 \text{kN} \cdot \text{m}$$

其余各杆端弯矩均为零。

(3) 将如图 9-24（b）、(c) 所示两种情况下的弯矩叠加，即得原结构的弯矩图，如图 9-24（d）所示。

【例 9-9】 绘制图 9-25（a）所示刚架的 M 图，已知 EI 为常数。

【解】（1）求各柱剪力分配系数

为方便计算，令 $d = \dfrac{12EI}{h^3}$。

上层各柱的侧移刚度为（从左至右）：

$$D_1 = D_2 = D_3 = \frac{12EI}{h^3} = d$$

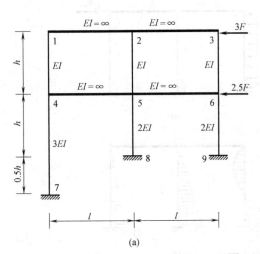
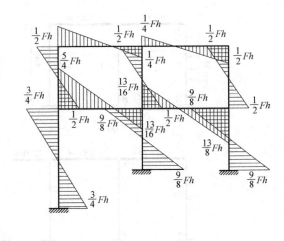

图 9-25 例 9-9 图
(a) 刚架的计算简图；(b) M 图

下层各柱的侧移刚度分别为（从左至右）：

$$D_4 = \frac{12 \times 3EI}{(1.5h)^3} = \frac{8}{9}d$$

$$D_5 = \frac{12 \times 2EI}{h^3} = 2d$$

$$D_6 = \frac{12 \times 2EI}{h^3} = 2d$$

因此，上、下层各柱顶的剪力分配系数分别为：

$$\nu_1 = \nu_2 = \nu_3 = \frac{1}{3}$$

$$\nu_4 = \frac{8/9}{8/9 + 2 + 2} = \frac{2}{11}$$

$$\nu_5 = \nu_6 = \frac{2}{8/9 + 2 + 2} = \frac{9}{22}$$

(2) 计算各柱剪力

上、下层的总剪力分别为 $-3F$、$-5.5F$，则各柱顶的剪力分别为：

$$F_{S14} = \nu_1 \times (-3F) = -F$$

$$F_{S25} = F_{S36} = -F$$

$$F_{S47} = \nu_4 \times (-5.5F) = -F$$

$$F_{S58} = F_{S69} = \frac{9}{22} \times (-5.5F) = -\frac{9}{4}F$$

(3) 计算各杆端弯矩

柱端弯矩分别为：

$$M_{14} = M_{41} = -F_{S14} \times \frac{h}{2} = \frac{1}{2}Fh$$

$$M_{25}=M_{52}=M_{36}=M_{63}=\frac{1}{2}Fh$$

$$M_{47}=M_{74}=-F_{S47}\times\frac{1.5h}{2}=\frac{3}{4}Fh$$

$$M_{58}=M_{85}=-F_{S58}\times\frac{h}{2}=\frac{9}{8}Fh$$

$$M_{69}=M_{96}=\frac{9}{8}Fh$$

梁端弯矩由结点力矩平衡条件求得。

(4) 作弯矩图，如图 9-25（b）所示。

第十章 影响线及其应用

本章讨论结构在移动荷载作用下的内力（反力）计算问题，影响线是解决此问题的工具。先基于影响线的基本概念，讨论了影响线的两种绘制方法：静力法和机动法；再讨论影响线的具体应用，即解决移动荷载在结构上最不利位置的判断以及最大（小）内力值的计算。

码 10-1 影响线的概念

第一节 影响线的概念

前面各章所讨论的荷载，其作用点的位置是固定不变的，这些荷载称为固定荷载。但对于实际工程结构来说，除了承受固定荷载外，有时还承受位置改变的移动荷载作用，如吊车施加给吊车梁的轮压荷载（图 10-1a）、行驶的车辆施加给桥梁的荷载（图 10-1b）等。

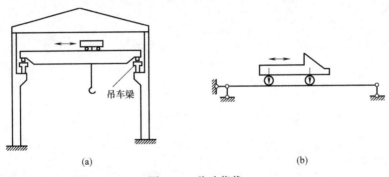

图 10-1 移动荷载
(a) 吊车荷载；(b) 车辆荷载

在移动荷载作用下，结构的支座反力、内力随荷载位置的改变而变化。如图 10-2 所示简支梁，在移动荷载 F 作用下，假设 F 移动到距左端支座距离 x 处，由平衡条件可知，支座反力 F_A 和 F_B、截面 C 的弯矩 M_C（假设下拉为正）及剪力 F_{SC} 与荷载位置 x 的函数关系如下：

$$\begin{cases} F_A = \dfrac{l-x}{l}F \quad (0 \leqslant x \leqslant l) \qquad F_B = \dfrac{x}{l}F \quad (0 \leqslant x \leqslant l) \\ M_C = \begin{cases} \dfrac{x}{l}Fb & (0 \leqslant x \leqslant a) \\ \dfrac{l-x}{l}Fa & (a \leqslant x \leqslant l) \end{cases} \qquad F_{SC} = \begin{cases} -\dfrac{x}{l}F & (0 \leqslant x \leqslant a) \\ \dfrac{l-x}{l}F & (a \leqslant x \leqslant l) \end{cases} \end{cases} \quad (10\text{-}1a)$$

由式（10-1a）可知，在移动荷载作用下，不同量值（包括支座反力、截面内力、位移等）随移动荷载位置改变而变化的规律是各不相同的；即使对于同一截面，其不同内力（如 M_C、F_{SC}）的变化规律也可能不相同。在实际工程结构设计中，通常需要求出这些量值的最大（小）值作为结构设计的依据。要想求出在实际移动荷载作用下某量值的最大（小）值及其所对应的荷载位置（称为最不利荷载位置），必须研究在移动荷载作用下该量值的变化规律。所以本章重点讨论结构在移动荷载作用下支座反力和内力的变化规律，并在此基础上研究实际移动荷载的最不利布置等问题。

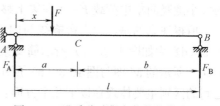

图 10-2 承受移动集中荷载的简支梁

在实际工程中，移动荷载的种类非常多，直接研究各种移动荷载作用下结构某量值的变化规律是十分繁琐的，也是没必要的。其实，实际工程结构所承受的移动荷载都是由若干个间距保持不变的竖向集中荷载或分布荷载组成的，可以先研究一个竖向单位集中荷载 $F=1$ 在结构上移动时某量值的变化规律，然后根据叠加原理进一步研究各种实际移动荷载作用下该量值的最大值及其所对应的最不利荷载位置等问题，这将使问题大大简化。

把结构中某量值随竖向单位集中荷载 $F=1$ 位置改变而变化的规律绘成图形，这个图形称为该量值的影响线。影响线是研究移动荷载作用的基本工具。下面以如图 10-3（a）所示简支梁为例，研究当竖向单位集中荷载 $F=1$ 在梁上移动时截面 C 的弯矩 M_C 的变化规律图形，进一步说明影响线的概念。

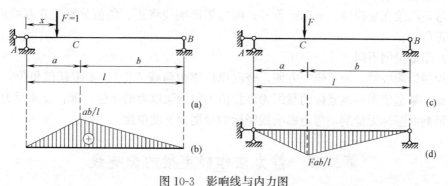

图 10-3 影响线与内力图
(a) 单位移动荷载 $F=1$ 作用；(b) M_C 影响线；(c) 固定荷载作用下的梁；(d) M 图

设 A 为坐标原点，横坐标 x 表示单位集中荷载 $F=1$ 的作用位置（x 不表示截面位置）。当 $F=1$ 在梁上任意移动时，由平衡条件可写出截面 C 的弯矩 M_C 与 x 的函数关系（假设弯矩使梁截面下侧纤维受拉为正）：

$$M_C = \begin{cases} \dfrac{x}{l}b & (0 \leqslant x \leqslant a) \\ \dfrac{l-x}{l}a & (a \leqslant x \leqslant l) \end{cases} \tag{10-1b}$$

式（10-1b）就是 M_C 的影响线方程，它所表示的图形即为 M_C 影响线。由于方程均为 x 的一次函数，故 M_C 影响线是折线图形。这里只需定出三个点即可绘出 M_C 的影响线：当 $x=0$ 时，$M_C=0$；当 $x=a$ 时，$M_C=ab/l$；当 $x=l$ 时，$M_C=0$。

在图 10-3（b）中，先画一条水平基线代表单位竖向集中荷载 $F=1$ 的作用位置，竖标代表要研究的量值 M_C 的大小，从而得到如图 10-3（b）所示 M_C 影响线。绘制影响线时，通常规定正的量值绘在基线上方，并标注竖标和正负号。此影响线形象地表明了 M_C

的大小随竖向集中荷载 $F=1$ 在梁上移动时的变化规律,且均使截面 C 的下侧纤维受拉。

值得注意的是,内力影响线与内力图是完全不同的两个概念,不要将它们混淆。图 10-3（d）为如图 10-3（c）所示简支梁在 C 点作用固定集中荷载 F 时的弯矩图。将图 10-3（d）所示的 M 图与图 10-3（b）所示的 M_C 影响线进行对比,可以看出内力图与影响线之间的区别主要体现在以下几个方面:

(1) 含义不同

内力图表示结构在某固定荷载作用下各截面某一内力的分布规律;影响线表示结构中某一指定量值随单位荷载位置改变而变化的规律。

(2) 荷载类型不同

内力图能体现任意类型的固定荷载,而绘制影响线时考虑的是竖向单位移动集中荷载 $F=1$ 作用。

(3) 横、纵坐标的含义不同

内力图的横坐标表示截面位置,纵坐标表示在固定荷载作用下该截面的内力值。影响线横坐标表示单位集中荷载 $F=1$ 的位置,纵坐标表示单位荷载 $F=1$ 移动到该位置时某指定量值的大小。

(4) 绘制方法不同

如弯矩图绘在受拉侧,不标正负号;而弯矩影响线将正、负值分别绘在基线的异侧,且标注正负号。

(5) 图形量纲不同

在绘制影响线时,为了研究方便,竖向单位集中荷载 $F=1$,不带任何单位,即无量纲。因此,某量值影响线竖标的量纲为该量值的量纲除以力的单位,即:支座反力、截面剪力的影响线竖标无量纲,弯矩影响线竖标的量纲为长度单位。

第二节 静力法作静定梁的影响线

绘制影响线的基本方法有两种:静力法和机动法。

静力法作影响线的基本步骤包括:

(1) 选定坐标系,将单位集中荷载 $F=1$ 放在任意 x 位置;

(2) 根据平衡条件写出所求量值与荷载位置 x 的函数关系式(称为影响线方程);

(3) 根据影响线方程直接绘出该量值的影响线图形。

本节主要讨论利用静力法作单跨静定梁、多跨静定梁的支座反力及截面内力的影响线。

码 10-2 简支梁的影响线

一、简支梁的影响线

作如图 10-4（a）所示简支梁支座反力 F_A、F_B 及截面 C 的弯矩 M_C、剪力 F_{SC} 的影响线。取 A 为坐标原点,向右为 x 轴正向。假设 $F=1$ 作用在简支梁上任意 x 位置（$0 \leqslant x \leqslant l$）,根据梁的平衡条件 $\Sigma M_A=0$ 和 $\Sigma M_B=0$,可得到支座反力 F_A、F_B（向上取为正向）与 x 的函数关系:

$$\begin{cases} F_A = \dfrac{l-x}{l} \\ F_B = \dfrac{x}{l} \end{cases} \quad (0 \leqslant x \leqslant l) \tag{10-2}$$

式（10-2）即为 F_A、F_B 的影响线方程。由此可知：F_A、F_B 的影响线为直线图形，只需定出两点即可绘出支座反力 F_A、F_B 的影响线，分别如图 10-4（b）、（c）所示。

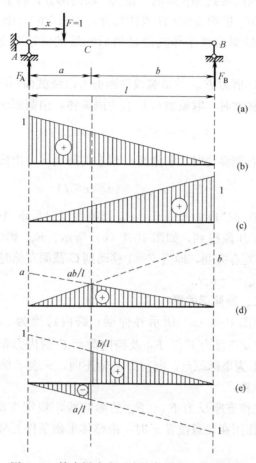

图 10-4 简支梁支座反力和截面内力的影响线
(a) 简支梁计算简图；(b) F_A 影响线；(c) F_B 影响线；(d) M_C 影响线；(e) F_{SC} 影响线

作弯矩 M_C 影响线时，仍以结点 A 为坐标原点，x 表示单位集中荷载 $F=1$ 作用点位置，以使梁截面的下边缘纤维受拉的弯矩为正。

当 $F=1$ 在截面 C 左侧梁段 AC 上移动时，为了计算方便，取截面 C 以右部分作为隔离体，由截面法可得：

$$M_C = F_B b \quad (0 \leqslant x \leqslant a) \tag{10-3a}$$

由于 AC 范围内 F_B 影响线为一条直线，且 b 为常数，因此 M_C 影响线在 AC 范围内也为直线，而且竖标等于 F_B 影响线相应竖标乘以 b。

当 $F=1$ 在截面 C 右侧梁段 CB 上移动时，取截面 C 以左部分作为隔离体，由截面法可得：
$$M_C = F_A a \quad (a \leqslant x \leqslant l) \tag{10-3b}$$

同时，由于在 CB 范围内 F_A 影响线为一条直线，且 a 为常数，因此 M_C 影响线在 CB 范围内也为直线，而且竖标等于 F_A 影响线相应竖标乘以 a。

因此，可以利用已经作出的 F_A、F_B 的影响线来作 M_C 的影响线：将 F_B 影响线竖标放大 b 倍并取 AC 段，从而得到 M_C 影响线在 AC 段的部分；将 F_A 影响线竖标放大 a 倍并取 CB 段，从而得到 M_C 影响线在 CB 段的部分，如图10-4（d）所示为 M_C 的影响线。

这种利用已知量值的影响线来作其他量值影响线的方法是非常方便的，必须熟练掌握。

采用同样的方法可作剪力 F_{SC} 的影响线截面剪力以绕截面顺时针方向转动为正方向。当 $F=1$ 在截面 C 左侧移动时，取截面 C 以右为隔离体，由截面法可得：
$$F_{SC} = -F_B \quad (0 \leqslant x \leqslant a) \tag{10-4a}$$

当 $F=1$ 在截面 C 右侧移动时，取截面 C 以左为隔离体，由截面法可得：
$$F_{SC} = F_A \quad (a \leqslant x \leqslant l) \tag{10-4b}$$

因此，F_{SC} 影响线在 AC 段的部分可由 F_B 影响线反号后取 AC 段得到，在 CB 段的部分可由 F_A 影响线取 CB 段得到，如图10-4（e）所示。F_{SC} 影响线由两段相互平行的直线组成，其竖标在 C 处有突变，即当 $F=1$ 移动到 C 截面左侧时 $F_{SC} = -a/l$，当 $F=1$ 移动到 C 截面右侧时 $F_{SC} = -b/l$。

二、外伸梁的影响线

如图10-5（a）所示外伸梁，跨内跨度为 l，外伸跨度分别为 l_1、l_2，作支座反力 F_A、F_B 及跨内截面 C 的内力 M_C、F_{SC} 影响线。仍以支座 A 为坐标原点，向右为 x 轴正向，x 表示单位集中荷载 $F=1$ 的作用点位置。

码10-3 外伸梁的影响线

先作支座反力 F_A、F_B 的影响线，规定支座反力向上为正向。当 $F=1$ 作用在任意位置 x 时，由整体平衡条件 $\sum M_B = 0$ 和 $\sum M_A = 0$ 可求得两支座反力：
$$\begin{cases} F_A = \dfrac{l-x}{l} \\ F_B = \dfrac{x}{l} \end{cases} \quad (-l_1 \leqslant x \leqslant l+l_2) \tag{10-5}$$

式（10-5）中的 F_A、F_B 影响线方程对 $F=1$ 在梁全长范围内都适用。由此可知：F_A、F_B 影响线在梁全长范围内均为一条直线。由于当 $F=1$ 在梁段 AB 上移动时，外伸梁就与相应简支梁相同，因此外伸梁支座反力 F_A、F_B 的影响线可以认为是将对应简支梁支座反力影响线向两个伸臂部分延伸得到，分别如图10-5（b）、（c）所示。

再作弯矩 M_C 和剪力 F_{SC} 的影响线，弯矩仍以使截面下侧纤维受拉为正，剪力仍以绕截面顺时针转动为正。当 $F=1$ 在截面 C 左侧移动时，取 C 以右部分为隔离体，由截面法可将 M_C、F_{SC} 表示为反力 F_A、F_B 的函数关系：

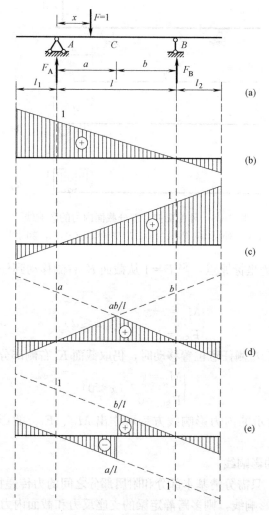

图 10-5 外伸梁支座反力和跨内截面内力的影响线
(a) 外伸梁计算简图；(b) F_A 影响线；(c) F_B 影响线；(d) M_C 影响线；(e) F_{SC} 影响线

$$\begin{cases} M_C = F_B b \\ F_{SC} = -F_B \end{cases} \quad (-l_1 \leqslant x \leqslant a) \tag{10-6a}$$

当 $F=1$ 在截面 C 右侧移动时，取 C 点以左部分为隔离体，则有：

$$\begin{cases} M_C = F_A a \\ F_{SC} = F_A \end{cases} \quad (a \leqslant x \leqslant b+l_2) \tag{10-6b}$$

因此，可根据已经作出的 F_A、F_B 影响线来作 M_C、F_{SC} 的影响线，分别如图 10-5 (d)、(e) 所示。由此可得到如下结论：伸臂梁跨内截面的内力影响线可由相应简支梁中相应截面的内力影响线分别向左、右伸臂部分延伸得到。

下面介绍外伸梁伸臂部分截面内力影响线的绘制。

如图 10-6 (a) 所示，求伸臂部分任一指定截面 K 的弯矩 M_K 和剪力 F_{SK} 的影响线。

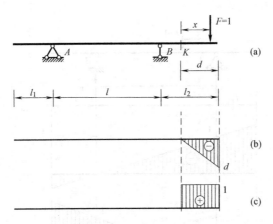

图 10-6 外伸梁伸臂部分截面内力的影响线
(a) 外伸梁计算简图；(b) M_K 影响线；(c) F_{SK} 影响线

为计算方便，取点 K 为坐标原点，当 F=1 从截面 K 右侧移动到任意 x 位置时，取 K 截面右侧为隔离体，有：

$$\begin{cases} M_K = -x \\ F_{SK} = 1 \end{cases} \quad (0 \leqslant x \leqslant d) \tag{10-7a}$$

当 F=1 在截面 K 左侧任意位置移动时，仍取截面 K 右侧部分为隔离体，则：

$$\begin{cases} M_K = 0 \\ F_{SK} = 0 \end{cases} \quad (x < 0) \tag{10-7b}$$

根据式（10-7）所示的内力影响线方程可作出 M_K、F_{SK} 的影响线，分别如图 10-6 (b)、(c) 所示。

三、多跨静定梁的影响线

对于多跨静定梁，只需分清基本部分和附属部分之间的力传递特点，再利用单跨静定梁的影响线，则多跨静定梁的支座反力和截面内力影响线即可顺利绘出。

如图 10-7（a）所示多跨静定梁，根据几何组成特点可绘出层次图，如图 10-7（b）所示，其中梁段 DEG 为附属部分，梁段 BCD 为梁段 DEG 的基本部分，也为梁段 AB 的附属部分。

码 10-4 多跨静定梁的影响线

下面作 M_K 的影响线，这里分别考虑单位集中荷载 F=1 作用在各个梁段上的情况。

当 F=1 在梁段 AB 上移动时，M_K 所在的梁段 BCD 相对于梁段 AB 是附属部分，是不受力的，故 M_K 影响线在 AB 范围内的竖标均为零。

当 F=1 在量值 M_K 所在梁段 BCD 上移动时，附属部分 DEG 梁段不受力，可将其撤去，基本部分 AB 梁段起着梁段 BCD 的支座作用，故此时 M_K 影响线的作法与梁段 BCD 单独作为外伸梁时是相同的。即先作 BC 段对应简支梁的 M_K 影响线，它为三角形，再将其向伸臂部分 CD 段延伸，就得到在 BCD 范围内的 M_K 影响线。

当 F=1 在梁段 DEG 上移动时，假设 F=1 作用在如图 10-7（c）所示的任意 x 位置，由于 M_K 所在的梁段 BCD 相对于梁段 DEG 是基本部分，此时梁段 BCD 相当于在铰 D 处受到附属部分 DEG 传来的连接力 F_{Dy}。由于 F_{Dy} 为 x 的一次函数，故 M_K 也为 x 的一次函数，这说明M_K影响线在DEG范围内为一条直线，只需确定两点即可绘出其影响线。通常情况下，只需考虑铰和（或）支座处的竖标：当$F=1$作用于铰D处时，M_K值已由BCD范围内影响线得出；当$F=1$作用于支座E处时，$M_K=0$。将这两处的影响线竖标连成一条直线，即为DEG范围内的M_K影响线。绘出的M_K影响线如图10-7（d）所示。

由上可知，绘制多跨静定梁支座反力和内力影响线时，可利用以下结论：

（1）当$F=1$在量值所在梁段上移动时，量值影响线与相应单跨静定梁影响线的作法相同；

（2）当$F=1$在对于量值所在梁段来说是基本部分的梁段上移动时，量值影响线的竖标均为零；

（3）当$F=1$在对于量值所在梁段来说是附属部分的梁段上移动时，量值影响线为直线。根据铰处的影响线竖标已知和（或）支座处影响线竖标为零等条件，可将影响线绘出。

据此，可作出F_{SK}和支座反力矩M_A的影响线，分别如图10-7（e）、（f）所示。

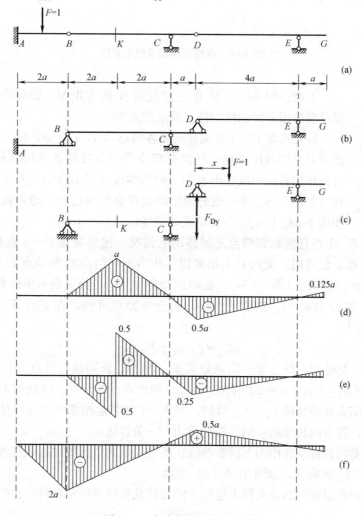

图10-7 多跨静定梁的影响线

(a) 多跨梁；(b) 层次图；(c) $F=1$作用在梁段DEG上时影响线特点分析；
(d) M_K影响线；(e) F_{SK}影响线；(f) M_A影响线

第三节 间接荷载作用下的影响线

直接作用在结构（或构件）上的荷载称为直接荷载。但有时荷载不是直接作用在结构上，如图 10-8 为桥梁结构的纵横梁桥面系统中主梁的计算简图。计算主梁时，一般可假定横梁简支在主梁上，而纵梁又简支在横梁上。直接作用在纵梁上的荷载，通过纵梁下面的横梁传到主梁上。无论纵梁承受何种荷载，主梁只在 A、C、D、E、B 等横梁处（或结点处）承受集中力，因此主梁承受的是间接荷载作用或结点荷载作用。

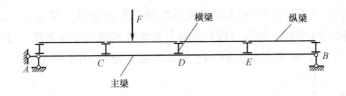

图 10-8　纵横梁桥面系统示意图

码 10-5　间接荷载下主梁影响线

下面以图 10-9（a）中主梁截面 K 的弯矩 M_K 影响线为例，说明间接荷载作用下影响线的特点及绘制方法。

首先考虑 $F=1$ 分别移动到各结点（A、C、D、E、B）处的情况，此时对主梁 AB 来说，间接荷载作用与直接荷载作用是相同的。因此，可先作出直接荷载作用下 M_K 的影响线（图 10-9b），其中各结点处的竖标（如 y_C、y_D 等）也适用于间接荷载作用情况，即先确定了间接荷载作用下 M_K 影响线在各结点处的竖标。

接着考虑 $F=1$ 在任意相邻结点之间移动的情况。比如荷载 $F=1$ 在相邻结点 C 和 D 间移动到任意 x 位置时，此时对主梁来说，相当于在结点 C 和结点 D 处分别受到结点荷载 F_C 及 F_D 的作用（图 10-9c）。影响线竖标 y_C、y_D 分别表示单位集中荷载 $F=1$ 直接作用在 C 和 D 处时 M_K 数值的大小，由叠加原理可知，在 F_C、F_D 共同作用下，截面 K 的弯矩为：

$$M_K = F_C y_C + F_D y_D \tag{10-8}$$

式（10-8）表明 M_K 与 x 呈一次函数关系，即 M_K 影响线在结点 C、D 间为一条直线，且 $x=0$ 时 $M_K=y_C$；$x=2d$ 时 $M_K=y_D$。因此，在结点 C、D 间的 M_K 影响线可以通过直接连接结点处的竖标 y_C、y_D 得到。当 $F=1$ 在其他相邻两结点间移动时，也会得到同样的结论：任意两相邻结点间的影响线均为一条直线。

因此，只要将直接荷载作用下的影响线在各结点处的竖标依次连成直线，就得到间接荷载作用下的 M_K 影响线，如图 10-9（d）所示。

通过以上讨论得到的结论实际上适用于间接荷载作用下任意量值的影响线。结论一般可表述如下：

(1) 间接荷载作用与直接荷载作用下的影响线，在结点处的竖标是相同的；
(2) 间接荷载作用下，影响线在相邻两结点之间为一条直线。

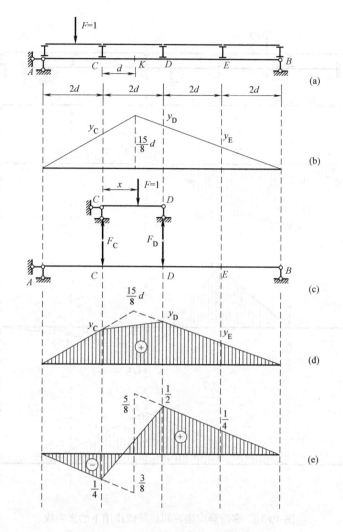

图 10-9 间接荷载作用下影响线的作法

(a) 受间接荷载作用的主梁;(b) M_K 影响线(直接荷载);(c) $F=1$ 在 C、D 结点间移动时主梁受力分析;(d) M_K 影响线;(e) F_{SK} 影响线

据此,可将间接荷载作用下影响线的一般绘制方法归纳如下:

(1) 先作出直接荷载作用下该量值的影响线,并找出各结点处的竖标值;

(2) 将相邻结点处的竖标依次用直线相连,就得到间接荷载作用下的影响线。

图 10-9(e)为主梁上剪力 F_{SK} 的影响线。

至于多跨静定梁在间接荷载作用下的影响线,同样可以先作出直接荷载作用下的影响线,然后取结点处的竖标,并将相邻结点处的竖标用直线连接。如图 10-10 所示为多跨静定梁在间接荷载作用下某些指定量值影响线,读者可自行校核,图中虚线表示在直接荷载作用下的影响线,以辅助作图。

码 10-6 多跨梁间接荷载下影响线

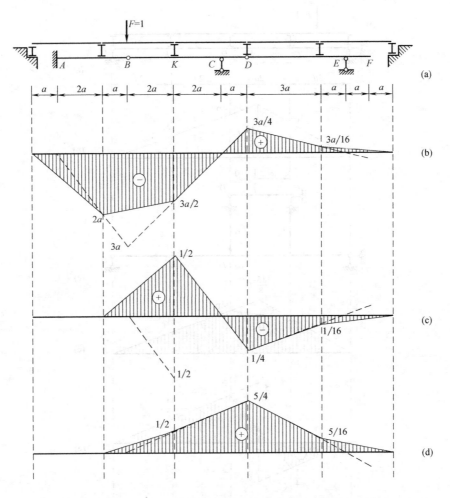

图 10-10 多跨静定梁在间接荷载作用下的影响线
(a) 受间接荷载作用的多跨梁；(b) M_A 影响线；(c) F_{SK}^L 影响线；(d) F_{RC} 影响线

第四节 桁架的影响线

对于桁架结构，荷载一般也是通过纵梁和横梁作用于桁架结点上。如图 1-4 所示为某钢桁架桥的示意图，其计算简图如图 10-11（a）所示，作用在下弦的外荷载先由纵梁传给横梁，再由横梁传到桁架结构上。横梁一般只在主桁架结点处设置，因此主桁架只在结点处受到由横梁传递来的间接荷载或结点荷载作用，其荷载传递方式与图 10-11（b）所示的梁式体系相同。因此，间接荷载作用下的影响线性质，对桁架结构也是适用的，即桁架结构任一量值影响线在相邻结点之间为直线。

桁架结构影响线的作法如下：将单位集中荷载 $F=1$ 依次放置于各结点上，计算所求量值的大小，即为该量值在各相应结点处的影响线竖标，再将相邻结点处的竖标连以直线即可。

下面以图 10-12（a）所示的简支平行弦桁架为例，说明桁架支座反力和杆件轴力的影

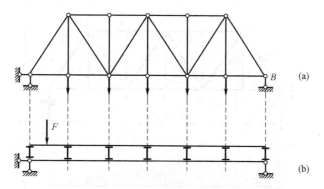

图 10-11 桁架受荷特征
(a) 钢桁架桥计算简图；(b) 等效间接荷载作用梁式体系

响线绘制方法。

1. 支座反力 F_A 和 F_B 的影响线

对于简支梁式桁架来说，其支座反力的计算与相应简支梁是相同的，故两者支座反力影响线也完全一样，分别如图 10-12 (b)、(c) 所示。

2. 弦杆轴力 F_{Na} 和 F_{Nb} 的影响线

码 10-7 桁架的影响线

为求 F_{Na}，可作截面Ⅰ-Ⅰ，以结点 8 为矩心，由力矩平衡条件求解。

当 $F=1$ 移动到截面Ⅰ-Ⅰ左侧结点（A、1、2）上时，取截面Ⅰ-Ⅰ以右部分为隔离体，由平衡条件 $\sum M_8=0$ 得：

$$F_{Na}\times h - F_B \times 3d = 0$$

从而有：

$$F_{Na}=\frac{3d}{h}F_B \tag{10-9a}$$

当 $F=1$ 移动到截面Ⅰ-Ⅰ右侧结点（结点 3、4、5、B）上时，取截面Ⅰ-Ⅰ以左部分为隔离体，由平衡条件 $\sum M_8=0$ 得：

$$F_{Na}\times h - F_A \times 3d = 0$$

从而有：

$$F_{Na}=\frac{3d}{h}F_A \tag{10-9b}$$

利用式 (10-9a) 将反力 F_B 的影响线竖标乘以 $3d/h$，取结点 A、1、2 处的竖标值；利用式 (10-9b) 将反力 F_A 影响线竖标乘以 $3d/h$，取结点 3、4、5、B 处的竖标值。将相邻结点处的这些竖标用直线相连，就得到如图 10-12 (d) 所示的 F_{Na} 影响线。

作上弦杆件轴力 F_{Nb} 的影响线，仍取截面Ⅰ-Ⅰ，以结点 2 为矩心，采用力矩平衡方程求解。

当 $F=1$ 移动到截面Ⅰ-Ⅰ左侧结点（A、1、2）上时，取截面Ⅰ-Ⅰ以右部分为隔离体，由平衡条件 $\sum M_2=0$ 得：

$$F_{Nb}\times h + F_B \times 4d = 0$$

从而有：

$$F_{Nb}=-\frac{4d}{h}F_B \tag{10-10a}$$

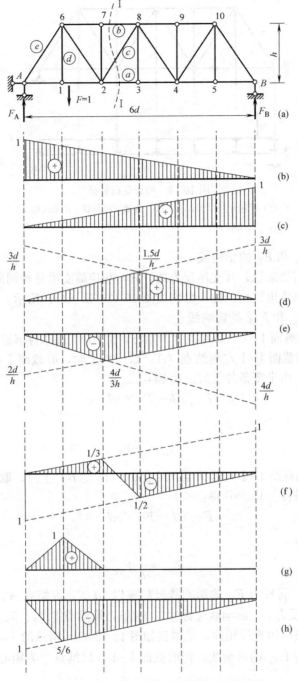

图 10-12 桁架支座反力和杆件轴力的影响线
(a) 桁架计算简图;(b) F_A 影响线;(c) F_B 影响线;(d) F_{Na} 影响线;
(e) F_{Nb} 影响线;(f) F_{yc} 影响线;(g) F_{Nd} 影响线;(h) F_{ye} 影响线

当 $F=1$ 移动到截面 I-I 右侧结点(结点 3、4、5、B)上时,取截面 I-I 以左部分为隔离体,由平衡方程 $\sum M_2=0$ 得:

$$F_{Nb} \times h + F_A \times 2d = 0$$

从而有：

$$F_{Nb} = -\frac{2d}{h}F_A \tag{10-10b}$$

利用式（10-10a）将反力 F_B 影响线竖标乘以 $4d/h$ 并反号后，取结点 A、1、2 处的竖标值；利用式（10-10b）将反力 F_A 影响线竖标乘以 $2d/h$ 并反号后，取结点 3、4、5、B 处的竖标值。将相邻结点处的这些竖标用直线相连，就得到如图 10-12（e）所示的 F_{Nb} 影响线。

由上可知，为了求量值 F_{Na} 和 F_{Nb}，仍然采用了静定桁架内力计算方法（截面法），采用力矩平衡条件求解，只是这里的荷载是一个移动的单位集中荷载。

3. 斜杆轴力 F_{Nc} 的影响线

为求 F_{Nc}，作截面 I-I，利用投影平衡方程 $\Sigma F_y = 0$ 求解。

当 $F=1$ 移动到截面 I-I 左侧结点（结点 A、1、2）上时，取截面以右部分分析，由投影平衡方程 $\Sigma F_y = 0$ 有：

$$F_{yc} = F_B \tag{10-11a}$$

当 $F=1$ 移动到截面 I-I 右侧结点（结点 3、4、5、B）上时，取截面以左部分分析，由投影平衡方程 $\Sigma F_y = 0$ 有：

$$F_{yc} = -F_A \tag{10-11b}$$

式中，F_{yc} 为 F_{Nc} 在竖向的分量。

利用式（10-10a）由反力 F_B 影响线取结点 A、1、2 处的竖标值，利用式（10-11b）将反力 F_A 影响线反号后取结点 3、4、5、B 处的竖标值。将相邻结点处的这些竖标用直线相连，就得到如图 10-12（f）所示的 F_{yc} 影响线。

再根据下述比例关系：

$$\frac{F_{Nc}}{\sqrt{h^2+d^2}} = \frac{F_{yc}}{h} \tag{10-11c}$$

就很容易由 F_{yc} 的影响线得到 F_{Nc} 影响线。

由上可知，求量值 F_{Nc}，采用了静定桁架内力计算方法（截面法），由力的投影平衡条件求解，只是作用荷载是一个移动的单位集中荷载。

4. 竖杆轴力 F_{Nd} 和端斜杆轴力 F_{Ne} 的影响线

为求 F_{Nd}，将结点 1 作为隔离体，利用力的投影平衡方程 $\Sigma F_y = 0$ 求解。

当 $F=1$ 移动到结点 1 处时，根据结点 1 的投影平衡方程 $\Sigma F_y = 0$ 有：

$$F_{Nd} = 1 \tag{10-12a}$$

当 $F=1$ 移动到其他结点（结点 A、2、3、4、5、B）上时，根据结点 1 的投影平衡方程 $\Sigma y = 0$ 有：

$$F_{Nd} = 0 \tag{10-12b}$$

由式（10-12）可知，F_{Nd} 影响线在结点 1 处的竖标为 1，在其他结点处的竖标均为 0。将相邻结点处的这些竖标用直线相连，就得到如图 10-12（g）所示的 F_{Nd} 影响线。

同理，为求 F_{Ne}，可根据结点 A 的力投影平衡方程 $\Sigma F_y = 0$ 求解。当 $F=1$ 移动到结点 A 处时，有：

$$F_{ye} = 0 \tag{10-13a}$$

当 $F=1$ 移动到其他结点（结点 1、2、3、4、5、B）上时，有：
$$F_{ye}=-F_A \quad (10\text{-}13b)$$
式中，F_{ye} 为 F_{Ne} 在竖向的分量。

由式（10-13）可知，F_{ye} 影响线在结点 A 处的竖标为 0，在其他结点处的竖标可由 F_A 影响线反号后得到。将相邻结点处的竖标连线，就得到如图 10-12（h）所示的 F_{ye} 的影响线，由 F_{ye} 的影响线易得到 F_{Ne} 的影响线。

由上可知，求量值 F_{Nd}、F_{Ne}，采用了静定桁架内力计算方法中的结点法，只是作用荷载是一个移动的单位集中荷载。

当桁架组成较复杂时，绘制某些杆件内力影响线时可能要联合应用结点法和截面法来求解，有时还需要先求出其他杆件内力影响线，然后根据它们之间的静力学关系，用叠加法作所求杆件的内力影响线。下面以图 10-13 所示桁架结构为例说明这个问题，其中荷载沿下弦移动，要求作竖杆ⓐ的轴力 F_{Na} 影响线。

码 10-8　叠加法作桁架影响线

由结点 10 的竖向投影平衡条件可知，欲求ⓐ杆内力，应先求得ⓑ杆及ⓒ杆的内力。ⓑ杆内力可由结点 K 的平衡条件及截面Ⅰ-Ⅰ的投影方程联合求得。ⓒ杆内力可由结点 K' 的平衡条件及截面Ⅱ-Ⅱ的投影方程联合求得。

（1）作ⓑ杆轴力影响线

先根据结点 K 的平衡条件 $\sum F_x=0$ 得：
$$F_{xb}=-F_{xc}$$
从而有：
$$F_{yb}=-F_{yc}, F_{Nb}=-F_{Nc} \quad (10\text{-}14a)$$
式中，F_{xb}、F_{yb}（F_{xc}、F_{yc}）分别为ⓑ杆（ⓒ杆）轴力 F_{Nb}（F_{Nc}）在水平及竖直方向的分量。

然后作截面Ⅰ-Ⅰ。当 $F=1$ 在截面Ⅰ-Ⅰ左侧移动时，取该截面右侧分析，由平衡条件 $\sum F_y=0$ 有：
$$F_{yb}-F_{yc}-F_B=0 \quad (10\text{-}14b)$$
将式（10-14a）代入式（10-14b）得：
$$F_{yb}=\frac{1}{2}F_B \quad (10\text{-}14c)$$

当 $F=1$ 在截面Ⅰ-Ⅰ右侧移动时，取该截面左侧为隔离体，由平衡条件 $\sum F_y=0$ 有：
$$F_{yb}-F_{yc}+F_A=0 \quad (10\text{-}14d)$$
将式（10-14a）代入式（10-14d）得：
$$F_{yb}=-\frac{1}{2}F_A \quad (10\text{-}14e)$$

从式（10-14c）、式（10-14e）可知，由支座反力 F_A 和 F_B 的影响线，可确定 F_{yb} 的影响线在各结点处的竖标值，将相邻结点处的竖标用直线相连，就得到 F_{yb} 影响线，如图 10-13（b）所示。

（2）作ⓐ杆轴力影响线

先由结点 K' 的平衡条件 $\sum F_x=0$ 可知：

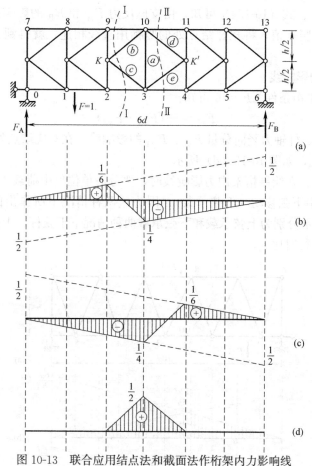

图 10-13 联合应用结点法和截面法作桁架内力影响线
(a) K字形桁架；(b) F_{yb} 影响线；(c) F_{yd} 影响线；(d) F_{Na} 影响线

$$F_{xd} = -F_{xe}$$

从而有：
$$F_{yd} = -F_{ye}, F_{Nd} = -F_{Ne} \tag{10-15a}$$

式中，F_{xd}、F_{yd}（F_{xe}、F_{ye}）分别为 ⓓ杆（ⓔ杆）轴力 F_{Nd}（F_{Ne}）在水平及竖直方向的分量。

然后作截面Ⅱ-Ⅱ。当 $F=1$ 在截面Ⅱ-Ⅱ左侧移动时，取该截面右侧分析，由平衡条件 $\sum F_y = 0$ 有：

$$F_{yd} - F_{ye} + F_B = 0 \tag{10-15b}$$

将式（10-15a）代入式（10-15b），得：

$$F_{yd} = -\frac{1}{2}F_B \tag{10-15c}$$

当 $F=1$ 在截面Ⅱ-Ⅱ右侧移动时，取该截面左侧分析，由平衡条件 $\sum F_y = 0$ 有：

$$F_{yd} - F_{ye} - F_A = 0 \tag{10-15d}$$

将式（10-15a）代入式（10-15d）得：

$$F_{yd} = \frac{1}{2}F_A \tag{10-15e}$$

从式（10-15c）、式（10-15e）可知，由支座反力 F_A 和 F_B 的影响线，可确定 F_{yd} 影响线在各结点处的竖标值，将相邻结点处的竖标用直线相连，就得到 F_{yd} 影响线，如图 10-13（c）所示。

(3) 作 F_{Na} 的影响线

由结点 10 的平衡条件 $\Sigma F_y = 0$ 可知：

$$F_{Na} = -(F_{yb} + F_{yd}) \tag{10-15f}$$

因此，将ⓑ、ⓓ杆轴力竖向分量 F_{yb}、F_{yd} 的影响线，在对应结点处竖标叠加并反号，即得 F_{Na} 的影响线，如图 10-13（d）所示。

值得注意的是，在绘制桁架内力影响线时，要分清单位集中荷载 $F=1$ 是沿上弦移动（上弦承载）还是沿下弦移动（下弦承载），因为这两种情况下所作出的影响线不一定相同。如图 10-14 所示分别为上弦承载和下弦承载两种情况下下弦杆、上弦杆和腹杆的轴力影响线，读者可自行对比。

码 10-9 桁架影响线（上（下）弦承载）

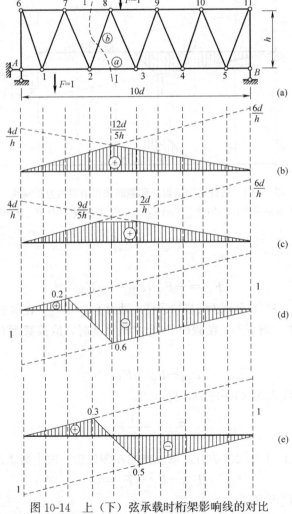

图 10-14 上（下）弦承载时桁架影响线的对比
(a) 桁架计算简图；(b) F_{Na} 影响线（上弦承载）；(c) F_{Na} 影响线（下弦承载）；
(d) F_{yb} 影响线（上弦承载）；(e) F_{yb} 影响线（下弦承载）

第五节 机动法作影响线

作静定结构支座反力或内力影响线时，除采用静力法外，还可以采用机动法。机动法作影响线的理论依据是刚体体系的虚位移原理，即：刚体体系在力系作用下处于平衡的必要条件是在任何微小的虚位移中，力系所做的虚功总和等于零。

码 10-10 机动法作影响线的基本原理

一、采用机动法作影响线的原理及步骤

下面结合如图 10-15（a）所示支座反力 F_B 影响线的绘制方法，说明机动法作影响线的基本原理。

为了求 F_B 的影响线，先将与其相应的约束去掉，即去掉 B 处的支座链杆，代以正方向的未知支反力 F_B（假设向上为正）。此时原结构变成具有一个自由度的几何可变体系。然后让此体系产生微小的刚体虚位移，即让梁绕 A 点作微小转动，记 F_B 作用点沿力作用方向上的位移为 δ_z，单位力 $F=1$ 作用点沿力作用方向上的位移为 δ_F，如图 10-15（b）所示。

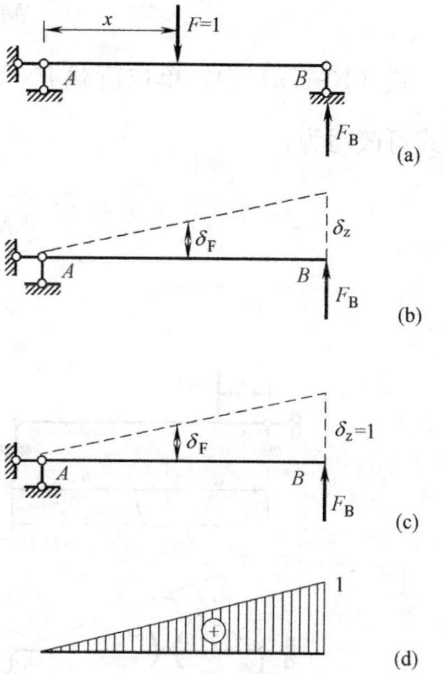

如图 10-15（a）所示体系处于力平衡状态，如图 10-15（b）所示体系处于满足边界条件和协调条件的虚位移状态。根据刚体体系的虚功原理，图 10-15（a）体系中的外力（包括支座反力）在图 10-15（b）所示刚体位移上所做虚功之和等于零，可列虚功方程：

$$F_B \times \delta_z + F \times \delta_F = 0$$

由于 $F=1$，即得：

$$F_B = -\frac{\delta_F}{\delta_z} \quad (10\text{-}16\text{a})$$

由于 $F=1$ 是移动的，所以 δ_F 是变化的，它是荷载位置 x 的函数。而 δ_z 为 F_B 作用点沿其正方向的位移，在给定虚位移状态下是一个常数，与荷载位置 x 无关。因此式（10-16a）可写成：

$$F_B(x) = \left(-\frac{1}{\delta_z}\right) \delta_F(x) \quad (10\text{-}16\text{b})$$

图 10-15 机动法作影响线的基本原理
(a) 简支梁；(b) 与 F_B 相应的虚位移图；
(c) 与 F_B 相应的单位虚位移图；(d) F_B 影响线

式中，$F_B(x)$ 表示量值 F_B 的影响线；$\delta_F(x)$ 表示单位荷载 $F=1$ 作用点的竖向位移图。由此可见，F_B 影响线与竖向位移图 δ_F 成正比，将竖向位移图 δ_F 的竖标除以常数 δ_z 并反号后，即得到量值 F_B 的影响线。

为了确定 F_B 影响线竖标值，可在如图 10-15（b）所示体系产生虚位移时令 $\delta_z=1$（图 10-15c），此时：

$$F_B(x) = -\delta_F(x) \quad (10\text{-}16\text{c})$$

也就是说，此时将竖向虚位移图 δ_F 反号后就能得到量值 F_B 的影响线，如图 10-15

(d) 所示。由此可知，欲作 F_B 的影响线，只需将与 F_B 相应的约束解除后使体系沿 F_B 的正方向产生单位位移，由此得到的单位荷载 $F=1$ 作用点的竖向位移图就是 F_B 的影响线，这种作影响线的方法称为机动法。

采用机动法作影响线时，正负号规定如下：δ_F 以与单位荷载 $F=1$ 方向一致为正，即向下为正；而 F_B 与 δ_F 的正负号正好相反。因此，若竖向虚位移图在横坐标轴上方，δ_F 值为负，量值 F_B 为正，即影响线竖标为正，这与正的影响线竖标绘在基线上方是一致的。

下面以如图 10-16 (a) 所示简支梁中弯矩 M_C 和剪力 F_{SC} 影响线为例，进一步说明用机动法绘制截面内力影响线。

为了作 M_C 影响线，首先撤去与 M_C 相应的约束（将截面 C 处刚接改为铰接），代以一对等值反向的力偶 M_C，此时原结构变成具有一个自由度的几何可变体系（铰 C 两侧的刚片可以相对转动），如图 10-16 (b) 所示。然后给体系沿 M_C 正方向产生虚位移 δ_z（铰 C 两侧截面的相对转角，与 M_C 方向一致为正），记单位荷载 $F=1$ 作用方向上相应位移为 δ_F。根据刚体体系的虚功原理，可知：

$$M_C \times \delta_z + F \times \delta_F = 0 \tag{10-17a}$$

式 (10-17a) 中，单位荷载 $F=1$，δ_F 是荷载位置 x 的函数，δ_z 是常数。因此虚功方程式可改写为：

$$M_C(x) = -\frac{\delta_F(x)}{\delta_z} \tag{10-17b}$$

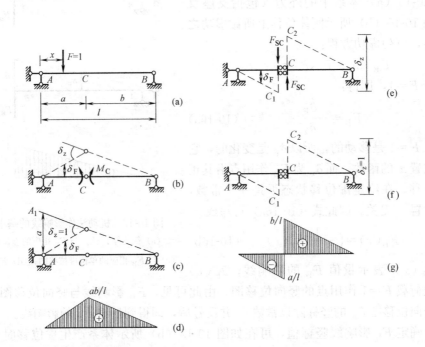

图 10-16 采用机动法作截面内力的影响线

(a) 简支梁；(b) 与 M_C 相应的虚位移图；(c) 与 M_C 相应的单位虚位移图；(d) M_C 影响线；
(e) 与 F_{SC} 相应的虚位移图；(f) 与 F_{SC} 相应的单位虚位移图；(g) F_{SC} 影响线

由式（10-17b）可知，M_C 影响线竖标与单位荷载作用点的竖向位移 $\delta_F(x)$ 成正比，即由单位荷载作用点的竖向位移图可得到 M_C 影响线形状。

另外，在虚位移图中，若令 $\delta_z=1$（图10-16c），则有：

$$M_C(x)=-\delta_F(x) \tag{10-17c}$$

此时得到的单位荷载作用点竖向位移图即为 M_C 影响线。

M_C 影响线竖标可以这样来确定：由于 δ_z 是单位微小的，在虚位移图10-16（c）中可求得 $AA_1=a\delta_z=a$，再按几何关系可求出 C 点竖向位移为 ab/l，即 M_C 影响线在 C 点的竖标值。在横坐标轴上方虚位移图对应的影响线竖标为正，从而完全确定了 M_C 影响线，如图10-16（d）所示。

由此可见，欲作 M_C 影响线，只需将 M_C 相应约束解除后，使体系沿 M_C 正向产生相对单位转角位移，由此得到单位荷载作用点竖向位移图，即 M_C 影响线。

同理，为作剪力 F_{SC} 影响线，需撤去与 F_{SC} 相应的约束（即将截面 C 处改用两根水平链杆连接），并代以一对正向剪力 F_{SC} 作用，得到如图10-16（e）所示的具有一个自由度的几何可变体系。然后使该体系沿 F_{SC} 正向发生虚位移 δ_z，即在 C 截面处产生相对的竖向位移（$CC_1+CC_2=\delta_z$），但不能发生相对的转动和相对的水平移动，记单位荷载 $F=1$ 作用方向上相应位移为 δ_F。由刚体体系的虚功原理可知：

$$F_{SC}\times\delta_z+F\times\delta_F=0 \tag{10-18a}$$

并进一步改写为：

$$F_{SC}(x)=-\frac{\delta_F(x)}{\delta_z} \tag{10-18b}$$

这说明，由单位荷载作用点的竖向位移图 $\delta_F(x)$ 可得到剪力 F_{SC} 影响线形状。为了确定 F_{SC} 影响线纵坐标值，可以在虚位移图中，令 $\delta_z=1$（图10-16f），此时有：

$$F_{SC}(x)=-\delta_F(x) \tag{10-18c}$$

此时竖向虚位移图即为 F_{SC} 影响线。其中，影响线竖标值可以这样确定：图10-16（f）中 AC、BC 两刚片是用两根平行链杆相连的，因此在虚位移图中 AC_1 和 BC_2 仍是平行的，且 $CC_1+CC_2=1$，故可通过比例关系得到：

$$CC_1=\frac{a}{l}, \quad CC_2=\frac{b}{l} \tag{10-18d}$$

由此确定了影响线竖标值。在横坐标上方虚位移图对应的影响线竖标为正，反之为负，F_{SC} 影响线如图10-16（g）所示。

综上所述，采用机动法作静定结构的支座支力或内力（记量值为 Z）影响线的步骤如下：

(1) 撤去与量值 Z 相应的约束，代以正向量值 Z 作用；

(2) 使所得体系沿 Z 的正向产生单位位移，作出单位荷载 $F=1$ 作用点的竖向位移图，即为量值 Z 的影响线；

(3) 横坐标以上虚位移图对应的影响线竖标取正号，反之取负号。

码10-11 机动法作多跨梁的影响线

二、机动法作多跨梁的影响线

采用机动法作多跨梁的影响线是非常方便的，其原理及步骤与单跨梁相同，即：欲作某量值影响线，只需去掉与之相应的约束，使所得体系沿所求量值的正方向发生单位位移，作出虚位移图。但是要注意：多跨静定梁撤除约束后虚位移图形的特点。多跨静定梁由基本部分和附属部分组成，撤除约束后给虚位移时，应搞清哪些部分可以发生虚位移，哪些部分不能发生虚位移。

这里以图 10-17（a）所示多跨静定梁为例进行影响线绘制，前面已采用静力法作出了某些量值的影响线，这里将采用机动法重作这些量值的影响线。图 10-17（a）中，AB 梁段是基本部分，梁段 BCD 是其附属部分，梁段 DEG 是梁段 BCD 的附属部分。

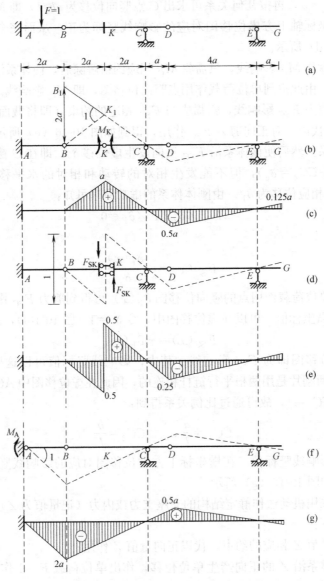

图 10-17　机动法作多跨梁的影响线

(a) 多跨静定梁；(b) 与 M_K 相应的虚位移图；(c) M_K 影响线；(d) 与 F_{SK} 相应的虚位移图；
(e) F_{SK} 影响线；(f) 与 M_A 相应的虚位移图；(g) M_A 影响线

作 M_K 的影响线。先撤除与 M_K 相应的约束（将梁在截面 K 处的刚接改为铰接），并代之以一对正向力矩 M_K 作用。再使所得体系沿 M_K 正向产生单位位移后得到的竖向虚

位移图即为 M_K 影响线。作虚位移图时，梁段 AB 与基础间是通过固定支座 A 相连，是几何不变，不能产生虚位移。梁段 BK 可绕铰 B 产生转动，若令体系沿 M_K 正向产生单位位移（即 K 截面两侧发生了沿 M_K 正向的相对单位转角位移），K 点必向上产生虚位移；由于 C 点处有支座链杆不能发生竖向位移，杆段 KCD 只可绕 C 点转动，此时 D 点必然向下产生虚位移。杆段 DEG 只可绕 E 点转动，G 点必向上产生虚位移。由此可以得到体系沿 M_K 正向产生单位位移后得到的竖向虚位移图（图 10-17b），即 M_K 影响线（图 10-17c）。

M_K 影响线竖标可以这样确定：在虚位移图 10-17（b）中，$BB_1 = 2a$，由几何比例关系可知点 K 向上虚位移为 a，点 D 处向下虚位移为 $0.5a$，由此得到影响线各竖标值。在基线上方影响线竖标为正，在基线以下竖标为负。很明显，采用机动法得到的 M_K 影响线与采用静力法得到的结果是完全一样的，但采用机动法作影响线的最大优点在于不必经过具体的计算分析就能迅速绘出影响线的轮廓，这对设计工作很有帮助，同时也可以用来校核静力法得到的影响线。

在图 10-17（b）所示的虚位移图中，量值 M_K 属于梁段 BCD，撤除其相应的约束后，体系只能在梁段 BCD 及其附属部分梁段 DEG 发生虚位移，基本部分即梁段 AB 不能动，因此，虚位移图只限于梁段 BCD 及梁段 DEG。

其实，采用机动法作多跨静定梁影响线时，属于附属部分的某量值，撤除其相应的约束后，体系只能在附属部分发生虚位移，基本部分不能动，因此，位移图只限于附属部分。但是，属于基本部分的某量值，撤除其相应的约束后，体系在基本部分和其支承的附属部分都发生虚位移，在基本部分和所支承的附属部分均有位移图。根据每一刚片的位移图为一条直线及竖向支座处竖向位移为零等条件，可迅速绘出各部分的位移图。

如图 10-17（e）、（g）所示分别是采用机动法绘出的 F_{SK}、M_A 的影响线，读者可自行与如图 10-7 所示的静力法计算结果进行对比。

三、机动法作间接荷载作用下的影响线

用机动法同样可以作间接荷载作用下主梁的影响线。这里要注意：由于单位集中荷载 $F = 1$ 是在纵梁上移动的，单位荷载作用点的虚位移图应该是纵梁的虚位移图，而不是主梁的虚位移图。

如图 10-18（a）所示多跨梁承受间接荷载作用，用机动法绘制主梁中 A 支座处反力矩 M_A 的影响线时，先撤除与 M_A 相应的约束，即将 A 端改为铰接，并用反力矩 M_A 代替，M_A 使下侧受拉为正。然后，使所得体系沿 M_A 正向产生单位位移后得到的纵梁竖向虚位移图，即为间接荷载作用下主梁中 M_A 影响线。

码 10-12 机动法作间接荷载作用下的影响线

为作纵梁的竖向虚位移图，可以先作主梁的虚位移图：主梁中 AB 段绕 A 点沿 M_A 正向产生单位转动，结点 B 向下产生虚位移；BCD 段绕 C 点产生转动，主梁中 D 点向上产生虚位移；DEF 段绕 E 点产生转动，G 点向下产生虚位移。主梁的虚位移图如图 10-18（b）中虚线所示。

主梁产生了虚位移，纵梁也产生了相应的虚位移。其中，结点 2、3 相应向下产生虚位移分别移动到 $2'$、$3'$ 位置，结点 4、5 向上产生虚位移分别移动到 $4'$、$5'$ 位置，结点 1、

6不动。因此很容易得到纵梁的虚位移图,如图10-18（b）中以细实线表示,即为间接荷载作用下主梁 M_A 影响线。

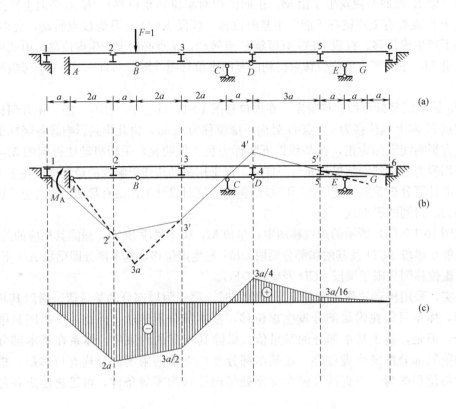

图10-18 机动法作间接荷载作用下的影响线
(a) 多跨梁承受间接荷载作用；(b) 与 M_A 相应的虚位移图；(c) M_A 影响线

最后,根据虚位移图中 AB 段绕 A 点产生了单位转角,由几何关系可确定影响线各竖标值,从而得到 M_A 影响线,如图10-18（c）所示。

第六节 利用影响线求量值

码10-13 利用影响线求量值

前面主要讨论影响线的绘制方法。绘制影响线的主要目的一般有两个：

(1) 利用影响线求实际荷载作用于某确定位置时该量值的大小；

(2) 利用影响线确定移动荷载对于某一量值的最不利位置,从而求出该量值的最大（小）值,作为结构设计的依据。

本节先讨论利用影响线求量值。作影响线时考虑的是单位集中荷载 $F=1$ 作用。根据叠加原理,可利用影响线求在其他实际荷载作用于结构时某量值的大小。

首先讨论集中荷载作用于结构上某确定位置时如何利用影响线来求量值。设某量值 Z 影响线如图10-19所示,结构上有一组集中荷载 F_1、F_2、…、F_n 作用于某确定位置,每个集中荷载作用点处相应的影响线竖标分别记为 y_1、y_2、$\cdots$、y_n。影响线竖标 y_i 表示当单位集中荷载 $F=1$ 作用于此处时该量值的大小，若作用的荷载不是单位荷载 $F=1$ 而是 F_i，此时根据叠加原理 Z 值应为 $F_i y_i$。因此，根据叠加原理可知，一组集中荷载产生的 Z 值应为：

$$Z = F_1 y_1 + F_2 y_2 + \cdots + F_n y_n = \sum_{i=1}^{n} F_i y_i \tag{10-19}$$

式（10-19）中的正负号规定如下：F_i 的方向与作影响线时单位集中荷载 $F=1$ 方向一致时为正，一般向下为正；y_i 在坐标轴上方取正。

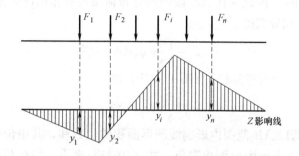

图 10-19 利用影响线求集中荷载作用下的量值

当有若干个集中荷载 F_1、F_2、$\cdots$、F_n 作用在某影响线直线段范围内时（图 10-20），将此影响线的直线段延伸，使之与基线交于 O 点。记该直线段与基线夹角为 α；集中荷载距离 O 点的距离分别为 x_1、x_2、$\cdots$、x_n，集中荷载组的合力记为 F_R，F_R 距 O 点距离记为 $\bar{x}$，F_R 的作用点对应的影响线竖标记为 $\bar{y}$。此时产生的 Z 值可表示为：

$$Z = F_1 y_1 + F_2 y_2 + \cdots + F_n y_n$$

$$= (F_1 x_1 + F_2 x_2 + \cdots + F_n x_n)\tan\alpha = \tan\alpha \sum_{i=1}^{n} F_i x_i \tag{10-20a}$$

式中，$\sum_{i=1}^{n} F_i x_i$ 表示各集中力对 O 点取力矩之和，根据合力矩定理，它应等于其合力 F_R

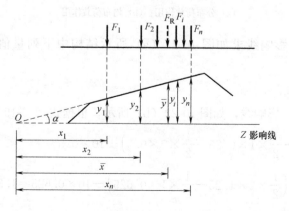

图 10-20 若干集中荷载作用在某影响线直线段范围内情况

311

对 O 点取矩，即：

$$Z = \tan\alpha \sum_{i=1}^{n} F_i x_i = \tan\alpha F_R \overline{x} = F_R \overline{y} \tag{10-20b}$$

由此可知：当求作用于影响线某直线范围内的若干个集中荷载所产生的量值大小时，可用其合力代替计算，即等于合力乘以合力作用点处影响线的竖标，而不会改变所求量值的数值。

下面讨论分布荷载作用于结构上某已知位置时如何利用影响线来求量值。如图 10-21 （a）所示结构受到分布荷载 q_x 作用，则微段 dx 上的荷载 $q_x dx$ 可近似看作集中荷载，它所引起的 Z 值为 $yq_x dx$。因此，在 AB 段内的分布荷载可看作由许多无穷小的微段组成，所产生的 Z 值可通过积分求得：

$$Z = \int_A^B y\, q_x dx \tag{10-21a}$$

当所受的分布荷载为均布荷载 q（图 10-21b）时：

$$Z = q \int_A^B y\, dx = q A_\omega \tag{10-21b}$$

式中，A_ω 表示在受荷段 AB 范围内影响线图形面积的代数和，其中位于基线上方的图形面积取正，位于基线下方的图形面积取负。式（10-21）表明，均布荷载作用下，量值 Z 等于荷载集度 q 乘以受荷范围内的影响线面积。

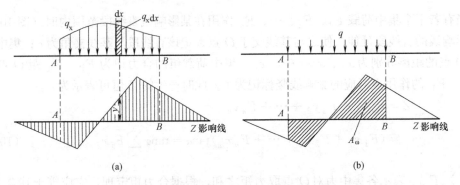

图 10-21 利用影响线求分布荷载作用下的量值
(a) 分布荷载作用；(b) 均布荷载作用

【例 10-1】 利用影响线求如图 10-22（a）所示结构中下列量值的大小：F_B、F_{SC}^L 及 F_{SC}^R。

【解】 （1）求 F_B

采用机动法作 F_B 影响线，如图 10-22（b）所示。根据式（10-19）和式（10-21）得：

$$F_B = 2 \times \left(-\frac{1}{2} \times 1 \times 0.25 + \frac{1}{2} \times 2 \times 0.5\right) + 10 \times 0.5$$

$$+ 2 \times \left(\frac{1}{2} \times 2 \times 1.25 - \frac{1}{2} \times 1 \times 0.625\right) - 10 \times 0.625 = 1.375 \text{kN}\ (\uparrow)$$

（2）求 F_{SC}^L 及 F_{SC}^R

采用机动法作 F_{SC} 的影响线，如图 10-22（c）所示。

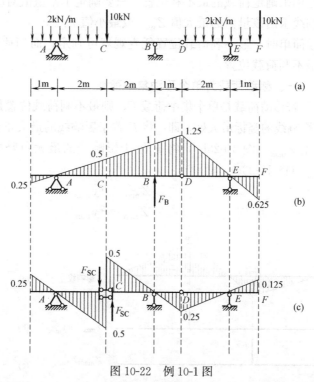

图 10-22 例 10-1 图
(a) 梁计算简图；(b) 作 F_B 影响线时的虚位移图；(c) 作 F_{SC} 影响线时的虚位移图

求 F_{SC}^L 时，C 处集中荷载在截面 C 的右侧，相应的影响线竖标取 0.5，根据式 (10-19) 和式 (10-21)，有：

$$F_{SC}^L = 2 \times \left(\frac{1}{2} \times 1 \times 0.25 - \frac{1}{2} \times 2 \times 0.5\right) + 10 \times 0.5$$

$$+ 2 \times \left(-\frac{1}{2} \times 2 \times 0.25 + \frac{1}{2} \times 1 \times 0.125\right) + 10 \times 0.125 = 5.125 \text{kN}$$

求 F_{SC}^R 时，C 处集中荷载在截面 C 的左侧，相应的影响线竖标取 -0.5，根据式 (10-19) 和式 (10-21) 得：

$$F_{SC}^R = 2 \times \left(\frac{1}{2} \times 1 \times 0.25 - \frac{1}{2} \times 2 \times 0.5\right) - 10 \times 0.5$$

$$+ 2 \times \left(-\frac{1}{2} \times 2 \times 0.25 + \frac{1}{2} \times 1 \times 0.125\right) + 10 \times 0.125 = -4.875 \text{kN}$$

第七节 最不利荷载位置

由影响线的概念可知，结构量值均随移动荷载在结构上的移动而发生变化。在实际工程结构设计中，必须求出各量值的最大值（包含正的最大值 Z_{max} 和负的最大值 Z_{min}，负的最大值又称最小值）作为结构设计的依据。为此，必须先要确定使某一量值发生最大（最小）值时的荷载位置，这个荷载位置称为该量值的最不利荷载位置。影响线的一个十分重要的作用，就是用来确定荷载的最不利位置。只要确定了某量值对应的最不利荷载位置，就可以利用影响线求出该量值的最大值 $Z_{\max}$ 或最小值 $Z_{\min}$。

当荷载分布比较简单时，最不利荷载位置凭直观就可判定；而当荷载分布较复杂时，仅凭直观难以确定最不利荷载位置。

码 10-14 最不利荷载位置的确定

一、称动荷载为单个移动集中荷载

若移动荷载是单个集中荷载 F，则最不利荷载位置是该集中荷载作用在影响线的竖标最大处，即：将 F 置于影响线的最大正竖标（$+y_{\max}$）处产生 $Z_{\max}$（图 10-23b），将 F 置于影响线的最大负竖标（$y_{\min}$）处产生 $Z_{\min}$（图 10-23c），而且有：

$$Z_{\max} = F y_{\max} \qquad (10\text{-}22a)$$

$$Z_{\min} = F y_{\min} \qquad (10\text{-}22b)$$

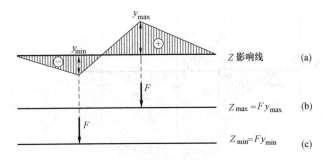

图 10-23 单个移动集中荷载的最不利位置
(a) Z 影响线；(b) $Z_{\max}$ 最不利位置；(c) $Z_{\min}$ 最不利位置

二、移动荷载为可任意断续布置的均布荷载

若移动荷载是均布荷载，且可以任意断续分布，则其最不利荷载位置是：在影响线正号范围内布满荷载产生 $Z_{\max}$（图 10-24b），在影响线负号范围内布满荷载产生 $Z_{\min}$（图 10-24c），而且有：

$$Z_{\max} = q A_{\omega\max} \qquad (10\text{-}23a)$$

$$Z_{\min} = q A_{\omega\min} \qquad (10\text{-}23b)$$

式中，$A_{\omega\max}$ 为影响线正号范围内的面积；$A_{\omega\min}$ 为影响线负号范围内的面积。

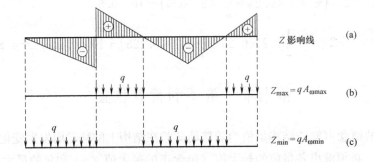

图 10-24 任意断续分布荷载的最不利位置
(a) Z 影响线；(b) $Z_{\max}$ 最不利位置；(c) $Z_{\min}$ 最不利位置

三、移动荷载为一组集中荷载（包括均布荷载）

工程中常见的移动荷载由一系列间距不变的集中荷载（包括均布荷载）组成，如列车荷载、汽车车队等，该类型的荷载通常可称为移动荷载组。移动荷载组作用下某量值的最不利荷载位置一般不能凭直观判定。下面以折线形影响线为例，说明如何判定移动荷载组的最不利位置。

如图 10-25（b）所示量值 Z 的影响线为折线形式。建立坐标系，x 轴向右为正，y 轴向上为正。影响线各直线段的倾角分别记为 α_1、α_2、$\cdots$、α_n，以逆时针方向为正。结构上作用一组间距和数值保持不变的移动荷载组，如图 10-25（a）所示，影响线每一直线段范围内荷载的合力分别用 F_{R1}、F_{R2}、$\cdots$、F_{Rn} 表示。

根据叠加原理，在图 10-25（a）所示荷载位置情况下，产生的量值 Z 为：

$$S = F_{R1}y_1 + F_{R2}y_2 + \cdots + F_{Rn}y_n \tag{10-24a}$$

式中，y_1、y_2、$\cdots$、y_n 分别为合力 F_{R1}、F_{R2}、$\cdots$、F_{Rn} 作用点处对应的影响线竖标值。

由荷载最不利位置的概念可知，若图 10-25（a）所示的荷载位置为使量值 Z 达到极大的最不利荷载位置，则不论荷载向左或向右整体移动微小距离 Δx 时，Z 值均会减小。同样地，若图 10-25（a）所示的荷载位置为使量值 Z 达到极小的最不利荷载位置，则不论荷载向左或向右移动微小距离 Δx 时，Z 值均会增大。因此，可以从荷载移动时量值 Z 的增量来解决最不利位置问题。

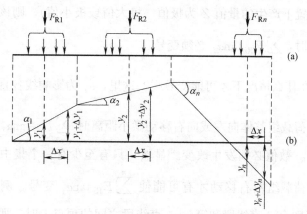

图 10-25　移动荷载组作用时的最不利位置确定
(a) 移动荷载组；(b) Z 影响线

设移动荷载组整体向左或向右移动微小距离 Δx 时，竖标 y_i 的增量 Δy_i 为：

$$\Delta y_i = \Delta x \tan\alpha_i \tag{10-24b}$$

此时相应的量值 Z' 为：

$$Z' = F_{R1}(y_1 + \Delta y_1) + F_{R2}(y_2 + \Delta y_2) + \cdots + F_{Rn}(y_n + \Delta y_n) \tag{10-24c}$$

因此，Z 的增量可写成：

$$\begin{aligned}\Delta Z = Z' - Z &= F_{R1}\Delta y_1 + F_{R2}\Delta y_2 + \cdots + F_{Rn}\Delta y_n \\ &= F_{R1}\Delta x \tan\alpha_1 + F_{R2}\Delta x \tan\alpha_2 + \cdots + F_{Rn}\Delta x \tan\alpha_n \\ &= \Delta x \sum_{i=1}^{n} F_{Ri}\tan\alpha_i \end{aligned} \tag{10-24d}$$

由荷载最不利位置的概念可知，若图示荷载位置会使 Z 达到最大值，则必须满足：荷载整体向右或向左移动微小距离 Δx 时，$\Delta Z \leqslant 0$，因此有：

$$\begin{cases} \sum_{i=1}^{n} F_{\mathrm{R}i} \tan\alpha_i \geqslant 0 & (\Delta x < 0) \\ \sum_{i=1}^{n} F_{\mathrm{R}i} \tan\alpha_i \leqslant 0 & (\Delta x > 0) \end{cases} \quad (10\text{-}25\mathrm{a})$$

同理，若图示荷载位置会使 Z 达到最小值，则必须满足：荷载整体向右或向左移动微小距离 Δx 时，$\Delta Z \geqslant 0$，因此有：

$$\begin{cases} \sum_{i=1}^{n} F_{\mathrm{R}i} \tan\alpha_i \leqslant 0 & (\Delta x < 0) \\ \sum_{i=1}^{n} F_{\mathrm{R}i} \tan\alpha_i \geqslant 0 & (\Delta x > 0) \end{cases} \quad (10\text{-}25\mathrm{b})$$

即当荷载组整体向左或向右移动微小距离时，若 $\sum_{i=1}^{n} F_{\mathrm{R}i} \tan\alpha_i$ 由非负值变非正值，则该荷载位置下产生的量值 Z 才有可能为最大值（极大值）；若 $\sum_{i=1}^{n} F_{\mathrm{R}i} \tan\alpha_i$ 由非正值变非负值，该荷载位置下产生的量值 Z 才有可能为最小值（极小值）。从而可以得到以下结论：如果该荷载位置下产生的量值 Z 为极值（极大值或极小值），则该荷载组整体向左或向右移动微小距离时，$\sum_{i=1}^{n} F_{\mathrm{R}i} \tan\alpha_i$ 必须变号。

$\sum_{i=1}^{n} F_{\mathrm{R}i} \tan\alpha_i$ 在什么情况下才可能变号呢？这里，α_i 为影响线各直线段的倾角，它是常数。因此，要使荷载组整体向左或向右移动微小距离时 $\sum_{i=1}^{n} F_{\mathrm{R}i} \tan\alpha_i$ 变号，则影响线各直线段上的合力 $F_{\mathrm{R}i}$ 数值必须发生改变。显然，只有至少有一个集中荷载恰好作用在影响线的顶点处时，荷载组左右移动才有可能使 $\sum_{i=1}^{n} F_{\mathrm{R}i} \tan\alpha_i$ 变号。例如，设有集中荷载 F_i 恰好作用在影响线第 i 直线段和第 $i+1$ 直线段之间的顶点上时，那么荷载组整体稍向左移动时，F_i 应计入合力 $F_{\mathrm{R}i}$ 中；当荷载组整体稍向右移动时，F_i 应计入合力 $F_{\mathrm{R}(i+1)}$ 中。

当然，并不是每一个集中荷载位于影响线顶点时，荷载组左右移动都能使 $\sum_{i=1}^{n} F_{\mathrm{R}i} \tan\alpha_i$ 变号。即当荷载组整体移动时，$\sum_{i=1}^{n} F_{\mathrm{R}i} \tan\alpha_i$ 产生变号的必要条件是至少有一个集中荷载恰好作用在影响线顶点处，但这不是充分条件。把能使 $\sum_{i=1}^{n} F_{\mathrm{R}i} \tan\alpha_i$ 变号的集中荷载称为临界荷载 F_{cr}，此时对应的荷载位置称为临界位置，而将式（10-25a）和式（10-25b）称为临界位置判别式。每一临界位置下均能求出量值 Z 的一个极值，而一般情况下临界位置可能不止一个，这就需要将各临界位置下的 Z 极值都求出来，再从中选取最大（小）值，其对应的荷载位置即为最不利荷载位置。

归纳起来，确定移动荷载组最不利位置的步骤如下：

(1) 从移动荷载组中任意选择某一集中荷载 F_i 置于影响线某顶点上。

(2) 判断 F_i 是否为临界荷载。令荷载组整体稍向左或向右移动，分别求 $\sum_{i=1}^{n} F_{Ri} \tan\alpha_i$ 数值。若 $\sum_{i=1}^{n} F_{Ri} \tan\alpha_i$ 产生变号（包括由正、负变为零或由零变为正、负），则说明 F_i 为临界荷载 F_{cr}，此时对应的荷载位置为临界荷载位置。如果 $\sum_{i=1}^{n} F_{Ri} \tan\alpha_i$ 不变号，则说明荷载 F_i 不是临界荷载，重新选取一个集中荷载放在影响线顶点上，再判断它是否为临界荷载，直至将所有的临界荷载都找出来。

(3) 每个临界荷载位置可求出量值 Z 的一个极值，然后从中选取最大值或最小值，所对应的荷载位置即为最不利荷载位置。

【**例 10-2**】 如图 10-26（a）所示多跨梁承受一组移动荷载作用，求 M_D 的最不利荷载位置及 $M_{D\max}$，假设图示移动荷载不改变荷载次序。

【**解**】 先采用机动法作 M_D 的影响线，如图 10-26（b）所示。该折线形影响线各直线段的倾角分别为 α_1，α_2，α_3，则有：

$$\tan\alpha_1 = 0.5, \tan\alpha_2 = -0.5, \tan\alpha_3 = 0.25$$

再根据折线段影响线的荷载临界位置判别式，来判断量值 M_D 的临界荷载位置。

码 10-15
例 10-2

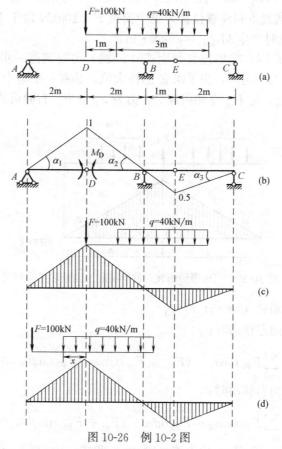

图 10-26 例 10-2 图

(a) 多跨梁承受移动荷载组；(b) 作 M_D 影响线时的虚位移图；(c) 临界位置 1；(d) 临界位置 2

(1) 假设 $F=100$kN 位于影响线顶点 D 处，相应荷载位置如图 10-26（c）所示。若荷载整体向右微小移动时：

$$\sum F_{Ri}\tan\alpha_i = 0-(100+40\times 2)\times 0.5+40\times 1\times 0.25=-80\text{kN}<0$$

若荷载整体向左微小移动时：

$$\sum F_{Ri}\tan\alpha_i = 100\times 0.5-40\times 2\times 0.5+40\times 1\times 0.25=20\text{kN}>0$$

故图 10-26（c）所示的荷载位置为临界位置，此时：

$$M_D = 100\times 1+40\left(\frac{0.5\times 1}{2}-\frac{0.5\times 1}{2}-\frac{0.75\times 1}{2}\right)=85\text{kN}\cdot\text{m}$$

(2) 假设均布荷载跨过影响线顶点 D，并设左端距 D 点距离 x，且集中荷载 $F=100$kN 仍在结构上（图 10-26d）。此时：

$$M_D = 100\times\frac{1-x}{2}+40\times\left[\left(\frac{2-x}{2}+1\right)\times\frac{x}{2}+\frac{1}{2}\times 1\times 2\right.$$

$$\left.-\frac{1}{2}\times(1-x)\times\frac{1}{2}\times(1-x)\right]=80+10x-20x^2$$

由极值条件 $\dfrac{\mathrm{d}M_D}{\mathrm{d}x}=0$ 可知：$x=0.25$m。这与假设无矛盾，故对应 $x=0.25$m 的荷载位置也是临界位置，而且有：

$$M_D = 80+10\times 0.25-20\times 0.25^2=81\text{kN}\cdot\text{m}$$

综上所述，M_D 的最不利荷载位置为集中荷载 $F=100$kN 位于 D 点时所对应的荷载位置（图 10-26c），此时产生 $M_{D\max}=85$kN·m。

当影响线为三角形时，临界位置判别式（10-25）可得到进一步简化。如图 10-27 所示，设量值 Z 影响线为三角形，为了求 Z 的极大值，必有一个集中荷载位于三角形顶点上，记为临界荷载 F_{cr}。记 F_{cr} 左侧荷载的合力为 F_{Ra}，F_{cr} 右侧荷载的合力为 F_{Rb}。

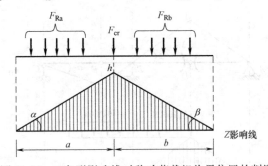

图 10-27 三角形影响线时移动荷载组临界位置的判别

根据临界位置判别式（10-25）可知：

当荷载组整体稍向左移动时：

$$\sum_{i=1}^{n} F_{Ri}\tan\alpha_i = (F_{Ra}+F_{cr})\tan\alpha - F_{Rb}\tan\beta \geqslant 0 \qquad (10\text{-}26\text{a})$$

当荷载组整体稍向右移动时：

$$\sum_{i=1}^{n} F_{Ri}\tan\alpha_i = F_{Ra}\tan\alpha - (F_{cr}+F_{Rb})\tan\beta \leqslant 0 \qquad (10\text{-}26\text{b})$$

将 $\tan\alpha=h/a$ 和 $\tan\beta=h/b$ 代入式（10-26a）和式（10-26b），可得：

$$\begin{cases} \dfrac{F_{Ra}+F_{cr}}{a} \geqslant \dfrac{F_{Rb}}{b} & (\Delta x<0) \\ \dfrac{F_{Ra}}{a} \leqslant \dfrac{F_{Rb}+F_{cr}}{b} & (\Delta x>0) \end{cases} \quad (10\text{-}26c)$$

式（10-26c）为三角形影响线临界荷载位置判别式，表明其临界位置的特点是有一个集中荷载 F_{cr} 位于三角形顶点上，将 F_{cr} 归到顶点的哪一边，哪一边的"平均荷载"就大。

下面讨论对于三角形影响线如何判断有限长均布荷载的临界位置。轮轴很密的挂车可作为移动的均布荷载来考虑，如图 10-28 所示，它跨越三角形影响线的顶点。当荷载组整体稍向左或向右移动时，量值 Z 的增量 ΔZ 可以用式（10-24d）表示。因此，临界位置可通过极值条件来判断，即：

$$\frac{\Delta Z}{\Delta x}=\sum_{i=1}^{n}F_{Ri}\tan\alpha_{i}=0$$

其中，$\sum_{i=1}^{n}F_{Ri}\tan\alpha_{i}=F_{Ra}\dfrac{h}{a}-F_{Rb}\dfrac{h}{b}=0$，因此得到：

$$\frac{F_{Ra}}{a}=\frac{F_{Rb}}{b} \quad (10\text{-}27)$$

式（10-27）表明，当有限长均布荷载跨越三角形影响线顶点移动时，左、右两侧的"平均荷载"相等时的荷载位置即为临界荷载位置。这种临界荷载位置仅有一个，也就是最不利荷载位置。

码 10-16 三角形
影响线最不
利荷载位置

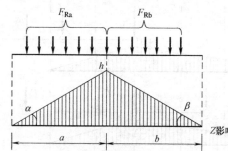

图 10-28 三角形影响线时均布荷载临界位置的判别

【例 10-3】 如图 10-29（a）所示桁架结构，承受移动荷载为两台吊车的轮压，以结点荷载传递到桁架上弦各结点上，求 a 杆轴力 F_{Na} 的最不利荷载位置及 F_{Na} 的最大值。

【解】 先采用静力法作 F_{Na} 的影响线，如图 10-29（b）所示。F_{Na} 影响线为三角形，可依次将各集中荷载放在影响线顶点处，直接采用三角形影响线的临界位置判别式（10-26c）判断临界荷载位置。

将 $F_1=82\text{kN}$ 放在影响线顶点（图 10-29c），此时 $F_{Ra}=0$，$F_{Rb}=F_2=82\text{kN}$，显然 F_1 不可能是临界荷载。

将 $F_2=82\text{kN}$ 放在影响线顶点（图 10-29d），此时 $F_{Ra}=F_1=82\text{kN}$，$F_{Rb}=F_3=82\text{kN}$，由临界位置判别式（10-24c）可知（这里 $a=8\text{m}$、$b=4\text{m}$）：

$$\begin{cases} \dfrac{82+82}{8}=\dfrac{82}{4} \\ \dfrac{82}{8}<\dfrac{82+82}{4} \end{cases}$$

故 F_2 是临界荷载，所对应的荷载位置是临界荷载位置。此时：

$$F_{Na1}=82\times\left(\frac{4.5}{8}\times\frac{4}{3}+\frac{4}{3}+\frac{2.5}{4}\times\frac{4}{3}\right)=239.2\text{kN}$$

将 $F_3=82\text{kN}$ 放在影响线顶点（图 10-29e），此时 $F_{Ra}=F_1+F_2=164\text{kN}$，$F_{Rb}=F_4=82\text{kN}$，由临界位置判别式（10-26c）可知：

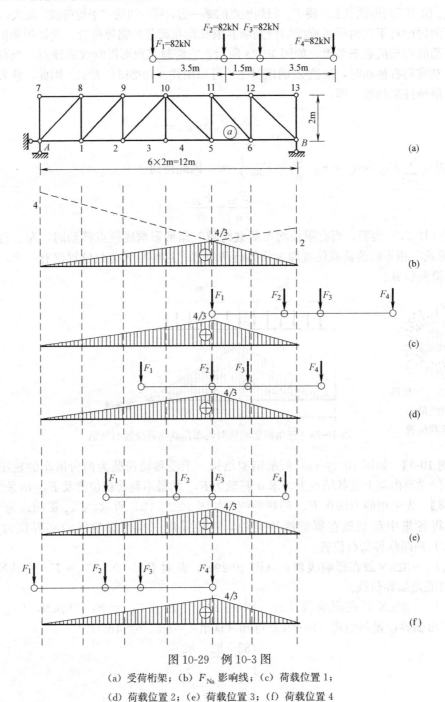

图 10-29 例 10-3 图

(a) 受荷桁架；(b) F_{Na} 影响线；(c) 荷载位置 1；
(d) 荷载位置 2；(e) 荷载位置 3；(f) 荷载位置 4

$$\begin{cases} \dfrac{164+82}{8} \geqslant \dfrac{82}{4} \\ \dfrac{164}{8} < \dfrac{82+82}{4} \end{cases}$$

故 F_3 也是临界荷载，所对应的荷载位置也是临界荷载位置。此时：

$$F_{Na2}=82\times\left(\dfrac{3}{8}\times\dfrac{4}{3}+\dfrac{6.5}{8}\times\dfrac{4}{3}+\dfrac{4}{3}+\dfrac{0.5}{4}\times\dfrac{4}{3}\right)=252.8\text{kN}$$

将 $F_4=82$kN 放在影响线顶点（图 10-29f），此时：$F_{Ra}=F_2+F_3=164$kN，$F_{Rb}=0$kN。由临界位置判别式（10-26c）可知：

$$\begin{cases} \dfrac{164+82}{8} > \dfrac{0}{4} \\ \dfrac{164}{8} = \dfrac{82}{4} \end{cases}$$

故 F_4 也是临界荷载，所对应的荷载位置也是临界荷载位置。此时有：

$$F_{Na3}=82\times\left(\dfrac{3}{8}\times\dfrac{4}{3}+\dfrac{4.5}{8}\times\dfrac{4}{3}+\dfrac{4}{3}\right)=211.8\text{kN}$$

因此，a 杆最大轴力 $F_{Na(max)}=252.8$kN，所对应的临界荷载位置（图 10-29e）为最不利荷载位置。

第八节 简支梁的内力包络图

在移动荷载作用下，将各截面产生的最大内力值和最小内力值分别连成一条光滑的曲线，称为内力包络图。梁的内力包络图有弯矩包络图和剪力包络图。下面先以简支梁在移动的单个集中荷载 F 作用下的内力包络图为例进行介绍。

码 10-17 简支梁内力包络图

如图 10-30（a）所示简支梁承受单个移动集中荷载 F 作用，某截面 C 的弯矩及剪力的影响线分别如图 10-30（b）、（c）所示。由影响线的形状可知：

(1) 当 F 恰好作用于 C 点时，M_C 达到最大，且 $M_{Cmax}=Fab/l$；
(2) 当 F 恰好作用于 C 点左侧时，F_{SC} 达到负最大值（或最小值），且 $F_{SCmin}=-Fa/l$；
(3) 当 F 恰好作用于 C 点右侧时，F_{SC} 达到最大值，且 $F_{SCmax}=Fb/l$。

由此可见，荷载 F 从左向右移动时，只要逐个算出荷载作用点处的弯矩值和剪力值，便可分别得到弯矩包络图和剪力包络图。这里选取一系列截面（如将梁段分成 10 等份），逐个算出每个截面处的弯矩和剪力的最大（小）值。每个等分点截面处弯矩和剪力的最大（小）值计算结果见表 10-1。

M_{max}、F_{SCmax} 及 F_{SCmin} 的计算　　　　表 10-1

截面	a	b	$M_{Cmax}=Fab/l$	$F_{SCmax}=Fb/l$	$F_{SCmin}=-Fa/l$
0	0	l	0	F	0
1	$0.1l$	$0.9l$	$0.09Fl$	$0.9F$	$-0.1F$
2	$0.2l$	$0.8l$	$0.16Fl$	$0.8F$	$-0.2F$
3	$0.3l$	$0.7l$	$0.21Fl$	$0.7F$	$-0.3F$
4	$0.4l$	$0.6l$	$0.24Fl$	$0.6F$	$-0.4F$
5	$0.5l$	$0.5l$	$0.25Fl$	$0.5F$	$-0.5F$

续表

截面	a	b	$M_{C\max}=Fab/l$	$F_{SC\max}=Fb/l$	$F_{SC\min}=-Fa/l$
6	$0.6l$	$0.4l$	$0.24Fl$	$0.4F$	$-0.6F$
7	$0.7l$	$0.3l$	$0.21Fl$	$0.3F$	$-0.7F$
8	$0.8l$	$0.2l$	$0.16Fl$	$0.2F$	$-0.8F$
9	$0.9l$	$0.1l$	$0.09Fl$	$0.1F$	$-0.9F$
10	l	0	0	0	$-F$

根据逐点算出的最大弯矩值连成的图形为弯矩包络图，如图 10-30（d）所示。根据逐点算出的最大（小）剪力值分别连成的图形为剪力包络图，如图 10-30（e）所示。

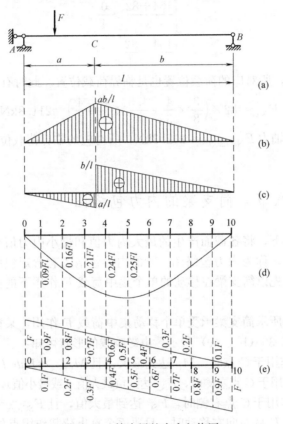

图 10-30 简支梁的内力包络图

(a) 简支梁计算简图；(b) M_C 影响线；(c) F_{SC} 影响线；(d) 弯矩包络图；(e) 剪力包络图

在实际工程结构计算中，必须求出在恒载和活载共同作用下各个截面的最大（小）内力值，作为结构设计的依据。活载还须考虑其动力影响，通常是将静活载所产生的内力值乘以冲击系数，关于冲击系数的确定详见相关规范。将各截面最大（小）内力值连成曲线所得到的内力包络图，是结构设计的重要工具，在吊车梁、楼盖的连续梁和桥梁的设计中经常应用。内力包络图表示结构在恒载和活载共同作用下某内力的极限范围，无论活载处于何种位置，其内力均不会超出这一极限范围。

【例 10-4】 如图 10-31（a）所示为厂房结构中采用的钢筋混凝土简支吊车梁，恒载 $g=12\mathrm{kN/m}$，移动的活荷载为两台吊车轮压，$F_1=F_2=F_3=F_4=82\mathrm{kN}$。按《建筑结构荷

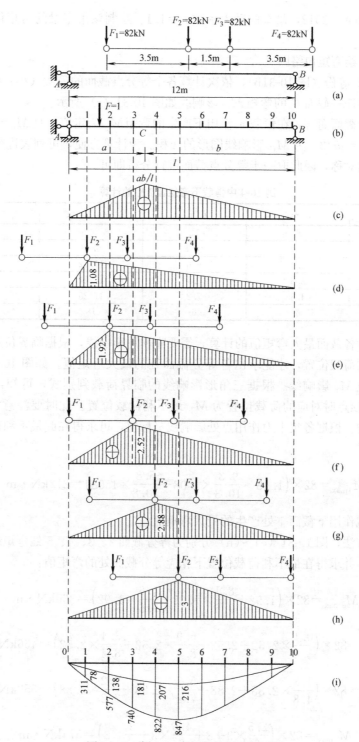

图 10-31 例 10-4 弯矩包络图绘制过程

(a) 受荷简支梁;(b) 梁等分截面;(c) M_C 影响线;(d) M_1 影响线及最不利荷载位置;
(e) M_2 影响线及最不利荷载位置;(f) M_3 影响线及最不利荷载位置;(g) M_4 影响线及最不利荷载位置;
(h) M_5 影响线及最不利荷载位置;(i) 弯矩包络图 (kN·m)

载规范》GB 50009—2012，吊车的动力系数 $\mu=1.1$。绘制该吊车梁的弯矩包络图和剪力包络图。

【解】 （1）绘弯矩包络图

将梁分成 10 等份（图 10-31b），依次计算各个等分点截面的最大（小）弯矩值。

简支梁跨内任一截面 C 的弯矩 M_C 影响线如图 10-31（c）所示。

对任一等分截面而言，在恒载 g 作用下产生的弯矩 M_g 为定值，且 $M_g = gA_\omega$。这里，$A_\omega = l/2 \times ab/l = ab/2$，为 M_C 影响线图形的面积。为计算方便，可列表进行，如表 10-2 所示。由于结构对称，因此取一半等分点截面进行分析即可。

例 10-4 中恒载下弯矩值 M_g 的计算　　　　　　　　　　表 10-2

截面	a(m)	b(m)	$A_\omega(ab/2)$(m^2)	$M_g = gA_\omega$(kN·m)
0	0	12	0	0
1	1.2	10.8	6.48	78
2	2.4	9.6	11.52	138
3	3.6	8.4	15.12	181
4	4.8	7.2	17.28	207
5	6	6	18	216

活载作用下各截面最大弯矩值的计算，需要先利用影响线，根据临界位置判别式，判断相应的最不利荷载位置，才能求出各等分截面处的最大弯矩值。如图 10-31（d）所示是截面 1 的弯矩 M_1 影响线。根据三角形影响线的临界荷载判别式，可知：当集中荷载 F_2 位于影响线顶点时对应的荷载位置为 M_1 最不利荷载位置。此时要注意集中力 F_1 已经离开了梁结构。根据各集中力作用点处影响线竖标值，可求得在此最不利荷载位置下截面 1 处弯矩值：

$$M_{1\max} = 82 \times \left(1.08 + \frac{9.3}{10.8} \times 1.08 + \frac{5.8}{10.8} \times 1.08\right) = 212 \text{kN} \cdot \text{m}$$

即为在吊车荷载作用下截面 1 处产生的最大弯矩值。

按同样的方法，图 10-31（e）～（h）分别为等分截面 2、3、4、5 处弯矩影响线及其最不利荷载位置，并求得在最不利荷载位置下相应等分截面处的弯矩值：

$$M_{2\max} = 82 \times \left(1.92 + \frac{8.1}{9.6} \times 1.92 + \frac{4.6}{9.6} \times 1.92\right) = 366 \text{kN} \cdot \text{m}$$

$$M_{3\max} = 82 \times \left(\frac{0.1}{3.6} \times 2.52 + 2.52 + \frac{6.9}{8.4} \times 2.52 + \frac{3.4}{8.4} \times 2.52\right) = 466 \text{kN} \cdot \text{m}$$

$$M_{4\max} = 82 \times \left(\frac{1.3}{4.8} \times 2.88 + 2.88 + \frac{5.7}{7.2} \times 2.88 + \frac{2.2}{7.2} \times 2.88\right) = 559 \text{kN} \cdot \text{m}$$

$$M_{5\max} = 82 \times \left(\frac{2.5}{6} \times 3 + 3 + \frac{4.5}{6} \times 3 + \frac{1}{6} \times 3\right) = 574 \text{kN} \cdot \text{m}$$

即为在吊车荷载作用下截面 2、3、4、5 处产生的最大弯矩值。

下面作弯矩包络图。很明显，恒载是一直作用在结构上的，当结构上只有恒载作用时截面弯矩（M_g）为各等分截面弯矩的最小值；当恒载和活载共同作用时各等分截面会产生最大弯矩，其中考虑吊车活荷载作用下的内力时要考虑动力系数，具体计算过程如表 10-3 所示。将各等分截面的最大、最小弯矩值分别用光滑曲线相连，即得到弯矩包络图，如图 10-31（i）所示。

例 10-4 中 M_{max}、M_{min} 的计算　　　　　　表 10-3

截面	M_g(kN·m)	M_q(kN·m)	$M_{min}=M_g$(kN·m)	$M_{max}=M_g+\mu M_q$(kN·m)
0	0	0	0	0
1	78	212	78	311
2	138	366	138	577
3	181	466	181	740
4	207	559	207	822
5	216	574	216	847

注：表中 M_g 为恒载弯矩值，M_q 为活载静弯矩值。

（2）绘剪力包络图

同理，作剪力包络图时，先要作各等分截面的剪力影响线及相应的最不利荷载位置的判断，分别如图 10-32（b）～（g）所示。分别求恒载作用下产生的固定剪力值，以及动活载作用下各截面的最大（小）剪力值，计算过程见表 10-4。

根据表 10-4 的计算结果，将各等分截面的最大（小）剪力值分别用光滑曲线相连，即得剪力包络图（图 10-32h）。

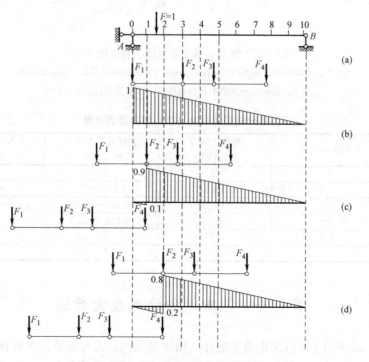

图 10-32　例 10-4 剪力包络图绘制过程（一）
（a）等分截面；（b）F_{S0} 影响线及其最不利荷载位置；
（c）F_{S1} 影响线及其最不利荷载位置；（d）F_{S2} 影响线及其最不利荷载位置

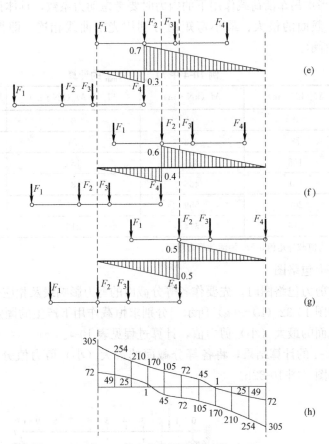

图 10-32　例 10-4 剪力包络图绘制过程（二）

(e) F_{S3} 影响线及其最不利荷载位置；(f) F_{S4} 影响线及其最不利荷载位置；
(g) F_{S5} 影响线及其最不利荷载位置；(h) 剪力包络图（kN）

各等分截面的最大（小）剪力值的计算　　　　　　　　　　表 10-4

截面	影响线面积 A_ω	恒载下剪力 gA_ω(kN)	静活载最大(小)剪力(kN)	最大(小)剪力 F_{Smax}、F_{Smin}(kN)
0	6	72	+212/0	+305/+72
1	4.8	57.6	+179/−8.2	+254/+49
2	3.6	43.2	+152/−16.4	+210/+25
3	2.4	28.8	+128/−25.3	+170/+1
4	1.2	1.44	+94/−42	+105/−45
5	0	0	+65/−65	+72/−72

第九节　简支梁的绝对最大弯矩

在移动荷载作用下可以求出简支梁任一指定截面的最大弯矩值，在所有截面的最大弯矩中，必然有一个是最大的，这个最大的弯矩称为梁的绝对最大弯矩。绝对最大弯矩是弯矩包络图中的最大竖标值，即最大弯矩中的最大者。

要确定绝对最大弯矩，涉及两个问题：一是绝对最大弯矩产生的截面位置如何确定，二是相应于该截面弯矩的最不利荷载位置如何确定。这里,截面位置和荷载位置都是未知的。从理论上来说,可以将梁所有截面的最大弯矩都一一求出来,其中最大者即为梁的绝对最大弯矩。但是,由于梁的截面有无穷多个,无法一一计算出来进行比较,因此这种方法是行不通的。虽然有的情况下可以选取有限多个截面进行计算比较,但这也只能得到问题的近似解答。其实,只要知道了绝对最大弯矩产生的截面位置,绝对最大弯矩的数值就容易求出来了。

下面研究简支梁上承受移动荷载组的情况。简支梁上的一组集中荷载移动到某一位置时,其弯矩图的顶点均在集中荷载作用点处。随着荷载组的移动,这些顶点的位置及弯矩值均发生变化,但无论荷载组移动到任何位置,弯矩图的顶点总是在集中荷载作用点处。由此可判定,绝对最大弯矩必定发生在某一集中荷载作用点处的截面上。为解决它到底发生在哪个集中荷载的作用点及该点位置,可先任选一个集中荷载,研究该集中荷载移动到什么位置时其作用点处截面的弯矩达到最大值,然后按同样的方法分别求出发生在其他各集中荷载作用点截面的最大弯矩,再加以比较即可确定绝对最大弯矩。

码 10-18 简支梁绝对最大弯矩

如图 10-33 所示简支梁,移动荷载为一组集中荷载,其合力为 F_R。取某一集中荷载 F_K 来考虑,记 F_K 至左支座 A 的距离为 x,F_K 与 F_R 距离为 a。则支座反力 F_A 可由整体平衡条件 $\sum M_B = 0$ 求得:

$$F_A = \frac{F_R}{l}(l-x-a)$$

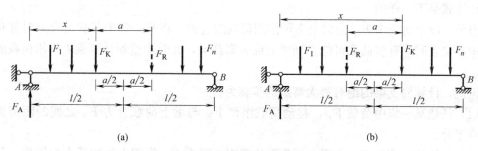

图 10-33 简支梁的绝对最大弯矩求解
(a) F_K 位于 F_R 的左边; (b) F_K 位于 F_R 的右边

记 M_K 为 F_K 以左梁段上荷载对 F_K 作用点的力矩之和,它只与各荷载的相对位置有关。由于荷载间距保持不变,因此 M_K 是一个与 x 无关的常数。F_K 作用点处截面的弯矩 M_x 可以由截面法求出。

$$M_x = F_A x - M_K = \frac{F_R}{l}(l-x-a)x - M_K$$

当 F_K 作用点处的弯矩 M_x 为极值时,由极值条件可知:

$$\frac{dM_x}{dx} = \frac{F_R}{l}(l-2x-a) = 0$$

得:

$$x = \frac{l}{2} - \frac{a}{2} \tag{10-28a}$$

这表明，当 F_K 与梁上荷载合力 F_R 对称布置于梁中点时，F_K 作用点截面的弯矩达到最大值，其值为：

$$M_{\max}=\frac{F_R}{l}\left(\frac{l}{2}-\frac{a}{2}\right)^2-M_K \tag{10-28b}$$

式中，a 为 F_K 与梁上外荷载合力 F_R 间的距离；M_K 为 F_K 以左梁段上外荷载对 F_K 作用点的力矩之和。

按照上述方法，依次将各个集中荷载与梁上荷载合力对称布置于梁中点，从而就可以计算得到各个集中荷载作用点截面的最大弯矩。比较各个荷载作用点处的最大弯矩，选取其中最大值，即为梁的绝对最大弯矩。

特别要指出的是，以上讨论是针对图 10-33（a）中所选的集中荷载 F_K 位于梁上荷载合力 F_R 左边的情况。若所选取的集中荷载 F_K 位于合力 F_R 的右边，如图 10-33（b）所示，此时仍记集中荷载 F_K 至左支座 A 的距离为 x，F_K 与梁上荷载合力 F_R 的距离为 a。按上述分析方法可得到：

$$x=\frac{l}{2}+\frac{a}{2} \tag{10-29a}$$

$$M_{\max}=\frac{F_R}{l}\left(\frac{l}{2}+\frac{a}{2}\right)^2-M_K \tag{10-29b}$$

从这里可以看出，不管所选取的集中荷载 F_K 位于梁上荷载合力 F_R 的左边或右边，当 F_K 与 F_R 对称布置于梁中点时，F_K 作用点处弯矩达到最大；但 F_K 作用点处最大弯矩值的计算式是不一样的。

另外，以上讨论中 F_R 为梁上实际作用荷载的合力。将某一集中荷载与合力对称布置在梁中点位置时，有些荷载可能来到梁上或者离开梁，此时应重新计算梁上作用荷载的合力 F_R。

因此，计算简支梁的绝对最大弯矩的步骤为：

(1) 任选某一集中荷载 F_K，移动荷载组使 F_K 与梁上荷载合力 F_R 之间的距离被梁的中点平分。

(2) 计算集中荷载 F_K 作用点处截面的弯矩，即为 F_K 作用点处的最大弯矩值。某一集中荷载作用点处的最大弯矩值，可以按式（10-28b）或式（10-29b）直接计算。

(3) 依次将各集中荷载与梁上荷载合力对称布置于梁中点，将各集中荷载作用点处的截面弯矩求出来，即求出了所有集中荷载作用点处产生的最大弯矩值。比较各个荷载作用点的最大弯矩，选择其中最大的一个，即为绝对最大弯矩值。

当然，当梁上集中荷载数目较多时，这种确定绝对最大弯矩的方法是相当繁琐的，实际计算中可以先估算出哪个或哪些集中荷载需要考虑。

【**例 10-5**】 如图 10-34（a）所示简支梁承受移动荷载作用，求跨中截面 C 的最大弯矩值 $M_{C\max}$ 以及该梁的绝对最大弯矩值 $M_{\max}$。

【**解**】 (1) 求 $M_{C\max}$

作 M_C 影响线，如图 10-34（b）所示。通过三角形影响线临界荷载位置判别式（10-26c），很容易判断只有 F_2 或 F_3 可能为临界荷载。

当将 F_2 置于 C 点时（图 10-34b），有：

码 10-19
例 10-5

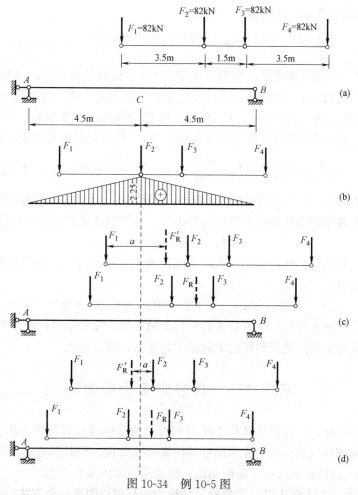

图 10-34 例 10-5 图

(a) 受荷简支梁；(b) M_C 影响线及最不利荷载位置；(c) 求 F_1 作用点处的最大弯矩；
(d) 求 F_2 作用点处的最大弯矩

$$M_C = 82 \times \left(\frac{1}{4.5} \times 2.25 + 2.25 + \frac{3}{4.5} \times 2.25\right) = 348.5 \text{kN} \cdot \text{m}$$

由对称性可知，$M_{C\max} = 348.5$ kN·m。

(2) 求 $M_{\max}$

需依次将各集中荷载与梁上荷载合力对称布置于梁中点，求出集中荷载作用点处的弯矩值，经比较可得梁的绝对最大弯矩。

先求荷载 F_1 作用点处的最大弯矩。若 4 个集中荷载都作用在梁上，其合力 F_R 位于 F_2、F_3 间对称的位置。将 F_1 与合力 F_R 对称布置于梁中点 C（图 10-34c），这时荷载 F_4 已经离开了梁，梁上只有 3 个荷载，需重新计算荷载合力。此时假设 3 个荷载合力 F'_R 位于 F_1 右侧，由合力矩定理有：

$$F'_R a = F_2 \times 3.5 + F_3 \times (3.5 + 1.5)$$

从而求得：$a = 2.83$ m。

将 F_1 与 3 个集中荷载的合力 F'_R 对称于梁中点布置，此时 F_1 作用点处产生的弯矩即

为 F_1 作用处的最大弯矩，其值为：

$$M_{1\max}=\frac{F_R}{l}\left(\frac{l}{2}-\frac{a}{2}\right)^2-M_K=\frac{82\times 3}{9}\left(\frac{9}{2}-\frac{2.83}{2}\right)^2-0=260.1\text{kN}\cdot\text{m}$$

再求荷载 F_2 作用点处的最大弯矩。将 F_2 与 4 个荷载的合力 F_R 对称布置于梁中点 (图 10-34d)，这时荷载 F_4 也离开了梁，需重新计算梁上荷载的合力。此时梁上只有左边 3 个集中荷载作用，其合力 F'_R 位于 F_2 左侧，与 F_2 的距离 $a=0.67\text{m}$。将 F_2 与 F'_R 对称于梁中点布置，此时 F_2 作用点处产生的弯矩即为 F_2 作用处的最大弯矩，其值为：

$$M_{2\max}=\frac{F_R}{l}\left(\frac{l}{2}+\frac{a}{2}\right)^2-M_K=\frac{82\times 3}{9}\left(\frac{9}{2}+\frac{0.67}{2}\right)^2-82\times 3.5=352\text{kN}\cdot\text{m}$$

根据对称性，F_3、F_4 作用点处的最大弯矩，分别与 F_2、F_1 作用点处的最大弯矩相等。将各集中荷载作用点处的最大弯矩进行比较，可得到该简支梁的绝对最大弯矩为：

$$M_{\max}=352\text{kN}\cdot\text{m}$$

可以看出，简支梁的绝对最大弯矩产生的位置不在梁的跨中，而在距离跨中 0.335m 的截面上。但是有：

$$M_{\max}-M_{C\max}=352-348.5=3.5\text{kN}\cdot\text{m}$$

这说明，绝对最大弯矩与跨中最大弯矩的差值不大，在实际工程设计中，一般可以用跨中截面的最大弯矩值近似代替梁的绝对最大弯矩值，误差不大。

第十节* 超静定梁的影响线

与静定结构一样，作超静定结构中反力和内力的影响线也有两种方法：一是静力法，即按超静定结构解法（如力法）先求出量值的影响线方程，根据影响线方程直接作出该量值的影响线；二是机动法，即利用位移图来作影响线。

下面先以一次超静定结构为例分别说明这两种方法的应用。

一、静力法

码 10-20 超静定梁影响线：静力法

如图 10-35（a）所示为一次超静定梁，在竖向单位集中荷载 $F=1$ 作用下作支座反力 F_B 的影响线。仿照静力法作静定结构影响线的方法，将单位荷载 $F=1$ 放在任意 x 位置，写出量值 F_B 与 x 的函数关系，即为 F_B 影响线方程。

根据力法求解超静定结构的思路，欲求 F_B，可以将该支座作为多余约束去掉（得到的悬臂梁作为基本结构），多余未知力记为 X_1（支座反力设向上为正），得到如图 10-35（b）所示的基本体系。根据原结构和基本体系在解除多余约束处的位移相等，建立力法方程：

$$\delta_{11}X_1+\delta_{1P}=0$$

即：

$$X_1=-\frac{\delta_{1P}}{\delta_{11}} \tag{10-30a}$$

式中，系数 δ_{11} 为基本结构在固定荷载 $X_1=1$ 单独作用下沿 X_1 方向产生的位移，它是一个常数。绘出 $\overline{M}_1$ 图（图 10-35c），由图乘法可求得：

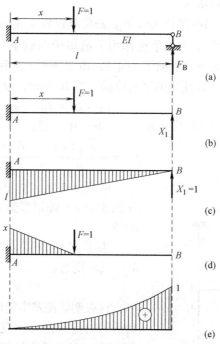

图 10-35 静力法作超静定结构的影响线

(a) 原结构；(b) 基本体系；(c) $\overline{M}_1$ 图；(d) M_P 图；(e) F_B 影响线

$$\delta_{11}=\sum\int\frac{\overline{M}_1^{\,2}}{EI}\mathrm{d}s=\frac{l^3}{3EI} \tag{10-30b}$$

自由项 δ_{1P} 为基本结构在单位荷载 $F=1$ 单独作用下沿 X_1 方向产生的位移。由于 $F=1$ 是移动的，故 δ_{1P} 是荷载位置 x 的函数。作出 M_P 图（图 10-35d），由图乘法可求得：

$$\delta_{1P}=\sum\int\frac{\overline{M}_1 M_P}{EI}\mathrm{d}s=-\frac{x^2(3l-x)}{6EI} \tag{10-30c}$$

将式（10-30b）、式（10-30c）代入式（10-30a）得：

$$X_1=-\frac{\delta_{1P}}{\delta_{11}}=\frac{x^2(3l-x)}{2l^3} \tag{10-30d}$$

式（10-30d）表示支座反力 F_B（或 X_1）随单位竖向集中荷载 $F=1$ 的移动而变化的规律，即 X_1 影响线方程，据此可绘出 F_B 影响线，如图 10-35（e）所示。其余支座反力和内力的影响线可以根据叠加法得到。

由前述内容可知，静定结构的反力和内力影响线都是由若干直线段组成的，只要确定直线段的两个竖标，其影响线就很容易绘出。但对超静定结构来说，其反力和内力的影响线一般均为曲线，绘制方法要比静定结构复杂得多。若用上述静力法作超静定结构支反力和内力的影响线，必须先采用超静定结构求解方法（如力法）求解超静定结构，得到影响线方程；再将梁段分为若干等份，依次求出各等分点处的影响线竖标值后连成光滑的曲线。显然，采用静力法绘制超静定结构的影响线是十分繁琐的。由前述内容可知，用机动法作静定结构影响线时，可以不经过计算就可直接绘出影响线的轮廓，也可以用这种方法绘制超静定结构影响线。

二、机动法

码 10-21　超静定梁影响线：机动法

在式（10-30a）中，δ_{1P} 是荷载位置 x 的函数。若记 δ_{P1} 为基本结构在固定荷载 $X_1=1$ 单独作用下沿单位荷载 $F=1$ 方向的位移（与 $F=1$ 方向一致为正，即向下为正）。由于 $F=1$ 是移动的，故 δ_{P1} 就是基本结构在 $X_1=1$ 作用下的竖向位移（图 10-36c）。根据位移互等定理，可得到：

$$\delta_{1P}(x)=\delta_{P1}(x) \tag{10-31a}$$

将式（10-31a）代入式（10-30a）中，得：

$$X_1=-\frac{\delta_{1P}(x)}{\delta_{11}}=-\frac{\delta_{P1}(x)}{\delta_{11}} \tag{10-31b}$$

即将基本结构在单位 $X_1=1$ 作用下的竖向位移图 $\delta_{P1}(x)$ 除以常数 δ_{11} 并反号后就得到 X_1 影响线。

为了方便计算，在式（10-31b）中可假设 $\delta_{11}=1$，则有：

$$X_1=-\delta_{P1} \tag{10-31c}$$

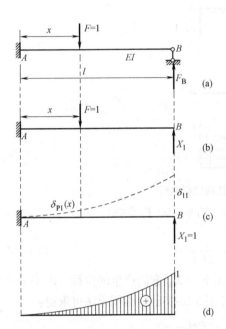

图 10-36　机动法作超静定结构的影响线
(a) 原结构；(b) 基本体系；(c) δ_{P1} 图；
(d) F_B 影响线

这表明，使基本结构沿 F_B 正向发生单位位移后得到的竖向位移图就代表量值 X_1 影响线（图 10-36d），只是正负号相反。这就把超静定结构影响线的求解问题，转化为求基本结构在固定荷载作用下的位移图问题。注意这里的正负号规定，由于 δ_{P1} 向下为正，故当 δ_{P1} 向上时 X_1 为正，这与前面所述影响线竖标的正负规定是一致的。

综上所述，用机动法求解超静定结构中某量值的影响线，与用机动法作静定结构的影响线是相似的，即为了求某量值的影响线，都是先去掉与所求量值相应的约束后，使体系沿该量值的正方向发生单位位移得到竖向位移图，即该量值的影响线。但要注意，对静定结构，去掉所求量值相应约束后，原结构变成具有一个自由度的几何可变体系，沿该量值正向发生单位位移所得到的竖向位移图由刚体位移的直线段组成，因而静定结构的影响线由若干直线段组成的。但对于超静定结构，去掉所求量值相应约束后，原结构仍为几何不变体系，其位移图则是在多余未知力作用下的弹性曲线，因而超静定结构的影响线一般由曲线构成。

三、连续梁的影响线

码 10-22　机动法作连续梁影响线

以上讨论的是一次超静定梁结构，其实对任意 n 次超静定梁结构都可以采用机动法作任一反力和内力的影响线。

如图 10-37（a）所示 n 次超静定梁结构，欲绘某指定量值 X_K（如 M_K）的影响线，可先去掉与 M_K 相应的约束（将 K 结点改为铰结点），并以 X_K 代替其作用（图 10-37b），原结构变成 $n-1$ 次超静定结构。以该 $n-1$ 次超静定结构作为基本结构，根据基本结构在多余未知力 X_K 和原荷载共同作用下沿多余未知力方向的位移等于原结构的位移（即力法中的变形条件），可建立力法方程：

$$\delta_{KK}X_K + \delta_{KP} = 0$$

即：

$$X_K = -\frac{\delta_{KP}}{\delta_{KK}} \tag{10-32a}$$

式中，系数 δ_{KK} 为基本结构在固定荷载 $X_K=1$ 单独作用下沿 X_K 方向产生的位移，它是常

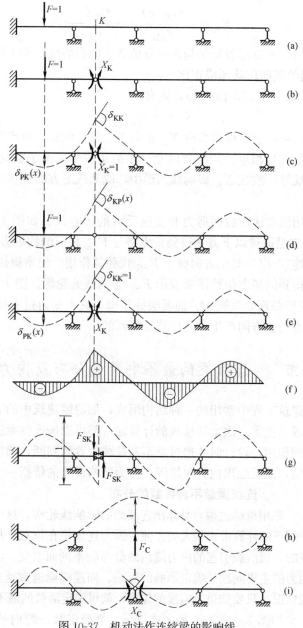

图 10-37 机动法作连续梁的影响线

(a) 原结构；(b) 撤去 M_K 相应约束后的基本体系；(c) $X_K=1$ 作用的位移图；(d) $F=1$ 作用变形图；
(e) 单位虚位移图；(f) M_K 影响线；(g) 作 F_{SK} 影响线时的虚位移图；
(h) 作 F_C 影响线时的虚位移图；(i) 作 M_C 影响线时的虚位移图

数（图 10-37c）；自由项 δ_{KP} 为基本结构在单位荷载 $F=1$ 单独作用下沿 X_K 方向产生的位移，由于 $F=1$ 是移动的，故 δ_{KP} 随着单位荷载 $F=1$ 的位置移动是变化的（图 10-37d）。

令 δ_{PK} 代表基本结构在 $X_K=1$ 单独作用下在移动荷载 $F=1$ 方向上的位移（图 10-37c），它也为荷载位置 x 的函数。由位移互等定理有：

$$\delta_{PK}(x)=\delta_{KP}(x) \tag{10-32b}$$

将式（10-32b）代入式（10-32a），得：

$$X_K=-\frac{\delta_{KP}(x)}{\delta_{KK}}=-\frac{\delta_{PK}(x)}{\delta_{KK}} \tag{10-32c}$$

由于 δ_{KK} 是常数，所以超静定结构某一量值 X_K 的影响线，和去掉与 X_K 相应的约束后由 $X_K=1$ 所引起的竖向位移图成正比。

进一步，若令 $\delta_{KK}=1$（图 10-37e），则有：

$$X_1=-\delta_{PK}(x) \tag{10-32d}$$

即去掉与 X_K 相应约束，使所得体系沿 X_K 正向产生单位位移，所产生的竖向位移图就代表 X_K 的影响线，但符号相反。同样要注意这里的正负号，由于竖向位移 δ_{PK} 取向下为正，而 X_K 与 δ_{PK} 反号，故在 X_K 影响线图形中，取基线上方的位移为正，下方为负，如图 10-37（f）所示。

同样也可以采用机动法作截面剪力和支座反力的影响线。如图 10-37（g）所示为剪力 F_{SK} 的影响线，它是通过以下方法得到：先将与 F_{SK} 相应的约束去掉（即将 K 截面改为一对平行链杆相连），以一对正方向剪力 F_{SK} 代替其作用；使所得体系沿 F_{SK} 的正方向产生单位位移，则得到的竖向位移图就表示 F_{SK} 影响线的轮廓。图 10-37（h）、（i）分别为支座反力 F_C、支座截面处弯矩 M_C 的影响线轮廓，它也是通过去掉相应约束后，让所得体系沿相应约束力的正方向产生单位位移后得到的。

第十一节* 连续梁的最不利荷载分布及内力包络图

连续梁结构是建筑工程中常用的一种结构形式，如房屋建筑中的肋梁楼盖，它是由主梁、次梁和楼板组成，主梁、次梁和楼板的计算通常都可以按连续梁进行。这些连续梁受到恒载和活载的共同作用，设计时要通过最不利荷载位置的判断，确定各个截面可能产生的最大（小）内力值，最后绘出内力包络图，作为结构设计的依据。

一、连续梁最不利荷载的分布

码 10-23 连续梁最不利荷载位置

采用机动法很容易作出连续梁的影响线轮廓，这给连续梁结构在活载作用下的计算带来很大的方便。因为连续梁在恒载作用下其内力是固定不变的，而活载引起的内力随活载分布的不同而改变，因此求梁各截面最大内力的主要问题是确定活载的影响。而连续梁通常受到的多为可动均布荷载情况，只要知道影响线的轮廓，就可确定活载的最不利荷载位置。

如图 10-38（a）所示连续梁，欲确定某一跨内截面弯矩 M_K 的最不利荷载位置，可先由机动法作出 M_K 影响线（图 10-38b）。当可动均布荷载布满影响线正号范围时，即为该量值 M_K 产生最大值的最不利荷载位置（图 10-38c）；当可动均布荷载布满影响线负号范围时，即为该量值 M_K 产生最小值的最不利荷载位置（图 10-38d）。这表明，M_{Kmax} 的最不利活载位置为：在截面所在的本跨布置活载，然后每隔一跨布置活载。M_{Kmin} 的最不利活载位置为：在该截面所在跨的相邻两跨布置活载，然后每隔一跨布置活荷载。

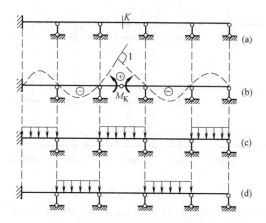

图 10-38 连续梁最不利荷载布置一

(a) 连续梁；(b) 作 M_K 影响线时的虚位移图；(c) M_{Kmax} 最不利活载布置；(d) M_{Kmin} 最不利活载布置

如图 10-39 所示为连续梁支座截面弯矩 M_C 的最不利荷载布置。这表明，M_{Cmin} 的最不利活载位置为：该支座两侧跨内布满活载，然后每隔一跨布置活载。M_{Cmax} 的最不利活载位置为：该支座两侧跨度的相邻跨布置活荷载，然后每隔一跨布置活荷载。

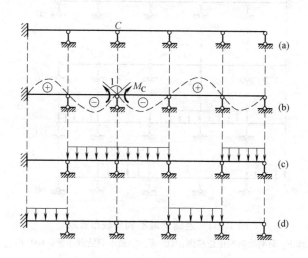

图 10-39 连续梁最不利荷载布置二

(a) 连续梁；(b) 作 M_C 影响线时的虚位移图；(c) M_{Cmin} 最不利活载布置；(d) M_{Cmax} 最不利活载布置

如图 10-40 所示为连续梁跨内截面剪力 F_{SK} 的最不利荷载布置。这表明，F_{SKmax} 最不利活载位置为：剪力所在跨的截面右段布置活载，往右隔跨布置活载；剪力所在跨的左边邻跨布置活载，往左再隔跨布置活载。F_{SKmin} 的最不利活载位置为：剪力所在跨的截面左段布置活载，往左隔跨布置活载；剪力所在跨的右边邻跨布置活载，往右再隔跨布置活载。

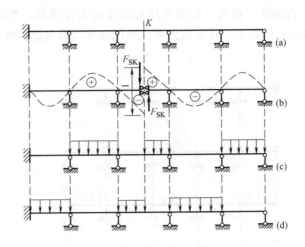

图 10-40 连续梁最不利荷载布置三

(a) 连续梁；(b) 作 F_{SK} 影响线时的虚位移图；(c) F_{SKmax} 最不利活载布置；(d) F_{SKmin} 最不利活载布置

如图 10-41 所示为连续梁某支座反力 F_C 的最不利荷载布置。这表明，F_{Cmax} 的最不利活载位置为：支座所在位置的两侧邻跨布置活载，然后再隔跨布置活载。F_{Cmin} 的最不利活载位置为：支座所在两侧跨的相邻跨布置活载，然后再隔跨布置活载。

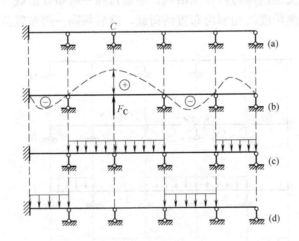

图 10-41 连续梁最不利荷载布置四

(a) 连续梁；(b) 作 F_C 影响线时的虚位移图；(c) F_{Cmax} 最不利活载布置；(d) F_{Cmin} 最不利活载布置

二、连续梁的内力包络图

码 10-24 连续梁的内力包络图

当确定了活载最不利荷载布置后，即可求出活载作用下某一截面的最大、最小内力值，然后叠加上恒载作用下产生的内力，即可得到恒载和活载共同作用下该截面的最大内力和最小内力。将梁上各截面的最大内力和最小内力用图形表示出来，即得连续梁的内力包络图。连续的内力包络图通常包括弯矩包络图和剪力包络图。

由图 10-38、图 10-39 可知，当连续梁受可动均布活载作用时，其各截面弯矩的最不利荷载位置是在若干跨内布满荷载。这样，只需把每一跨单独布满活载时的弯矩图逐一作出，然后对于每一截面，将这些弯矩图中对应的所有正弯矩值叠加，便得到该截面的最大正弯矩；将这些弯矩图中对应的所有负弯矩值叠加，便得到该截面的最大负弯矩。最后，将它们分别与恒载作用下的对应弯矩值相加，便可得到每个截面的最大（小）弯矩图，据此可绘出弯矩包络图。于是，受到恒载和可动均布荷载作用的连续梁，其弯矩包络图可按以下步骤绘制：

（1）绘恒载作用下的 M 图；

（2）依次在每一跨上单独布满活载，并作出相应的弯矩图；

（3）将各跨若干等分，对每等分点处截面，将恒载作用下的弯矩值与步骤（2）中得到的各弯矩图中对应正竖标值叠加，便得到各截面的最大弯矩值；将恒载作用下的弯矩值与步骤（2）中得到的各弯矩图中对应负竖标值叠加，便得到各截面的最小弯矩值；

（4）将步骤（3）所得到的最大（小）弯矩值分别用光滑的曲线连接起来，即得弯矩包络图。

另外，有时还需作连续梁的剪力包络图。由图 10-40 可知，当连续梁受可动均布活载作用时，其跨内截面剪力的最不利荷载位置一般不是满跨加载的。但为了简便起见，可以作近似处理，即各截面剪力的最不利荷载布置也可以看成是在若干跨度内布满荷载，而这种近似处理造成的误差对实际工程来说一般是容许的。这样，剪力包络图与弯矩包络图的绘制步骤就相同了。在连续梁结构设计中，我们主要用到的是支座附近截面上的剪力值，因此在实际工程设计中，通常只将各支座两侧截面上的最大（小）剪力值求出，而在每一跨中则近似用直线相连，得到的图形就可近似地作为其剪力包络图。

【例 10-6】 如图 10-42（a）所示为一等截面三跨连续梁，该梁承受恒载 $g=10\text{kN/m}$、任意布置的活载 $q=30\text{kN/m}$，作其弯矩包络图和剪力包络图。

【解】 先作弯矩包络图，按以下步骤进行：

（1）绘恒载作用下的弯矩图

连续梁是超静定结构，可以采用力法、位移法或力矩分配法进行求解，各跨弯矩图均为抛物线。这里将每跨进行 4 等分，并求得各等分截面处的弯矩值，如图 10-42（b）所示。

（2）依次按每跨上单独布满活载时，逐一作出相应的弯矩图，分别如图 10-42（c）、(d)、(e) 所示。

（3）计算各截面最大、最小弯矩值：将各跨 4 等分，对每一等分点截面处，将静载弯矩图中该截面的纵标值与所有活载弯矩图中对应的正（负）纵标值叠加，即得到各截面的最大（小）弯矩值。

如 AB 跨跨中截面的最大、最小弯矩值分别是：

$$M_{AB\text{跨中max}}=27+99+9=135\text{kN}\cdot\text{m}, M_{AB\text{跨中min}}=27-27=0\text{kN}\cdot\text{m}$$

支座 B 处最大、最小弯矩值分别为：

$$M_{B\max}=-36+18=-18\text{kN}\cdot\text{m}, M_{B\min}=-36-72-54=-162\text{kN}\cdot\text{m}$$

（4）绘制弯矩包络图：将所得各截面的最大、最小弯矩值在同一图中分别用光滑曲线相连，得到弯矩包络图，如图 10-42（f）所示。

再作剪力包络图，按以下步骤进行：

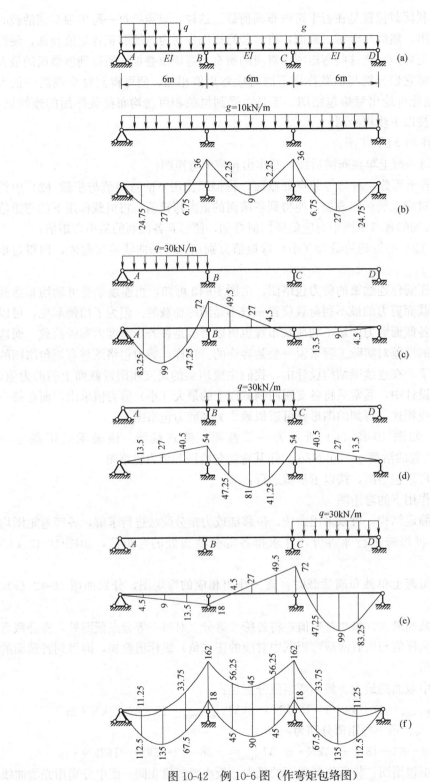

图 10-42 例 10-6 图（作弯矩包络图）
(a) 连续梁；(b) 恒载作用及 M 图 (kN·m)；(c) 第一跨活载作用及 M 图 (kN·m)；
(d) 第二跨活载作用及 M 图 (kN·m)；(e) 第三跨活载作用及 M 图 (kN·m)；(f) 弯矩包络图 (kN·m)

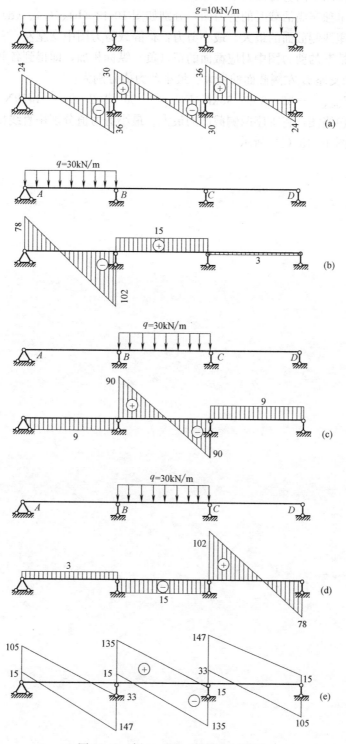

图10-43 例10-6图（作剪力包络图）
(a) 恒载作用及F_S图（kN·m）；(b) 第一跨活载作用及F_S图（kN）；(c) 第二跨活载作用及F_S图（kN）；(d) 第三跨活载作用及F_S图（kN）；(e) 剪力包络图（kN）

(1) 作静载作用下的剪力图，如图 10-43（a）所示。

(2) 作各跨单独布满活载时的剪力图，分别如图 10-43（b）、(c)、(d) 所示。

(3) 求各支座两侧截面的最大、最小剪力：将静载剪力图中支座左、右两侧截面的竖标与各活载布置情况的剪力图中对应截面的正（负）纵标相加，即得到各截面的近似最大（小）剪力值。如支座 B 左侧截面的最大、最小剪力值分别为：

$$F_{smax}=-36+3=-33\text{kN}, F_{smin}=-36-102-9=-147\text{kN}$$

(4) 作剪力包络图：将支座两侧截面的最大、最小剪力值分别用直线相连，得近似的剪力包络图，如图 10-43（e）所示。

参 考 文 献

[1]　龙驭球，包世华，袁驷. 结构力学Ⅰ-基本教程（第三版）[M]. 北京：高等教育出版社，2016.
[2]　龙驭球，包世华，袁驷. 结构力学Ⅱ-专题教程（第三版）[M]. 北京：高等教育出版社，2015.
[3]　朱慈勉，张伟平. 结构力学（上册，第三版）[M]. 北京：高等教育出版社，2016.
[4]　单建，吕令毅. 结构力学（第二版）[M]. 南京：东南大学出版社，2011.
[5]　李廉锟. 结构力学（上册，第六版）[M]. 北京：高等教育出版社，2017.
[6]　包世华，熊峰，范小春. 结构力学教程[M]. 武汉：武汉理工大学出版社，2017.
[7]　雷钟和. 结构力学学习指导[M]. 北京：高等教育出版社，2012.
[8]　雷钟和，江爱川，赫静明. 结构力学解疑（第2版）[M]. 北京：清华大学出版社，2008.
[9]　于玲玲. 结构力学-研究生入学考试辅导丛书[M]. 北京：中国电力出版社，2009.
[10]　赵更新. 结构力学辅导—概念·方法·题解[M]. 北京：中国水利水电出版社，2002.
[11]　汪梦甫. 结构力学[M]. 武汉：武汉大学出版社，2015.
[12]　刘金春，杜青. 结构力学（第2版）[M]. 武汉：华中科技大学出版社，2013.

住房和城乡建设部"十四五"规划教材

高等学校土木工程专业线上线下精品课程建设系列教材

"十三五"江苏省高等学校重点教材（编号：2019-2-214）

结构力学（上册）（第二版）学习指导及习题集

吕恒林　鲁彩凤　张营营　姬永生　主　编

中国建筑工业出版社

目 录

第一章 绪论 ... 1
- 第一节 学习要求 ... 1
- 第二节 基本内容 ... 1

第二章 平面杆件体系的几何组成分析 ... 4
- 第一节 学习要求 ... 4
- 第二节 基本内容 ... 4
- 第三节 例题分析 ... 9
- 第四节 本章习题 ... 13
- 第五节 习题参考答案 ... 17

第三章 静定梁和静定刚架 ... 19
- 第一节 学习要求 ... 19
- 第二节 基本内容 ... 19
- 第三节 例题分析 ... 24
- 第四节 本章习题 ... 30
- 第五节 习题参考答案 ... 41

第四章 静定拱和悬索结构 ... 45
- 第一节 学习要求 ... 45
- 第二节 基本内容 ... 45
- 第三节 例题分析 ... 49
- 第四节 本章习题 ... 52
- 第五节 习题参考答案 ... 57

第五章 静定桁架和组合结构 ... 59
- 第一节 学习要求 ... 59
- 第二节 基本内容 ... 59
- 第三节 例题分析 ... 62
- 第四节 本章习题 ... 67
- 第五节 习题参考答案 ... 75

第六章 结构位移的计算 ... 77
- 第一节 学习要求 ... 77
- 第二节 基本内容 ... 77
- 第三节 例题分析 ... 85
- 第四节 本章习题 ... 92
- 第五节 习题参考答案 ... 101

第七章 力法 ·········· 103
- 第一节 学习要求 ·········· 103
- 第二节 基本内容 ·········· 103
- 第三节 例题分析 ·········· 111
- 第四节 本章习题 ·········· 121
- 第五节 习题参考答案 ·········· 134

第八章 位移法 ·········· 140
- 第一节 学习要求 ·········· 140
- 第二节 基本内容 ·········· 140
- 第三节 例题分析 ·········· 145
- 第四节 本章习题 ·········· 151
- 第五节 习题参考答案 ·········· 160

第九章 渐近法 ·········· 164
- 第一节 学习要求 ·········· 164
- 第二节 基本内容 ·········· 164
- 第三节 例题分析 ·········· 166
- 第四节 本章习题 ·········· 171
- 第五节 习题参考答案 ·········· 177

第十章 影响线及其应用 ·········· 181
- 第一节 学习要求 ·········· 181
- 第二节 基本内容 ·········· 181
- 第三节 例题分析 ·········· 188
- 第四节 本章习题 ·········· 194
- 第五节 习题参考答案 ·········· 205

第一章 绪 论

第一节 学习要求

本章主要讨论了结构力学的研究对象和任务、荷载的分类、结构计算简图的确定方法以及杆件结构类型的划分等内容。

学习要求如下：

(1) 掌握结构力学的研究对象及任务；

(2) 了解结构上作用荷载的种类；

(3) 掌握选择结构计算简图应遵循的原则，并熟悉结构计算简图的确定应进行哪些方面的简化，尤其要清楚结构计算简图中结点及支座的类型，以及其受力特点和变形特征；

(4) 熟悉常见杆件结构（梁、刚架、拱、桁架、组合结构及悬索结构）的结构形式及受力特点。

由于结构计算简图是本课程后续章节计算的依据，因此其简化内容是本章学习重点。

第二节 基本内容

一、结构力学的研究对象

在房屋建筑、道路、桥梁、铁路、水工、地下等工程对象中用来抵御人为和自然界施加的各种作用，以使工程对象安全使用的骨架部分，称为工程结构。工程结构中的各个组成部分称为结构构件，简称构件。

工程结构按构件的几何特征可分为：杆件结构、板壳结构（薄壁结构）和实体结构。

结构力学课程中的"结构"特指杆件结构。

二、结构力学的研究任务

结构力学研究杆件结构的几何组成规则及在各种外因作用下的内力、变形、稳定性以及动力反应等，主要包括：

(1) 研究平面杆件体系的几何组成规则；

(2) 研究杆件结构在外界因素（包括荷载、温度改变、支座沉降及制造误差等）影响下，其反力、内力和位移的计算原理和方法；

(3) 研究杆件结构的稳定性、塑性设计下极限荷载的计算方法以及动荷载下的动力响应问题。

三、荷载的分类

荷载指主动作用在结构上的外力。将引起结构受力或变形的外因（包括外荷载、温度变化、支座沉降、制造误差、材料收缩以及松弛、徐变等）称为广义荷载（作用）。

根据荷载作用时间划分为：永久荷载（恒载）、可变荷载（活载）。

按荷载作用位置划分为：固定荷载、移动荷载。

按荷载对结构产生的动力效应划分为：静力荷载、动力荷载。

按荷载接触方式划分为：直接荷载、间接荷载。

四、结构的计算简图

将实际杆件结构简化得到其计算简图，一般包括以下 6 个方面的内容：

(1) 结构体系的简化：忽略空间约束后将空间结构简化成平面结构。

(2) 杆件的简化：杆件用其轴线代替，作用在杆件上的荷载的作用点也将相应地转移到轴线上。

(3) 结点的简化：结点是指结构中杆件汇集连接区。根据构造和受力状态的不同，结点通常可以简化为铰结点、刚结点和组合结点，见表 1-1。

结点的类型　　　　　　　　　　　　　　　　　　　表 1-1

结点类型	计算简图	变形特征	受力特征
铰结点		被连接各杆件在连接处不能相对移动，但可绕结点中心产生相对转动	不能承受和传递力矩，但可以承受和传递力
刚结点		被连接各杆在连接处不能相对移动，也不可绕中心产生相对转动	不仅承受和传递力，也可以承受和传递力矩
组合结点		部分刚结、部分铰结	

(4) 支座的简化：支座是指研究的结构与基础或其他支承物的连接区。支座按其构造特点及约束作用，一般可简化为：活动铰支座（滚轴支座）、固定铰支座、固定支座及定向支座，见表 1-2。

以上支座称为刚性支座。若在外力作用下支座本身也会产生变形，从而影响结构的内力和变形，称为弹性支座。弹性支座有抗移动的弹性支座（图 1-1a）及抗转动的弹性支座（图 1-1b）。

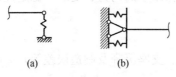

图 1-1　弹性支座

(5) 材料性质的简化：假设为连续的、均匀的、各向同性的、完全弹性或理想弹塑性的。

(6) 荷载的简化：不管是体积力还是表面力都可以简化为作用在杆件轴线上的荷载。

支座的类型　　　　　　　　　　　　　　　　　　　表 1-2

支座类型	计算简图	变形特征	受力特征
活动铰支座	F_{Ay}	被支承部分能沿支承面方向移动，且能绕铰心转动，但不能垂直于支承面方向移动	只能提供一个垂直于支承面方向的支座反力

续表

支座类型	计算简图	变形特征	受力特征
固定铰支座	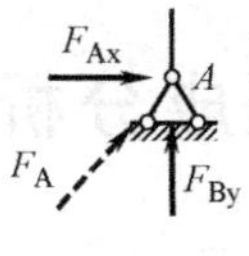 F_{Ax}、F_A、F_{By}	被支承部分在支承处不能发生任何移动,但可以产生转动	支座反力通过铰心,但方向和大小都未知(通常用两个确定方向的未知分量表示)
固定支座	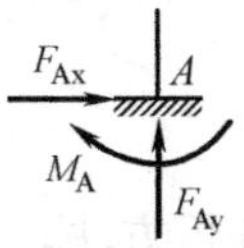 F_{Ax}、M_A、F_{Ay}	被支承部分在支座处不能发生任何移动和转动	能提供反力(通常用两个确定方向的未知分量表示),也能提供反力矩
定向支座	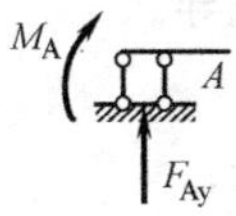 M_A、F_{Ay}	被支承部分在支承处不能发生转动和垂直于支承面方向的移动,但可沿支承面方向滑动	能提供垂直于支承面的反力及限制转动方向上的反力矩

五、杆件结构的分类

按受力特性来划分,杆件结构包括梁、刚架、拱、桁架、组合结构及悬索结构。

按计算特点来划分,杆件结构包括静定结构和超静定结构。

第二章 平面杆件体系的几何组成分析

第一节 学习要求

本章主要讨论了平面杆件体系的几何组成规则及几何组成分析方法，并说明体系的几何组成与静定性之间的关系。几何组成分析是结构力学计算的先导。

学习要求如下：

(1) 重点掌握并理解平面体系几何组成分析中几个重要概念；

主要概念包括几何不变体系、几何可变体系（含几何常变体系和几何瞬变体系）、刚片、自由度、约束（联系）、虚铰（瞬铰）及计算自由度；

(2) 明确只有几何不变体系才能作为工程结构来使用；

(3) 重点掌握几何不变杆件体系的三大几何组成规则，并能熟练地运用这些规则，分析一般平面杆件体系的几何组成情况，同时能准确地判断几何不变体系中多余约束的数目及位置；

(4) 掌握杆件体系的几何组成与静定性之间的关系。

其中，虚铰（瞬铰）概念的理解，以及几何组成分析中当有铰位于无穷远处时的特殊情况是学习难点。

第二节 基 本 内 容

一、几何组成分析的几个概念

(1) 几何不变体系与几何可变体系

几何不变体系是指受到任意荷载作用下，若不考虑材料的应变，其几何形状和位置均能保持不变的体系。

几何可变体系是指即使不考虑材料的应变，在微小的荷载作用下也会产生刚体位移，而不能保持原有的几何形状和位置。几何可变体系分为几何常变体系和几何瞬变体系。

几何可变体系在很小的荷载作用下会产生位移，经微小位移后仍能继续发生刚体运动，这样的几何可变体系称为几何常变体系。

若原为几何可变体系，经微小位移后即转化为几何不变体系，这类几何可变体系称为几何瞬变体系。工程结构绝不能采用几何瞬变体系，而且也应避免采用接近于几何瞬变的体系。

(2) 自由度

自由度指体系在所受限制的许可条件下独立的运动方式，即能确定体系几何位置的彼此独立的几何坐标数目。平面内一点的自由度为2，一个刚片的自由度为3。

(3) 约束（联系）

约束是指限制体系运动的各种装置，包括外部约束（支座约束）和内部约束。

1) 外部约束

一个活动铰支座、固定铰支座和固定支座分别相当于1、2、3个约束。

2) 内部约束

一根单链杆相当于1个约束；连接$j(j>2)$个结点的复链杆，相当于$2j-3$个单链杆，即相当于$2j-3$个约束；

一个单铰相当于2个约束；连接$m(m>2)$个刚片的复铰，可折合成$m-1$个单铰，即相当于$2(m-1)$个约束作用；

一单刚结点相当于3个约束；连接$m(m>2)$个刚片的刚结点称为复刚结点，可折合成$m-1$个单刚结点，即相当于$3(m-1)$个约束。

约束从能否减少体系的自由度方面来划分，可分为必要约束和多余约束。为保持体系几何不变所必须具有的约束称为必要约束，不能使体系的自由度数目减少的约束称为多余约束。

(4) 瞬铰（虚铰）

两个刚片间用两个不共线链杆相连，其约束作用相当于这两根链杆交点位置处的一个铰所起的约束作用，这个铰称为虚铰或瞬铰（图2-1a）。在几何组成分析中，尤其要注意这样的特殊情况：两刚片间用两根相互平行的链杆相连，两根平行链杆所起的约束作用相当于无穷远处的瞬铰，如图2-1（b）所示。

二、计算自由度

计算自由度通常可采用两种方法来计算。

(1) 第一种计算方法

以杆件的自由度为主体，以结点和支座链杆为约束来减少自由度。该方法适用于一般任意杆件体系，计算自由度W的计算式为：

$$W=3m-(2h+3g+r)$$

式中，m为刚片数；h为单铰结点数；g为单刚结点数；r为支座链杆数。

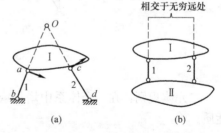

图2-1 虚铰（瞬铰）
(a) 有限远处虚铰；(b) 无限远处虚铰

若体系中存在复铰结点或复刚结点，应将其分别折算成单铰结点或单刚结点来考虑。

(2) 第二种计算方法

以铰结点的自由度为主体，以杆件和支座链杆为约束来减少自由度。该方法仅适用于铰结体系，计算自由度W的计算式为：

$$W=2j-(b+r)$$

式中，j为铰结点数；b为链杆数目；r为支座链杆数。

计算自由度W的计算结果说明：

1) 若$W>0$，说明体系缺少必要的约束，体系必为几何常变体系；

2) 若$W=0$，表明体系具有成为几何不变所需的最少约束数目。如果约束布置得当，没有多余联系，体系将是几何不变的。若约束布置不当，具有多余联系，体系为几何可变的；

3) 若$W<0$，表明体系在约束数目上还有富余，体系具有多余约束。若约束布置不当，体系仍有可能为几何可变。

因此，$W\leq 0$ 是体系满足几何不变的必要条件，还不是充分条件。如进一步判断体系是否几何不变，仍需继续进行几何组成分析。

在 W 计算时若不考虑支座链杆，只检查上部体系本身（或体系内部）的几何构造。由于本身为几何不变的体系作为一个刚片在平面内尚有 3 个自由度，故体系本身为几何不变部分的必要条件应为 $W\leq 3$。

三、杆件体系的几何组成规则

（1）二元体规则

在杆件体系几何组成分析中，把两根不共线的链杆连接一个结点的装置称为二元体。二元体的形式如图 2-2 所示。

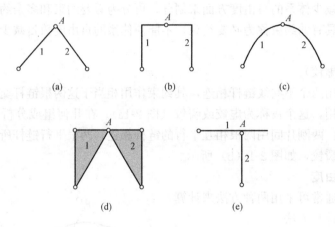

图 2-2 二元体的形式

二元体规则：在一个体系中增加或拆除一个二元体，不会改变原有体系的几何组成性质。

（2）两刚片规则

第一种提法：两刚片（已经确定为无多余联系的几何不变部分）用一个单铰和一根不通过此铰的链杆相连，则组成无多余约束的几何不变体系，如图 2-3（a）所示。

第二种提法：两刚片（已经确定为无多余联系的几何不变部分）用三根不全平行也不交于同一点的链杆相连，则形成无多余约束的几何不变体系，如图 2-3（b）所示。

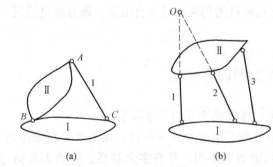

图 2-3 两刚片规则

两刚片间通过实际交于一点的三链杆相连形成的体系为几何常变体系（图 2-4a），两刚片间通过在延长线上交于一点的三链杆相连形成的体系为几何瞬变体系（图 2-4b），两刚片通过三根平行但不等长的链杆相连形成的体系为几何瞬变体系（图 2-4c），两刚片间通过三根平行且等长的链杆相连形成的体系为几何常变体系（图 2-4d）。

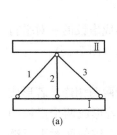 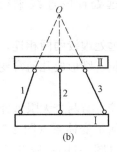 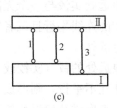 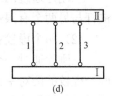

图 2-4 约束布置不当的两刚片体系

（3）三刚片规则

第一种提法：三个刚片（已经确定为无多余联系的几何不变部分）用不共线的三个铰结点两两相连，形成的是无多余约束的几何不变体系，如图 2-5（a）所示。

第二种提法：三刚片用三对链杆两两相连，若三对链杆形成的三个瞬铰的转动中心不共线，则仍形成几何不变体系，如图 2-5（b）所示。

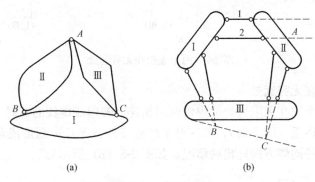

图 2-5 三刚片规则

三刚片间通过共线的三个实铰两两相连，形成的体系为几何瞬变体系。

四、三刚片规则中有虚铰在无穷远处的特殊情况

（1）一个虚铰在无穷远处

三刚片用两个有限远处的铰（实铰或虚铰）与一个无限远处虚铰两两相连，若形成虚铰的一对平行链杆与另两个有限远处铰的连线不平行，则形成几何不变体系（图 2-6a）；

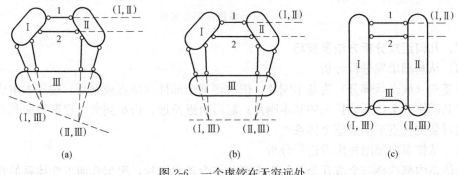

图 2-6 一个虚铰在无穷远处

7

若形成虚铰的一对平行链杆与另两个有限远处铰的连线平行，则为几何瞬变体系（图 2-6b）。

三刚片通过两个有限远处实铰与一个无限远处虚铰两两相连，若形成虚铰的一对平行链杆与另两个有限远处铰的连线平行且三者等长，则形成几何常变体系（图 2-6c）。

（2）两个虚铰在无穷远处

三刚片通过一个有限远处的铰（实铰或虚铰）与两个无限远处虚铰两两相连，若形成两个虚铰的两对平行链杆互不平行，则形成几何不变体系（图 2-7a）；若形成两个虚铰的两对平行链杆互相平行，则形成几何瞬变体系（图 2-7b）；若形成两个虚铰的两对平行链杆互相平行且等长，则形成几何常变体系（图 2-7c）。

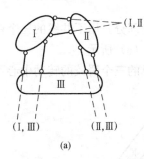 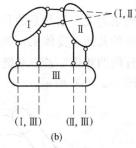 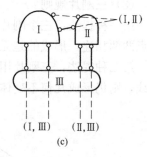

图 2-7 两个虚铰在无穷远处

（3）三个虚铰在无穷远处

三刚片通过三个均在无限远处的虚铰两两相连，若形成虚铰的三对平行链杆是任意方向的，则形成瞬变体系（图 2-8a）；若三对平行链杆各自等长，则形成常变体系（每对链杆都是从每一刚片的同侧方向连出的情况，如图 2-8（b）所示）。

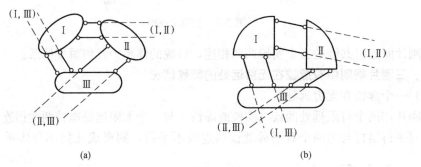

图 2-8 三个虚铰在无穷远处

五、几何组成分析方法及技巧

（1）从基础出发进行分析

以基础（或支承部分）为基本刚片，依次将某个部件（结点或刚片）按基本组成方式连接在基础刚片上，形成扩大的基本刚片；然后由近及远、由小到大，逐渐按照基本组成方式进行装配，直至形成整个体系。

（2）从体系内部刚片出发进行分析

在体系内部选择一个或几个几何不变部分作为基本刚片，根据几何不变体系的几何组成规则，可判断选定刚片间的连接是否可以形成几何不变部分；然后把判定为几何不变的部分作为一个扩大的刚片，再将周围的部件按基本组成方式进行连接，直到形成上部体系；最后，将上部体系与基础连接，从而形成整个体系。

在上部体系中选刚片时要注意，选择的刚片最好在体系中均匀分布，以保证刚片间有合理的连接，其次要保证刚片与基础之间的连接要合适。

（3）几何组成分析中的几点技巧

1）当体系上具有二元体时，可先依次去掉二元体，再对其余部分进行几何组成分析。

2）当体系与基础用三支不互相平行也不交于一点的链杆相连时，可以去掉支承链杆，只对上部体系本身进行几何组成分析。

3）当上部体系与基础用多于三支链杆相连时，一般情况下需将基础视为一个独立的刚片，以整个体系（包括基础）进行几何组成分析。

4）一个体系内部无多余约束的几何不变部分，用另一个无多余约束几何不变部分替换并保持它与体系其余部分的连接不变，则不改变原体系的几何组成性质。如复杂形状的链杆（如曲链杆、折链杆）可看作通过铰心的直链杆。

几何组成分析是结构力学学习的重要内容之一。通过几何组成分析判定只有几何不变体系才能作为工程结构使用，并能判断某一几何不变体系是否有多余约束，从而才能运用相应的计算方法来求解内力和位移。因此，在结构分析前，一般都应通过几何组成分析，明确回答是否存在多余约束，以及多余约束的数量及位置。

六、几何组成与静定性的关系

体系的静定性是指体系在任意荷载作用下的全部支座反力和内力是否可以通过静力平衡条件确定。体系的几何组成与静定性之间有着必然的联系。

无多余约束的几何不变体系是静定结构，其支座反力和内力完全可以通过平衡条件来求解。

有多余约束的几何不变体系是超静定结构，其支座反力和内力不能完全通过平衡条件来求解，必须结合其他条件（如变形条件）才能求解。

几何常变体系和几何瞬变体系在任意荷载作用下不存在静力学解答，因此均不能作为工程结构使用。

第三节 例题分析

【例 2-1】 对如图 2-9（a）所示体系作几何组成分析。

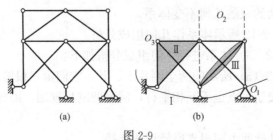

图 2-9

【解】 （1）对如图 2-9（a）所示体系依次拆除二元体后得图 2-9（b）。

(2) 选取三个刚片Ⅰ、Ⅱ、Ⅲ，它们由三个虚铰 O_1、O_2、O_3 两两相连，其中虚铰 O_1、O_3 的连线与形成无穷远虚铰 O_2 的两平行链杆不平行。

(3) 结论：无多余约束的几何不变体系。

【**例 2-2**】 对如图 2-10（a）所示体系作几何组成分析。

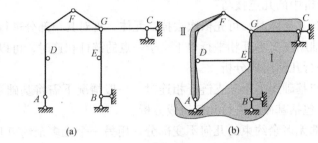

图 2-10

【**解**】 （1）根据二元体规则先将结点 G 固定在基础上，选扩大的基础作为刚片Ⅰ，如图 2-10（b）所示。

(2) 选折杆 AF 为刚片Ⅱ，两刚片由三根链杆（DE、FG 及 A 处支座链杆）相连，且不交于一点也不互相平行，满足两刚片规则。

(3) 结论：无多余约束的几何不变体系。

【**例 2-3**】 对如图 2-11（a）所示体系作几何组成分析。

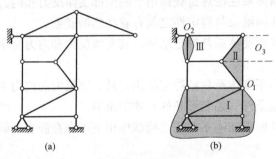

图 2-11

【**解**】 （1）对如图 2-11（a）所示体系依次拆除二元体后得图 2-11（b）。

(2) 选取三个刚片Ⅰ、Ⅱ、Ⅲ，它们由三个铰 O_1、O_2、O_3 两两相连，其中铰 O_1、O_2 的连线与形成无穷远虚铰 O_3 的两平行链杆不平行。

(3) 结论：无多余约束的几何不变体系。

【**例 2-4**】 对如图 2-12 所示体系作几何组成分析。

【**解**】 对如图 2-12（a）体系进行几何组成分析如下：

(1) 选取如图 2-12（a）所示的两个刚片Ⅰ、Ⅱ，它们由三根链杆 AC、EF 及 BD 相连，且这三根链杆不交于一点也不互相平行，满足两刚片规则，因此上部体系是没有多余约束的几何不变部分。

(2) 上部体系与基础间由四根支座链杆相连接。

(3) 结论：有一个多余约束的几何不变体系（四根支座链杆中任一根均可看作多余约束）。

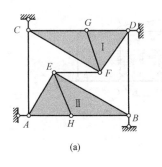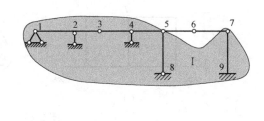

图 2-12

对如图 2-12（b）体系进行几何组成分析如下：

（1）先根据两刚片规则将杆 123 及结点 7 固定在基础上，再根据二元体规则依次固定结点 4、5，扩大的基础刚片即刚片Ⅰ。

（2）固定结点 6 时，由于结点 5、6、7 共线，因此结论为：几何瞬变体系。

【例 2-5】 对如图 2-13（a）所示体系作几何组成分析。

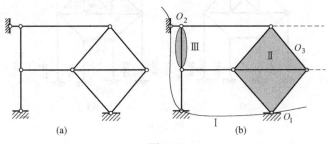

图 2-13

【解】 选取三个刚片Ⅰ、Ⅱ、Ⅲ，如图 2-13（b）所示，它们由三个铰 O_1、O_2、O_3 两两相连，其中铰 O_1、O_2 的连线与形成无穷远虚铰 O_3 的两平行杆不平行。

结论：无多余约束的几何不变体系。

【例 2-6】 对如图 2-14（a）所示体系作几何组成分析。

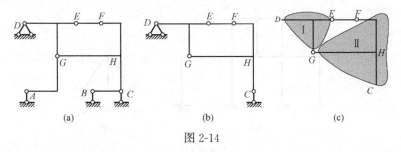

图 2-14

【解】 （1）对如图 2-14（a）所示体系拆除两个二元体后得图 2-14（b），再去掉基础得图 2-14（c）。

（2）选取两刚片Ⅰ、Ⅱ，它们由铰 G 及链杆 EF 相连，满足两刚片规则。

（3）结论：无多余约束的几何不变体系。

【例 2-7】 对如图 2-15（a）所示体系作几何组成分析。

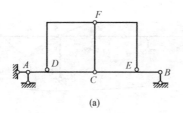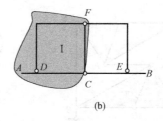

图 2-15

【解】 (1) 原结构去掉基础后如图 2-15 (b) 所示。

(2) 选取刚片Ⅰ，在刚片Ⅰ上根据二元体规则固定结点 E。

(3) 结论：无多余约束的几何不变体系。

【例 2-8】 对如图 2-16 (a) 所示体系作几何组成分析。

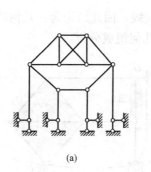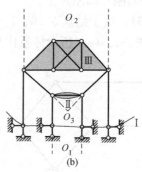

图 2-16

【解】 (1) 选取三个刚片Ⅰ、Ⅱ、Ⅲ（含有一个多余约束），如图 2-16 (b) 所示，它们由三个虚铰 O_1、O_2、O_3 两两相连，其中形成无穷远虚铰 O_1、O_2 的两对平行链杆相互平行。

(2) 结论：有两个多余约束的几何瞬变体系。

【例 2-9】 对如图 2-17 (a) 所示体系作几何组成分析。

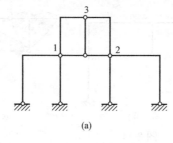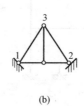

图 2-17

【解】 (1) 铰结点 1、2 是从基础刚片出发增加二元体得到的，可视为先固定在基础上，因此如图 2-17 (a) 所示体系可简化为如图 2-17 (b) 所示体系。

(2) 如图 2-17 (b) 所示体系中，上部刚片与基础有四个约束相连。

(3) 结论：有一个多余约束的几何不变体系。

【例 2-10】 对如图 2-18（a）所示体系作几何组成分析。

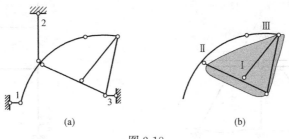

图 2-18

【解】 (1) 上部体系与基础间是通过 1、2、3 处三根支座链杆相连，可以去掉基础，直接取上部体系进行分析，如图 2-18（b）所示。

(2) 如图 2-18（b）所示体系中，取图示三个刚片，符合三刚片规则。

(3) 结论：无多余约束的几何不变体系。

第四节　本章习题

一、判断题

1. 有多余约束的体系一定是几何不变体系。　　　　　　　　　　　　　　（　）
2. 几何可变体系在任何荷载作用下都不能平衡。　　　　　　　　　　　　（　）
3. 如果体系的计算自由度大于零，那么体系一定是几何可变体系。　　　　（　）
4. 瞬变体系中一定存在多余约束，即使在很小荷载作用下也会产生很大的内力。
　　　　　　　　　　　　　　　　　　　　　　　　　　　　　　　　（　）
5. 在两刚片或三刚片组成几何不变体系的规则中，不仅指明了必要约束数目，而且指明了这些约束必须布置得当。　　　　　　　　　　　　　　　　　　　（　）
6. 几何瞬变体系产生的运动非常微小且很快就能转变成几何不变体系，因而可以当作工程结构来使用。　　　　　　　　　　　　　　　　　　　　　　　　（　）
7. 任意两根链杆的约束作用都相当于其交点处的一个虚铰，如图 2-19 中链杆 1 和链杆 2 的交点 O 可视为虚铰。　　　　　　　　　　　　　　　　　　　（　）
8. 在如图 2-20（a）所示体系中，去掉二元体 EDF 后得到图 2-20（b），故可判断原体系是几何可变体系。　　　　　　　　　　　　　　　　　　　　　　　（　）

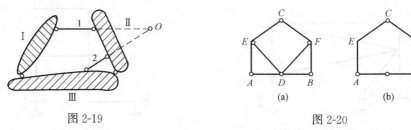

图 2-19　　　　　　　　　　图 2-20

9. 如图 2-21 所示体系按三刚片规则分析，因铰 A、B、C 共线，故为几何瞬变体系。
　　　　　　　　　　　　　　　　　　　　　　　　　　　　　　　　（　）

10. 如图 2-22 所示体系为静定结构。   （   ）

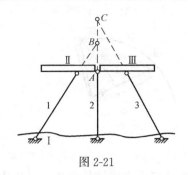

图 2-21

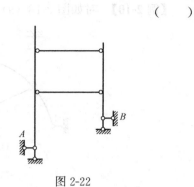

图 2-22

11. 二元体规则、两刚片规则和三刚片规则是相通的。   （   ）
12. 在一个体系上增加二元体，不会改变原体系的计算自由度。   （   ）

二、填空题

1. 连接 4 个刚片的铰结点，其约束作用相当于_____个约束。
2. 已知某几何不变体系的计算自由度 $W=-4$，则体系的多余约束数目为_____。
3. 2 个刚片由 3 根链杆连接而成的体系是_____。
4. 将三刚片组成无多余约束的几何不变体系，至少需要的约束数目是_____。
5. 如图 2-23 所示体系的几何组成分析结论为：_____。
6. 如图 2-24 所示体系的几何组成分析结论为：_____。

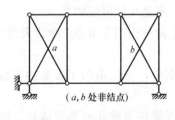

(a,b 处非结点)

图 2-23

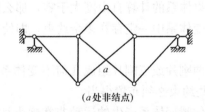

(a 处非结点)

图 2-24

7. 如图 2-25 所示体系中多余约束数目为_____个。
8. 欲使如图 2-26 所示体系成为无多余约束的几何不变体系，则需在 D 端加上的约束类型为_____。

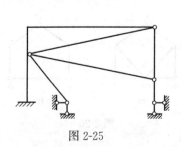

图 2-25

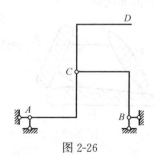

图 2-26

9. 如图 2-27 所示体系，铰结点 E 可在水平方向上移动以改变 DE 的长度，其他结点位置不变。当图中 a 满足_____时，体系为几何不变体系。

10. 如图 2-28 所示体系，其几何组成为____________；若在 C 结点加上一根竖向支座链杆，则其几何组成为____________；若在 C 点加一固定铰支座后，则其几何组成为____________。

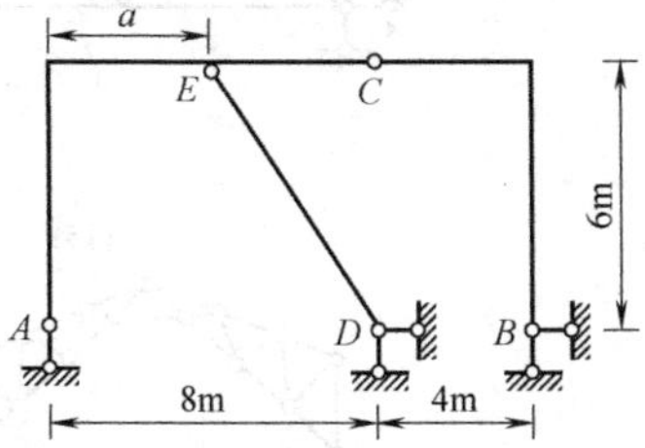

a
E
C
6m
A
D
B
8m
4m

图 2-27

A
B
C

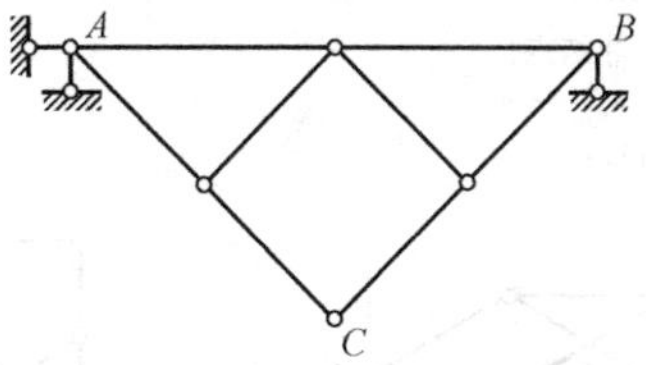

图 2-28

11. 静定结构的静力特性是________________________________，超静定结构的几何组成特点是________________________________。

三、分析题

对如图 2-29 所示各体系进行几何组成分析，若有多余约束请说明其数量及位置。

(1)
(2)
(3)
(4)
(5)
(6)
(7)
(8)
(9)
(10)
a
b
(a、b处非结点)
(11)
a
b
c
(a、b、c处非结点)
(12)

图 2-29（一）

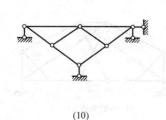

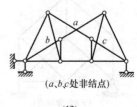

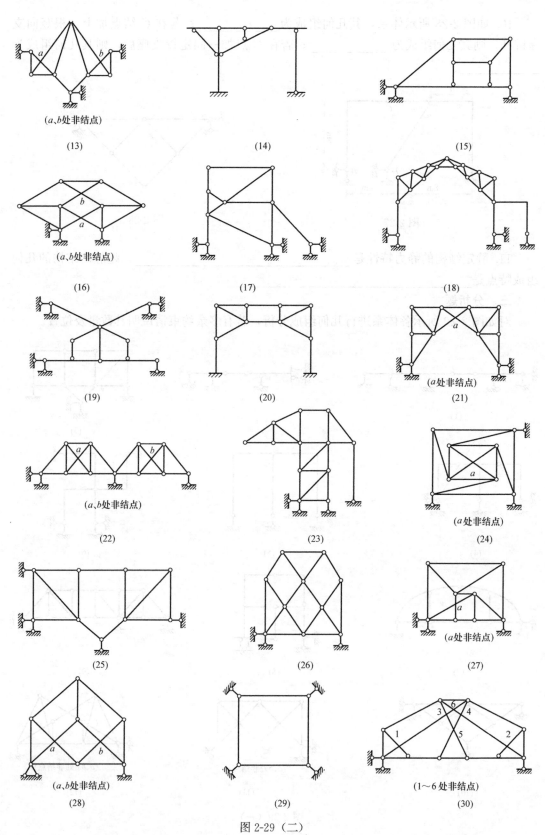

图 2-29（二）

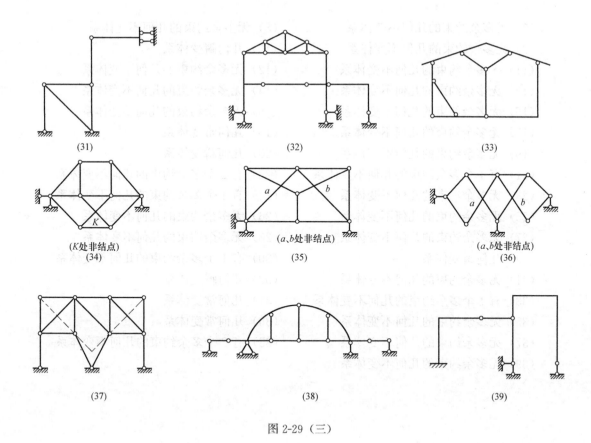

图 2-29（三）

第五节　习题参考答案

一、判断题

1. ×　2. ×　3. ×　4. √　5. √　6. ×　7. ×　8. ×　9. ×　10. √　11. √
12. √

二、填空题

1. 6　　2. 4　　　　　　　　　　　　3. 几何不变或几何常变或几何瞬变体系

4. 6　　5. 有多余约束的几何常变体系　　6. 无多余约束的几何不变体系

7. 3　　8. 支座链杆（延长线不通过 C 点）　9. $a \neq \dfrac{16}{3}$ m

10. 无多余约束的几何常变体系　有 1 个多余约束的几何瞬变体系　有 2 个多余约束的几何瞬变体系

11. 可通过平衡条件求支座反力和内力　有多余约束的几何不变体系

三、分析题

(1) 无多余约束的几何不变体系　　　(2) 无多余约束的几何不变体系

(3) 几何瞬变体系　　　　　　　　　(4) 几何瞬变体系

(5) 几何常变体系　　　　　　　　　(6) 无多余约束的几何不变体系

17

(7) 无多余约束的几何不变体系
(8) 无多余约束的几何不变体系
(9) 无多余约束的几何不变体系
(10) 几何瞬变体系
(11) 无多余约束的几何不变体系
(12) 无多余约束的几何不变体系
(13) 无多余约束的几何不变体系
(14) 无多余约束的几何不变体系
(15) 无多余约束的几何不变体系
(16) 无多余约束的几何不变体系
(17) 无多余约束的几何不变体系
(18) 几何常变体系
(19) 无多余约束的几何不变体系
(20) 几何瞬变体系
(21) 有1个多余约束的几何不变体系
(22) 有2个多余约束的几何不变体系
(23) 无多余约束的几何不变体系
(24) 有1个多余约束的几何不变体系
(25) 无多余约束的几何不变体系
(26) 无多余约束的几何不变体系
(27) 无多余约束的几何不变体系
(28) 无多余约束的几何不变体系
(29) 几何瞬变体系
(30) 有1个多余约束的几何不变体系
(31) 无多余约束的几何不变体系
(32) 几何瞬变体系
(33) 有1个多余约束的几何不变体系
(34) 几何常变体系
(35) 无多余约束的几何不变体系
(36) 几何常变体系
(37) 无多余约束的几何不变体系
(38) 有2个多余约束的几何不变体系
(39) 无多余约束的几何不变体系

第三章 静定梁和静定刚架

第一节 学习要求

本章基于杆件内力分析方法，分别讨论了单跨静定梁、多跨静定梁、静定平面刚架结构的内力分析方法及内力图的绘制，并介绍了不求或少求支反力直接快速绘弯矩图的方法。静定梁、刚架的内力计算及内力图的绘制是后续章节的基础，在结构力学课程中占有重要的位置。

学习要求如下：

（1）熟练掌握用截面法计算结构中指定截面内力的概念和方法，能正确运用隔离体的静力平衡条件，计算静定梁和静定刚架结构在荷载作用下的支座反力和任一截面内力；

（2）能熟练运用荷载与内力的微分关系来指导梁和刚架内力图的绘制，并能正确判断内力图的轮廓形状；

（3）能迅速绘出简支梁在常见荷载作用下的弯矩图，在此基础上能熟练地运用区段叠加法绘制梁和刚架中任一直杆段在横向荷载作用下的弯矩图；

（4）掌握单跨静定梁（包括斜梁）内力分析及内力图绘制的方法；

（5）能根据多跨静定梁的几何组成特点和力的传递特点，掌握其内力分析方法和内力图的绘制；

（6）掌握静定刚架（包括简支刚架、悬臂刚架、三铰刚架）的支座反力、内力分析及内力图绘制；能根据组合形式刚架的几何组成特点和受力特点，对其作内力分析并绘制内力图；

（7）掌握不求或少求支反力快速作弯矩图的技巧。

其中，内力与荷载微分关系式的理解及实际应用、区段叠加法作弯矩图、较复杂的静定组合刚架的内力分析次序，以及快速作弯矩图的方法是本章学习的难点。

第二节 基本内容

一、杆件内力分析方法

（1）内力分量

轴力 F_N 是横截面上的应力沿截面法线方向的合力，一般以拉力为正，压力为负。

剪力 F_S 是横截面上的应力沿截面切线方向的合力，以绕截面处微段隔离体顺时针方向转动为正，反之为负。

弯矩 M 是横截面上的应力对截面形心取矩的代数和，一般不规定正负号。有时按习惯也可规定，在水平杆件中弯矩使杆件截面的下侧纤维受拉时为正，上侧受拉时为负。

(2) 截面法

截面法是计算指定截面内力的基本方法，即沿指定截面假想将结构截开，切开后截面内力暴露为外力，取截面左侧（或右侧）作为隔离体，作隔离体受力图并建立平衡方程，从而可确定指定截面的内力。

由截面法可得截面上三个内力分量的运算规则如下：

1) 轴力 F_N 等于截面左侧（或右侧）的所有外力（包括支座反力）沿截面法线方向的投影代数和；

2) 剪力 F_S 等于截面左侧（或右侧）的所有外力（包括支座反力）沿截面切线方向的投影代数和；

3) 弯矩 M 等于截面左侧（或右侧）的所有外力（包括支座反力）对截面形心取矩的代数和。

(3) 内力图

内力图表示结构上各截面的内力随横截面位置变化规律的图形，包括 M 图、F_S 图和 F_N 图。内力图用平行于杆轴线方向的坐标表示横截面位置（又称基线），用垂直于杆轴线的坐标（又称竖标）表示相应截面的内力值。

F_S 图、F_N 图中，竖标正、负值分别画在杆件基线的两侧，要标明正负号；M 图画在杆件的受拉侧，不标正负。内力图要画上竖标，标注某些控制截面处的竖标值，并写明图名和单位。

(4) 内力图的形状特征

直杆段上内力图的形状特征见表 3-1。熟练掌握内力图的这些形状特征，对于正确、迅速地绘制内力图、校核内力图是很有帮助的。

直杆段内力图的形状特征 表 3-1

内力图 \ 荷载情况	无横向荷载区段	横向均布荷载 q_y 作用区段	横向集中力 F_y 作用处	集中力偶 m 作用处	纵向均布荷载 q_x 作用区段	纵向集中力 F_x 作用处
M 图	一般为斜直线	二次抛物线（凸向与 q_y 同向）	有尖角（尖角指向与 F_y 同向）	有突变（突变值=m）	无影响	无变化
		有极值	有极值			
F_S 图	平行线	斜直线	有突变（突变值=F_y）	如变号	无变化	无影响	无变化
		为零处				
F_N 图	—	无影响	无变化	无变化	斜直线	有突变（突变值=F_x）

(5) 区段叠加法作 M 图

对承受横向荷载作用的任意直杆段，都可采用区段叠加法作其 M 图：先采用截面法求出该段两个杆端截面弯矩值并将其连以一虚线，然后以此虚线为基线，叠加相应简支梁在跨间相应荷载作用下的弯矩图，如图 3-1 所示。

区段叠加法适用于任意结构中的任意直杆段，不管该杆段区间内各相邻截面约束情况，也不管区间是否存在变截面。为了更好地应用区段叠加法作 M 图，宜记住简支梁在

常见荷载作用下的 M 图。

二、单跨静定梁

（1）单跨静定梁的形式及支座反力

单跨静定梁除了三种基本形式：简支梁、悬臂梁和外伸梁，还有简支斜梁以及曲梁。

单跨静定梁有三个支座反力，可取全梁段为隔离体，由三个整体平衡方程先行求出。

（2）单跨静定梁内力图的绘制步骤

1) 利用整体平衡条件求支座反力（悬臂梁可不求支座反力）；

2) 选定外力的不连续点（如支座处、集中荷载及集中力偶作用点左右截面、分布荷载的起点及终点等）为控制截面，采用截面法求出控制截面处的内力值；

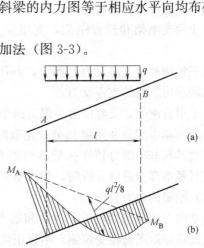

图 3-1 区段叠加法作弯矩图

3) 根据内力图的形状特征，直接作相邻控制截面间的内力图。如果相邻控制截面间有横向荷载作用，其 M 图应采用区段叠加法来绘制。

（3）简支斜梁

简支斜梁在水平方向均布荷载作用下，其内力（M、F_N、F_N）与相应等跨水平简支梁在相应荷载作用下内力（M^0、F_S^0）有下列关系：

$$M=M^0, \quad F_S=F_S^0\cos\alpha, \quad F_N=-F_S^0\sin\alpha$$

这说明，简支斜梁在水平方向均布荷载作用下的 M 图与相应水平梁相同，但斜梁的剪力和轴力均是水平梁剪力的投影。这里，α 为斜梁的倾斜角度。

简支斜梁在沿斜杆轴线方向的均布荷载 q' 作用时，通常将其换算成沿水平方向均布的荷载 q（图 3-2），即：

$$q=\frac{q'}{\cos\alpha}$$

由此可知，沿杆轴方向均布荷载作用下简支斜梁的内力图等于相应水平向均布荷载作用下内力图除以 $\cos\alpha$。

结构中斜杆弯矩图的绘制也可以采用区段叠加法（图 3-3）。

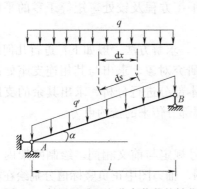

图 3-2 斜梁承受竖向分布荷载的转化

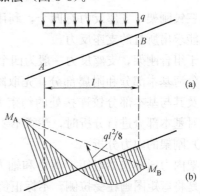

图 3-3 区段叠加法作斜杆段弯矩图

三、多跨静定梁

多跨静定梁是由若干根单跨静定梁用铰相连，用来跨越几个相连跨度的静定结构。

(1) 几何组成特点

组成多跨静定梁的各单跨梁可分为基本部分和附属部分。基本部分是指本身能独立维持平衡的部分，而需要依靠其他部分的支承才能保持平衡的部分称为附属部分。

多跨静定梁的几何组成次序：先固定基本部分，再固定附属部分。

(2) 力的传递特点

作用在附属部分上的外荷载可以通过铰结点传递给基本部分，而作用在基本部分上的外荷载不会传递到其附属部分。

(3) 内力分析方法

多跨静定梁的内力分析次序与其几何组成次序刚好相反。内力分析步骤一般如下：

1) 进行几何组成分析，分清基本部分和附属部分；

2) 按照先附属部分后基本部分的计算次序，对各单跨梁段逐一进行支座反力和内力的计算。这里尤其注意，在对基本部分进行分析时不要遗漏了由其附属部分传递来的作用力；

3) 分别作出各单跨梁段的内力图，即形成整个多跨梁的内力图。

四、静定平面刚架

(1) 刚架及其特征

刚架是指梁、柱主要由刚结点连接形成的结构。

刚架结构中，刚结点连接的各杆端不能发生相对转动，因而由刚结点连接的各杆端之间夹角始终保持不变。

刚结点可以承受和传递弯矩，因而在刚架中弯矩是主要内力。

(2) 静定平面刚架结构的形式

常见的静定平面刚架有简支刚架、悬臂刚架和三铰刚架三种基本形式，由这三种基本形式的刚架通过铰连接可形成各种形式的组合刚架。组合刚架由基本部分和附属部分组成。

(3) 支座反力的求解

对于简支刚架和悬臂刚架，支座反力只有三个，可以直接通过三个整体平衡方程求出。

对三铰刚架，支座反力有四个，利用三个整体平衡方程及铰处弯矩等于零的平衡条件，也能求出所有的支座反力。

对于组合刚架，支座反力一般为四个或四个以上，求解方法一般如下：进行几何组成分析，分清基本部分和附属部分；先取附属部分为研究对象，求出与其相连支座处的反力，以及其与基本部分铰连接处的约束力；再取基本部分进行分析，求出其余的支座反力。在对基本部分进行分析时，注意不要遗漏其附属部分传来的铰约束力。

(4) 刚架的内力分析

刚架内力通常包括弯矩、剪力和轴力，其正负号规定与前文相同。绘制刚架内力图时，也是将弯矩图画在受拉侧，不标正负号；剪力图、轴力图中正负竖标值分别绘在杆件两侧，且标明正负号。

内力图绘制步骤一般如下：

1) 由整体或局部平衡条件求出所有的支座反力或铰连接处的约束力（悬臂刚架可先不求支座反力）；

2) 采用截面法求出各直杆段的杆端截面内力；

3) 对每直杆段，由求出的杆端内力，根据内力图的形状特征或区段叠加法直接作出相应的内力图；

4) 将各直杆段的内力图对应组装在一起，即形成整个刚架结构的内力图。

五、快速作弯矩图

快速作 M 图通常可综合考虑以下几个方面：

(1) 结构上若有简支或悬臂部分，其 M 图可先绘出。

(2) 充分利用 M 图的形状与所受横向荷载的关系

无横向荷载作用的直杆段，M 图为直线；承受横向荷载作用的直杆段，M 图可通过区段叠加法绘制；受集中力偶作用的直杆段，M 图在集中力偶作用点处有突变（突变值等于集中力偶值），且集中力偶作用点两侧 M 图切线斜率相等。

(3) 利用刚结点的力矩平衡条件

若刚结点上无外力偶作用，刚结点连接的各杆端弯矩代数和为零（图 3-4）。对有外力偶作用的刚结点，刚结点连接的各杆端弯矩再加上外力偶，要满足力矩代数和为零的平衡条件（图 3-5）。

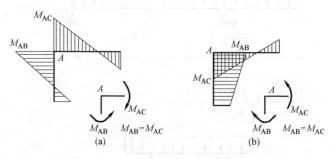

图 3-4 无外力偶作用时刚结点处 M 图特点

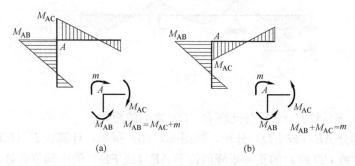

图 3-5 有外力偶作用时刚结点处 M 图特点

(4) 与铰结点相连杆端的 M 值

若与铰结点相连的杆端无外力偶作用，则该杆端 M 必定为零；若与铰结点相连的杆端有外力偶作用,则该杆端 M 值等于外力偶大小,但要注意外力偶的方向与其引起杆端受拉侧的关系。

(5) 充分利用结构的对称性

对称结构在对称荷载作用下 M 图是对称的,在反对称荷载作用下 M 图是反对称的。

作出 M 图后,根据杆段平衡条件可作出 F_S 图。然后,根据结点平衡条件,又可作出 F_N 图,并求出支座反力。

第三节 例题分析

【**例 3-1**】 如图 3-6 所示斜梁,若改变 B 点链杆的方向(不通过铰 A),试分析斜梁内力变化情况。

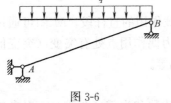

图 3-6

【**解**】 若改变 B 点链杆方向,在图 3-6 所示荷载作用下,B 处支座反力垂直于杆轴方向的分量不发生变化。因此,当简支斜梁的荷载、杆长相同时,支座方向的改变对 M、F_S 图无影响,只对 F_N 图有影响。

【**例 3-2**】 如图 3-7(a)所示多跨梁承受均布荷载作用,欲使梁中正、负弯矩峰值相等,试确定铰 E、F 的位置。

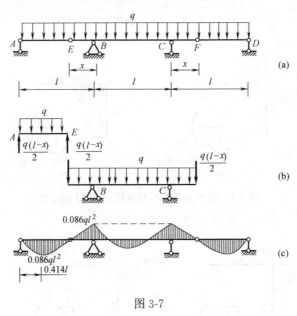

图 3-7

【**解**】 以 x 表示铰 E(F)与支座 B(C)之间的距离。

先取附属部分 AE(或 FD)分析,如图 3-7(b)所示,计算铰 E(F)处的约束力,并可知 AB 跨(或 CD 跨)的正弯矩峰值位于 AE(或 FD)的中间位置处,即:

$$M_{AE跨中} = \frac{q(l-x)^2}{8}$$

再取基本部分 $EBCF$,支座 B(C)处的弯矩为负弯矩峰值,即:

$$M_R = M_C = \frac{q(l-x)}{2}x + \frac{qx^2}{2} = \frac{1}{2}qlx$$

而 BC 跨的正弯矩峰值位于 BC 跨中位置，且有：$M_{BC跨中} = \frac{ql^2}{8} - M_B$

AB 跨的跨中弯矩为：$M_{AB跨中} = \frac{ql^2}{8} - \frac{M_B}{2}$。由于 $M_{AB跨中} > M_{BC跨中}$，因此该梁正弯矩峰值位于 AE（或 FD）的中间位置处。

令 $M_{AE跨中} = M_B$，即：

$$\frac{q(l-x)^2}{8} = \frac{1}{2}qlx$$

解得：$x = 0.172l$（$x = 5.828l$ 舍掉）。

将 x 代入 $M_{AE跨中}$ 或 M_B，得正、负弯矩峰值均为 $0.086ql^2$，M 图如图 3-7（c）所示。

【例 3-3】 绘制如图 3-8（a）所示多跨梁的 M 图及 F_S 图。

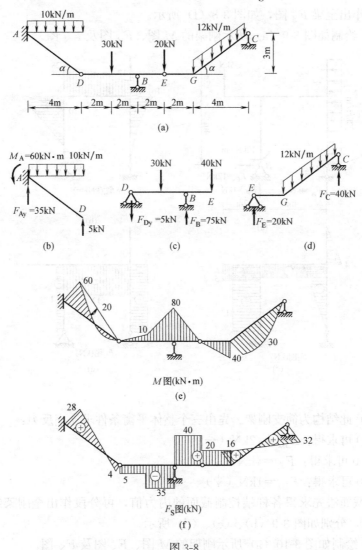

图 3-8

【解】 （1）由几何组成分析可知：梁段 EGC 为附属部分，支承在基本部分 DBE 梁段上，而 DBE 梁段又支承在梁段 AD 上。计算顺序为：EGC→DBE→AD。

（2）取附属部分梁段 EGC 分析，如图 3-8（d）所示，求得 C 处支反力及铰 E 处的约束力。

（3）取 DBE 梁段分析，如图 3-8（c）所示，求得 B 处支反力及铰 D 处的约束力。

（4）取 AD 梁段分析，如图 3-8（b）所示，求得 A 处支反力。

（5）采用截面法求得控制截面 A、B、G 的弯矩值，分段作出全梁 M 图，如图 3-8（e）所示。其中，AD 段需叠加的简支斜梁跨中弯矩为：

$$\frac{10\times4^2}{8}=20\text{kN}\cdot\text{m}$$

GC 段需叠加的简支斜梁跨中弯矩为：

$$\frac{12\times4^2}{8\cos\alpha}=30\text{kN}\cdot\text{m}$$

（6）分段作出全梁 F_S 图，如图 3-8（f）所示。

【例 3-4】 绘制如图 3-9（a）所示刚架的 M 图、F_S 图及 F_N 图。

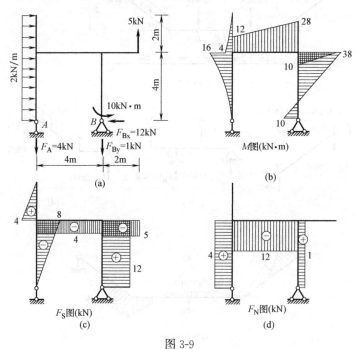

图 3-9

【解】 （1）此结构为简支刚架。先由三个整体平衡条件求支座反力：

由 $\sum F_x=0$ 可求得：$F_{Bx}=12\text{kN}$（←）

由 $\sum M_B=0$ 可求得：$F_A=4\text{kN}$（↓）

由 $\sum F_y=0$ 可求得：$F_{By}=1\text{kN}$（↓）

（2）采用截面法先求得各杆端控制截面的内力值，再分段作出全刚架结构的 M 图、F_S 图及 F_N 图，分别如图 3-9（b）、（c）、（d）所示。

【例 3-5】 绘制如图 3-10（a）所示刚架的 M 图、F_S 图及 F_N 图。

【解】（1）此结构为三铰刚架。先求支座反力如下：

由整体平衡条件$\sum F_x=0$得：$F_{Ax}=ql$（→）

取 AEFD 为隔离体分析，由$\sum M_D=0$得：$F_{Ay}=\dfrac{ql}{2}$（↑）

取 DBCG 为隔离体分析，由$\sum M_0=0$得：$F_C=0$

由整体平衡条件$\sum F_y=0$得：$F_B=\dfrac{ql}{2}$（↑）

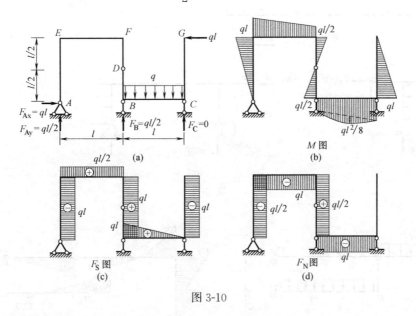

图 3-10

（2）采用截面法先求得杆端控制截面的内力值，再分段作出全刚架结构的 M 图、F_S 图及 F_N 图，分别如图 3-10（b）、（c）、（d）所示。

【例 3-6】 绘制如图 3-11（a）所示刚架的 M 图。

【解】（1）经几何组成分析可知：左边 AHE 为附属部分，右边 BCDEG 为基本部分。

（2）先取附属部分 AHE 分析：此结构为简支刚架，由三个整体平衡条件可求出支座 A 处反力，以及铰 E 处的约束力，如图 3-11（c）所示。

（3）再取基本部分 BCDEG 分析：此为三铰刚架，由三个整体平衡条件及$\sum M_D=0$可求出支座 B、C 处反力，如图 3-11 所示。

（4）采用截面法先求得杆端控制截面弯矩值，再分段作出整个刚架结构的 M 图，如图 3-11（b）所示。

【例 3-7】 绘制如图 3-12（a）所示结构的 M 图。

【解】（1）由几何组成分析可知：EHIB 为附属部分，ADEGC 为基本部分。

（2）先取附属部分 EHIB 分析：此为三铰刚架，由三个整体平衡条件及$\sum M_I=0$，可求出支座 B 处反力，以及铰 E 处的约束力，如图 3-12（c）所示。

（3）再取基本部分 ADEGC 分析：此也为三铰刚架，由三个整体平衡条件及$\sum M_G=0$可求出支座 A、C 处反力，如图 3-12（d）所示。

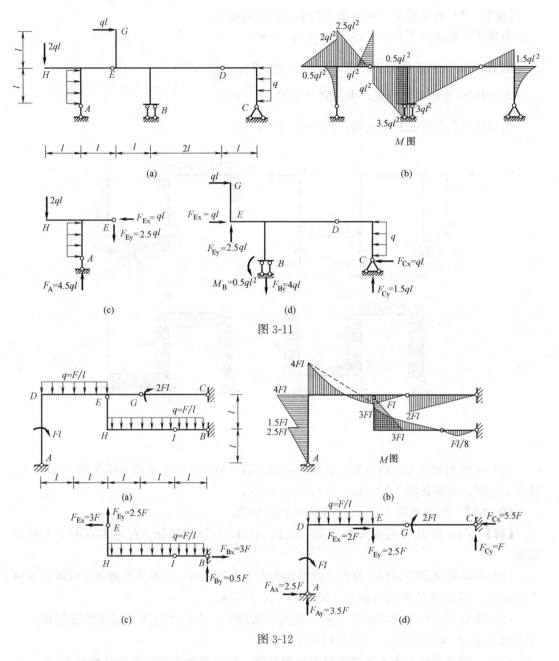

图 3-11

图 3-12

(4) 采用截面法先求得杆端控制截面弯矩值，再分段作出整个刚架结构的 M 图，如图 3-12 (b) 所示。

【例 3-8】 不求支座反力，直接绘制如图 3-13 (a) 所示结构的 M 图。

【解】 (1) 先作悬臂段 EA 及简支段 HD 的弯矩图。

(2) 根据铰 G、H 处的弯矩值为零，分别作梁段 AGB、CH 的弯矩图，并由比例关系求得：

$$M_B = ql^2 \text{（下拉）}, \quad M_C = ql^2/2 \text{（上拉）}$$

(3) BC 段弯矩图采用区段叠加法绘制。全梁 M 图如图 3-13 (b) 所示。

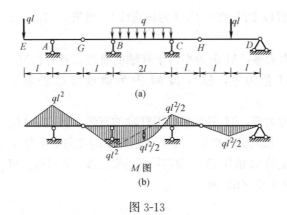

图 3-13

【**例 3-9**】 快速绘制如图 3-14（a）所示结构的 M 图。

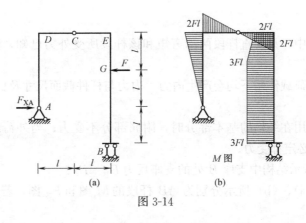

图 3-14

【**解**】（1）由整体平衡条件 $\sum F_X=0$ 可知：$F_{XA}=F(\rightarrow)$。

（2）由截面法求得 $M_D=2Fl$（外侧受拉），作 DA 段弯矩图（为斜直线）。

（3）铰 C 处 M 值为零，作 DCE 段的 M 图（为斜直线），并得 $M_E=2Fl$（内侧受拉）。

（4）GE 段剪力等于 F，因此作 GE 段的 M 图为一斜率为 F 的斜线，并得 $M_G=3Fl$（左侧受拉）。

（5）GB 段剪力为零，因此作该段的 M 图为一平行于杆轴的直线。

全刚架的 M 图如图 3-14（b）所示。

【**例 3-10**】 快速绘制如图 3-15（a）所示结构的 M 图。

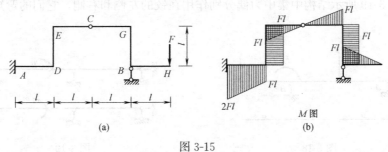

图 3-15

【解】 (1) 作悬臂段 BH 的 M 图（为斜直线），并有：$M_{BH}=Fl$（上拉）、$M_{BG}=Fl$（右拉）。

(2) BG 段的剪力为零，M 图为平行于杆轴的直线，且有：$M_G=Fl$（外拉）。

(3) 铰 C 处的 M 值为零，ECG 段 M 图为通过铰 C 的斜直线，并有：$M_E=Fl$（内拉）。

(4) DE 段的剪力为零，M 图为平行于杆轴的直线，且有：$M_D=Fl$（外拉）。

(5) AD 段与 ECG 段的剪力相等（均等于支座 A 的竖向支反力），它们的 M 图为相互平行的直线，因此沿 D 端的 M 值作 ECG 段弯矩图的平行线，并可得：$M_A=2Fl$（下拉）。

刚架的 M 图如图 3-15（b）所示。

第四节　本章习题

一、判断题

1. 在任意结构中，只要直杆段两端弯矩和该杆段所受外力已知，则该杆段的内力分布就可以完全确定。　　　　　　　　　　　　　　　　　　　　　　　　　　（　　）

2. 静定结构在荷载作用下均会产生内力，内力与杆件截面尺寸及材料均无关。
　　　　　　　　　　　　　　　　　　　　　　　　　　　　　　　　　　（　　）

3. 当外荷载作用在结构的基本部分时，附属部分不受力；当外荷载作用在某一附属部分时，整个结构必定都受力。　　　　　　　　　　　　　　　　　　　　　（　　）

4. 如图 3-16 所示结构中支座 B 处的支座反力 $F_B=F/2$。　　　　　　　　（　　）

5. 如图 3-17（a）、（b）所示分别为 AB 杆段的 M 图和 F_S 图，若 M 图正确，则 F_S 图一定错误。　　　　　　　　　　　　　　　　　　　　　　　　　　　　（　　）

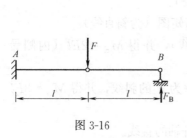

图 3-16

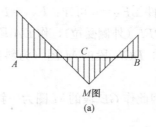

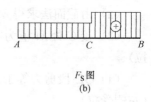

图 3-17

6. 如图 3-18 所示梁中，杆端弯矩 $M_{BA}=2Fa$（上侧受拉）。　　　　　　（　　）

7. 如图 3-19 所示结构中集中力偶分别作用在铰的左侧和右侧，它们的弯矩图相同。
　　　　　　　　　　　　　　　　　　　　　　　　　　　　　　　　　　（　　）

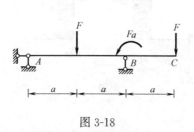

图 3-18

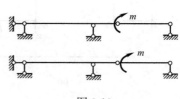

图 3-19

8. 如图 3-20 所示结构中仅 AB 段有内力。　　　　　　　　　　　　　　（　　）

9. 如图 3-21 所示结构中，杆端弯矩 $|M_{AC}|=|M_{BD}|$，其中 EI 为杆件的抗弯刚度。

　　　　　　　　　　　　　　　　　　　　　　　　　　　　　　　　（　　）

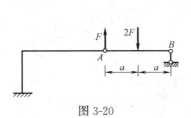

图 3-20

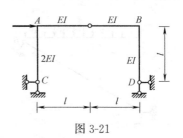

图 3-21

10. 如图 3-22 所示梁中，不论 a 和 b 为何值，均有 $|M_A|=|M_B|$。　　（　　）

11. 如图 3-23 所示梁的弯矩图是正确的。　　　　　　　　　　　　　　（　　）

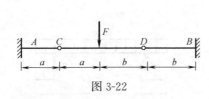

图 3-22

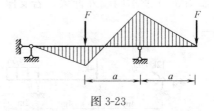

图 3-23

二、填空题

1. 在如图 3-24 所示简支梁中，C 左截面剪力 $F_{SC}^{L}=$ _____。

2. 在如图 3-25 所示简支梁中，C 右截面弯矩 $M_{C}^{R}=$ _____（注明受拉侧）。

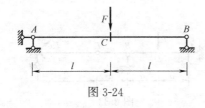

图 3-24

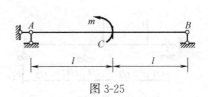

图 3-25

3. 如图 3-26 所示结构中，截面 A、C 处的弯矩分别为：$M_A=$ _____，$M_C=$ _____（注明受拉侧）。

4. 如图 3-27 所示斜梁及相应水平梁，在水平方向的跨度均为 l，则两结构中对应截面 K 的内力关系为：弯矩 _____、剪力 _____、轴力 _____（填相同或不同）。

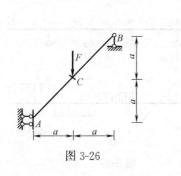

图 3-26

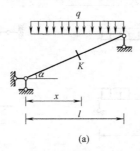

(a)

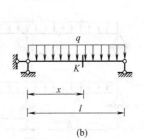

(b)

图 3-27

5. 如图 3-28 所示简支斜梁中，当改变 B 处支座链杆的方向（不能通过 A 铰）时，该梁截面内力变化情况为：弯矩_____、剪力_____、轴力_____（填不变或变化）。

6. 如图 3-29 所示结构中，K 截面处弯矩 $M_K=$_____（注明受拉侧）。

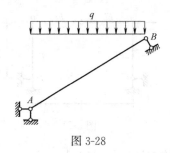

图 3-28

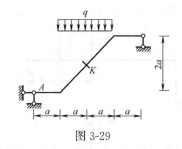

图 3-29

7. 如图 3-30 所示梁中，C 截面处弯矩 $M_C=$_____（注明受拉侧）。

8. 如图 3-31 所示两端外伸梁，若支座 A、B 与跨中弯矩数值相等，则外伸长度 $x=$_____。

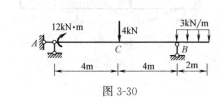

图 3-30

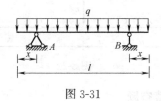

图 3-31

9. 如图 3-32 所示梁中，C 处的支座反力 $F_{CV}=$_____。

10. 如图 3-33 所示梁中，D 处截面内力 $M_D=$____，$F_{SD}^R=$_____（弯矩要注明受拉侧）。

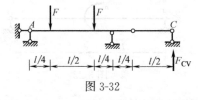

图 3-32

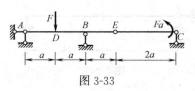

图 3-33

11. 如图 3-34 所示两个多跨结构的跨度及承受荷载相同，则它们弯矩图相同的条件是_____。

12. 如图 3-35（a）、（b）所示分别为多跨梁及其剪力图，则支座 A、C 处的竖向反力分别为：$F_{AV}=$_____，$F_{CV}=$_____。

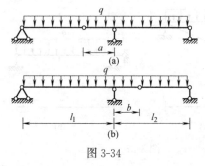

图 3-34

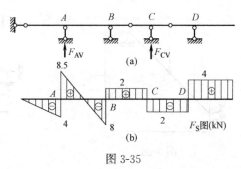

图 3-35

13. 如图 3-36 所示结构中，若 $|M_A|=|M_B|$，则 $x=$ _____。

14. 如图 3-37 所示刚架结构中，杆端内力 $M_{BA}=$ _____，$F_{SBA}=$ _____（弯矩要注明受拉侧）。

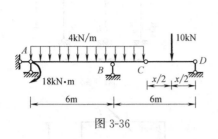

图 3-36

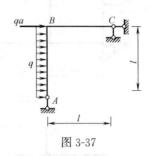

图 3-37

15. 如图 3-38 所示刚架结构中，水平方向支座反力 $F_H=$ _____。

16. 如图 3-39 所示刚架结构中，杆端内力 $M_{DB}=$ _____，$F_{SCA}=$ _____（弯矩要注明受拉侧）。

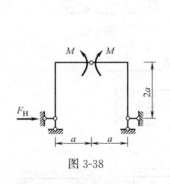

图 3-38

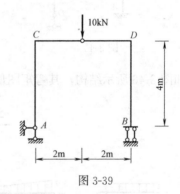

图 3-39

17. 如图 3-40 所示刚架结构中，截面 K 的剪力 $F_{SK}=$ _____。

18. 如图 3-41 所示结构中，杆端弯矩 $M_{DA}=$ _____（注明受拉侧）。

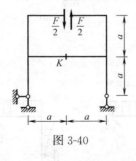

图 3-40

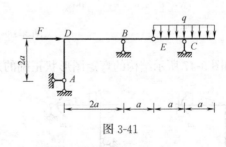

图 3-41

19. 如图 3-42 所示刚架结构中，杆端 DC 的内力分别为：$M_{DC}=$ _____，$F_{SDC}=$ _____，$F_{NDC}=$ _____（弯矩要注明受拉侧）。

20. 如图 3-43 所示刚架结构中，GC 杆端剪力 $F_{SGC}=$ _____。

21. 如图 3-44 所示结构中，杆端 CD 的内力为：$M_{CD}=$ _____，$F_{NCD}=$ _____（弯矩要注明受拉侧）。

22. 如图 3-45 所示结构中，刚结点 C 处弯矩 $M_C=$ _____（注明受拉侧）。

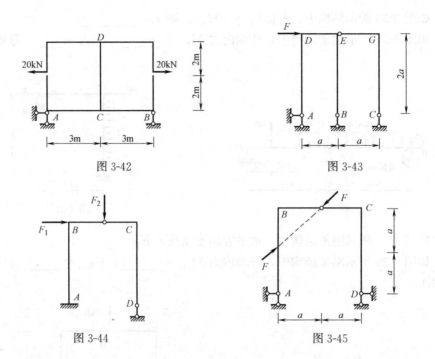

图 3-42　　　　　　　　图 3-43

图 3-44　　　　　　　　图 3-45

23. 如图 3-46 所示结构，其弯矩图形状正确的是_____。

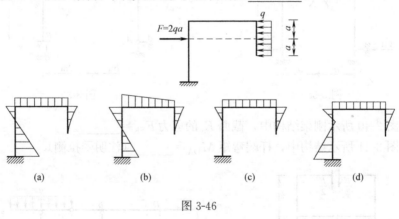

图 3-46

24. 如图 3-47 所示结构的弯矩图形状正确的是_____。

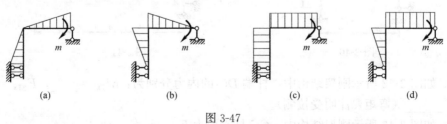

图 3-47

25. 刚架结构中有一水平横梁跨度 6m，承受向下均布荷载 $q=12\text{kN/m}$，计算求得左、右两杆端弯矩分别为 20kN·m（上拉）、30kN·m（上拉），则该梁段跨中截面弯矩为_____（注明受拉侧）。

26. 如图 3-48 所示结构中，杆端弯矩 $M_{DB}=$ _____，杆端剪力 $F_{SEC}=$ _____（弯矩要注明受拉侧）。

27. 已知连续梁的弯矩图如图 3-49 所示，则 AB 跨所承受的均布荷载大小为 _____，中间 B 支座的支座反力为 _____。

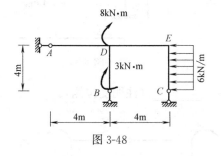

图 3-48

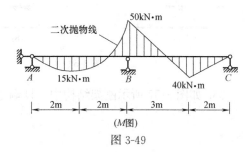

图 3-49

28. 如图 3-50 所示多跨度静定梁中，截面 K 的弯矩值 $M_K=$ _____（注明受拉侧）。

29. 如图 3-51 所示结构中，截面 D 的弯矩值 $M_D=$ _____（注明受拉侧）。

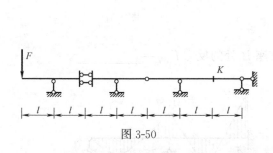

图 3-50

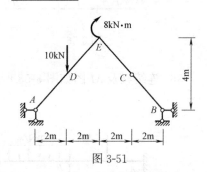

图 3-51

30. 如图 3-52 所示刚架结构中，杆端弯矩 $M_{AC}=$ _____，杆端剪力 $F_{SCA}=$ _____（弯矩要注明受拉侧）。

31. 如图 3-53 所示刚架结构中，杆端弯矩 $M_{ED}=$ _____，$M_{GF}=$ _____（注明受拉侧）。

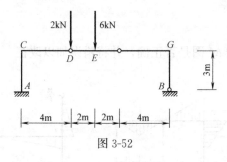

图 3-52

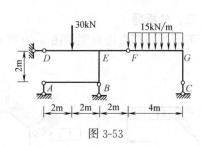

图 3-53

32. 如图 3-54 所示两个结构及其承受荷载情况，则两者的弯矩____、剪力____、轴力____（填相同或不同）。

33. 如图 3-55 所示结构中支座 A 转动 φ 时，支座 B 处产生的反力 $F_{BV}=$ _____。

34. 如图 3-56 所示结构中，支座反力 $M_A=$ _____。

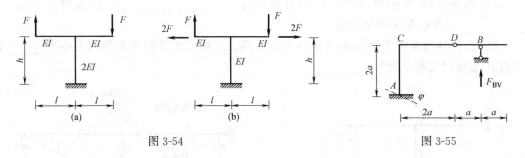

图 3-54   图 3-55

35. 如图 3-57 所示刚架结构中，杆端弯矩 $M_{DB}=$ _____（注明受拉侧）。

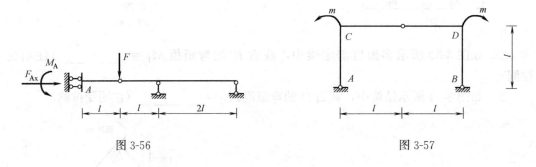

图 3-56   图 3-57

36. 连续梁及 M 图如图 3-58 所示，则支座 B 处的反力 $F_{BV}=$ _____。

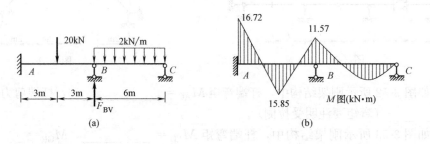

图 3-58

三、分析题

不通过计算直接判别如图 3-59 所示各结构的 M 图是否正确，并将错误加以改正。

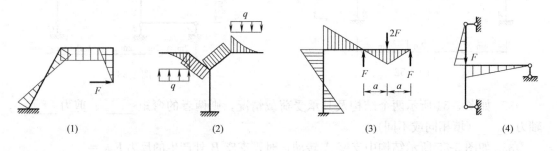

图 3-59（一）

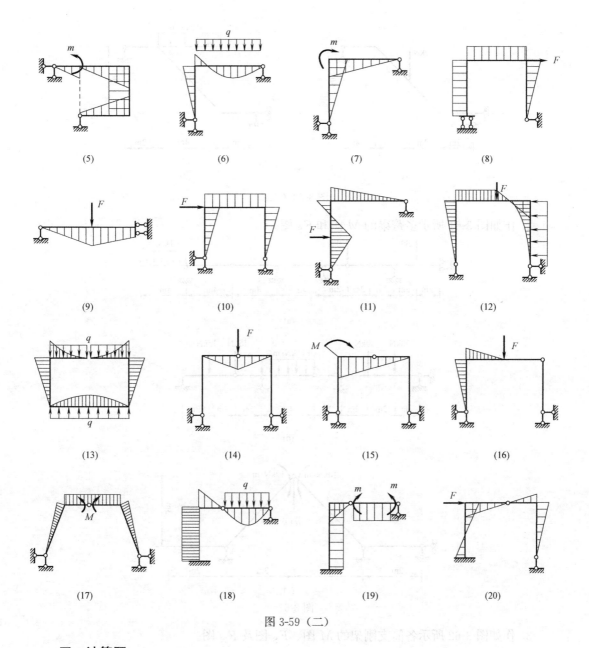

图 3-59（二）

四、计算题

1. 作如图 3-60 所示单跨梁的 M 图和 F_S 图。

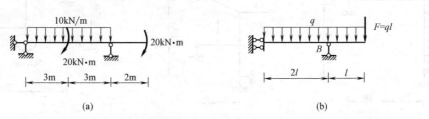

图 3-60（一）

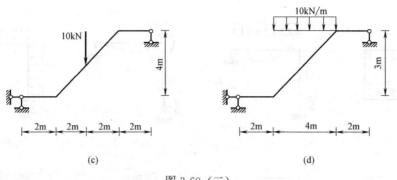

图 3-60（二）

2. 作如图 3-61 所示多跨梁的 M 图和 F_S 图。

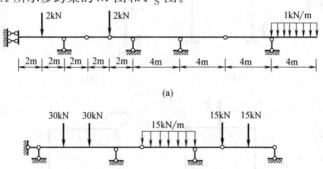

图 3-61

3. 作如图 3-62 所示各简支刚架的 M 图、F_S 图及 F_N 图。

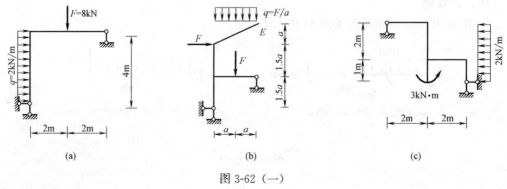

图 3-62（一）

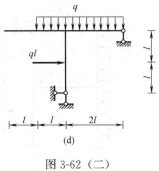

图 3-62（二）

4. 作如图 3-63 所示各三铰刚架的 M 图、F_S 图及 F_N 图。

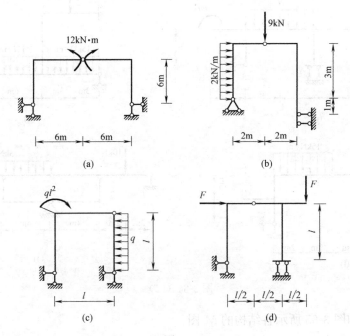

图 3-63

5. 作如图 3-64 所示刚架结构的 M 图、F_S 图及 F_N 图。

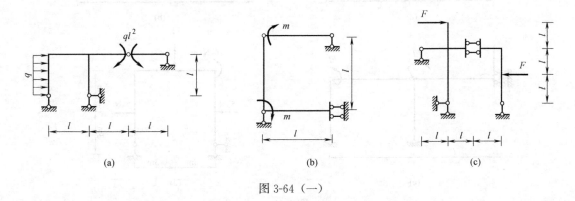

图 3-64（一）

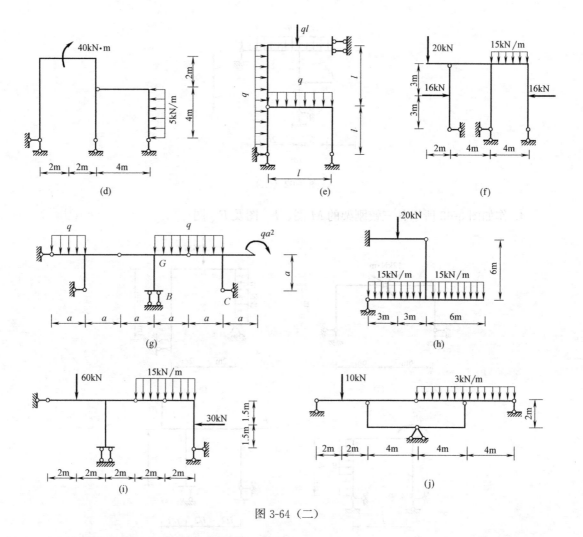

图 3-64（二）

6. 直接作如图 3-65 所示各结构的 M 图。

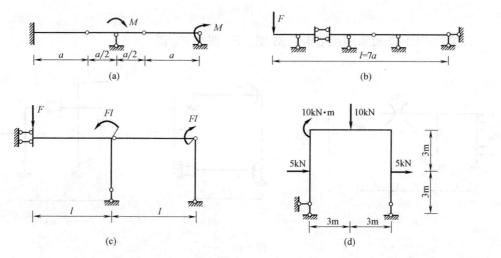

图 3-65

第五节 习题参考答案

一、判断题

1. × 2. × 3. × 4. × 5. √ 6. × 7. × 8. √ 9. √ 10. √ 11. ×

二、填空题

1. $F/2$

2. $m/2$（上拉）

3. Fa（下拉）　Fa（下拉）

4. 相同　不同　不同

5. 不变　不变　变化

6. $1.5qa^2$（下拉）

7. 11kN·m（下拉）

8. $0.207l$

9. 0

10. $0.25Fa$（下拉）　$-0.75F$

11. $l_1a = l_2b$

12. 12.5kN（向上）　-4kN（向下）

13. 4m

14. $0.5ql^2$（左拉）　$-ql$

15. $-0.5M/a$（向左）

16. 20kN·m（右拉）　0

17. $-0.5F$

18. $2Fa$（右拉）

19. 0　0　0

20. 0

21. 0　0

22. 0

23. （c）

24. （c）

25. 29kN·m（下拉）

26. 3kN·m（右拉）　24kN

27. 20kN·m　82.5kN（↑）

28. $Fl/2$（下拉）

29. 6kN·m（下拉）

30. 8kN·m（左拉）　-4kN

31. 60kN·m（上拉）　0

32. 相同　相同　不同

33. 0

34. 0

35. m（左拉）

36. 17.07kN（向上）

三、分析题

(1)、(5)、(8)、(18)是正确的，其余均是错误的。

四、计算题

1.

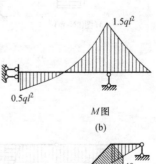

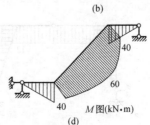

2.

3.

4.

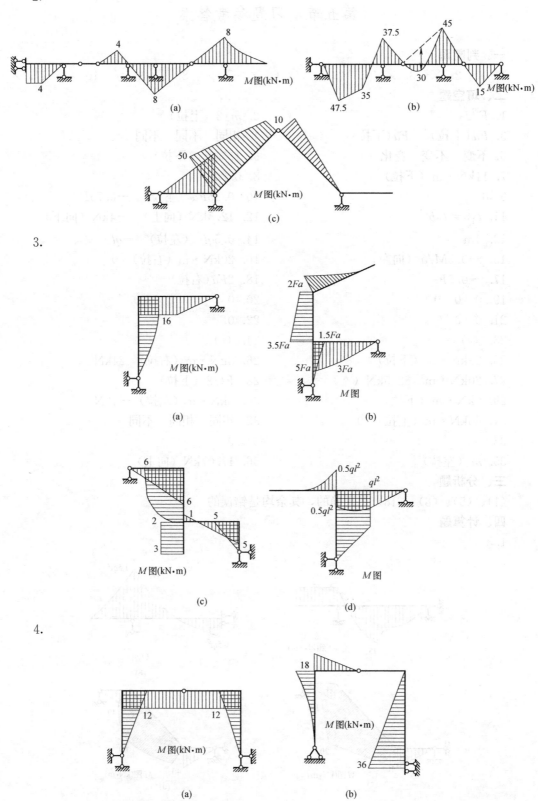

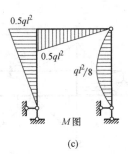

(c)

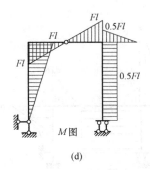

(d)

5.

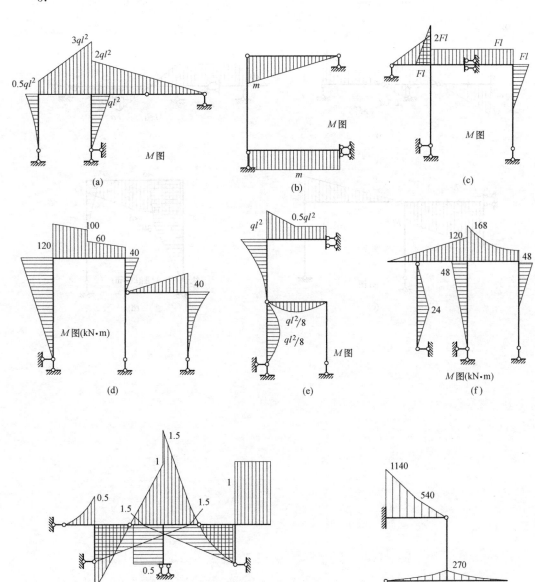

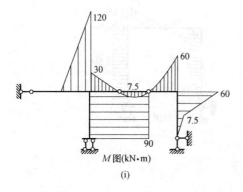

(i)

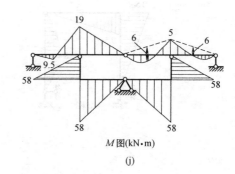

(j)

6.

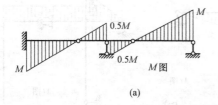

(a)

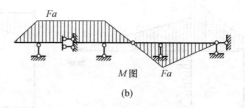

(b)

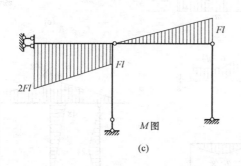

(c)

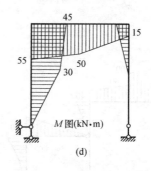

(d)

第四章 静定拱和悬索结构

第一节 学习要求

拱结构是主要承受轴向压力并由两端推力维持平衡的曲线或折线形构件,悬索结构是由柔性受拉索及其边缘构件所形成的承重结构。本章主要针对这两种受力性能截然不同的结构,讲述其内力分析方法,并对受力特性进行讨论。

学习要求如下:
(1) 了解拱结构的常见形式;
(2) 能正确地运用截面法求出三铰拱(包括平拱、斜拱及带拉杆的三铰拱)的支座反力以及拱轴上指定截面的内力,并理解拱结构的受力特点;
(3) 能正确绘出三铰拱的内力图;
(4) 理解三铰拱合理拱轴的概念,并能确定常见荷载作用下三铰拱的合理拱轴线;
(5) 掌握单索结构的内力分析方法以及其受力特性。

其中,拱、悬索结构相对于梁结构来说,其受力特性的对比分析是本章学习难点。

第二节 基本内容

一、三铰平拱的受力分析

(1) 竖向荷载(包括力偶)作用下的支座反力(图 4-1)

$$F_{AV}=F_{AV}^0, \quad F_{BV}=F_{BV}^0, \quad F_H=\frac{M_C^0}{f}$$

式中　F_{AV}、F_{BV}——拱的竖向支座反力;

　　　F_{AV}^0、F_{BV}^0——相应简支梁的竖向支座反力;

　　　F_H——拱的水平推力;

　　　M_C^0——相应简支梁上对应拱顶铰 C 截面上的弯矩值;

　　　f——拱高。

(2) 竖向荷载(包括力偶)作用下任一 K 截面内力

$$M_K=M_K^0-F_H \cdot y_K$$

$$F_{SK}=F_{SK}^0\cos\varphi_K-F_H\sin\varphi_K$$

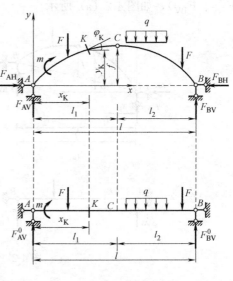

图 4-1　三铰平拱的数解法

$$F_{NK} = -F_{SK}^0 \sin\varphi_K - F_H \cos\varphi_K$$

式中 M_K^0、F_{SK}^0——相应简支梁上对应 K 截面的弯矩、剪力；

φ_K——K 截面法线的倾角（如图 4-1 所示的坐标系中），在拱顶铰以左取正，以右取负。

φ_K 可根据其与拱轴方程 $y=f(x)$ 之间的关系式确定，即：

$$\cos\varphi_K = \sqrt{\frac{1}{1+(y')^2}}\bigg|_{x=x_K}, \quad \sin\varphi_K = y'\cos\varphi_K$$

（3）受力特征总结

1）拱支座反力与拱轴线形式无关，只与三个铰的位置有关。

2）两个竖向支座反力与相应代梁的竖向支反力对应相等，这说明竖向支反力与拱高无关。

3）水平推力 F_H 与相应代梁中拱铰对应截面处弯矩值成正比，而与拱高 f 成反比。因此，在设计中应根据实际情况适当选取高跨比，以满足拱结构受力和使用方面的要求。

4）由于水平推力 F_H 的作用，拱截面上的 M 值比相应代梁中对应截面的弯矩要小。

5）在拱截面上产生了相应代梁中所不存在的轴力，且为压力。因此拱截面上的应力分布比梁要均匀些，拱比梁要节省材料。

（4）带拉杆的三铰平拱

以上公式均适用于带拉杆的三铰平拱（承受竖向荷载作用），拉杆拉力即为水平推力 F_H，其支座反力和内力和的计算公式不变。

（5）一般荷载（含水平力）作用下，支座反力和内力不能套用上述公式，而应直接采用截面法求内力，此时两个支座的水平反力也不相同。

二、三铰斜拱的计算

三铰斜拱在竖向荷载作用下，可根据三个整体平衡条件，以及半拱对拱顶铰 C 的平衡条件 $\sum M_C = 0$，联立求解即可求出两个水平向支反力（F_{AH}、F_{BH}）和两个竖向支反力（F_{AV}、F_{BV}），如图 4-2（a）所示。

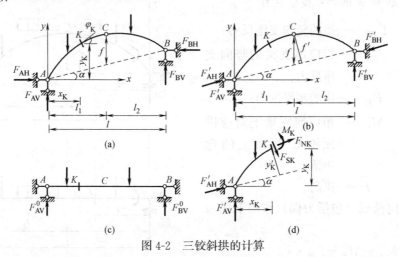

图 4-2 三铰斜拱的计算

为了避免求解联立方程组，也可先将斜拱支座反力分别沿竖直方向及拱趾连线方向分解为两个互相斜交的分力，即 F'_{AV}、F'_{AH} 和 F'_{BV}、F'_{BH}，如图 4-2（b）所示。如图 4-2（c）所示为与斜拱相应的代梁，其竖向支座反力记为 F^0_{AV}、F^0_{BV}，则：

$$F'_{AV}=F^0_{AV}, F'_{BV}=F^0_{BV}, F'_{AH}=F'_{BH}=F'_H=\frac{M^0_C}{f'}$$

式中，f' 为斜拱中拱顶铰 C 至拱趾连线的垂直距离，也称为斜矢高；M^0_C 为相应水平等代梁中相应 C 截面的弯矩值。

将图 4-2（b）中斜向支座反力（F'_{AH} 和 F'_{BH}）沿水平方向和竖直方向进行分解，从而可求出斜拱在竖直方向和水平方向的支座反力分别为：

$$\begin{cases}F_H=F'_H\cos\alpha=\dfrac{M^0_C}{f'}\cos\alpha=\dfrac{M^0_C}{f}\\[2mm] F_{AV}=F'_{AV}+F'_{AH}\sin\alpha=F^0_{AV}+\dfrac{M^0_C}{h}\sin\alpha=F^0_{AV}+F_H\tan\alpha\\[2mm] F_{BV}=F'_{BV}-F'_{BH}\sin\alpha=F^0_{BV}-\dfrac{M^0_C}{f'}\sin\alpha=F^0_{BV}-F_H\tan\alpha\end{cases}$$

式中 α——起拱线与水平线之间的夹角；

f——拱顶铰 C 至拱趾连线的竖向距离。

求出所有支座反力后，可根据截面法求出三铰斜拱任一截面内力如下：

$$\begin{cases}M_K=M^0_K-F'_H y'_K\\ F_{SK}=F^0_{SK}\cos\varphi_K-F'_H\sin(\varphi_K-\alpha)\\ F_{NK}=-F^0_{SK}\sin\varphi_K-F'_H\sin(\varphi_K-\alpha)\end{cases}$$

式中 y'_K——截面 K 到起拱线的垂直距离。

三、三铰拱的合理轴线

将某种荷载作用下拱截面上弯矩为零时的拱轴线称为合理拱轴线。

对承受竖向荷载（包括力偶）作用的三铰平拱，合理拱轴方程可表示为：

$$y=\frac{M^0(x)}{F_H}$$

式中，$M^0(x)$ 为相应代梁的弯矩表达式；F_H 为拱的水平推力。这表明，在竖向荷载作用下三铰平拱合理轴线的纵坐标 y 与相应代梁弯矩图的竖标 M^0 成比例。

三铰平拱在满跨竖向均布荷载 q 作用下的合理拱轴线为二次抛物线（图 4-3），即：

$$y=\frac{4f}{l^2}x(l-x)$$

式中 l——拱跨度；

f——拱高。

三铰平拱在满跨填料重量作用下的合理拱轴线为悬链线（图 4-4）。

三铰平拱在垂直于拱轴的均布压力作用下的合理拱轴线为圆弧（图 4-5）。

四、单索结构

（1）平拉索在竖向集中荷载作用下的支反力（图 4-6a）

$$F_{AV}=F^0_{AV}, \quad F_{BV}=F^0_{BV}$$

$$F_{AH}=F_{BH}=F_H=\frac{M_C^0}{h_C}$$

式中，F_{AV}^0、F_{BV}^0 为相应简支梁的竖向支反力；M_C^0 为相应简支梁中截面 C 的弯矩值；h_C 为索上某点 C 的垂度（该点与索弦的垂直距离）。

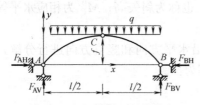

图 4-3 三铰平拱承受满跨均
布荷载作用的合理拱轴线

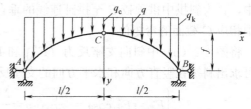

图 4-4 三铰平拱在满跨填料重量
作用下的合理拱轴线

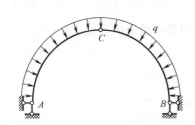

图 4-5 三铰平拱在垂直于拱轴的均布
压力作用下的合理拱轴线

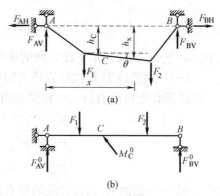

图 4-6 单索在竖向荷载作用下的内力分析

(2) 索的平衡几何形状

索的平衡几何形状与荷载有关。可由索上任一 x 截面处弯矩为零的条件得：

$$h_x=\frac{M_x^0}{F_H}=h_C\frac{M_x^0}{M_C^0}$$

式中，M_x^0 为相应简支梁中任一 x 截面处的弯矩。这表明索受力后的几何形状与对应简支梁的弯矩图形状相似，比如在竖向集中荷载作用下，悬索轴线为折线图形；在竖向均布荷载（如自重）作用下，索轴线为抛物线。

(3) 索的拉力

索上的力可根据索沿轴线任一方向拉力的水平分量是恒定不变的结论中得到，即：

$$T=\frac{F_H}{\cos\theta}=F_H\sqrt{1+(y')^2}$$

这就是悬索拉力与水平支反力及悬索形状之间的关系。最大拉力 T 发生在倾角最大的悬索段上，通常出现在锚固端。

(4) 由于悬索结构的受力性能与对应倒置的合理拱轴的受力性质完全一致，因此平拉索的支反力及内力计算公式，也可以由三铰平拱相关计算公式移植过来。

（5）广义索定理（图4-7）

承受竖向荷载作用的索上任一点，其垂度和索拉力水平分量的乘积等于相应简支梁在相应荷载作用下这一截面的弯矩值，即：

$$F_H \cdot h_x = M_x^0$$

式中，h_x 为任一点的垂度；F_H 为索拉力的水平分量，即水平支反力；M_x^0 为相应简支梁上任一点 x 的弯矩值。

（6）悬索在分布荷载作用下的计算

单索的基本平衡微分方程为（图4-8）：

$$\begin{cases} \dfrac{dF_H}{dx} + q_x(x) = 0 \\ \dfrac{d}{dx}\left(F_H \dfrac{dz}{dx}\right) + q_z(x) = 0 \end{cases}$$

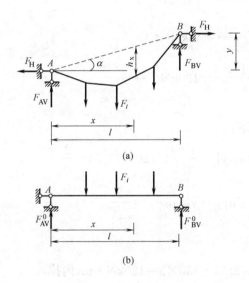

图 4-7 广义索定理

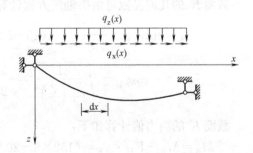

图 4-8 悬索在分布荷载作用下的计算

若悬索只承受竖向分布荷载 $q_z(x)$ 作用，由上式可得：

$$\begin{cases} F_H = 常数 \\ \dfrac{d^2 z}{dx^2} = -\dfrac{q_z(x)}{F_H} \end{cases}$$

这表明，索在竖向分布荷载下，索中水平张力为定值；索曲线在某点的二阶导数（当索较平坦时即为其曲率）与作用在该点的竖向荷载集度成正比。应当注意，上面提到的荷载 $q_z(x)$、$q_x(x)$ 是沿跨度单位长度上的荷载，其指向与坐标轴一致时为正。

第三节 例题分析

【**例 4-1**】 求如图 4-9（a）所示三铰拱中截面 K 的内力。已知拱轴线方程为：$y =$

$4fx(l-x)/l^2$，l 为跨度，f 为拱高。

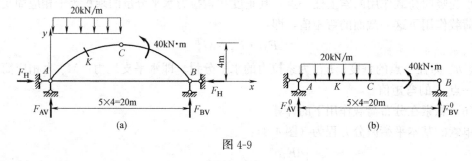

图 4-9

【解】（1）求支座反力

如图 4-9（a）所示三铰拱的相应简支梁见图 4-9（b）。

$$F_{AV}=F_{AV}^0=\frac{20\times 10\times 15+40}{20}=152\text{kN}(\uparrow)$$

$$F_{BV}=F_{BV}^0=\frac{20\times 10\times 5-40}{20}=48\text{kN}(\uparrow)$$

$$F_H=\frac{M_C^0}{f}=\frac{152\times 10-20\times 10\times 5}{4}=130\text{kN}(\rightarrow\leftarrow)$$

（2）计算截面 K 的内力值

截面 K 的几何参数可由拱轴线方程计算如下：

$$x_K=5\text{m},\ y_K=\frac{4\times 4}{20^2}\times 5\times(20-5)=3\text{m},\ y'_K=\frac{4\times 4}{20^2}\times(20-2\times 5)=\frac{2}{5}$$

$$\cos\varphi_K=\sqrt{\frac{1}{1+\left(\frac{2}{5}\right)^2}}=\frac{5}{\sqrt{29}},\ \sin\varphi_K=y'_K\cos\varphi_K=\frac{2}{\sqrt{29}}$$

截面 K 的内力值计算如下：

$$M_K=M_K^0-F_H\cdot y_K=(152\times 5-20\times 5\times 2.5)-130\times 3=120\text{kN}\cdot\text{m}(\text{内拉})$$

$$F_{SK}=F_{SK}^0\cos\varphi_K-F_H\sin\varphi_K=(152-20\times 5)\frac{5}{\sqrt{29}}-130\times\frac{2}{\sqrt{29}}=0\text{kN}$$

$$F_{NK}=-F_{SK}^0\sin\varphi_K-F_H\cos\varphi_K=-(152-20\times 5)\times\frac{2}{\sqrt{29}}-130\times\frac{5}{\sqrt{29}}=-140\text{kN}$$

【例 4-2】 求如图 4-10（a）所示带拉杆的半圆拱中截面 K 的内力。

【解】（1）求支座反力

$$F_{AV}=\frac{10\times 6\times 3}{12}=15\text{kN}(\downarrow),\ F_{BV}=15\text{kN}(\uparrow),\ F_{AH}=10\times 6=60\text{kN}(\leftarrow)$$

（2）求杆 DE 的轴力

取截面 I-I 以左部分进行研究，由 $\sum M_C=0$ 可得：

$$F_{NDE}=\frac{60\times 6-15\times 6}{3}=90\text{kN}（拉力）$$

（3）采用截面法计算截面 K 的内力

取截面 K 以左部分为隔离体分析，如图 4-10（b）所示，其中 $\theta=30°$。

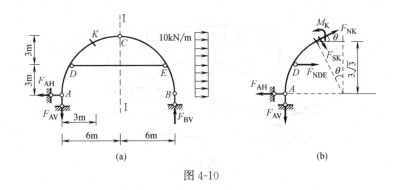

图 4-10

$$M_K = 60 \times 3\sqrt{3} - 15 \times 3 - 90 \times (3\sqrt{3} - 3) = 69.12 \text{kN} \cdot \text{m}（内拉）$$
$$F_{SK} = 60\sin30° - 90\sin30° - 15\cos30° = -27.99 \text{kN}$$
$$F_{NK} = 60\cos30° - 90\cos30° + 15\sin30° = -18.48 \text{kN}（压力）$$

【例 4-3】 求如图 4-11（a）所示结构中拱轴上截面 K 的弯矩。

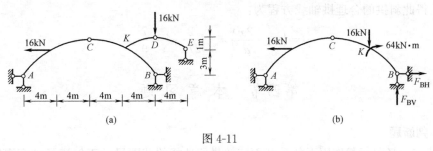

图 4-11

【解】 由几何组成分析可知，DE 为附属部分，$ABCD$ 为基本部分，图 4-11（a）所示结构可简化为如图 4-11（b）所示结构。

由整体平衡条件 $\sum M_A = 0$ 可得：

$$F_{BV} = \frac{16 \times 12 + 64 - 16 \times 3}{16} = 13\text{kN}(\uparrow)$$

取铰 C 以右部分为隔离体并由 $\sum M_C = 0$ 可得：

$$F_{BH} = \frac{16 \times 4 + 64 - 13 \times 8}{4} = 6\text{kN}(\rightarrow)$$

由截面法可求得拱轴上 K 左、右截面的弯矩分别为：

$$M_K^L = 13 \times 4 + 6 \times 5 - 64 = 6\text{kN} \cdot \text{m}（内拉）$$
$$M_K^R = 13 \times 4 + 6 \times 3 = 70\text{kN} \cdot \text{m}（内拉）$$

【例 4-4】 确定如图 4-12 所示三铰斜拱的合理拱轴线。

【解】 由平衡条件可求得斜拱的支反力为：

$$F_H = \frac{M_C^0}{f} = \frac{4.5qa \times 6a - 0.5q \times (6a)^2}{2a - 2a/3} = \frac{27}{4}qa$$

$$F_{AV} = F_{AV}^0 + F_H\tan\alpha = 4.5qa + \frac{27}{4}qa \times \frac{1}{9} = \frac{21}{4}qa$$

根据截面法，可知拱上任一 x 截面处的弯矩为：

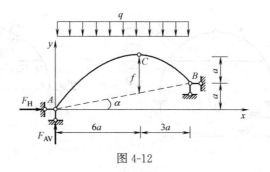

图 4-12

$$M(x)=F_{AV}x-F_{H}y-\frac{1}{2}qx^2=\frac{21}{4}qa\times x-\frac{27}{4}qa\times y-\frac{1}{2}qx^2$$

根据合理拱轴的定义，应有 $M(x)=0$，即：

$$\frac{21}{4}qa\times x-\frac{27}{4}qa\times y-\frac{1}{2}qx^2=0$$

从而得此斜拱的合理拱轴线方程为：

$$y=\left(21-\frac{2x}{a}\right)=-\frac{2}{27a}x^2+\frac{7}{9}x$$

第四节　本章习题

一、判断题

1. 若有一竖向荷载作用下的等截面三铰拱所选择的截面尺寸正好满足抗弯强度要求，则改用相应简支梁结构形式（材料、截面尺寸、外因、跨度均相同）时也一定满足设计要求。　　　　　　　　　　　　　　　　　　　　　　　　　　　（　　）

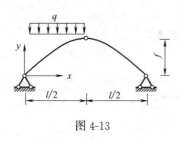

图 4-13

2. 三铰平拱的水平推力不仅与三铰的位置有关，还与拱轴线的形状有关。　　　　　　　　　　　　　　　（　　）

3. 带拉杆三铰平拱中（拉杆在支座位置处），拉杆的拉力等于无拉杆三铰平拱的水平推力。　　　　（　　）

4. 如图 4-13 所示抛物线三铰拱，如果矢高增大一倍，则水平推力减小一半，弯矩不变。　　　　　　（　　）

5. 如图 4-14 所示两个三铰拱的支座反力相同。
　　　　　　　　　　　　　　　　　　　　　　　　（　　）

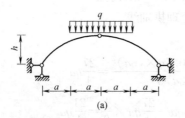
(a)

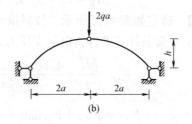
(b)

图 4-14

6. 如图 4-15 所示两个抛物线三铰拱的受力完全一样。　　　　　　　　（　　）

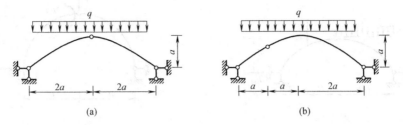

图 4-15

7. 如图 4-16 所示三个结构的支座反力相同，但内力不同。　　　　　　（　　）

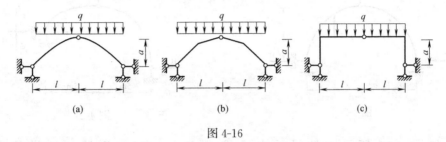

图 4-16

8. 拱的合理轴线是指在任意荷载作用下，拱任一截面弯矩为零。　　　　（　　）
9. 三铰拱水平支座反力是由整体平衡条件确定的。　　　　　　　　　　（　　）
10. 在竖向均布荷载作用下，三铰平拱的合理轴线为二次抛物线。　　　（　　）

二、填空题

1. 如图 4-17 所示结构中属于拱结构的是_____。

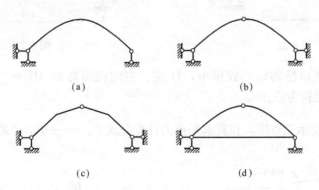

图 4-17

2. 当跨度和竖向荷载相同时，三铰平拱的水平推力随矢高减小而_____。
3. 如图 4-18 所示拱的水平推力 $F_H=$_____。
4. 如图 4-19 所示三铰拱的水平推力 $F_H=$_____。
5. 如图 4-20 所示三铰拱的水平推力 $F_H=$_____。
6. 如图 4-21 所示三铰拱的水平推力 $F_H=$_____。

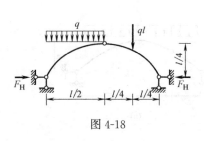

图 4-18

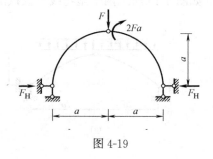

图 4-19

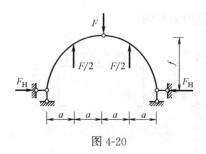

图 4-20

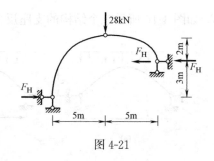

图 4-21

7. 如图 4-22 所示三铰拱的水平推力 $F_H = ql/2$,则该三铰拱的高跨比 $f/l=$ _____。

8. 如图 4-23 所示拱中截面 K 的弯矩值 $M_K=$ _____。以内侧受拉为正。

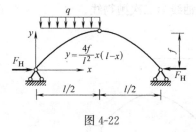

图 4-22

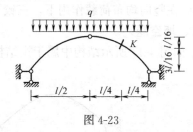

图 4-23

9. 如图 4-24 所示抛物线三铰拱中,D 左、右侧截面弯矩 $M_D^L=$ _____,$M_D^R=$ _____。以内侧受拉为正。

10. 如图 4-25 所示三铰拱,在其水平推力计算公式 $F_H = \dfrac{M_c^0}{f}$ 中,f 取 _____。

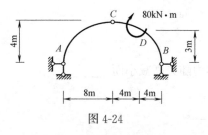

图 4-24

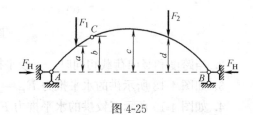

图 4-25

11. 如图 4-26 所示三铰拱,可利用水平推力计算公式 $F_H = \dfrac{M_c^0}{f}$ 计算杆 DE 的轴力,其中 f 取_____。

12. 在如图 4-27 所示结构中，链杆 1 的轴力 F_{N1} =_____。

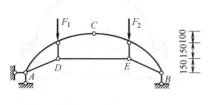

图 4-26（单位：cm）

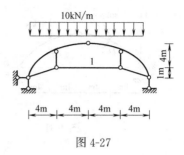

图 4-27

13. 如图 4-28 所示带拉杆三铰拱中，杆 1 的轴力 F_{N1} =_____。
14. 在径向均布荷载作用下，三铰拱的合理轴线为_____。
15. 在如图 4-29 所示拱中，杆 AB 的轴力 F_{NBD} =_____。

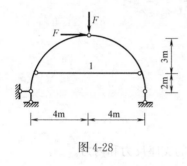

图 4-28

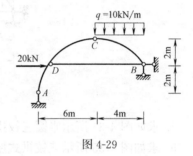

图 4-29

16. 在如图 4-30 所示结构中，水平推力 F_H =_____。

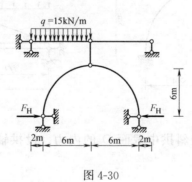

图 4-30

17. 区别拱和梁的主要标志是_____。

三、计算题

1. 求如图 4-31 所示三铰拱截面 D 和截面 E 的内力。已知拱轴线方程为：$y = 4fx(l-x)/l^2$，l 为跨度，f 为拱高。

2. 求如图 4-32 所示半圆弧三铰拱中截面 K 的内力。

3. 如图 4-33 所示抛物线三铰拱，拱轴线方程为 $y = \dfrac{2}{25}x(20-x)$，求截面 K 的内力。

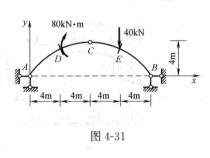

图 4-31

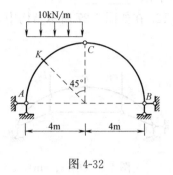

图 4-32

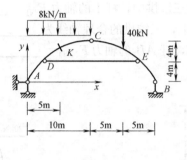

图 4-33

4. 求如图 4-34 所示半圆三铰拱中截面 K 的内力。

5. 求如图 4-35 所示三铰拱式屋架在竖向荷载作用下的支座反力和内力。

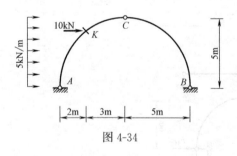

图 4-34

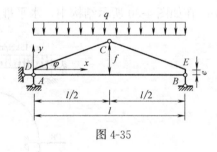

图 4-35

6. 求如图 4-36 所示三铰斜拱中截面 D 的内力。设拱轴线为二次抛物线，C 为拱顶铰。

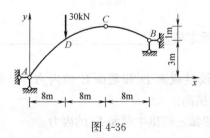

图 4-36

7. 确定如图 4-37 所示三铰拱的合理拱轴线，已知跨度为 l，矢高为 f。

8. 求如图 4-38 所示结构中，链杆 DE 的轴力 F_{NDE} 及拱轴上结点 E 处弯矩 M_E。

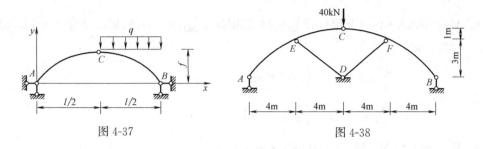

图 4-37　　　　　　　　　　　图 4-38

第五节　习题参考答案

一、判断题

1. ×　2. ×　3. √　4. √　5. ×　6. √　7. √　8. ×　9. ×　10. √

二、填空题

1. (b)、(c)、(d)　　　　2. 增大　　　　　　3. $0.75ql$

4. $0.5F$　　　　　　　5. $0.5Fa/f$　　　　6. 20kN

7. 1/8　　　　　　　　8. 0　　　　　　　　9. -30kN·m　50kN·m

10. b　　　　　　　　11. 250cm　　　　　 12. 80kN（拉力）

13. $1.5F$（拉力）　　　14. 圆弧线　　　　　15. 4kN（拉力）

16. 30kN　　　　　　　17. 在竖向荷载作用下拱产生水平推力，导致拱内主要内力为压力

三、计算题

1. $M_D^L = -70$kN·m（外拉），$M_D^R = 10$kN·m（内拉），$F_{SD} = -8.94$kN，$F_{ND} = -29.07$kN

$M_E = 50$kN·m（内拉），$F_{NE}^L = -24.59$kN，$F_{NE}^R = -42.49$kN，$F_{SE}^R = -17.89$kN，$F_{SE}^L = 17.89$kN

2. $M_K = 0$kN·m，$F_{NK} = 20$kN，$F_{SK} = 5.858$kN

3. $M_K = 100$kN·m（内拉），$F_{SK} = -23.43$kN，$F_{NK} = -77.31$kN

4. $M_K = 38.5$kN·m（内拉），$F_{SK}^L = -5.35$kN，$F_{SK}^R = -11.35$kN，$F_{NK}^L = 9.95$kN，$F_{NK}^R = 1.95$kN

5. 支座反力：$F_{AV} = F_{BV} = \dfrac{ql}{2}$（↑），$F_{AH} = 0$

杆 AB 的轴力 $F_{NAB} = \dfrac{ql^2}{8f}$（拉力），记为 F_H

截面内力：$M(x) = \dfrac{1}{2}qlx - \dfrac{1}{2}qx^2 - F_H(y+e)$　（$0 \leqslant x \leqslant l/2$）

$F_S(x) = \left(\dfrac{1}{2}ql - qx\right)\cos\varphi - F_H\sin\varphi$　（$0 \leqslant x \leqslant l/2$）

57

$$F_N(x) = -\left(\frac{1}{2}ql - qx\right)\sin\varphi - F_H\cos\varphi \quad (0 \leqslant x \leqslant l/2)$$

6. $M_D = 80\text{kN}\cdot\text{m}$ （下拉），$F_{SD}^L = 14.55\text{kN}$，$F_{ND}^L = -44.87\text{kN}$，$F_{SD}^R = -14.55\text{kN}$，$F_{ND}^R = -37.59\text{kN}$

7. $y = \begin{cases} \dfrac{2f}{l}x & \left(0 \leqslant x < \dfrac{l}{2}\right) \\ \dfrac{10f}{l}x - \dfrac{8f}{l^2}x^2 - 2f & \left(\dfrac{l}{2} \leqslant x < l\right) \end{cases}$

8. $F_{NDE} = 100\text{kN}$ $M_E = -160\text{kN}\cdot\text{m}$ （上拉）

第五章 静定桁架和组合结构

第一节 学习要求

桁架中杆件只受轴力（无弯矩、无剪力），截面应力均匀分布，故材料性能可得到充分发挥。组合结构是由两种受力特性不同的杆件（梁式杆和链杆）组成，能发挥这两类杆件各自的优势。本章讨论了静定桁架结构内力分析方法（包括结点法、截面法、联合法）以及静定组合结构内力分析方法。

学习要求如下：
(1) 掌握平面桁架的几何组成方式以及几何组成划分的桁架类型；
(2) 能灵活地运用结点平衡的特殊情况，判断桁架结构中的零杆，以及某些等力杆的轴力；
(3) 会熟练运用结点法、截面法计算桁架结构中杆件轴力，并掌握联合运用结点法和截面法求解较复杂桁架结构中的杆件轴力；
(4) 掌握组合结构的概念以及组合结构中梁式杆件和链杆的判别；
(5) 掌握组合结构的内力求解方法；
(6) 熟悉静定结构的一般性质。

其中，联合法求解复杂桁架中的杆件轴力以及组合结构的求解次序问题是本章学习难点。

第二节 基本内容

一、桁架按几何组成特征分类
(1) 简单桁架：由基础或一个基本铰接三角形依次增加二元体形成；
(2) 联合桁架：由几个简单桁架按几何不变体系的几何组成规则形成；
(3) 复杂桁架：不是按简单桁架或联合桁架几何组成方式形成。

二、桁架计算的结点法
(1) 取隔离体

截取桁架结点为隔离体，作用于结点上的各力（包括外荷载、反力和杆件轴力）组成平面汇交力系，存在两个独立的平衡方程，可解出两个未知杆轴力。采用结点法计算桁架时，一般从内力未知的杆不超过两个的结点开始依次计算。

计算时，要注意斜杆轴力与其投影分力

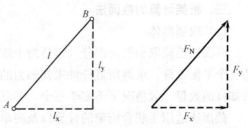

图 5-1 链杆轴力及其投影分力之间的关系

之间的关系（图 5-1）。

$$\frac{F_N}{l}=\frac{F_x}{l_x}=\frac{F_y}{l_y}$$

式中，l 为杆件长度；l_x 和 l_y 分别为杆件在两个竖直方向的投影长度；F_N 为杆件轴力；F_x 和 F_y 分别为轴力在两个互相垂直方向的投影分量。

结点法一般适用于求简单桁架中所有杆件轴力。

（2）特殊杆件（如零杆、等力杆等）的判断

1) L 形结点（图 5-2a）

呈 L 形汇交的两杆结点没有外荷载作用时两杆均为零杆。

2) T 形结点（图 5-2b）

呈 T 形汇交的三杆结点没有外荷载作用时，不共线的第三杆必为零杆，而共线的两杆内力相等且正负号相同（同为拉力或同为压力）。

3) X 形结点（图 5-2c）

呈 X 形汇交的四杆结点没有外荷载作用时，彼此共线的杆件轴力两两相等且符号相同。

4) K 形结点（图 5-2d）

呈 K 形汇交的四杆结点，其中两杆共线，而另外两杆在共线杆同侧且夹角相等。若结点上没有外荷载作用时，则不共线杆件的轴力大小相等但符号相反（即一杆为拉力另一杆为压力）。

5) Y 形结点（图 5-2e）

呈 Y 形汇交的三杆结点，其中两杆分别在第三杆的两侧且夹角相等。若结点上没有与第三杆轴线方向倾斜的外荷载作用，则该两杆内力大小相等且符号相同。

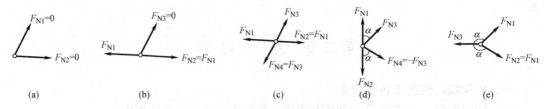

图 5-2 结点平衡的特殊情况

对称桁架在正对称荷载下，在桁架的对称轴两侧的对称位置上的杆件，应有大小相等、性质相同（同为拉杆或压杆）的轴力；在反对称荷载下，在桁架对称轴两侧的对称位置上的杆件，应有大小相等、性质相反（一拉杆一压杆）的轴力。

三、桁架计算的截面法

（1）取隔离体

截面法是截取桁架一部分（包括两个或两个以上结点）为隔离体，利用平面一般力系的三个平衡方程，求解所截杆件未知轴力的方法。用截面法对桁架结构进行分析时，截到未知杆的数目一般情况下不多于三个，不互相平行也不交于一点。

截面法适用于联合桁架的计算以及简单桁架结构中计算少数杆件内力的问题。

在用截面法截取部分桁架作为隔离体分析时，平衡方程的形式可以根据需要进行选

择。按照所选平衡方程的不同，截面法又可分为力矩法和投影法两类。

（2）力矩法

力矩法是尽量选多个未知力的交点作为矩心，采用力矩平衡条件求解未知杆的轴力。比如通常情况下截面截到三个未知杆，若以三个未知力中的两个杆内力作用线的交点为矩心，根据力矩的平衡条件，可直接求出第三个未知杆轴力。

尤其要注意，当列力矩平衡方程遇到力臂不易确定时，根据力的可传性原理，可将该力沿其作用线滑移到其他位置并进行分解，这样处理并不影响隔离体的平衡。

（3）投影法

投影法是利用力的投影平衡条件求解未知杆的轴力，投影轴尽量垂直于多个未知力的作用线方向。若三个未知力中有两个力的作用线互相平行，将所有作用力都投影到与此平行线垂直的方向上，并写出力的投影平衡方程，从而直接求出另一未知内力。投影法常用来计算平行弦桁架中腹杆的内力。

（4）联合桁架的求解

在联合桁架的内力求解中，通常根据联合桁架的组成形式（将两个或三个简单桁架由铰或链杆连接形成），先运用截面法求出简单桁架之间铰或连接链件的内力，然后再采用适当的方法分别计算简单桁架中各杆轴力。

（5）截面法中的两种特殊情况

所作截面虽截断三根以上的未知杆件，但只要在被截到的杆件中，除某一杆外，其余各杆均交于一点，则取该交点为矩心，列力矩平衡式便可求解该杆内力；或者除某一杆外，其余各杆均相互平行，则可以选取与平行杆垂直的方向为投影轴，建立力的投影平衡式，便可求解该杆内力。

四、静定桁架结构计算方法总结

一般情况下，对桁架进行内力分析之前，应先对其进行几何组成分析，判定其类型，再选取相应的方法。

求简单桁架中所有杆轴力，宜选用结点法。求简单桁架中指定杆轴力，宜选用截面法。

求联合桁架中所有杆轴力，一般先用截面法截开几个简单桁架间的连接处，从而先求出简单桁架间的连接力（连接铰的相互作用力或连接链杆的轴力）；再根据结点法或截面法对简单桁架进行内力分析。另外，求某指定杆内力，若截断未知杆的任一隔离体中未知力数目多于3，且不属于特殊情况，可以先求出其中一些易求的杆件轴力，据此再求解指定杆的内力。

在桁架计算中，若只需求解某几根指定杆件的轴力，而单独应用结点法或截面法不能一次求出结果时，则可联合应用结点法和截面法，如K形腹杆桁架。

五、组合结构

组合结构由梁式杆和链杆组成。

（1）梁式杆和链杆的判别

链杆为直杆，两端完全铰接，且无横向荷载和力偶作用，如图5-3（a）所示。折杆（图5-3b），或横向荷载作用的直杆（图5-3c），或带有不完全铰的两端铰接的杆件（图5-3d），均为梁式杆。

链杆只有轴力，梁式杆截面上有弯矩、剪力和轴力。

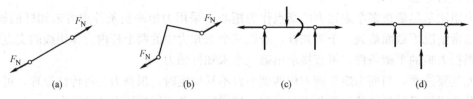

图 5-3 链杆和梁式杆的判别

（2）内力分析方法

一般情况下，宜先采用截面法和结点法求出链杆轴力，再取梁式杆作为隔离体分析，并作其内力图。当梁式杆的弯矩图很容易先行绘出时，则不必拘泥于上述分析方法。

第三节 例题分析

【**例 5-1**】 求如图 5-4（a）所示桁架中所有杆件的轴力。

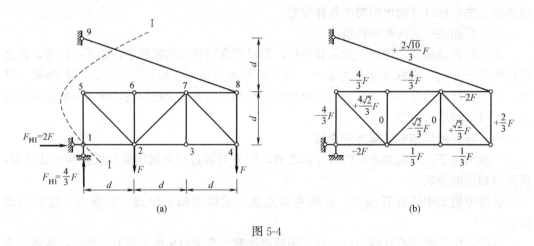

图 5-4

【**解**】（1）取截面Ⅰ-Ⅰ以右部分进行研究，由 $\sum M_1 = 0$ 有：$F_{x89} \times 2d - F \times d - F \times 3d = 0$，解得：

$$F_{x89} = 2F$$

从而有：

$$F_{N89} = \frac{2F}{3d} \times \sqrt{10}d = \frac{2\sqrt{10}F}{3}（拉力）$$

（2）再依次由结点 8、4、3、7、6、5、1 的平衡条件，求得其他杆轴力，如图 5-4（b）所示。

【**例 5-2**】 求如图 5-5 所示桁架中杆件 a、b 的轴力。

【**解**】 经几何组成分析，此结构为三铰桁架。

（1）求支座反力

取铰 7 右边部分为隔离体分析，由 $\sum M_7 = 0$ 有：$F_{2x} = F_{2y}$

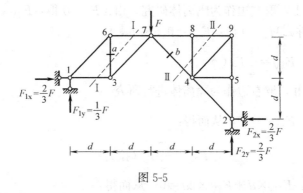

图 5-5

由整体平衡条件 $\sum M_1=0$ 有：$F\times 2d+F_{2x}\times d=F_{2y}\times 4d$
从而得：

$$F_{2x}=\frac{2}{3}F\ (\leftarrow),\ F_{2y}=\frac{2}{3}F\ (\uparrow)$$

再分别由整体平衡条件 $\sum F_x=0$、$\sum F_y=0$ 得：

$$F_{1x}=\frac{2}{3}F\ (\rightarrow),\ F_{1y}=\frac{1}{3}F\ (\uparrow)$$

(2) 作截面 Ⅰ-Ⅰ，取左边作为隔离体研究，由 $\sum F_y=0$ 得：

$$F_{Na}=-\frac{1}{3}F（压力）$$

(3) 作截面 Ⅱ-Ⅱ，取右边作为隔离体进行研究，由 $\sum M_8=0$ 得：$F_{xb}\times d+F_{2x}\times 2d=F_{2y}\times d$，解得：

$$F_{xb}=-\frac{2}{3}F$$

从而得：

$$F_{Nb}=-\frac{2\sqrt{2}}{3}F\ （压力）$$

【例 5-3】 求如图 5-6 所示桁架中杆件 a、b 的轴力。

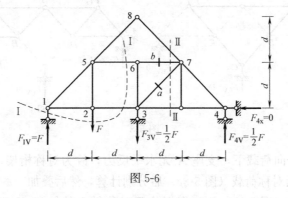

图 5-6

【解】 经几何组成分析，此结构为主从结构，截面 Ⅰ-Ⅰ 左边为附属部分，右边为基本部分。杆件 58、78 为零杆。

(1) 作截面Ⅰ-Ⅰ，取左边作为隔离体研究，由 $\sum F_y=0$ 得：$F_{1V}=F$（↑）取由整体平衡条件 $\sum M_4=0$ 得：$F_{3V}=0.5F$（↓）。

由 $\sum F_y=0$ 得：$F_{4V}=\dfrac{1}{2}F$（↑）。

(2) 作截面Ⅱ-Ⅱ，取右边作为隔离体进行研究

由 $\sum F_y=0$ 有：$F_{ya}=\dfrac{1}{2}F$，从而得：

$$F_{Na}=\dfrac{\sqrt{2}}{2}F\text{（拉力）}$$

由 $\sum M_3=0$ 有：$F_{Nb}\times d+F_{4V}\times 2d=0$，从而得：

$$F_{Nb}=-F\text{（压力）}$$

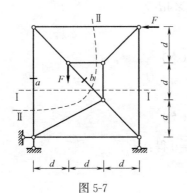

图 5-7

【例 5-4】 求如图 5-7 所示桁架中杆件 a、b 的轴力。

【解】（1）取截面Ⅰ-Ⅰ以上部分为隔离体分析，由 $\sum F_x=0$ 有：$F_{Nb}=F$，从而得：

$$F_{Nb}=\sqrt{2}F\text{（拉力）}$$

（2）取截面Ⅱ-Ⅱ以左部分为隔离体，由 $\sum F_y=0$ 有：$F_{Na}+F+F_{yb}=0$，从而得：

$$F_{Na}=-2F\text{（压力）}$$

【例 5-5】 求如图 5-8（a）所示桁架中杆件 a、b 的轴力。

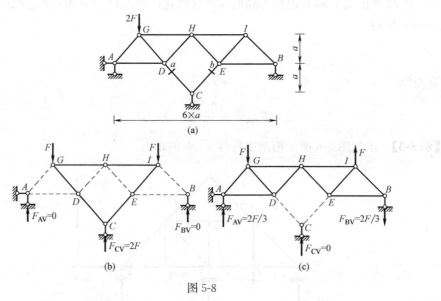

图 5-8

【解】（1）在竖向荷载下，支座 A 无水平反力，故为对称桁架。将荷载分解为对称荷载（图 5-8b）和反对称荷载（图 5-8c）后分别计算，然后叠加。

（2）在对称荷载（图 5-8b）下，根据位于对称轴上的结点 H 为 K 形结点可知，杆 DH、EH 为零杆。由结点 D、E 可知杆 AD、BE 为零杆。再由结点 A、B 可知支座反力为：

$$F_{AV}=F_{BV}=0$$

由整体平衡条件 $\sum F_y=0$ 得：$F_{CV}=2F$（↑）。

由结点 C 的平衡得：

$$F'_{Na}=F'_{Nb}=-\sqrt{2}F$$

(3) 在反对称荷载（图 5-8c）下，位于对称轴上的支座反力 $F_{CV}=0$，由结点 C 的平衡得：

$$F''_{Na}=F''_{Nb}=0$$

(4) 叠加可得：

$$F_{Na}=F'_{Na}+F''_{Na}=-\sqrt{2}F（压力），F_{Nb}=F'_{Nb}+F''_{Nb}=-\sqrt{2}F（压力）$$

【例 5-6】 求如图 5-9（a）所示组合结构中链杆轴力，并作梁式杆的 M 图。

【解】 (1) 经几何组成分析，AEC 为基本部分，$BDGH$ 为附属部分。其中杆 CD 为链杆，其余均为梁式杆。

(2) 作截面 I-I 并取右部分为隔离体分析：由 $\sum M_B=0$ 可求得链杆轴力为：

$$F_{NCD}=0.25qd（拉力）$$

求得 B 支座的反力分别为：

$$F_{Bx}=qd/4（→），F_{By}=2.5qd（↑）$$

(3) 由整体平衡条件可求得 A 支座处的反力分别为：

$$F_{Ax}=0.75qd（→），F_{Ay}=0，M_A=0.25qd^2（逆时针）$$

(4) 分段作各梁式杆的 M 图，整个组合结构的 M 图如图 5-9（b）所示。

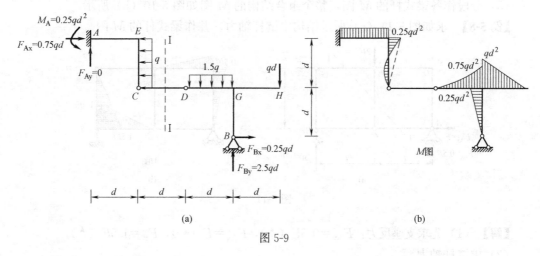

图 5-9

【例 5-7】 求如图 5-10（a）所示组合结构中链杆轴力，并作梁式杆的 M 图。

【解】 (1) 经几何组成分析，此组合结构为三铰式结构。其中，杆 DE、GH 为链杆，其余均为梁式杆。

(2) 由整体平衡条件 $\sum F_x=0$，易求得：$F_{Cx}=qd$（→）

(3) 求链杆轴力：作截面 I-I 并取右部分为隔离体进行分析

由 $\sum F_x=0$ 有：

$$F_{NDE}+F_{NGH}+2qd-qd=0$$

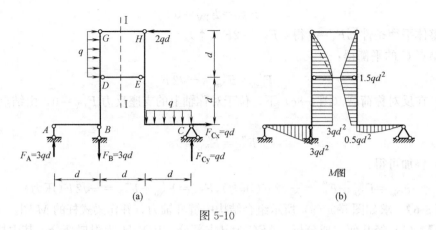

图 5-10

由 $\sum M_B = 0$ 得：

$$F_{NDE} \times d + F_{NGH} \times 2d + 2qd \times 2d + \frac{1}{2}qd^2 = 0$$

联合以上两式可求得链杆轴力为：

$$F_{NDE} = 2.5qd（拉力），F_{NGH} = -3.5qd（压力）$$

并求得 C 支座的竖向反力为：$F_{Cy} = qd（↑）$。

(4) 由整体平衡条件可求得 A、B 支座处的反力为：

$$F_A = 3qd（↑），F_B = 3qd（↓）。$$

(5) 分段作各梁式杆的 M 图，整个组合结构的 M 图如图 5-10（b）所示。

【例 5-8】 求如图 5-11（a）所示结构中链杆轴力，并作梁式杆的 M 图。

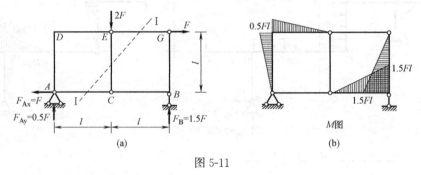

图 5-11

【解】 (1) 先求支座反力：$F_{Ay} = 0.5F（↑），F_{Ax} = F（←），F_B = 1.5F（↑）$。

(2) 求链杆轴力

经几何组成分析可知：上部体系是由梁式杆 ADE、CBG 通过三根链杆（杆 AC、CE、EG）按两刚片规则形成的。作截面 I-I 并取右部分为隔离体进行分析：

由 $\sum F_y = 0$ 得：$F_{NCE} = -1.5F$（压力）

由 $\sum M_C = 0$ 得：$F_{NGE} \times l - Fl + 1.5Fl = 0$，从而得：$F_{NGE} = -0.5F$（压力）

由 $\sum F_x = 0$ 得：$F_{NAC} = 1.5F$（拉力）

(3) 分段作各梁式杆的 M 图，整个组合结构的 M 图如图 5-11（b）所示。

【例 5-9】 求如图 5-12（a）所示结构中链杆轴力，并作梁式杆的 M 图。

【解】 (1) 经几何组成分析可知：ABC 为基本部分，DEGH 为其附属部分，而 GHIJ 又为 DEGH 的附属部分。分析次序为：GHIJ→DEGH→ABC。其中，杆 GI、EH 为链杆，其余均为梁式杆。

(2) 取 GHIJ 分析（图 5-12b）

由 $\sum M_H = 0$ 求得链杆 GI 的轴力为：
$$F_{NGI} = 0.5ql \text{（拉力）}$$

求得铰 H 处的连接力为：
$$F_{Hx} = ql \text{（←）}, \quad F_{Hy} = 1.5ql \text{（↑）}$$

(3) 取 DEGH 分析（图 5-12c）

由 $\sum M_D = 0$ 求得链杆 EH 的轴力为：
$$F_{NEH} = -3.5ql \text{（压力）}$$

求得铰 D 处的连接力为：
$$F_{Dx} = 2ql \text{（←）}, \quad F_{Dy} = 2.5ql \text{（↓）}$$

(4) 取 ABC 分析（图 5-12d）

基本部分 ABC 为三铰刚架，由三个整体平衡条件及局部平衡条件 $\sum M_C = 0$，可分别求得支座 A、B 处的反力。

(5) 整个刚架结构的 M 图如图 5-12（e）所示。

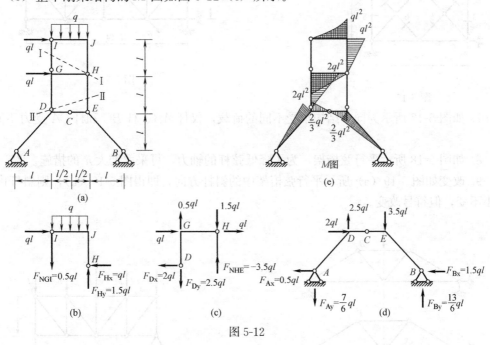

图 5-12

第四节 本章习题

一、判断题

1. 桁架结构中零杆不受力，所以它是桁架中不需要的杆，可以撤除。　　　　（　）

2. 组合结构中，链杆的内力是轴力，梁式杆的内力只有弯矩和剪力。 （   ）

3. 如图 5-13 所示对称桁架结构中，$F_{N1}=F_{N2}=F_{N3}=0$。 （   ）

4. 如图 5-14 所示桁架中所有斜杆都是拉杆。 （   ）

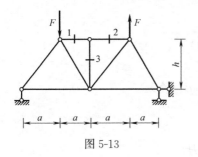

图 5-13

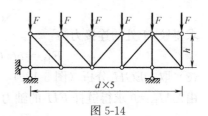

图 5-14

5. 如图 5-15 所示对称桁架中，杆 1 至杆 8 的轴力均为零。 （   ）

6. 如图 5-16 所示桁架中只有杆 2 受力。 （   ）

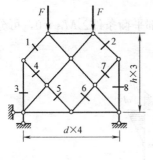

图 5-15

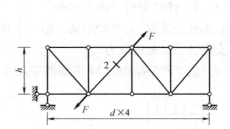

图 5-16

7. 如图 5-17 所示为同一结构承受不同的荷载，仅杆 AB、杆 BC 和杆 CA 受力不同。
 （   ）

8. 如图 5-18 所示平行弦桁架，为了降低弦杆的轴力，可采取增大 h 的措施。 （   ）

9. 改变如图 5-19（a）所示平行弦桁架中的斜杆方向，即得图 5-19（b），则斜杆内力大小不变，但符号改变。 （   ）

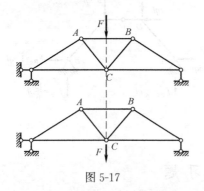

图 5-17

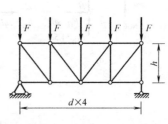

图 5-18

10. 如图 5-20 所示三角形桁架中，杆 1 的轴力与荷载 F_4 无关。 （   ）

11. 如图 5-21 所示桁架中，当仅增大桁架高度 h 而其他条件不变时，对杆 1 和杆 2 的内力均没有影响。 （   ）

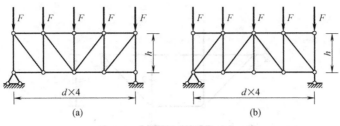

图 5-19

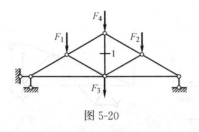

图 5-20

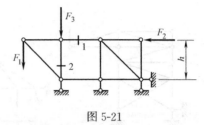

图 5-21

12. 如图 5-22 所示结构中只有当杆 1、2 的轴力符合：$F_{N1}=-F_{N2}$ 时，才能满足结点 C 的平衡条件：$\sum F_y=0$。 （ ）

13. 如图 5-23 所示结构中只有水平梁 AC、BC 受力。 （ ）

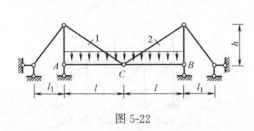

图 5-22

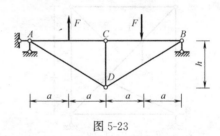

图 5-23

14. 如图 5-24 所示结构中只有水平梁 AC、BC 受力。 （ ）

15. 如图 5-25 所示对称组合结构中，只有两边柱受力。 （ ）

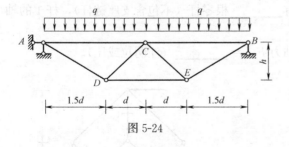

图 5-24

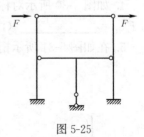

图 5-25

16. 如图 5-26 所示组合结构中，杆 1、2 的轴力之间的关系为：$F_{N1}\ne F_{N2}$。 （ ）

二、填空题

1. 如图 5-27 所示结构中，零杆根数分别为_____、_____、_____。

2. 如图 5-28 所示桁架中，杆 1 的轴力 $F_{N1}=$_____（注明拉或压）。

3. 如图 5-29 所示桁架中，杆 1 和杆 2 的轴力分别为 $F_{N1}=$_____、$F_{N2}=$_____

（注明拉或压）。

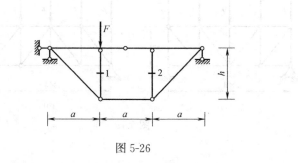

图 5-26

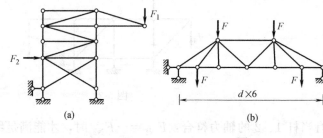

图 5-27

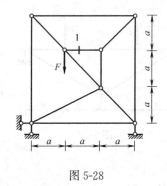

图 5-28

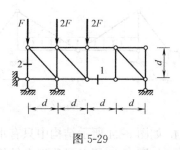

图 5-29

4. 如图 5-30 所示对称桁架结构中，有_____根零杆（不包含支座链杆），杆 1 的轴力 $F_{N1}=$ _____（注明拉或压）。

5. 在如图 5-31 所示桁架中，杆 1 的轴力 $F_{N1}=$ _____（注明拉或压）。

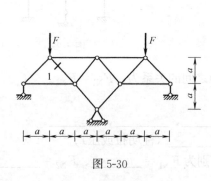

图 5-30

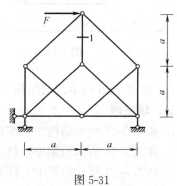

图 5-31

6. 如图 5-32 所示桁架中，杆 1、2 的轴力分别为 $F_{N1}=$ _____、$F_{N2}=$ _____（注明拉或压）。

7. 如图 5-33 所示抛物线桁架的节间剪力由 _____ 承担。

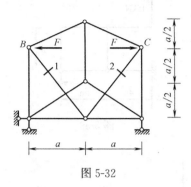

图 5-32

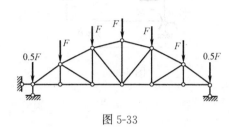

图 5-33

8. 如图 5-34 所示结构中，杆 AB 上截面 C 处弯矩 $M_C=$ _____（注明拉或压）。

9. 如图 5-35 所示结构，杆 1 的轴力 $F_{N1}=$ _____（注明拉或压）。

10. 如图 5-36 所示结构中，杆 1 的轴力 $F_{N1}=$ _____（注明拉或压）。

11. 如图 5-37 所示结构中，链杆 1 的轴力 $F_{N1}=$ _____（注明拉或压）。

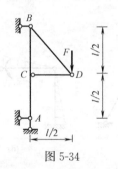

图 5-34

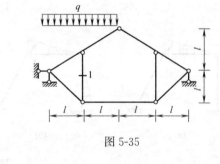

图 5-35

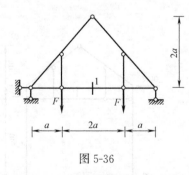

图 5-36

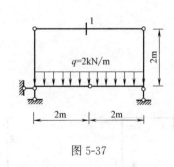

图 5-37

12. 如图 5-38 所示结构中，杆端 AB 的剪力 $F_{SAB}=$ _____。

13. 如图 5-39 所示结构中，固定支座 A 的竖向反力 $F_{AV}=$ _____。

14. 如图 5-40 所示结构中，链杆 CD、EG 的轴力分别为 $F_{NCD}=$ _____、$F_{NEG}=$ _____（注明拉或压）。

15. 如图 5-41 所示结构的弯矩图形状正确的是 _____。

16. 如图 5-42 所示结构中，链杆 BC 的轴力 $F_{NBC}=$ _____（注明拉或压）。

17. 如图 5-43 所示结构中，链杆 1 的轴力 $F_{N1}=$ _____（注明拉或压）。

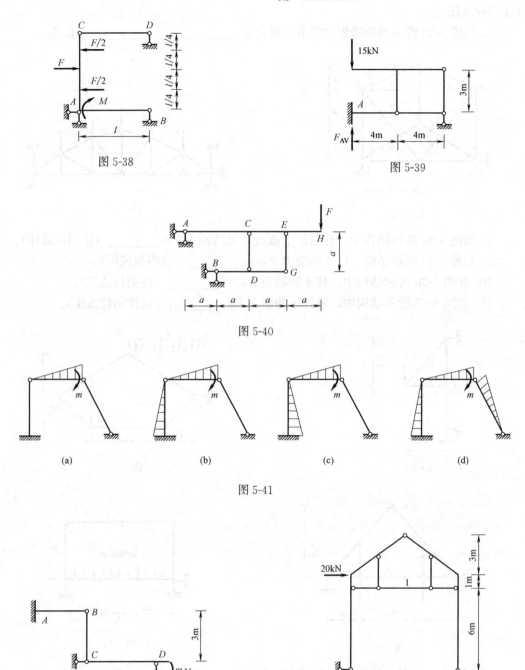

图 5-38

图 5-39

图 5-40

图 5-41

图 5-42

图 5-43

三、计算题

1. 求如图 5-44 所示各桁架中所有杆件的轴力。

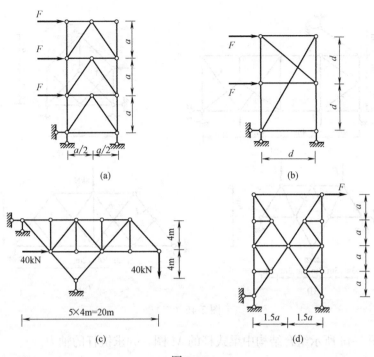

图 5-44

2. 求如图 5-45 所示桁架中指定杆件的轴力。

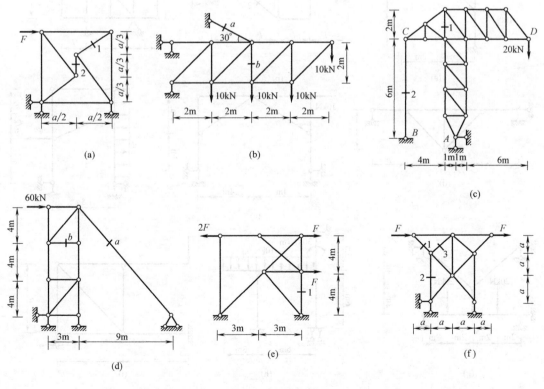

图 5-45（一）

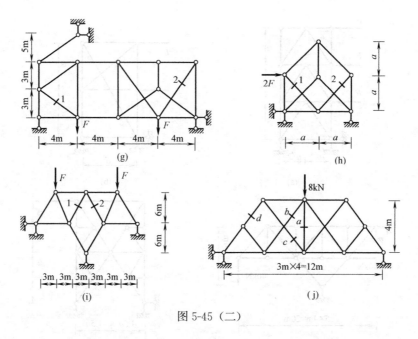

图 5-45（二）

3. 作如图 5-46 所示组合结构中梁式杆的 M 图，并求链杆的轴力。

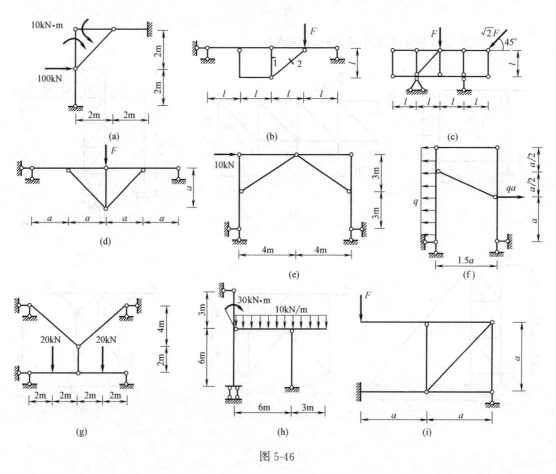

图 5-46

第五节　习题参考答案

一、判断题

1. × 2. × 3. √ 4. √ 5. √ 6. √ 7. √ 8. √ 9. √ 10. √ 11. × 12. ×
13. √ 14. × 15. √ 16. ×

二、填空题

1. 6　4　7
2. F（拉）
3. 0　F（拉）
4. 6　$\sqrt{2}F$（压）
5. 0
6. 0　0
7. 斜杆和上弦杆
8. $Fl/4$（左拉）
9. $ql/2$（压）
10. $0.5F$（拉）
11. 2kN（压）
12. $-M/l$
13. 30kN
14. $8F$（压）　$4F$（拉）
15. （c）
16. 2kN（压）
17. 17.5kN（拉）

三、计算题

1.

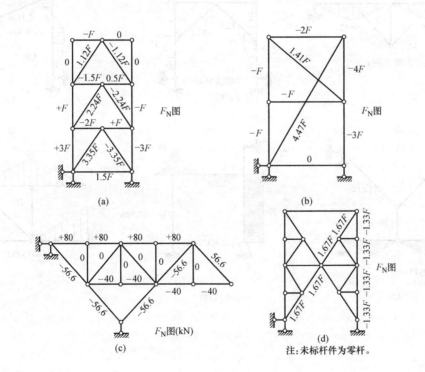

2.

(a) $F_{N1}=\sqrt{13}F/6$（拉），$F_{N2}=F$（拉）

(b) $F_{Na}=100$kN（拉），$F_{Nb}=30$kN（拉）

(c) $F_{N1}=-24$kN（压），$F_{N2}=28$kN（拉）

(d) $F_{Na}=-100$kN（压），$F_{Nb}=0$kN

(e) $F_{N1}=4F/3$（拉）

(f) $F_{N1}=0$，$F_{N2}=F$（拉），$F_{N3}=\sqrt{2}F/2$（拉）

(g) $F_{N1}=5F/6$（拉），$F_{N2}=\sqrt{13}F/3$（拉）

(h) $F_{N1}=-\sqrt{2}F$（压），$F_{N2}=\sqrt{2}F$（拉）

(i) $F_{N1}=F_{N2}=0kN$

(j) $F_{Na}=-8kN$（压），$F_{Nb}=0kN$，$F_{Nc}=5kN$（拉），$F_{Nd}=-5kN$（压）

3.

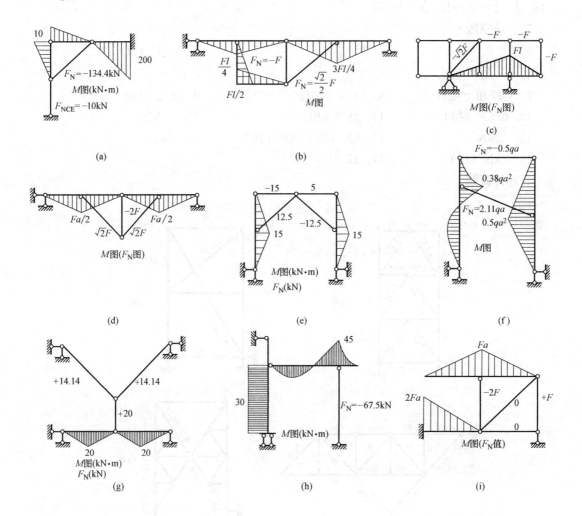

第六章 结构位移的计算

第一节 学习要求

本章主要是基于变形体系的虚功原理（求解位移的理论基础）讨论了静定结构在荷载作用、温度变化及支座移动下的位移计算问题。静定结构的位移计算在静定结构和超静定结构分析中起着承上启下作用，它是超静定结构内力计算的基础，在结构力学课程中占有重要的位置。

学习要求如下：
(1) 掌握广义位移和广义力的概念；
(2) 理解实功和虚功的含义，了解刚体体系的虚功原理及应用；
(3) 掌握变形体系的虚功原理及其应用，能熟练计算外力虚功和内力虚功；
(4) 掌握结构位移计算的基本方法——单位荷载法，针对不同的广义位移计算能施加相应的广义单位荷载；
(5) 能熟练地运用单位荷载法计算各类静定结构在荷载作用下的位移；
(6) 掌握图乘法及其应用条件，并能熟练地运用图乘法计算结构的位移；
(7) 能运用单位荷载法计算静定结构由支座移动引起的位移；
(8) 能运用单位荷载法计算静定结构由温度改变引起的位移；
(9) 掌握线弹性体系的四个互等定理及其应用情况。

其中，虚功原理的理解以及图乘法中弯矩图的分解叠加问题是学习难点。

第二节 基 本 内 容

一、结构位移

结构位移是指由于结构变形或其他原因，使结构上某点位置或某截面方位的改变。变形是指结构受外因作用，原有的尺寸和形状发生了改变。结构产生了位移，但不一定涉及变形；但结构产生了变形，一定会发生位移。

位移按性质可分为线位移和角位移。线位移是指结构上某点（或某截面）的移动，角位移是指杆件横截面产生的转动。位移按相对坐标系，又可分为绝对位移和相对位移。

位移的分类见表 6-1。

位移的分类　　　　表 6-1

绝对位移			相对位移		
点（截面）	截面	杆件	两点（两截面）	两截面	两杆件
线位移	角位移	角位移	相对线位移	相对角位移	相对角位移

引起结构产生位移的原因有：荷载作用、温度改变、支座移动及制造误差等，这些因素对静定结构内力、位移和变形的影响情况如图 6-1 所示。

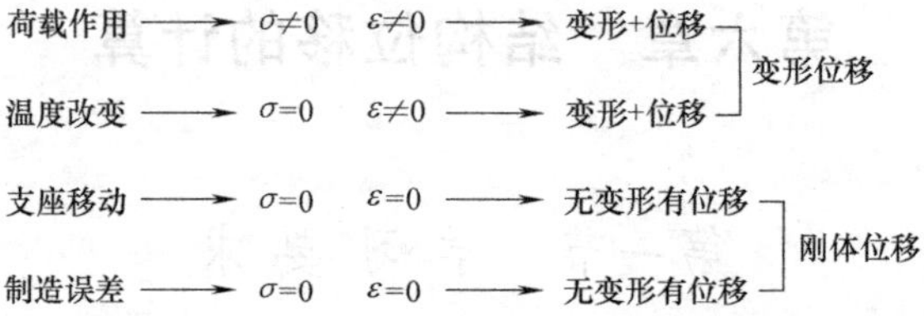

荷载作用 → σ≠0 ε≠0 → 变形+位移
温度改变 → σ=0 ε≠0 → 变形+位移
变形位移
支座移动 → σ=0 ε=0 → 无变形有位移
制造误差 → σ=0 ε=0 → 无变形有位移
刚体位移

图 6-1　各因素对静定结构内力、位移和变形的影响
（图中 σ 为应力，ε 为应变）

二、虚功原理

（1）实功与虚功

实功是指做功的力与相应的位移相关，即相应的位移是由做功的力引起的。

虚功是指做功的力与相应的位移彼此独立，即做功的力在由其他外因引起的位移上做功。

在虚功中，可以将做功的力和相应位移分别看成是属于同一体系的两种彼此无关的状态，其中力所属状态称为力状态，位移所属状态称为位移状态。在虚功中，做功的力可以是广义力，那么位移状态中相应的位移也应该为相应的广义位移（表 6-2）。而且，位移状态并不限于是由荷载引起的，也可以由其他原因如温度变化或支座移动等引起的，甚至可以是假想的。

做功的力和相应位移的对应关系　　**表 6-2**

做功的力(广义力)	相应的位移(广义位移)
一个集中力	力作用点沿力作用线方向的线位移
一个集中力偶	沿力偶作用方向的角位移
一对广义集中力	沿这个广义力作用线方向的相对线位移
一对集中力偶	沿这一对力偶作用方向的相对角位移

（2）刚体体系的虚功原理

刚体体系处于平衡的充分必要条件是：对于任何虚位移，所有外力所做虚功总和为零。

F1
F2
FR1
FR2
无关
c1
Δ1
c2
Δ2
(a)
(b)

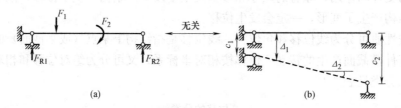

图 6-2　刚体体系虚功原理

刚体体系虚功方程式（图 6-2）可写成：

$$W=\sum F_i \cdot \Delta_i+\sum F_{Ri} \cdot c_i=0$$

式中，F_i、F_{Ri} 分别为力状态中外荷载、支座反力（广义力）；Δ_i 为位移状态中与 F_i 相对应的位移（广义位移）；c_i 为位移状态中与 F_{Ri} 相对应的支座位移（广义位移）。

（3）变形体系的虚功原理

变形体系处于平衡的充分必要条件是：对任何虚位移，外力在此虚位移上所做虚功总和（外力虚功）等于各内力在相应变形上所做虚功总和（内力虚功），即外力虚功等于内力虚功。

内力虚功 W_i 可表示如下：

$$W_i = \sum\int M\mathrm{d}\varphi + \sum\int F_s\mathrm{d}\eta + \sum\int F_N\mathrm{d}u = \sum\int M\kappa\mathrm{d}s + \sum\int F_s\gamma\mathrm{d}s + \sum\int F_N\varepsilon\mathrm{d}s$$

式中，$\mathrm{d}u = \varepsilon\mathrm{d}s$，为微段 $\mathrm{d}s$ 相对轴向变形；$\mathrm{d}\eta = \gamma\mathrm{d}s$，为微段 $\mathrm{d}s$ 相对剪切变形；$\mathrm{d}\varphi = \kappa\mathrm{d}s$，为微段 $\mathrm{d}s$ 相对转角 $\mathrm{d}\varphi$；ε 为轴向伸长或压缩应变；γ 为平均剪切应变；κ 为轴线处弯曲曲率。

变形体系虚功方程式可表示为：

$$\sum F_i\Delta_i + \sum F_{Ri}c_i = \sum\int M\kappa\mathrm{d}s + \sum\int F_s\gamma\mathrm{d}s + \sum\int F_N\varepsilon\mathrm{d}s$$

（4）虚功原理的两种应用形式

1）虚位移原理

受力状态是真实的（力未知），利用虚设可能产生的位移状态（位移已知）来求未知力（支座反力或内力）。

2）虚力原理

位移状态是真实的（位移未知），利用虚设一平衡力系（力已知）来求位移。

本章是利用虚力原理来求结构的位移。

三、位移计算的一般公式

利用单位荷载法计算结构位移的一般公式为：

$$\Delta_K = -\sum \overline{F}_{Ri}c_i + \sum\int \overline{M}\kappa\mathrm{d}s + \sum\int \overline{F}_S\gamma\mathrm{d}s + \sum\int \overline{F}_N\varepsilon\mathrm{d}s$$

式中，$\overline{F}_{Ri}$、$\overline{M}$、$\overline{F}_S$、$\overline{F}_N$ 分别为虚拟单位荷载 $\overline{F}=1$ 作用产生的支座反力、弯矩、剪力和轴力；c_i、κ、γ、ε 分别为实际位移状态中支座移动、弯曲曲率、平均剪切应变和轴向应变。

采用单位荷载法求结构位移时，要根据所求位移类别的不同，虚设相应的单位力状态，见表 6-3。

广义位移的计算　　　　　　　　　　　　　　　　　　　　　表 6-3

待求的广义位移	广义单位荷载的施加	
截面(结点)绝对线位移	沿拟求位移方向施加一个单位集中力	$\overline{F}=1$ 作用于 A 点 求 Δ_{Ax}

续表

待求的广义位移	广义单位荷载的施加	
截面绝对角位移	在该截面处施加一个单位集中力偶	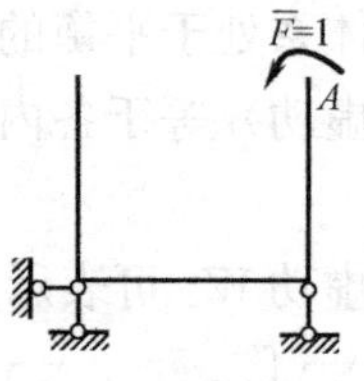 求 φ_A
求两截面沿其连线方向上的相对线位移	沿两截面连线方向上施加一对指向相反的单位集中力	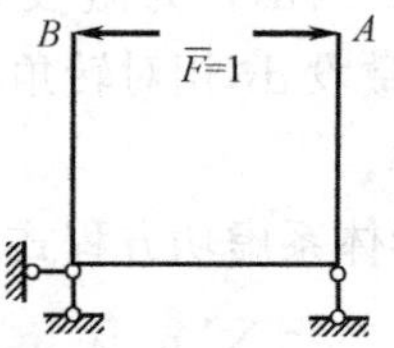 求 Δ_{AB}
求两截面的相对角位移	在两截面处施加一对方向相反的单位集中力偶	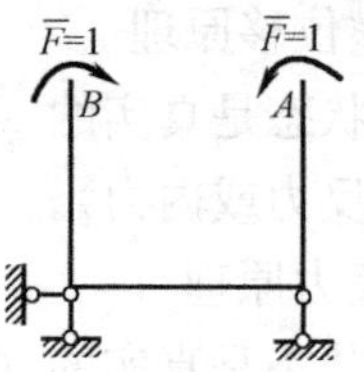 求 φ_{AB}
桁架杆件角位移	在杆两端加一对方向相反、垂直杆轴的集中力（形成单位集中力偶）	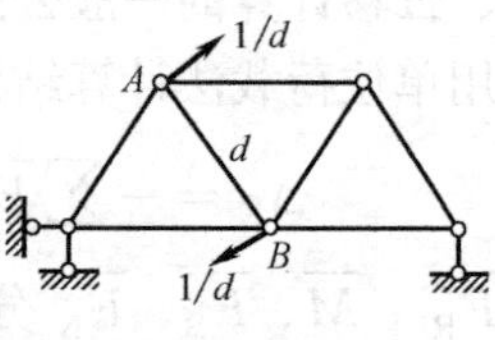 求 φ_{AB}
桁架中两杆的相对角位移	在两杆的两端分别施加一对方向相反、垂直杆轴的集中力（形成一对单位集中力偶）	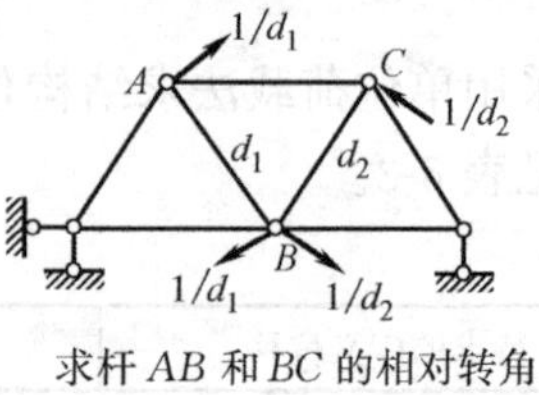 求杆 AB 和 BC 的相对转角

四、静定结构在荷载作用下的位移计算

（1）荷载作用下结构位移的计算公式

$$\Delta_{KP} = \sum \int \frac{\overline{M} M_P}{EI} ds + \sum \int \frac{k \overline{F}_S F_{SP}}{GA} ds + \sum \int \frac{\overline{F}_N F_{NP}}{EA} ds$$

式中　M_P、F_{SP}、F_{NP}——分别是由实际荷载作用引起的结构内力；

　　　$\overline{M}$、$\overline{F}_S$、$\overline{F}_N$——分别是由虚设单位荷载 $\overline{F}=1$ 作用引起的内力；

EI、GA、EA——分别是杆件截面的抗弯刚度、抗剪刚度和抗拉刚度；

　　　　k——剪应力分布不均匀修正系数。矩形截面 $k=1.2$，圆形截面 $k=10/9$。

(2) 各类结构在荷载作用下位移计算简化公式

1) 梁和刚架

$$\Delta_{KP} = \sum \int \frac{\overline{M} M_P}{EI} ds$$

2) 桁架

$$\Delta_{KP} = \sum \int \frac{\overline{F}_N F_{NP}}{EA} ds = \sum \frac{\overline{F}_N F_{NP} l}{EA}$$

式中，l 为杆长。

3) 组合结构

$$\Delta_{KP} = \sum_{梁式杆} \int \frac{\overline{M} M_P}{EI} ds + \sum_{链杆} \frac{\overline{F}_N F_{NP} l}{EA}$$

(3) 荷载作用下静定结构位移求解步骤

1) 沿拟求位移的位置和方向虚设相应的单位荷载 $\overline{F}=1$；
2) 根据平衡条件求出实际荷载作用下结构中相应内力（M_P、F_{NP}、F_{SP}）；
3) 根据平衡条件求出单位荷载作用下结构中相应内力（$\overline{M}$、$\overline{F}_N$、$\overline{F}_S$）；
4) 代入公式计算位移。对不同类型结构，可采用相应的位移计算简化公式。

五、图乘法

(1) 图乘法计算公式

若杆段满足：等截面直杆段（EI 为常数）、两个弯矩图（$\overline{M}$ 和 M_P）中至少有一个是直线，则：

$$\Delta_{KP} = \sum \int \frac{\overline{M} M_P}{EI} ds = \sum \frac{A_\omega y_c}{EI}$$

即将某杆段中两个弯矩函数的积分运算，简化成一个弯矩图的面积 A_ω 乘以其形心所对应的另一个直线弯矩图的竖标 y_c 再除以 EI。

(2) 常见图形的面积及形心位置（图 6-3）

其中各抛物线图形均为标准抛物线（图形具有顶点，顶点是指切线平行于底边的点，并且顶点在中点或者端点）。

(3) 分段图乘

若两弯矩图不满足图乘条件，比如一个弯矩图是曲线，另一个弯矩图是由几段直线组成的折线；或者杆段截面为变截面，即 EI 值不相等时，均应先分段图乘，再将各段图乘结果进行叠加。

如图 6-4（a）所示的两弯矩图图乘结果为：

$$\int_A^B \frac{M_i M_K}{EI} ds = \frac{1}{EI}(A_{\omega 1} y_1 + A_{\omega 2} y_2 + A_{\omega 3} y_3)$$

如图 6-4（b）所示的两弯矩图图乘结果为：

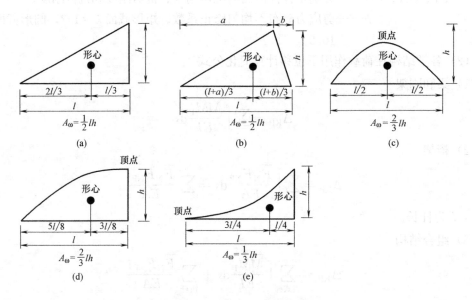

图 6-3 常见图形面积和形心位置

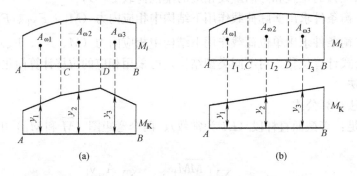

图 6-4 分段图乘

$$\int_A^B \frac{M_i M_K}{EI} ds = \frac{A_{\omega 1} y_1}{EI_1} + \frac{A_{\omega 2} y_2}{EI_2} + \frac{A_{\omega 3} y_3}{EI_3}$$

(4) 分解图乘

若弯矩图形比较复杂，可将其分解为几个简单图形，将它们分别与另一弯矩图相乘，然后将所得结果叠加。

如图 6-5 所示的两个梯形弯矩图（M_i 和 M_k）图乘结果为：

$$\int \frac{M_i M_K}{EI} ds = \frac{1}{EI}(A_{\omega 1} y_1 + A_{\omega 2} y_2)$$

式中，$A_{\omega 1} = \frac{1}{2} la$；$A_{\omega 2} = \frac{1}{2} lb$；$y_1 = \frac{2}{3} c + \frac{1}{3} d$；$y_2 = \frac{1}{3} c + \frac{2}{3} d$。

如图 6-6 所示的两个弯矩图（M_i 和 M_K）图乘结果为：

$$\int \frac{M_i M_K}{EI} ds = \frac{1}{EI}(-A_{\omega 1} y_1 - A_{\omega 2} y_2)$$

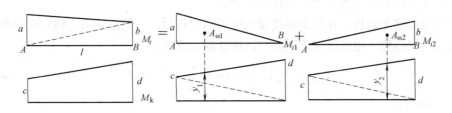

图 6-5 分解图乘（一）

式中，$A_{\omega 1}=\dfrac{1}{2}la$；$A_{\omega 2}=\dfrac{1}{2}lb$；$y_1=\dfrac{2}{3}c-\dfrac{1}{3}d$；$y_2=\dfrac{2}{3}d-\dfrac{1}{3}c$。

如图 6-7 所示的两个弯矩图图乘结果为：

$$\int\dfrac{M_P\overline{M}}{EI}ds=\dfrac{1}{EI}(A_{\omega 1}y_1+A_{\omega 2}y_2+A_{\omega 3}y_3)$$

式中，$A_{\omega 1}=\dfrac{1}{2}la$；$A_{\omega 2}=\dfrac{1}{2}lb$；$A_{\omega 3}=\dfrac{2}{3}l\times\dfrac{ql^2}{8}=\dfrac{ql^3}{12}$；

$y_1=\dfrac{2}{3}c+\dfrac{1}{3}d$；$y_2=\dfrac{2}{3}d+\dfrac{1}{3}c$；$y_3=\dfrac{c}{2}+\dfrac{d}{2}$。

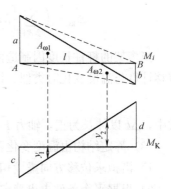

图 6-6 分解图乘（二）

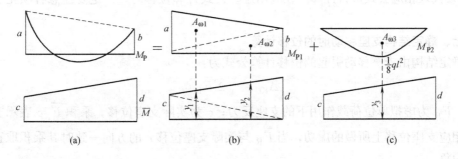

图 6-7 分解图乘（三）

六、静定结构温度变化时的位移计算

（1）温度改变下结构位移的计算公式

$$\Delta_{kt}=\sum\int\overline{M}\dfrac{\alpha\Delta t\cdot ds}{h}+\sum\int\overline{F}_N\alpha t_0 ds=\sum\dfrac{\alpha\Delta t}{h}\int\overline{M}ds+\sum\alpha t_0\int\overline{F}_N ds$$

式中 Δt——截面上、下边缘温度改变的差值，$\Delta t=|t_2-t_1|$；

t_0——杆件轴线处温度改变值，$t_0=\dfrac{h_1 t_2+h_2 t_1}{h}$，$h$ 是杆件截面厚度，h_1 和 h_2 分别是杆轴至截面上、下边缘的距离。如果杆件的截面是对称截面，则：

$$h_1=h_2=h/2, t_0=(t_2+t_1)/2$$

轴力 $\overline{F}_N$ 以拉伸为正，t_0 以升高为正。弯矩 $\overline{M}$ 和温差 Δt 引起的弯曲为同一方向时（即当 $\overline{M}$ 和 Δt 使杆件同侧产生拉伸变形时），其乘积取正值，反之取负值。

(2) 各类结构在温度改变下位移计算公式

对于梁和刚架结构，计算由温度变化引起的位移时，一般不能略去轴向变形的影响。

对于桁架结构，由温度变化引起的位移计算公式为：

$$\Delta_{kt} = \sum \int \overline{F}_N \alpha t_0 \mathrm{d}s = \sum (\overline{F}_N \alpha t_0 l)$$

式中，l 为杆长。

对于组合结构，计算温度变化引起位移时，应将梁式杆和链杆分开考虑，即：

$$\Delta_{kt} = \Big(\sum_{\text{梁式杆}} \int \overline{M} \frac{\alpha \Delta t}{h} \mathrm{d}s + \sum_{\text{梁式杆}} \int \overline{F}_N \alpha t_0 \mathrm{d}s \Big) + \sum_{\text{链杆}} (\overline{F}_N \alpha t_0 l)$$

当桁架的杆件长度因制造而存在误差（杆件制作长度与设计长度不符），由此引起的位移计算与温度变化时类似。设各杆长度误差为 Δl，则位移计算公式为：

$$\Delta_{kl} = \sum \overline{F}_N \cdot \Delta l$$

式中，Δl 以伸长为正，轴力 $\overline{F}_N$ 以拉力为正。

(3) 静定结构由温度变化引起位移的计算步骤

1) 沿拟求位移方向虚设相应的单位荷载 $\overline{F}=1$（广义荷载）；
2) 根据平衡条件求出静定结构在单位荷载 $\overline{F}=1$ 作用下结构中相应内力；
3) 计算各杆轴线处温度变化值 t_0 以及截面边缘温度改变差值 Δt；
4) 代入相应公式进行计算。在应用这些公式计算位移时，一定要注意各项正负号的确定。

七、静定结构支座移动时的位移计算

静定结构由支座移动引起的位移计算公式为：

$$\Delta_{KC} = -\sum \overline{F}_{Ri} c_i$$

式中，$\overline{F}_R$ 为虚拟单位荷载作用下的支座反力；c 为实际支座位移。乘积 $\overline{F}_R c$ 表示支座反力在相应支座位移上所做的虚功，当 $\overline{F}_R$ 与实际支座位移 c 的方向一致时其乘积取正，相反时为负。

计算带有弹性支座结构中的位移时，要另外考虑由于弹性支座的移动而引起的结构位移，其余与不带弹性支座结构位移的计算方法完全相同。

八、互等定理

(1) 功的互等定理

任一线性变形体系中，第一状态外力在第二状态相应位移上所做的虚功等于第二状态外力在第一状态相应位移上所做的虚功。

(2) 位移互等定理

在任一线弹性体系中，$F_1=1$ 作用点沿其方向上由 $F_2=1$ 作用引起的位移，等于 $F_2=1$ 作用点沿其方向上由 $F_1=1$ 作用引起的位移。

(3) 反力互等定理

支座1处由于支座2的单位位移所引起的反力，等于支座2处由于支座1的单位位移引起的反力。

（4）反力位移互等定理

在线弹性体系中，由单位荷载 $F_1=1$ 引起结构中某支座处的反力 k_{21}，等于由该支座发生单位位移引起的单位荷载作用处相应的位移 δ_{12}，但两者符号相反。

在互等定理中的力都是指广义力，位移则是与广义力相应的广义位移。

其中功的互等定理是最基本的，其他三个互等定理皆可由功的互等定理推出。

第三节 例题分析

【**例 6-1**】 计算如图 6-8（a）所示梁结构中跨中 C 点的竖向位移 Δ_{CV}，已知 EI 为常数。

【**解**】 方法一：（积分法）

（1）荷载作用的实际状态以及坐标设置如图 6-8（a）所示，其弯矩方程为：

$$M_P = \begin{cases} \dfrac{1}{2}qlx & \left(0 \leqslant x \leqslant \dfrac{1}{2}l\right) \\ \dfrac{1}{2}qlx - \dfrac{1}{2}q\left(x - \dfrac{1}{2}l\right)^2 & \left(\dfrac{1}{2}l < x \leqslant l\right) \end{cases}$$

（2）虚设单位力状态，坐标设置如图 6-8（b）所示，其弯矩方程为：

$$\overline{M} = \begin{cases} x & \left(0 \leqslant x \leqslant \dfrac{1}{2}l\right) \\ \dfrac{1}{2}l & \left(\dfrac{1}{2}l < x \leqslant l\right) \end{cases}$$

（3）积分法求跨中的竖向位移

$$\Delta_{CV} = \int \dfrac{\overline{M} M_P}{EI} ds = \int_0^{l/2} \dfrac{1}{2EI} \times x \times \dfrac{1}{2}qlx \, dx + \int_{l/2}^l \dfrac{1}{EI} \times \dfrac{1}{2}l \times \left[\dfrac{1}{2}qlx - \dfrac{1}{2}q\left(x - \dfrac{1}{2}l\right)^2\right] dx = \dfrac{3ql^4}{32EI}(\downarrow)$$

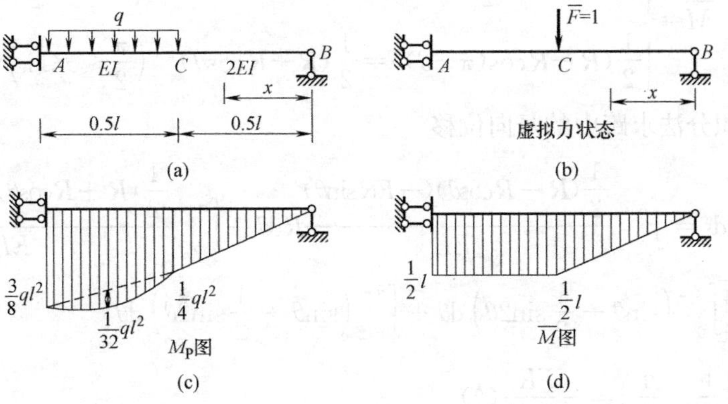

图 6-8

方法二：图乘法

（1）荷载作用的实际状态下的弯矩图如图 6-8（c）所示；

(2) 虚设单位力状态，其弯矩图如图 6-8（d）所示；

(3) 采用图乘计算跨中竖向位移

$$\Delta_{CV} = \int \frac{\overline{M}M_P}{EI} ds = \sum \frac{A_\omega y_c}{EI}$$

$$= \frac{1}{2EI}\left(\frac{1}{2} \times \frac{1}{2}l \times \frac{1}{4}ql^2 \times \frac{2}{3} \times \frac{1}{2}l\right) +$$

$$\frac{1}{EI}\left[\frac{1}{2} \times \left(\frac{3}{8}ql^2 + \frac{1}{4}ql^2\right) \times \frac{1}{2}l \times \frac{1}{2}l + \frac{2}{3} \times \frac{1}{2}l \times \frac{1}{32}ql^2 \times \frac{1}{2}l\right] = \frac{3ql^4}{32EI}(\downarrow)$$

【例 6-2】 计算如图 6-9（a）所示半圆曲梁中点 C 的竖向位移 Δ_{CV}，只考虑弯曲变形。已知圆弧半径为 R，EI 为常数。

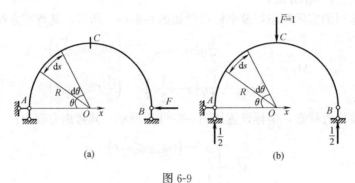

图 6-9

【解】（1）实际荷载作用下，以任意半径与 x 轴的顺时针夹角 θ 为自变量（图 6-9a），弯矩方程为（截面内侧受拉为正）：

$$M_P = -FR\sin\theta$$

（2）虚设单位荷载状态如图 6-9（b）所示，其弯矩方程为：

$$\overline{M} = \begin{cases} \dfrac{1}{2}(R - R\cos\theta) & \left(0 \leqslant \theta \leqslant \dfrac{\pi}{2}\right) \\ \dfrac{1}{2}(R - R\cos(\pi-\theta)) = \dfrac{1}{2}(R + R\cos\theta) & \left(\dfrac{\pi}{2} \leqslant \theta \leqslant \pi\right) \end{cases}$$

（3）采用积分法求跨中的竖向位移

$$\Delta_{CV} = \int \frac{\overline{M}M_P}{EI} ds = \int_0^{\pi/2} \frac{\frac{1}{2}(R-R\cos\theta)(-FR\sin\theta)}{EI} Rd\theta + \int_{\pi/2}^{\pi} \frac{\frac{1}{2}(R+R\cos\theta)(-FR\sin\theta)}{EI} Rd\theta$$

$$= -\frac{FR^3}{2EI}\left[\int_0^{\pi/2}\left(\sin\theta - \frac{1}{2}\sin 2\theta\right)d\theta + \int_{\pi/2}^{\pi}\left(\sin\theta + \frac{1}{2}\sin 2\theta\right)d\theta\right]$$

$$= -\frac{FR^3}{2EI}\left(\frac{1}{2} + \frac{1}{2}\right) = -\frac{FR^3}{2EI}(\uparrow)$$

【例 6-3】 如图 6-10（a）所示梁的 EI 为常数，在荷载 F 作用下，结点 E 的竖向位移为 9mm（向下），求截面 B 处的角位移 φ_B。

【解】（1）在实际荷载作用下的弯矩图 M_P，如图 6-10（b）所示。

（2）在 E 点虚设竖向单位集中力，在 M_P 图中令 $F=1$，即得对应的 $\overline{M}_1$ 图。由图乘法可知 E 点的竖向位移为：

$$\Delta_{EV}=\int\frac{\overline{M}_1 M_V}{EI}ds=\sum\frac{A_\omega y_c}{EI}$$

$$=\frac{1}{EI}\left(\frac{1}{2}\times 3\times 3F\times\frac{2}{3}\times 3+\frac{1}{2}\times 6\times 3F\times\frac{2}{3}\times 3\right)=\frac{27F}{EI}(\downarrow)$$

令 $\Delta_{EV}=9\times 10^{-3}\text{m}$，可求得：

$$F=\frac{0.001}{3}EI。$$

（3）在 B 点虚设单位集中力偶，其弯矩图 $\overline{M}$ 如图 6-10（c）所示。由图乘法可求得 B 处转角位移为：

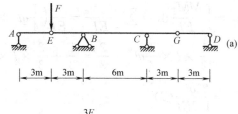
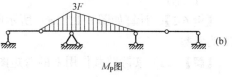
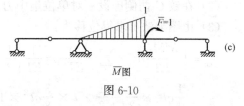

图 6-10

$$\varphi_B=\int\frac{\overline{M}M_P}{EI}ds=\sum\frac{A_\omega y_c}{EI}=\frac{1}{EI}\left(\frac{1}{2}\times 6\times 3F\times\frac{1}{3}\times 1\right)$$

$$=\frac{3F}{EI}=0.001\text{rad}(\curvearrowleft)$$

【例 6-4】 计算如图 6-11（a）所示刚架结构中刚结点 D 的转角 φ_D，已知 EI 为常数。

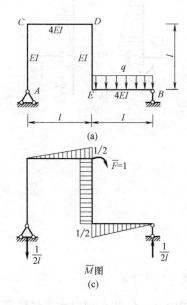
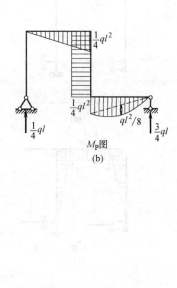

图 6-11

【解】（1）实际荷载作用下的弯矩图 M_P，如图 6-11（b）所示。

（2）在 D 点虚设单位集中力，其弯矩图 $\overline{M}$ 如图 6-11（c）所示。

（3）由图乘法可求得位移为：

$$\varphi_{\mathrm{D}} = \int \frac{\overline{M}M_{\mathrm{P}}}{EI} \mathrm{d}s = \sum \frac{A_\omega y_c}{EI} = \frac{1}{EI}\left(\frac{1}{4}ql^2 \times l \times \frac{1}{2}\right) + \frac{1}{4EI}\left(-\frac{1}{2} \times l \times \frac{1}{4}ql^2 \times \frac{2}{3} \times \frac{1}{2} + \right.$$
$$\left. \frac{1}{2} \times l \times \frac{1}{4}ql^2 \times \frac{2}{3} \times \frac{1}{2} + \frac{2}{3} \times l \times \frac{1}{8}ql^2 \times \frac{1}{2} \times \frac{1}{2}\right)$$
$$= \frac{25ql^3}{192EI}(\curvearrowleft)$$

【例 6-5】 计算如图 6-12（a）所示刚架结构中铰结点 C 两侧的相对转角 φ_{cc}，已知 EI 为常数。

【解】（1）实际荷载作用下的弯矩图 M_{P}，如图 6-12（b）所示。

（2）在铰 C 两侧虚设一对单位集中力偶，其弯矩图 $\overline{M}$ 如图 6-12（c）所示。

（3）由图乘法可求得位移为：

$$\varphi_{cc} = \int \frac{\overline{M}M_{\mathrm{P}}}{EI}\mathrm{d}s = \sum \frac{A_\omega y_c}{EI} = \frac{1}{EI}\left[\frac{1}{2} \times l \times \left(\frac{2}{3} \times \frac{1}{8}ql^2 + \frac{1}{3} \times \frac{3}{8}ql^2\right) - \frac{1}{2} \times l \times \right.$$
$$\left. \frac{1}{4}ql^2 \times \frac{2}{3} - \frac{1}{2} \times l \times \frac{3}{8}ql^2 \times 1 + \frac{1}{2} \times l \times \frac{1}{8}ql^2 \times 1 + \frac{2}{3} \times l \times \frac{1}{8}ql^2 \times 1\right]$$
$$= -\frac{ql^3}{48EI}(\curvearrowright\curvearrowleft)$$

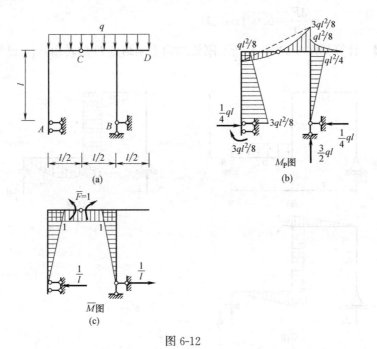

图 6-12

【例 6-6】 计算如图 6-13（a）所示刚架结构中 A、C 两点相对水平线位移 Δ_{AC}，已知 EI 为常数。

【解】（1）实际荷载作用下的弯矩图 M_{P}，如图 6-13（b）所示。

（2）在结点 A、C 处虚设一对单位集中力，其弯矩图 $\overline{M}$ 如图 6-13（c）所示。

（3）由图乘法可求得位移为：

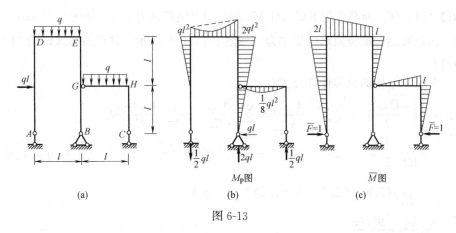

图 6-13

$$\Delta_{AC} = \int \frac{\overline{M}M_P}{EI} ds = \sum \frac{A_\omega y_c}{EI}$$

$$= \frac{1}{EI} \left[\frac{l}{2} \times ql^2 \times \left(\frac{2}{3} \times 2l + \frac{1}{3} \times l\right) + \frac{1}{2} \times ql^2 \times \left(\frac{2}{3} \times 2l + \frac{1}{3} \times l\right) + \right.$$

$$\frac{l}{2} \times 2ql^2 \times \left(\frac{1}{3} \times 2l + \frac{2}{3} \times l\right) - \frac{2}{3} \times l \times \frac{1}{8}ql^2 \times \frac{2l+l}{2} + \frac{l^2}{2} \times$$

$$\left.\left(\frac{2}{3} \times 2ql^2 + \frac{1}{3} \times ql^2\right) - \frac{2}{3} \times l \times \frac{1}{8}ql^2 \times \frac{l}{2}\right]$$

$$= \frac{11ql^4}{3EI} (\rightarrow \leftarrow)$$

【例 6-7】 计算如图 6-14（a）所示桁架中杆件①的转角 φ_1，已知各杆 EA 为常数。

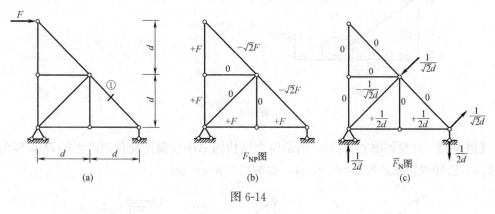

图 6-14

【解】（1）实际荷载作用下各杆轴力 F_{NP}，如图 6-14（b）所示。

（2）建立虚拟状态并求得各杆轴力 $\overline{F}_N$，如图 6-14（c）所示。

（3）由桁架结构的位移计算公式有：

$$\varphi_1 = \sum \frac{\overline{F}_N F_{NP}}{EA} l = \frac{2}{EA}\left(F \times \frac{1}{2d} \times d\right) = \frac{F}{EA} (\curvearrowleft)$$

【例 6-8】 如图 6-15（a）所示结构中，$EI = 2.4 \times 10^4 \text{ kN} \cdot \text{m}^2$，$EA = 4.0 \times 10^5 \text{ kN}$。为使悬臂端 D 点竖向位移不超过 0.5cm，所受荷载 q 最大为多少？

【解】 (1) 实际荷载作用下梁式杆 M_P 图,以及链杆轴力 F_{NP},如图 6-15(b)所示。

(2) 在悬臂端施加竖向单位集中力,如图 6-15(c)所示,并求得梁式杆的 $\overline{M}$ 图以及链杆轴力 $\overline{F}_N$。

(3) 由组合结构的位移计算公式有:

$$\Delta_{CV} = \int \frac{\overline{M}M_P}{EI} ds + \sum \frac{\overline{F}_N F_{NP}}{EA} l = \sum \frac{A_\omega y_c}{EI} + \sum \frac{\overline{F}_N F_{NP}}{EA} l$$

$$= \frac{1}{EI}\left(\frac{1}{3} \times 2 \times 2q \times \frac{3}{4} \times 2 + \frac{1}{2} \times 4 \times 2q \times \frac{2}{3} \times 2 - \frac{2}{3} \times 4 \times 2q \times 1\right) +$$

$$\frac{1}{EA}(7.5q \times 2.5 \times 5 - 1.5q \times 0.5 \times 3)$$

$$= \frac{2q}{EI} + \frac{91.5q}{EA}$$

令 $\Delta_{CV} \leqslant 0.005 \text{m}$,解得:$q \leqslant 16.02 \text{kN/m}$。

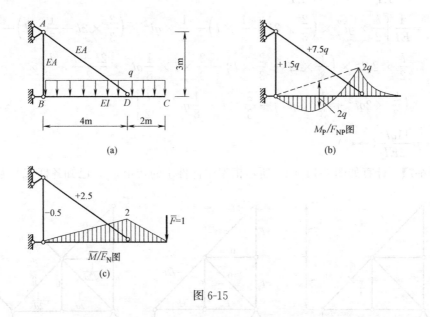

图 6-15

【例 6-9】 计算如图 6-16(a)所示组合结构因 AB 柱温度变化而产生的 D 点竖向位移 Δ_{DV}。已知线膨胀系数 $\alpha = 0.00001$,截面高度 $h = 0.6 \text{m}$。

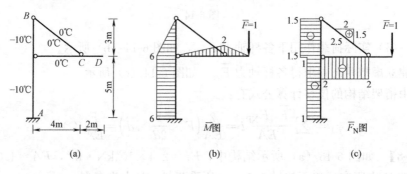

图 6-16

【解】（1）在 D 点加竖向单位力 $\overline{F}=1$，作 $\overline{M}$ 图（图 6-16b）以及 $\overline{F}_N$ 图（图 6-16c）。

（2）对柱 AB：
$$t_0=\frac{-10+0}{2}=-5℃，\quad \Delta t=0-(-10)=10℃$$

（3）计算位移：
$$\Delta_{DV}=\sum\frac{\alpha\Delta t}{h}\int\overline{M}ds+\sum\alpha t_0\int\overline{F}_N ds$$
$$=\frac{\alpha}{h}\left(-10\times\frac{1}{2}\times 6\times 3-10\times 6\times 5\right)+\alpha\times(-5)\times(-1.5\times 3-1\times 5)$$
$$=\frac{-390\alpha}{h}+47.5\alpha$$
$$=-6.03\text{mm}(\uparrow)$$

这里要注意，对柱 AB，$\overline{M}$ 和 Δt 引起的弯曲方向相反，因此位移计算中第一项为负值。

【例 6-10】 为了使如图 6-17（a）所示桁架的下弦中点 C 起拱 3cm，试问：桁架的 6 根下弦杆在制造时比设计长度均做短多少就可达到此要求？

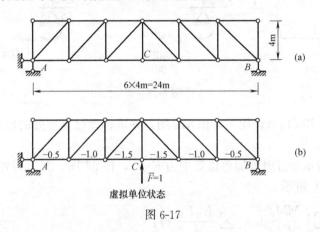

图 6-17

【解】（1）在结点 C 虚设竖向单位集中力，各下弦杆的轴力 $\overline{F}_N$ 如图 6-17（b）所示。

（2）设下弦各杆均比设计长度做短 Δl，则有：
$$\Delta_{CV}=\sum\overline{F}_N\Delta l=2\times(0.5\times\Delta l+1.0\times\Delta l+1.5\times\Delta l)=6\Delta l$$

（3）令 $\Delta_{CV}=6\Delta l=3$cm，则下弦各杆均做短值为：$\Delta l=0.5$cm。

【例 6-11】 如图 6-18（a）所示刚架支座 A 发生的水平位移和竖向位移分别为 a 和 b，求铰 E 两侧截面的相对转角 φ_{EE}。

【解】（1）在铰 E 两侧施加一对单位力偶 $\overline{F}=1$，并计算相应的支座反力，如图 6-18（b）所示。

（2）计算 φ_{EE}（方向与单位力偶方向一致为正）
$$\varphi_{EE}=-\sum\overline{F}_{Ri}c_i=-\left(\frac{1}{4}\times a-\frac{1}{3}\times b\right)=\frac{b}{3}-\frac{a}{4}$$

【例 6-12】 求如图 6-19（a）所示刚架结构中支座 B 处产生的水平位移 Δ_{BH}。已知弹性支座的刚度系数分别为 $k_1=\dfrac{EI}{l}$，$k_2=\dfrac{2EI}{l^3}$，各杆 EI 均为常数。

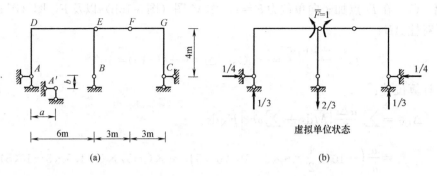

图 6-18

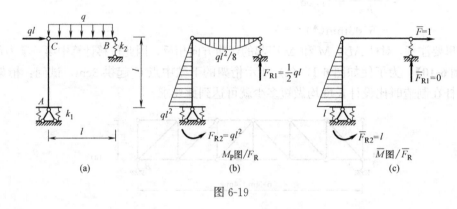

图 6-19

【解】（1）在实际荷载作用下，作 M_P 图，并求得弹性支座处的反力 F_R，如图 6-19（b）所示。

（2）在 B 点沿水平方向施加单位集中力 $\overline{F}=1$，作 $\overline{M}$ 图，并求得弹性支座处的反力 $\overline{F}_R$，如图 6-19（c）所示。

（3）由 $\Delta = \sum \int \dfrac{\overline{M} M_P}{EI} ds + \sum \dfrac{F_R \overline{F}_R}{k}$ 得：

$$\Delta_{BH} = \dfrac{1}{EI}\left(\dfrac{1}{2}\times ql^2 \times l \times \dfrac{2}{3}l\right) + \dfrac{ql^2}{k_1}\times l + \dfrac{\frac{1}{2}ql}{k_2}\times 0 = \dfrac{4ql^4}{3EI}(\rightarrow)$$

第四节 本章习题

一、判断题

1. 结构发生变形必然会引起位移，反过来，结构有位移时必然有变形产生。（ ）
2. 静定结构在支座移动、温度变化等作用下，不产生内力，但有位移，且位移只与杆件相对刚度有关。（ ）
3. 虚功原理中的力状态和位移状态可以是虚设的，也可以是真实的。（ ）
4. 用图乘法可求得各类结构在荷载作用下的位移。（ ）
5. 如图 6-20 所示斜梁与水平梁的弯矩图和刚度完全相同，所以两者的位移也完全相同。（ ）

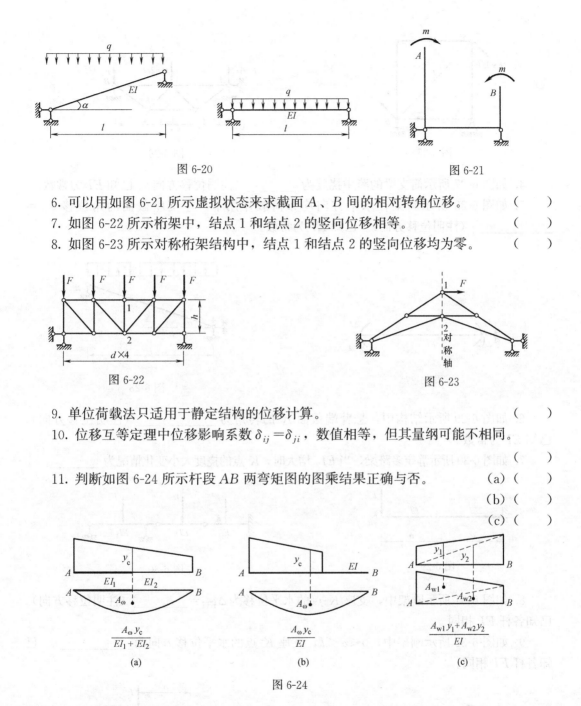

图 6-20　　　　　　　　　　　　　　图 6-21

6. 可以用如图 6-21 所示虚拟状态来求截面 A、B 间的相对转角位移。（　）

7. 如图 6-22 所示桁架中，结点 1 和结点 2 的竖向位移相等。（　）

8. 如图 6-23 所示对称桁架结构中，结点 1 和结点 2 的竖向位移均为零。（　）

图 6-22　　　　　　　　　　　　　　图 6-23

9. 单位荷载法只适用于静定结构的位移计算。（　）

10. 位移互等定理中位移影响系数 $\delta_{ij}=\delta_{ji}$，数值相等，但其量纲可能不相同。（　）

11. 判断如图 6-24 所示杆段 AB 两弯矩图的图乘结果正确与否。
　　　　　　　　　　　　　　　　　　　　　　　　　（a）（　）
　　　　　　　　　　　　　　　　　　　　　　　　　（b）（　）
　　　　　　　　　　　　　　　　　　　　　　　　　（c）（　）

$$\frac{A_\omega y_c}{EI_1+EI_2} \qquad \frac{A_\omega y_c}{EI} \qquad \frac{A_{w1} y_1 + A_{w2} y_2}{EI}$$

(a)　　　　　　　　　　(b)　　　　　　　　　　(c)

图 6-24

二、填空题

1. 虚功原理有两种不同的应用形式，即_____原理和_____原理，其中用于求位移的是_____原理。

2. 如图 6-25 所示桁架结构，由此虚拟力状态可求出的位移为_____。l 为杆 AB 的长度。

3. 如图 6-26 所示虚拟力状态可求出的位移为_____。

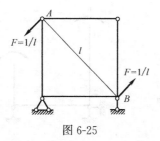

图 6-25

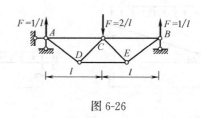

图 6-26

4. 如图 6-27 所示简支梁的跨中挠度为_____（注明位移方向）。已知 EI 为常数。

5. 如图 6-28 所示斜梁在水平方向均布荷载作用下，左支座截面的角位移 $\varphi_A =$ _____（注明位移方向）。已知 EI 为常数。

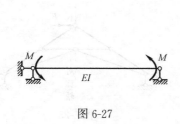

图 6-27

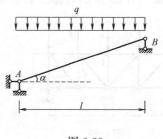

图 6-28

6. 如图 6-29 所示结构中，悬臂端截面 K 的转角为_____（注明位移方向）。已知 EI 为常数。

7. 如图 6-30 所示静定多跨梁，当 EI_2 增大时，K 点的挠度大小变化情况为_____。

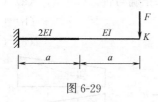

图 6-29

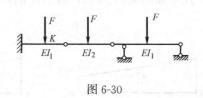

图 6-30

8. 如图 6-31 所示刚架中，支座 K 点的水平位移为 $\Delta_{KH} =$ _____（注明位移方向）。已知各杆 EI 相同。

9. 如图 6-32 所示刚架中，$0<a<l$，支座 K 点的水平位移方向为_____。已知各杆 EI 相同。

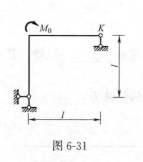

图 6-31

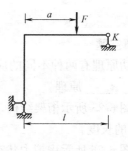

图 6-32

10. 如图 6-33 所示刚架中，C、D 两点水平方向上相对线位移 $\Delta_{CD}=$ ＿＿＿＿＿＿，两点的距离为＿＿＿＿＿。已知 EI 为常数。

11. 如图 6-34 所示桁架中，结点 C 的水平位移＿＿＿＿＿零（填等于或不等于）。已知 EA_1 为常数。

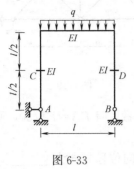

图 6-33

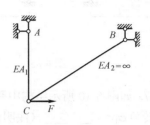

图 6-34

12. 如图 6-35 所示桁架中，G 点的水平位移 $\Delta_{GH}=$ ＿＿＿＿（注明位移方向）。已知各杆 EA 相等且为常数。

13. 如图 6-36 所示桁架中，杆 BC 的角位移 $\varphi_{BC}=$ ＿＿＿＿＿（注明位移方向）。已知各杆 EA 相等且为常数。

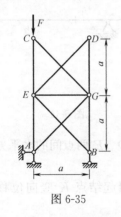

图 6-35

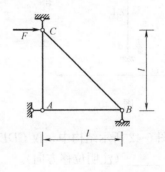

图 6-36

14. 如图 6-37 所示各桁架中，K 点能发生竖向位移的是＿＿＿＿＿。

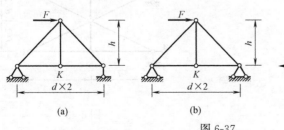

图 6-37

15. 如图 6-38 所示同一结构承受两种荷载情况，各杆 EA 相同，则两种情况下 C 点的水平位移＿＿＿＿（填相等或不相等）。

16. 如图 6-39 所示桁架中，B 点竖向位移 $\Delta_{BV}=$ ＿＿＿＿。已知各杆 EA 相等且为常数。

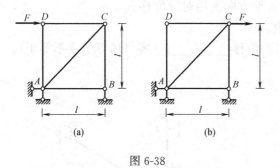
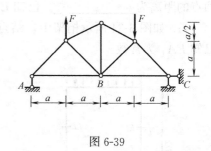

图 6-38　　　　　　　　　　　　　　图 6-39

17. 如图 6-40 所示结构中受弯杆件 EI、链杆 EA 均为常数，且 $EA=EI/30$，则截面 D 处转角 $\varphi_D=$ _____（注明位移方向）。

18. 如图 6-41 所示伸臂梁，温度升高 $t_1>t_2$，则 C 端竖向位移方向为 _____，AB 跨内某截面 D 的竖向位移方向为 _____。

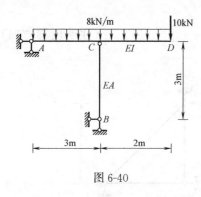
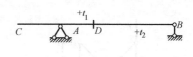

图 6-40　　　　　　　　　　　　　　图 6-41

19. 如图 6-42 所示结构中，仅 CDE 部分温度升高，则 D、E 两点间的水平方向相对线位移为 _____（注明位移方向）。

20. 如图 6-43 所示桁架中，杆 1 温度升高 t℃，由此引起结点 K 竖向位移 $\Delta_{KV}=$ _____（注明位移方向）。已知线性膨胀系数为 α。

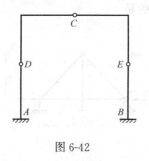
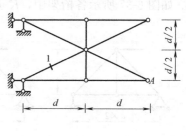

图 6-42　　　　　　　　　　　　　　图 6-43

21. 如图 6-44 所示带拉杆三铰拱，其中拉杆 AB 的温度升高 t℃，由此引起顶铰 C 点的竖向位移 $\Delta_{CV}=$ _____（注明位移方向）。已知线性膨胀系数为 α。

22. 在如图 6-45 所示带拉杆三铰拱中，拉杆 AB 长度比原设计短了 1.2cm，由此引起顶铰 C 点竖向位移 $\Delta_{CV}=$ _____（注明位移方向）。

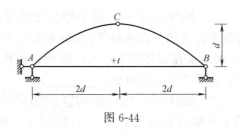
图 6-44

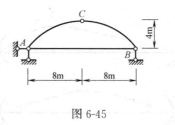
图 6-45

23. 如图 6-46 所示桁架，由于制造误差，杆 AE 增加了 1cm，杆 BE 减短 1cm，则结点 E 竖向位移 $\Delta_{EV}=$ _____ （注明位移方向）。

24. 如图 6-47 所示结构中，欲使 A 点的竖向位移与正确位置相比，误差不超过 0.6cm，杆 BC 长度的最大误差 $\Delta l_{\max}=$ _____。设其他各杆保持精确长度。

25. 如图 6-48 所示刚架中支座 A 向下移动 c，且转动 α，则 B 端竖向位移 $\Delta_{BV}=$ _____ （注明位移方向）。

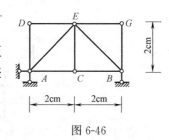
图 6-46

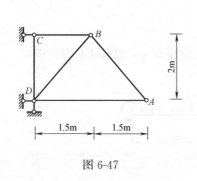
图 6-47

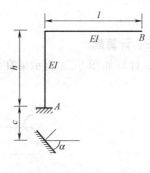
图 6-48

26. 如图 6-49 所示刚架结构，由于支座移动引起 A 点竖向位移 $\Delta_{AV}=$ _____ （注明位移方向）。

27. 如图 6-50 所示某桁架上无其他荷载，中间支座 B 被迫下沉 5mm，并测得下弦结点相应的挠度如图 6-50（a）所示，则如图 6-50（b）所示荷载作用引起支座 B 的反力 $F_{BV}=$ _____。

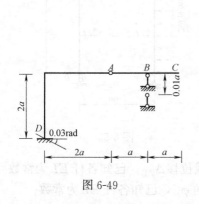
图 6-49

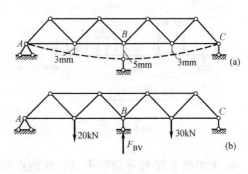
图 6-50

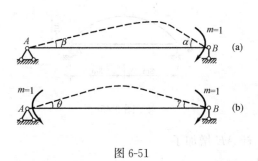

图 6-51

28. 如图 6-51（a）所示梁在杆端 B 处作用单位力偶荷载两端产生的转角分别为 α、β，则该梁在如图 6-51（b）所示荷载作用下，B 端产生的转角 $\gamma=$_____。

29. 如图 6-52（a）所示连续梁在图示荷载下支座 B 的反力 $F_{BV}=11/16(\uparrow)$，则该连续梁在 B 处下沉 $\Delta_B=1$ 时（图 6-52b），D 点的竖向位移 $\delta_D=$_____。

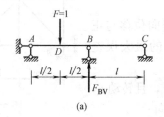
(a)

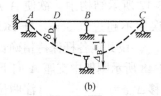
(b)

图 6-52

三、计算题

1. 计算如图 6-53 所示梁在跨中 C 截面处的竖向位移 Δ_{CV}，已知 EI 为常数。

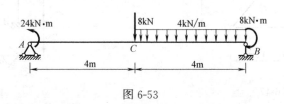

图 6-53

2. 计算如图 6-54 所示多跨梁在支座 B 处的转角 φ_B，已知 $EI=$ 常数。

3. 求如图 6-55 所示刚架结构中 E 点的水平位移 Δ_{EH}，已知 $EI=2.1\times10^4 \text{kN}\cdot\text{m}^2$。

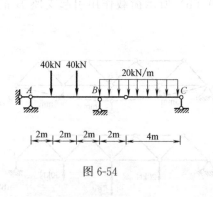

图 6-54

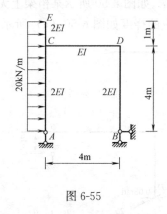

图 6-55

4. 求如图 6-56 所示结构中 A、B 两点的相对竖向线位移 Δ_{AB}，已知各杆 EI 为常数。

5. 求如图 6-57 所示刚架中铰 C 两侧截面的相对转角 φ_{cc}，已知各杆 EI 为常数。

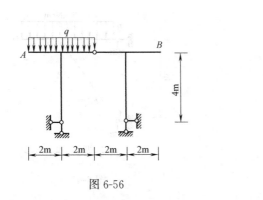

图 6-56

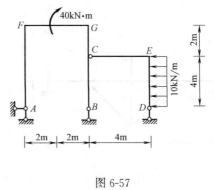

图 6-57

6. 求如图 6-58 所示桁架中杆 BD 的转角 φ_{BD}，已知各杆 EA 为常数。

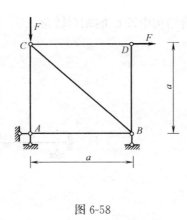

图 6-58

7. 计算如图 6-59 所示桁架中结点 3 的竖向位移 Δ_{3V}，设各杆 EA 值相同，$A = 100\text{cm}^2$，$E = 21000\text{kN/cm}^2$。

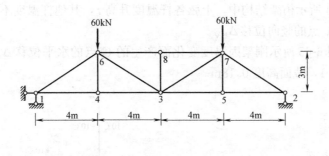

图 6-59

8. 求如图 6-60 所示结构中结点 C 的竖向位移 Δ_{CV}，已知链杆 EA 及梁式杆 EI 均为常数。

9. 如图 6-61 所示结构中，已知杆 AC 的 $EA = 4.2 \times 10^5 \text{kN}$，杆 BCD 的 $EI = 2.1 \times 10^8 \text{kN} \cdot \text{cm}^2$，求截面 D 的角位移 φ_D。

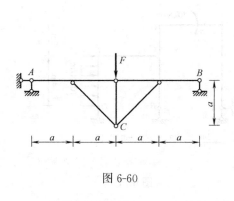

图 6-60

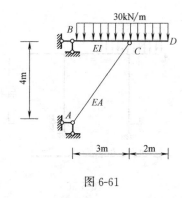

图 6-61

10. 计算如图 6-62 所示组合结构中 C 点的水平位移 Δ_{CH}，已知 $EI=7.5\times10^5\,\mathrm{kN\cdot m^2}$，$EA=2.1\times10^6\,\mathrm{kN}$。

11. 求如图 6-63 所示组合结构中铰 C 的相对转角 φ_{CC}，已知链杆 EA 及梁式杆 EI 均为常数。

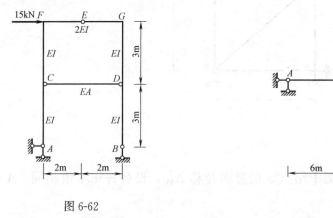

图 6-62

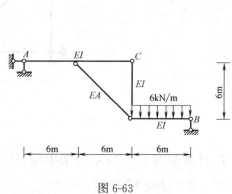

图 6-63

12. 如图 6-64 所示桁架结构中，上弦各杆温度升高 t，其他杆温度不变，材料线膨胀系数为 α，计算 K 点的竖向位移 Δ_{KV}。

13. 计算如图 6-65 所示刚架因温度变化而产生的 C 点的水平位移 Δ_{CH}，已知温度膨胀系数 $\alpha=0.00001$，截面高度 $0.18\mathrm{m}$。

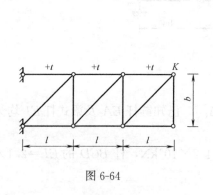

图 6-64

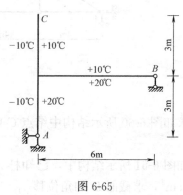

图 6-65

14. 如图 6-66 所示组合结构中，若下撑 5 根链杆制造时均短了 Δ，求由此引起的结点 E 的竖向位移 Δ_{EV}。

15. 如图 6-67 所示三铰刚架中，已知支座 A 产生了水平位移 a 和竖向位移 b，求 B 端的转角 φ_B。

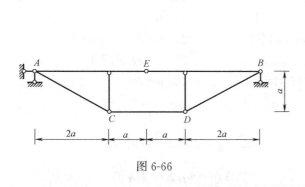

图 6-66

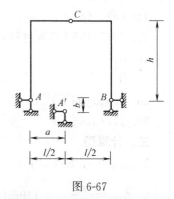

图 6-67

16. 如图 6-68 所示刚架支座产生了图示移动，求由此引起的 A 点竖向位移 Δ_{AV}。

17. 求如图 6-69 所示带有抗移动弹性支座刚架结构中 D 点的竖向位移 Δ_{DV}，已知各杆 EI 为常数，弹性支座的刚度系数 $k=3EI/l^3$。

18. 如图 6-70 所示为具有两个弹性支座的刚架结构，已知弹性支座的刚度系数分别为 $k_1=\dfrac{2EI}{l^3}$，$k_2=\dfrac{24EI}{l}$，各杆 EI 均为常数，求截面 B 处的转角位移 φ_B。

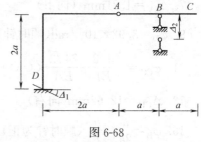

图 6-68

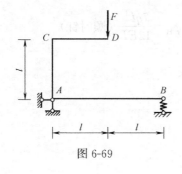

图 6-69

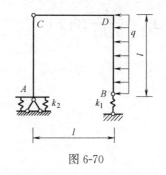

图 6-70

第五节　习题参考答案

一、判断题

1. × 2. × 3. √ 4. × 5. × 6. √ 7. × 8. √ 9. × 10. × 11. ×

二、填空题

1. 虚力　虚位移　虚力　　2. 杆 AB 的转角　　3. 杆 AC 和杆 BC 的相对转动

4. 0
6. $5Fa^2/(4EI)$（顺时针）
7. 不变
8. $Ml^2/(3EI)$（向右）
9. 向右
10. $ql^4/(24EI)$（←→） $l+ql^4/(24EI)$
11. 不等于
12. 0
13. $\sqrt{2}F/EA$（顺时针）
14. (a)、(c)
15. 相等
16. 0
17. $4673/(3EI)$（顺时针）
18. 向下 向上
19. 0
20. 0
21. $4d\alpha t$（向下）
22. 0.012m（向上）
23. 0
24. ± 0.4cm
25. $c+\alpha l$（向下）
26. $0.06a$（向下）
27. 30kN（向上）
28. $\alpha+\beta$
29. $11/16$（向下）

三、计算题

1. $\Delta_{CV}=64/EI$（向下）
2. $\varphi_B=80/EI$（顺时针）
3. $\Delta_{EH}=\dfrac{3135}{EI}=0.149$m（向右）
4. $\Delta_{AB}=4q/EI$（↑↓）
5. $\varphi_{cc}=393.3/EI$（↺↺）
6. $\varphi_{BD}=(1+2\sqrt{2})F/EA$（顺时针）
7. $\Delta_{3V}=1.21$mm（向下）
8. $\Delta_{CV}=\dfrac{Fa^3}{3EI}+\dfrac{4\sqrt{2}+2}{EA}Fa$（向下）
9. $\varphi_D=3.92\times 10^{-3}$rad（顺时针）
10. $\Delta_{CH}=7.5\times 10^{-4}$m（向右）
11. $\varphi_{CC}=-\dfrac{108}{EI}+\dfrac{24\sqrt{2}}{EA}$（↺↺）
12. $\Delta_{KV}=\dfrac{6tl^2a}{b}$（向下）
13. $\Delta_{CH}=12.62$mm（向右）
14. $\Delta_{EV}=1.5\sqrt{5}\Delta$（向上）
15. $\varphi_B=\dfrac{a}{2h}-\dfrac{b}{l}$（顺时针为正）
16. $\Delta_{AV}=2a\Delta_1$（向下）
17. $\Delta_{DV}=\dfrac{25Fl^3}{12EI}$（向下）
18. $\varphi_B=\dfrac{7ql^3}{12EI}$（顺时针）

第七章 力 法

第一节 学习要求

本章讨论用力法计算超静定结构。作为力法计算的应用，重点分析了超静定梁、刚架、排架、桁架、组合结构及拱等各种不同类型结构的力法计算方法，并介绍了超静定结构在温度变化及支座移动下的内力及位移计算问题。

学习要求如下：
（1）能正确判断超静定结构中多余约束的数量（超静定次数）及位置；
（2）掌握力法的基本原理：理解基本未知量的确定、基本结构的选取、力法典型方程的建立及物理意义、系数和自由项的物理意义和求解方法，以及运用叠加法作最后的内力图等；
（3）熟练掌握力法的解题步骤，能熟练地运用力法计算超静定梁、刚架、排架、桁架、拱及组合结构在荷载作用下的内力；
（4）熟练掌握利用结构和荷载的对称性来达到简化计算的方法（包括半结构法）；
（5）掌握超静定结构的位移计算方法；
（6）掌握超静定结构最后内力图的校核方法，尤其是变形条件的校核；
（7）掌握超静定结构在支座移动、温度改变下的结构内力计算方法及位移计算方法；
（8）理解超静定结构的性质。

其中，超静定对称结构的简化计算问题以及超静定结构计算结果校核中的变形校核问题是学习的难点。

第二节 基本内容

一、超静定次数

超静定结构中多余约束或多余未知力的数目，称为超静定次数。

超静定次数等于把原结构变成静定结构时所需撤除的约束总数，即等于根据平衡方程计算未知量时所缺少的方程个数。

二、力法的基本原理

将原超静定结构中去掉多余约束后得到的静定结构，称为力法的基本结构。

基本结构在原荷载和多余未知力共同作用下的体系称为力法的基本体系。

根据基本体系在解除多余约束处与原结构位移相同的条件建立力法方程（变形条件），求解力法方程从而先求出多余未知力。基本结构在荷载及基本未知力共同作用下，由平衡条件或叠加方法可求出其余反力或内力。

三、荷载作用时的力法典型方程

（1）力法典型方程

n 次超静定结构在荷载作用下力法方程的一般形式为：

$$\begin{cases} \delta_{11}X_1+\cdots+\delta_{1j}X_j+\cdots+\delta_{1n}X_n+\Delta_{1P}=0 \\ \cdots \\ \delta_{i1}X_1+\cdots+\delta_{ij}X_j+\cdots+\delta_{in}X_n+\Delta_{iP}=0 \\ \cdots \\ \delta_{n1}X_1+\cdots+\delta_{nj}X_j+\cdots+\delta_{nn}X_n+\Delta_{nP}=0 \end{cases}$$

上式表示基本结构在全部多余未知力和原荷载共同作用下，在去掉多余约束处沿各多余未知力方向的位移，应与原结构相应的位移相等。

（2）系数和自由项

主系数 δ_{ii} 表示基本结构在单位未知力 $X_i=1$ 单独作用下沿 X_i 方向的位移，副系数 δ_{ij} 表示基本结构在单位未知力 $X_j=1$ 单独作用下沿 X_i 方向的位移，自由项 Δ_{iP} 表示基本结构在原荷载单独作用下沿 X_i 方向的位移。由单位荷载法有：

$$\begin{cases} \delta_{ii}=\sum\int\dfrac{\overline{M}_i^{\,2}\mathrm{d}s}{EI}+\sum\int k\dfrac{\overline{F}_{Si}^{\,2}\mathrm{d}s}{GA}+\sum\int\dfrac{\overline{F}_{Ni}^{\,2}\mathrm{d}s}{EA} \\ \delta_{ij}=\delta_{ji}=\sum\int\dfrac{\overline{M}_i\overline{M}_j\mathrm{d}s}{EI}+\sum\int k\dfrac{\overline{F}_{Si}\overline{F}_{Sj}\mathrm{d}s}{GA}+\sum\int\dfrac{\overline{F}_{Ni}\overline{F}_{Nj}\mathrm{d}s}{EA} \\ \Delta_{iP}=\sum\int\dfrac{\overline{M}_iM_P\mathrm{d}s}{EI}+\sum\int k\dfrac{\overline{F}_{Si}F_{SP}\mathrm{d}s}{GA}+\sum\int\dfrac{\overline{F}_{Ni}F_{NP}\mathrm{d}s}{EA} \end{cases}$$

式中　$\overline{M}_i$、$\overline{F}_{Si}$、$\overline{F}_{Ni}$——基本结构在单位未知力 $X_i=1$ 单独作用时产生的弯矩、剪力和轴力；

　　　$\overline{M}_j$、$\overline{F}_{Sj}$、$\overline{F}_{Nj}$——基本结构在单位未知力 $X_j=1$ 单独作用时产生的弯矩、剪力和轴力；

　　　M_P、F_{SP}、F_{NP}——基本结构在原荷载单独作用时产生的弯矩、剪力和轴力。

（3）超静定结构的内力

根据叠加原理按下式计算：

$$\begin{cases} M=\overline{M}_1X_1+\cdots+\overline{M}_iX_i+\cdots+\overline{M}_nX_n+M_P=\sum\limits_{i=1}^{n}\overline{M}_iX_i+M_P \\ F_S=\overline{F}_{S1}X_1+\cdots+\overline{F}_{Si}X_i+\cdots+\overline{F}_{Sn}X_n+F_{SP}=\sum\limits_{i=1}^{n}\overline{F}_{Si}X_i+F_{SP} \\ F_N=\overline{F}_{N1}X_1+\cdots+\overline{F}_{Ni}X_i+\cdots+\overline{F}_{Nn}X_n+F_{NP}=\sum\limits_{i=1}^{n}\overline{F}_{Ni}X_i+F_{NP} \end{cases}$$

（4）力法求解超静定结构的步骤

1）确定原结构的超静定次数，去掉多余约束，得出静定的基本结构，并以多余未知力代替去掉的相应多余约束作用。在选取基本结构时，以使计算尽可能简单为原则。

2）根据基本结构在多余未知力和荷载共同作用下，在所去多余约束处的位移应与原结构相应位移相等的条件，建立力法典型方程。

3）求解系数和自由项：根据基本结构在单位多余未知力及原荷载作用下的内力，利用单位荷载法求出所有的系数和自由项。

4）解力法典型方程，求出各多余未知力。

5）求出多余未知力后，可以按分析静定结构的方法，由平衡条件求出原超静定结构的反力及内力。也可以利用已作出的基本结构的单位内力图和荷载内力图采用叠加方法求解。

四、超静定梁、刚架和排架

用力法计算超静定梁和刚架时，力法方程中系数和自由项的计算可只考虑弯曲变形的影响，即计算式可简化为：

$$\begin{cases} \delta_{ii} = \sum \int \dfrac{\overline{M}_i{}^2 \mathrm{d}s}{EI} \\ \delta_{ij} = \delta_{ji} = \sum \int \dfrac{\overline{M}_i \overline{M}_j \mathrm{d}s}{EI} \\ \Delta_{iP} = \sum \int \dfrac{\overline{M}_i M_P \mathrm{d}s}{EI} \end{cases}$$

式中，$\overline{M}_i$、$\overline{M}_j$、M_P 分别表示基本结构在 $X_i=1$、$X_j=1$ 及原荷载单独作用时产生的弯矩。

按上式计算系数和自由项，通常可以采用图乘法计算。

当求出所有多余未知力后，最后内力分析通常由平衡条件直接确定较简单。若采用叠加法，即：

$$M = \sum \overline{M}_i X_i + M_P$$

由上式先叠加得出原结构 M 图，再由 M 图根据平衡条件求出剪力和轴力，以及支座反力，并作出剪力图和轴力图。

排架由屋架（或屋面梁）与柱组成。排架的超静定次数等于排架的跨数，其基本体系通常由切断各跨链杆得到（图 7-1）。排架结构力法计算中，因链杆刚度 $EA \to \infty$，在计算系数和自由项时，忽略链杆轴向变形的影响，只考虑柱子弯矩对变形的影响。因此，系数和自由项的计算同梁和刚架。

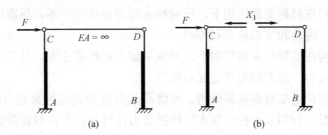

图 7-1 排架的计算简图及基本体系

五、超静定桁架

用力法计算超静定桁架结构时，力法方程中系数和自由项的计算，只需考虑轴向变形的影响，即计算式可简化为：

$$\begin{cases} \delta_{ii} = \sum \dfrac{\overline{F}_{Ni}^2}{EI} l \\ \delta_{ij} = \sum \dfrac{\overline{F}_{Ni}\overline{F}_{Nj}}{EI} l \\ \Delta_{iP} = \sum \dfrac{\overline{F}_{Ni} F_{NP}}{EI} l \end{cases}$$

式中，$\overline{F}_{Ni}$、$\overline{F}_{Nj}$、F_{NP} 分别表示基本结构在 $X_i=1$、$X_j=1$ 及原荷载单独作用时产生的轴力。

当求出所有多余未知力后，桁架结构最后内力分析通常采用叠加方法。

六、超静定组合结构

组合结构中既有链杆又有梁式杆，计算力法方程中系数和自由项时，对链杆只需考虑轴力的影响；对梁式杆通常可忽略轴力和剪力的影响，只考虑弯矩的影响。因此，力法方程中系数和自由项的计算式可简化为：

$$\begin{cases} \delta_{ii} = \sum \int \dfrac{\overline{M}_i^2}{EI} \mathrm{d}s + \sum \dfrac{\overline{F}_{Ni}^2}{EA} l \\ \delta_{ij} = \sum \int \dfrac{\overline{M}_i \overline{M}_j}{EI} \mathrm{d}s + \sum \dfrac{\overline{F}_{Ni}\overline{F}_{Ni}}{EA} l \\ \Delta_{iP} = \sum \int \dfrac{\overline{M}_i M_P}{EI} \mathrm{d}s + \sum \dfrac{\overline{F}_{Ni} F_{NP}}{EA} l \end{cases}$$

式中，$\overline{M}_i$、$\overline{F}_{Ni}$ 分别为基本结构在单位未知力 $X_i=1$ 作用下梁式杆的弯矩和链杆的轴力；M_P、F_{NP} 分别为基本结构在原荷载作用下梁式杆的弯矩和链杆的轴力。

七、对称性的利用

计算对称结构时，应选择对称的基本结构，并取对称力或反对称力作为基本未知量，有如下结论：

（1）力法方程必然分解成独立的两组，其中一组只包含对称的多余未知力，另一组只包含反对称的多余未知力。

（2）对称结构在对称荷载作用下，反对称未知力必然等于零，只需计算对称多余未知力；结构的反力、内力和变形是正对称的。

（3）对称结构在反对称荷载作用下，对称未知力必然等于零，只需计算反对称的多余未知力；结构的反力、内力和变形是反对称的。

（4）对称结构承受非对称荷载作用，可将荷载分解为正对称荷载与反对称荷载两组。对这两组荷载情况，分别取对称的基本结构进行力法计算：在正对称荷载作用下，只需考虑正对称的多余未知力；在反对称荷载作用下，只需考虑反对称的多余未知力。然后，将两种荷载情况的计算结果叠加起来，即得原结构的内力。

采用半结构简化计算时，注意以下四种情况：

（1）奇数跨对称结构承受正对称荷载作用

奇数跨对称结构在正对称荷载作用下，若对称轴处横梁为刚接，半结构在对称轴处应沿横梁方向设置成定向约束（图 7-2a）；若对称轴处是铰结点，半结构在对称轴处应沿横梁方向设置成活动支杆（图 7-2b）。

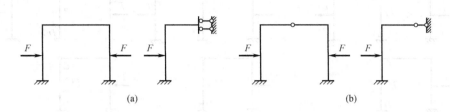

图 7-2　正对称荷载下奇数跨对称结构的半结构取法

（2）偶数跨对称结构承受正对称荷载作用

偶数跨对称结构在正对称荷载作用下，若对称轴处是刚结点或组合结点，半结构在对称轴处应设置成固定支座（图 7-3a）；若对称轴处是铰结点，半结构在对称轴处应设置成固定铰支座（图 7-3b）。

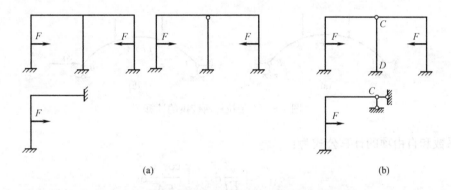

图 7-3　正对称荷载下偶数跨对称结构的半结构取法

（3）奇数跨对称结构承受反对称荷载作用

奇数跨对称结构在反对称荷载作用下，其半结构是将对称轴上的截面垂直于横梁方向设置成活动支杆（图 7-4）。

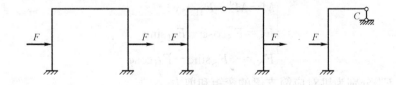

图 7-4　反对称荷载下奇数跨对称结构的半结构取法

（4）偶数跨对称结构承受反对称荷载作用

偶数跨对称结构在反对称荷载作用下，其半结构是将中柱刚度折半，梁柱结点形式保持不变（图 7-5）。

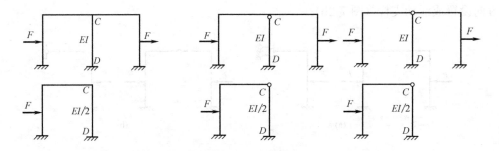

图 7-5 反对称荷载下偶数跨对称结构的半结构取法

八、两铰拱

(1) 不带拉杆的两铰拱

可取支座水平支反力作为基本未知量 X_1（图 7-6b），力法方程为：

$$\delta_{11}X_1+\Delta_{1P}=0$$

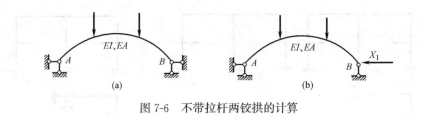

图 7-6 不带拉杆两铰拱的计算

系数和自由项的计算公式为：

$$\delta_{11}=\int\frac{y^2}{EI}\mathrm{d}s+\int\frac{\cos^2\varphi}{EA}\mathrm{d}s$$

$$\Delta_{1P}=-\int\frac{M^0 y}{EI}\mathrm{d}s$$

式中，φ 表示任一截面处拱轴切线与 x 轴所成的锐角；M^0 为相应水平梁（代梁）的弯矩。

解出多余未知力 X_1（推力 F_H）后，任一截面的内力为：

$$\begin{cases}M=M^0-F_H\cdot y\\ F_S=F_S^0\cos\varphi-F_H\sin\varphi\\ F_N=-F_S^0\sin\varphi-F_H\cos\varphi\end{cases}$$

式中，M^0、F_S^0 分别为拱对应简支梁的弯矩和剪力。

(2) 带拉杆的两铰拱

可取拉杆内的拉力作为基本未知力 X_1（图 7-7b），力法方程为：

$$\delta_{11}^*X_1+\Delta_{1P}^*=0$$

计算系数 δ_{11}^* 时对拱肋要同时考虑弯曲变形和轴向变形的影响，对拉杆要考虑轴向变形的影响，即：

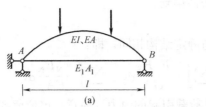
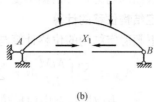

图 7-7 不带拉杆两铰拱的计算

$$\delta_{11}^* = \int \frac{y^2}{EI}\mathrm{d}s + \int \frac{\cos^2\varphi}{EA}\mathrm{d}s + \int_0^l \frac{l^2}{E_1 A_1}\mathrm{d}x = \int \frac{y^2}{EI}\mathrm{d}s + \int \frac{\cos^2\varphi}{EA}\mathrm{d}s + \frac{l}{E_1 A_1}$$

等式中间的三项中,前两项是对拱肋积分,第三项是对拉杆积分。

解出多余未知力 X_1（拱肋推力 F_H^*）后,拱内力计算公式与前文相同。

带拉杆两铰拱的拱肋推力要比相应无拉杆两铰拱的推力小,而且带拉杆两铰拱的推力与拉杆刚度 ($E_1 A_1$) 有直接关系。在设计带拉杆的两铰拱时,为了减少拱肋的弯矩,改善拱的受力状态,应当适当地加大拉杆刚度。

九、对称无铰拱

采用弹性中心法来计算内力。计算步骤如下：

（1）确定弹性中心的位置

$$d = \frac{\int \dfrac{y'}{EI}\mathrm{d}s}{\int \dfrac{1}{EI}\mathrm{d}s}$$

（2）取带刚臂的等效无铰拱来代替原来的无铰拱进行计算：将刚臂端部切开后得到的对称结构作为力法的基本结构,多余未知力 X_1、X_2 和 X_3 作用在弹性中心上,如图 7-8 所示。

（3）建立力法方程

$$\begin{cases} \delta_{11} X_1 + \Delta_{1P} = 0 \\ \delta_{22} X_2 + \Delta_{2P} = 0 \\ \delta_{33} X_3 + \Delta_{3P} = 0 \end{cases}$$

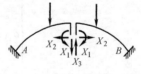

图 7-8 带刚臂无铰拱的计算

（4）计算主系数和自由项

计算系数和自由项时,通常只考虑弯矩的影响；但在计算 δ_{22} 时,需要考虑轴力的影响。因此,主系数和自由项的计算公式分别为：

$$\delta_{11} = \int \frac{\overline{M}_1^2}{EI}\mathrm{d}s \qquad \Delta_{1P} = \int \frac{\overline{M}_1 M_P}{EI}\mathrm{d}s$$

$$\delta_{22} = \int \frac{\overline{M}_2^2}{EI}\mathrm{d}s + \int \frac{\overline{F}_{N2}^2}{EA}\mathrm{d}s \qquad \Delta_{2P} = \int \frac{\overline{M}_2 M_P}{EI}\mathrm{d}s$$

$$\delta_{33} = \int \frac{\overline{M}_3^2}{EI}\mathrm{d}s \qquad \Delta_{3P} = \int \frac{\overline{M}_3 M_P}{EI}\mathrm{d}s$$

（5）将系数和自由项代入力法方程,可解出多余未知力 X_1、X_2 和 X_3。

拱上各个截面的内力，可根据平衡条件得到。

十、超静定结构位移的计算

荷载作用下超静定结构的位移计算与静定结构相同，即：

$$\Delta_{kP}=\sum\int\frac{\overline{M}M}{EI}\mathrm{d}s+\sum\int k\frac{\overline{F}_{S}F_{S}}{GA}\mathrm{d}s+\sum\int\frac{\overline{F}_{N}F_{N}}{EA}\mathrm{d}s$$

式中，$\overline{M}$、$\overline{F}_S$、$\overline{F}_N$ 为虚拟状态中由单位荷载引起的内力（注意，单位荷载可以施加在任一基本结构上）；M、F_S、F_N 为实际荷载作用引起的内力（由力法求解）。

超静定梁和刚架结构的位移计算时通常只需考虑弯曲变形的影响，桁架结构的位移计算只需考虑轴向变形的影响。

十一、超静定结构计算结果的校核

超静定结构最后内力图的校核，应从平衡条件和变形条件两个方面进行。

(1) 平衡条件的校核

从结构中任意取出一部分（一个结点、一根杆件或由若干杆件构成的部分），都应该满足平衡条件。若不满足，则表明内力图有错误。

(2) 变形条件的校核

检查各多余约束处的位移是否与已知的位移相符，一般作法是：任意选取基本结构，任意选取一个多余未知力 X_i，根据最后的内力图算出沿 X_i 方向的位移 Δ_i 是否与原结构中的相应位移（零位移或已知支座移动 c_i）相等，即检查是否满足下式：

$$\Delta_i=\alpha\text{（给定值）}$$

十二、温度变化时超静定结构的计算

(1) 典型方程

根据基本体系在多余未知力及温度改变共同作用下，沿多余未知力方向的位移条件可建立温度变化时的力法典型方程为：

$$\begin{cases}\delta_{11}X_1+\cdots+\delta_{1j}X_j+\cdots+\delta_{1n}X_n+\Delta_{1t}=0\\ \cdots\\ \delta_{i1}X_1+\cdots+\delta_{ij}X_j+\cdots+\delta_{in}X_n+\Delta_{it}=0\\ \cdots\\ \delta_{n1}X_1+\cdots+\delta_{nj}X_j+\cdots+\delta_{nn}X_n+\Delta_{nt}=0\end{cases}$$

系数 δ_{ij} 的含义及计算方法与荷载作用下相同。自由项 Δ_{it} 表示基本结构由温度变化引起的沿 X_i 方向的位移，其计算公式为：

$$\Delta_{it}=\sum\int\overline{M}_i\frac{\alpha\Delta t\mathrm{d}s}{h}+\sum\int\overline{F}_{Ni}\alpha t_0\mathrm{d}s$$

式中，α 为材料的线膨胀系数；h 是杆件截面厚度；t_0 为杆件轴线处温度；Δt 为截面上下边缘的温差；$\overline{M}_i$（$\overline{F}_{Ni}$）为基本结构在单位未知力 $X_i=1$ 作用下的弯矩（轴力）。

(2) 温度变化引起超静定结构的位移计算

除了考虑由于温度变化引起内力而产生的弹性变形外，还要加上由于温度变化所引起的位移，即：

$$\Delta_t=\sum\int\frac{\overline{M}M}{EI}\mathrm{d}s+\sum\int k\frac{\overline{F}_S F_S}{GA}\mathrm{d}s+\sum\int\frac{\overline{F}_N F_N}{EA}\mathrm{d}s+\sum\int\overline{F}_N\alpha t_0\mathrm{d}s+\sum\int\overline{M}\frac{\alpha\Delta t}{h}\mathrm{d}s$$

等式右边的前面三项是由于温度变化引起内力而产生的弹性变形,后面两项是由于温度变化所引起的位移。对不同类型的超静定结构,温度变化引起超静定结构位移计算式中的这两部分可以简化。

同样地,对温度改变引起超静定结构的最后内力图进行变形条件校核时,也应把温度变化所引起的基本结构的位移考虑进去。

十三、支座移动时超静定结构的计算

(1) 典型方程

基本体系在多余未知力及支座移动共同作用下,沿多余未知力方向的位移条件可建立支座移动时的力法典型方程为:

$$\begin{cases} \delta_{11}X_1+\cdots+\delta_{1j}X_j+\cdots+\delta_{1n}X_n+\Delta_{1c}=\Delta_1 \\ \cdots \\ \delta_{i1}X_1+\cdots+\delta_{ij}X_j+\cdots+\delta_{in}X_n+\Delta_{ic}=\Delta_i \\ \cdots \\ \delta_{n1}X_1+\cdots+\delta_{nj}X_j+\cdots+\delta_{nn}X_n+\Delta_{nc}=\Delta_n \end{cases}$$

系数 δ_{ij} 的含义及计算方法与荷载作用、温度改变下均相同。自由项 Δ_{ic} 表示基本结构由支座移动引起的沿 X_i 方向的位移,其计算公式为:

$$\Delta_{ic}=-\sum \overline{F}_{Rki}c_k$$

(2) 支座移动时超静定结构的位移计算

除了考虑由于支座移动引起内力而产生的弹性变形外,还要加上由于支座移动所引起的位移,即:

$$\Delta_c=\sum\int\frac{\overline{M}M}{EI}ds+\sum\int k\frac{\overline{F}_S F_S}{GA}ds+\sum\int\frac{\overline{F}_N F_N}{EA}ds-\sum \overline{F}_R c$$

等式右边的前面三项是由于支座移动引起内力而产生的弹性变形,对于具体的不同类型结构,可只考虑其中的一项或两项;最后一项是由于支座移动所引起的位移。

同样地,对支座移动引起超静定结构的最后内力图进行变形条件校核时,也应把支座移动所引起的基本结构的位移考虑进去。

第三节 例题分析

【例 7-1】 用力法分析如图 7-9(a) 所示的梁结构,并作其 M 图,已知 EI 为常数。

【解】 (1) 选取基本体系:撤去 B 支座处两约束后代之以未知力 X_1、X_2,选取基本体系如图 7-9(b) 所示。

(2) 列力法典型方程

$$\begin{cases} \delta_{11}X_1+\delta_{12}X_2+\Delta_{1P}=0 \\ \delta_{21}X_1+\delta_{22}X_2+\Delta_{2P}=0 \end{cases}$$

(3) 求解系数和自由项

作基本结构分别在 $X_1=1$、$X_2=1$ 及原荷载作用下的 $\overline{M}_1$ 图、$\overline{M}_2$ 图及 M_P 图,分别

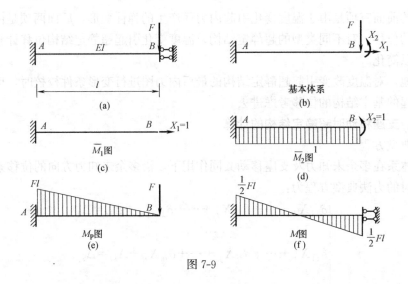

图 7-9

如图 7-9（c）、(d)、(e) 所示。由图乘法得：

$$\delta_{11}=\sum\int\frac{\overline{M}_1^2}{EI}ds=0,\ \delta_{22}=\sum\int\frac{\overline{M}_2^2}{EI}ds=\frac{1}{EI}(1\times l\times 1)=\frac{l}{EI}$$

$$\delta_{12}=\delta_{21}=\sum\int\frac{\overline{M}_1\overline{M}_2}{EI}ds=0,\ \Delta_{1P}=\sum\int\frac{\overline{M}_1M_P}{EI}ds=0$$

$$\Delta_{2P}=\sum\int\frac{\overline{M}_2M_P}{EI}ds=-\frac{1}{EI}\left(\frac{1}{2}\times l\times Fl\times 1\right)=-\frac{Fl^2}{2EI}$$

（4）解力法方程求得多余未知力：

$$X_1=0,\ X_2=\frac{1}{2}Fl$$

（5）根据基本体系的静力平衡条件，较易作出梁结构的 M 图，如图 7-9（f）所示。

【**例 7-2**】 用力法分析如图 7-10（a）所示连续梁结构，并作其 M 图，已知 EI 为常数。

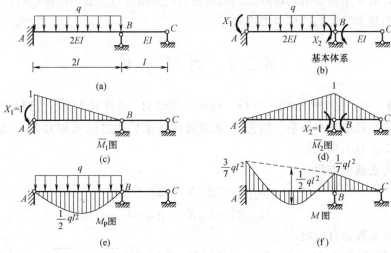

图 7-10

【解】（1）撤去 A、B 支座处力矩约束而代之以未知力 X_1、X_2 后，选取基本体系如图 7-10（b）所示。

（2）列力法典型方程：

$$\begin{cases} \delta_{11}X_1+\delta_{12}X_2+\Delta_{1P}=0 \\ \delta_{21}X_1+\delta_{22}X_2+\Delta_{2P}=0 \end{cases}$$

（3）求解系数和自由项

作基本结构分别在 $X_1=1$、$X_2=1$ 及原荷载作用下的 $\overline{M}_1$ 图、$\overline{M}_2$ 图及 M_P 图，分别如图 7-10（c）、（d）、（e）所示。由图乘法得：

$$\delta_{11}=\sum\int\frac{\overline{M}_1^2}{EI}\mathrm{d}s=\frac{1}{2EI}\left(\frac{1}{2}\times 1\times 2l\times\frac{2}{3}\right)=\frac{l}{3EI}$$

$$\delta_{22}=\sum\int\frac{\overline{M}_2^2}{EI}\mathrm{d}s=\frac{1}{2EI}\left(\frac{1}{2}\times 1\times 2l\times\frac{2}{3}\right)+\frac{1}{EI}\left(\frac{1}{2}\times 1\times l\times\frac{2}{3}\right)=\frac{2l}{3EI}$$

$$\delta_{12}=\delta_{21}=\sum\int\frac{\overline{M}_1\overline{M}_2}{EI}\mathrm{d}s=\frac{1}{2EI}\left(\frac{1}{2}\times 1\times 2l\times\frac{1}{3}\right)=\frac{l}{6EI}$$

$$\Delta_{1P}=\sum\int\frac{\overline{M}_1 M_P}{EI}\mathrm{d}s=-\frac{1}{2EI}\left(\frac{2}{3}\times 2l\times\frac{1}{2}ql^2\times\frac{1}{2}\right)=-\frac{ql^3}{6EI}$$

$$\Delta_{2P}=\sum\int\frac{\overline{M}_2 M_P}{EI}\mathrm{d}s=-\frac{ql^3}{6EI}$$

（4）解力法方程求得多余未知力：

$$X_1=\frac{3}{7}ql^2,\ X_2=\frac{1}{7}ql^2$$

（5）作 M 图，如图 7-10（f）所示。

【例 7-3】 用力法分析如图 7-11（a）所示刚架结构，并作其 M 图，已知 EI 为常数。

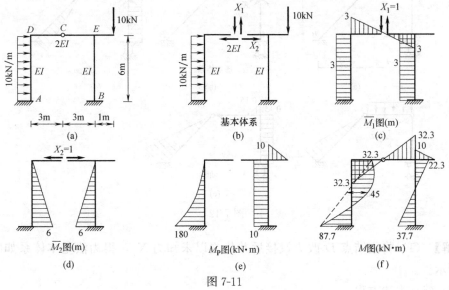

图 7-11

【解】（1）撤除铰 C 两个约束后代之以未知力 X_1、X_2，得基本体系如图 7-11（b）所示。

(2) 建立力法方程：

$$\begin{cases} \delta_{11}X_1 + \delta_{12}X_2 + \Delta_{1P} = 0 \\ \delta_{21}X_1 + \delta_{22}X_2 + \Delta_{2P} = 0 \end{cases}$$

(3) 求解系数和自由项

作基本结构分别在 $X_1=1$、$X_2=1$ 及原荷载作用下的 $\overline{M}_1$ 图、$\overline{M}_2$ 图及 M_P 图，分别如图 7-11（c）、（d）、（e）所示。由图乘法，得：

$$\delta_{11} = \sum\int \frac{\overline{M}_1^2}{EI}\mathrm{d}s = \frac{1}{2EI}\left(\frac{1}{2}\times 3\times 3\times \frac{2}{3}\times 3\right)\times 2 + \frac{1}{EI}(3\times 6\times 3)\times 2 = \frac{117}{EI}$$

$$\delta_{22} = \sum\int \frac{\overline{M}_2^2}{EI}\mathrm{d}s = \frac{1}{EI}\left(\frac{1}{2}\times 6\times 6\times \frac{2}{3}\times 6\right)\times 2 = \frac{144}{EI}$$

$$\delta_{12} = \delta_{21} = \sum\int \frac{\overline{M}_1\overline{M}_2}{EI}\mathrm{d}s = 0$$

$$\Delta_{1P} = \sum\int \frac{\overline{M}_1 M_P}{EI}\mathrm{d}s = \frac{1}{EI}\left(\frac{1}{3}\times 180\times 6\times 3 + 10\times 6\times 3\right) = \frac{1260}{EI}$$

$$\Delta_{2P} = \sum\int \frac{\overline{M}_2 M_P}{EI}\mathrm{d}s = \frac{1}{EI}\left(-\frac{1}{3}\times 180\times 6\times \frac{3}{4}\times 6 + 10\times 6\times 3\right) = -\frac{1440}{EI}$$

(4) 解力法方程求得多余未知力：

$$X_1 = -\frac{140}{13}\mathrm{kN}, \quad X_2 = 10\mathrm{kN}$$

(5) 作 M 图，如图 7-11（f）所示。

【例 7-4】 用力法分析如图 7-12（a）所示刚架结构，并作其 M 图，已知 EI 为常数。

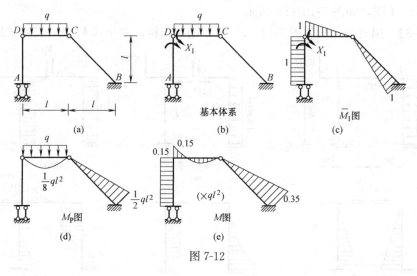

图 7-12

【解】 (1) 将刚结点 D 改为铰接后并代之以未知力 X_1，得力法基本体系如图 7-12（b）所示。

(2) 建立力法方程：

$$\delta_{11}X_1 + \Delta_{1P} = 0$$

(3) 求解系数和自由项

作基本结构分别在 $X_1=1$ 及原荷载作用下的 $\overline{M}_1$ 图、M_P 图，分别如图 7-12（c）、(d) 所示。由图乘法得：

$$\delta_{11}=\sum\int\frac{\overline{M}_1^2}{EI}\mathrm{d}s=\frac{1}{EI}\Big(l\times 1\times 1+\frac{1}{2}\times l\times 1\times\frac{2}{3}+\frac{1}{2}\times\sqrt{2}l\times 1\times\frac{2}{3}\Big)$$

$$=\frac{(4+\sqrt{2})l}{3EI}$$

$$\Delta_{1P}=\sum\int\frac{\overline{M}_1 M_P}{EI}\mathrm{d}s=\frac{1}{EI}\Big(-\frac{2}{3}\times l\times\frac{1}{8}ql^2\times\frac{1}{2}-\frac{1}{2}\times\sqrt{2}l\times\frac{1}{2}ql^2\times\frac{2}{3}\Big)$$

$$=-\frac{1+4\sqrt{2}}{24EI}ql^3$$

（4）解力法方程求得多余未知力：

$$X_1=0.15ql^2$$

（5）作 M 图，如图 7-12（f）所示。

【例 7-5】用力法分析如图 7-13（a）所示排架结构，并作其 M 图，已知 EI 为常数。

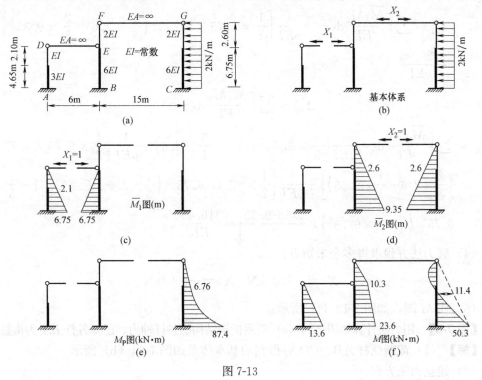

图 7-13

【解】（1）将链杆 DE、FG 截断并分别代之以未知力 X_1、X_2，得力法基本体系如图 7-13（b）所示。

（2）建立力法方程：

$$\begin{cases}\delta_{11}X_1+\delta_{12}X_2+\Delta_{1P}=0\\\delta_{21}X_1+\delta_{22}X_2+\Delta_{2P}=0\end{cases}$$

（3）求解系数和自由项

作基本结构分别在 $X_1=1$、$X_2=1$ 及原荷载作用下的 $\overline{M}_1$ 图、$\overline{M}_2$ 图及 M_P 图，分别如图 7-13（c）、（d）、（e）所示。由图乘法得：

$$\delta_{11}=\sum\int\frac{\overline{M}_1^2}{EI}\mathrm{d}s=\frac{1}{6EI}\left(\frac{1}{2}\times 6.75\times 6.75\times\frac{2}{3}\times 6.75\right)+$$

$$\frac{1}{EI}\left(\frac{1}{2}\times 2.1\times 2.1\times\frac{2}{3}\times 2.1\right)+\frac{1}{3EI}\left[\frac{1}{2}\times 2.1\times 4.65\times\left(\frac{2}{3}\times 2.1+\frac{1}{3}\times 6.75\right)+\right.$$

$$\left.\frac{1}{2}\times 6.75\times 4.65\times\left(\frac{1}{3}\times 2.1+\frac{2}{3}\times 6.75\right)\right]=\frac{53.32}{EI}$$

$$\delta_{22}=\sum\int\frac{\overline{M}_2^2}{EI}\mathrm{d}s=\frac{1}{2EI}\left(\frac{1}{2}\times 2.6\times 2.6\times\frac{2}{3}\times 2.6\right)\times 2+$$

$$\frac{2}{6EI}\left[\frac{1}{2}\times 6.75\times 2.6\times\left(\frac{2}{3}\times 2.1+\frac{1}{3}\times 9.35\right)\right]+$$

$$\frac{2}{6EI}\left[\frac{1}{2}\times 6.75\times 9.35\times\left(\frac{1}{3}\times 2.6+\frac{2}{3}\times 9.35\right)\right]=\frac{94.73}{EI}$$

$$\delta_{12}=\delta_{21}=\sum\int\frac{\overline{M}_1\overline{M}_2}{EI}\mathrm{d}s=-\frac{1}{6EI}\left[\frac{1}{2}\times 6.75\times 6.75\times\left(\frac{1}{3}\times 2.6+\frac{2}{3}\times 9.35\right)\right]$$

$$=-\frac{26.96}{EI}$$

$$\Delta_{1P}=\sum\int\frac{\overline{M}_1 M_P}{EI}\mathrm{d}s=0$$

$$\Delta_{2P}=\sum\int\frac{\overline{M}_2 M_P}{EI}\mathrm{d}s=\frac{1}{2EI}\left(\frac{1}{3}\times 2.6\times 6.76\times\frac{3}{4}\times 2.6\right)+\frac{1}{6EI}\left[\frac{1}{2}\times 6.76\times 6.75\times\right.$$

$$\left.\left(\frac{2}{3}\times 2.6+\frac{1}{3}\times 9.35\right)\right]+\frac{1}{6EI}\left[\frac{1}{2}\times 87.4\times 6.75\times\left(\frac{1}{3}\times 2.6+\frac{2}{3}\times 9.35\right)-\frac{2}{3}\times\right.$$

$$\left.6.75\times\left(\frac{1}{8}\times 2\times 6.75^2\right)\times\frac{2.6+9.35}{2}\right]=\frac{316.45}{EI}$$

（4）解力法方程求得多余未知力：

$$X_1=-2.01\mathrm{kN},\ X_2=-3.97\mathrm{kN}$$

（5）作 M 图，如图 7-13（f）所示。

【例 7-6】 用力法计算如图 7-14（a）所示桁架结构的各杆轴力，已知各杆 EA 为常数。

【解】（1）截断弦杆 AB、CD 后得到的基本体系如图 7-14（b）所示。

（2）建立力法方程：

$$\begin{cases}\delta_{11}X_1+\delta_{12}X_2+\Delta_{1P}=0\\ \delta_{21}X_1+\delta_{22}X_2+\Delta_{2P}=0\end{cases}$$

（3）求解系数和自由项

求出基本结构中各杆在 $X_1=1$、$X_2=1$ 及原荷载作用下的轴力 $\overline{F}_{N1}$、$\overline{F}_{N2}$ 及 F_{NP}，分别如图 7-14（c）、（d）、（e）所示。

$$\delta_{11}=\sum\frac{\overline{F}_{N1}^2}{EA}l=\frac{3+4\sqrt{2}}{EA}a,\ \delta_{22}=\sum\frac{\overline{F}_{N2}^2}{EA}l=\frac{a}{EA}$$

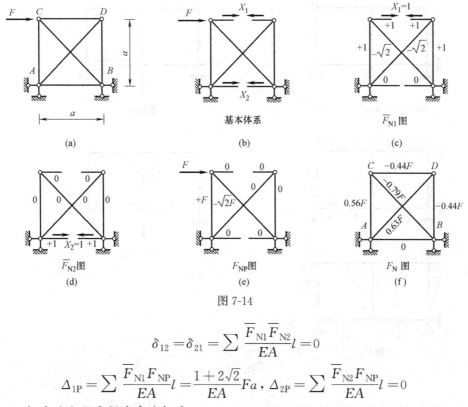

图 7-14

$$\delta_{12} = \delta_{21} = \sum \frac{\overline{F}_{N1}\overline{F}_{N2}}{EA}l = 0$$

$$\Delta_{1P} = \sum \frac{\overline{F}_{N1}F_{NP}}{EA}l = \frac{1+2\sqrt{2}}{EA}Fa, \quad \Delta_{2P} = \sum \frac{\overline{F}_{N2}F_{NP}}{EA}l = 0$$

(4) 解力法方程求得多余未知力：$X_1 = -0.44F$，$X_2 = 0$

(5) 利用叠加方法，即 $F_N = \overline{F}_{N1}X_1 + \overline{F}_{N2}X_2 + F_{NP}$，可计算出各杆轴力值，如图 7-14 (f) 所示。

【**例 7-7**】 用力法分析如图 7-15 (a) 所示组合结构，作其中梁式杆的 M 图并求链杆轴力，已知梁式杆 EI、链杆 EA 均为常数，且满足 $EA = \dfrac{EI}{4l^2}$。

【**解**】 (1) 该组合结构为一次超静定结构，切断链杆 BC 并代以未知力 X_1，从而得到如图 7-15 (b) 所示的基本体系。

(2) 列力法方程：

$$\delta_{11}X_1 + \Delta_{1P} = 0$$

(3) 求解系数和自由项

作基本结构在 $X_1=1$ 作用下梁式杆 $\overline{M}_1$ 图并求得链杆轴力 $\overline{F}_{N1}$，以及原荷载作用下梁式杆 M_P 图并求得链杆轴力 F_{NP}，分别如图 7-15 (c)、(d) 所示。求解系数和自由项如下：

$$\delta_{11} = \sum \int \frac{\overline{M}_1^2}{EI}ds + \sum \frac{\overline{F}_{N1}^2}{EA}l = \frac{1}{EI}\left(\frac{1}{2}l^2 \times \frac{2}{3}l \times 2 + l \times 2l \times l\right) + \frac{1}{EA}(1 \times l \times 2)$$

$$= \frac{8l^3}{3EI} + \frac{2l}{EA} = \frac{32l^3}{3EI}$$

$$\Delta_{1P} = \sum \int \frac{\overline{M}_1 M_P}{EI}ds + \sum \frac{\overline{F}_{N1}F_{NP}}{EA}l = -\frac{1}{EI}\left(\frac{1}{2} \times 2l \times a \times \frac{1}{2}Fl \times l\right) = -\frac{Fl^3}{2EI}$$

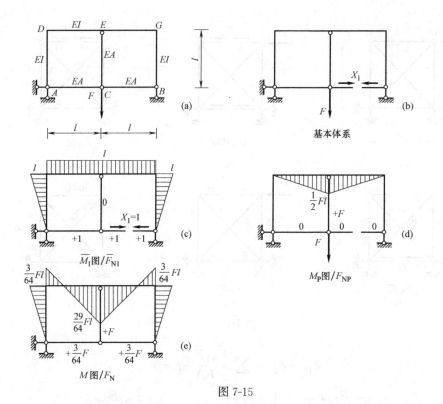

图 7-15

(4) 解力法方程,从而可解出多余未知力为：$X_1 = -\dfrac{\Delta_{1P}}{\delta_{11}} = \dfrac{3}{64}F$

(5) 根据叠加公式 $M = \overline{M}_1 X_1 + M_P$、$F_N = \overline{F}_{N1} X_1 + F_{NP}$,可得梁式杆的 M 图及各链杆的轴力,如图 7-15 (e) 所示。

【例 7-8】 作如图 7-16 (a) 所示结构的 M 图,已知 EI、EA 均为常数。

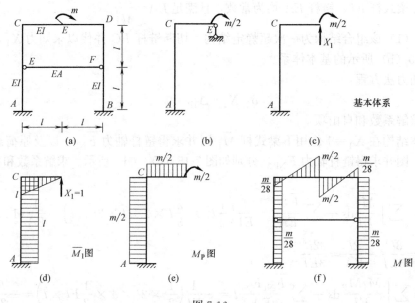

图 7-16

【解】 （1）该结构为对称的超静定组合结构承受反对称荷载作用，链杆 EF 为零杆，故取半结构如图 7-16（b）所示。下面用力法分析此半结构。

（2）去掉支座 E 处约束并代以未知力 X_1，从而得到如图 7-16（c）所示的基本体系。

（3）列力法方程：
$$\delta_{11}X_1+\Delta_{1P}=0$$

（4）求解系数和自由项：作基本结构在 $X_1=1$、原荷载下的 $\overline{M}_1$ 图（图 7-16d）、M_P 图（图 7-16e）。

$$\delta_{11}=\sum\int\frac{\overline{M}_1^2}{EI}\mathrm{d}s=\frac{1}{EI}\left(\frac{1}{2}l^2\times\frac{2}{3}l+l\times 2l\times l\right)=\frac{7l^3}{3EI}$$

$$\Delta_{1P}=\sum\int\frac{\overline{M}_1 M_P}{EI}\mathrm{d}s=-\frac{1}{EI}\left(\frac{1}{2}l^2\times\frac{m}{2}+l\times 2l\times\frac{m}{2}\right)=-\frac{5ml^2}{4EI}$$

（5）解力法方程，从而可解出多余未知力为：
$$X_1=-\frac{\Delta_{1P}}{\delta_{11}}=\frac{15m}{28l}$$

（6）根据叠加公式 $M=\overline{M}_1 X_1+M_P$ 可作 M 图，如图 7-16（f）所示。

【例 7-9】 作如图 7-17（a）所示结构的 M 图，已知 EI、EA 均为常数。

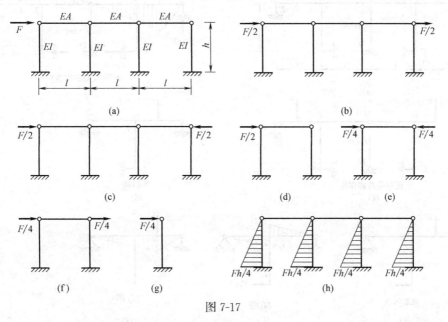

图 7-17

【解】 （1）该结构为对称结构承受一般荷载作用，将荷载分解为反对称作用（图 7-17b）及正对称作用（图 7-17c）。如图 7-17（c）所示结构的 $M=0$，如图 7-17（b）所示结构可取其相应的半结构（图 7-17d）。

（2）如图 7-17（d）所示结构也为对称结构承受一般荷载作用，也可将荷载分解为正对称作用（图 7-17e）及反对称作用（图 7-17f）。图 7-17（e）所示结构的 $M=0$，图 7-17（f）所示结构可进一步取其相应的半结构（图 7-17g）。

（3）如图 7-17（g）所示为静定结构，可根据平衡条件作其 M 图。再根据对称性，作整个结构的 M 图，如图 7-17（h）所示。

【例 7-10】 作如图 7-18（a）所示结构的 M 图，已知各杆 EI 均为常数，中柱 DH 的 EA 无穷大。

【解】（1）该结构为对称超静定结构承受一般荷载作用，将荷载分解为反对称作用（图 7-18b）及正对称作用（图 7-18c）。

（2）对图 7-18（b）所示结构

中柱 DH 轴力为零，即 $F_{NDH}=0$，故此结构转化为静定的三铰刚架，可直接由平衡条件求支座反力，并作其 M 图。

（3）对图 7-18（c）所示结构

取其相应的半结构，如图 7-18（d）所示，可用力法分析此半结构。如图 7-18（e）所示为力法的基本体系，列力法方程为：

$$\delta_{11}X_1 + \Delta_{1P} = 0$$

根据 $\overline{M}_1$ 图（图 7-18f）、M_P 图（图 7-18g），可解得系数及自由项分别为：

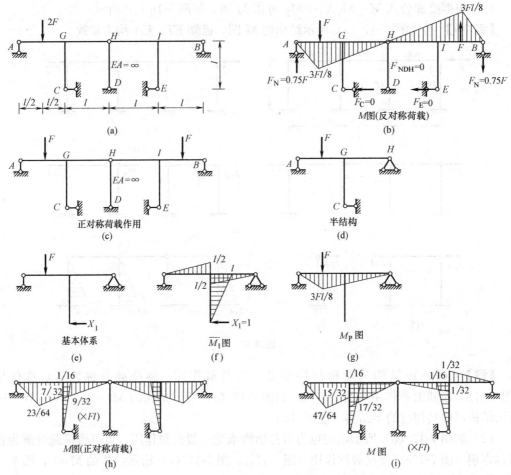

图 7-18

$$\delta_{11} = \sum \int \frac{\overline{M}_1^2}{EI} ds = \frac{1}{EI}\left(\frac{1}{2}l \times \frac{1}{2}l \times \frac{2}{3} \times \frac{1}{2}l \times 2 + \frac{1}{2}l^2 \times \frac{2}{3}l\right) = \frac{l^3}{2EI}$$

$$\Delta_{1P} = \sum \int \frac{\overline{M}_1 M_P}{EI} ds = -\frac{1}{EI}\left(\frac{1}{2}l \times \frac{1}{4}Fl \times \frac{l}{4}\right) = -\frac{Fl^3}{32EI}$$

解力法方程，从而可解出多余未知力为：

$$X_1 = \frac{1}{16}F$$

图 7-18（c）所示结构的 M 图，如图 7-18（h）所示。

（4）将如图 7-18（b）、（h）所示弯矩图进行叠加，可得原结构的 M 图，如图 7-18（i）所示。

【例 7-11】 作如图 7-19（a）所示结构的 M 图，已知 EI 为常数。

【解】 (1) 该结构为中心对称结构承受反对称荷载作用，对称中心处只承受反对称约束力，因此取如图 7-19（b）所示的基本体系。

(2) 列力法方程：$\delta_{11}X_1 + \Delta_{1P} = 0$

(3) 根据 $\overline{M}_1$ 图（图 7-19c）、M_P 图（图 7-19d），可求解系数和自由项如下：

$$\delta_{11} = \sum \int \frac{\overline{M}_1^2}{EI} ds = \frac{1}{EI}(1 \times l \times 1) \times 3 = \frac{3l}{EI}$$

$$\Delta_{1P} = \sum \int \frac{\overline{M}_1 M_P}{EI} ds = -\frac{2}{EI}\left(\frac{1}{2} \times \frac{l}{2} \times \frac{1}{2}Fl \times 1\right) = -\frac{Fl^2}{4EI}$$

(4) 解力法方程，从而可解出多余未知力为：$X_1 = -\frac{\Delta_{1P}}{\delta_{11}} = \frac{1}{12}Fl$

(5) 根据叠加公式 $M = \overline{M}_1 X_1 + M_P$ 可作 M 图，如图 7-19（e）所示。

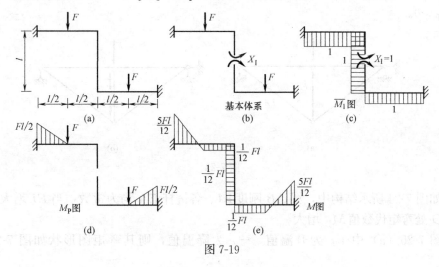

图 7-19

第四节 本章习题

一、判断题

1. 力法计算超静定结构时，基本结构可以取超静定结构。（　　）

2. 采用力法计算时，多余未知力是根据位移条件求解的，其他未知力是根据平衡条件求解的。（ ）

3. 如图 7-20 所示结构，去掉三根链杆 1、2、3 可变成简支梁，故其是三次超静定结构。（ ）

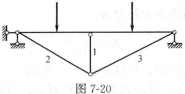

图 7-20

4. 用力法求解如图 7-21 所示结构时，可选择切断杆件 2 和杆件 4 后的结构作为基本结构。（ ）

5. 如图 7-22 所示为某结构的 M 图，由于横梁 CD 无弯曲变形，故其上无弯矩。（ ）

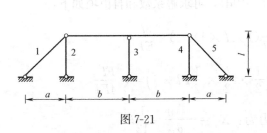

图 7-21

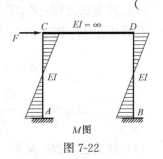

图 7-22

6. 如图 7-23（a）所示结构，取力法基本未知量为 X_1（图 7-23b），则力法方程中自由项 $\Delta_{1P}>0$。（ ）

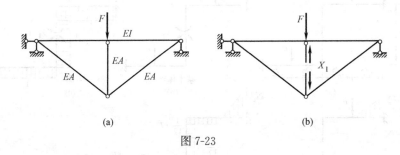

图 7-23

7. 如图 7-24 所示结构中，梁 AB 刚度 EI、各链杆 EA 均为常数，当 EI 增大时，则梁截面 D 处弯矩代数值 M_D 增大。（ ）

8. 图 7-25（a）中 $+t$ 为升温值，$-t$ 为降温值，则其弯矩图形状如图 7-25（b）所示。（ ）

9. 如图 7-26（a）所示结构中拉杆 AB 的轴力为 F_{NAB}，图 7-26（b）所示结构中水平反力为 F_H，则它们之间的关系是：当拉杆 AB 的刚度 EA 为有限值时 $F_{NAB}<F_H$，当拉杆 AB 的刚度 EA 为无穷大时 $F_{NAB}=F_H$。（ ）

10. 如图 7-27（a）、（b）为同一结构的两种外因状态，若都选图 7-27（c）为力法的基本结构进行计算，则它们的力法典型方程中：主系数相同、副系数相同、自由项不同、

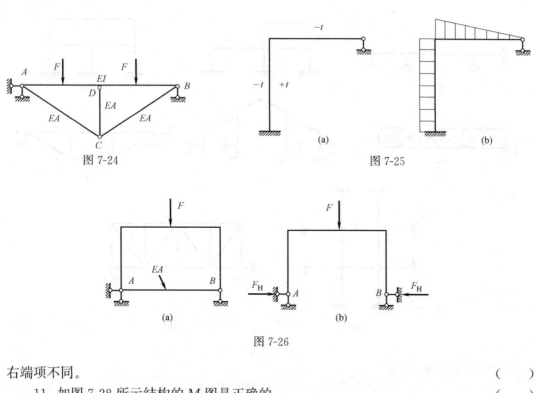

图 7-24　　　　　　　　　　图 7-25

图 7-26

右端项不同。　　　　　　　　　　　　　　　　　　　　　　　　　　　　(　)

11. 如图 7-28 所示结构的 M 图是正确的。　　　　　　　　　　　　　　　　(　)

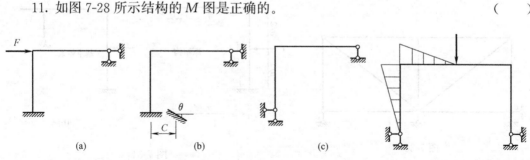

图 7-27　　　　　　　　　　　　　　图 7-28

12. 在力法方程中，系数 $\delta_{ij}=\delta_{ji}$ 是由位移互等定理得到的结果。　　　　(　)
13. 超静定结构中，刚度越大的杆件受力也越大。　　　　　　　　　　　　(　)
14. 用单位荷载法计算超静定位移时，虚拟状态中单位荷载可以施加在任一基本结构上。　　　　　　　　　　　　　　　　　　　　　　　　　　　　　　　　(　)
15. 超静定结构由温度变化引起的位移计算方法，与静定结构完全相同。　　(　)

二、填空题

1. 如图 7-29 所示各结构的超静定次数分别为：(a) _____ 、(b) _____ 、(c) _____ 、(d) _____ 、(e) _____ 、(f) _____ 、(g) _____ 、(h) _____ 。

2. 在如图 7-30 所示结构中，杆 a、杆 b、杆 c、杆 d 中不能作为多余约束去掉的是 _____ 。

3. 如图 7-31 所示结构的力法典型方程 $\delta_{21}X_1+\delta_{22}X_2+\Delta_{2P}=0$ 中，等号左边各项之

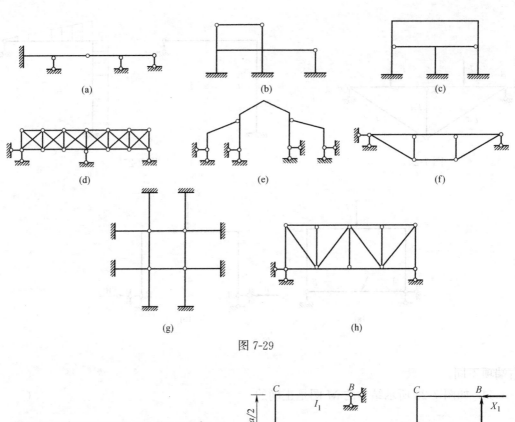

图 7-29

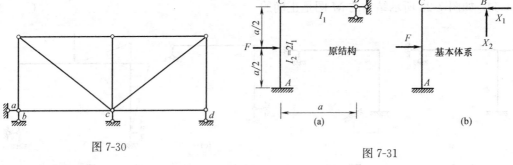

图 7-30 　　　　　　　　　　图 7-31

和表示的含义为_____，其中 δ_{21} 的含义为_____。

4. 力法计算的基本未知量是_____。

5. 力法方程是沿基本未知量方向的_____。

6. 力法典型方程的等号左侧式子代表_____，右侧式子代表_____。

7. 如图 7-32 所示连续梁采用力法求解时，最简便的基本结构是_____。

8. 如图 7-33 所示为五跨连续梁采用力法求解时的基本体系和基本未知量，其系数 δ_{ij} 为零的是_____，_____，_____。

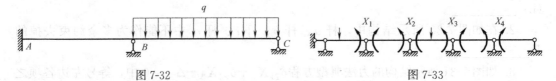

图 7-32　　　　　　　　　　图 7-33

9. 图 7-34（b）为图 7-34（a）所示结构的力法基本体系，已知各杆 $EI=$ 常数，则力法典型方程中的自由项 $\Delta_{1P}=$_____。

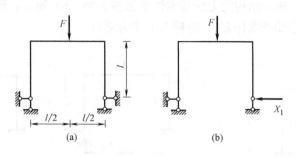

图 7-34

10. 如图 7-35 所示两刚架的 EI 分别为 $EI=1$ 和 $EI=10$，这两个刚架的内力 _____（填相同或不相同）。

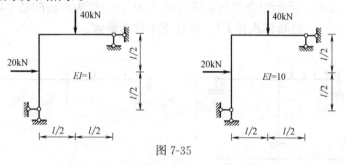

图 7-35

11. 图 7-36（b）为图 7-36（a）所示结构的力法基本体系，则力法方程中等于零的系数和自由项有：_____。已知各杆 $EI=$ 常数。

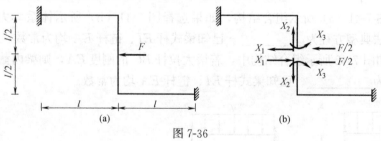

图 7-36

12. 如图 7-37（a）所示桁架结构中各杆 EA 为常数，取力法基本体系如图 7-37（b）所示，则力法典型方程中主系数 $\delta_{11}=$_____，自由项 $\Delta_{1P}=$_____。

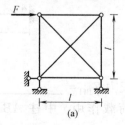 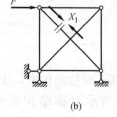

图 7-37

13. 如图 7-38 所示结构，若选择切断水平杆 CD 的体系为力法基本体系，则力法方程中主系数 $\delta_{11}=$_____。已知梁式杆 EI、链杆 EA 均为常数。

14. 图 7-39（a）所示结构的力法基本体系如图 7-39（b）所示，则力法方程中主系数 $\delta_{11}=$_____。已知梁式杆 EI、链杆 EA 均为常数。

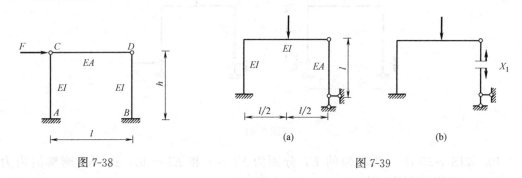

图 7-38　　　　　　　　图 7-39

15. 如图 7-40（a）所示组合结构，选择图 7-40（b）作为力法的基本体系，则力法典型方程为_____。已知梁式杆 EI、链杆 EA 均为常数。

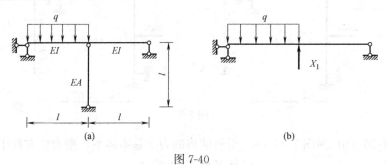

图 7-40

16. 如图 7-41（a）所示组合结构，如果选择图 7-41（b）所示体系为力法的基本体系，则其力法典型方程为_____。已知梁式杆 EI、链杆 EA 均为常数。

17. 在如图 7-42 所示组合结构中，若增大拉杆 BC 的刚度 EA，则梁内截面 A 处的弯矩变化情况为_____。已知梁式杆 EI、链杆 EA 均为常数。

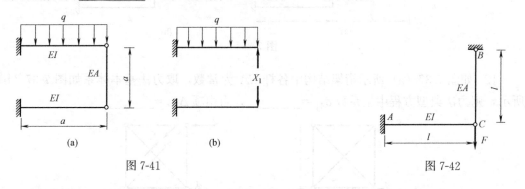

图 7-41　　　　　　　　图 7-42

18. 如图 7-43 所示对称结构中，B 处水平支反力 $F_{BH}=$_____。

19. 如图 7-44 所示对称结构承受反对称荷载作用，中柱 AB 内力中为零的是_____。

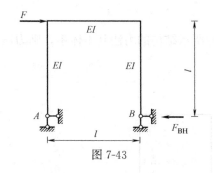

图 7-43

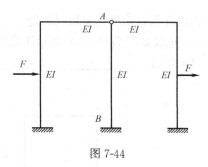

图 7-44

20. 如图 7-45 所示对称结构承受反对称荷载作用，截面 C 的内力中不为零的是_____。

21. 如图 7-46 所示对称结构，最少可以简化成_____次超静定计算。已知 EA、EI 为常数。

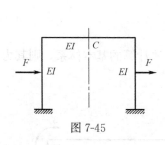

图 7-45

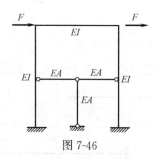

图 7-46

22. 如图 7-47（a）所示结构力法计算时，若取图 7-47（b）所示体系为力法基本体系，且已知线性膨胀系数为 α，杆截面高度为 h，则力法方程中自由项 $\Delta_{1t}=$_____。

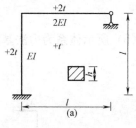

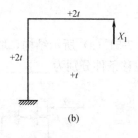

图 7-47

23. 如图 7-48（a）所示结构，其力法基本体系可取如图 7-48（b）中所示四种情况，

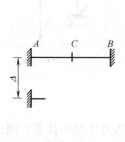

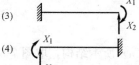

(a)　　　　　　　　(b)

图 7-48

其中力法方程右端项完全相同的是_____。

24. 选取如图 7-49（b）所示体系为图 7-49（a）所示结构的力法基本体系，则力法方程中自由项 $\Delta_{1c}=$_____、$\Delta_{2c}=$_____。

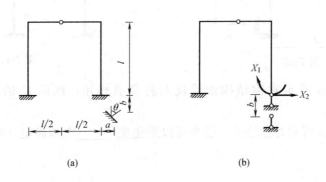

图 7-49

25. 如图 7-50（a）所示梁，取图 7-50（b）为力法计算的基本体系，则其力法典型方程为_____。

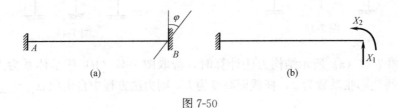

图 7-50

26. 对如图 7-51（a）所示结构，取图 7-51（b）所示体系为力法基体体系，则建立力法典型方程的位移条件分别为_____。

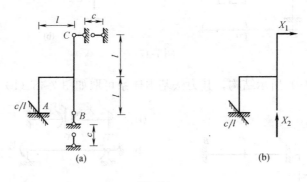

图 7-51

27. 如图 7-52（a）所示结构，取图 7-52（b）为力法基本体系，则建立力法典型方程的位移条件分别为_____。

28. 如图 7-53（a）所示结构中，支座 A 转动 θ，其力法基本体系如图 7-53（b）所示,则力法典型方程中的自由项 $\Delta_{1c}=$ _____。

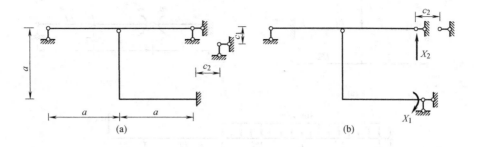

图 7-52

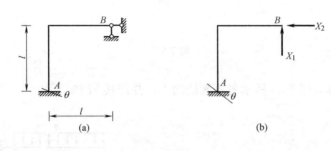

图 7-53

29. 如图 7-54 所示各超静定结构的弯矩图形状,其中错误的是_____。

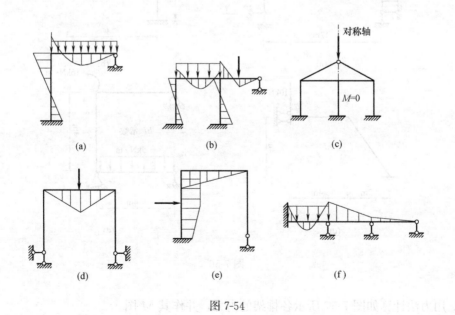

图 7-54

三、计算题

1. 用力法分析如图 7-55 所示梁结构的内力,并作 M 图和 F_S 图,已知 EI 为常数。

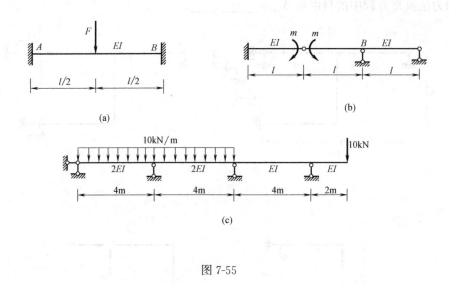

图 7-55

2. 用力法计算如图 7-56 所示各刚架的内力，并作其 M 图。

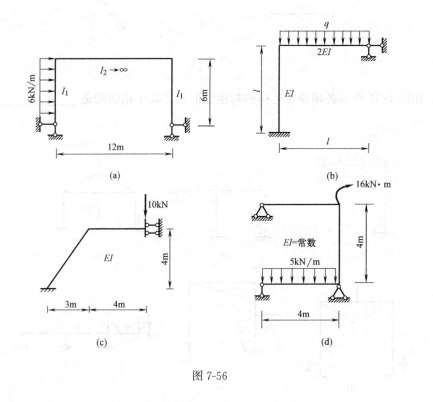

图 7-56

3. 用力法计算如图 7-57 所示各排架的内力，并作其 M 图。
4. 用力法计算如图 7-58 所示各桁架的轴力，已知各杆 EA＝常数。
5. 用力法计算并作如图 7-59 所示组合结构中梁式杆的 M 图，并求链杆的轴力，除特别注明外，梁式杆 EI、链杆 EA 均为常数。

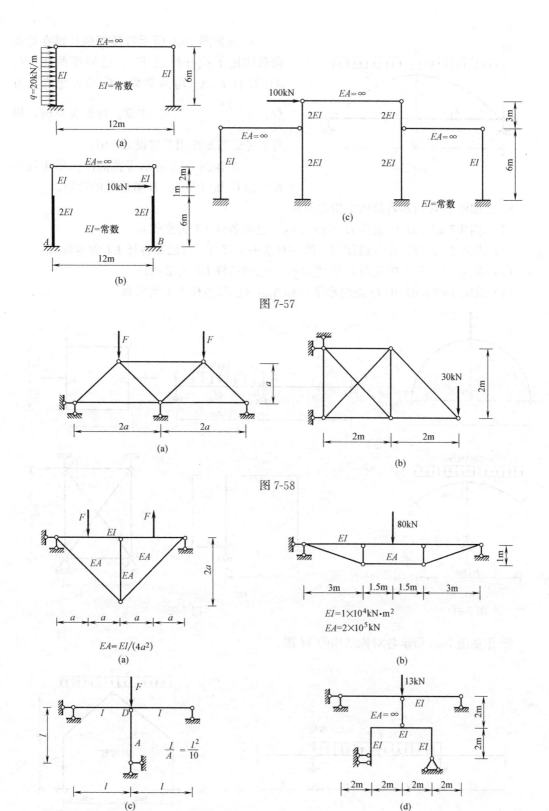

图 7-57

图 7-58

图 7-59

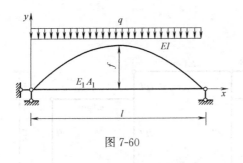

图 7-60

6. 求如图 7-60 所示带拉杆两铰拱在均布荷载作用下拉杆拉力 F_H。已知拱截面 EI、AB 拉杆 E_1A_1 均为常数,拱轴为抛物线方程:$y=\dfrac{4f}{l^2}x(l-x)$。注意:计算位移时,拱身只考虑弯矩作用并假设 $ds=dx$。

7. 求如图 7-61 所示等截面圆弧形无铰拱在拱顶 C 和拱脚 A、B 截面处的弯矩。

8. 求如图 7-62 所示各结构中指定位移。
(1) 求图 7-62(a)中截面 B 的转角 φ_B(已知各杆 EI 为常数);
(2) 求图 7-62(b)中荷载作用点的相对水平位移 Δ_{EG}(已知各杆 EI 为常数);
(3) 求图 7-62(c)中截面 C 的转角 φ_C(已知各杆 EI 为常数);
(4) 求图 7-62(d)中 D 点的水平位移 Δ_{DH}(已知各杆 EA 为常数)。

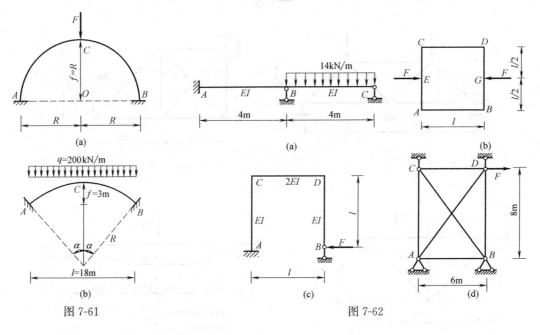

图 7-61   图 7-62

9. 作如图 7-63 所示各对称结构的 M 图。

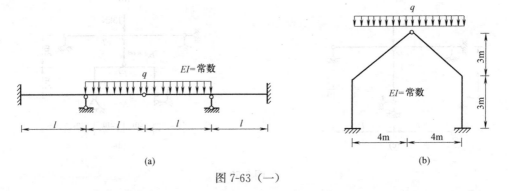

图 7-63(一)

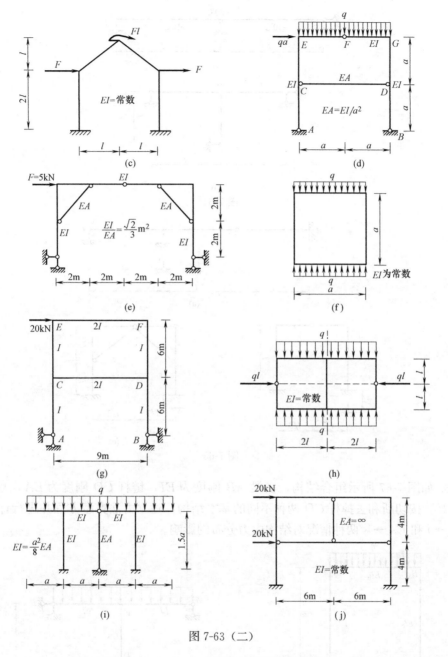

图 7-63（二）

10. 采用力法计算并作如图 7-64 所示各结构由于温度变化引起的 M 图。已知材料线膨胀系数为 α，矩形截面高度 $h=\dfrac{l}{10}$，各杆 EI 均为常数。

11. 采用力法计算并作如图 7-65 所示结构由于支座移动引起的 M 图。已知各杆 $EI=$ 常数，图 7-65（c）中不考虑链杆的轴向变形。

12. 如图 7-66 所示刚架中，横梁 BC 的刚度为 EI_b，柱 AB、CD 的刚度为 EI_c，梁柱刚度比 $\alpha=\dfrac{EI_b}{EI_c}$，试分析：梁柱刚度比 α 对该刚架结构弯矩分布的影响情况。

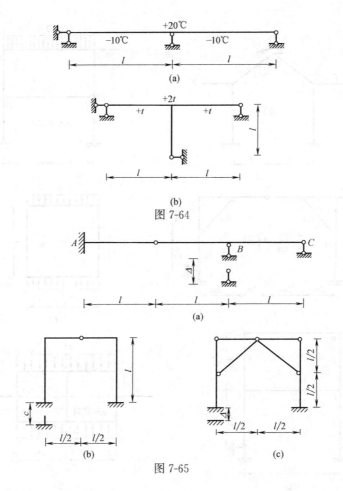

图 7-64

图 7-65

13. 如图 7-67 所示组合结构，横梁 AB 刚度为 EI，链杆 CD 刚度为 EA，且 $EA = 10EI/l^2$。按切断和去掉杆 CD 两种不同的基本结构，建立力法典型方程并进行计算。讨论 $EA \to 0$ 和 $EA \to \infty$ 两种情况对结构内力分布的影响。

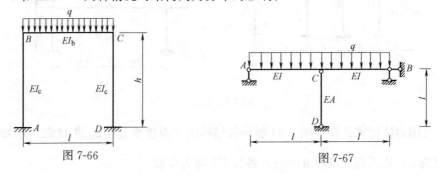

图 7-66　　　　　　图 7-67

第五节　习题参考答案

一、判断题

1. √　2. √　3. ×　4. ×　5. ×　6. ×　7. ×　8. √　9. √　10. √　11. ×

12. √ 13. × 14. √ 15. ×

二、填空题

1. 2次 6次 7次 7次 3次 1次 12次 6次 2. 杆 a
3. 悬臂刚架在多余未知力 X_1、X_2 和荷载 F 共同作用下产生的 B 点竖向位移 悬臂刚架在单位力 $X_1=1$ 作用下产生的 B 点竖向位移
4. 多余约束力
5. 位移协调方程
6. 基本体系沿基本未知力方向的位移 原结构沿基本未知力方向的位移
7. 将支座 A 改为固定铰支座，B 处改为完全铰
8. δ_{13} δ_{14} δ_{24}
9. $-Fl^3/(8EI)$
10. 相同
11. δ_{23}（δ_{32}） δ_{31}（δ_{13}） Δ_{2P} Δ_{1P}
12. $4.828l/EA$ $3.414Fl/(EA)$
13. $l/(EA)+2h^3/(3EI)$
14. $4l^3/(3EI)+l/(EA)$
15. $\delta_{11}X_1+\Delta_{1P}=-X_1a/EA$
16. $\delta_{11}X_1+\Delta_{1P}=-X_1a/EA$
17. 减小
18. $F/2$
19. 轴力
20. 剪力 21. 1
22. $1.5\alpha tl-1.5\alpha tl^2/h$
23. （1）、（2）与（3）
24. $2b/l$ $-2b$
25. $\delta_{11}X_1+\delta_{12}X_2=0$，$\delta_{21}X_1+\delta_{22}X_2=-\varphi$
26. $\Delta_1=c$，$\Delta_2=-c$
27. $\Delta_1=0$，$\Delta_2=-c_1$
28. $-l\theta$
29. （a）、（b）、（d）、（e）、（f）

三、计算题

1.

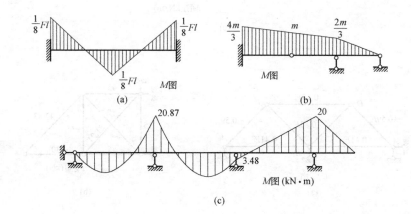

2.

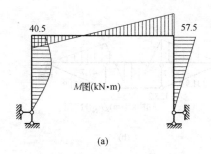
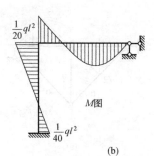

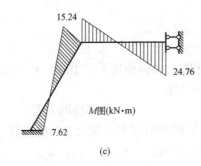
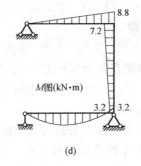

3.
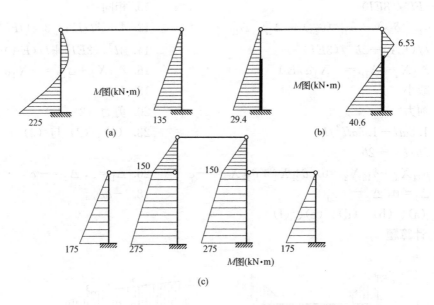

4.
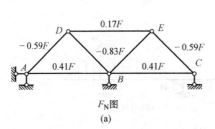
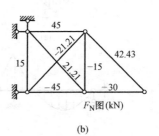

5.
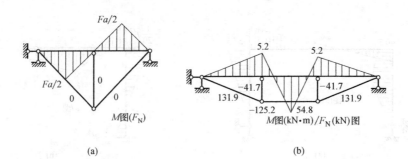

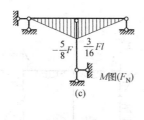
(c)
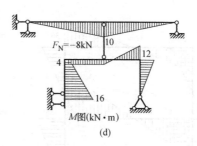
(d)

6. $F_H = \dfrac{ql^2}{8f} \dfrac{1}{1 + \dfrac{15EI}{8E_1 A_1 f^2}}$

7. (a) $F_H = 0.46F$，$M_A = M_B = 0.11FR$（外侧受拉）

   (b) 拱顶：$M = 76.65 \text{kN} \cdot \text{m}$，拱脚：$M = -206.79 \text{kN} \cdot \text{m}$

8. (a) $\varphi_B = \dfrac{16}{EI}$（顺时针）   (b) $\Delta_{EF} = \dfrac{5Fl^3}{192EI}$ （→←）

   (c) $\varphi_C = \dfrac{Fl^2}{7EI}$（逆时针）   (d) $\Delta_{DH} = \dfrac{15.26F}{EA}$ （→）

9.

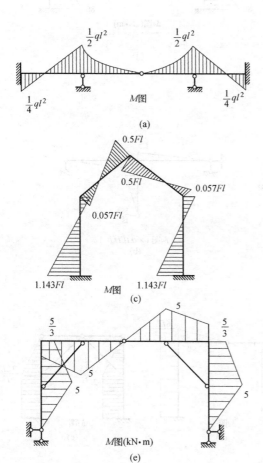

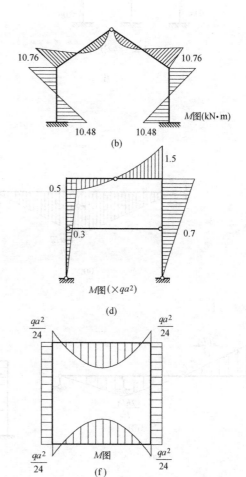

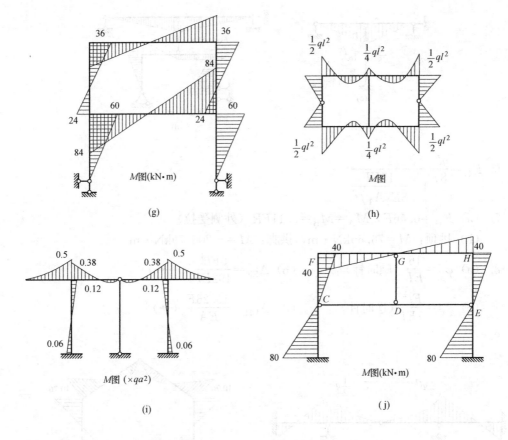

10.

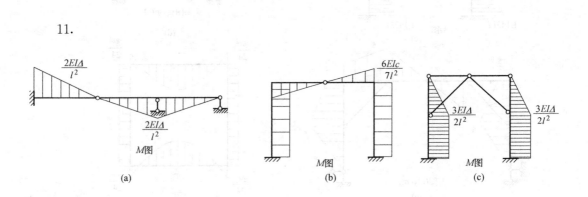

11.

12.

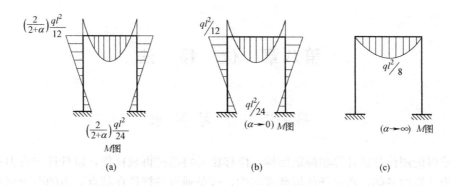

当 α 由 0 开始逐渐增加至很大时，横梁跨中弯矩不断增大（由 $ql^2/24$ 增大至 $ql^2/8$），柱顶弯矩不断减小（由 $ql^2/12$ 减小至 0）。

13.

按切断 CD 杆得到的基本结构，建立力法方程：
$$\delta_{11}X_1+\Delta_{1P}=0$$
按去掉 CD 杆得到的基本结构，建立力法方程：
$$\delta_{11}X_1+\Delta_{1P}=-\frac{l}{EA}X_1$$

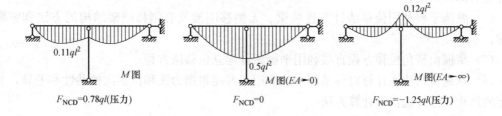

第八章 位 移 法

第一节 学 习 要 求

本章讨论用位移法计算超静定结构。位移法是将结构拆成杆件，以杆件的内力和位移关系作为计算的基础，再把杆件组装成结构，这是通过各杆件在结点处力的平衡和变形的协调来实现的。位移法方程有两种表现形式，即直接写出平衡方程和建立基本体系的典型方程，两者是等价的。

学习要求如下：
（1）掌握等截面直杆的转角位移方程，能熟练地运用有关形常数和载常数确定三种不同直杆在荷载作用下、温度改变及支座沉降作用下的杆端内力值；
（2）掌握位移法基本未知量和基本结构的确定方法；
（3）理解并掌握位移法的基本原理，以及位移法典型方程的建立方法；对典型方程的物理意义、典型方程中系数和自由项的物理意义和求解方法，以及运用叠加法作最后内力图等要有深刻理解；
（4）熟练掌握利用位移法计算连续梁、无侧移刚架及有侧移刚架结构的方法和解题步骤；
（5）掌握由转角位移方程直接利用平衡条件建立位移法方程；
（6）掌握位移法在计算对称结构中的应用；并能根据力法和位移法的共性和差异，对给定的结构能选择适当的计算方法；
（7）了解运用位移法计算支座移动和温度改变引起的结构内力。

其中，利用位移法计算有侧移刚架结构，以及由转角位移方程直接利用平衡条件建立位移法方程是学习难点。

第二节 基 本 内 容

一、杆端内力正负号规定（图8-1）

杆端弯矩 M_{AB}、M_{BA}：以绕杆端顺时针为正，逆时针为负；对结点或支座而言，弯矩以逆时针为正。

杆端剪力 F_{SAB}、F_{SBA}：以绕微段隔离体顺时针转动者为正，反之为负。

结点转角（杆端转角）θ_A、θ_B：顺时针转动为正。

两端垂直杆轴的相对线位移 Δ_{AB}：以使杆件顺时针转动为正，反之为负。

二、等截面直杆的转角位移方程——位移法计算的基础

（1）由杆端位移求杆端力——形常数

考虑三种不同情况：两端固定直杆、一端固定另一端铰支的直杆及一端固定另一端滑

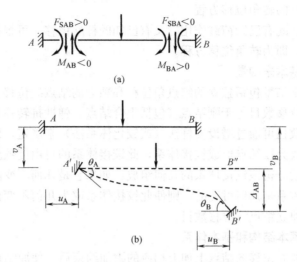

图 8-1 杆端内力及杆端位移的正负号规定

动支承的直杆。由杆端位移求杆端内力的公式（刚度方程），见表 8-1，这里 $i=EI/l$。

等截面直杆的刚度方程 表 8-1

类型	计算简图	杆端内力（刚度方程）	备注
两端固定		$M_{AB}=4i\theta_A+2i\theta_B-6i\dfrac{\Delta_{AB}}{l}$ $M_{BA}=4i\theta_B+2i\theta_A-6i\dfrac{\Delta_{AB}}{l}$ $F_{SAB}=F_{SBA}=-\dfrac{6i\theta_A}{l}-\dfrac{6i\theta_B}{l}+12\dfrac{i\Delta_{AB}}{l^2}$	
一端固定另一端铰支		$M_{AB}=3i\theta_A-3i\dfrac{\Delta_{AB}}{l}$ $M_{BA}=0$ $F_{SAB}=F_{SBA}=-3i\dfrac{\theta_A}{l}+3i\dfrac{\Delta_{AB}}{l^2}$	$\theta_B=-\dfrac{1}{2}\theta_A+\dfrac{3}{2}\dfrac{\Delta_{AB}}{l}$ 不独立,是 θ_A、Δ_{AB} 的函数
一端固定另一端滑动		$M_{AB}=i\theta_A-i\theta_B$ $M_{BA}=i\theta_B-i\theta_A$ $F_{SAB}=F_{SBA}=0$	$\dfrac{\Delta_{AB}}{l}=\dfrac{1}{2}(\theta_A+\theta_B)$ 不独立,Δ_{AB} 是 θ_A、θ_B 的函数

表 8-1 中，杆端内力是根据图示的位移方向求得的，当计算某一结构时，应根据其杆件所受的实际位移方向，判断其杆端内力的正负号及受拉侧。

（2）由荷载求固定内力——载常数

对三种等截面直杆，在荷载作用、温度改变作用下的杆端弯矩和剪力，称为固端弯矩和固端剪力（载常数）。常见荷载作用下的载常数可查表得到。

（3）等截面直杆的转角位移方程

对等截面直杆，既有已知荷载作用，又有已知的杆端位移，可根据叠加原理写出其杆端力的一般表达式，即为转角位移方程。

三、位移法的基本未知量

位移法的基本未知量包括独立的结点角位移和独立的结点线位移。

独立的结点角位移数目等于刚结点（包括组合结点、弹性抗转弹簧）的数目。

结点线位移的数目可通过增设支杆法（或铰化体系法）来确定，即将原结构中所有刚结点和固定支座均改为铰结点形成铰接体系，此铰接体系的自由度数就是原结构的独立结点线位移数目。然后分析该铰接体系的几何组成：如果它是几何不变的，说明结构无结点线位移；如果铰接体系是几何可变的，则使此铰接体系成为几何不变而需添加的最少支杆数就等于原结构的独立结点线位移数目。

四、位移法的基本结构和基本体系

在原结构发生独立位移的结点上加上相应的附加约束后，使原结构成为彼此独立的单跨超静定梁的组合体，称为位移法的基本结构。施加附加约束包括两类：

（1）在每个产生独立结点角位移处施加附加刚臂"▼"，控制刚结点的转动，但不能限制结点的线位移；

（2）在每个产生独立结点线位移的方向施加附加链杆，控制该结点该方向的线位移。

在基本未知量及原荷载共同作用下的基本结构，称为位移法的基本体系。

基本体系可以用来代替原结构进行计算。

五、位移法的典型方程

（1）典型方程的建立

位移法计算超静定结构，是以独立的结点位移（包括角位移和线位移）作为基本未知量，以相应的基本体系为研究工具，根据基本体系在附加约束（包括附加刚臂和附加支杆）处产生的附加约束力与原结构受力相同的条件，建立位移法典型方程（平衡方程）：

$$\begin{cases} k_{11}\Delta_1 + \cdots + k_{1j}\Delta_j + \cdots + k_{1n}\Delta_n + F_{1P} = 0 \\ \cdots \\ k_{21}\Delta_1 + \cdots + k_{ij}\Delta_j + \cdots + k_{in}\Delta_n + F_{iP} = 0 \\ \cdots \\ k_{n1}\Delta_1 + \cdots + k_{nj}\Delta_j + \cdots + k_{nn}\Delta_n + F_{nP} = 0 \end{cases}$$

各方程的物理意义是：基本结构在荷载和各结点位移（Δ_1、$\cdots$、Δ_i、$\cdots$、Δ_n）共同作用下各附加约束产生的约束力等于零。

（2）系数

主对角线上的系数 k_{ii} 称为主系数，$k_{ij}(i \neq j)$ 称为副系数，根据反力互等定理，有：

$$k_{ij} = k_{ji}$$

系数表示由单位位移引起的附加约束的反力（或反力矩）。结构的刚度愈大，这些反力（或反力矩）的数值也愈大，故这些系数又称为结构的刚度系数，位移法典型方程又称为结构的刚度方程，位移法也称为刚度法。

（3）自由项 F_{iP}

自由项 F_{iP} 表示荷载单独作用于基本结构时在第 i 个附加约束中产生的约束力。F_{iP}

可为正，可为负，也可等于零。

(4) 系数和自由项的计算

若系数、自由项是附加刚臂中产生的反力矩，应由刚结点处力矩平衡条件求得；若系数、自由项是附加支杆处产生的附加反力，应由附加支杆方向上力的投影平衡条件求得。为此，先作出基本结构在结点单位位移（$\Delta_i=1$）单独作用下的内力图 $\overline{M}_i$，以及基本结构在荷载单独作用下的内力图 M_P，再由结点的力矩平衡条件或截面的力投影平衡条件算出各系数和自由项。系数和自由项均以与该附加约束所设位移方向一致为正。

六、位移法的计算步骤

(1) 确定原结构的基本未知量 Δ_i（包括独立的结点角位移和结点线位移），并得到原结构的基本结构和基本体系。

(2) 建立位移法典型方程。

(3) 计算系数和自由项。

先作出基本结构在各单位位移 $\Delta_i=1$ 单独作用下的内力图 $\overline{M}_i$，以及基本结构在荷载单独作用下的内力图 M_P，再由平衡条件计算得到系数和自由项。

(4) 解联立方程组，求解基本未知量 Δ_i。

(5) 原结构内力的计算是根据基本结构在各单位位移单独作用下和在荷载单独作用下的内力图，由叠加原理得原结构中任一截面的弯矩为：

$$M=\sum_{i=1}^{n}\overline{M}_i\Delta_i+M_P$$

再根据平衡条件由弯矩图作结构的剪力图和轴力图。

七、直接由平衡条件建立位移法方程

根据转角位移方程直接利用原结构的静力平衡条件建立位移法的典型方程的步骤如下：

(1) 以独立的结点角位移和结点线位移作为基本未知量。

(2) 利用转角位移方程，直接写出各杆杆端力的表达式。

(3) 建立平衡方程。

对应每一个独立结点角位移方向上，都可以写一个相应的结点力矩平衡方程；对应每一个独立结点线位移方向上，都可以写一个相应的截面投影平衡方程。平衡方程的数量正好与基本未知量的数量相等，因而可解出全部基本未知量。这些平衡方程即为位移法方程。

(4) 解位移法方程，求出基本未知量。

(5) 将求得的结点位移代回第(2)步中杆端力的表达式中，从而得到各杆端力，并可作出内力图。

八、对称性的利用

对称结构在对称荷载作用下，对称位置的结点角位移大小相等，转向相反；对称位置的线位移大小相等，方向相同，因此位移法未知量减少一半。对称结构在反对称荷载作用下，对称位置的结点角位移大小相等，转向相同；对称位置的线位移大小相等，方向相反，位移法未知量也减少一半。

对称结构在对称荷载或反对称荷载作用下可以取半结构计算。关于半结构的取法，详

见第7章力法。

九、支座移动时的位移法计算

超静定结构支座移动引起的内力，采用位移法计算时，基本未知量和位移法典型方程以及解题步骤都与荷载作用时相同，不同的只有固端内力项，即典型方程中由荷载作用产生的附加约束力 F_{iP} 变成由已知支座位移产生附加约束力 $F_{i\Delta}$。这里，$F_{i\Delta}$ 表示基本结构由于支座移动单独作用时沿 Δ_i 方向产生的附加约束反力。

如图 8-2（a）所示连续梁中 B 支座处深陷 Δ_B。以 B 处转角位移作为基本未知量 Δ_1，位移法基本体系如图 8-2（b）所示，位移法方程为：

$$k_{11}\Delta_1 + F_{1\Delta} = 0$$

由 $\overline{M}_1$ 图（图 8-2c）确定 $k_{11} = 7i$。基本结构在 Δ_B 单独作用下的弯矩图 M_Δ 如图 8-2（d）所示，由此得 $F_{1\Delta} = 3i\Delta_B/l$，解得：$\Delta_1 = -3\Delta_B/(7l)$。由叠加法 $M = \overline{M}_1\Delta_1 + M_\Delta$ 作弯矩图，如图 8-2（e）所示。

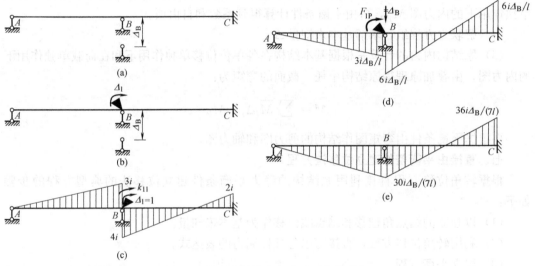

图 8-2 位移法计算支座移动引起的内力

(a) 计算简图；(b) 基本体系；(c) $\overline{M}_1$ 图；(d) M_Δ 图；(e) M 图

十、温度改变时的位移法计算

超静定结构温度变化引起的内力，采用位移法计算时，基本未知量、基本方程以及解题步骤都与荷载作用、支座移动时相同，不同的只有固端内力项，即典型方程中自由项 F_{it} 是由温度变化产生的。这里，F_{it} 表示基本结构由于温度变化单独作用时沿 Δ_i 方向产生的附加约束反力。

为确定 F_{it}，需作出基本结构在温度变化下的弯矩图 M_t，根据平衡条件求解。作 M_t 图时尤其要注意：除了杆件内外温差使杆件弯曲，产生一部分固端弯矩外，温度改变时杆件的轴向变形也不能忽略，因为这种轴向变形会使结点产生位移，使杆件两端产生相对横向位移，从而又产生一部分固端弯矩。

为了简便，可以将杆件沿两侧的温度改变 t_1 和 t_2 对杆轴分为正、反对称两部分（图 8-3）：平均温度变化 $t = (t_1 + t_2)/2$ 和温度改变差值 $\pm \Delta t/2 = \pm(t_2 - t_1)/2$，其中平均温度变化时各杆只产生伸长（或缩短），而温度改变差值下各杆不产生伸长（或缩短），分别计算这两部分温度变化在基本结构中所引起各杆件的固端弯矩，通过叠加得到自由项 F_{it} 值。

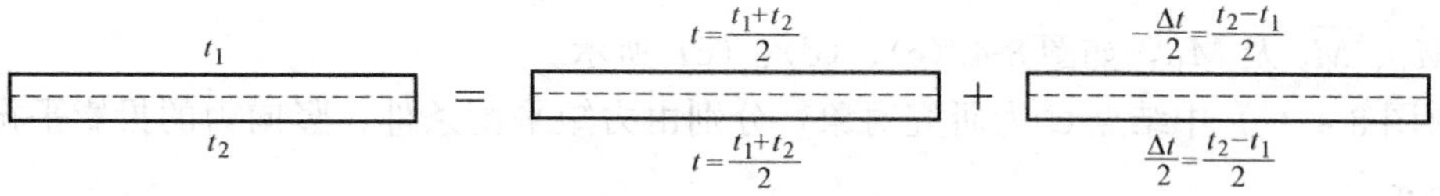

图 8-3 杆件温度改变的分解

十一、混合法

混合法是指同时取结构的内力和结点位移作为基本未知量来计算超静定结构。对于每一个未知内力，必定可以列出一个与之相应的变形协调方程；对于每一个未知结点位移，总可以列出一个与之相应的平衡方程。将上述方程联立即可构成混合法求解超静定结构的基本方程。

对于具有支座链杆支撑的刚架，采用混合法求解是较简捷的。

第三节 例题分析

【例 8-1】 采用位移法计算如图 8-4（a）所示梁结构，并作 M 图，已知 EI 为常数。

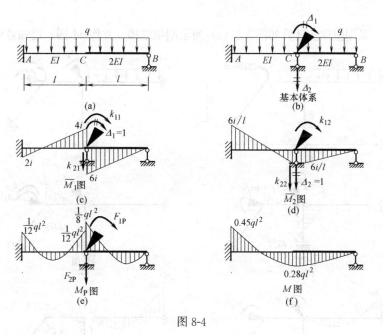

图 8-4

【解】（1）位移法基本未知量为结点 C 处的角位移 Δ_1 及竖向线位移 Δ_2，基本体系如图 8-4（b）所示。

（2）建立位移法方程如下：

$$\begin{cases} k_{11}\Delta_1 + k_{12}\Delta_2 + F_{1P} = 0 \\ k_{21}\Delta_1 + k_{22}\Delta_2 + F_{2P} = 0 \end{cases}$$

（3）计算系数和自由项。

令 $i = EI/l$，分别作出基本结构在单位位移 $\Delta_1 = 1$、$\Delta_2 = 1$ 及原荷载单独作用下的内力图 $\overline{M}_1$、$\overline{M}_2$ 及 M_P，如图 8-4（c）、（d）、（e）所示。

取图 8-4（c）中结点 C 为研究对象，分别由力矩平衡条件、竖向力的投影平衡条件可求得：

$$k_{11} = 10i,\ k_{21} = 0$$

取图 8-4（d）中结点 C 为研究对象，分别由力矩平衡条件、竖向力的投影平衡条件可求得：

$$k_{12} = 0,\ k_{21} = 18i/l^2$$

取图 8-4（e）中结点 C 为研究对象，分别由力矩平衡条件、竖向力的投影平衡条件可求得：

$$F_{1P} = -\frac{1}{24}ql^2,\ F_{2P} = -\frac{9}{8}ql$$

（4）解位移法方程，得基本未知量为：

$$\Delta_1 = -\frac{ql^2}{240i},\ \Delta_2 = \frac{ql^3}{16i}$$

（5）由 $M = \overline{M}_1 \Delta_1 + \overline{M}_2 \Delta_2 + M_P$ 可计算各杆端弯矩，可作原结构的 M 图，如图 8-4（f）所示。

【**例 8-2**】采用位移法计算如图 8-5（a）所示刚架结构，并作 M 图，已知各杆 EI 为常数。

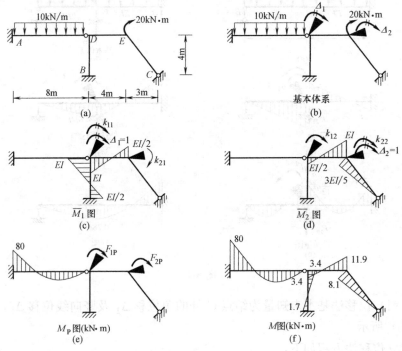

图 8-5

【解】（1）取刚结点 D、E 处的角位移 Δ_1、Δ_2 为基本未知量，基本体系如图 8-5（b）所示。

（2）列位移法方程为：
$$\begin{cases} k_{11}\Delta_1 + k_{12}\Delta_2 + F_{1P} = 0 \\ k_{21}\Delta_1 + k_{22}\Delta_2 + F_{2P} = 0 \end{cases}$$

（3）计算系数和自由项。

分别作出基本结构在单位位移 $\Delta_1 = 1$、$\Delta_2 = 1$ 及原荷载单独作用下的内力图 $\overline{M}_1$、$\overline{M}_2$ 及 M_P，如图 8-5（c）、（d）、（e）所示。

分别取图 8-5（c）中结点 D、E 为研究对象，由力矩平衡条件可求得：
$$k_{11} = 2EI, \quad k_{21} = EI/2$$

分别取图 8-5（d）中结点 D、E 为研究对象，由力矩平衡条件可求得：
$$k_{12} = EI/2, \quad k_{22} = 8EI/5$$

分别取图 8-5（e）中结点 D、E 为研究对象，由力矩平衡条件可求得自由项：
$$F_{1P} = 0 \text{kN} \cdot \text{m}, \quad F_{2P} = -20 \text{kN} \cdot \text{m}$$

（4）解位移法方程，得基本未知量为：
$$\Delta_1 = -\frac{3.39}{EI}, \quad \Delta_2 = \frac{13.56}{EI}$$

（5）由 $M = \overline{M}_1\Delta_1 + \overline{M}_2\Delta_2 + M_P$ 可计算各杆端弯矩，作 M 图，如图 8-5（f）所示。

【例 8-3】 采用位移法计算如图 8-6（a）所示刚架结构，并作 M 图，已知 EI 为常数。

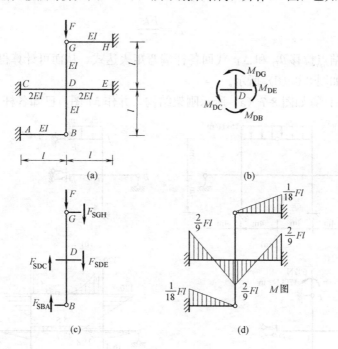

图 8-6

【解】 取刚结点 D 的转角 θ_D（假设顺时针）和 G、D、B 三结点的竖向线位移 Δ（假设向下）作为位移法的基本未知量。先根据转角位移方程，写出各杆端弯矩表达式，

记 $i = EI/l$。

$$M_{AB} = -3i\Delta/l, \quad M_{HG} = 3i\Delta/l$$
$$M_{CD} = 2i\theta_D - 12i\Delta/l, \quad M_{DC} = 4i\theta_D - 12i\Delta/l$$
$$M_{DC} = 4i\theta_D + 12i\Delta/l, \quad M_{ED} = 2i\theta_D + 12i\Delta/l$$
$$M_{DC} = 4i\theta_D, \quad M_{DB} = 4i\theta_D$$

取刚结点 D 研究（图 8-6b），由力矩平衡条件 $\sum M_D = M_{DC} + M_{DB} + M_{DE} + M_{DC} = 0$ 得：

$$\theta_D = 0$$

取杆段 GDB 研究（图 8-6c），根据竖向平衡条件有：

$$\sum F_y = F + F_{SGH} + F_{SDE} - F_{SDC} - F_{SBA} = 0$$

其中

$$F_{SGH} = -\frac{M_{HG}}{l} = -3i\Delta/l^2$$

$$F_{SDE} = -\frac{M_{DE} + M_{ED}}{l} = -24i\Delta/l^2$$

$$F_{SDC} = -\frac{M_{DC} + M_{CD}}{l} = 24i\Delta/l^2$$

$$F_{SBA} = -\frac{M_{AB}}{l} = 3i\Delta/l^2$$

从而求得：

$$\Delta = \frac{Fl^2}{54i}$$

将求得的结点位移 θ_D 和 Δ，代回各杆端弯矩表达式，从而可计算得到各杆端弯矩值，并作弯矩图，如图 8-6（d）所示。

【例 8-4】 计算如图 8-7（a）所示刚架结构，并作 M 图，已知各杆 EI 均为常数。

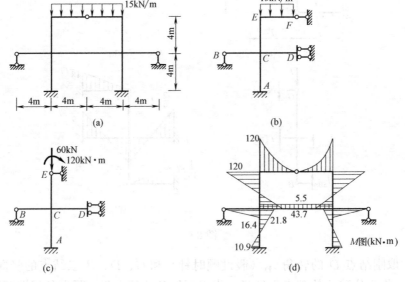

图 8-7

【解】 对称结构承受对称荷载，取半结构如图 8-7（b）所示。注意到横梁 EF 的弯矩是静定的，故图 8-7（b）可简化成图 8-7（c）进行计算。这里，记 $i=EI/4$。

取刚结点 C 的转角 θ_C（假设顺时针）作为位移法的基本未知量，各杆端弯矩可表示为：

$$M_{CE}=3i\theta_C+60$$
$$M_{CB}=3i\theta_C$$
$$M_{CD}=i\theta_C$$
$$M_{DC}=-i\theta_C$$
$$M_{CA}=4i\theta_C$$
$$M_{AC}=2i\theta_C$$

由刚结点 C 的力矩平衡条件有：
$$\sum M_C=M_{CE}+M_{CB}+M_{CD}+M_{CA}=0$$

即：
$$11i\theta_C+60=0$$

从而求得结点位移为：
$$\theta_C=-\frac{60}{11i}$$

将结点位移 θ_C 代回各杆端弯矩表达式，求得各杆端弯矩值，并作原结构的弯矩图，如图 8-7（d）所示。

【例 8-5】 作如图 8-8（a）所示结构的 M 图，已知 EI 为常数。

【解】 如图 8-8（a）所示对称刚架可分解成图 8-8（b）和图 8-8（c）两种情况。

（1）计算对称荷载作用下的内力

取图 8-8（b）的半结构如图 8-8（d）所示，采用位移法计算。基本未知量为结点 C 处的角位移 θ_C。设 $i=\dfrac{EI}{4}$，根据转角位移方程，可得到各杆端力如下：

$$M_{CB}=4i\theta_C,\ M_{BC}=2i\theta_C$$
$$M_{CA}=4i\theta_C+\frac{1}{12}\times12\times4^2=4i\theta_C+16$$
$$M_{AC}=2i\theta_C-\frac{1}{12}\times12\times4^2=2i\theta_C-16$$

由刚结点 C 处力矩平衡 $\sum M_C=0$，建立位移法方程为：
$$8i\theta_C+16=0$$

从而解得：
$$\theta_C=-\frac{2}{i}$$

将 θ_C 代回杆端力表达式，从而得到各杆端弯矩值：

$$M_{CB}=-8\text{kN}\cdot\text{m},\ M_{BC}=-4\text{kN}\cdot\text{m}$$
$$M_{CA}=8\text{kN}\cdot\text{m},\ M_{AC}=-20\text{kN}\cdot\text{m}$$

根据对称性，作如图 8-8（b）所示对称荷载下刚架的 M 图，如图 8-8（e）所示。

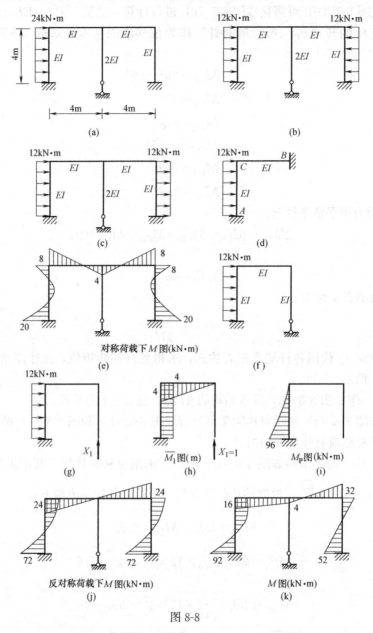

图 8-8

（2）计算反对称荷载作用下的内力

取如图 8-8（c）所示反对称荷载下的半结构，如图 8-8（f）所示，采用力法计算。力法的基本体系如图 8-8（g）所示，力法方程如下：

$$\delta_{11}X_1+\Delta_{1P}=0$$

作 $\overline{M}_1$、M_P，分别如图 8-8（h）、（i）所示，求系数 δ_{11} 和自由项 Δ_{1P} 如下：

$$\delta_{11}=\sum\int\frac{\overline{M}_1^2\mathrm{d}s}{EI}=\frac{1}{EI}\left(\frac{1}{2}\times4\times4\times\frac{2}{3}\times4+4\times4\times4\right)=\frac{256}{3EI}$$

$$\Delta_{1P} = \sum \int \frac{\overline{M}_1 M_P \mathrm{d}s}{EI} = -\frac{1}{EI}\left(\frac{1}{3}\times 4\times 96\times 4\right) = -\frac{512}{EI}$$

从而解得：

$$X_1 = 6\mathrm{kN}$$

由 $M=\overline{M}_1 X_1 + M_P$ 可作半结构的 M 图，再根据对称性可作如图 8-8（c）所示反对称荷载下的 M 图，如图 8-8（j）所示。

（3）由叠加原理，原结构的 M 图就是将图 8-8（e）、（j）叠加起来，结果如图 8-8（k）所示。

第四节 本章习题

一、判断题

1. 力法和位移法的未知量数目都与结构的超静定次数有关。（   ）
2. 位移法典型方程的物理意义反映了原结构的位移协调条件。（   ）
3. 位移法求解结构内力时，如果 M_P 为 0，则自由项 F_{1P} 一定为 0。（   ）
4. 超静定结构的杆端弯矩只取决于杆端位移。（   ）
5. 用位移法计算荷载作用下的超静定结构时，若采用各杆的相对刚度进行计算，所得到的结点位移不是结构的真正位移，但求出的结构内力是正确的。（   ）
6. 如图 8-9 所示两个结构的位移法基本未知量的数目相同。（   ）
7. 如图 8-10 所示结构中横梁 CD 的 $EI=\infty$，其两端转角 θ_C、θ_D 可不作为位移法的基本未知量。（   ）

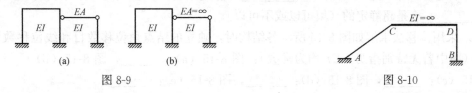

图 8-9　　　　　　　　　　图 8-10

8. 如图 8-11 所示结构中横梁 $EI=\infty$，故结点 C、D 的角位移均为零。（   ）
9. 如图 8-12（a）所示，Δ_1、Δ_2 分别为结点 C 的角位移（假设顺时针）、水平线位移（假设向右），杆件线刚度 i 为常数，则图 8-12（b）是 $\Delta_1=0$、$\Delta_2=1$ 时的弯矩图 $\overline{M}_2$。

（   ）

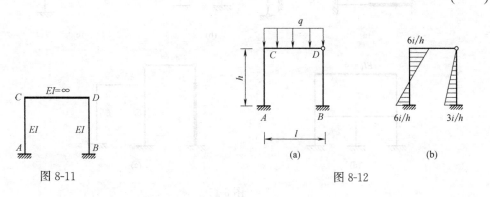

图 8-11　　　　　　　　　　图 8-12

10. 若不考虑轴向变形，如图 8-13 所示两个结构的弯矩图相同，结点位移也相同，已知杆件线刚度 i 为常数。( )

11. 如图 8-14 所示超静定结构，θ_D 为结点 D 的转角（顺时针为正），各杆线刚度 i 为常数，则该结构的位移法方程为 $11i\theta_D+ql^2/12=0$。( )

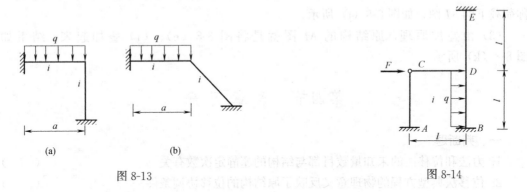

图 8-13   图 8-14

12. 在位移法中，副系数 $k_{ij}=k_{ji}$ 是由反力互等定理得到的结果。( )

13. 从位移法的计算原理来看，该方法适用于各类结构。( )

14. 两端固定单跨水平梁，承受竖向荷载作用，若考虑轴向变形影响，该梁轴力不为 0。( )

二、填空题

1. 位移法的基本未知量是_____，位移法的典型方程体现了_____条件。

2. 位移法可解超静定结构，_____解静定结构；位移法的基本结构可以是静定的，_____是超静定的（填可以或不可以）。

3. 采用位移法求解如图 8-15 所示各结构时，独立的结点角位移数目和线位移数目分别为（图中若无特别指明，EI 均为常数）：图 8-15（a）：_____，图 8-15（b）：_____，图 8-15（c）：_____，图 8-15（d）：_____，图 8-15（e）：_____。

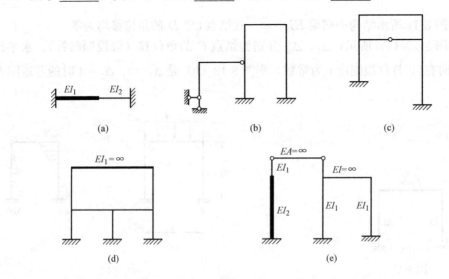

图 8-15

4. 在位移法计算中，_____将铰接端的角位移、滑动支承端的线位移作为基本未知量（填可以或不可以）。

5. 如图 8-16 所示单跨超静定梁的杆端相对线位移 $\Delta=$ _____。

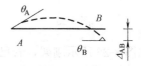

图 8-16

6. 如图 8-17 所示单跨梁的线刚度为 i，当 A、B 两端对称发生图示单位转角时，则杆端弯矩 $M_{AB}=$ _____。

7. 杆 AB 产生的杆端位移如图 8-18 中虚线所示，则 A 端产生的杆端弯矩 $M_{AB}=$ _____，已知杆线刚度为 i。

图 8-17

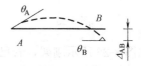

图 8-18

8. 如图 8-19 所示连续梁中，若求得结点 B、C 处的转角分别为 θ_B、θ_C（顺时针为正），则杆端弯矩 $M_{BC}=$ _____，已知杆线刚度均为 i。

9. 如图 8-20 所示梁，$EI=$ 常数，当 A、B 两端发生图示角位移时引起梁中点 C 处竖直位移 $\Delta_{CV}=$ _____。

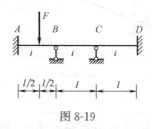

图 8-19

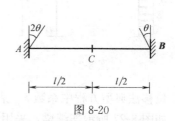

图 8-20

10. 如图 8-21 所示梁，$EI=$ 常数，固定端 A 发生顺时针方向角位移 θ，由此引起铰支端 B 的转角 $\varphi_B=$ _____。

11. 如图 8-22 所示梁，$EI=$ 常数，A 端转角位移为 θ_A，则 AB 杆两端相对线位移 $\Delta=$ _____。

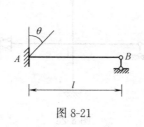

图 8-21

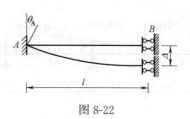

图 8-22

12. 如图 8-23 所示梁，两杆端线位移分别为 Δ_1、Δ_2，则杆端弯矩 $M_{BA}=$ _____，已知杆长为 l，杆线刚度为 i。

13. 如图 8-24 所示结构，φ_D 为刚结点 D 的角位移（顺时针为正），Δ_B 为结点 B 的竖向线位移（向下为正），则杆端弯矩 $M_{AB}=$ _____，已知杆线刚度均为 i，不考虑轴向变形。

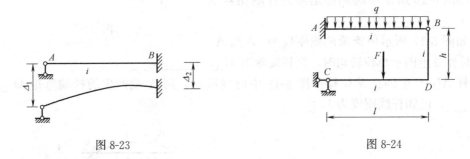

图 8-23　　　　　　　　　　图 8-24

14. 如图 8-25 所示刚架，若已求得 B 点转角 $\theta_B=0.717/i$（顺时针）、C 点的水平位移 $\Delta_{CH}=7.579/i$（向右），则杆端弯矩 $M_{AB}=$ _____、$M_{DC}=$ _____，已知线刚度 i 为常数。

15. 如图 8-26 所示等截面梁中，固端弯矩 $M_{BA}=$ _____。

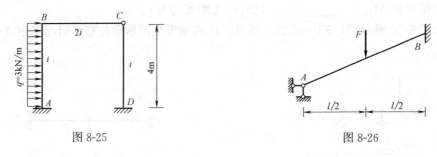

图 8-25　　　　　　　　　　图 8-26

16. 位移法典型方程中系数 k_{ji} 表示_____。

17. 如图 8-27 所示连续梁，采用位移法计算时，取结点 B 处转角位移 Δ_1（假设为顺时针）作为基本未知量，则位移法方程中的自由项 $F_{1P}=$ _____，已知 EI 为常数。

18. 如图 8-28 所示结构用位移法计算时，取结点 1 的角位移 Δ_1 为基本未知量，则位移法方程中的系数 $k_{11}=$ _____，已知杆线刚度均为常数 i。

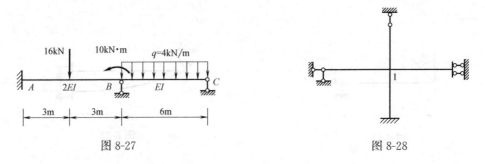

图 8-27　　　　　　　　　　图 8-28

19. 如图 8-29（a）所示刚架采用位移法计算时，取基本体系如图 8-29（b）所示，则位移法方程中自由项 $F_{1P}=$ _____，已知刚度 EI 为常数。

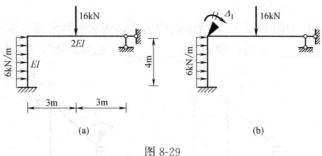

图 8-29

20. 如图 8-30（a）所示结构采用位移法计算时取基本体系如图 8-30（b）所示，则位移法典型方程中的系数 $k_{11}=$ _____、$k_{22}=$ _____，已知刚度 EI 为常数。

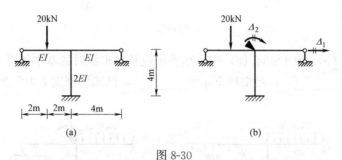

图 8-30

21. 如图 8-31（a）所示结构采用位移法计算，其基本体系如图 8-31（b）所示，则位移法典型方程中的自由项 $F_{1P}=$ _____、$F_{2P}=$ _____，已知刚度 EI 为常数。

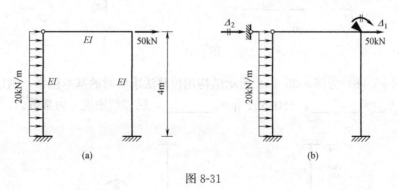

图 8-31

22. 图 8-32（b）为图 8-32（a）所示结构用位移法求解时的基本体系，基本未知量有 Δ_1 和 Δ_2，其位移法典型方程中的自由项 $F_{1P}=$ _____、$F_{2P}=$ _____，已知各杆刚

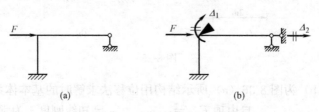

图 8-32

度 EI 为常数。

23. 图 8-33（b）为图 8-33（a）所示结构用位移法求解时的基本体系，则位移法典型方程中系数 $k_{11}=$ _____，自由项 $F_{2P}=$ _____，已知线刚度 i 为常数。

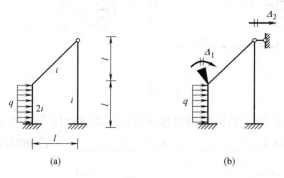

图 8-33

24. 图 8-34（b）为图 8-34（a）所示结构用位移法求解时的基本体系，则位移法典型方程中系数 $k_{11}=$ _____，自由项 $F_{1P}=$ _____，已知线刚度 i 为常数。

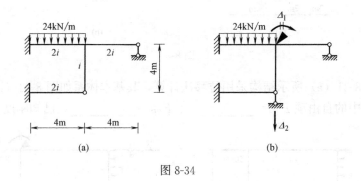

图 8-34

25. 图 8-35（b）为图 8-35（a）所示结构用位移法求解时的基本体系，则位移法典型方程中系数 $k_{22}=$ _____，自由项 $F_{1P}=$ _____，已知线刚度 i 为常数。

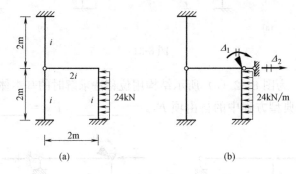

图 8-35

26. 图 8-36（b）为图 8-36（a）所示结构用位移法求解时的基本体系，则位移法典型方程中系数 $k_{11}=$ _____，自由项 $F_{1P}=$ _____，已知线刚度 i 为常数。

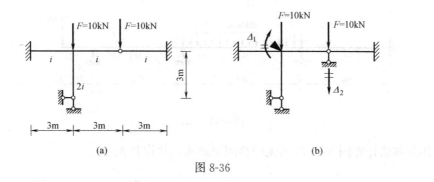

图 8-36

27. 如图 8-37 所示结构,用位移法求解得杆端弯矩 $M_{BA}=$ _____,已知 EI 为常数。

28. 如图 8-38 所示刚架,各杆线刚度均为 i,则结点 A 的转角 $\varphi_A=$ _____。

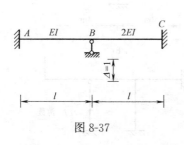

图 8-37

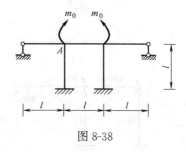

图 8-38

29. 如图 8-39 所示结构,力法计算时基本未知量有 _____ 个。当 EA、EI 为有限大时,位移法计算的基本未知量有 _____ 个。

30. 如图 8-40 所示排架结构(两侧柱均为变截面),采用力法计算时基本未知量有 _____ 个,采用位移法计算时基本未知量有 _____ 个。

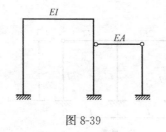

图 8-39

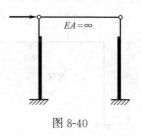

图 8-40

三、计算题

1. 采用位移法计算如图 8-41 所示连续梁结构,并作 M 图,已知 EI 为常数。

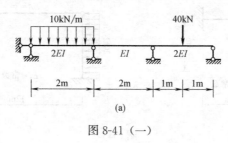

(a)

图 8-41 (一)

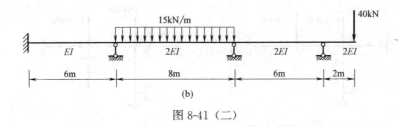

图 8-41（二）

2. 用位移法计算图 8-42 所示无侧移刚架结构，并作其 M 图。

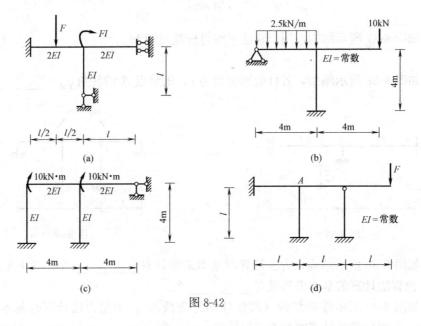

图 8-42

3. 用位移法计算如图 8-43 所示有侧移刚架结构，并作其 M 图。

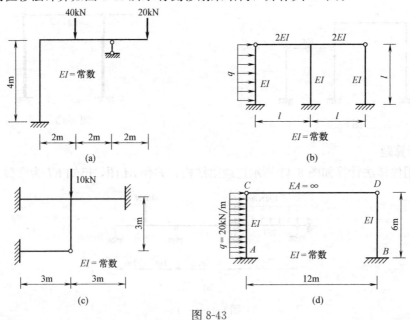

图 8-43

4. 用位移法计算如图 8-44 所示结构，并作其 M 图。除特别标注外，EI 均为常数。

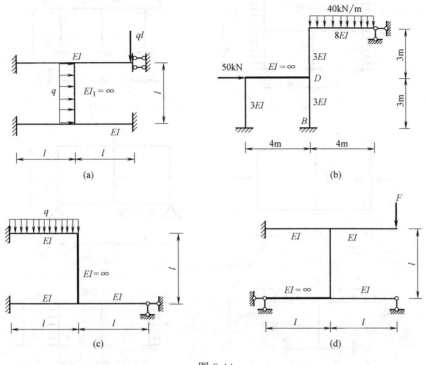

图 8-44

5. 分析如图 8-45 所示各对称结构，并绘其 M 图。

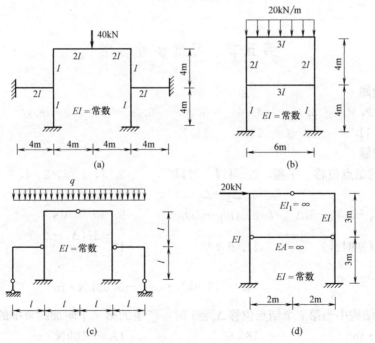

图 8-45（一）

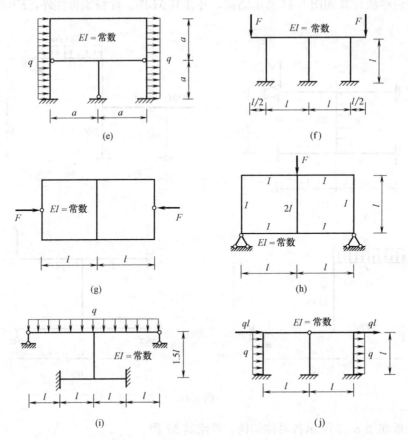

图 8-45（二）

第五节 习题参考答案

一、判断题

1. × 2. × 3. × 4. × 5. √ 6. × 7. √ 8. √ 9. √
10. √ 11. × 12. √ 13. √ 14. ×

二、填空题

1. 独立的结点位移　平衡　　2. 可以　可以　　3. 1，1　4，2　4，3　3，2　1，3
4. 可以　　　　　　　　　　5. $\Delta_2 - \Delta_1$　　　　　6. $2i$
7. $-4i\theta_A + 2i\theta_B - 6i\Delta_{AB}/l$　　8. $4i\theta_B + 2i\theta_C$　　9. $3l\theta/8$（↓）
10. $\theta/2$（逆时针）　　　11. $\theta_A l/2$　　　　12. $\dfrac{3i(\Delta_1 - \Delta_2)}{l}$
13. $\dfrac{-3i\Delta_B}{l} - \dfrac{ql^2}{8}$　　　　14. $-13.9 \text{kN} \cdot \text{m}$　$-5.68 \text{kN} \cdot \text{m}$　　15. $3Fl/16$
16. 基本结构中当第 i 个结点位移 $\Delta_i = 1$ 时，产生的第 j 个附加约束中的反力（矩）
17. $4 \text{kN} \cdot \text{m}$　　　　18. $8i$　　　　19. $-10 \text{kN} \cdot \text{m}$
20. $0.375 EI$　$3.5 EI$　　21. 0kN　-80kN　　22. 0　$-F$

23. $11i$ $-ql/2$ 24. $17i$ $32\text{kN}\cdot\text{m}$ 25. $4.5i$ $-8\text{kN}\cdot\text{m}$
26. $13i$ 0 27. $-8EI/l^2$ 28. $m_0/(9i)$（顺时针）
29. 4 6   30. 1 5

三、计算题

1.
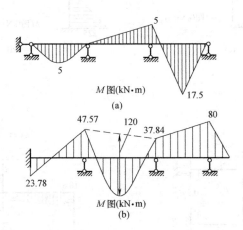

2.
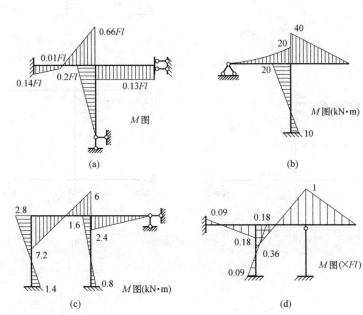

3.
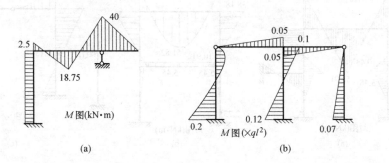

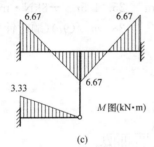
(c)

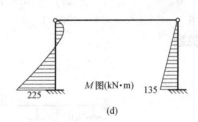
(d)

4.

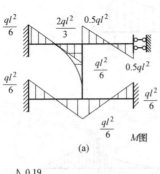
(a)

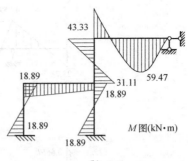
(b)

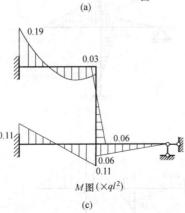
(c)

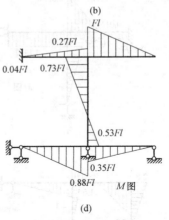
(d)

5.

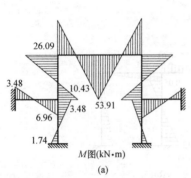
(a)

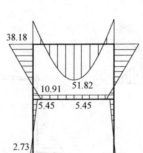
(b)

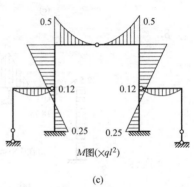
(c)

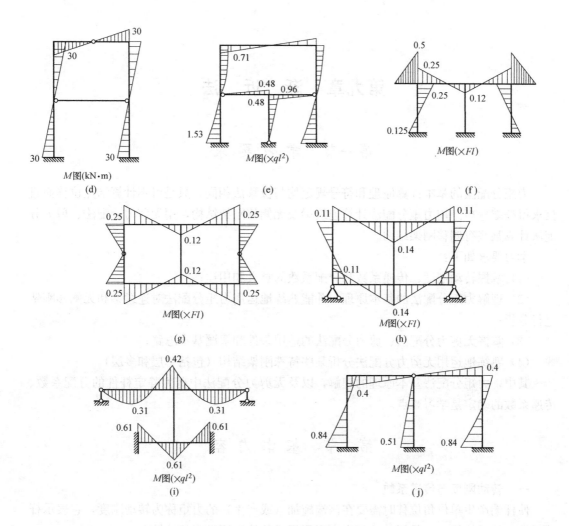

第九章 渐近法

第一节 学习要求

力矩分配法的基本计算原理和符号规定均与位移法相同，只是可不计算结点位移而直接求得杆端弯矩。用力矩分配法计算连续梁及无侧移刚架结构，用无剪力分配法、剪力分配法计算某些有侧移刚架结构。

学习要求如下：

(1) 掌握转动刚度、传递系数和分配系数的意义和用途；

(2) 理解力矩分配法的基本原理，并能熟练地运用力矩分配法对连续梁和无侧移刚架进行分析；

(3) 掌握无剪力分配法、剪力分配法的适用条件和解题基本思路；

(4) 熟练地运用无剪力分配法分析某些特殊刚架结构（包括单层和多层）。

其中，力矩分配法基本原理的理解，以及无剪力分配法中剪力静定杆件的分配系数、传递系数的确定是学习难点。

第二节 基本内容

一、转动刚度与传递系数

使杆端产生单位角位移时需要在该端施加（或产生）的力矩称为转动刚度，它表示杆端对转动的抵抗能力，是杆件及相应支座所组成的体系所具有的特性。

转动刚度与该杆远端支承及杆件刚度有关。

传递系数表示近端有转角时，远端弯矩与近端弯矩的比值。对等截面杆件来说，传递系数随远端支承情况不同而异，如表 9-1 所示。

等截面直杆的转动刚度和传递系数　　　　表 9-1

远端支承情况	转动刚度	传递系数
固定	$4i$	0.5
铰支	$3i$	0
定向支座	i	-1
自由或轴向支杆	0	—

注：i 为杆的线刚度。

二、分配系数

各杆端在结点 A 的分配系数等于该杆在 A 端的转动刚度与交于 A 点的各杆端转动刚度之和的比值，即：

$$\mu_{Aj} = \frac{S_{Aj}}{\sum S_{Aj}}$$

同一结点各杆分配系数之和$\sum \mu_{Aj} = 1$，这个条件通常用来校核分配系数的计算是否正确。

三、力矩分配法的基本原理

力矩分配法的计算过程可形象地归纳为以下步骤：

（1）固定结点

在刚结点上加上附加刚臂，使原结构成为单跨超静定梁的组合体。计算各杆端的固端弯矩，而结点上作用有不平衡力矩，它暂时由附加刚臂承担。

（2）放松结点

取消刚臂，让结点转动。这相当于在结点上又加入了一个反号的不平衡力矩，于是不平衡力矩被消除而结点获得平衡。此反号的不平衡力矩按分配系数分配给各近端，于是各近端得到分配弯矩。同时，各分配弯矩又向其对应远端进行传递，各远端得到传递弯矩。

（3）将各杆端的固端弯矩、分配弯矩、传递弯矩对应叠加，就可以得到各杆端的最后弯矩值，即：近端弯矩等于固端弯矩加上分配弯矩，远端弯矩等于固定弯矩加上传递弯矩。

四、用力矩分配法计算连续梁和无侧移的刚架

多结点的力矩分配法计算步骤如下：

（1）固定刚结点（施加附加刚臂），计算各杆端的固端弯矩及各刚臂承担的不平衡力矩值。

（2）依次放松各结点。

每次放松一个结点（其余结点仍固定）进行力矩分配与传递。对每个结点轮流放松，经多次循环后，结点逐渐趋于平衡。一般进行2~3个循环就可获得足够精度。

（3）将各次计算所得杆端弯矩（固端弯矩、历次得到的分配弯矩和传递弯矩）对应相加，即得各杆端的最终弯矩值。

五、力矩分配法和位移法的联合应用

力矩分配法与位移法的联合应用就是利用力矩分配法解算无侧移结构简便和位移法能够解算具有结点线位移结构的特点，在解题过程中使其充分发挥各自优点的联合方法。其基本步骤为：

（1）仅取结点线位移作为基本未知量；

（2）施加附加链杆控制结点线位移（不加附加刚臂限制角位移），从而得到相应的基本体系（无侧移刚架）；

（3）根据附加链杆约束力等于零的平衡条件（截面剪力投影条件）建立位移方程；

（4）利用力矩分配法求解系数和自由项：利用力矩分配法作基本结构在外荷载单独作用下的M_P图，以及由单位线位移$\Delta_i = 1$引起的$\overline{M}_i$图，由截面投影平衡条件求出位移法方程中的系数和自由项；

（5）由叠加法作原结构的弯矩图。

六、无剪力分配法

无剪力分配法是在特定条件下的力矩分配法，其应用条件为：刚架中除了无侧移杆件

外，其余杆件全是剪力静定杆件。

剪力静定杆的固端弯矩、转动刚度和传递系数，与一端刚结、另一端滑动杆相同。除此之外，力矩的分配及传递过程与一般力矩分配法完全相同。

求剪力静定杆的固端弯矩时，先由平衡条件求出杆端剪力；再将杆端剪力看作杆端荷载，按该端滑动、远端固定杆件计算固端弯矩。

七、剪力分配法

(1) 应用条件

应用条件是横梁为刚性杆、竖柱为弹性杆的排架或刚架承受水平结点荷载荷载作用。

(2) 基本原理

在柱顶集中荷载作用下，同层各柱剪力与柱的侧移刚度系数成正比。将各层总剪力 F（任一层的总剪力等于该层及以上各层所有水平荷载的代数和）按各柱侧移刚度之比（即剪力分配系数）分配到各柱。

第 j 根柱剪力为：

$$F_{Sj}=\frac{D_j}{\sum D_i}F=\nu_j F$$

侧移刚度计算如下：

$$D_j=\frac{12EI}{h^3}（刚架柱），D_j=\frac{3EI}{h^3}（排架柱）$$

(3) 由柱的剪力求柱的弯矩

对刚架，求得柱顶剪力后，根据柱弯矩零点（即反弯点）在柱中点的条件，可得到各柱的杆端弯矩等于柱顶剪力与其高度一半的乘积。对排架，因弯矩零点在柱顶，各柱底弯矩等于柱顶剪力与其高度乘积。

(4) 求出各立柱弯矩后，刚性横梁的弯矩可按如下方法确定：若结点只连接一根刚性横梁，可直接由结点力矩平衡条件确定横梁在该结点处的杆端弯矩；若结点连接了两根刚性横梁，可近似认为两根刚性横梁的转动刚度相同，从而分配到相同的杆端弯矩。

(5) 当水平荷载为非结点荷载时，必须等效化成结点荷载。先在各层结点加水平支杆，求得各杆端固端弯矩及支杆反力；再将支杆反力反向施加于各层结点上，按剪力分配法求出各杆端弯矩；最后将上述两种情况下相应杆端弯矩叠加即可。

第三节 例题分析

【例 9-1】 用力矩分配法作如图 9-1（a）所示连续梁的弯矩图，已知 EI 为常数。

【解】 该连续梁为对称结构承受对称荷载作用，可取如图 9-1（b）所示左半结构来分析。此时只有一个结点转角，可以采用力矩分配法进行分析，这里记线刚度 $i=EI/l$。

计算结点 B 处的分配系数：

$$S_{BA}=3i,\ S_{BC}=4i$$

$$\mu_{BA}=\frac{3}{7},\ \mu_{BC}=\frac{4}{7}$$

在结点 B 加入附加刚臂，计算由荷载单独作用时产生的各杆端固端弯矩值为：

$$M_{AB}^F = -\frac{1}{2}Fl, \quad M_{BA}^F = -\frac{1}{4}Fl$$

附加刚臂中产生的约束力矩为：

$$M_B = -\frac{1}{4}Fl$$

放松结点 B，力矩分配和传递的过程如图 9-1（c）所示。根据最后的杆端弯矩可先绘制半结构的 M 图，再根据对称性可绘出整个结构的 M 图，如图 9-1（d）所示。

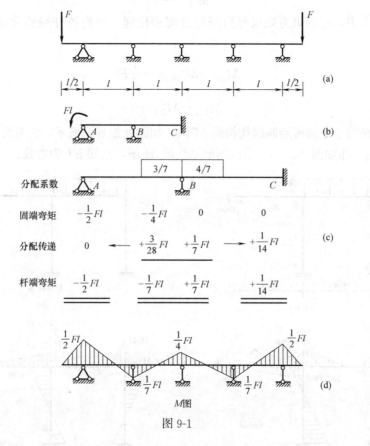

图 9-1

【例 9-2】 用力矩分配法作如图 9-2（a）所示刚架的弯矩图，已知 EI 为常数。

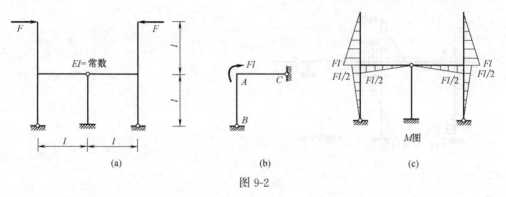

图 9-2

【解】 该对称刚架承受对称荷载作用，可取如图 9-2（b）所示半结构来分析，可采用力矩分配法分析，记线刚度 $i=EI/l$。

计算结点 A 处的分配系数：

$$S_{AB}=3i,\ S_{AC}=3i$$

$$\mu_{AB}=\mu_{AC}=0.5$$

在结点 A 加入附加刚臂，各杆均无固端弯矩，附加刚臂中产生的约束力矩为：

$$M_A=-Fl$$

放松结点 B，将约束力矩反号后进行分配和传递，可得各杆端的分配、传递弯矩分别为：

$$M^\mu_{AC}=M^\mu_{AB}=-\frac{1}{2}Fl$$

$$M^C_{CA}=M^C_{BA}=0$$

根据各杆端弯矩值可绘制结构构的 M 图，如图 9-2（c）所示，为对称的图形。

【例 9-3】 作如图 9-3（a）所示刚架结构的 M 图，已知 EI 为常数。

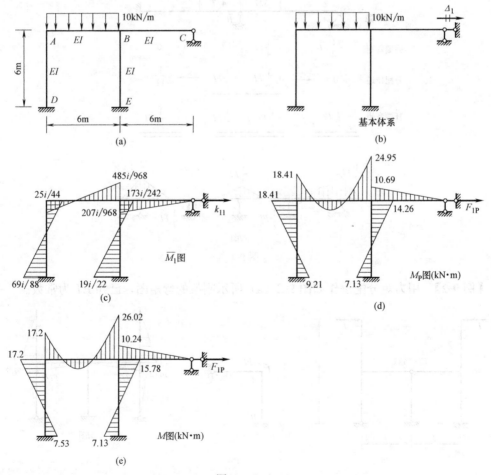

图 9-3（一）

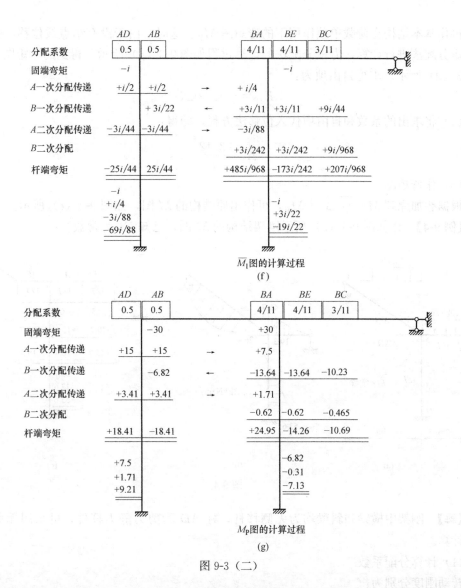

图 9-3（二）

【解】（1）该结构有两个结点角位移和一个结点线位移，联合力矩分配法和位移法来求解。设结点 A、B 的水平位移为 Δ_1，沿该线位移方向加上附加支杆，从而得到如图 9-3（b）所示的基本体系。

（2）建立位移法方程如下：

$$k_{11}\Delta_1 + F_{1P} = 0$$

（3）用力矩分配法计算系数和自由项

令 $i=EI/6$，先作基本结构连同附加支杆向右产生单位位移时的弯矩图 $\overline{M}_1$。这时结点线位移 $\Delta_1=1$，只有结点角位移是未知的，可利用力矩分配法作 $\overline{M}_1$ 图。力矩分配法的计算过程如图 9-3（f）所示，得到的弯矩图 $\overline{M}_1$ 如图 9-3（c）所示。在 $\overline{M}_1$ 图中，取梁段 ABC（包含柱端）为隔离体，由水平向平衡条件可求得系数：

$$k_{11}=\frac{2837}{5808}i$$

再作基本结构在荷载单独作用下的弯矩图 M_P。这时，由于没有结点线位移，也可采用力矩分配法进行计算，力矩分配法的计算过程如图 9-3（g）所示，得到的弯矩图 M_P 如图 9-3（d）所示。求得自由项为：

$$F_{1P}=-1.03\text{kN}$$

（4）将求出的系数和自由项代入位移法方程，即得：

$$\Delta_1=\frac{2.12}{i}$$

（5）作弯矩图

根据叠加原理 $M=\overline{M}_1\Delta_1+M_P$，可作出原结构的 M 图，如图 9-3（e）所示。

【例 9-4】 作如图 9-4（a）所示刚架结构的 M 图，已知 EI 为常数。

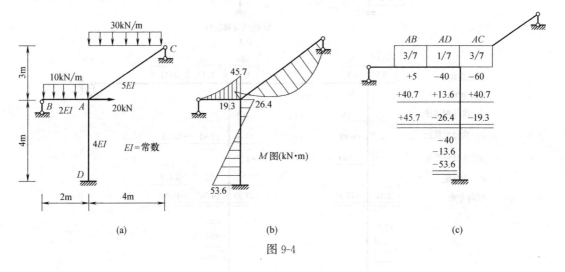

图 9-4

【解】 刚架中横梁和斜梁均为无侧移杆，柱 AD 为剪力静力杆件，可采用无剪力分配法计算。

（1）计算分配系数

转动刚度分别为：

$$S_{AP}=3i_{AP}=3\times\frac{2EI}{2}=3EI,\quad S_{AC}=3i_{AC}=3\times\frac{5EI}{5}=3EI$$

$$S_{AD}=i_{AD}=\frac{4EI}{4}=EI$$

由此可计算分配系数为：

$$\mu_{AB}=\mu_{AC}=\frac{3}{7},\quad \mu_{AD}=\frac{1}{7}$$

DA 杆的传递系数 $C_{DA}=-1$。

（2）求固端弯矩

只在结点 A 处施加附加刚臂，则有：

$$M_{AB}^F=\frac{1}{8}\times10\times2^2=5\text{kN}\cdot\text{m},\quad M_{AC}^F=-\frac{1}{8}\times30\times4^2=-60\text{kN}\cdot\text{m}$$

$$M_{AD}^F = \frac{1}{2} \times 20 \times 4 = -40 \text{kN} \cdot \text{m}, \quad M_{DA}^F = -\frac{1}{2} \times 20 \times 4 = -40 \text{kN} \cdot \text{m}$$

关于力矩的分配和传递计算过程如图9-4（c）所示，M图如图9-4（b）所示。

第四节 本章习题

一、判断题

1. 力矩分配法计算得出的结果是近似解。（ ）
2. 分配弯矩 M_{AB} 是结点 A 转动时在杆端 AB 产生的端弯矩。（ ）
3. 在力矩分配法中，刚结点处各杆端力矩分配系数与该杆端转动刚度成正比。（ ）
4. 如图9-5所示连续梁中给出的力矩分配系数是正确的，已知 i_1、i_2、i_3 为杆线刚度。（ ）
5. 结点不平衡力矩等于交于该结点的各杆端固端弯矩之和，可根据结点的力矩平衡条件求出。（ ）
6. 在采用力矩分配法进行计算时，当放松某个结点时，其余结点必须全部锁紧。（ ）
7. 采用力矩分配法计算时，放松结点的顺序对计算过程有影响，而对计算结果无影响。（ ）
8. 如图9-6所示刚架可采用力矩分配法求解。（ ）

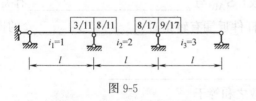

图9-5

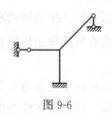

图9-6

9. 如图9-7所示两体系，杆件抗弯刚度 EI 相等，A、C 端的转动刚度分别为 S_{AB}、S_{CD}，则它们的大小关系为：$S_{AB} > S_{CD}$。（ ）

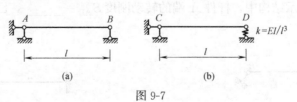

图9-7

10. 图9-8（a）所示结构的弯矩分布形状如图9-8（b）所示。（ ）

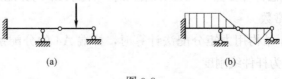

图9-8

11. 已知图 9-9 所示连续梁，杆件线刚度 i 为常数，若 BC 跨弯矩图如图 9-5 所示，则 $M_{AB}=\dfrac{1}{2}M_{BA}=57.85\mathrm{kN\cdot m}$。 （　　）

12. 如图 9-10 所示结构可以用无剪力分配法进行计算，已知各杆 EI 为常数。（　　）

图 9-9　　　　　　　　　　图 9-10

13. 力矩分配法、无剪力分配法和剪力分配法都是以位移法为基础的一种实用计算方法。 （　　）

14. 力矩分配法既可以用来计算连续梁，也可用来计算一般超静定刚架结构。（　　）

15. 力矩分配法经一个循环计算后，分配过程中的不平衡力矩是传递弯矩的代数和。
 （　　）

16. 在力矩分配法中，分配系数 μ_{AB} 表示：结点 A 上作用单位外力偶时，在杆 AB 的 A 端产生的力矩。 （　　）

二、填空题

1. 等截面直杆 AB 的转动刚度（劲度系数）S_{AB} 与 _____ 有关。

2. 等截面直杆的弯矩传递系数 C 表示当杆件近端有转角时 _____ 与 _____ 的比值，它与 _____ 有关。

3. 力矩分配法中传递弯矩等于 _____。

4. 交于同一结点的各杆端的力矩分配系数之和等于 _____。

5. 如图 9-11 所示结构中，杆件 A 端的转动刚度 $S_{AB}=$ _____，已知杆件线刚度 i 为常数。

6. 如图 9-12 所示结构中，杆件 A 端的转动刚度 $S_{AB}=$ _____，已知杆件线刚度 i 为常数。

图 9-11　　　　　　　　　　图 9-12

7. 采用力矩分配法计算如图 9-13 所示结构时，杆端 AC 的分配系数 $\mu_{AC}=$ _____，已知抗弯刚度 EI 为常数。

8. 如图 9-14 所示结构用力矩分配法计算时，杆端 $A4$ 的分配系数 $\mu_{A4}=$ _____，图中 i_1、i_2、i_3、i_4 为杆件线刚度。

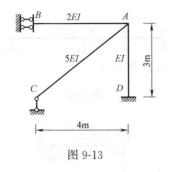

图 9-13

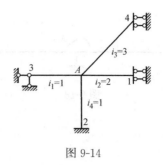

图 9-14

9. 如图 9-15 所示各结构中，不能直接用力矩分配法计算的结构是_____，已知各杆 EI 为常数。

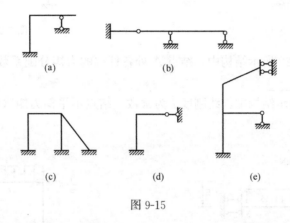

图 9-15

10. 如图 9-16 所示结构中，杆 AB、AC、AD 的长度及弯曲刚度 EI 均相同，则杆端弯矩 $M_{AD}=$_____。

11. 如图 9-17 所示刚架结构，各杆线刚度均为 i，欲使 A 结点产生单位顺时针转角 $\theta_A=1$，则应在 A 结点施加的力矩 $M_A=$_____。

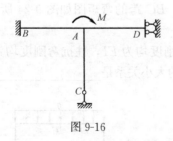

图 9-16

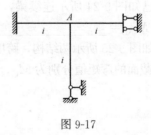

图 9-17

12. 在如图 9-18 所示连续梁中，结点 B 的不平衡力矩 $M_B=$_____，已知杆抗弯刚度 EI 均为常数。

13. 在如图 9-19 所示连续梁中，各杆线刚度均为 i，则结点 B 处不平衡力矩 $M_B=$_____。

14. 在如图 9-20 所示连续梁中，各杆线刚度均为 i，则杆端弯矩 $M_{AB}=$_____。

15. 如图 9-21 所示刚架中，各杆线刚度 EI 均为常数，则杆端弯矩 $M_{AB}=$_____。

173

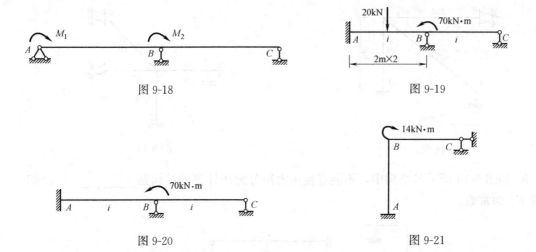

图 9-18   图 9-19

图 9-20   图 9-21

16. 已知如图 9-22 所示结构中，结点 A 处各杆端的力矩分配系数如图 9-22 所示，则杆端弯矩 $M_{A1}=$ _____。

17. 如图 9-23 所示结构中，线刚度 i 为常数，结点不平衡力矩（约束力矩）$M_A=$ _____。

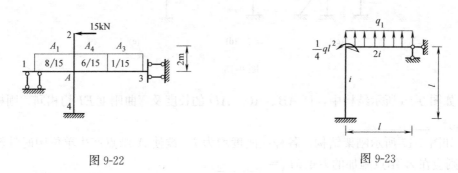

图 9-22   图 9-23

18. 已知图 9-24 所示连续梁，各杆线刚度均为 i，BC 跨的弯矩图如图 9-24 所示，则杆端弯矩 $M_{AB}=$ _____。

19. 如图 9-25 所示两结构，跨度相同，横梁抗弯刚度均为 EI，柱抗弯刚度均为 nEI，横梁跨中截面的弯矩值分别为 M_C、M_D，则它们之间的大小关系是 _____。

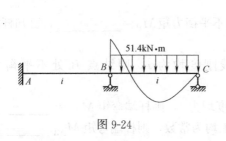

图 9-24

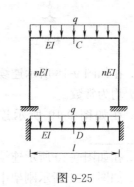

图 9-25

20. 如图 9-26 所示对称刚架结构，若增大柱子的抗弯刚度 EI_c，则横梁跨中截面 C 的弯矩值 M_C 会_____（填减少、增大、不变或无法判断）。

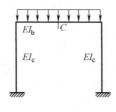

图 9-26

21. 如图 9-27 所示排架，横梁 $EA=\infty$。已知各单柱①、②、③在柱顶有单位水平力时产生的柱顶水平位移分别为 $\delta_1=\delta_3=h/(100D)$、$\delta_2=h/(200D)$，$D$ 为与柱刚度有关的给定常数，则此排架结构在柱顶 A 处的水平位移 $\Delta_{Ax}=$_____。

22. 采用力矩分配法计算如图 9-28 所示刚架结构时，结点 B 上的不平衡力矩（或约束力矩）$M_B=$_____。

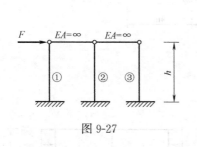

图 9-27

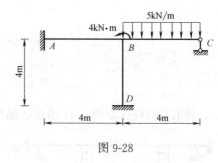

图 9-28

三、计算题

1. 采用力矩分配法作如图 9-29 所示连续梁结构的 M 图，已知各杆 EI 均为常数。

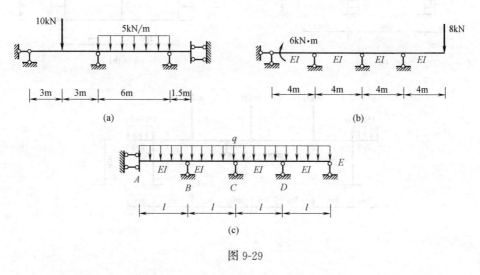

图 9-29

2. 采用力矩分配法作如图 9-30 所示各刚架结构的 M 图。

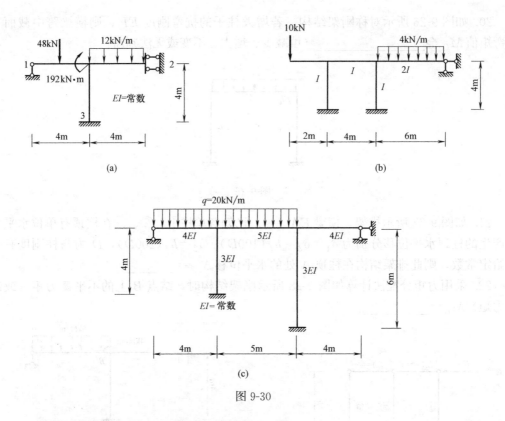

图 9-30

3. 利用对称性作如图 9-31 所示各结构的 M 图。

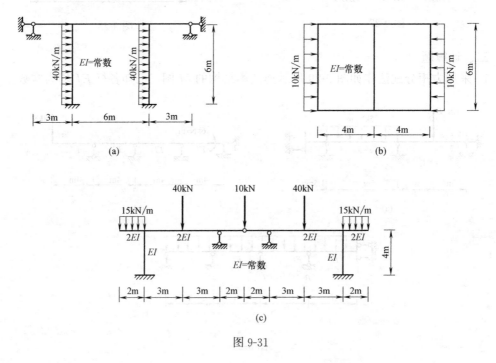

图 9-31

4. 联合位移法与力矩分配法求解如图 9-32 所示各结构的 M 图。

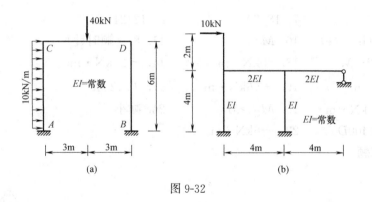

图 9-32

5. 采用无剪力分配法作如图 9-33 所示各刚架的 M 图。

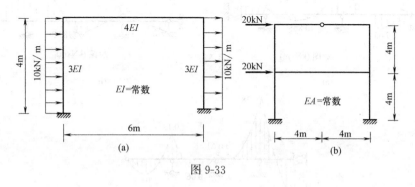

图 9-33

6. 采用剪力分配法作如图 9-34 所示各刚架的 M 图。

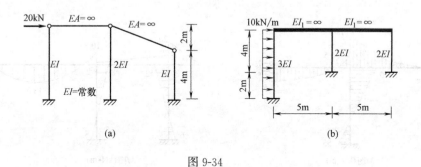

图 9-34

第五节　习题参考答案

一、判断题

1. ×　2. √　3. √　4. √　5. ×　6. ×　7. √　8. √　9. √
10. ×　11. ×　12. ×　13. √　14. ×　15. √　16. √

二、填空题

1. B 端支承条件及杆件刚度　　　　2. 远端弯矩　近端弯矩　远端约束情况
3. 分配弯矩乘以传递系数　　　　　　4. 1　　5. $3i$

177

6. $4i$ 7. $18/29$ 8. $12/21$
9. (a)、(b)、(e) 10. $M/5$ 11. $8i$（顺时针）
12. $M_1/2 - M_2$ 13. $80 \text{kN} \cdot \text{m}$ 14. $-20 \text{kN} \cdot \text{m}$
15. $4 \text{kN} \cdot \text{m}$ 16. $-16 \text{kN} \cdot \text{m}$ 17. $0.125ql^2$
18. $25.7 \text{kN} \cdot \text{m}$ 19. $M_C > M_D$ 20. 减小
21. $Fh/(400D)$ 22. $-6 \text{kN} \cdot \text{m}$

三、计算题

1.

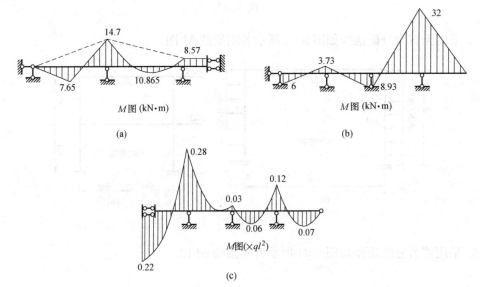

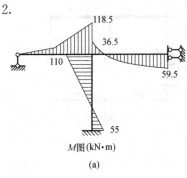

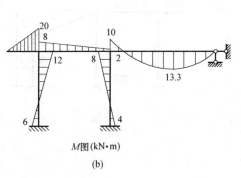

2.

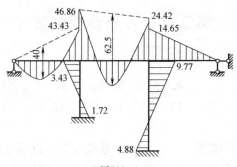

3.

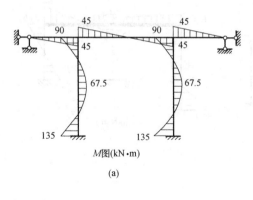

(a)

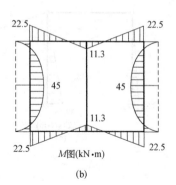

(b)

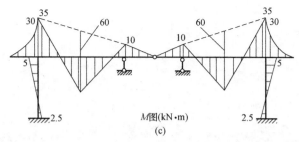

(c)

4.

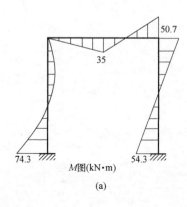

(a)

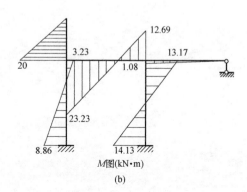

(b)

5.

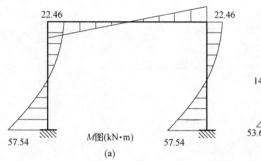

(a)

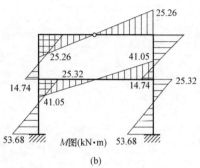

(b)

6.

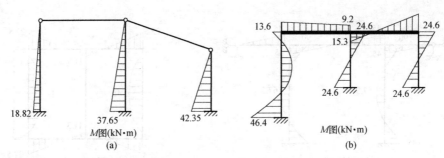

第十章 影响线及其应用

第一节 学习要求

本章讨论结构在移动荷载作用下的内力（反力）计算问题，影响线是解决此问题的工具。影响线有两种绘制方法：静力法和机动法；作为影响线的具体应用，掌握移动荷载在结构上最不利位置的判断以及最大（小）内力值的计算。

学习要求如下：

(1) 理解影响线的概念，并掌握影响线与内力图的区别；

(2) 掌握用静力法绘制影响线，并能熟练地运用静力法作静定结构的影响线；

(3) 掌握间接荷载作用下影响线的特性，并能根据这些特性作间接荷载作用下梁（包括单跨梁及多跨梁）的影响线以及静定桁架结构的影响线；

(4) 理解机动法作影响线的基本原理和方法，并能熟练地利用机动法作静定梁的影响线；

(5) 掌握利用影响线计算量值，并能利用影响线确定荷载的最不利位置；

(6) 掌握简支梁内力包络图的意义及确定方法，并能计算简支梁的绝对最大弯矩值；

(7) 掌握超静定结构影响线的绘制方法，并能利用机动法勾绘出连续梁影响线的轮廓；

(8) 能根据影响线，确定连续梁的最不利荷载位置，熟悉连续梁内力包络图的确定方法。

其中，机动法作影响线的基本原理、移动荷载组最不利位置的判别以及简支梁的绝对最大弯矩值的确定等是学习难点。

第二节 基本内容

一、影响线的概念

把结构中某量值随竖向单位集中荷载 $F=1$ 位置改变而变化的规律绘成图形，这个图形称为该量值的影响线。影响线是研究移动荷载作用的基本工具。

影响线与内力图有本质的区别。内力图的横坐标表示截面位置，纵坐标表示在固定荷载作用下该截面的内力值。影响线横坐标表示单位集中荷载 $F=1$ 的位置，纵坐标表示单位荷载 $F=1$ 移动到该位置时某指定量值的大小。另外，某量值影响线竖标的量纲为该量值的量纲除以力的单位，即：支座反力、截面剪力的影响线竖标无量纲，弯矩影响线竖标的量纲为长度单位。

二、静力法作单跨静定梁的影响线

(1) 静力法作影响线的步骤

1) 选定坐标系,将单位集中荷载 $F=1$ 放在任意 x 位置;
2) 根据平衡条件写出所求量值与荷载位置 x 的函数关系式(即影响线方程);
3) 根据影响线方程直接绘出该量值的影响线图形。

(2) 简支梁的影响线

宜记住简支梁支座反力和截面内力的影响线(图 10-1),以方便以后使用。

(3) 外伸梁的影响线

外伸梁支座反力的影响线可通过将相应简支梁支座反力影响线向两个伸臂部分延伸得到。

伸臂梁跨内截面的内力影响线可由相应简支梁中相应截面的内力影响线分别向左、右伸臂部分延伸得到。

三、多跨静定梁的影响线

对于多跨静定梁,只需分清基本部分和附属部分之间的力传递特点,由单跨静定梁的影响线可直接给出多跨静定梁的支座反力和截面内力影响线。主要利用以下结论:

(1) 当 $F=1$ 在量值所在梁段上移动时,该量值影响线与相应单跨静定梁影响线的作法相同;

(2) 当 $F=1$ 在对于量值所在梁段来说是基本部分的梁段上移动时,该量值影响线的竖标均为零;

(3) 当 $F=1$ 在对于量值所在梁段来说是附属部分的梁段上移动时,量值影响线为直线。根据铰处的影响线竖标已知和(或)支座处影响线竖标为零等条件,可将影响线绘出。

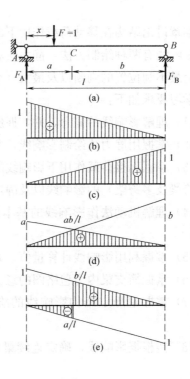

图 10-1 简支梁支座反力和截面内力的影响线

(a) 简支梁计算简图;(b) F_A 影响线;(c) F_B 影响线;(d) M_C 影响线;(e) F_{SC} 影响线

四、间接荷载作用下主梁的影响线

间接荷载作用下影响线的特征为:

1) 间接荷载作用与直接荷载作用下的影响线,在结点处的竖标是相同的;
2) 间接荷载作用下,影响线在相邻两结点之间为一条直线。

间接荷载作用下主梁影响线的绘制方法为:

1) 先作出直接荷载作用下该量值的影响线,并找出各结点处的竖标值;
2) 将相邻结点处的竖标依次用直线相连,就得到间接荷载作用下的该量值影响线。

五、桁架的影响线

单位荷载在上弦或下弦移动时,都是通过横梁传递到桁架上弦或下弦结点上。

桁架的影响线绘制方法为:将单位集中荷载 $F=1$ 依次放置于各结点上,用结点法或截面法计算所求量值的大小即为该量值在各相应结点处的影响线竖标,再将相邻结点处的竖标连以直线。

在绘制桁架内力影响线时，要分清单位集中荷载 $F=1$ 是沿上弦移动（上弦承载）还是沿下弦移动（下弦承载）。

六、采用机动法作静定结构的影响线

采用机动法作静定结构影响线的基本原理是刚体体系的虚功原理（虚位移原理）。

采用机动法作静定结构影响线的步骤如下：

（1）撤去与量值 Z 相应的约束，代以正向量值 Z 作用；

（2）使所得体系沿 Z 的正向产生单位位移，作出单位荷载 $F=1$ 作用点的竖向位移图，即为量值 Z 的影响线；

（3）横坐标以上虚位移图对应的影响线竖标取正号，反之取负号。

采用用机动法作间接荷载作用下主梁的影响线时，要注意：由于单位集中荷载 $F=1$ 是在纵梁上移动的，单位荷载作用点的虚位移图应该是纵梁的虚位移图，而不是主梁的虚位移图。

七、利用影响线求量值

集中荷载作用下（图 10-2），产生的量值 Z 为：

$$Z = \sum_{i=1}^{n} F_i y_i$$

式中，F_i 的方向与作影响线时单位集中荷载 $F=1$ 方向一致时为正，一般向下为正；y_i 在坐标轴上方取正。

当求作用于影响线某直线范围内的若干个集中荷载所产生的量值大小时（图 10-3），可用其合力代替计算，即等于合力 F_R 乘以合力作用点处影响线的竖标 $\bar{y}$，而不会改变所求量值的数值。

当均布荷载作用于结构某已知位置时（图 10-3），量值 Z 等于荷载集度 q 乘以受荷范围内的影响线面积，即：

$$Z = \int_A^B y q_x \mathrm{d}x = q \int_A^B y \mathrm{d}x = q A_\omega$$

式中，A_ω 表示在受荷段 AB 范围内影响线图形面积的代数和，其中位于基线上方的图形面积取正，位于基线下方的图形面积取负。

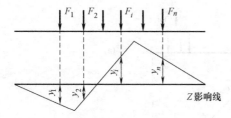
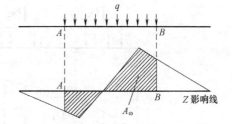

图 10-2 利用影响线求集中荷载作用下的量值　　图 10-3 利用影响线求均布荷载作用下的量值

八、最不利荷载位置

单个移动集中荷载 F 的最不利位置为：将 F 置于影响线的最大正竖标（$+y_{\max}$）处

产生 $Z_{\max}$，将 F 置于影响线的最大负竖标（$y_{\min}$）处产生 $Z_{\min}$（图 10-4）。

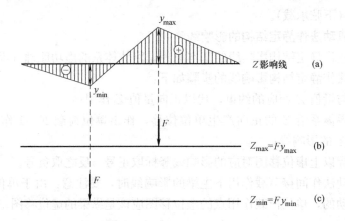

图 10-4 单个移动集中荷载的最不利位置

可任意断续布置均布荷载的最不利位置为：在影响线正号范围内布满荷载产生 $Z_{\max}$，在影响线负号范围内布满荷载产生 $Z_{\min}$（图 10-5）。

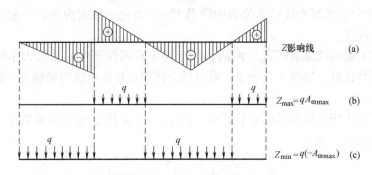

图 10-5 任意断续分布荷载的最不利位置

移动荷载组（指一组集中荷载，包括均布荷载，如图 10-6 所示）的最不利位置，确定相对复杂些。

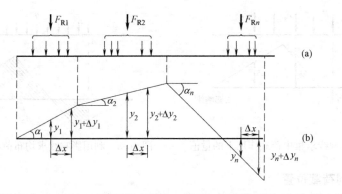

图 10-6 移动荷载组作用时的最不利位置确定

(1) 临界位置判别式

使 Z 成为极大值的临界位置的判别式为：

$$\begin{cases} \sum_{i=1}^{n} F_{Ri} \tan\alpha_i \geqslant 0 & (\Delta x < 0 \text{ 荷载向左微移}) \\ \sum_{i=1}^{n} F_{Ri} \tan\alpha_i \leqslant 0 & (\Delta x > 0 \text{ 荷载向右微移}) \end{cases}$$

使 Z 成为极小值的临界位置的判别式为：

$$\begin{cases} \sum_{i=1}^{n} F_{Ri} \tan\alpha_i \leqslant 0 & (\Delta x < 0 \text{ 荷载向左微移}) \\ \sum_{i=1}^{n} F_{Ri} \tan\alpha_i 0 \geqslant 0 & (\Delta x > 0 \text{ 荷载向右微移}) \end{cases}$$

(2) 确定移动荷载组最不利位置的步骤

① 从移动荷载组中任意选择某一集中荷载 F_i 置于影响线的一个顶点上。

② 判断 F_i 是否为临界荷载。令荷载组整体稍向左或向右移动，分别求 $\sum_{i=1}^{n} F_{Ri} \tan\alpha_i$。若 $\sum_{i=1}^{n} F_{Ri} \tan\alpha_i$ 产生变号（包括由正、负变为零或由零变为正、负），则说明 F_i 为临界荷载 F_{cr}，此时对应的荷载位置为临界荷载位置。如果 $\sum_{i=1}^{n} F_{Ri} \tan\alpha_i$ 不变号，则说明荷载 F_i 不是临界荷载，重新选取一个集中力放在影响线顶点上，再判断它是否为临界荷载。直至将所有的临界荷载都找出来。

③ 每个临界荷载位置可求出量值 Z 的一个极值，然后从中选取最大值或最小值，所对应的荷载位置即为最不利荷载位置。

(3) 三角形影响线的临界位置判别式（图 10-7）

临界位置的特点：有一个集中荷载 F_{cr} 位于三角形顶点上，将 F_{cr} 归到顶点的哪一边，哪一边的"平均荷载"就大，即：

$$\begin{cases} \dfrac{F_{Ra} + F_{cr}}{a} \geqslant \dfrac{F_{Rb}}{b} & (\Delta x < 0) \\ \dfrac{F_{Ra}}{a} < \dfrac{F_{Rb} + F_{cr}}{b} & (\Delta x > 0) \end{cases}$$

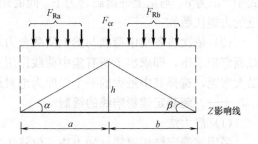

图 10-7　三角形影响线时移动荷载组临界位置的判别

九、简支梁的内力包络图

在移动荷载作用下，将各截面产生的最大内力值和最小内力值分别连成一条光滑的曲线，称为内力包络图。梁的内力包络图有弯矩包络图和剪力包络图。

内力包络图的作法：将梁划分为若干等份，在实际移动荷载作用下利用影响线逐个求出各等分截面的最大（小）内力，就可画出内力包络图。

在实际工程结构计算中，必须求出在恒载和活载共同作用下各个截面的最大（小）内力值，作为结构设计的依据。活载还须考虑其动力影响，通常是将静载、活载所产生的内力值乘以冲击系数，内力包络图表示结构在恒载和活载共同作用下某内力的极限范围，不论活载处于何种位置，其内力均不会超出这一极限范围。

十、简支梁的绝对最大弯矩

在移动荷载作用下，简支梁各截面处产生的最大弯矩值中的最大值，称为梁的绝对最大弯矩。绝对最大弯矩是弯矩包络图中的最大竖标值。

简支梁在移动荷载组作用下绝对最大弯矩的确定步骤如下：

(1) 任选某一集中荷载 F_k，移动荷载组使 F_k 与梁上荷载合力 F_R 之间的距离被梁的中点平分（图 10-8）；

(2) 计算 F_k 作用点处截面的弯矩，即为 F_k 作用点处的最大弯矩值 M_{kmax}。

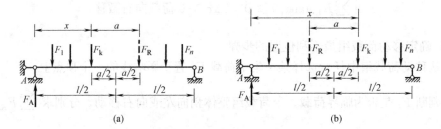

图 10-8 简支梁的绝对最大弯矩求解
(a) F_k 位于 F_R 的左边；(b) F_k 位于 F_R 的右边

当 F_k 位于 F_R 的左边时（图 10-8a）：

$$M_{kmax}=\frac{F_R}{l}\left(\frac{l}{2}-\frac{a}{2}\right)^2-M_k$$

当 F_k 位于 F_R 的右边时（图 10-8b）：

$$M_{kmax}=\frac{F_R}{l}\left(\frac{l}{2}+\frac{a}{2}\right)^2-M_k$$

式中，a 为 F_k 与梁上外荷载合力 F_R 间的距离；M_k 为 F_k 以左梁段上外荷载对 F_k 作用点的力矩代数和。

(3) 依次将各集中荷载与梁上荷载合力对称布置于梁中点，将各集中荷载作用点处的截面弯矩求出，即求出了所有集中荷载作用点处产生的最大弯矩值。比较各荷载作用点的最大弯矩，选择其中最大的一个，即为绝对最大弯矩值。

十一、超静定梁影响线的绘制

(1) 静力法

采用超静定结构解法（如力法、位移法）先求出量值的影响线方程，根据影响线方程直接作出该量值的影响线。

(2) 机动法

采用机动法求解超静定结构中某量值的影响线，与采用机动法作静定结构的影响线是相似的，即为了求某量值的影响线，都是先去掉某量值相应的约束后，使体系沿该量值的正方向发生单位位移后所得到竖向位移图，即为该量值的影响线。

但要注意，对静定结构，去掉某量值相应约束后，原结构变成具有一个自由度的几何可变体系，沿该量值正向发生单位位移所得到的竖向位移图是由刚体位移的直线段组成，因而静定结构的影响线是由若干直线段组成的。但对于超静定结构，去掉与某量值相应约束后，原结构仍为几何不变体系，其位移图则是在多余未知力作用下的弹性曲线，因而超静定结构的影响线是由曲线构成。若要确定影响线竖标，可按计算超静定结构位移的方法确定。

(3) 连续梁的影响线

采用机动法较易确定连续梁影响线的轮廓，如图10-9所示。据此可进一步确定连续梁最不利荷载的分布以及内力包络图。

十二、连续梁的最不利荷载分布

采用机动法很容易作出连续梁中某量值影响线的轮廓，据此就可确定活载的最不利荷载位置。图10-10分别是连续梁跨内截面弯矩及剪力、支座处剪力以及支座反力的最不利荷载位置。

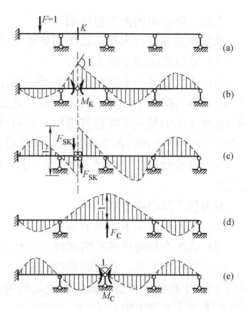

图10-9 采用机动法作连续梁的影响线
(a) 原结构；(b) M_K 影响线；
(c) F_{SK} 影响线；(d) F_C 影响线；(e) M_C 影响线

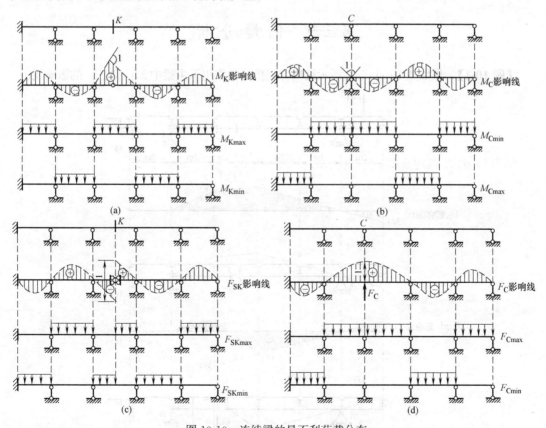

图10-10 连续梁的最不利荷载分布
(a) 跨内截面弯矩最不利荷载位置；(b) 支座处弯矩最不利荷载位置；
(c) 跨内截面剪力最不利荷载位置；(d) 支座反力最不利荷载位置

十三、连续梁的内力包络图

承受恒载和可动均布荷载作用的连续梁,其弯矩包络图绘制步骤如下:

(1) 绘恒载作用下的 M 图;

(2) 依次在各跨上单独布满活载,并作出相应的弯矩图;

(3) 将各跨若干等分,对每等分点处截面,将恒载作用下的弯矩值与步骤(2)中得到的各弯矩图中对应正竖标值叠加,便得到各截面的最大弯矩值;将恒载作用下的弯矩值与步骤(2)中得到的各弯矩图中对应负竖标值叠加,便得到各截面的最小弯矩值;

(4) 将步骤(3)所得到的最大(小)弯矩值分别用光滑的曲线连接起来,即为弯矩包络图。

剪力包络图绘制步骤如下:

(1) 作恒载作用下的剪力图;

(2) 依次在每跨单独布满活载,并作出相应的剪力图;

(3) 求各支座左、右两侧截面的最大、最小剪力:将恒载剪力图中支座截面的竖标与步骤(2)中得到的各剪力图中相应截面的剪力正(负)纵标分别相加,即得到各支座截面的最大(小)剪力值;

(4) 作剪力包络图:将各支座两侧截面的最大、最小剪力值分别用直线相连,即得近似的剪力包络图。

第三节 例题分析

【**例 10-1**】 作如图 10-11 (a) 所示结构在间接荷载作用下主梁中 M_D 和 F_{SC}^L 的影响线。

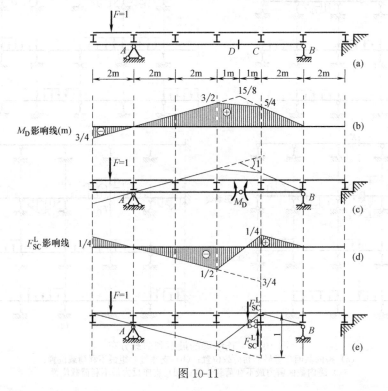

图 10-11

【解】 (1) 采用静力法

先作主梁 AB 在直接荷载作用下 M_D、F_{SC}^L 的影响线，如图 10-11（b）、（d）中虚线所示；再将各结点处的竖标用直线相连，即为间接荷载下主梁中 M_D、F_{SC}^L 的影响线，如图 10-11（b）、（d）所示。

(2) 采用机动法

撤除与 M_D 相应的约束，并用反力矩 M_D 代之，如图 10-11（c）所示。使所得体系沿 M_D 正向产生单位位移后得到的纵梁竖向虚位移图即为 M_D 影响线；可先作主梁的竖向虚位移图，如图 10-11（c）中虚线所示，由主梁上各结点位置就很容易得到纵梁的虚位移图，如图 10-11（c）中以细实线表示，即为间接荷载作用下主梁中 M_D 影响线。采用机动法作 F_{SC}^L 的影响线，如图 10-11（e）所示。

【例 10-2】 作如图 10-12（a）所示多跨梁中 M_B、F_{SB}^R 及 F_{SC} 的影响线。

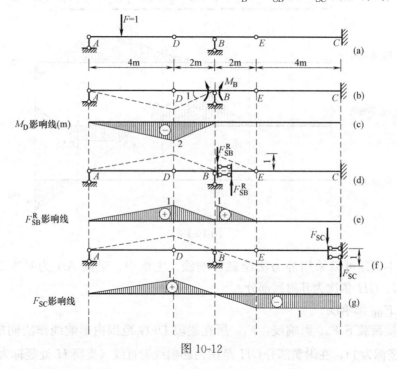

图 10-12

【解】 本例题可以采用机动法绘制影响线。

(1) 作 M_B 影响线

撤除与 M_B 相应约束，并代以一对正向力矩 M_B 作用，如图 10-12（b）所示；使所得体系沿 M_B 正向产生单位位移：DB 段逆时针旋转单位角度，AD 段顺时针转动，BEC 段保持不动。得到的竖向虚位移图，如图 10-12（b）中虚线所示，即为 M_B 影响线，如图 10-12（c）所示。

(2) 作 F_{SB}^R 影响线

撤除与 F_{SB}^R 相应约束，并代以一对正向剪力 F_{SB}^R 作用，如图 10-12（d）所示；使所得体系沿 F_{SB}^R 正向产生单位位移：EC 段保持不动，结点 B 右侧向上产生单位位移（BE 段顺时针转动），BD 段与 BE 段产生虚位移后要平行，AD 段逆时针转动。得到的竖向虚位移图如图 10-12（d）中虚线所示，即为 F_{SB}^R 影响线，如图 10-12（e）所示。

（3）作 F_{SC} 影响线

撤除与 F_{SC} 相应约束，并代以一对正向剪力 F_{SC} 作用，如图 10-12（f）所示；使所得体系沿 F_{SC} 正向产生单位位移：EC 段平行向下移动单位位移，DBE 段顺时针转动，AD 段逆时针转动。得到的竖向虚位移图如图 10-12（f）中虚线所示，即为 F_{SC} 影响线，如图 10-12（g）所示。

【例 10-3】 作如图 10-13（a）所示多跨梁在间接荷载作用下 F_{RE}、F_{SC}^R 及 M_H 的影响线。

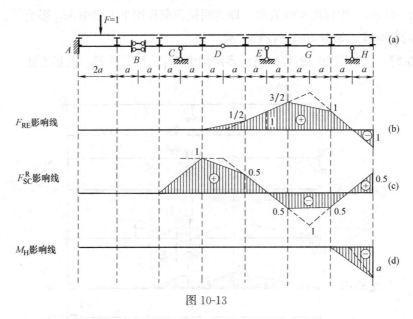

图 10-13

【解】 本例题可以采用静力法绘制影响线。主梁中，梁段 AB 为基本部分，梁段 BCD、DEG、GH 依次为其附属部分。

（1）作 F_{RE} 影响线

先作直接荷载下 F_{RE} 影响线：F_{RE} 所在梁段 DEG 范围内影响线作法同单跨静定梁（支座 E 处竖标为 1），在附属部分 GH 范围内影响线为直线（支座 H 处竖标为零），在基本部分 AB、BCD 范围内影响线竖标为零，如图 10-13（b）中虚线所示。将各结点处的影响线竖标以直线相连，即得间接荷载下 F_{RE} 影响线，如图 10-13（b）所示。

（2）作 F_{SC}^R 影响线

先作直接荷载下 F_{SC}^R 影响线：F_{SC}^R 所在梁段 BCD 范围内影响线作法同单跨静定梁（BC 段竖标为零，CD 段竖标为 1），在附属部分 DEG 范围内影响线为直线（支座 E 处竖标为零），在附属部分 GH 范围内影响线也为直线（支座 H 处竖标为零），在基本部分 AB 范围内影响线竖标为零，如图 10-13（c）中虚线所示。将各结点处的影响线竖标以直线相连，即得间接荷载下 F_{SC}^R 影响线，如图 10-13（c）所示。

（3）作 M_H 影响线

先作直接荷载下 M_H 影响线：M_H 所在梁段 GH 范围内影响线作法同单跨静定梁

（支座 H 处竖标为零），在基本部分 AB、BCD、DEG 范围内影响线竖标为零，如图 10-13（d）中虚线所示。将各结点处的影响线竖标以直线相连，即得间接荷载下 M_H 影响线，如图 10-13（d）所示。

【例 10-4】 作如图 10-14（a）所示桁架结构中指定 a、b、c 杆的轴力影响线。已知 $F=1$ 在上弦移动。

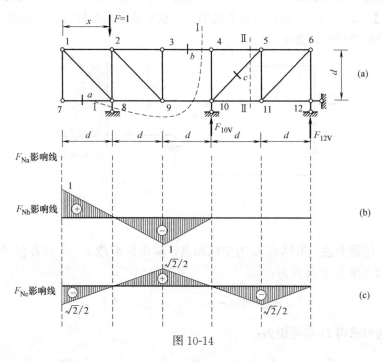

图 10-14

【解】（1）作 F_{Na} 影响线。将 $F=1$ 移动到上弦任一结点上时，杆 a 均为零杆，因此 F_{Na} 影响线竖标为零。

（2）作 F_{Nb} 影响线。作截面 I-I，如图 10-14（a）所示，该截面左侧为附属部分，右侧为基本部分。

当 $F=1$ 移动到截面 I-I 左侧结点（结点 1-3）上时，$F=1$ 离结点 1 距离为 x，取该截面以左部分研究，由 $\sum M_8=0$ 有：$F_{Nb} \times d + F \times (x-d) = 0$。

从而有：

$$F_{Nb} = \frac{d-x}{d}$$

将 $x=0$，d，$2d$ 分别代入上式，即可得结点 1-3 处 F_{Nb} 影响线竖标值。

当 $F=1$ 移动到截面 I-I 右侧结点（结点 4-6）上时，杆 b 均不受力，即结点 4-6 处 F_{Nb} 影响线竖标均为零。将相邻结点处的这些竖标用直线相连，就得到如图 10-14（b）所示的 F_{Nb} 影响线。

（3）作 F_{Nc} 影响线。

当 $F=1$ 移动到截面 I-I 左侧结点（结点 1-3）上时，取该截面以右部分研究，由 $\sum M_{10}=0$ 有：$F_{12V} = -F_{Nb}/2$。再由截面 II-II 以右部分的竖向平衡条件可得：

$$F_{yc} = F_{12V} = -F_{Nb}/2 = \frac{x-d}{2d}$$

将 $x=0$，d，$2d$ 分别代入上式，即可得结点 1-3 处 F_{yc} 影响线竖标值。

当 $F=1$ 移动到截面Ⅰ-Ⅰ右侧结点（结点 4-6）上时，截面Ⅰ-Ⅰ左侧不受力，整个桁架相当于截面Ⅰ-Ⅰ右侧的简支桁架。即 $F=1$ 移动到结点 4 时，$F_{yc}=F_{12V}$；$F=1$ 移动到结点 5、6 时，$F_{yc}=-F_{10V}$。据此可得结点 4-6 处 F_{yc} 影响线竖标值。将相邻结点处的竖标用直线相连，就得到如图 10-14（c）所示的 F_{Nc} 影响线。

【**例 10-5**】 如图 10-15（a）所示刚架结构，水平单位力在杆 AC 上移动，作 M_D 的影响线，令使内侧受拉弯矩为正。

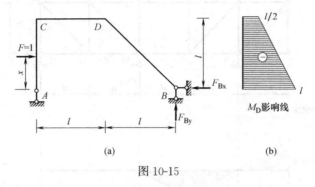

图 10-15

【**解**】 采用静力法。取结点 A 为坐标原点，将单位荷载 $F=1$ 放在任意 x 位置，由平衡条件可知支座 B 处反力为：

$$F_{Bx}=1\ (\leftarrow),\ F_{By}=\frac{1}{2l}x\ (\uparrow)$$

由截面法可求得 D 点弯矩为：

$$M_D=F_{By}\times l-F_{Bx}\times l=\frac{1}{2l}x\times l-1\times l=\frac{1}{2}x-l\quad(0\leqslant x\leqslant l)$$

即为 M_D 影响线方程，据此可作 M_D 影响线（图 10-15b）。

【**例 10-6**】 如图 10-16（a）所示组合结构，单位力 $F=1$ 在杆 DEG 上移动，作 F_{NAD}、F_{NAE} 及 M_B 的影响线。记轴力拉力为正，使截面下侧受拉弯矩为正。

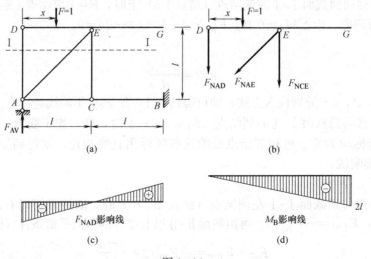

图 10-16

【解】 该组合结构中，杆 BC、DEG 为梁式杆，其余均为链杆。其中 BC 为基本部分，$ACDEG$ 为附属部分。

采用静力法作影响线。取结点 D 为坐标原点，将单位荷载 $F=1$ 放在任意 x 处，取截面 I-I 以上部分分析，如图 10-16（b）所示。

由 $\sum F_x=0$ 得：$F_{NAE}=0$ $(0 \leqslant x \leqslant 2l)$

由 $\sum M_E=0$ 得：$F_{NAD}=\dfrac{x-l}{l}$ $(0 \leqslant x \leqslant 2l)$

由以上两个影响线方程可分别作 F_{NAD}、F_{NAE} 的影响线，如图 10-16（c）所示。

下面作 M_B 的影响线。由结点 A 的竖向平衡条件可知支座 A 处的竖向反力为：$F_{AV}=-F_{NAD}$。由整体平衡条件 $\sum M_B=0$ 可知：

$$M_B = F_{AV} \times 2l - F \times (2l-x) = -\dfrac{x-l}{l} \times 2l - 1 \times (2l-x) = -x \quad (0 \leqslant x \leqslant 2l)$$

即得 M_B 影响线方程，据此可作 M_B 的影响线，如图 10-16（d）所示。

【例 10-7】 求如图 10-17（a）所示梁在任意长度均布活荷载 30kN/m 作用下，截面 G 下部受拉的最大弯矩值 M_{Gmax}。

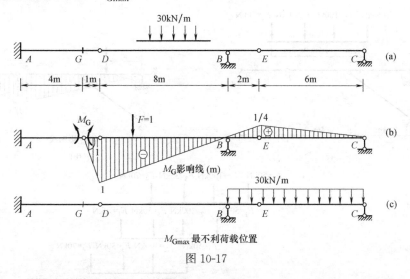

图 10-17

【解】 （1）采用机动法先作 M_G 影响线，如图 10-17（b）所示。

（2）在影响线正号范围内布置均布荷载，即为 M_{Gmax} 的最不利荷载位置，如图 10-17（c）所示。

（3）利用影响线求 M_{Gmax}：

$$M_{Gmax}=\dfrac{1}{2} \times 8 \times \dfrac{1}{4} \times 30 = 30 \text{kN} \cdot \text{m}$$

【例 10-8】 如图 10-18（a）所示结构中，一组荷载沿 A-D-E-B 移动，利用影响线求斜杆 CD 受到的最大压力值。

【解】 （1）采用静力法作斜杆 CD 的轴力 F_{NCD} 的影响线

将单位荷载 $F=1$ 放在 A-D-E 上的任一位置 x，由力矩平衡条件 $\sum M_A=0$ 有：

$$F_{NCD}=-\dfrac{5}{12}x \quad (0 \leqslant x \leqslant 8)$$

当 $F=1$ 移动到 $E\text{-}B$ 上时，F_{NCD} 影响线为直线。

因此，作 F_{NCD} 的影响线，为三角形，如图 10-18（b）所示。

(2) 判断临界荷载

依次将集中荷载 F_1、F_2、F_3、F_4 放在三角形影响线顶点上，分别如图 10-18（c）所示，可判断：F_1、F_3 不是临界荷载，F_2、F_4 是临界荷载。

(3) 求 F_{NCDmax}

当 F_2 是临界荷载时，相应的极值为：

$$F_{NCD1} = 100 \times \left(-\frac{10}{3}\right) + 50 \times \left(-\frac{10}{3} \times \frac{3}{4}\right) + 30 \times \left(-\frac{10}{3} \times \frac{1}{2}\right) = -508.3 \text{kN}$$

当 F_4 是临界荷载时，相应的极值为：

$$F_{NCD1} = 50 \times \left(-\frac{10}{3} \times \frac{2.5}{8}\right) + 100 \times \left(-\frac{10}{3} \times \frac{4.5}{8}\right) + 30 \times \left(-\frac{10}{3} \times \frac{3}{4}\right) + 70 \times \left(-\frac{10}{3}\right)$$
$$= -547.9 \text{kN}$$

因此有：

$$F_{NCDmax} = -547.9 \text{kN（压力）}$$

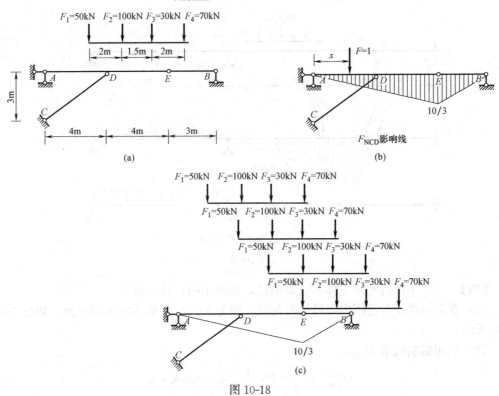

图 10-18

第四节 本章习题

一、判断题

1. 内力影响线表示单位移动荷载作用下某指定截面内力变化规律的图形。　　（　）

2. 任何静定结构的支座反力及内力的影响线，均由直线段构成。 （   ）
3. 简支梁跨中截面弯矩的影响线与跨中有集中力作用时的弯矩图是相同的。（   ）
4. 如图 10-19（b）所示影响线是图 10-19（a）所示梁中截面 A 的弯矩影响线。
   （   ）
5. 图 10-20（b）是图 10-20（a）中的 M_K 影响线，竖标 y_D 表示 $F=1$ 作用在 K 截面时 M_K 的数值。 （   ）

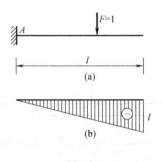

图 10-19

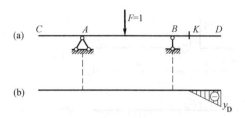

图 10-20

6. 图 10-21（a）所示结构的支座反力 F_{AV} 影响线如图 10-21（b）所示。（   ）
7. 如图 10-22（a）所示结构中支座 B 左截面剪力 F_{SB}^L 影响线可采用机动法绘制，如图 10-22（b）所示。 （   ）

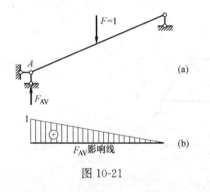

图 10-21

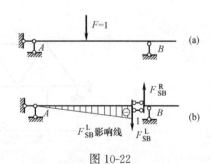

图 10-22

8. 图 10-23（b）所示为如图 10-23（a）所示伸臂梁中支座 A 右侧截面剪力 F_{SA}^R 的影响线。 （   ）
9. 由主从结构的受力特点可知，附属部分的内力（反力）影响线竖标在其基本部分上全为零。 （   ）
10. 如图 10-24 所示结构中截面 E 处剪力 F_{SE} 影响线在 AC 段竖标全为零。 （   ）
11. 图 10-25（a）所示梁中 $F=1$ 在 ACB 上移动，M_C 的影响线如图 10-25（b）所示。 （   ）
12. 如图 10-26 所示梁中截面 D 的弯矩影响线的最大竖标位于 D 处。 （   ）

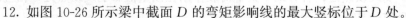

图 10-23

195

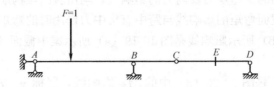

图 10-24

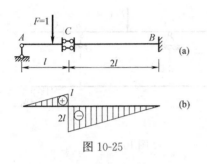

图 10-25

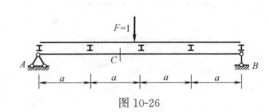

图 10-26

13. 在结点荷载作用下，主梁和桁架的影响线在相邻结点间必为一条直线，静定结构和超静定结构都是如此。（   ）

14. 图 10-27（b）所示影响线为图 10-20（a）所示结构中杆 a 的轴力影响线。
（   ）

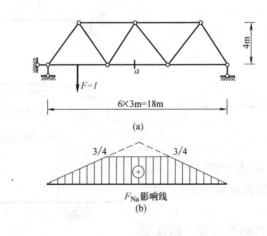

图 10-27

15. 由如图 10-28 所示杆 1 轴力影响线可知该桁架是上弦承载。（   ）

16. 荷载处于某一最不利位置时，按梁内各截面的弯矩值竖标画出的图形称为弯矩包络图。（   ）

17. 某量值影响线为折线形，在移动荷载组作用下该量值的临界荷载位置必然有一集中荷载作用在该影响线顶点处；若有某一集中荷载作用在该量值影响线顶点处，相应的荷载位置也必为该量值的某一临界荷载位置。（   ）

18. 某量值影响线如图 10-29 所示，其中 $d<a<b$，在图示移动集中荷载组作用下，该量值的荷载最不利位置如图 10-29 所示。   （   ）

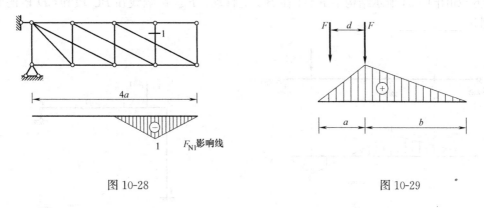

图 10-28   图 10-29

二、填空题

1. 结构上某量值影响线的量纲是_____。

2. 图 10-30（b）为图 10-30（a）所示结构中 M_D 的影响线，其中竖标 y_C 表示_____。

3. 根据影响线的定义，如图 10-31 所示悬臂梁截面 K 的弯矩影响线在 K 点的竖标为_____。

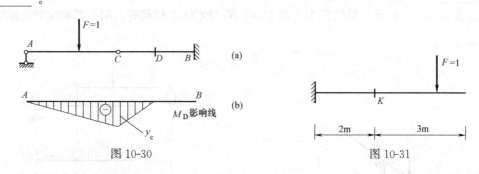

图 10-30   图 10-31

4. 如图 10-32 所示梁中弯矩 M_A 的影响线是_____。记使梁截面下侧受拉的弯矩为正值。

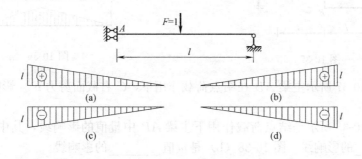

图 10-32

5. 图 10-33（a）中梁在图示荷载作用下的弯矩图如图 10-33（b）所示，则当单位移

动荷载 $F=1$ 在 AB 上移动时，截面 C 的弯矩影响线在 D 处竖标为_____。设使梁截面下侧受拉的弯矩为正值。

6. 如图 10-34 所示结构中 $F=1$ 在 BE 上移动，F_{SC} 影响线在 BC 段和 CD 段的竖标分别为____、____。

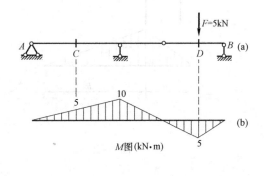

图 10-33

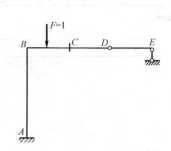

图 10-34

7. 如图 10-35 所示，单位集中荷载 $F=1$ 在 CE 上移动，M_A 影响线（下侧受拉为正）中 D 处的竖标为_____。

8. 单位荷载作用在简支结点梁上，通过结点传递的主梁影响线在各结点之间的形状为_____。

9. 如图 10-36 所示，单位集中荷载 $F=1$ 在 $ABCD$ 上移动时，M_K 影响线的轮廓应该是_____。

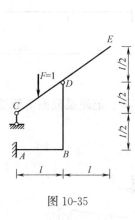

图 10-35

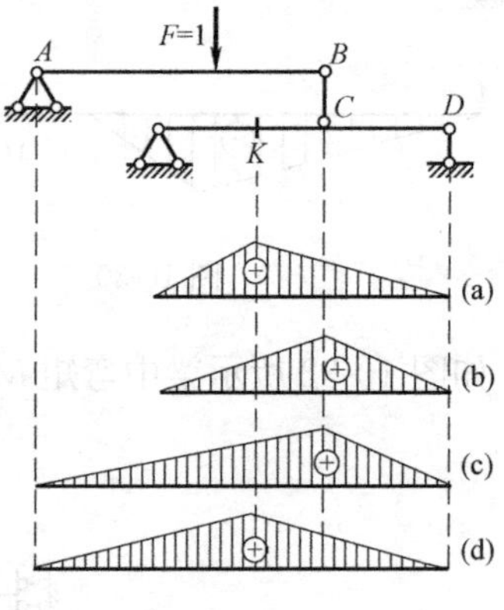

图 10-36

10. 如图 10-37 所示主梁 AB 在结点荷载作用下，C 右截面剪力 F_{SC}^R 影响线的轮廓是_____。

11. 如图 10-38 所示是结点荷载作用下主梁 AB 中量值的影响线，其中图 10-38（a）是量值_____的影响线。图 10-38（b）是量值_____的影响线。

12. 图 10-39（a）所示主梁中量值 F_{SB}^R 的影响线如图 10-39（b）所示，其中顶点竖标 $y=$ _____。

13. 如图 10-40 所示桁架中，杆 1 的轴力影响线是_____。

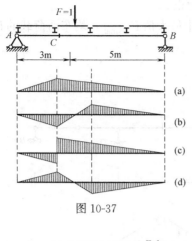

图 10-37

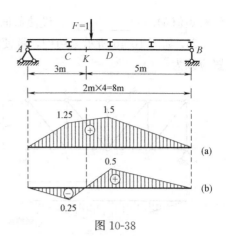

图 10-38

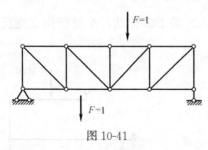

图 10-39

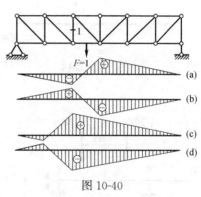

图 10-40

14. 如图 10-41 所示平行弦桁架，单位集中荷载分别在上弦和下弦移动，在这两种情况下：上弦杆轴力影响线_____，下弦杆轴力影响线_____，斜腹杆轴力影响线_____，竖腹杆轴力影响线_____（填相同或不同）。

15. 如图 10-42 所示结构中杆 a 轴力影响线的最大竖标为_____。

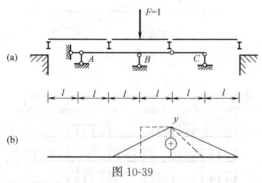

图 10-41

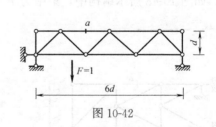

图 10-42

16. 由图 10-43 所示平行弦桁架中 F_{N1}、F_{N2} 的影响线可知，单位移动集中荷载 $F=1$ 的移动范围为_____。

17. 如图 10-44 所示静定梁及 M_C 的影响线，当梁承受全长均布荷载作用时，$M_C=$_____。

18. 采用机动法作静定结构支座反力或内力影响线的理论基础是_____。

19. 梁的绝对最大弯矩表示_____。

20. 如图 10-45 所示结构，利用影响线确定：当移动荷载 F_1 移动到 D 点时，截面 C

的弯矩值 $M_C =$ _____。设使截面下侧受拉的弯矩为正。

21. 如图 10-46 所示梁结构，欲使截面 K 的剪力产生最大值 F_{SKmax}，均布活荷载的布置应该为 _____。

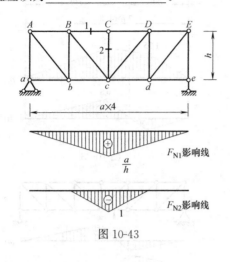

图 10-43

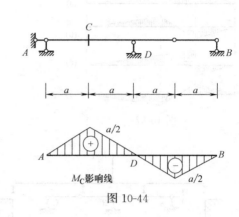

图 10-44

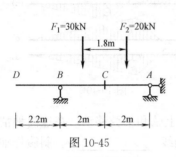

图 10-45

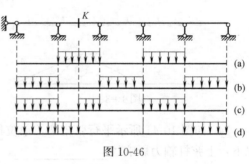

图 10-46

22. 如图 10-47 所示桁架结构在图示移动荷载作用下，a 杆轴力最大值 $F_{Namax} =$ _____。

23. 如图 10-48 所示结构中，集中力 $F = 60\text{kN}$ 沿 DC 移动，A 处竖向支座反力最大值 $F_{AVmax} =$ _____。

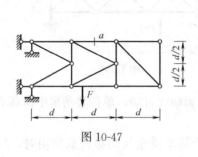

图 10-47

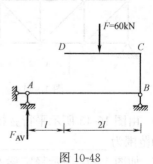

图 10-48

24. 如图 10-49 所示梁结构，在可动均布活荷载 q（方向向下）作用下，截面 A 的最大负剪力为 _____。

25. 如图 10-50 所示结构在图示一组移动荷载作用下，使截面 C 产生最大弯矩的荷载位置为 _____。

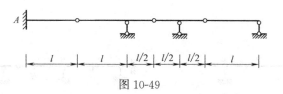

图 10-49

26. 如图 10-51 所示静定梁在图示一组移动荷载作用下，截面 C 弯矩的最大值（绝对值）$|M_C|_{max}=$ _____。

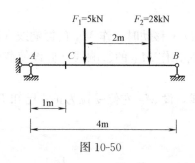

图 10-50

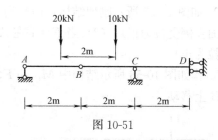

图 10-51

27. 如图 10-52 所示桁架结构为下弦承载，记轴力拉力为正，杆①的轴力影响线在 K 处的纵坐标为_____（若有单位请标明）。

28. 如图 10-53 所示桁架结构为下弦承载，记轴力拉力为正，杆①的轴力影响线在 K 处的纵坐标为_____（若有单位请标明）。

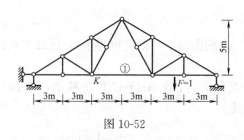

图 10-52

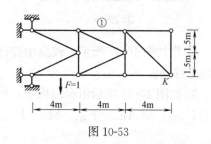

图 10-53

29. 最不利荷载位置是指_____。

三、计算题

1. 分别采用静力法和机动法作如图 10-54 所示各静定梁结构中指定量值的影响线。

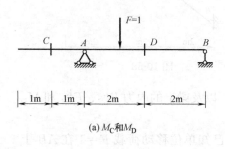

(a) M_C 和 M_D

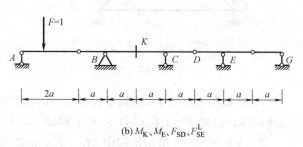

(b) M_K、M_E、F_{SD}、F_{SE}^L

图 10-54（一）

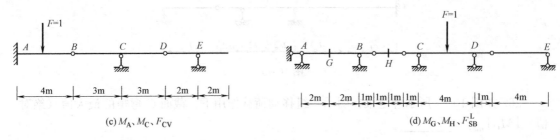

(c) M_A、M_C、F_{CV}

(d) M_G、M_H、F_{SB}^L

图 10-54（二）

2. 如图 10-55 所示刚架结构，(1) 当 $F=1$ 在 BD 上移动时，作 M_A 的影响线（假设使截面左侧受拉为正）；(2) 当 $F=1$ 在 AB 上移动时，作 M_A 的影响线（假设使截面左侧受拉为正）。

3. 作如图 10-56 所示结构中 M_C 和 F_{SE}^L 的影响线，设 M_C 左侧受拉为正，已知 $F=1$ 在 AB 上移动。

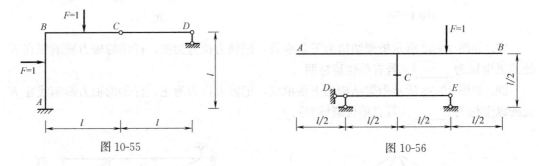

图 10-55

图 10-56

4. 作如图 10-57 所示三铰拱中拉杆轴力 F_{NAB} 的影响线（以受拉为正），已知 $F=1$ 在拱轴上移动。

5. 如图 10-58 所示组合结构中，单位集中荷载 $F=1$ 在 A-D-C-E 上移动，作 BC 杆轴力 F_{NBC}、梁 AE 中 F_{SD}、M_D、F_{ND} 的影响线。

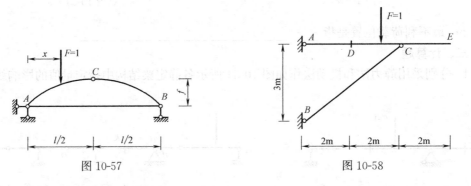

图 10-57

图 10-58

6. 作如图 10-59 所示结构中撑杆 AC 的轴力 F_{NAC}，以及梁上的内力 F_{SE}^L、F_{SE}^R 和 M_D 的影响线，已知 $F=1$ 在 C-D-E-F 上移动。

7. 作如图 10-60 所示结构中 M_C、F_{SC} 的影响线，已知单位移动荷载 $F=1$ 在 AB 上移动。

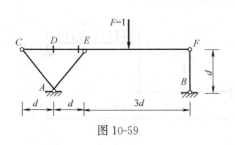

图 10-59

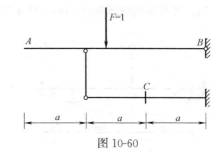

图 10-60

8. 如图 10-61 所示结构中，单位移动荷载 $F=1$ 在 $D\text{-}E\text{-}G\text{-}H$ 上移动，作梁 AB 中 F_B、M_K、F_{SC}^L 及 F_{SC}^R 的影响线。

9. 作如图 10-62 所示结构中主梁上指定量值的影响线。

10. 作如图 10-63 所示桁架中指定杆轴力的影响线，已知单位集中荷载 $F=1$ 均在上弦移动。

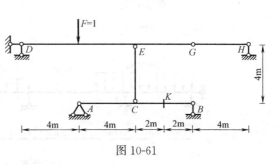

图 10-61

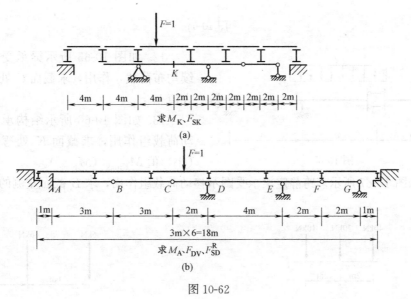

图 10-62

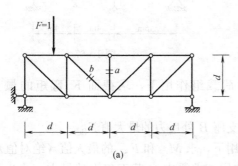

(a)

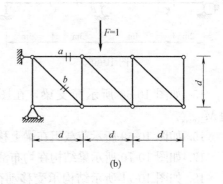

(b)

图 10-63

11. 利用影响线求如图 10-64 所示各结构中指定量值的大小。

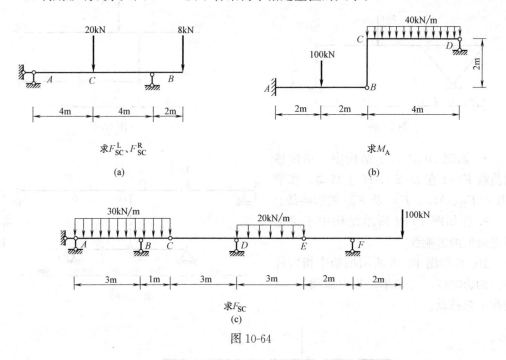

图 10-64

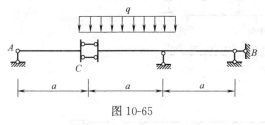

图 10-65

12. 如图 10-65 所示梁承受任意段连续均布荷载 q 作用，求截面 C 处弯矩的最大值 M_{Cmax}。

13. 如图 10-66 所示结构承受图示移动荷载组作用，求截面 K 处弯矩的最大（小）值 M_{Kmax}（M_{Kmin}）。

14. 如图 10-67 所示多跨静定梁承受图示移动荷载组作用，求 B 截面左侧的剪力最小值 F_{SBmin}^L。

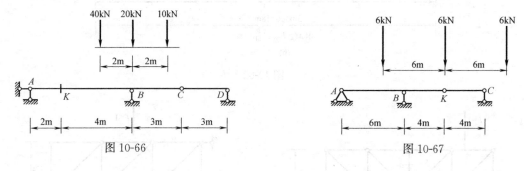

15. 如图 10-68 所示简支梁，在图示移动荷载组作用下，求截面 K 弯矩的最大值 M_{Kmax}。

16. 如图 10-69 所示荷载组在梁上移动，求支座 B 处反力的最大值 F_{Bmax}。

17. 如图 10-70 所示梁结构在均布活荷载作用下，求 M_G 和 F_{SC} 的最大值（绝对值）。

18. 如图 10-71 所示结构承受移动荷载组作用，求梁中 C 截面剪力的最大（小）值

F_{SCmax} (F_{SCmin})。

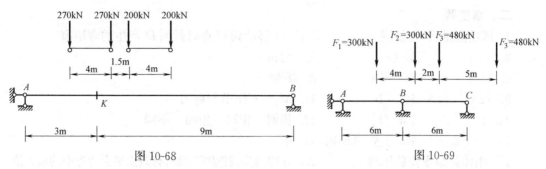

图 10-68   图 10-69

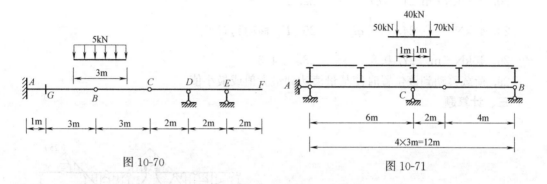

图 10-70   图 10-71

19. 如图 10-72 所示桁架结构承受两台吊车的轮压作用，求桁架中 a 杆轴力的最大值 F_{Namax}，及其对应的最不利荷载位置。

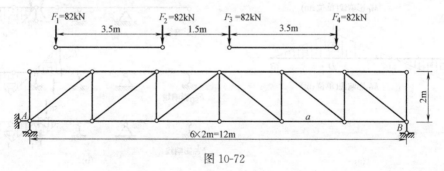

图 10-72

20. 如图 10-73 所示连续梁，用机动法绘制梁中量值 M_G、F_{SC}^L、F_{AV} 的影响线轮廓。

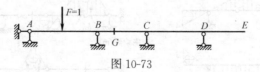

图 10-73

第五节 习题参考答案

一、判断题

1. √   2. √   3. ×   4. √   5. ×   6. √   7. ×   8. √   9. √

10. √ 11. × 12. × 13. √ 14. √ 15. √ 16. × 17. × 18. ×

二、填空题

1. 该量值量纲/力量纲   2. $F=1$ 移动到 C 点时截面 D 产生的弯矩值

3. 0   4. (a)   5. -1m

6. 0，1   7. $-l$ 8. 直线

9. (c)   10. (b)   11. M_K CD 节间剪力

12. 1   13. (b)   14. 相同 相同 相同 不同

15. $-4/3$ 16. 上弦 AE 内   17. 0

18. 刚体体系虚位移原理   19. 在移动荷载作用下梁所有截面最大弯矩中的最大值

20. $-37\text{kN}\cdot\text{m}$ 21. (c)   22. F

23. 40kN 24. $-\dfrac{1}{4}ql$ 25. F_2 移动到 C 点

26. $40\text{kN}\cdot\text{m}$ 27. 0.6   28. $+4/3$

29. 荷载移动到该位置时使某量值达到最大值或最小值

三、计算题

1.

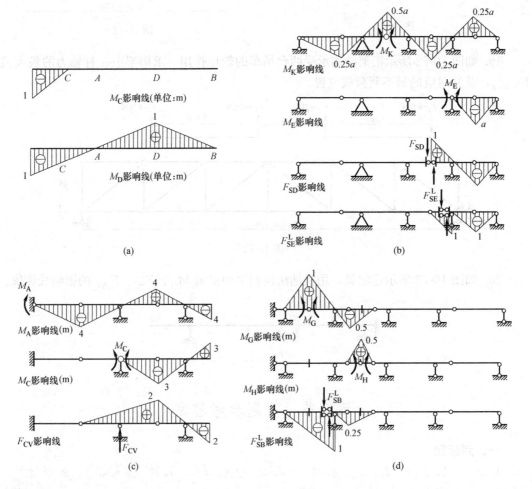

2.

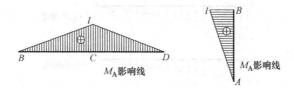

3.

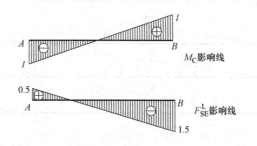

4.

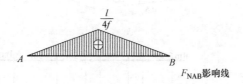

5.

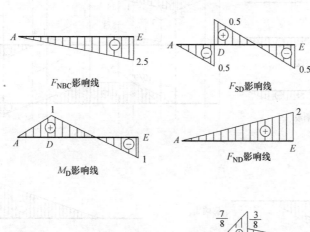

6.

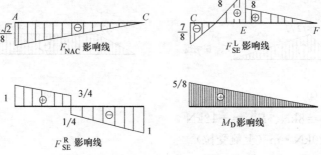

7.
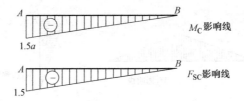

8.
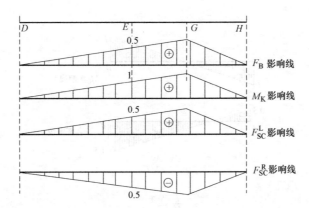

9.
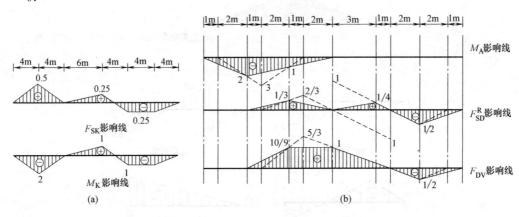

10.
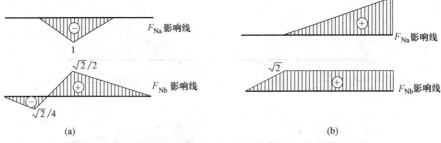

11. (a) $F_{SC}^{L}=8$kN、$F_{SC}^{R}=-12$kN
    (b) $M_A=520$kN·m（上侧受拉）
    (c) $F_{SC}=70$kN

12. $M_{Cmax}=0.5qa^2$（下侧受拉）
13. $M_{Kmax}=\dfrac{200}{3}$kN·m（下拉），$M_{Kmin}=-\dfrac{140}{3}$kN·m（下拉）
14. $F_{SBmin}^L=-8$kN
15. $M_{Kmax}=1157.5$kN·m（下侧受拉）
16. $F_{Bmax}=760$kN（↑）
17. $|M_G|_{max}=33.75$kN·m，$|F_{SC}|_{max}=7.5$kN
18. $F_{SCmax}=0$，$F_{SCmin}=-60$kN
19. $F_{Namax}=252.8$kN，荷载 F_3 位于上弦第5个（从左向右）结点上
20.

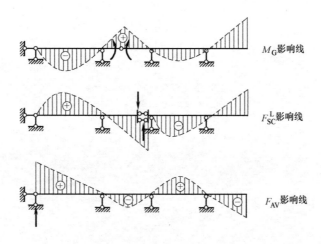